INTRODUCTION TO
MACHINE CONDITION DIAGNOSIS

기계상태진단 개론

홍성호 · 김주형 · 이승철 · 김의종 · 박춘수
이중석 · 서윤호 · 오기용 · 김현준 · 윤동진 지음

도서출판 홍릉

저자소개

홍성호 책임저자 / 3.2절

동국대학교 기계시스템공학전공 교수

김주형 1장, 4.1절, 4.2절

인하대학교 기계공학과 교수

이승철 2.3절, 2.4절

포항공과대학교 기계공학과 교수

김의종 4.3절

인하대학교 건축학부 건축공학전공 교수

박춘수 5장

한국표준과학연구원 안전측정연구소 책임연구원

이중석 2.1절

충남대학교 기계공학부 교수

서윤호 2.2절, 2.5절, 2.6절

한국기계연구원 기계시스템안전연구본부 책임연구원

오기용 4.4절

한양대학교 기계공학부 교수

김현준 3.1절

경북대학교 정밀기계공학과 교수

윤동진 6장

한국표준과학연구원 안전측정연구소 책임연구원

INTRODUCTION TO
MACHINE CONDITION DIAGNOSIS

기계상태진단 개론

인　쇄: 2022년 10월 10일 초판 1쇄
발　행: 2022년 10월 20일 초판 1쇄

저　자: 홍성호 · 김주형 · 이승철 · 김의종 · 박춘수
이중석 · 서윤호 · 오기용 · 김현준 · 윤동진
발행인: 송 준
발행처: 도서출판 홍릉
주　소: 01093 서울시 강북구 인수봉로 50길 10
등　록: 1976년 10월 21일 제5-66호

전　화: 02-999-2274~5
팩　스: 02-905-6729
e-mail: hongpub@hongpub.co.kr
http://www.hongpub.co.kr
ISBN: 979-11-5600-073-0(93550)

정　가: 42,000원

이 교재는 2021년도 정부(산업통상자원부)의 재원으로 한국에너지기술평가원의 지원을 받아 수행된 연구임(경북지역 풍력에너지 클러스터 인재 양성 사업, No. 20214000000010)

PREFACE

한국설비진단자격인증원은 2004년 설립된 이래로 국내 최초로 2007년 ISO 18436에 기반한 진동분야, 2010년 트라이볼로지 분야에 이어, 2016년에는 열화상 분야의 자격인증시험을 실시해 오고 있습니다. 자격인증시험을 실시한 이래, 진동분야(ISO 18436-2), 트라이볼로지 분야(ISO 18436-4) 및 열화상 분야(ISO 18436-7)에서 많은 ISO 자격 인증자를 배출하고 있습니다. 그리고 초음파 영역(ISO 18436-8)에 대한 자격 준비도 진행을 하고 있습니다. 자격인증을 받은 각 영역 기술자들은 인증교육훈련과 인증시험으로 검증된 자격을 바탕으로 산업 현장에서 각종 설비의 결함 및 고장을 진단하고 대처방안을 마련함으로써 맡은 바 역할을 충분히 수행하고 있습니다. 일반적으로 기술자자격인증제도는 대부분 국내 법규로 규정되어 국내에서만 통용되던 것과는 달리, ISO 기술자자격인증제도는 인증절차와 기술수준을 국제 공통으로 규정화 함으로써 해당 기술분야의 국제 공인 기술자로 인증됨을 의미합니다. 한국설비진단자격인증원이 부여한 ISO 기술자 자격으로 해외에서 기술자로 인증되어 해외 현지에서 설비진단업무도 실시하고 있습니다.

본 기계상태진단개론 교재는 한국설비진단자격인증원에서 운영중인 상태진단의 4개 분야에 대한 내용을 소개하여 이 분야들에 대한 지식과 기술자가 갖추어야할 기본적인 사항을 알기 쉽게 기술하고자 노력하였습니다. 한국설비진단자격인증원은 상태진단 분야의 확대와 함께 교재 개발에도 많은 노력을 기울이고 있습니다. 그 일환으로 각 영역에서 상위 자격증으로의 확대와 함께 본 교재와 같은 독자적인 교육 자료를 제작하는데도 심열을 기울이고 있습니다. 본 교재는 ISO 18436의 규정을 비롯하여 각 영역에 대한 기본적인 이론과 실제 적용 사례를 소개함으로써 상태진단을 처음 접하는 사람들에게 이 분야에 대한 이해의 폭을 넓히고자 노력하였습니다.

한국설비진단자격인증원은 기계상태감시 진단기술의 정립과 기술자격인증제도의 안정을 위하여 지속적으로 노력을 기울일 것이며, 발행한 도서가 현장에서 널리 적용되는 상태감시 진단 기술분야의 이해에 도움이 되기를 바랍니다.

2022년 7월

한국설비진단자격인증원

원장 최병근

CONTENTS

CONTENTS

CONTENTS

CONTENTS

CONTENTS

CONTENTS

CONTENTS

01 기계상태진단의 개념 및 ISO 규정

세계는 물리적인 국경을 넘어 정보통신의 발전으로 하나의 세상으로 연결되어가고 있으며, 경제 및 기술분야에서는 World Trade Organization(WTO)를 기반으로 인류가 같이 공존하는 하나의 공동체로 빠르게 변화하고 있다.

지역과 지역을 연결하고, 그러한 지역이 연결되어 세계화(globalization)는 국제화, 개방화라는 용어와 함께 보편적으로 사용되고 있다. 경제 활동과 관련된 제도, 정책, 의식이 세계 공통으로 바뀌어 가면서 삶의 단위가 국가가 아닌 지구촌으로 확장되어 국경 없는 사회가 되고, 상품, 서비스, 자본, 노동, 정보 등에 대한 인위적 장벽이 제거되어 세계가 거대한 단일시장으로 통합되는 추세이다. 세계는 관세장벽에 반대급부적으로 기술적 무역장벽의 해소를 위한 WTO/TBT를 통해 국가간 기술적 무역장벽도 허물어져 버렸고, 국가 규격이 국제규격과 원칙적 일치를 의무화함에 따라 이제는 국제적으로 합의된 기술만이 의미를 갖게 되었으며, 단일화된 세계시장에서 기준으로 통용되는 규범으로서 Global Standard(국제표준)라는 형태로 정리되고 있는 실정이다. 이는 국제표준화기구 International Standard Organization(ISO) 인증과 같이 표준화기관의 승인에 의해 규정된 공식적 표준으로 시장의 대세를 장악하고, 첨단산업의 기술에서 금융, 회계를 포함하는 경제 전반에까지 그 범위가 확대되고 있다. 국제표준은 강자의 논리이며 기준이기 때문에, 정보기술간 상호 우위가 국가경쟁력을 결정하는 무한 경쟁이 벌어지고 있고, 최강자, 선택된 자만이 살아남는 냉혹한 시장원리가 적용되고 있다. 자원의 효율적 활용, 기계수명의 연장, 생산성의 향상 등에 대한 사회적 요구가 높아지고 있는 상황에서 기계상태를 모니터링하고 진단하는 기술은 그 어느때보다도 중요해지고 있는 상황이다. 현재 세계에서는 WTO/TBT무역환경에 따른 모든 제품에 대한 품질 및 안전성 수준의 향상에 따른 기술자격 상호인증 및 기준의 국제화가 요구되어, ISO기술분과 위원회(TC108/SC5/WG7: 기계의 상태감시와 진단에 관한 훈련과 인증제도)가 운영되고 있다. 특히 발전소를 비롯한 각종 플랜트 기계설비의 안전운전 및 수명연장에 있어서 핵심기술인 상태감시 능력을 보유한 전문기술자를 규정하기 위한 ISO 18436이 제정되었다. 이러한 기계설비의 상태감시진단분야의 전문기술자는 모든 기계설비의 핵심인력으로, 특히 전력플랜트, 화학플랜트, 건설사업 등의 해외수주를 위해 국제인정을 받은 전문인력의 자질에 대한 자격을 강력하게 요구하고 있다

이에 ISO에서는 글로벌 시장에서 제품, 품질, 환경관리, 시험, 검사, 교정 및 요원에 대한 기준과 인증에 관한 기본적인 규칙을 제정하여 대내외 생산품에 대한 절차상의 무차별화 및 투명화, 국제적 상호인증(MLA), 적합성평가 기관의 능력검증을 위해 지침과 규격을 제정하고, 이에 따르도록 회원국에 의무화하고 있다. 이에 따라 기술자의 기량에 대한 인증절차에 필요한 지침 61과 국제규격 ISO/IEC 17024:2003을 제정하였다. 이에 ISO/TC 108에서는 ISO/JEC 17024에 준거하여 기계의 상태감시 및 진단기술자의 훈련 및 인증을 위한 요구사항으로 규정하고 있다.

- ISO 18436-1 인증기관 및 인증절차를 위한 요구사항
- ISO 18436-2 진동 분야
- ISO 18436-3 훈련시스템을 운영하는 기관의 요구사항
- ISO 18436-4 윤활유 분야
- ISO 18436-5 윤활제 실험실 분석자/기능자
- ISO 18436-7 열화상 기술영역
- ISO 18436-8 초음파 기술영역

ISO 18436 규격은 기계의 상태감시 및 진단에 관련된 기술자(요원)의 능력을 인증하는 것을 규정하는 내용으로, 이미 이 규격에 준거한 진단기술자의 훈련과 인증이 미국, 영국, 프랑스, 캐나다, 일본, 호주 등에서 관련 기술자의 인증이 실시되고 있다. 이에 국내 관련 기술의 발전, 산업체의 기술경쟁력 확보 및 관련 기술자의 능력 인증 및 지속적인 향상을 통한 국제적인 제품 경쟁력을 확보하기 위해 TC/ISO의 간사기관[1]인 한국 소음진동공학회에(KNSVE)서는 학계, 산업계의 대표들로 구성된「상태감시 및 진단기술자 인증기관설립 준비 위원회」를 설치하여 2003년 1월부터 8개월간에 걸쳐 기초자료수집 등의 연구조사 활동을 수행하였고, 진동분야를 우선으로 하여 인증기관을 자격진단인증원(KCI-MD)을 설립하였다. 2010년부터는 윤활분야와 열화상분야를 준비하여 3개분야로 확대하였고, 2022년에는 초음파 영역까지 확대하여 시행할 예정이다. 특히 2015년 11월 27일 한국인정지원센타(Korea Accreditation Board)로부터

1) 2022년 하반기부터 간사기관을 한국기계학회가 맡기로 결정되어, 이에대한 두 기관의 협력을 논의중.

공인을 받아 명실공히 한국을 대표하는 상태감시진단분야의 전문가를 인증하는 기구가 되었다.

국내 산업계는 매년 막대한 정비 비용을 지불하는 것으로 알려져 있고, 상태감시 및 진단에 의한 효율적인 설비의 관리와 수명 연장, 생산손실과 정비비용의 저감 등을 통한 제품 경쟁력 확보를 위해서는 관련 기술자의 체계적인 훈련과 인증이 무엇보다 중요하다. 그러나 국내 대학에는 관련 학과의 개설이 전무한 실정으로 대부분의 기술자가 취업 후 경험과 사내/외 교육을 통하여 관련 기술을 습득하고 있고, 또한 관련 도서가 출판되지 않아 체계적인 훈련과 지속적인 교육이 이루어지기 어렵고 비효율적인 정비작업의 수행, 전문기술자의 부족 등에 따른 정비비용의 상승이 지속적으로 이루어지고 있는 실정이다.

본 교재는 ISO 18436-2의 부속서 A에 규정된 훈련과정에 따라 진동/윤활/열화상/초음파 분석 기술을 이용하여 기계 상태감시 및 진 단을 수행하는 기술자들을 대상으로 훈련 및 인증을 위한 참고 교재로서 작성되었다.

기술수준에 따라 영역 I에서 III(진동, 윤활, 열화상) 및 IV(진동분야만)까지 4개의 영역(category)으로 구분하고, 각 영역별로 각 주제에 대한 훈련시간 및 상세목록이 지정되어 있으나, 본서에서는 기계상태 감시에 관련한 기술적인 내용과 함께 진동, 윤활, 열화상 및 초음파 영역으로 나누어 구성 되어있다. 따라서 본서를 통해 기계상태 감시분야에 필요한 기초지식을 기반으로 한 관련 학문적인 지식과 함께 전문가로서 성장하기 위한 훈련과정을 참조하여 각 영역에 따라 필요한 부분을 선택하여 학습할 수 있도록 구성하였다. 상태감시 및 진단에 대한용어의 정의(ISO I3372)를 함께 수록하였으며, 최근에 발행된 상태감시 진단기술과 관련된 각종 ISO 규격을 본문에 포함하여 설명하도록 노력하였다.

02 진동 및 소음 기반의 기계상태진단

우리는 일상 생활에서 진동을 다양한 형태로 경험할 수 있다. 핸드폰으로 전화나 문자를 수신할 때 반복적인 떨림이나 자동차가 과속 방지턱을 넘을 때 차체가 위아래로 반복적인 운동을 하는 것 모두가 진동(vibration) 현상이다. 이러한 진동 현상은 진동의 원인이 되는 동력기관이 존재하는 다양한 기계시스템에서 필연적으로 발생하게 되는데, 기계시스템의 안정적인 운영을 위해서는 진동 현상을 저감시키는 것이 바람직한 경우가 많다. 더욱이 진동하는 물체는 주위의 공기 입자들 또한 진동시키게 되고, 그 결과로 음파를 가진시켜 원하지 않는 소음의 전파를 야기하기도 한다. 따라서 진동 현상을 가능한 한 저감시키고 그로 인한 소음 발생을 줄이고자 하는 것은 기계시스템의 설계에 있어서 중요한 부분임에 분명하다.

그러나 진동 현상 자체를 무조건 없애려고만 하는 관점은 그 한계가 분명하다. 왜냐하면 진동을 완전히 없애는 것은 사실상 불가능하기 때문이다. 조금 더 공학적으로 말하면, 진동은 관성(inertia)과 강성(stiffness)을 가진 물체가 시간 주기(time period)를 가지고 반복적으로 운동하는 현상이므로 물리적으로 존재할 수밖에 없다. 이러한 관점으로 진동을 바라볼 때 기계시스템이 작동할 때 발생하는 진동 현상을 제대로 이해하고 효율적으로 관리 및 분석하면 기계시스템의 상태를 진단할 수 있는 효과적인 방법으로 사용할 수 있다. 기계시스템이 원래 설계된 기준대로 운영되지 않거나 특정 부품에 고장이 발생하면 진동 현상의 특성이 변화하게 되므로 진동 신호를 측정하고 분석하면 기계시스템의 상태 및 고장에 대한 효과적 진단이 가능한 것이다.

이 단원에서는 진동 현상에 대한 기본적인 원리를 기술하고 그러한 원리를 바탕으로 기계의 상태진단을 위해서 진동 현상을 어떻게 사용하는지에 대해서 폭넓게 소개하고자 한다.

2.1 진동의 원리

진동 현상에 대한 기본적인 기술을 위해서는 진동이 무엇인지 우선 정의할 필요가 있다. 우리는 일상 생활에서 이미 다양한 진동을 경험해본 바 있다. 그러나 단순한 경험적 표현으로는 진동 현상에 대한 공학적 이해 및 응용이 매우 어렵다. 따라서 진동에 대한 정의와 함께 진동 현상을 공학적으로 기술하기 위한 기본적인 용어, 구성 요소들 그리고 수학적 표현 방법을 소개하고 진동에 있어 가장 중요한 현상 중 하나인 고유 진동수 및 공진에 대해서 설명하도록 한다.

2.1.1. 진동이란?

물체가 시간에 따라 위치가 변하는 움직임에는 여러가지 형태가 있다. 그림 2.1에 나타낸 세 가지 움직임에 대해서 가로축은 시간(time, t)의 변화를, 세로축은 물체의 위치($x(t)$)의 변화를 나타낸다. 이와 같은 그래프를 일반적으로 시간 파형(time waveform)이라 부른다. 그림 2.1(a)는 시간이 변화할수록 물체의 위치가 시작점(혹은 기준점) 0에서부터 점차 멀어지게 된다.

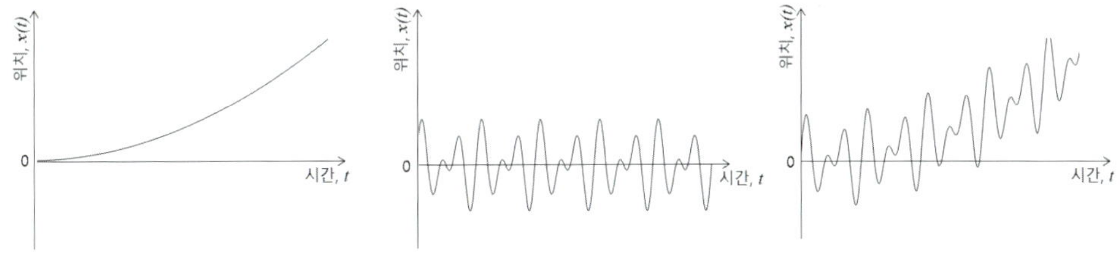

(a) 운동의 파형 (b) 진동에 대한 파형 (c) 운동과 진동의 혼재 파형

그림 2.1 운동과 진동 파형의 비교

이때 물체는 운동(motion)을 하고 있다고 말한다. 반면에 그림 2.1(b)에서는 물체가 시간이 변화함에 따라 기준 위치(0)에서부터 양(+)의 방향과 음(-)의 방향으로 움직임의 작은 변화를 가진다. 특히, 특정한 움직임의 패턴이 시간에 따라 반복적으로 발생함을 볼 수 있다. 이러한 파형은 물체가 진동(vibration)을 하고 있음을 나타낸다. 마지막 (c)에 나타난 움직임은 (a)에서의 운동과 (b)에서의 진동이 함께 표현된 움직임으로 물체는 진동을 하면서 동시에 운동을 하는 상황을 의미한다. 참고로, 그림 2.1의 (a), (b), (c)에 나타난 시간 파형은 기초적인 관점에서 운동과 진동이 어떻게 구분되는지를 설명하기 위한 그림이다. 다양한 운동 및 진동의 방식이 당연히 존재하고 그림 2.1은 그 중 가장 간단한 예를 도시한 것이다.

정리하면, 진동(vibration)이란 어느 물리량이 평균적인 값을 중심으로 하여 그 주위를 반복적으로 변동하는 현상으로 정의할 수 있다. 그림 2.1에서는 어떤 물체의 위치라는 물리량을 고려하여 평균적인 값, 즉 위치가 0인 지점을 기준으로 양(+)의 위치와 음(-)의 위치를 반복적으로 변동하고 있다. 보통 기계의 진동을 나타내는 물리량으로는 위치(position)보다는 변위(displacement)를 사용하는 것이 일반적이다. 변위를 시간에 대해 미분한 값인 속도(velocity), 속도를 시간에 대해 미분한 값인 가속도(acceleration)도 기계시스템의 진동을 나타내는 주요 물리량이다. 경우에 따라서는 기계시스템의 힘, 압력, 온도 및 전기신호 등에 대한 변동을 진동으로 표현하기도 하나 대부분의 경우에는 시간에 따른 측정 지점의 변위나 속도 혹은 가속도 값을 진동의 측정 및 해석에 사용하는 것이 매우 일반적이다.

2.1.2. 주기와 주파수

진동을 어떤 물리량이 평균값을 중심으로 하여 그 주위를 반복적으로 변동하는 현상이라 정의하였다. 이러한 진동 현상을 표현하는 가장 쉬운 예가 그림 2.2에서 나타낸 바와 같이 마찰이 없는 표면 위에서 스프링에 연결된 블록의 시간에 따른 변위 변화이다. 스프링에 연결된 블록에 아무런 힘이 가해지지 않은 상태를 정적 평형 상태(statically stable state)라고 부른다. 이 상태로부터 블록을 손으로 잡아서 오른쪽으로 어느정도 당겼다가 놓게 되면 블록은 늘어난 스프링에 의해 왼쪽으로 운동을 하게 된다. 이러한 운동은 스프링을 다시 압축시키게 되고 어느 정도만큼 왼쪽으로 운동한 블록은 순간적으로 움직임을 멈추었다가 다시 오른쪽으로 움직이게 된다.

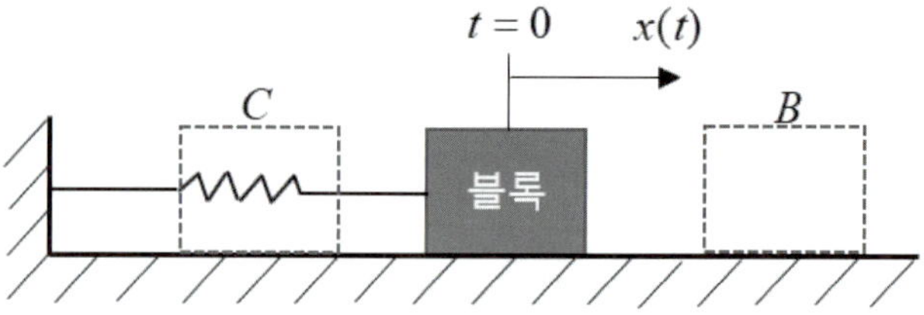

그림 2.2 스프링에 연결된 블록의 반복적인 운동

그림 2.2에서 블록이 오른쪽, 왼쪽으로 가장 멀리 움직였을 때의 위치를 점선으로 표시하였고 그 지점을 B, C로 나타내었다. 블록의 운동은 기준점에서 시작하여 B지점에서 양의 최대 변위를 가지다가 다시 기준점으로 돌아오고 음의 방향으로 최대 변위 지점인 C점까지 운동하다가 다시 기준점으로 돌아온다. 표면에 마찰이 없음을 가정하였으므로 이와 같은 운동은 이론상으로는 무한히 반복되게 된다. 이것이 바로 블록의 진동인 것이다

시간 t에 따라 좌우로 진동하는 블록의 변위 $x(t)$를 그래프로 나타내면 그림 2.3과 같이 표현할 수 있다. 그림 2.3에 표현된 그림은 진동 현상을 설명하는데 가장 기초적이면서도 그만큼 중

요한 그래프이다. 그림 2.3은 변동하는 블록의 변위가 시간에 대한 조화함수(harmonic function)로 거동하는 모습을 나타내고 있다. 조화함수는 사인(sine) 함수나 코사인(cosine) 함수와 같이 시간에 따라 양의 값과 음의 값이 반복적으로 변화하는 함수를 의미하며, 진동을 수학적으로 나타내기에 매우 적합한 함수이다. 그림 2.2에서 나타낸 블록이 양의 방향으로의 최대 변위일때의 위치 B와 음의 방향으로의 최대 변위일 때의 위치 C를 기준 지점 A와 함께 그림 2.3에서 반복적으로 표시되었다.

그림 2.3에서 진동 변위가 얼마만큼 자주 반복적인 값을 가지게 되는가를 주기(period, T)로 정의한다. 주기 T를 정의하는 방법은 그림 2.3과 같이 양의 최대 변위를 갖는 지점에서부터 그 다음 양의 최대 변위를 갖는 지점까지 걸린 시간으로 정의할 수도 있고, 음의 최대 변위부터 그 다음 음의 최대 변위를 갖는 지점으로도 정의할 수 있다. 주기는 반복적인 변위의 시간 간격이므로 주기의 단위는 초(sec)이다.

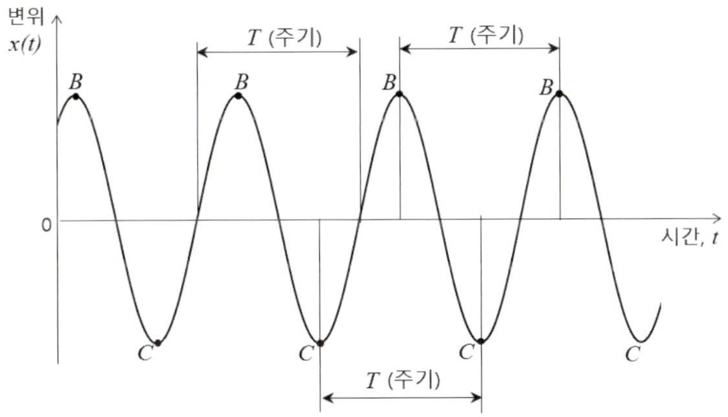

그림 2.3 조화함수로 표현된 진동 변위와 주기(T)

주기의 역수 값은 주파수(frequency, f) 혹은 진동수라고 하는데 실제로는 주기보다 진동 현상을 설명하는데 훨씬 자주 사용되는 물리량이다. 주파수(진동수)는 주기의 역수이므로 다음의 식 (2.1)로 표현되고 그 의미는 1초당 반복 운동하는 횟수를 의미한다.

$$\text{주파수}(f) = \frac{1}{\text{주기}(T)} \tag{2.1}$$

주파수(진동수) f의 단위는 Hz(헤르쯔, Hertz)이다. 예를 들어, 10 Hz는 그림 2.2에서 블록이 양의 최대 변위 지점에서 그 다음 양의 최대 변위 지점까지 1초에 10번 왕복운동 하며 변동한다는 의미이고 주기로 환산하면 1회 왕복운동에 0.1초가 걸린다는 의미이다. 1,000 Hz는 1 kHz(킬로헤르쯔)로 간략히 쓰고, 그보다 높은 주파수인 1 MHz(메가헤르쯔)나 1 GHz(기가헤르쯔)는 각각 10^6 Hz와 10^9 Hz를 의미하는데, MHz나 GHz 단위는 기계시스템의 진동보다는 전자장비로부터 발생하는 전자파의 주파수에 사용된다.

진동을 조화함수로 표현한다는 것은 수학적으로 반복적인 왕복운동을 의미하므로 진동을 회전 원운동으로 나타낼 수도 있다. 이 경우에는 각주파수(angular frequency, w, 각진동수)가 사용되는데, 각주파수 w는 주파수 f에 2π를 곱한 값이다.

$$각주파수(w) = 2\pi \times 주파수(f) \tag{2.2}$$

각주파수 w의 단위는 rad/s(라디언/sec)인데, 예를 들어 10 Hz로 진동하는 물체는 각주파수가 20π rad/s이 된다. 참고로 각주파수는 회전 운동에서의 각속도와 물리적 의미가 같다.

각주파수 w는 진동을 수학적으로 표현할 때, 다시 말해서 사인함수나 코사인함수와 같은 시간에 따른 조화함수의 형태로 표현할 때 유용하다. 그림 2.4는 그림 2.2에 나타낸 블록의 진동을 그림 2.3의 시간 파형과 함께 원운동으로 표현하였다.

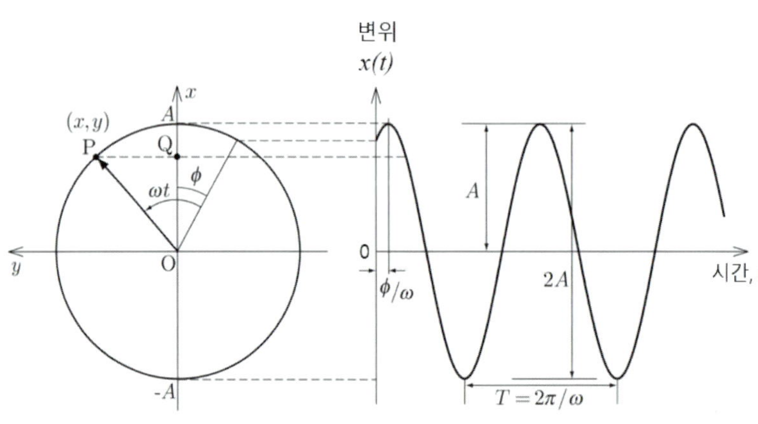

그림 2.4 진동을 표현하는 방식 – 원운동과 조화운동

그림 2.4(a)는 직교좌표계 $O-xy$에서 점 P가 원점 O를 중심으로 하는 반경 A의 원 위를 일정한 각속도 w(rad/s)로 반시계 방향으로 회전하고 있는 상황을 나타내고 있고, 이는 곧 그림

2.4(b)에서의 진동 파형을 의미한다. 그림 2.4(b)에서 $t = 0$ 일 때의 변위는 이 진동이 시작될 때의 상황을 나타내는 값인데 그림 2.4(a)의 원에서는 x축으로부터 시계 방향으로 ϕ로 표현되어 있다. 여기서 ϕ는 위상각(phase angle)을 나타내는데 진동을 기술하기 위하여 사용되는 수학적 표현식에서 진동의 시작 상황을 설명한다고 할 수 있다.

그림 2.4와 같은 진동 파형을 시간에 대한 조화함수로 표현하면 다음과 같은 코사인함수가 적절하다.

$$x(t) = A\cos(wt - \phi) \tag{2.3}$$

식 (2.3)에서 $t = 0$일 때의 값은 $A\cos(-\phi)$가 되므로 초기위상각은 $-\phi$가 된다. 만일, 초기변위의 위상각이 0이었다면 그림 2.4에 그려진 진동 파형은 $t = 0$일 때 양의 최대변위 값을 가졌을 것이다.

식 (2.3)에서 A는 진동의 진폭(amplitude, 혹은 편진폭)을 의미하는데, 블록의 양의 최대변위 값을 나타낸다. 그림 2.2에서와 같이 블록은 양과 음의 방향으로 각각 최대 변위를 가지므로, 진폭 역시 A값과 $-A$값을 가지나 일반적으로 진폭은 양의 값을 기준으로 정의된다. 그림 2.4(b)에는 진폭 A가 표시되어 있는데, 이와 함께 도시된 $2A$는 진폭의 두 배 혹은 양의 최대 변위와 음의 최대 변위 간의 크기를 나타내며 양진폭이라 부른다. 진폭 A와 양진폭 $2A$를 포함하여 진동의 크기를 표현하는 방법에 대해서는 다음 절에서 보다 자세히 다루도록 한다.

식 (2.3)은 그림 2.4(a)의 원운동과 그림 2.4(b)의 시간 파형에 모두 적용되는 수식인데, 원운동의 기준으로 생각하면, 일정한 각속도로 원운동을 하는 점을 원의 직경을 통과하는 면에의 투영이 곧 시간 파형으로 표현된 조화진동임을 알 수 있다. 원운동의 관점에서는 진동의 주기인 T는 원 위를 한바퀴 회전하는데 걸리는 시간이 된다.

식 (2.3)의 코사인함수가 아닌 사인함수로도 같은 조화진동을 표현할 수 있다. 사인함수를 사용하게 되면 식 (2.3)은 다음과 같이 표현되고 단지 위상각이 변화할 뿐이다.

$$x(t) = A\sin(wt - \phi + \frac{\pi}{2}) = A\sin(wt - (\phi - \frac{\pi}{2})) \tag{2.4}$$

주기 및 주파수를 시간 단위인 초(sec)를 기반으로 표현할 때는 주파수(f, Hz), 각주파수(w, rad/s) 뿐만 아니라, cps(cycle per second)라는 단위도 사용하며 1 Hz = 1 cps이다. 또한, 회전 기계의 경우에는 그 회전수가 1분당의 회전수로 표현되는 경우가 많기 때문에 rpm(revolution per minute)으로 진동 주파수를 자주 표현하는데, 1분당 회전수를 n rpm이라고 하면 f 및 w와의 관계는 다음의 수식과 같이 간단히 표현된다.

$$f = \frac{n}{60},\ w = \frac{2\pi n}{60} \tag{2.5}$$

2.1.3. 진동의 크기 - 변위, 속도, 가속도

진동의 크기를 설명하는 물리량은 변위의 진폭(amplitude)이다. 이미 식 (2.3)에서 진폭 A를 다룬바 있다. 그런데 진동 현상을 바라보는 관점에 따라 편진폭 A 외에도 다음과 같은 진폭을 계산하여 사용하기도 한다. 식 (2.3)과 같이 $x(t) = A\cos(\omega t - \phi)$로 표현된 진동 파형에 대해서 편진폭(peak value, 피크치), 양진폭(peak-to-peak value)을 비롯하여 진폭의 평균치(averaged value) 및 실효치(effective value, root-mean-squared(rms) value)를 다음과 같이 계산하고 표 2.1에 그 값들을 정리하였다.

$$\text{편진폭} : A \tag{2.6}$$

$$\text{양진폭} : 2A \tag{2.7}$$

$$\text{진폭의 평균치} : \frac{1}{T}\int_0^T |x(t)|dt = \frac{2}{\pi}A = 0.637A \tag{2.8}$$

$$\text{진폭의 실효값} : \sqrt{\frac{1}{T}\int_0^T x^2(t)dt} = \frac{1}{\sqrt{2}}A = 0.707A \tag{2.9}$$

식 (2.8), (2.9)에서 $T(=2\pi/\omega)$는 진동 파형의 주기이다.

지금까지는 진동 파형을 변위에 대해서만 기술하였다. 그러나 기계시스템의 진동을 측정하고 해석함에 있어서 변위 외에도 다른 물리량을 대상으로 하면 보다 효과적인 경우가 있다. 그 중에서 가장 기본적인 물리양은 변위(displacement, $x(t)$)와 함께 속도(velocity, $v(t)$)와 가속도(acceleration, $a(t)$) 이다. 속도 $v(t)$는 식 (2.10)과 같이 변위 $x(t)$를 시간에 대해서 미분한 결과이며, 가속도 $a(t)$는 식 (2.11)과 같이 속도 $v(t)$를 시간에 대해서 미분한 결과이다. 결국, 가속도는 변위를 시간에 대해서 두 번 미분하여 얻을 수 있다.

$$v(t) = \frac{dx(t)}{dt} = \dot{x}(t) \tag{2.10}$$

$$a(t) = \frac{dv(t)}{dt} = \dot{v}(t) \left(= \frac{d^2x(t)}{dt^2} = \ddot{x}(t) \right) \tag{2.11}$$

표 2.1 진동 파형 $x(t) = A\cos(wt - \phi)$의 진폭 표시 방법에 의한 크기 비교

진폭 표시 방법	진동의 크기
편진폭(peak value)	A
양진폭(peak-to-peak value)	2A
진폭의 평균치(averaged value)	0.637A
진폭의 실효치(root-mean-squared value)	0.707A

진동 측정에 있어 목적에 맞도록 선정된 진동센서를 이용하여 변위나 속도 혹은 가속도를 측정한 후 식 (2.10), (2.11)에 나타낸 미분 관계를 이용하면 측정된 값을 다른 물리량으로 변환할 수 있다. 지금까지 계속 논의한 진동 변위 $x(t) = A\cos(\omega t - \phi)$를 미분하여 진동 속도와 가속도를 구해보자.

$$v(t) = \frac{d}{dt}\{A\cos(wt - \phi)\} = -wA\sin(wt - \phi) = Aw\cos(wt - \phi + \pi/2) \tag{2.12}$$

$$a(t) = \frac{d^2}{dt^2}\{A\cos(wt - \phi)\} = -w^2A\cos(wt - \phi) = Aw^2\cos(wt - \phi + \pi) \tag{2.13}$$

식 (2.12), (2.13)의 결과에 따르면 코사인함수로 표현되는 진동 변위에 대해서 진동 속도와 진동 가속도 역시 코사인함수로 나타낼 수 있다. 그러나 진동 변위의 진폭이 A일 때, 진동 속도의 진폭은 Aw가 되고, 진동 가속도의 진폭은 Aw^2가 된다. 예를 들어, 만일 진동센서로서 가속도계를 이용할 경우, 측정된 진동 가속도 편진폭이 B라면, 그에 해당하는 진동 속도의 편진폭은 B/w이고 진동 변위의 편진폭은 B/w^2으로 계산해야 하는 것이다. 마찬가지로, 진동센서로서 속도계를 이용한 경우, 측정된 진동 속도의 양진폭이 $2C$라면, 그에 해당하는 진동 가속도의 양진폭은 $2Cw$가 되고, 진동 변위의 양진폭은 $2C/w$가 된다.

이러한 예시에서 확인할 수 있듯이 진폭이라는 용어는 변위, 속도, 가속도에 대해서 동일하게 사용하게 되므로 측정한 물리량이 어떤 것인지를 꼭 확인할 필요가 있다. 다시 말해서 변위 진

폭의 경우 단위는 기본적으로 m(meter)가 될 것이고, 속도 진폭은 m/s, 그리고 가속도 진폭은 m/s^2으로 서로 상이한 값을 나타냄에 유의해야 한다. 진폭을 표현하는 다양한 단위에 대해서는 표 2.2에 제시한다.

식 (2.12), (2.13)에 따르면 변위, 속도, 가속도라는 물리량 간에는 진폭의 변화뿐만 아니라 위상각도 변화하게 된다. 속도와 가속도는 변위에 비해서 각각 $\pi/2$와 π만큼 위상이 앞서고 있다. 그림 2.5는 초기 위상각 ϕ가 0일 때 변위와 속도, 그리고 가속도 파형의 상대적인 위상 차이를 나타내고 있다. 마지막으로, 식 (2.12), (2.13)에서 진폭과 위상각의 변화에도 진동 현상을 정의하는 진동 각주파수 w는 변화하지 않음에 유의해야 한다.

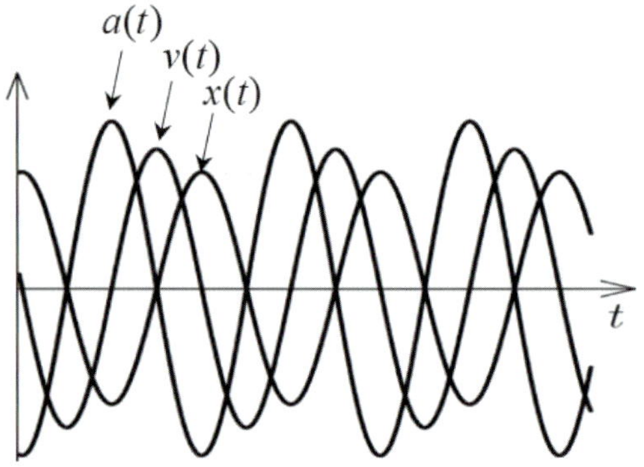

그림 2.5 진동 변위, 진동 속도, 진동 가속도 간의 위상 차이

표 2.2 진동의 진폭을 표현하는 실용 단위들

진동의 진폭량	기본 단위 (SI Units)	실용 단위
변위 진폭	m	cm (= 10^{-2} m) mm (= 10^{-3} m) μm (= 10^{-6} m)
속도 진폭	m/s	cm/s (= 10^{-2} m/s) mm/s (= 10^{-3} m/s)
가속도 진폭	m/s^2	cm/s^2 (= 10^{-2} m/s^2) G (= 9.80665 m/s^2) Gal (= 1 cm/s^2 = 10^{-2} m/s^2)

2.1.4. 진동계의 구성 요소 - 질량, 스프링, 감쇠기

진동을 공학적으로 기술하기 위하여 진동 현상을 단순하게 모델링할 필요가 있다. 진동하는 물체나 기계시스템은 매우 다양하지만 그것들을 동일한 공학적인 원리로 모델링함으로써 일관된 관점에서 해석하고 평가할 수 있다. 물론, 모델이라는 용어에서 알 수 있듯이 실제 기계시스템의 진동현상을 완벽히 해석하기 위해서는 세밀한 실험이나 수치 시뮬레이션이 필요할 것이다. 하지만, 진동 현상에 대한 기본적인 모델링 없이는 실험 및 수치 시뮬레이션에서 얻은 데이터를 제대로 평가할 수 없을 것이다.

진동하는 시스템이라는 의미로 진동계(vibrating system)이라는 용어를 사용하기도 한다. 실제 진동계는 공간적으로 분포된 분포계(distributed system)이다. 그러나 진동계를 그대로 분포계로 취급하면 진동을 수반하는 수학적 방식은 매우 복잡하게 되고, 다양한 경계조건까지 고려하면 해석적으로 풀어내기가 매우 곤란하다. 따라서 복잡한 실제의 진동계를 단순하게 모델링하는 방법은 진동계에서 바라보고자 하는 진동 현상의 다양성을 기반으로 단일 자유도(single degree of freedom, single DOF, 혹은 1자유도) 진동계와 다자유도(multiple degree of freedom, multiple DOF) 진동계로 나눌 수 있다. 단일 자유도 진동계는 진동 현상 자체가 특정 방향으로만 발생하여 진동을 기술하는 변위, 속도, 가속도와 같은 물리량이 하나만 필요한 경우이다. 다시 말하면, 진동 현상을 기술하기 위한 좌표계가 하나만 필요한 경우이다. 그림 2.6(a, b)는 단일 자유도계(1자유도계) 진동 모델들을 나타내고 있다. 그림에서는 두 모델 모두 진동을 기술하는 물리량이 변위 $x(t)$ (혹은 속도, 가속도)로서 하나의 좌표계만 있으면 충분하다.

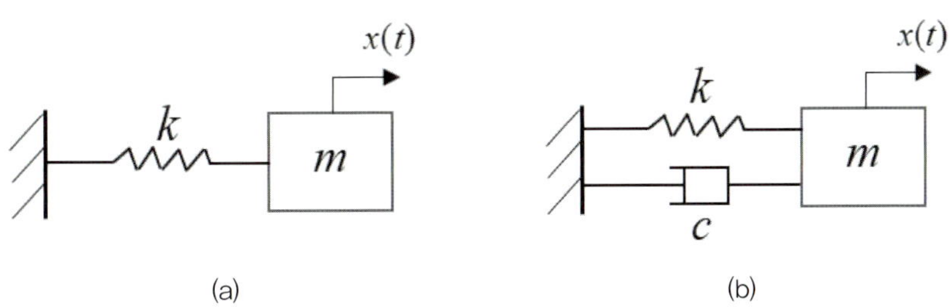

그림 2.6 1자유도계 진동 모델 (a) 비감쇠 모델, (b) 감쇠 모델

그림 2.6(a)는 이미 다룬 바와 같이 질량(m)을 가진 물체가 탄성(k)을 가진 스프링에 연결된 상태이다. 반면에 그림 2.6(b)에는 질량과 스프링 외에 감쇠기(damper, dashpot, c)가 새롭게 추가

되었다. 그림 2.6에 나타낸 1자유도계 진동 모델은 분명 실제 진동하는 기계시스템이나 구조물의 형상과는 크게 차이가 있다. 그러나 그림과 같이 진동 현상을 기술하는데 필요한 요소만으로 진동을 기술하는 방법은 진동 현상을 수학적으로 기술하여 공학적으로 이해하는데 매우 중요함을 다시 한번 강조한다. 이와 같이 진동을 기술하는데 필요한 요소들을 집중 요소(lumped elements)라고 부른다. 다시 말해서, 그림 2.6의 1자유도계 모델들은 집중 질량(m)과 집중 스프링(k, 스프링 상수) 그리고 집중 감쇠기(c)로 정의된 집중계(lumped system)이다.

(1) 질량(mass, m)

질량의 기본 단위는 kg이다. 뉴턴의 제2법칙에 따르면 질량이 m인 물체에 x방향으로 외력 F를 가하면 질량 m은 가속도 $\ddot{x}(t)$를 가지고 운동하게 된다. 이를 수식으로 표현하면 다음과 같다.

$$m\ddot{x}(t) = F \tag{2.14}$$

마찬가지로, 구속된 어떤 물체에 힘 F를 가할 때 그 결과로 발생하는 운동이 가속도 $\ddot{x}(t)$라면, 물체의 질량은 $m = F/\ddot{x}(t)$으로 얻어진다. 실제로 질량을 측정하는 간단한 방법은 물체의 무게(weight, mg)를 중력으로써 계측하고(즉, 저울에 무게를 달아서 잰다) 중력가속도 $g(= 9.81\text{m/s}^2)$로 나누어 얻어진다.

식 (2.14)로부터 같은 힘이 작용할 때 질량이 큰 물체의 가속도가 작게 되는 것을 알 수 있는데, 가속도가 작다는 것은 운동의 변화가 일어나기 어려운 것을 의미한다. 이러한 운동의 변화가 일어나기 쉽고 어려운 정도를 나타내는 관점에서 질량을 관성(inertia)이라 말하고 질량과 관계된 항(식 (2.14)에서 $m\ddot{x}(t)$)을 관성력 항이라고 부른다.

(2) 스프링(spring, k)

스프링의 성능은 스프링 상수 k로 나타내고 기본 단위는 N/m이다. 스프링은 물체의 강성(stiffness)을 나타내는 집중 요소로서 일반적으로 훅의 법칙(Hooke's law)에 따르는 탄성 영역에서 논의하며, 스프링 상수가 k인 스프링에 외력 F를 가하면 힘이 가해진 방향으로 변위 $x(t)$가 발생하게 된다. 이를 수식으로 표현하면 다음과 같다.

$$kx = F \tag{2.15}$$

마찬가지로, 탄성 영역 내에서 변형하는 스프링의 스프링 상수는 외력 F와 변위 $x(t)$로부터

$k = F/x(t)$로 얻어진다. 집중 요소로서의 스프링은 질량이 없는 것으로 가정한다. (집중 질량에서도 강성은 없는 것으로 가정한다.) 작용-반작용의 원리에서부터 스프링은 변위를 다시 돌려놓으려는 복원의 역할을 하는 요소로서 스프링과 관련된 항(식 (2.15)에서 kx)을 복원력 항이라고 부른다.

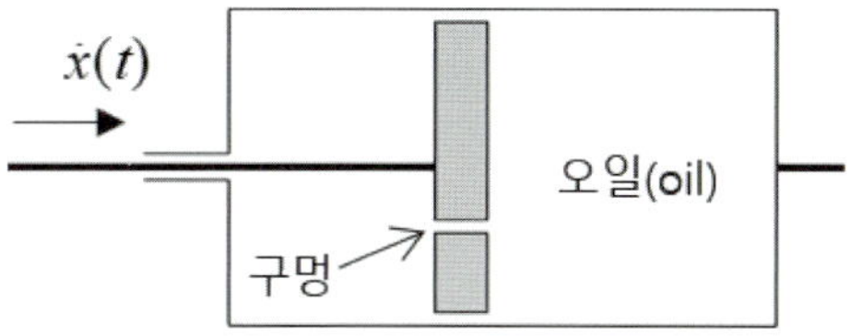

그림 2.7 오일(oil)을 이용한 감쇠기

(3) 감쇠기(damper, dashpot, c)

그림 2.6(b)의 1자유도계 진동 모델에서 질량 및 스프링과 함께 포함된 것이 감쇠기이다. 감쇠기는 그림 2.7에 표현된 바와 같이 실린더 내에 오일이 채워져 있으며 피스톤 부분이나 피스톤과 실리더의 틈새로 오일이 이동할 수 있다. 감쇠기는 입력되는 속도에 비례하는 저항력을 발생시킨다. 선형의 점성 감쇠를 고려하는 경우, 감쇠계수(damping coefficient)가 c인 감쇠기에 외력 F를 가하면 감쇠기의 응답 속도는 다음과 같은 관계식을 갖는다.

$$c\dot{x}(t) = F \tag{2.16}$$

감쇠기에 작용한 힘 F와 감쇠기의 응답 속도 $\dot{x}(t)$를 알고 있다면, 감쇠계수는 $c = F/\dot{x}(t)$로 얻어진다. 작용-반작용의 원리로부터 감쇠기에 속도 입력이 가해지면 저항력이 발생하고 이 저항력을 감쇠력(damping force)이라고 하고, 식 (2.16)의 $c\dot{x}(t)$이 감쇠력 항이다. 감쇠계수 c의 기본 단위는 Ns/m이다.

2.1.5. 1자유도계 자유진동과 고유진동수

진동계를 자유도에 따라 나누는 것은 진동 현상을 기술하는 변수의 개수, 혹은 좌표축의 개수에 따른 분류이다. 실제 기계 시스템은 다자유도 진동계이고 가능한 많은 자유도를 고려할수록 실제의 시스템에 가까운 해석 및 분석이 가능할 것이다. 자유도의 차이 외에도 진동계를 모델링 함에 있어 분류하는 방법을 알아 둘 필요가 있다. 왜냐하면 그 분류에 따라 모델에 변화가 있고 각 모델에서 얻을 수 있는 정보가 다르기 때문이다.

다음과 같은 기준으로 진동을 분류할 수 있다.

- 자유도의 개수에 따라
  : 1자유도계, 2자유도계, …, 다자유도계 진동
- 진동을 발생시키는 입력의 특성에 따라
  : 자유진동(free vibration)
  : 강제진동(forced vibration) – 조화가진응답, 일반강제응답
- 감쇠의 유무에 따라
  : 비감쇠(undamped) 진동
  : 감쇠(damped) 진동
- 시스템의 특성에 따라
  : 선형(linear) 진동
  : 비선형(nonlinear) 진동

이와 같은 진동에 대한 분류로부터 그림 2.6(a, b)에 나타낸 진동계 모델들은 1자유도계 비감쇠, 감쇠 자유진동 모델이다.

그림 2.6(a)에 나타낸 1자유도계 비감쇠 자유진동 진동계 모델에 대한 운동 방정식(equation of motion)을 유도해 보자. 운동 방정식은 뉴턴의 제2법칙을 기반으로 운동에 대한 힘 평형(force equilibrium) 및 모멘트 평형(moment equilibrium)으로부터 얻어진다. 그림 2.8과 같이 질량이 변위 $x(t)$를 가짐에 따라 스프링에 의한 복원력 $kx(t)$가 변위의 반대 방향으로 작용하게 된다. 또한 변위는 가속도로 질량에 작용하여 관성력 $m\ddot{x}(t)$을 가지게 된다. 이 두 힘은 서로 같아야 평형 상태에 있을 수 있다.

$$-kx(t) = m\ddot{x}(t) \tag{2.17}$$

식 (2.17)을 정리하면 1자유도계 비감쇠 자유진동에 대한 운동 방정식인 식 (2.18)을 얻을 수 있다. 식 (2.18)에서 우측 항 0은 이 진동이 외부 가진이 없는 자유진동임을 나타낸다.

$$m\ddot{x}(t) + kx(t) = 0 \tag{2.18}$$

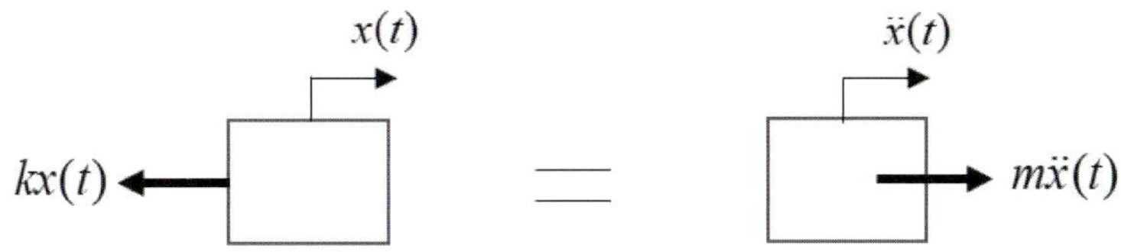

그림 2.8 1자유도계 비감쇠 자유진동 모델의 질량에 대한 자유물체도

그림 2.6(b)에 나타낸 1자유도계 감쇠 자유진동 모델에 대한 운동 방정식은 감쇠기에 의한 감쇠력이 고려되어야 한다. 복원력과 마찬가지로 감쇠력도 운동의 반대 방향으로 작용하게 되고, 감쇠력은 감쇠계수 c와 운동의 속도 $\dot{x}(t)$의 곱으로 나타냄을 설명한 바 있다. 그림 2.9에서 나타낸 질량에 대한 자유물체도로부터 식 (2.17)의 좌변은 $-kx(t)-c\dot{x}(t)$이 되어 1자유도계 감쇠 자유진동 모델에 대한 운동 방정식은 다음과 같이 표현된다.

$$m\ddot{x}(t)+c\dot{x}(t)+kx(t)=0 \tag{2.19}$$

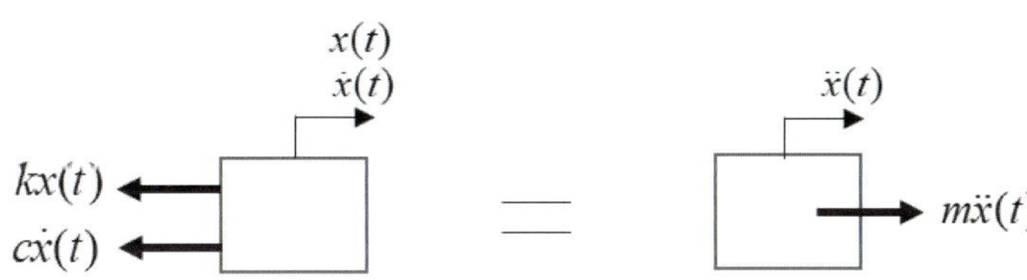

그림 2.9 1자유도계 감쇠 자유진동 모델의 질량에 대한 자유물체도

식 (2.18), (2.19)에서 도출한 바와 같이 1자유도계 자유진동 모델의 운동 방정식은 2계 상미분 방정식임을 알 수 있다. 이들 미분 방정식의 해를 구하면 진동 모델의 질량의 진동 변위 $x(t)$에 대한 거동을 얻어 낼 수 있다. 2계 상미분 방정식의 해는 앞서 식 (2.3)에서 정의한 바와 같이 조화함수로 나타내어진다. 질량의 변위에 대한 식 (2.3)을 기본해로 가정하자. 기본해를 가정할 때는 위상에 대한 항을 고려할 필요는 없다. 또한 코사인함수가 아닌 사인함수 (혹은 지수함수 (exponential function))로 가정하여도 상관없다.

$$x(t)=A\cos wt \tag{2.20}$$

기본해를 1자유도계 비감쇠 자유진동에 대한 운동 방정식 식 (2.18)에 대입한다.

$$(-mw^2+k)\cos wt=0 \tag{2.21}$$

식 (2.21)이 임의의 시간 t에 대해서 항상 성립하기 위해서는 $-mw^2+k=0$의 조건을 만족해야 한다. 이 조건은 시간 t와는 관계없는 것으로 1자유도계 비감쇠 자유진동의 특성을 나타낸다고 하여 특성 방정식(characteristic equation)이라 부른다. 특성 방정식은 다음과 같이 정리할 수 있다.

$$w_n = \sqrt{\frac{k}{m}} \quad (\text{혹은}, \ f_n = \frac{1}{2\pi}\sqrt{\frac{k}{m}}\ ) \tag{2.22}$$

식 (2.22)에서 w_n을 고유 각진동수(고유 각주파수, natural angular frequency, 단위: rad/s)라도 부르고, f_n을 고유진동수 (고유주파수, natural frequency, 단위: Hz)라고 부른다. 실제로는 고유 각진동수 보다 고유 진동수가 더 많이 사용된다. 고유 진동수의 의미는 자유진동이 발생하는 주파수를 뜻한다. 다시 말해서, 그림 2.6(a)의 1자유도계 비감쇠 자유진동의 경우 시간에 따른 진동 파형의 주파수는 언제나 고유진동수가 된다.

식 (2.22)에도 직접적으로 나타나 있듯이 고유진동수는 진동계를 구성하는 질량 m과 스프링 상수(강성) k에 의해서 결정되는 값으로 진동을 발생시키는 초기 조건에는 무관하다. 이는 고유진동수가 명칭과도 같이 진동계의 고유의 특성을 나타내는 매우 중요한 물리량임을 의미한다. 식 (2.22)의 표현식으로부터 진동계의 질량과 스프링 상수를 변화시킴에 따라 고유진동수를 높이거나 낮출 수 있고 실제 진동계를 설계하는 과정에서 매우 유용하게 사용되는 개념이다. 1자유도계 진동모델에서는 1개의 고유진동수가 존재한다. 2자유도의 경우에는 2개의 고유진동수가 존재하고, 실제 기계시스템은 자유도가 매우 많기 때문에 무수히 많은 고유진동수가 존재하게 된다.

고유진동수를 기본해의 식에 반영하여 표현하면 식 (2.20)은 $x(t)=A\cos(w_n t)=A\cos(2\pi f_n t)$과 같이 표현되고, 감쇠기가 없으므로 변위(혹은 속도, 가속도)는 시간에 따라 무한히 양과 음의 값을 반복하여 그림 2.3과 진동이 지속된다. 이 경우 그림 2.3에 나타낸 주기를 고유주기(natural period)라고 부르기도 하고 다음과 같이 계산된다.

$$T=\frac{1}{f_n}=2\pi\sqrt{\frac{m}{k}} \tag{2.23}$$

고유진동수를 계측하는 방법에는 몇 가지가 있지만, 자유진동을 시켜서 계측하는 방법이 유력한 방법의 하나이다. 이 방법은 해머링(hammering)으로 불린다. 작은 망치(hammer) 등으로 진동체에 충격을 가하여 진동을 발생시키고 그 응답을 측정한다. 충격 후는 외력이 작용하지 않기 때문에 진동체는 자유진동을 하며 고유진동수로만 진동하게 된다.

이번에는 그림 2.6(b)에 나타낸 1자유도계 감쇠 자유진동의 고유진동수 식을 유도해 보자. 식 (2.19)의 운동 방정식에 대한 기본해를 지수함수를 이용하여 다음과 같이 정의한다. 식 (2.20)과 같은 코사인함수가 아닌 식 (2.24)와 같은 지수함수로 해의 형태를 정하는 이유는 미분 방정식의 해를 구함에 있어 보다 효율적인 기본해를 선택한 것이다.

$$x(t) = Ae^{\lambda t} \tag{2.24}$$

식 (2.24)의 기본해를 식 (2.19)의 1자유도계 감쇠 자유진동에 대한 운동 방정식에 대입하면 다음과 같다.

$$(\lambda^2 m + \lambda c + k)Ae^{\lambda t} = 0 \tag{2.25}$$

식 (2.25)가 임의의 시간 t에 대해서 항상 성립하기 위해서는 $m\lambda^2 + c\lambda + k = 0$의 조건을 만족해야 하며 이 식은 1자유도계 감쇠 자유진동에 대한 특성 방정식(characteristic equation)이다. 특성 방정식은 시간 t와는 관계없이, 고려하는 진동계의 특성을 나타내는 식이고 그 근(해, λ 값)이 진동계의 거동을 좌우한다. 2차 방정식의 근의 공식을 이용하여 특성 방정식의 근을 구하면 다음과 같다.

$$\lambda = \frac{-c \pm j\sqrt{4mk - c^2}}{2m} = -\frac{c}{2m} \pm j\sqrt{\frac{k}{m} - \left(\frac{c}{2m}\right)^2} = \alpha \pm j\beta \tag{2.26}$$

특성 방정식의 근(줄여서 특성근) λ는 실근 혹은 복소근 일 수 있다. 식 (2.26)은 복소근의 형태로 표현하였고 실수부 α는 감쇠 특성을, 허수부 β는 진동수 특성을 나타낸다. 실근과 복소근 여부는 진동계를 구성하고 있는 질량(m), 스프링 상수(강성, k) 그리고 감쇠계수(c) 간의 상대적 값에 따라서 결정된다. 여기서 감쇠비(damping ratio, ξ)를 정의하면 논의에 유용하다.

$$\zeta = \frac{c}{2\sqrt{mk}} = \frac{c}{c_c} \tag{2.27}$$

식 (2.27)에 정의된 바와 같이 감쇠비는 임계감쇠계수(critical damping coefficient, c_c)에 대한 감쇠계수 c의 비이다. 임계감쇠계수는 식 (2.26)의 특성근의 $\sqrt{\ }$ 내부를 0으로 하는 c 값을 의미한다. 다시 말해서, 감쇠비 ξ의 값에 따라 특성근이 실근인지 복소근인지 여부와 그에 따른 진동 특성이 결정된다.

감쇠비 ξ와 감쇠가 없는 경우에 대한 고유진동수(비감쇠 고유진동수) $w_n = \sqrt{k/m}$ 를 이용하여 식 (2.26)의 특성근을 다시 쓰면 다음과 같다.

$$\lambda = -\zeta w_n \pm j w_n \sqrt{1-\zeta^2} = -\zeta w_n \pm j w_d \tag{2.28}$$

식 (2.28)에서 w_d는 1자유도계 감쇠 자유진동의 각고유진동수로 다음과 같이 정의되었음을 알 수 있다. 이 정의는 중요하므로 다시 한번 작성하도록 한다.

$$w_d = w_n \sqrt{1-\zeta^2} = \sqrt{\frac{k}{m}}\sqrt{1-\zeta^2} \quad (\text{혹은, } f_d = f_n \sqrt{1-\zeta^2} = \frac{1}{2\pi}\sqrt{\frac{k}{m}}\sqrt{1-\zeta^2}\ ) \tag{2.29}$$

식 (2.29)로부터 감쇠가 있는 진동계의 고유진동수 w_d는 비감쇠인 경우의 고유진동수 w_n에 비해서 감쇠비가 식에 반영되었음을 알 수 있다. 즉, 그림 2.6(a)와 2.6(b)에 나타난 1자유도계 진동 모델의 고유진동수는 서로 다른 것이다.

이제 감쇠비 ξ의 값에 따른 특성근과 진동 특성에 대해서 분석해 보자.

1) 감쇠비가 0인 경우 ($\xi = 0$)

감쇠비가 0은 감쇠계수가 0임을 의미하므로 1자유도계 비감쇠 자유진동이다. 이 경우에도 식 (2.24)로 설정한 기본해는 여전히 유효하다. 식 (2.28)의 특성근이 $\lambda = \pm j w_n$이 되므로 다시 식 (2.24)로부터 해(진동 파형)는 두 해의 선형결합으로 표현된다.

$$\begin{aligned} x(t) &= A_1 e^{-jw_n t} + A_2 e^{jw_n t} \\ &= A_1(\cos(w_n t) - j\sin(w_n t)) + A_2(\cos(w_n t) + j\sin(w_n t)) \\ &= (A_1 + A_2)\cos(w_n t) + j(-A_1 + A_2)\sin(w_n t) \\ &= C_1\cos(w_n t) + C_2\sin(w_n t) \\ &= A\cos(w_n t - \phi) \end{aligned} \tag{2.30}$$

식 (2.30)의 최종식은 1자유도계 비감쇠 자유진동의 해인 식 (2.20), 식 (2.3)과 같다. 이때 진폭 A와 위상 ϕ는 진동의 초기값을 고려하여 결정되는 상수이다.

2) 감쇠비가 1보다 작은 경우 ($\xi < 1$)

실제 기계시스템에서는 감쇠비의 값이 대부분 1보다 작은 값을 가진다. 특성근은 식 (2.28)의 형태를 가지고 이때의 해(진동 파형)를 기본해의 선형 결합으로 표현하면 식 (2.31)과 같다. 수식의 전개 부분은 식 (2.30)에서의 전개와 같아서 생략하였다.

$$
\begin{aligned}
x(t) &= A_1 e^{(-\xi w_n - j w_d)t} + A_2 e^{(-\zeta w_n + j w_d)t} \\
&= e^{-\zeta w_n t}\left\{A_1 e^{-j w_d t} + A_2 e^{j w_d t}\right\} \\
&= e^{-\zeta w_n t}\{A_1(\cos(w_d t) - j\sin(w_d t)) + A_2(\cos(w_d t) + j\sin(w_d t))\} \\
&= e^{-\zeta w_n t} A\cos(w_d t - \phi)
\end{aligned}
\tag{2.31}
$$

식 (2.31)을 $\xi = 0$인 비감쇠의 해인 식 (2.30)과 비교하면, $e^{-\xi w_n t}$가 곱해져 있음을 확인할 수 있다. 이 함수는 시간 t가 증가함에 따라 지수적으로(exponentially) 감소하는 함수이다. 식 (2.31)의 나머지 부분인 $A\cos(w_d t - \phi)$는 감소 없이 양과 음의 값으로 계속적으로 변화하는(진동하는) 함수이다. 결국, 두 함수의 곱으로 이루어진 해는 그림 2.10과 같이 시간이 흐를수록 진동하면서 지수적으로 진폭이 감소하는 파형을 이룬다. 이것이 1자유도계 감쇠 자유진동의 거동이다. 이를 부족 감쇠 운동 (underdamped motion)이라고도 한다.

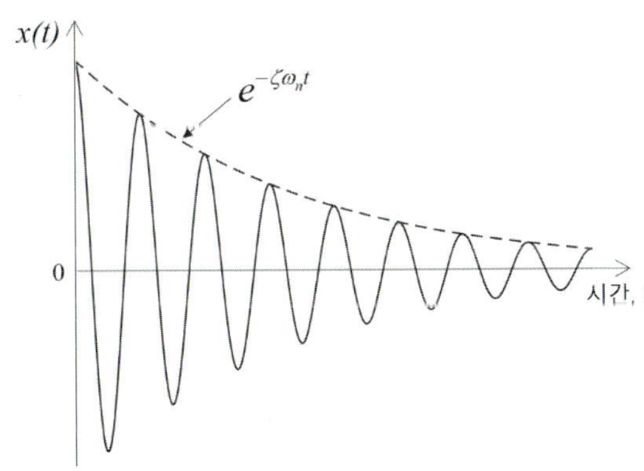

그림 2.10 감쇠 자유진동의 파형 ($\xi < 1$)

3) 감쇠비가 1보다 크거나 같은 경우 ($\xi \geq 1$)

식 (2.28)로부터 $\xi = 1$이면 특성근은 중근이 되고 $\xi > 1$이면 특성근은 두 실근이 된다. 어떤 경우이든 특성근에서 허수부가 없기 때문에 자유진동 해는 진동 성분이 없고 감쇠 성분만 존재하게 된다. 따라서 진동계는 그림 2.11과 같이 약하게 진동하다 멈추거나 거의 진동 없이 운동을 멈추게 된다. 따라서 감쇠비가 1보다 크거나 같은 경우는 진동의 관점에서 크게 문제되지 않을 수 있다. $\xi = 1$인 경우를 임계감쇠 운동(critical damped motion), $\xi > 1$인 경우는 과도감쇠 운동(overdamped motion)이라고도 부른다.

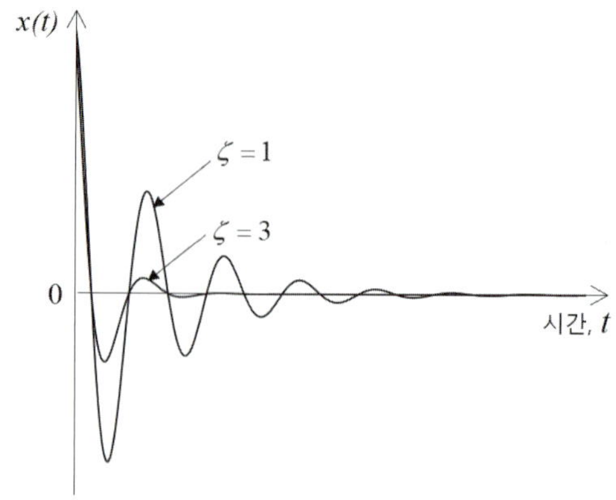

그림 2.11 임계감쇠($\xi = 1$)운동 및 과도감쇠($\xi > 1$) 운동의 파형

2.1.6. 다자유도계 자유진동과 고유진동수

실제 기계시스템에서 자유진동의 진동수는 그 진동계의 형상이나 재료의 밀도, 탄성 계수(강성) 등에 의해 결정되고 이론적으로는 무한계의 고유진동수(낮은 값에서부터 1차 고유진동수, 2차 고유진동수 등으로 부른다)가 존재한다. 각 고유진동수에 대해서는 1자유도계에 대한 방법의 연장선 상에서 이해될 수 있으므로 다자유도계 문제를 1자유도계의 집합된 계로 변환하여 바라볼 수 있다.

다자유도계 진동계를 고려함에 있어 가장 필요한 고유진동의 특성으로는 고유진동모드(natural mode of vibration)가 있다. 진동계가 특정 차수의 고유진동수에서 자유진동하고 있는 경우에는 진동계의 각 위치에서의 진동 진폭의 비는 일정하다. 예를 들어, 그림 2.12(a)와 같이 한쪽 단이 고정된 보(beam)의 1차 고유진동수에서는 점선과 같은 형상으로부터 실선과 같은 진폭을 가지고 진동한다. 이와 같은 진동의 형태를 진동모드(vibration mode, mode of vibration)라고 부르며, 자유진동 시의 진동 형태를 고유진동모드라고 부른다. 다음 차수 모드인 2차 고유진동모드는 그림 2.12(b)와 같이 1차 고유진동모드와는 형태가 다르다. 3차, 4차 고유진동모드도 서로 다른 형태를 가진다. 중요한 점은 각 모드가 고유한 형태를 유지하면서 진동한다는 점이다. 이러한 다중의 모드 형상을 측정함으로써 기계시스템의 진동 특성을 파악할 수 있을 뿐만 아니라, 기계시스템에 문제가 발생한 경우의 대책을 수립하기 위한 효과적인 정보를 얻을 수 있다. 다자유도계의 고유진동모드에서 또 한가지 중요한 점은 실제 기계에서는 이론상 무한개의 고유진동모드가 존재하지만, 실제로 주요 진동특성으로 파악하거나 문제가 되는 것은 저차의 수개의 모드인 경우가 대부분이라는 점이다.

(a) 1차 고유진동모드 (b) 2차 고유진동모드

그림 2.12 한쪽 단이 고정된 보(beam)의 고유진동모드

2.1.7. 1자유도계 강제진동과 공진

강제진동(forced vibration)이란 진동계에 외력(external force)이 가해지고 그것에 의해 계가 진동하는 현상을 말한다. 이때 외력이란 시간에 대해서 변동하는 힘을 의미하는데, 실제 기계시스템에서는 진동 문제의 대부분이 강제진동에 해당한다.

그림 2.13은 외력 $P_0\cos(wt)$가 가해지고 있는 1자유도계 진동 모델을 나타내고 있다. 1자유도계 모델에 가해지는 외력은 P_0라는 일정한 진폭과 시간에 따라 w라는 주파수로 주기적으로 가해진다. 이때 시간에 따른 외력의 변화 역시 코사인함수와 같이 조화함수로 표현하였다. 시간에 따라 다양한 변화를 가지는 외력이 진동계에 가해질 수 있으나 푸리에 변환에 의하면 임의의 함수도 사인함수나 코사인함수와 같은 조화함수의 전개로서 표현할 수 있으므로, 전형적인 조화함수인 코사인함수로 외력을 표현한 것이다. 이러한 경우를 조화 외력(harmonic force)이라 부른다.

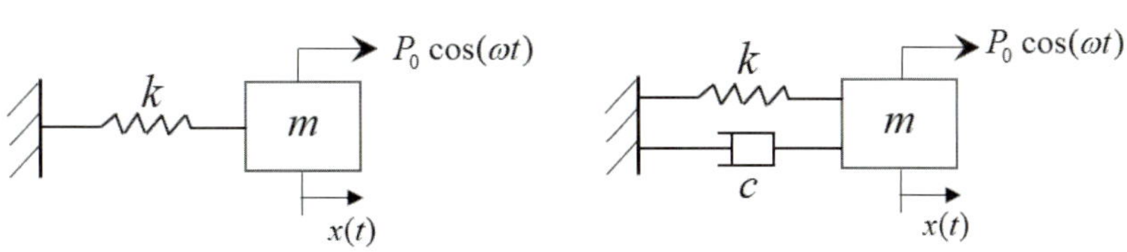

(a) (b)

그림 2.13 1자유도계 강제진동 모델 (a) 비감쇠, (b) 감쇠

1자유도계 강제진동의 운동 방정식에는 자유진동 모델에 비해서 외력항이 추가되어야 한다. 질량의 관성력항 $m\ddot{x}(t)$, 스프링에 의한 복원력항 $-kx(t)$, 감쇠기에 의한 점성 감쇠력항 $-c\dot{x}(t)$과 함께 조화 외력항 $P_0\cos(wt)$를 고려하면 다음과 같은 운동 방정식을 얻는다.

$$m\ddot{x}(t) + c\dot{x}(t) + kx(t) = P_0\cos(wt) \tag{2.32}$$

1자유도계 감쇠 강제진동에 대한 식 (2.32)는 자유진동의 운동 방정식인 식 (2.19)에 비해서 외력이 우변에 있을 뿐이나 미분방정식이 갖는 해의 관점에서는 상당히 다르다. 우변이 0인 자유진동에 대한 운동 방정식을 동차 미분방정식이라 부르고, 식 (2.32)와 같은 강제진동의 운동 방정식은 비동차 미분방정식으로 분류한다. 비동차 미분방정식의 일반해는 동차 미분방정식의 일반해와 비동차 미분방정식에 대한 한 개의 특수해의 합으로 나타낸다. 이를 진동계의 해의 관점에서는 다음과 같은 의미를 가진다.

강제진동 해 = 자유진동 해 + 강제진동 특수해 (2.33)

= 감쇠진동 해 + 정상진동 해

식 (2.33)에 있는 자유진동 해는 감쇠가 작은 경우에 대해서 이미 식 (2.31)에서 도출한 바 있다. 실제 진동계에는 감쇠가 반드시 존재하기 때문에, 자유진동 해인 $e^{-\xi w_n t}A\cos(w_d t - \phi)$는 그림 2.10에서 나타낸 바와 같이 시간이 지남에 따라 소멸한다. 따라서 어느 정도 시간이 흐른 후에는 강제진동 해는 곧 특수해가 되고 이를 정상진동(steady-state vibration) 해라고 부른다. 그림 2.14는 강제진동의 변위를 시간에 따라 나타낸다.

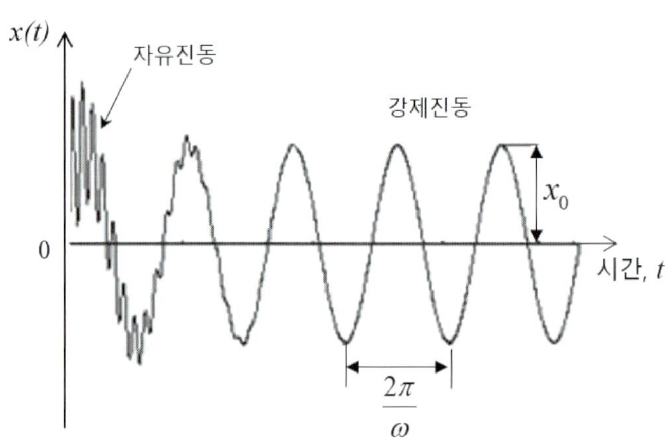

그림 2.14 조화가진에 의한 1자유도계의 강제진동

그림 2.14와 같이 진동이 시작한 초기에는 자유진동이 강제진동과 중첩되어 나타나지만 시간이 경과함에 따라 자유진동이 소멸하여 강제진동만이 남게 되는 것을 알 수 있다. 이때 x_0는 강제진동의 진폭을 w는 강제진동을 일으키는 각진동수(각주파수)를 의미한다.

이제 식 (2.32)로 표현된 1자유도계 감쇠 강제진동에 대한 특수해를 구해보자. 비동차 미분방정식의 특수해를 다음과 같이 설정한다.

$$x(t) = A\cos(wt) + B\sin(wt) \tag{2.34}$$

특수해의 설정에서 알 수 있듯이 각진동수 w로 가진되는 진동계는 가진 주파수와 같은 진동수로 진동하게 된다. 식 (2.32)에서 외력은 시간에 대해 $\cos(wt)$로 변화하고 있는데 진동계에 감쇠가 존재하므로 외력에 대해서 진동계의 응답 변위가 미소하게 지연되게 된다. 식 (2.34)의 $\sin(wt)$는 이러한 지연 효과를 표현하기 위함이다. 이렇게 표현된 변위는 그림 2.14에 그려진 바와 같이 $x_0\cos(wt+\phi)$의 형태를 띄게 될 것이다.

식 (2.34)의 변위를 시간에 대해서 미분한 속도와 가속도는 다음과 같다.

$$\dot{x}(t) = -wA\sin(wt) + wB\cos(wt), \quad \ddot{x}(t) = -w^2A\cos(wt) - w^2B\sin(wt) \tag{2.35}$$

이들을 식 (2.32)에 대입하고 $\sin(wt)$와 $\cos(wt)$로 묶인 좌우 변의 계수가 같다는 조건으로부터 다음의 연립 방정식이 얻어진다.

$$\begin{cases} (k-\omega^2 m)A + c\omega B = P_0 \\ -c\omega A + (k-\omega^2 m)B = 0 \end{cases} \tag{2.36}$$

이 연립 방정식을 풀어서 얻어지는 계수 A와 B는 다음과 같다,

$$A = \frac{(k-w^2m)P_0}{(k-w^2m)^2+(cw)^2}, \quad B = \frac{cwP_0}{(k-w^2m)^2+(cw)^2} \tag{2.37}$$

식 (2.34)의 변위를 $x(t) = A\cos(wt) + B\sin(wt) = x_0\cos(wt-\phi)$로 표현하여 진폭 x_0와 위상 ϕ를 1자유도계 감쇠 진동모델의 물리량과 가진 주파수로 나타내면 다음과 같다.

$$x_0 = \sqrt{A^2+B^2} = \frac{P_0}{\sqrt{(k-w^2m)^2+(cw)^2}} \tag{2.38}$$

$$\phi = \tan^{-1}\left(\frac{B}{A}\right) = \tan^{-1}\left(\frac{cw}{k-w^2m}\right) \tag{2.39}$$

감쇠가 없는 1자유도계 모델의 각고유진동수를 $w_n(=\sqrt{k/m})$라고 하고 진동수 비를

$r=w/w_n$로 정의하자. 또한, 정적 처짐(static deflection, δ_{st})을 $\delta_{st}=P_0/k$로 정의하자. 정적 처짐은 주기적인 외력의 일정 진폭 P_0가 정적으로 진동계에 작용했을 때의 스프링의 처짐량이다. 여기에 앞서 정의했던 감쇠비 $\zeta(=c/(2\sqrt{mk}))$까지 이용하면 강제진동 응답의 진폭과 위상은 다음과 같이 표현할 수 있다.

$$\frac{x_0}{\delta_{st}}=\frac{1}{\sqrt{(1-r^2)^2+(2\zeta r)^2}} \tag{2.40}$$

$$\phi=\tan^{-1}\left(\frac{2\zeta r}{1-r^2}\right) \tag{2.41}$$

식 (2.40, 41)로 도출된 1자유도계 감쇠 강제진동의 응답에 대한 진폭과 위상은 그림 2.15에 도시하였다. 두 그래프 모두 가로축은 진동수 비 $r(=w/w_n)$이다. 그림 2.15(a)에서 나타나듯이 주파수 비가 1 근방의 값을 가질 때, 강제진동의 진폭은 급속히 커진다. 진동수 비 1은 가진 진동수와 진동계의 고유진동수가 같다는 것을 의미한다. 다시 말해서, 가진 진동수가 진동계 고유의 고유진동수 같으면 (혹은 그 근방이면) 진폭이 매우 커지게 되는 현상이 발생하는데 이를 공진(resonance)이라고 한다.

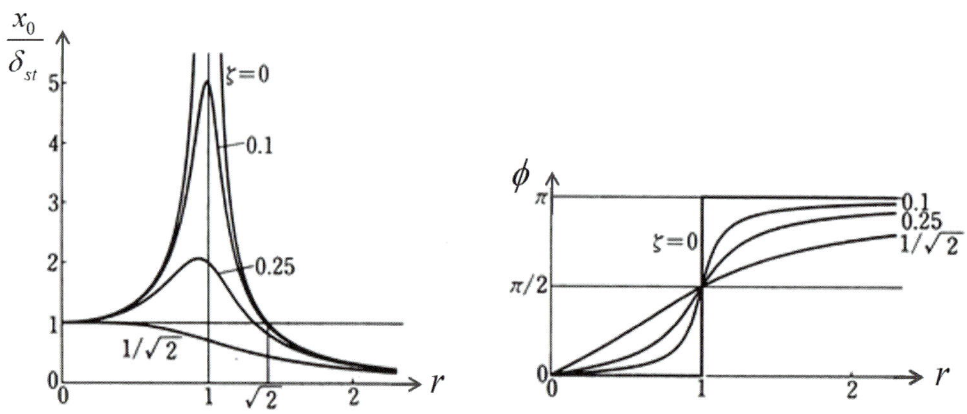

(a) 진폭　　　(b) 위상

그림 2.15 1자유도계 감쇠 강제진동에서의 주파수 비에 따른 진폭과 위상(지연각)의 변화

그림 2.15(a)에서와 같이 감쇠가 없는 경우($\zeta=0$)에는 진폭이 무한대가 된다. 실제 진동계는 감쇠가 언제나 존재하기 때문에 진폭이 무한대로 발산할 수는 없다. 공진의 크기(즉, 진폭)는 감쇠비의 적은 증가에도 급격히 감소한다. 즉, 공진하는 진동계의 진동 응답을 감소시킬 수 있

는 가장 효과적인 방안은 감쇠를 부과하는 것이라는 점을 그림 2.15(a)에서 확인할 수 있는 것이다.

그림 2.15(b)에는 주파수 비에 따른 변위 응답의 위상을 도시하고 있다. 진동수 비가 작을 때는 위상이 작다. 이는 가진력과 변위 응답이 거의 동위상(작은 자연각)이라는 의미이다. 진동수 비가 1일 때(공진이 발생할 때)에는 감쇠비의 값에 상관없이 응답의 위상이 $\pi/2$가 된다. 이는 가진되는 외력에 비해서 진동 응답이 $\pi/2(=90°)$만큼 지연된다는 의미이다. 반면에 진동수 비가 클 때에는 위상이 $\pi(=180°)$가 되어 가진력과 변위 응답 간에 역위상이 된다. 진동수의 비에 따른 가진력과 변위 응답 간의 위상 차이를 그림 2.16에 도시하였다.

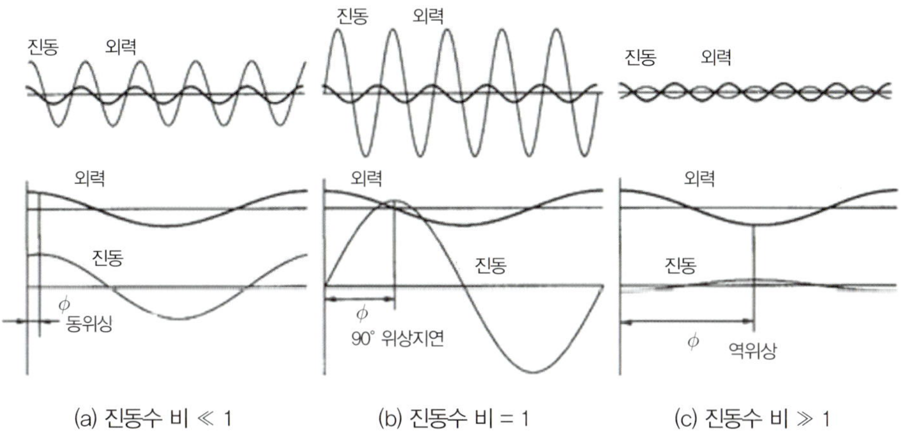

그림 2.16 1자유도 강제진동에서 진동수 비에 따른 외력과 변위응답의 위상 관계

2.2 데이터 수집

2.2.1. 진동센서

진동센서(vibration sensor)는 기계진동을 전기신호로 변환하는 장치이다. 진동센서에는 아래 표와 같이 측정하는 물리량, 측정 방식 또는 측정 가능 영역에 따라 다양한 종류가 존재한다.

또한 일반적으로 아래 그림과 같이 측정하는 주파수 범위에 따라 측정 물리량(변위, 진동속도, 진동가속도)이 결정된다. 수십 Hz 미만의 저속 회전기계에는 변위 측정이 일반적이며, 1 kHz 미만의 진동은 속도를 측정하며, 1 kHz 이상의 고주파수에 대해서는 진동가속도를 측정하는 것이 일반적이다. 하지만, 회전기계의 경우 베어링의 종류도 측정에 효과적인 물리량에 결정에 중요한 요소가 된다. 미끄럼(유체) 베어링의 경우 축과 정지된 베어링 지지부가 연결되어 있지 않으며 이에 따라 축의 상대(또는 절대)변위를 비접촉식으로 측정하는 것이 널리 사용되고 있으며, 구름 베어링의 경우는 베어링 하우징에서 접촉식으로 진동속도 또는 진동가속도를 측정하고 있다. 여기에서는 현대 회전기계 진동 측정에 쓰이는 대표적인 2종류의 센서인 와전류식 변위 센서와 압전식 진동속도(또는 가속도) 센서의 원리와 사용상 주의점에 대해서 설명한다.

표 2.3 진동센서의 종류

측정 물리량	진동센서의 종류	측정방식	측정 가능 영역
변 위	• 접촉식(LVDT)	접촉	DC 측정 가능
	• 와전류식(eddy current)	비접촉	
	• 정전식(capacitive)		
	• 레이저 간섭		
진동속도	• 레이저 도플러식		DC 측정 불가
	• 압전식(piezoelectric)	접촉	
진동가속도	• 압전식(전하 출력)		
	• 압전식(전압 출력)		

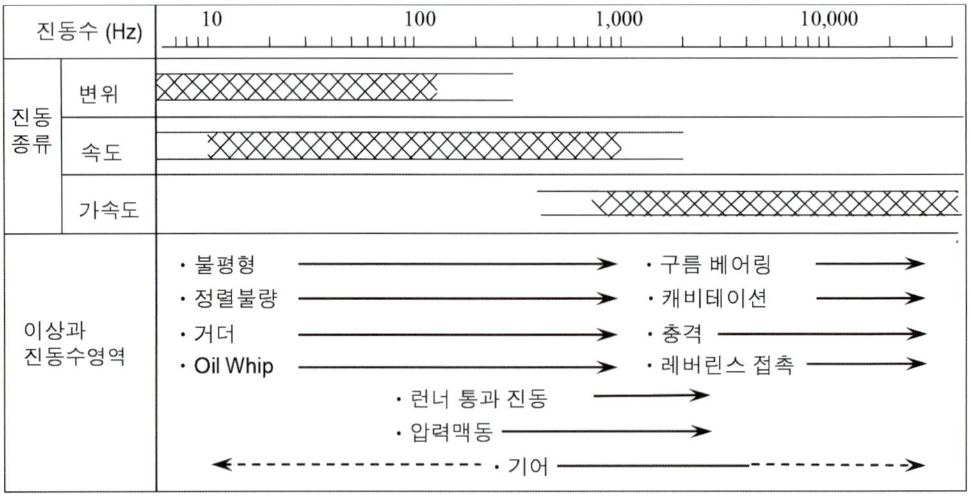

그림 2.17 측정 주파수와 진동센서

2.2.1.1. 와전류식 변위 센서

와전류(eddy current)는 페러데이(Faraday) 법칙에 따라 변화하는 자기장에 의해 도체(conductor) 내부에 생성되는 전류를 의미한다. 이와 같은 와전류는 자기장과 도체 사이의 상대거리에 따라 그 크기가 결정되므로, 와전류의 크기를 측정함으로서 자기장과 도체 사이의 상대적 변위를 측정할 수 있다.

와전류식 변위 센서의 사용에 있어서 주의할 점 중 하나는 와전류 생성의 원리 때문에 도체만 측정이 가능하다는 것이다. 즉, 나무나 플라스틱과 같은 부도체에 대해서는 변위 측정이 불가하다. 또한, 생성되는 와전류의 세기는 도체의 재질이나 표면 상태에 따라 달라지며 이에 따라 측정 결과가 차이가 발생한다. 따라서, 와전류식 변위 센서를 사용하기 전에 측정 대상체에 따른 교정(calibration) 행위가 필수적으로 수행되어야 한다. 일반적으로 센서 제조업체에서 공급하는 교정 성적서(정보)는 한가지 재질에 대한 정보만 담고 있는 경우가 대부분이기 때문에 실제 측정할 대상체와 다른 경우가 많다.

추가로 주의할 점은 센서 설치에 관한 것으로 와전류식 변위 센서는 아래 그림과 같이 센서를 설치하기 위한 브래킷(bracket, 치구)이 필요하다. 만약, 브래킷의 굽힘 강성이 충분하지 못하다면, 측정 중 브래킷의 변형에 따른 센서의 움직임이 측정 오차를 발생시킬 수 있다. 또한, 센서 부근에 도체가 없도록 아래 그림에 나타내듯이 센서 끝부분 직경 D에 대해 3배 이상의 공간을 가지도록 해야한다. 마지막으로 궤도 분석과 같은 2차원 평면에서의 변위 측성을 위해서는 2개의 변위 센서가 필요한데, 센서가 너무 가까이 있으면 와전류의 상호 간섭으로 인해 측정 결과가 영향을 받는다. 이 경우 센서의 간격을 충분히 확보하거나, 와전류 발진 주파수를 다르게 하는 방법을 사용한다.

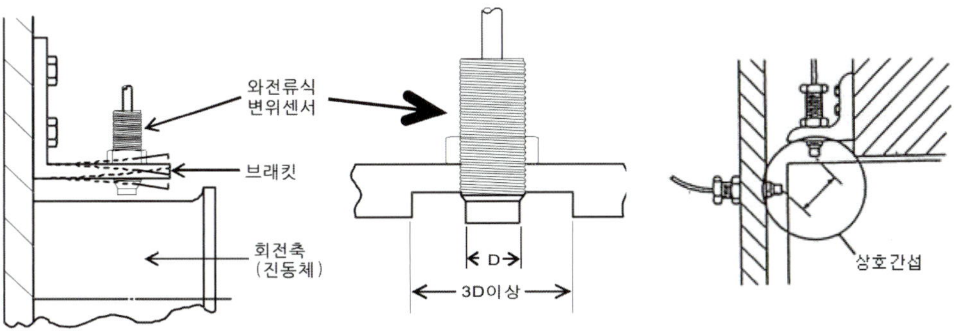

그림 2.18 와전류식 변위 센서 설치의 주의점(브래킷 강성과 센서 주위 공간)

2.2.1.2. 압전식 속도/가속도 센서

기계설비의 이상진단에 가장 널리 사용되는 센서는 압전식(piezoelectric) 진동 가속도(또는 속도) 센서이다. 이와 같은 압전식 진동센서는 작고 진동수 응답특성이 좋으며, 긴 수명에 감도가 높은 등의 이유로 최근 대부분의 데이터 수집 장치에 이용되고 있다. 압전식 진동센서는 소자에 변형이 발생하면 전기 신호가 발생하는 압전 현상을 이용한 센서로서, 측정 대상체에 고정 또는 접촉하여 진동을 측정하는 센서이다. 아래 그림과 같이 압전 재료에 질량체를 연결하면, 질량체의 움직임에 따라 전하가 발생하게 되며, 이를 측정함으로서 센서에 연결된 대상체의 진동을 측정할 수 있는 것이다. 질량체와 연결된 압전 재료의 변형 종류에 따라 압축식과 전단식으로 나눌 수 있다. 또한, 특이할 점은 질량체의 움직임을 측정하는 원리 때문에 중력 가속도와 일정 회전 시스템의 원심 가속도 같은 시간에 따라 변화하지 않는 DC(direct current) 성분은 측정이 불가능하다는 점이다.

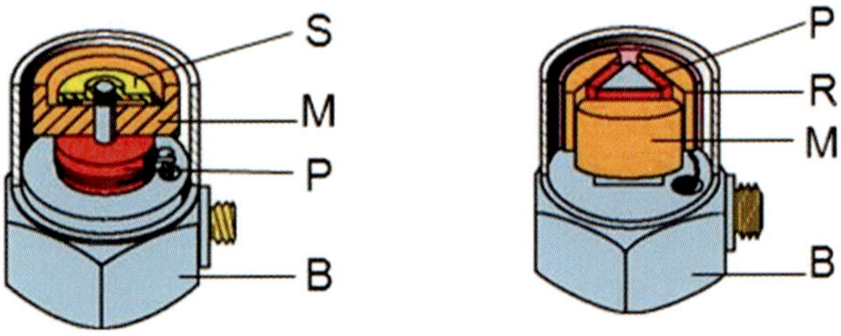

(a) Shear type (b) Compression type

S: Preloading spring, M: Seismic mass, P: Piezoelectric material, R: Preloading ring, B: Base

그림 2.19 압전식 가속도계의 내부 예[2)]

대표적인 압전식 진동가속도센서는 압전소자에서 발생한 전기적인 출력을 그대로 발생하는 방식(전하식)과 저출력 임피던스를 목적으로 증폭기를 내장하는 방식(전압식, ICP, CCLD)이 있다. 전하식의 경우 압전식 진동가속도센서의 감도는 5.3 pC/m/s^{2}과 같이 가속도에 대한 전하량으로 표시하고 있으며, 이를 전하감도(charge sensitivity)라 한다. 전하감도는 1 m/s^{2}의 가속도에 대해서 발생하는 전하 C(쿨롱)의 정도이지만, 발생하는 전하가 극히 작기 때문에 실용적으로는 pC(1 pico Coulomb = 10^{-12} C)의 단위가 사용된다. 압전식 진동가속도센서의 출력은 높은 임피던스를 가지고 있어서 케이블 노이즈가 민감하며, 긴 케이블을 사용할 시 센서 민감도의 영향(감쇠)을 주는 단점이 있어서, 현장에서 산업적 적용이 어렵다. 이것을 해소하기 위해

2) Jens T. Broth, Mechanical Vibration and Shock Measurements, Bruel&Kjaer, 1984.

전하식 가속도계 센서는 전하증폭기(charge amplifier)를 거쳐 데이터 획득 장치에 연결되는 것이 일반적이다.

한편, 전압식 진동가속도센서는 압전체와 함께 전치증폭기(pre-amplifier 또는 간단히 pre-amp)라 부르는 임피던스 변환회로를 내장하고 있다. 이 변환 회로는 출력 임피던스를 낮게 하여 외부 노이즈의 영향에 강건하며, 원거리까지 케이블을 연장해도 민감도의 변화가 낮다. 일반적인 감도는 mV/m/s^{2}과 같이 나타나며, 최근 대부분의 데이터 획득 장치에 직접 연결이 가능하고 케이블의 단선(disconnection)을 쉽게 파악할 수 있는 장점이 있다. 하지만, 센서 내부에 추가적인 전기회로가 존재하기 때문에, 추가적인 전류를 흘려 주어야 하며, 온도(특히 고온)에 민감한 특징을 갖게 된다. 아래 표는 전하식 가속도계와 전압식 가속계의 각각 장/단점을 비교하고 있다. 최근에는 사용의 간편함으로 인해 전압식 가속도(또는 속도) 센서가 주류를 이루고 있으나, 극저온, 고온 등의 특별한 환경에서는 아직도 전하식 가속도(또는 속도) 센서의 사용이 이루어지고 있다. 따라서, 센서 선정 시 측정 대상 및 주위 환경의 온도에 따라 센서의 선택이 이루어져야 한다.

표 2.4 압전식 진동센서의 종류 및 장단점

	장점	단점
전하식	• 고온에서 특성 변화가 적음 • 동적 범위가 큼	• 전하 증폭기 필요 • 케이블 특성에 따라 민감도 변화 • 노이즈에 대한 정량화 어려움
전압식	• 간편한 사용 • 케이블 특성에 영향 받지 않음	• 고온 및 저온에서의 특성 변화 • 민감도 조정 불가능

2.2.2. 감도 교정

2.2.2.1. 와전류식 변위 센서 교정

와전류식 변위 센서는 압전식 진동센서와 달리 DC 성분에 대한 측정이 가능하며, 10 kHz 정도까지의 넓은 주파수 범위에서 균일하게 응답하는 성능이 있다. 이에 따라 수백 Hz 이하의 저주파수 범위에서는 센서의 주파수 응답 특성이 정적 특성과 거의 동일하게 나타난다. 이를 이용하여 와전류식 변위 센서의 교정은 아래 그림에 나타낸 것과 같은 마이크로미터가 부착된 교정대를 사용하고, 측정대상과 동일한 소재와 센서와의 거리를 정적으로 변화시켜서, 그 거리와 센서의 출력전압을 정확하게 측정하는 정특성 시험(DC 영역에서의 시험)으로 교정을 수행한다.

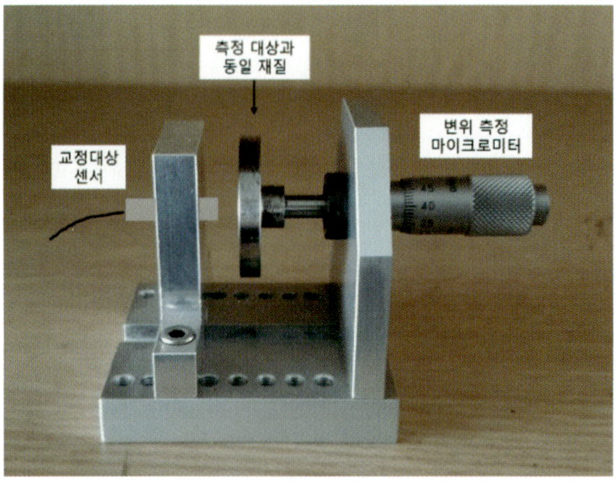

그림 2.20 변위 센서 교정대 예시

정특성 시험에서 얻어진 교정곡선(변위에 대한 출력전압의 실제특성)의 예를 아래 그림에 나타낸다. 실제 특성은 선형에서 조금 벗어난 형태를 보여주지만, 그 차이(d)의 크기가 무시할만한 수준이기 때문에 선형 맞춤 후 그 기울기를 센서 민감도로 사용한다.

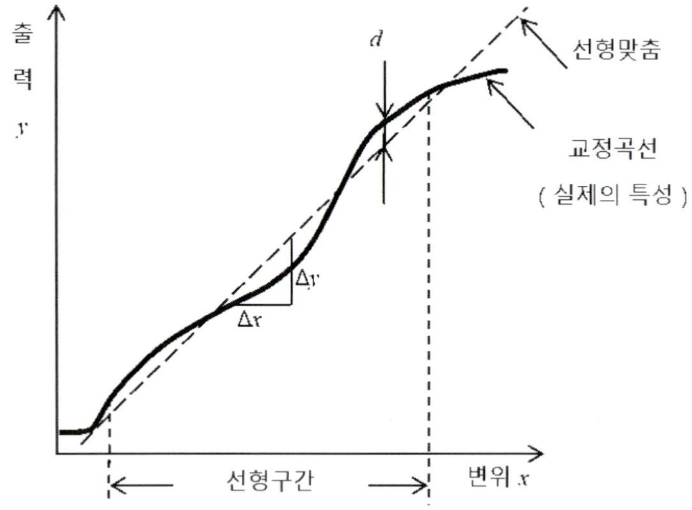

그림 2.21 와전류식 변위 센서 교정곡선의 예

위와 같은 실험실 교정과 다른 방식으로 아래 그림과 같이 실제 기계에서 교정을 수행할 수 있다. 교정용 도구로서 측정대상과 센서 간격을 정확한 틈새로 유지하기 위해서 정밀하게 가공된 틈새 게이지 또는 스페이서(spacer)를 준비하고 틈새에 대한 출력을 측정한다. 스페이서는 측정에 영향을 주지 않도록 부도체로 만들어져야 하며, 서로 다른 크기(두께)의 2, 3종류를 사용한다. 그 후 측정결과를 앞서 실험실 방법과 유사하게 선형으로 가정하여 선형 맞춤을 실시하여 민감도를 구한다.

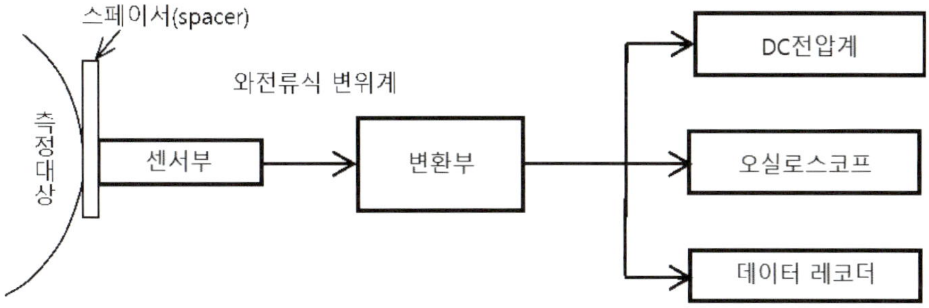

그림 2.22 실제 기계에 대한 와전류식 변위 센서 교정

2.2.2.2. 압전식 진동센서 교정

압전식 진동센서를 교정하는 가장 정확한 방법은 아래 그림과 같이 센서를 실제로 정현 진동시키고 표준센서와 비교하여 감도교정을 수행하는 방법이다. 이와 같은 비교교정은 절대 교정된 표준센서와 공시센서를 강하게 결합(스터드 결합)하고 함께 가진하여 센서의 감도를 교정하는 방법이다. 표준센서의 출력으로부터 가진 진폭을 구하고 공시센서의 출력으로부터 감도를 구한다. 시판되고 있는 진동센서의 대부분은 이 방법으로 교정된 것이다. 아래 그림은 비교교정장치의 구성을 보여주고 있으며, 비교교정의 정도를 유지하기 위해서는 표준센서, 전하증폭기, 전압계 등의 정기적인 교정이 필수적이다.

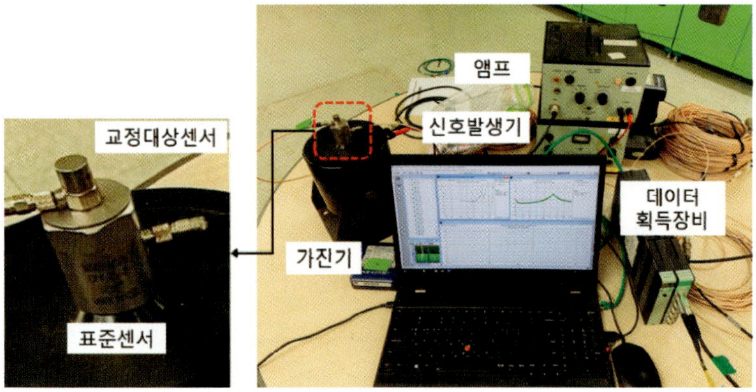

그림 2.23 비교교정장치의 구성

위와 같은 비교 교정장치는 정밀한 표준 센서의 절대 교정이 선행되어야 하고, 표준 센서의 관리 및 소급성 유지가 매우 중요하다. 이에 따라 일반적인 진동 측정자가 센서 교정을 수행하기 어려운 점이 존재한다. 이에 따라 간단한 교정 방법으로 선호되는 방법은 시판 중인 교정용 가진기를 이용하는 방법이다. 교정용 가진기는 일정한 주파수(일반적으로 159 Hz)의 일정한 진동 크기(대개 1 g = 9.8 m/s^2)의 가속도를 발생시키는 장치로서 건전지로 간편하게 작동이 가능하다. 교정을 원하는 공시센서를 교정용 가진기 상부에 설치하여 가진기가 발생시키는 진동 주파수 및 진동 크기가 정상적으로 측정되는지 확인하거나, 이에 대한 보정값을 계산하여 정확한 진동이 측정되도록 한다. 사용의 간편성으로 현장에서 많이 사용되는 방법이나, 앞서 언급한 것과 1개의 주파수에 대한 교정만이 가능하여, 사용되는 주파수 범위에 대한 정확한 교정을 위해서는 전문 교정 기관을 통해 교정해야 한다.

그림 2.24 시판 중인 교정용 가진기[3]

2.2.3. 진동 측정의 범위

2.2.3.1. 상한 주파수

가속도계의 상한 주파수를 결정하는 요소는 크게 3가지로 구별할 수 있으며, 그중 첫번째 요인은 진동센서 자체의 주파수 응답 특성이다. 앞서 압전식 가속도계의 구조에서 볼 수 있듯이, 센서 자체도 하나의 질량-강성계로 볼 수 있으며, 아래 그림과 같이 주파수 변화에 따라 공진 특성을 갖는다. 공진 주파수보다 매우 낮은 지점에서는 실제 센서를 가진하는 가속도와 같은 가속

3) PCB piezotronics, Bruel&Kjear, RION Co., Ltd.

도를 측정할 수 있지만, 공진 주파수 부근에서는 측정하는 크기가 증가하여 정확한 측정값을 얻을 수 없다. 이에 따라 센서의 상한 주파수가 결정되며, 공진 주파수 대비 1/3까지 상한 주파수를 한정하기도 하지만, 최근 가속도 센서들은 1 % 또는 3 dB 오차가 발생하는 주파수 영역을 센서 제원으로 제시하고 있다. 따라서, 사용자는 측정 영역에 대한 사전 정보(또는 가정)를 통해 상한 주파수에 부합하는 센서를 선정해야 한다.

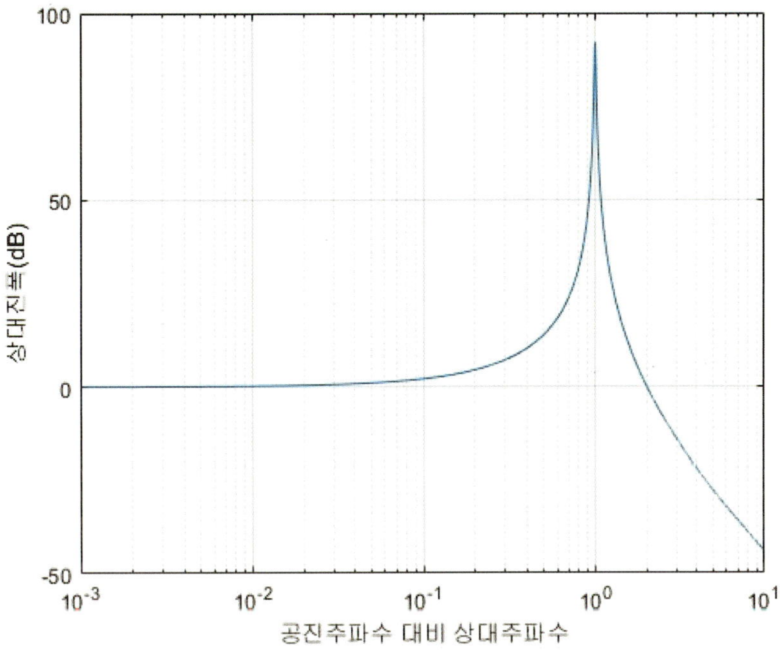

그림 2.25 가속도계 자체 주파수 응답 예

다음으로 접촉식 가속도(또는 속도) 센서는 비접촉식 센서와 달리 자체 질량이 측정 결과에 영향을 미칠 수 있다. 일반적으로 측정 대상체의 동적 등가 질량(m_s)과 센서 자체 질량(m_a) 때문에 아래 수식과 같이 측정 가속도(a_m)가 실제 가속도(a_s)보다 작아지는 것으로 알려져 있으며, 고유진동수를 측정하는 경우도 측정 고유진동수(f_m)이 실제 고유진동수(f_s) 보다 작아진다. 아래 수식은 엄밀한 가속도 센서와 측정 구조물 사이의 모형에 의하여 식이 아닌 근사화된 식으로서, 대강의 영향을 판단할 때 사용해야 하며, 일반적으로는 센서가 접촉하는 부위 질량의 1/50 이하의 가속도계 센서 사용이 권장된다.

$$a_s = \frac{a_m(m_s + m_a)}{m_s}$$

$$f_s = f_m \sqrt{\frac{m_s + m_a}{m_s}}$$

마지막으로 센서와 측정 대상체 접촉면의 거칠기 또는 접착 세기로 인해 강성(stiffness)이 발생하고, 이로 인해 공진 현상을 일으킬 수 있으며, 이에 따라 상한 주파수가 결정된다. 아래 그림의 왼쪽 그림은 진동센서를 설치했을 때의 접촉면을 묘사한 것으로 센서와 측정 대상물 표면은 미시적으로는 요철(凹凸)이 있고 이 요철이 오른쪽 그림과 같이 강성 요소 k로서 작용하고 진동센서의 질량 m과의 사이에서 공진계를 형성한다.

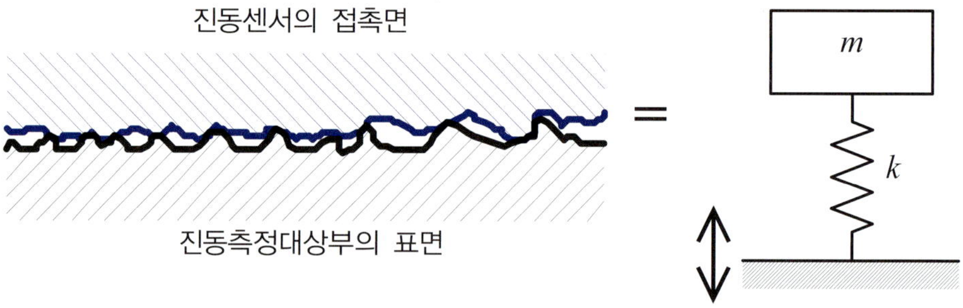

그림 2.26 진동센서와 측정대상부 접촉면의 모식도

아래 그림은 표준형의 압전형 가속도계의 설치방법을 나타내고 있다. 설치 방법 그림의 (A), (B)와 같이 나사(볼트)로 설치하는 경우가 설치 강성을 최대화하여 가장 고주파수까지 측정할 수 있는 방법이다. 여기에서 주의할 것은 볼트가 센서 나사 밑 끝까지 삽입되어 센서가 변형되지 않도록 해야하며, 제작사에서 추천하는 토크로 설치를 진행하는 것이다.

나사 고정이 사용될 수 없는 장소에서는 그림 (C)에 나타낸 것과 같이, 접착제를 이용하여 센서를 설치한다. 설치면이 평탄하지 않고, 작은 센서를 사용한다면, 센서 주위에 접착제를 삽입하여 딱딱한 층을 만드는 것도 가능하다. 또 충분히 접착하고 그 위에 접착제 층을 얇게 하기 위해, 강하게 밀어 붙여 접착한다. 또 다른 하나의 설치방법은 접착제용 패드(pad)를 센서에 나사로 고정하여 사용하는 것이다. 패드의 평탄한 면을 그림 (D)와 같이 접착시킨다. 이 방법은 다음 번, 동일한 점에서 반복적으로 계측이 필요한 경우에 유익하게 사용되는 방법이다. 센서를 옮

직여도 접착되어 있는 패드는 그대로 남겨두면, 다음 계측이 정확하게 동일한 점에서 이루어질 수가 있다.

위와 같은 설치 방법이 불가능한 경우, 그림 (E)와 (F)와 같이 양면 테이프, 왁스 또는 자석을 이용하는 방법이 존재한다. 이와 같은 방법은 설치의 간편함으로 인해 일반적으로 가장 현장에서 많이 사용되는 방법이다. 하지만, 3 kHz 이상의 고주파수 측정에는 적합하지 않은 방법임을 명심해야 한다. 이 경우 조금이나마 측정 상한주파수를 상승시키려면 접촉 강성을 크게 하는 노력이 필요하다. 진동센서의 아랫면과 측정 대상물 면의 접촉면적이 클수록 강성이 증가하기 때문에 측정 대상면을 평탄하게 절삭하는 것이 측정 주파수를 높이는데 유리하다. 또한 요철을 외부의 힘으로 평탄화하기 위해 그리스를 얇게 도포하기도 하며, 접촉면에 이물질이 혼입되지 않도록 하기 위하여 접촉면을 잘 닦고 센서를 설치하는 노력이 필요하다.

(A)	(B)	(C)
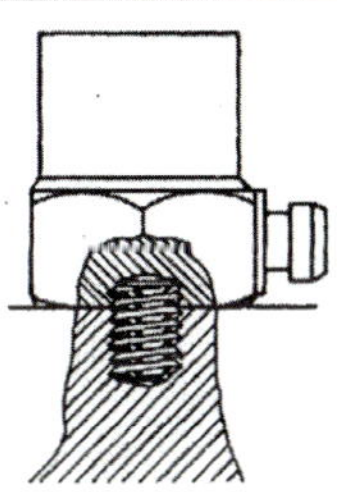	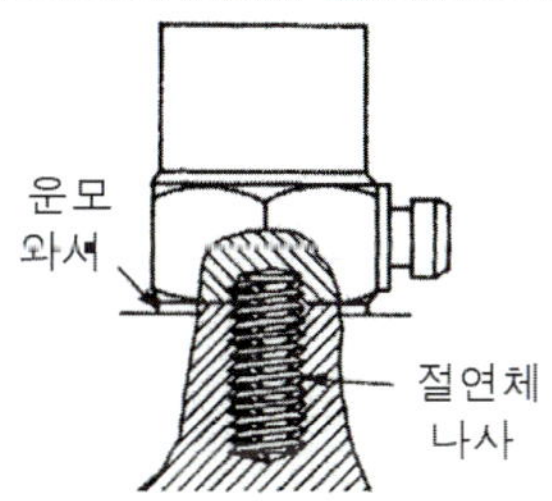	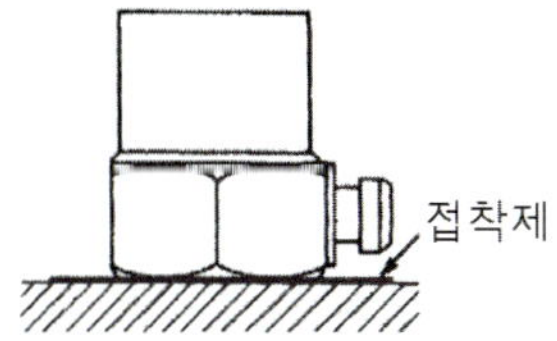
전나사 고정. 센서를 완전나사로 측정면에 직접 부착한다	전기절연체의 완전나사를 사용, 센서와 측정면의 가운데 운모와셔를 삽입하여 부착한다	접착제로 측정점에 직접 붙인다
(D)	(E)	(F)
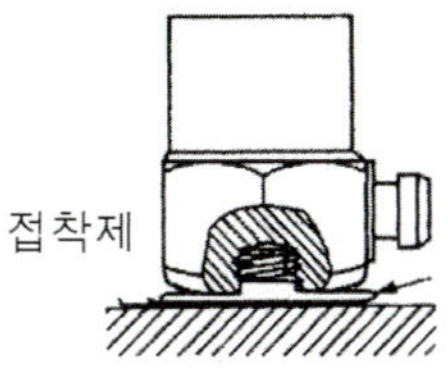	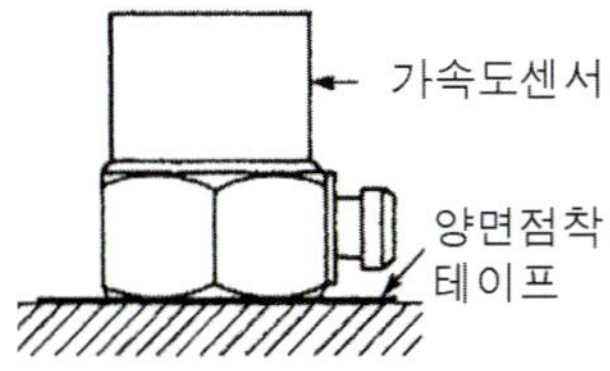	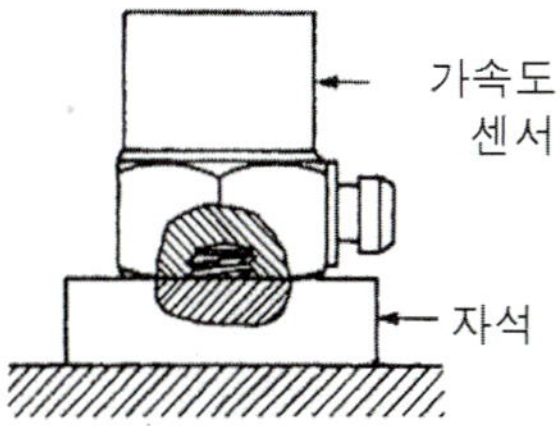
접착쇠장식을 센서에 끼우고, 쇠장식을 접착제로 측정면에 부착한다	양면접착 테이프로 센서를 측정면에 부착한다	자석의 접착쇠장식을 센서에 나사 고정후, 측정면에 부착한다

그림 2.27 압전형 가속도센서의 장착 방법

2.2.3.2. SN비와 동적 범위

진동 측정은 진동을 전기 신호로 변환하는 센서가 전기적 신호를 측정하는 데이터 측정장치에 연결되어 진동을 측정하게 된다. 따라서 측정하는 진동 신호의 특징 및 데이터 측정 장치의 성능에 따라 측정 가능한 범위가 정해진다. 진동 신호의 특징을 나타내는 양의 하나로 SN비(신호/노이즈 비율)라 불려지는 양이 있으며, 다음 식과 같이 표시된다. 이는 측정하고자 하는 진동의 크기 및 센서의 측정 가능한 최소 진동값과 연관이 있으며, 센서가 측정 가능한 최소 진동값(또는 ambient noise라고 표현하기도 함)은 일반적으로 센서의 제원(specification)에 제시되어 있다.

$$\text{S/N비(dB)} = 20\log_{10}\frac{\text{측정 진동의 최대값}}{\text{진동이 없을 때 측정치}}$$

전기적 신호를 측정하는 데이터 획득 장치의 성능은 유한하기 때문에 매우 작은 신호부터 큰 신호까지 한번에 모든 크기의 신호를 측정하는 것은 불가능하다. 측정기의 측정 가능한 신호 크기의 범위를 동적 범위(dynamic range)라 하며, 수식적으로 다음과 같이 나타낸다.

$$\text{Dynamic Range(dB)} = 20\log_{10}\frac{\text{측정 가능한 최대값}}{\text{측정 가능한 최소값}}$$

일반적으로 동적 범위는 클수록 좋은 측정장치라고 할 수 있다. 최근 데이터 측정장치는 아날로그 신호를 디지털로 변환하여 측정하는 A/D(analog to digital) 변환기를 이용하며, A/D 변환기는 2진수를 기반으로 아날로그 데이터를 디지털로 변환한다. 따라서, 동적 범위를 dB가 아닌 비트(bit) 단위로 나타내는 경우가 많으며, 만약 16 비트 변환기를 이용한다면 (+, -) 부호를 결정하는 데에 1 비트를 사용하며, 그 외 15 비트를 이용하여 나타낼 수 있는 동적 범위는 다음과 같이 계산할 수 있다.

$$20\log_{10}2^{15} = 20\times 15\times \log_{10}2 = 90(dB)$$

통상, 동적 범위가 S/N비 보다 크면, 적절한 측정장치 구성이라 할 수 있다. 과거에는 A/D 변환기의 성능 문제로 동적 범위와 S/N 비를 비교하여 측정 범위를 조정하는 것이 매우 중요했다. 측정하고 싶은 진동이 측정 범위의 상한을 초과하는 경우는 측정범위를 위쪽으로 변경해야 하며, 측정하고 싶은 진동이 측정 범위의 하한을 밑도는 작은 진동의 경우에는 측정범위를 아래쪽으로 변경해야 정확한 측정을 수행 수 있었다. 하지만, 최근 측정 하드웨어의 성능이 개선(16

비트 이상)되어, 이에 대한 문제는 크게 발생하지 않는다. 오히려 센서의 최대 및 최저 측정 성능을 고려하여 센서를 선택하는 것이 중요해지고 있다.

2.2.4. 회전기계 진동 측정 특이 사항

2.2.4.1. 궤도 측정

구름 베어링이 장착된 회전기계와 달리 미끄럼 베어링이 장착된 회전기계는 회전축과 정지부(베어링 지지부)이 직접 연결되어 있지 않으며, 이에 따라 축이 일정한 간극(clearance) 내에서 움직인다. 이와 같은 움직임의 궤적을 휘돌림(whirling), 궤도(orbit) 또는 리자슈(Lissajous)라고 부르며, 이를 시각적으로 나타내고 분석하는 기술이 개발되어 왔다. 축의 움직임을 2차원 평면에 시각적으로 나타내기 위해 수직과 수평방향의 변위를 직접 측정하여 평면에 그 결과를 보여준다. 아래 그림은 대표적인 예로서 축의 움직임을 정적(매우 느린) 움직임과 동적 움직임으로 나누어, 각각 축심(shaft center) 궤적 모니터링과 축 휘돌림(whirl) 모니터링으로 각각 나누어 보여주고 있다. 회전 축의 90° 간격으로 수평과 수직 방향 변위를 측정하고, 필터링을 통해 정적 움직임과 동적 움직임을 신호 처리를 통해 분리한다. 그 후 각각의 결과를 2차원 평면상에서 보여줄 수 있다. 1쌍의 변위 센서 설치는 90° 간격 설치가 별도의 전처리 없이 시각화가 가능하나, 아닌 경우 센서 측정 결과 대한 전처리(센서 위치 보정)을 통해서도 궤도 측정이 가능하다.

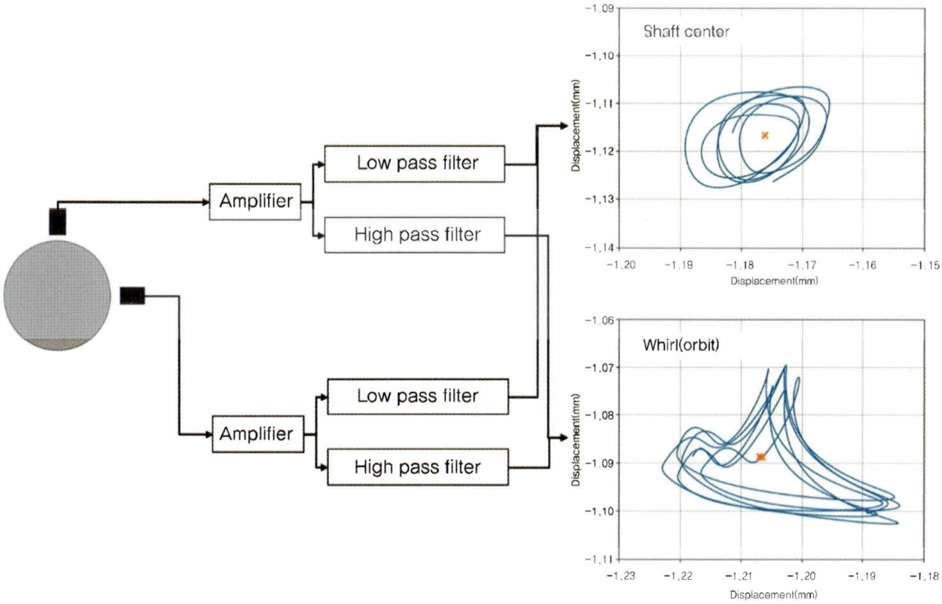

그림 2.28 축 진동의 측정과 궤도의 표시

선형계의 진동에 대해서는 궤도는 통상 타원이 되며, 이는 수평/수직의 응답의 크기가 달라져서 생기는 현상이다. 만약 수직/수평 응답의 크기가 완벽하게 같다면, 궤도는 원형으로 나타나지만, 실제 시스템에서 그와 같은 조건은 거의 만족되지 않는다. 아래 그림과 같은 타원 궤도는 수학적으로 크기가 서로 다른 수직/수평 성분으로 나눌 수도 있으며, 다른 한편 회전 방향과 같은 정방향(forward) 궤도와 역방향(backward) 궤도로 분리하여 나타낼 수 있다. 이는 같은 물리적 현상을 서로 다른 분석 방법으로 바라보는 것으로서, 상호 보완적인 정보를 줄 수 있다.

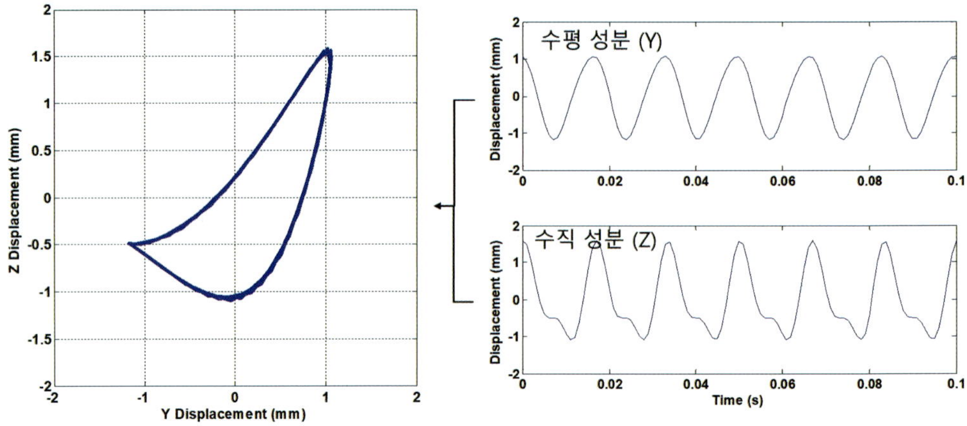

그림 2.29 축 궤도의 응답 방향별 분리 예

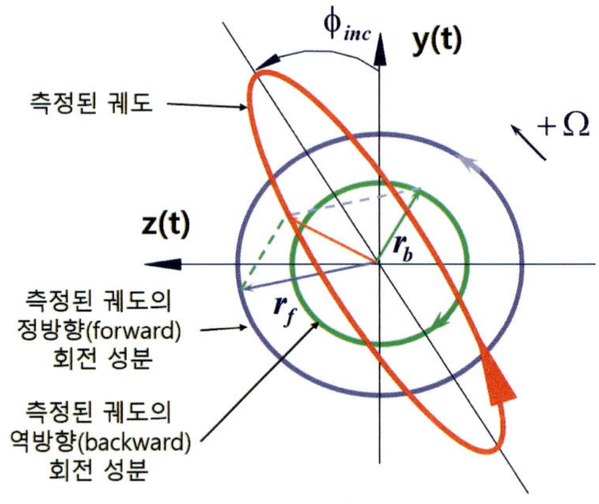

그림 2.30 축 궤도의 회전 방향별 분리 예

한편, 베어링 이상, 축정렬, 마찰과 같은 고장이 관련되면 아래 그림과 같이 다양한 주파수 성분 및 비선형 현상으로 궤도는 찌그러진 형상 또는 배꼽 형상과 같은 다양한 형상을 나타내게 되며, 이를 이용하여 이상을 진단하는 것이 가능하게 된다.

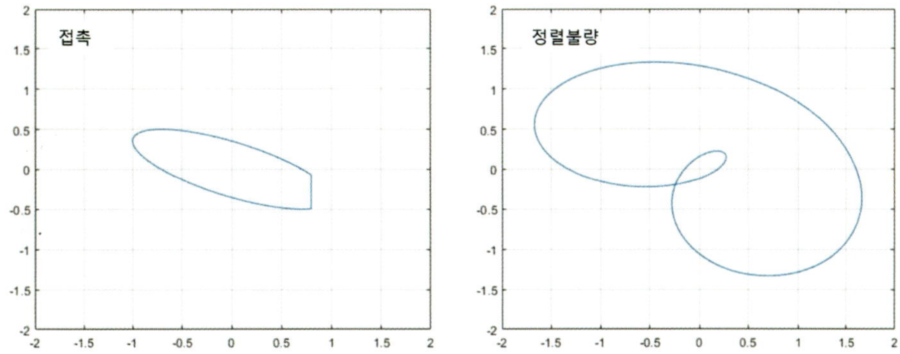

그림 2.31 접촉이나 마찰이 있을 때의 축 심 궤도의 예

2.2.4.2. 위상

조화 진동은 삼각함수로 표현 가능하며, 같은 주기를 갖는 2개의 진동 파형이 시간축 방향으로 서로 다르게 평형이동한 경우 위상차(phase difference, ϕ)가 발생했다고 한다.

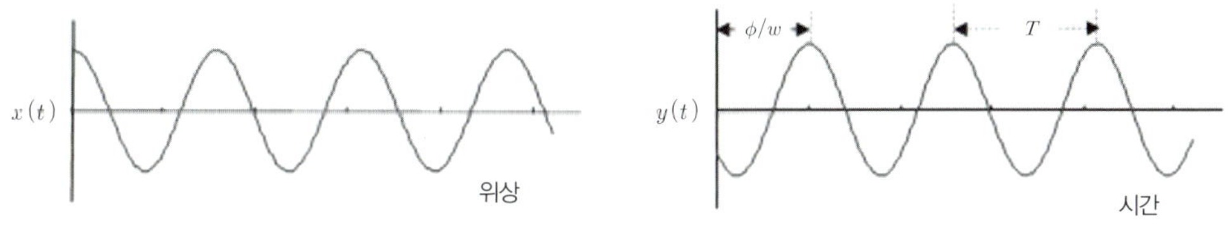

(a) $x(t) = A\cos wt$ (b) $y(t) = A\cos(wt - \phi)$

그림 2.32 조화 진동의 위상차

이와 같은 위상차가 중요한 예로는 가진력과 응답변위, 두 점의 변위, 회전축의 회전 기준 위치와 회전에 의한 진동의 관계 등이 있다. 특히 회전 기준 위치(타코 신호)에 대한 회전에 의한 진동 관계는 진동에 의한 기계 진단 및 대책(밸런싱)에 필수적으로 사용되는 정보이다. 회전 기준 위치 신호는 아래 그림과 같이 회전축으로부터의 1회전 1 펄스를 사용하는 것이 간편하며, 이 기준 신호에 대한 진동 신호의 위상각과 진폭을 표현할 수 있다. 이 경우, 크기와 각도를 갖는 물리량 표현에 적합한 극좌표 형식이 일반적으로 사용하며, 이를 진동 벡터라는 이름으로 널리 통용되고 있다. 이와 같은 진동 벡터는 불평형, 정렬불량, 회전체 접촉이나 크랙 등 진동 진단을 수행하는 대부분의 장비에 기본 기능으로 탑재되어 있으며, 측정 원리는 그림 2.33과 같다.

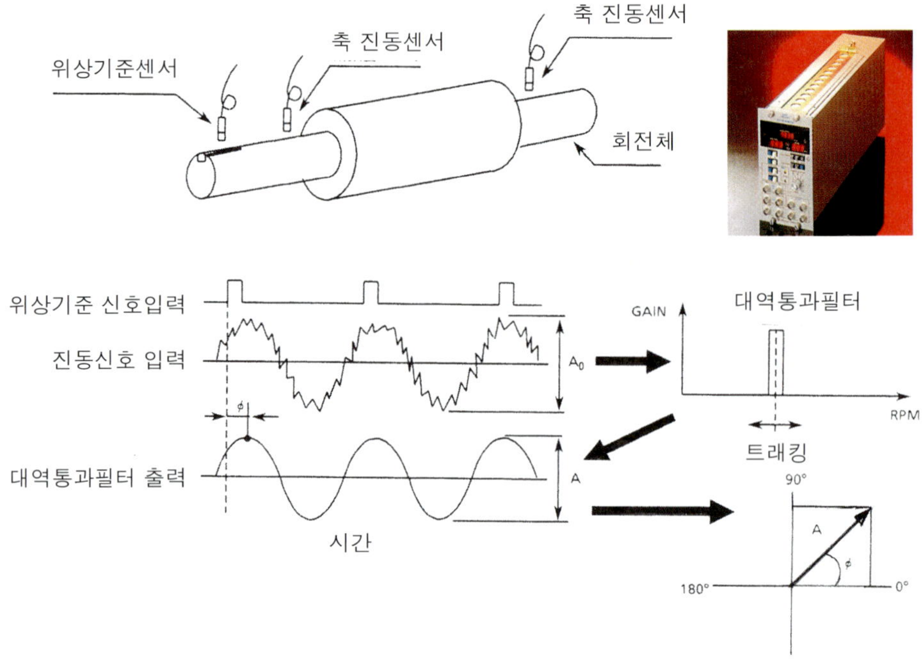

그림 2.33 진동 벡터의 측정

2.4.4.3. 런아웃

회전기계의 축 진동에 많이 사용되는 와전류형 비접촉 변위 센서에서는 측정 대상 축 표면의 실제 요철에 기인하는 센서 신호(기계적 런아웃, mechanical runout)과 축 표면의 전자기적 불균일(잔류자기 또는 잔류응력)에 기인하는 센서 신호(전기적 런아웃, electrical runout)가 각각 발생될 수 있다. 이와 같은 런아웃은 와전류식 변위 센서를 이용한 축 진동 측정의 최소치 및 분해능에 영향을 미친다. 아래 그림에서 (a)의 마이크로미터 출력은 축 표면의 실제 요철(기계적 런아웃)의 계측 결과이다. (b)는 비접촉 변위계 출력이며, (a)의 결과와 크게 다른 것을 확인할 수 있으며, 이 차이가 전기적 런아웃이다.

기계적 런아웃을 없애기 위해서는 측정 대상의 표면 처리 및 가공을 통해 실제 요철을 최소화해야 한다. 만약, 기계적 런아웃과 전기적 런아웃을 최소화하기 어렵다면, 축을 저속으로 회전시켜서 런아웃의 진폭과 기준 각도에서 위상을 계측하고, 실제 회전수로 계측한 진동으로부터 벡터 감산 $V = V_m - V_r$을 실시하여 보정할 수 있다. 이와 같은 방법은 진동의 경우 회전 속도에 따라 변화하지만, 런아웃은 회전속도에 따라 변화하지 않는다는 점을 이용한 것이다. 여기서 V는 실제 진동벡터, V_m는 측정 진동벡터, V_r는 런아웃 벡터를 각각 의미한다.

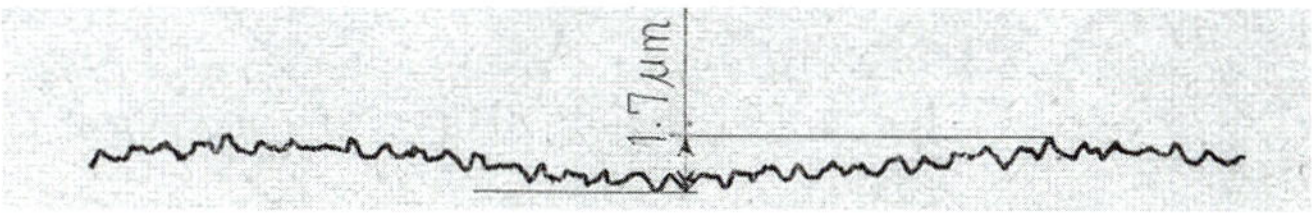

(a) 마이크로미터

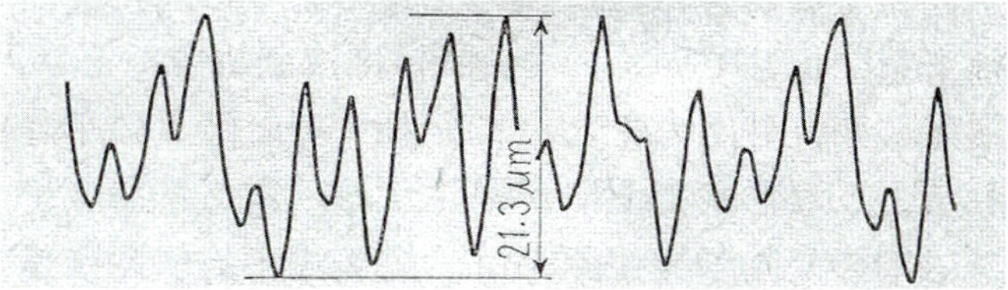

(b) 와전류형 변위계

그림 2.34 와전류형 비접촉변위계의 런아웃

2.3 신호처리

2.3.1. 푸리에 변환과 주파수 분석

2.3.1.1. 푸리에 변환

고속 푸리에 변환(FFT, Fast Fourier Transform)은 진동이 상태감시와 진단에서 중요한 신호처리 방법이다. 1970년대까지는 아날로그 주파수 분석기가 많이 사용되었지만, 최근에는 대부분 FFT 분석기에 의한 디지털 신호 처리가 이용되고 있다. 이 책에서는 FFT 이론을 심도 있게 다루지는 않고, 그 개념만 설명한다.

2.3.1.2. 푸리에 급수

푸리에 변환이란 그림 2.35(a)에서의 시간영역의 진동파형 $x(t)$를 그림 2.35(b)에서의 주파수 영역의 변수인 $X(f)$나 $X(w)$로 변환하는 방법이다. 푸리에 변환(Fourier transform)은 푸리에 급수(Fourier series)의 주기를 무한범위까지 생각한 것이다. 푸리에 급수는 FFT의 근간이라고도 불리는 이산 푸리에 급수(discrete Fourier transform)와 관련이 깊게 있으므로 우선 푸리에 급수부터 다루도록 하겠다.

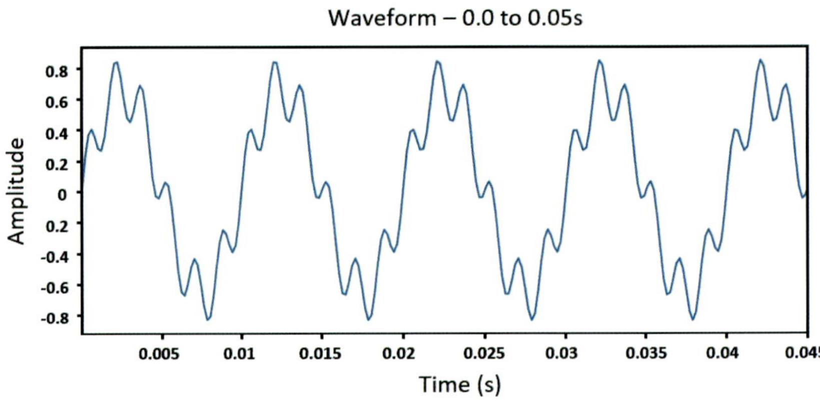

(a) 시간영역 데이터

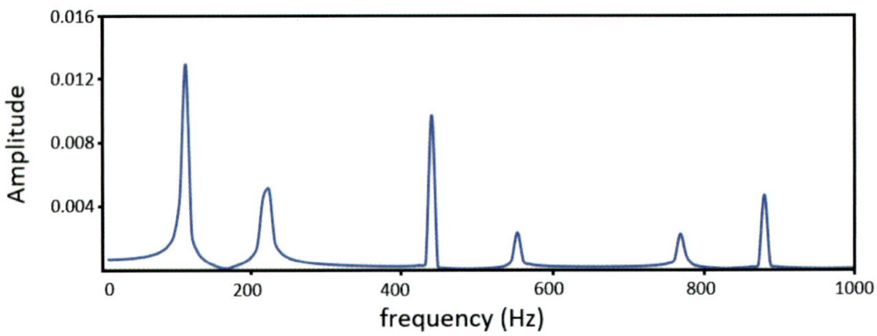

(b) 주파수 영역 데이터

그림 2.35 시간영역 및 주파수 영역 데이터

그림 2.36에서의 주기가 T인 임의의 함수 $x(t)$에는 다양한 주파수 성분이 있다. 기본 각진동수를 $w(= 2\pi/T)$라 하면

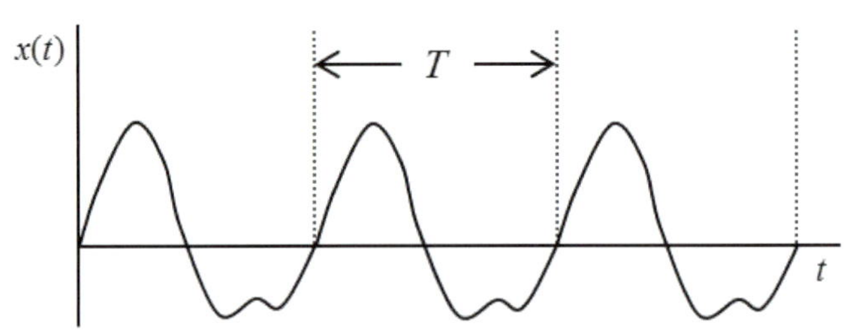

그림 2.36 주기 함수의 예

$x(t)$는 직류 성분(평균), 기본 주파수 그리고 그 정수배의 주파수 성분의 합으로 나타낼 수 있고, 다음 식과 같다.

$$x(t) = a_0/2 + \sum_{n=1}^{\infty}(a_i \cos nwt + b_i \sin nwt) \tag{2.42}$$

그림 2.37은 기본 각진동수가 w라고 했을 때, 주기 T 동안 1회 진동하는 파동을 나타낸 것이다. 2.37(a)의 경우 코사인파를 2.37(b)의 경우 사인 파동을 나타내고 있다. 그림 2.38은 그림 2.37의 기본 각진동수 w를 2배로 하였을 때의 파동으로 차이가 있는 것을 확인할 수 있다.

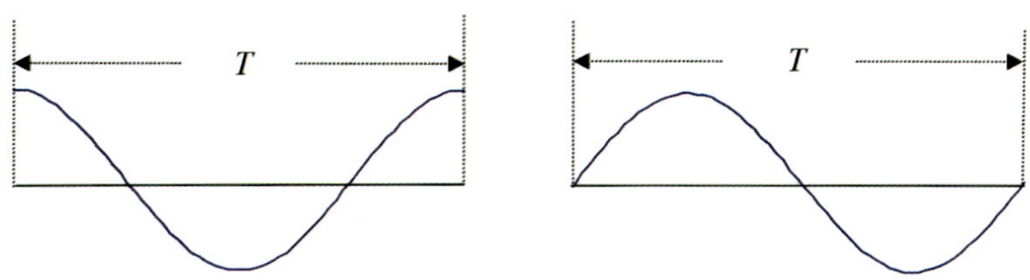

(a) $\cos wt$ (b) $\sin wt$

그림 2.37 기본 각진동수를 가지는 파동

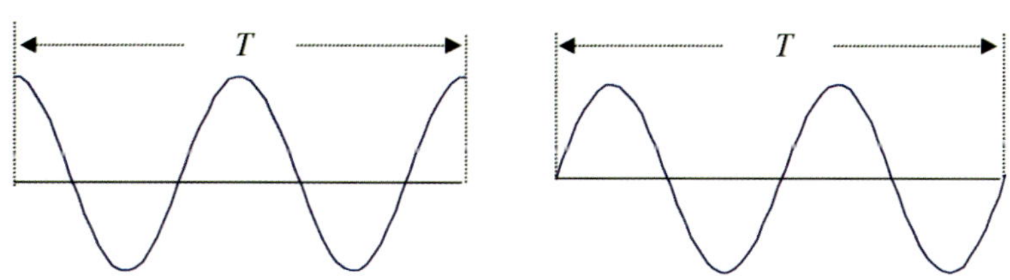

(a) $\cos 2wt$ (b) $\sin 2wt$

그림 2.38 2배 성분의 파동

조화 진동파동은 주기함수이기 때문에, 식 (2.42)와 같이 푸리에 급수(Fourier series expansion)로 전개할 수 있다. 이때, 계수 a_n, b_n는 각각 코사인 부분과 사인 부분의 계수로, 푸리에 계수라고 부르고, 다음과 같이 표현할 수 있다.

$$a_n = \frac{2}{T}\int_{-T/2}^{T/2} x(t)\cos nwt\, dt \tag{2.43}$$

$$b_n = \frac{2}{T}\int_{-T/2}^{T/2} x(t)\sin nwt\, dt \tag{2.44}$$

이런 식으로 표현하게 되면, 주기 T를 가지는 임의의 함수 $x(t)$에 대해 어떤 크기의 주파수가 있는지 알 수 있다.

2.3.1.3. 푸리에 변환 및 역변환

지금까지 푸리에 변환이 아닌 이해하기 쉬운 푸리에 급수로 설명하였다. 푸리에 급수의 경우에는 주기가 있는 파동에서만 적용할 수 있는 단점이 있다. 하지만 실제로 계측된 진동 파동 분석의 경우에는, 사전에 어떤 주기인지를 알아내서 그 주기에 따라서 데이터를 추출하는 것은 불가능에 가깝다. 따라서, 실제 분석을 위해서는 푸리에 변환이 주로 활용된다. 시간 영역 $x(t)$에 대한 푸리에 변환은 다음과 같이 정의한다.

$$X(f)=\int_{-\infty}^{\infty}x(t)e^{-i2\pi ft}dt \tag{2.45}$$

따라서 역푸리에 변환(inverse Fourier transform)는 다음과 같이 표현할 수 있다.

$$x(t)=\int_{-\infty}^{\infty}X(f)e^{i2\pi ft}df \tag{2.46}$$

역푸리에 변환(inverse Fourier transform)으로 변환하게 되면, 주파수 영역의 데이터를 시간 영역의 데이터로 변환하여 나타낼 수 있다. 또한 주파수 f 대신에 w를 이용하는 경우 다음과 같다.

$$X(w)=\int_{-\infty}^{\infty}x(t)e^{-iwt}dt \tag{2.47}$$

$$x(t)=\frac{1}{2\pi}\int_{-\infty}^{\infty}X(w)e^{iwt}df \tag{2.48}$$

이때, 여기에서 다음과 같은 오일러 공식을 대입하게 되면,

$$e^{iwt}=\cos wt+i\sin wt \tag{2.49}$$

식 (2.47)은 다음과 같다.

$$X(w)=\int_{-\infty}^{\infty}x(t)e^{-iwt}dt=\int_{-\infty}^{\infty}x(t)\cos wtdt+i\int_{-\infty}^{\infty}x(t)\sin wtdt=R(w)+iI(w) \tag{2.50}$$

이때, $X(w)$는 실수부 $R(w)$와 허수부 $I(w)$로 나눌 수 있다. 따라서 절대치 $|X(w)|$는

$$|X(w)|=A(w)=\sqrt{R(w)^2+I(w)^2} \tag{2.51}$$

로 나타낼 수 있고, 위상각 $\phi(w)$은 다음과 같이 된다.

$$\phi(w) = \tan^{-1}\{I(w)/R(w)\} \tag{2.52}$$

이를 이용해 $X(w)$다음과 같이 극좌표에서 진폭(Gain)과 위상으로 표현할 수 있다.

$$X(w) = A(w)e^{i\phi(w)} \tag{2.53}$$

푸리에 급수에서는 주기 T를 사용하던 것과 달리 푸리에 변환에서는 $-\infty$에서 $+\infty$까지 고려하여 준다. 주파수도 푸리에 급수에서는 기본 주파수의 정수배로 이산적이었던 것에 비해 푸리에 변환에서는 연속적이다.

2.3.1.4. 이산 푸리에 변환

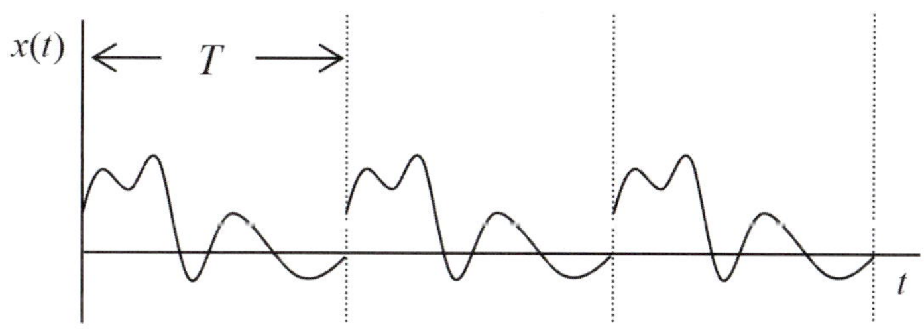

그림 2.39 주기 함수의 반복

FFT는 기본적으로는 이산 푸리에 변환(discrete Fourier transform)이지만, 고속으로 연산을 수행할 수 있는 알고리즘 역시 적용되어 있다. 먼저 이산 푸리에 변환에 대해서 간단히 설명하자면, 푸리에 변환에서는 적분 범위를 $-\infty$에서 $+\infty$까지 취하지만, 현실적으로는 유한한 데이터 밖에 취급할 수 없다. 이때 유한개의 데이터를 이용한 푸리에 변환을 이산 푸리에 변환(DFT)이라 한다. 샘플링 시간 Δt간격으로 N개의 데이터를 추출한다면, $T = N\Delta t$ 동안의 시간 파동 정보를 얻을 수 있다. 여기서 이산 푸리에 변환에서는 그림 2.39에서와 같이, 수집된 주기 T인 파동이 동일하게 무한히 반복된다고 간주함으로써, 주기가 T인 파동에 대하여 푸리에 계수를 계산한다. 하지만 실제 시간 파동이 반드시 일정한 주기 T를 갖지 않기 때문에 근사적으로 추정할 수 있을 뿐이며, 그림과 같이 불연속점이 발생할 수 있다. 만약 실제로 같은 파동이 반복된다면, 앞서 설명한 푸리에 계수를 구할 수 있다. 이 경우 푸리에 변환이라고 할지라도 추출한 데이터의 푸리에 계수를 구하는 것과 일맥상통한다. 푸리에 변환과 푸리에 계수는 연속

계수를 다루는 이론이지만, 그것을 이산 데이터로 변환하여 처리하는 것이 이산 푸리에 변환이다. 여기에 고속으로 연산하기 위한 알고리즘을 도입한 것이 FFT이다. FFT의 경우에는 데이터의 양을 2^n으로 해야 하지만, FFT를 사용하는 경우에는 알고리즘 이해는 불필요함으로, 이와 관련해서는 언급을 하지 않겠다.

앞서 나온 논의들을 바탕으로 이산 푸리에 변환에서의 문제점을 정리하면,

1) 시간 T에 대한 데이터를 추출하고 이 데이터가 반복된다고 가정하고 있다. 하지만 이는 근사이므로 반드시 연속으로 된다고 볼 수는 없다.

2) 만약 주기 T로 반복되는 데이터라고 해도 이 데이터가 이산적이다. 따라서 올바른 푸리에 계수를 구한 것이 아닐지도 모른다.

이렇게 아날로그 신호처리에 없었던 문제점이 발생한다. 하지만 이를 해결하기 위한 방법들이 있으므로, 이와 관련하여서는 후에 창(window) 및 에일리어싱(aliasing) 부분에서 설명한다.

2.3.1.5. 푸리에 변환을 통산 주파수 분석

이상적으로 푸리에 변환이 된다는 조건으로 디지털 신호 처리에 의한 오차를 방지하는 방법에는 무엇이 있을까? 이번 챕터에서는 오차를 방지하는 방법과 푸리에 변환의 의미, 그리고 이를 통해 얻을 수 있는 정보에 대해서 알아본다.

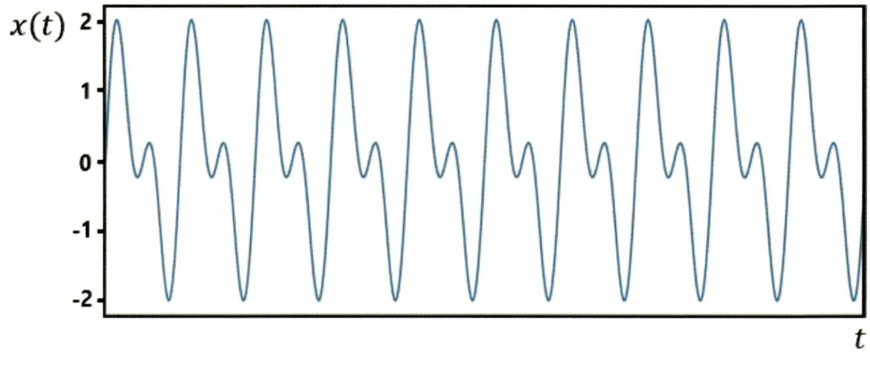

그림 2.40 두 종류의 진동수 성분이 혼합된 파형

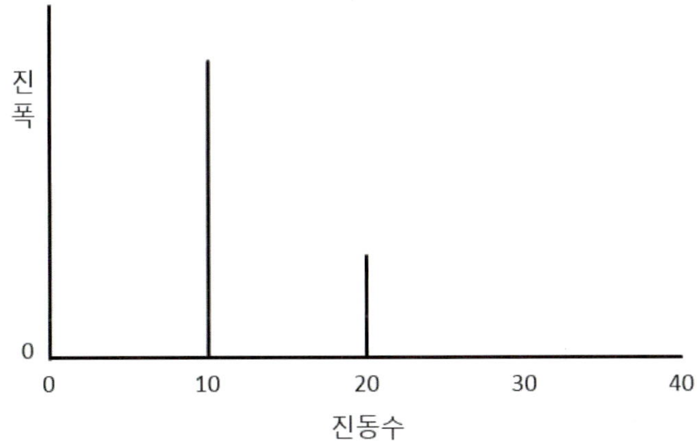

그림 2.41 푸리에 변환의 결과

푸리에 변환으로 진동 파동을 주파수 영역으로 변환하면, 진동 파동에 대한 주파수 분석을 할 수 있다. 이를 통해서 얻을 수 있는 정보는 진폭과 위상이다. 진폭은 진동하는 파동 속에 어떤 주파수 성분이 존재하는지를 나타내므로, 파동을 분석하는데 중요하다. 예를 들어 그림 2.40과 같은 파동에 어떤 주파수가 작용하는지 알고 싶은 경우에는 푸리에 변환을 통해 주파수 성분을 관측할 수 있다. 그림 2.40에 푸리에 변환을 적용한 결과인 그림 2.41의 경우에는 기본 주파수의 2배의 주파수가 섞여있는 것을 알 수 있다. 또한 그림 2.42와 같이 주파수가 비슷한 2개의 파동이 겹치는 경우 그림 2.43같이 주기적으로 진폭이 커지거나 작아지거나 하는 현상이 일어나게 된다. 흔히 '맥놀이 파동'이라고 불리는 이 현상은, 푸리에 변환을 적용하게 되면 그림 2.44와 같이 비슷한 진동수 2개가 관측된다. 또한 그림 2.45의 파동의 경우, 푸리에 변환 결과 그림 2.46과 같이 표현이 된다. 이는 '맥놀이 파동'의 원인이 되는 낮은 주파수와 미세한 파동인 고주파가 같이 존재하기 때문이다.

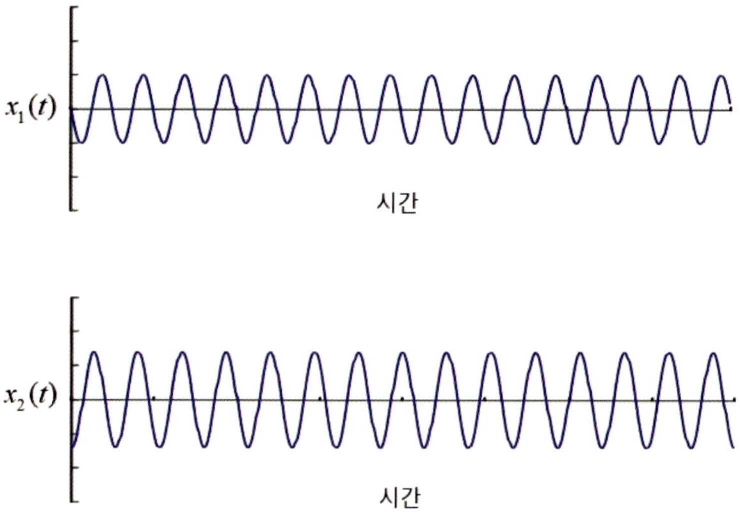

그림 2.42 비교적 주파수가 가까운 2개의 진동

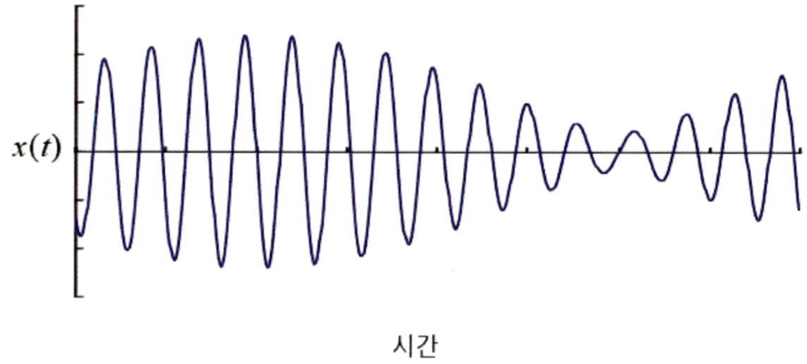

그림 2.43 주파수가 가까운 두 진동에 의한 맥놀이 파형

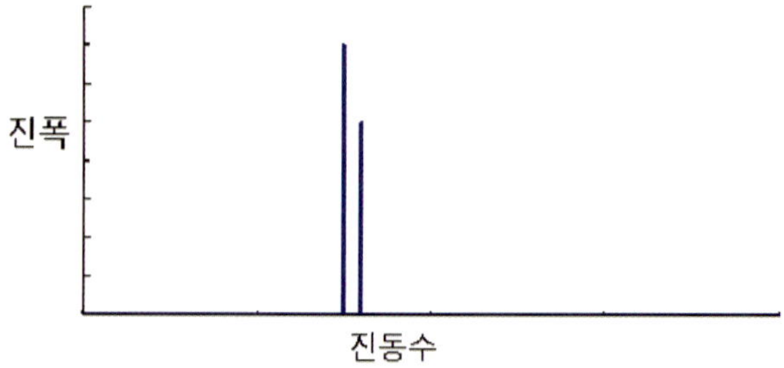

그림 2.44 푸리에 변환 결과

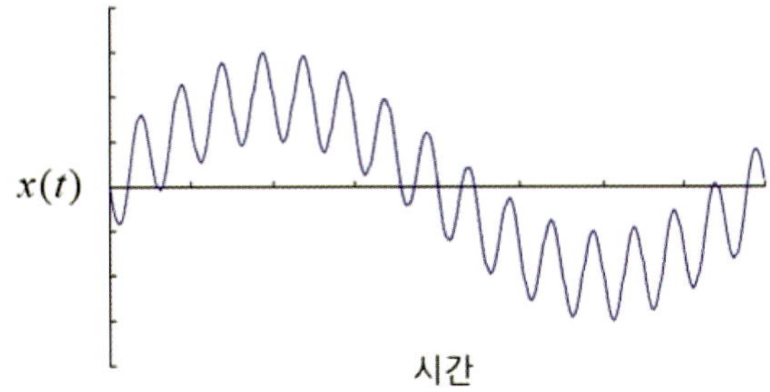

그림 2.45 주파수가 먼 두 진동에 의한 맥놀이 파형

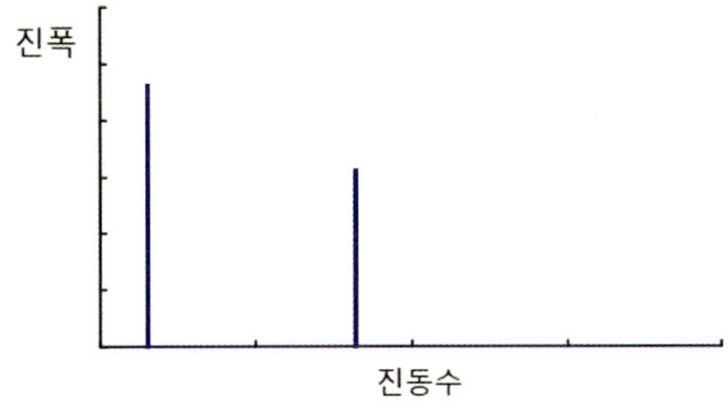

그림 2.46 푸리에 변환 결과

위상은 추출한 기간 T 중에서의 위상이다. 즉 다시 말해서, 하나의 주파수 속에서 코사인과 사인성분이 섞여있는 형태이다. 따라서 데이터를 어느 타이밍에 수집하는가에 따라 위상은 다른 값이 되므로, 그 절대치를 그대로 사용하는 경우는 흔하지 않다. 2채널 이상의 데이터를 동시에 다루는 경우 위상 정보를 자주 이용한다. 다양한 경우(다른 장소의 진동, 진동과 힘, 진동과 회전체의 회전펄스 등)가 존재하겠지만, 2채널의 데이터에서 같은 진동수의 데이터 사이에는 대부분 위상차가 존재한다. 이 경우, 각각 푸리에 변환한 데이터의 위상 정보의 뺄셈을 이용하여 위상차를 구해야 한다. 예를 들어, 2개의 시간영역 데이터 $x_1(t)$, $x_2(t)$를 푸리에 변환하여 얻은 복소수 $X_1(t)$, $X_2(t)$에 대하여, 식 (2.54)와 같이 Gain과 위상으로 표현할 수 있다.

$$X_1(w) = A_1(w)e^{i\varphi_1(w)},\ \ X_2(w) = A_2(w)e^{i\varphi_2(w)} \tag{2.54}$$

$X_2(t)$를 $X_1(t)$로 나누면

$$\frac{X_2(w)}{X_1(w)} = \frac{A_2(w)e^{i\varphi_2(w)}}{A_1(w)e^{i\varphi_1(w)}} = \frac{A_2(w)}{A_1(w)}e^{i\{\varphi_2(w) - \varphi_1(w)\}} \tag{2.55}$$

와 같이 되어, 두 위상각의 차이가 위상이 되는 것을 식 (2.55)를 통해 알 수 있다.

따라서, 전달함수나 회전 펄스와 회전체 진동의 관계를 다루는 경우 등 다양한 경우에서 이러한 2채널간의 위상차가 중요하다.

2.3.2. 필터

2.3.2.1. 필터특성

진동계의 출력은 필요한 정보 이외에도, 노이즈 등 다른 불필요한 성분이 혼재되어 있을 수 있다. 따라서, FFT 등의 분석을 실시할 시 이러한 분석에 악영향을 주는 요소를 제거할 필요가 있으며, 필터(filter)를 이용하여 불필요한 정보를 제거할 수 있다. 이러한 목적으로 사용되는 필터에는 대표적으로 다음의 4종류가 있다.

1) 저역 통과 필터 (low pass filter, LPF)
2) 고역 통과 필터 (high pass filter, HPF)
3) 대역 통과 필터 (band pass filter, BPF)
4) 대역 저지 필터 (band elimination filter, BEF)

저역 통과 필터의 경우에는 특정 주파수보다 낮은 주파수 영역을, 고역 통과 필터의 경우에는 특정 주파수보다 높은 주파수 영역을, 대역 통과 필터의 경우에는 두 특정 주파수 사이의 영역만을 통과시키는 필터이며, 대역 저지 필터의 경우에는 대역통과 필터와는 대조적으로 두 특정 주파수 사이의 영역 이외를 통과시키는 필터이다.

그림 2.47에는 특정 주파수를 통과하게 되면, Gain이 직각을 이루면서 변하는 걸 관찰할 수 있는데, 실제 현상은 이와 차이가 있다. 실제 현상을 잘 나타내는 그래프인 그림 2.48과 같이 천이영역이 존재하게 된다. 그림 2.48과 같이 통과역의 Gain이 -3 dB점을 기준으로 차단 주파수(cut off frequency)를 결정한다. 즉 천이영역으로 이동하려 하는 그 위치의 주파수이다. 대역폭을 구체적으로 정의하는 방법으로는 우선 Gain의 -3 dB이 지점을 이용한 것으로 다시 말해 차단 주파수 간격을 이용하는 방법이 있다. 그 다음 방법으로 등가 노이즈 대역폭(Equivalent Noise Bandwidth or Effective Noise Bandwidth)은 특정 저역 통과 필터 혹은 대역 통과 필터를 통과하였을 때, 이상적인 직사각형 필터를 가정하여, 이것과 같은 면적을 보이는 구간을 표시하여

등가 노이즈 대역폭을 결정한다. 필터로서는 리플(ripple)이 작을 뿐만 아니라 차단 특성이 뛰어난 점이 있다. 반면에 진동을 측정할 때에는, 위상 특성에 주의를 기울여야 한다. 특히 엄청난 수의 주파수의 합으로 나타내어지는 충격 진동의 파동이 왜곡되지 않게 측정을 할 경우, 위상 특성이 다른 필터보다 뛰어난 것을 가용하는 것이 좋다. 게다가 전달함수와 같은 것들을 요구하는 경우와 비슷하게 2채널 사이의 상대적인 관계를 알아볼 때에는 2채널 모두 같은 특성을 가지는 필터를 이용하게 되면, 각각의 신호와 Gain 혹은 위상이 다소 왜곡되는 경우에도 전달함수를 계산하는 과정에서 보정할 수 있다.

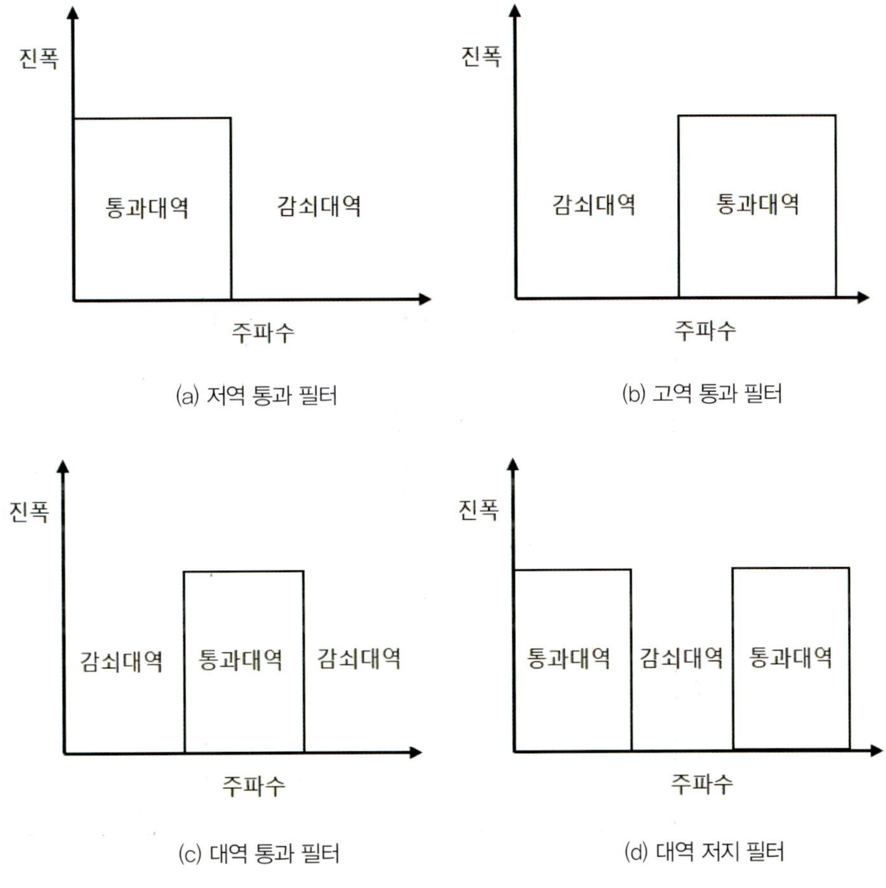

그림 2.47 이상적인 필터 특성

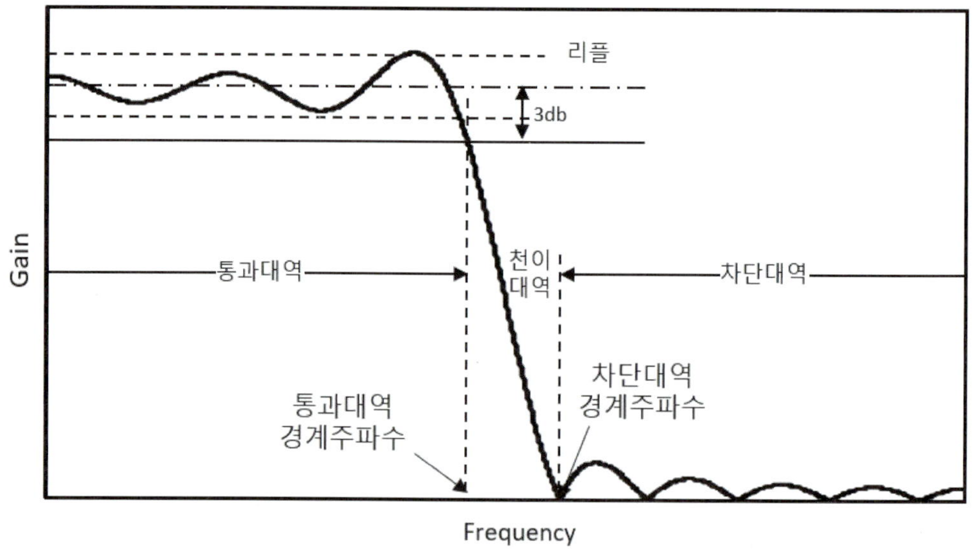

그림 2.48 실제 필터 특성의 예 (저역 통과 필터)

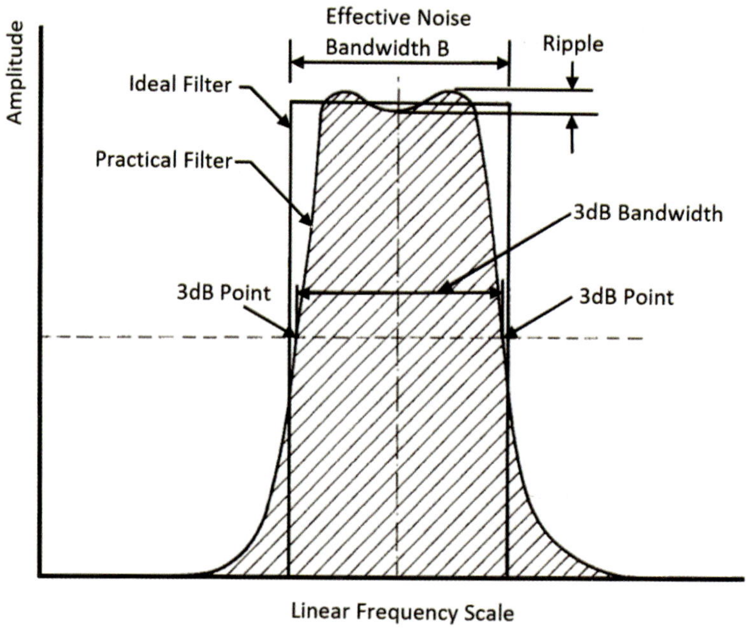

그림 2.49 밴드 패스 필터의 대역폭

필터는 크게 디지털 필터와 아날로그 필터로 분류되어지고, 신호의 사전 처리에 이용되는 필터는 아날로그 필터가 주로 이용된다. 아날로그 필터 중 자주 이용되는 건 버터워스 필터(Butterworth filter), 베셀 필터(Bessel filter), 체비세프 필터(Chebyshev filter)가 있다.

우선, 버터워스 필터는 통과 대역의 Gain이 평평하고, 천이영역의 경우에는 감쇠 특성이 우수하여서 일반적으로 범용성이 있는 필터로 꽤 흔하게 볼 수 있다. 버터워스 필터는 차수에 따라 그 특성이 다를 뿐만 아니라, 차수가 높을수록 천이 영역의 Gain에서 급경사를 볼 수 있다. 요약하자면, 어느 주파수에서도 지연 시간이 같아 복수의 주파수가 같이 있는 진동 파동의 왜곡이 생기지 않는다는 그러한 특징을 가지고 있다. 체비세프 필터는 감쇠 특성이 우수하다는 특징을 가지고 있지만, 리플이 빈번하고, 위상 특성도 나쁘다는 평가를 받고 있다.

2.3.2.2. FFT 필터특성

FFT 역시 밴드 패스 필터의 한 종류라고 볼 수 있다. 그림 2.50은 10 Hz에서 30 Hz까지 천천히 스윕 사인파(sweep sine wave) 신호를 FFT 분석하고 20 Hz 성분을 관측하였을 때의 결과이다. 그림 2.50의 (a) ~ (c)는 각각 사각형, 해닝, 플랫 톱 창을 가했을 때의 특성을 나타낸다. 실제 신호에서는 단일 스펙트럼이다. FFT에서는 유한 이산 데이터를 이용하여 분석하므로, 그림 2.47(c)와 같은 직사각형 모양으로 나타내어지는 것 보다는 그림 2.50과 같은 사이드 로브의 특징을 가진다. 따라서 20 Hz이외의 사인파 신호도 직사각형 형태와 달리 20 Hz인 것처럼 관측된다. FFT의 경우는 이러한 사이드 밴드를 가지는 필터가 $\Delta f = 1/T$ 마다 배열되어 있는 다중 대역 통과 필터로 볼 수 있다. 사각형 창의 사이드 밴드가 크다는 이유가 있어서, 이를 개선한 것으로 대표적으로 해닝 창과 플랫 탑 창이 있다. 그 결과 주요 주파수(위의 예제에서는 20 Hz)의 대역폭(주 로브 폭)이 넓어짐을 확인할 수 있다.

위의 3가지 그래프에서 -3 dB을 이용하는 대역폭과 등가 노이즈 폭을 구하면 다음과 같다.

- 사각형 창 : 3 dB 저하 폭 → $0.89\Delta f$, 등가 노이즈 폭 → $1.0\Delta f$
- 해닝 창 : 3 dB 저하 폭 → $1.44\Delta f$, 등가 노이즈 폭 → $1.5\Delta f$
- 플랫 톱 창 : 3 dB 저하 폭 → $3.72\Delta f$, 등가 노이즈 폭 → $3.8\Delta f$

그림 2.50(d)는 3개의 창 함수의 필터를 하나의 그래프에 그려서 비교 분석한 것이다.

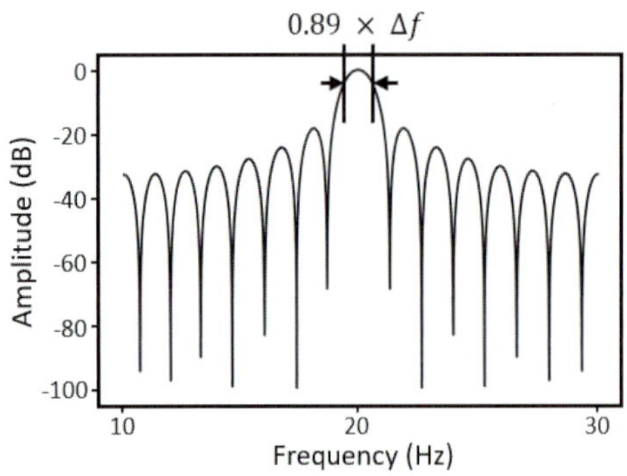

(a) 사각형 창

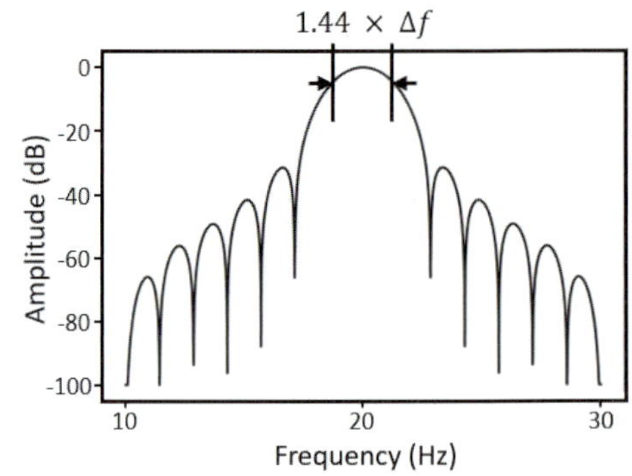

(b) 해닝 창

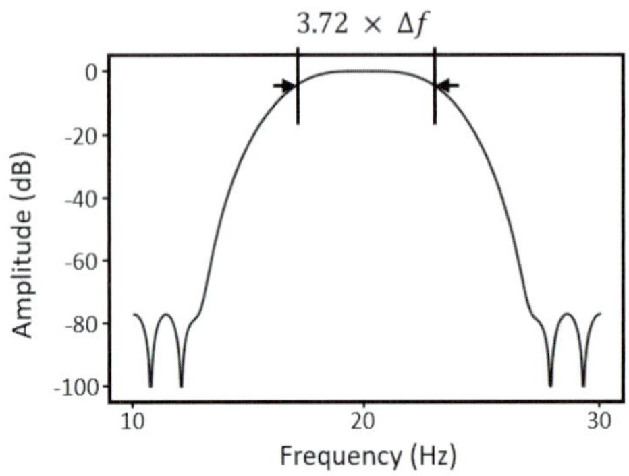

(c) 플랫 탑 창

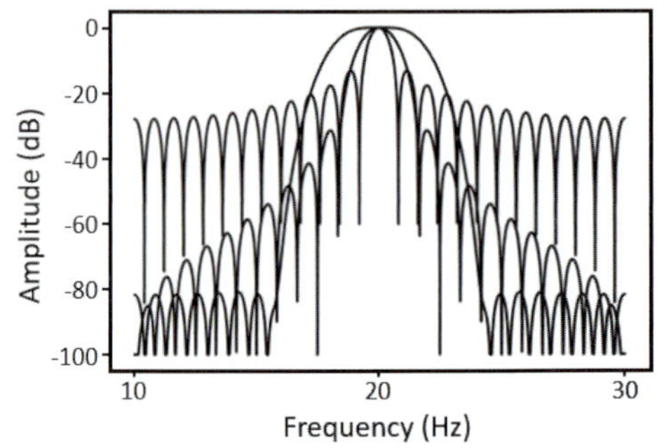

(d) 필터 비교

그림 2.50 필터 특성

2.3.2.3. 필터의 응용 예

필터는 여러 가지 목적으로 사용된다. 대표적인 응용사례로는 노이즈 제거, 에일리싱 방지, 단일 주파수 성분의 진동 파형 추출, 주파수 영역별 진동 성분(실효치)의 파악 그리고 트래킹 필터가 있다.

1) 노이즈 제거

진동 측정 시 전원 주파수와 같은 특정 노이즈가 신호에 섞이는 경우가 있다. 만약 측정하려고 하는 진동의 주파수가 전원 주파수와 충분히 멀리 있는 경우에는 필터를 사용하는 것이 효과적이다. 전원 주파수보다 충분히 낮은 주파수 성분의 측정할 목적이라면 저역 통과 필터를 사용하는 것이 좋고, 적당히 높은 주파수면 고역 통과 필터를 사용하는 것이 좋고, 양쪽 모두의 성분이 있는 경우에는 대역 저지 필터를 사용하는 것이 효과적이다.

2) 에일리어싱 방지

디지털 샘플링을 통해 FFT 분석할 때 샘플링 주파수가 신호 주파수 성분 중에서 가장 높은 주파수의 2배 이상이어야 한다. 그렇지 않으면 실제로 존재하지 않는 주파수 성분이 마치 존재하는 것과 같은 분석 결과가 나온다. 계측 신호에 포함된 주파수 중, 분석 대상 주파수보다 높은 주파수(고주파)가 포함된 경우, 샘플링 주파수를 분석 대상 주파수에 맞추어 설정하면 고주파 성분에 의해 에일리어싱이 발생한다. 이런 경우 FFT 분석 이전에, 저역 통과 필터로 불필요한 고주파 성분을 차단하는 것이 좋다. 이러한 필터를 안티-에얼리어싱 필터라고 부른다. 빈번하게 사용되는 FFT 분석에는 이런 안티-에얼리어싱 필터가 기본적으로 내장되어 있다.

3) 단일 주파수 성분의 진동 파형 추출

어떤 고유진동수의 고유진동 파동으로부터 대수 감쇠율을 구하려고 하는 경우 다른 모드 성분이 같이 있는 경우에는 구하기 난해한 부분이 있다. 그러한 경우에는 필요한 모드 성분 이외의 성분들을 제거하면 효율적이다. 그 이외에도 구하자고 하는 진동수 성분만의 파동이 필요한 경우가 많다. 필터는 상황에 따라서 저역 통과, 고역 통과, 대역 통과 필터를 이용하면 좋다.

4) 주파수 영역별 진동 성분 (실효치)의 파악

많은 주파수 성분이 있는 경우 진동 파동의 주파수 분석은 FFT로 하는 것이 보편적지만, 좀 더 schematic한 분석하고자 하는 경우에 1 옥타브, 1/3 옥타브 정도의 주파수 범위의 실효치를 구하고 싶은 경우가 빈번하다. 이럴 때를 대비하여 아날로그 대역 통과 필터의 통과 대역을 차례대로 변경하여 분석하는 방법이 소음 분석에 빈번하게 사용되었다. 하지만 최근에 이것 역시 디지털 처리로 되고 있다.

5) 트래킹 필터

회전수와 동기화 진동은 왕복 기관이나 회전기계에 많이 보인다. 회전수를 변경하면서 동작할 때 주파수 분석 결과를 표시해야 할 때가 있다. 이때, 가로축을 주파수 보다는 속도의 몇 배 여부를 나타내는 회전 차수를 이용하게 되면 꽤 유용하고 사용할 수 있다. 이 분석 방법을 차수비 분석(order analysis)라고 부른다. 또한 이때 회전수의 n배 진동이 회전수가 변화를 함에 따라 어떠한 양상을 띠고 있는지 알려고 하면 측정된 신호에서 그 운전 점의 회전수 n을 추출하여 분석하는 방법론이 제기될 수 있다. 이런 때는 회전 신호를 측정하고 그것에 대응하여 대역 통과, 필터 통과 주파수를 변화시키거나 디지털 연산 회전 n성분을 추출하게 된다. 이와 같은 방법은 트래킹 필터(tracking filter)라고 부르는데, 단순하게 회전수를 지속적으로 추적하여 특정 주파수 성분을 추출하는 필터라고 생각하면 좋다. 차수비 분석과 트래킹 분석은 각각 그림 2.51과 그림 2.52에서 찾아볼 수 있다.

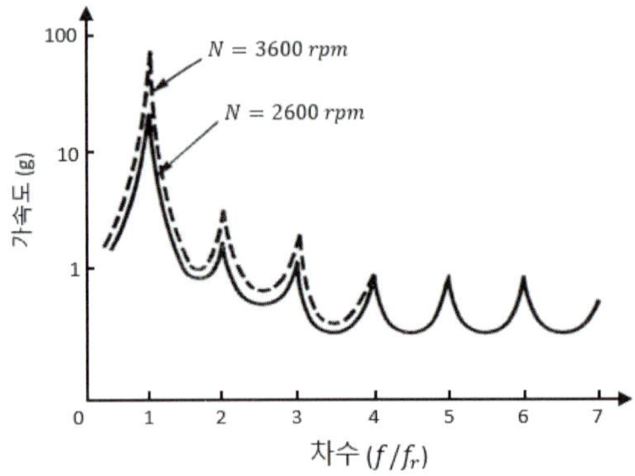

그림 2.51 차수비 분석

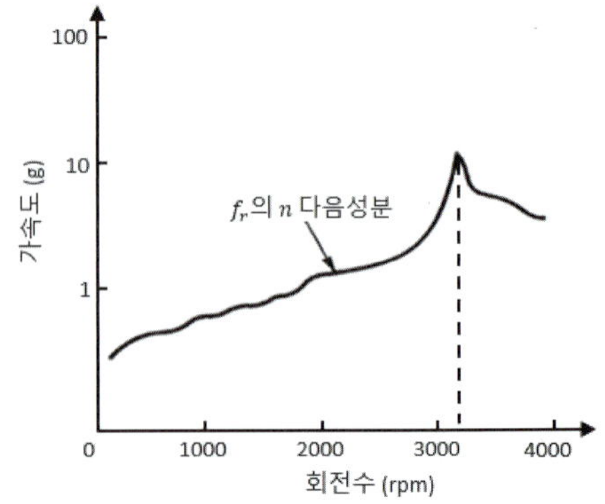

그림 2.52 트래킹 분석

또한, 추적 필터는 다음과 같은 두가지 방법에도 잘 이용된다. 우선 회전기계의 벡터 분석(불균등한 진동의 크기와 위상을 벡터를 이용하여 분석하는 방법)을 위해 회전 1차 진동 성분을 추출하는 방법, 혹은 스윕 가진법을 이용한 진동 시험에서 노이즈와 다른 주파수의 영향을 줄이기 위해 가진 주파수에 동기 응답 신호를 정확하게 추출하는 방법에도 빈번하게 사용된다.

2.3.3. 시간–주파수 분석 기법

2.3.3.1. 평균화(평균화 처리)

노이즈의 영향을 작게 하고 보다 정확한 정보를 얻는 방법으로 평균화(averaging)가 있다. 꽤 의미가 있는 신호 파형을 여러 개 더해가면서 신호는 강화되어가지만, random한 잡음 성분을 여러 개 추가해가면 정부(+, -)의 성분이 서로 상쇄되어 잡음의 크기는 점차 줄어든다. 따라서 측정 파형 및 분석 결과 데이터를 추가하여 노이즈를 완화하는 과정을 통해서 점진적으로 정확도 역시 높일 수 있다. 빈번하게 활용되는 평균 방법에는 가산 평균과 지수화 평균이 있다. 단순 이동 평균을 하려고 하는 주체 데이터의 비중을 동등하게, 즉 최근 데이터에 가중을 주지 않는 방법이다. n번째까지의 평균을 $\bar{a}_n$, 데이터 a_{n+1}을 $n+1$번째 평균하면 다음 식과 같이 표현할 수 있고, 흔히 우리가 아는 평균이다.

$$\bar{a}_{n+1} = \frac{1}{n+1}\sum_{i=1}^{n+1} a_i = \frac{1}{n+1}a_{n+1} + \frac{n}{n+1}\bar{a}_n \tag{2.56}$$

한편, 지수 이동 평균은 앞서 말한 방법과 달리 최근 데이터는 가중치를 많이 주고, 오래된 데이터는 가중치를 적게 주어 영향을 작게 하는 방법이다. 계수 $0 < \alpha < 1$를 이용하여

$$\bar{a}_{n+1} = \alpha a_{n+1} + (1-\alpha)\bar{a}_n \tag{2.57-a}$$

와 같이 가중치를 달아 평균하면

$$\begin{aligned}\bar{a}_{n+1} &= \alpha a_{n+1} + (1-\alpha)\left\{\alpha a_n + (1-\alpha)\bar{a}_{n-1}\right\} \\ &= \alpha a_{n+1} + (1-\alpha)\alpha a_n + (1-\alpha)^2\left\{\alpha a_{n-1} + (1-\alpha)\bar{a}_{n-2}\right\} \\ &= \alpha\left\{a_{n+1} + (1-\alpha)^2 a_n + (1-\alpha)^3 a_{n-1} + (1-\alpha)^4 a_{n-2} + \cdots\right\}\end{aligned} \tag{2.57-b}$$

되어, 먼저 측정한 데이터일수록 기하급수적으로, 즉 지수함수로 가중치가 작은 평균화가 된다. 반면 최근에 들어온 데이터에 대해서는 민감하게 반응한다. 평균화 시에 행하는 시간 영역에서의 평균과 FFT 분석 후 발생하는 주파수에서 하는 평균이 각각 있다.

1) 시간 영역에서의 평균화

시간 영역에서의 평균화의 예로는 회전기계의 진동이 있다. 회전기계의 진동의 경우, 회전의 타이밍을 나타내는 회전 펄스 등의 트리거를 이용하여 데이터를 수집 또는 기존의 데이터에 추가할 수 있다. 이 과정에서 중요한 데이터는 높은 빈도로 같은 값을 나타내며, 반대로 랜덤 노이즈는 불규칙함이 반복되므로 상쇄된다. 그 결과 가산 평균 횟수가 증가함에 따라, 주요 신호에 대한 노이즈 비율은 작아진다. 통계 이론에 따르면, 가산 평균 횟수가 n번 추가될 때, 신호 성분은 n배, 노이즈 성분의 $\sqrt{\text{n}}$ 배가 된다. 따라서, 신호 잡음비 S/N의 경우 n번 추가 시 $\sqrt{\text{n}}$ 배 상승하는 것을 알 수 있다.

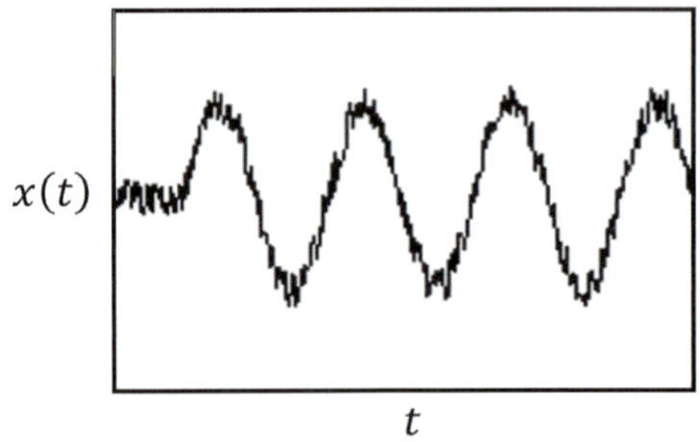

(a) 필터의 응용 예

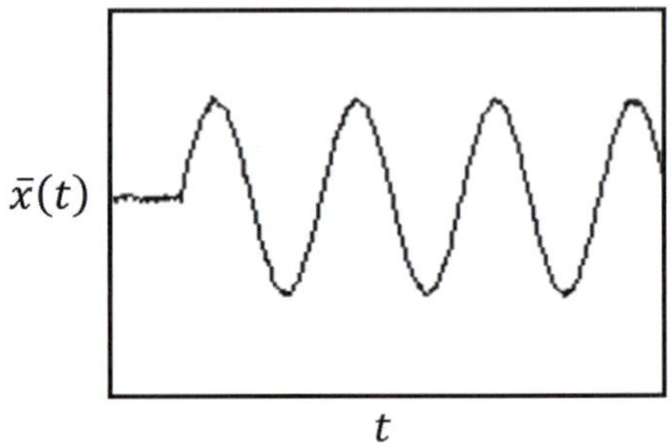

(b) 16회 평균 후

그림 2.53 파형 데이터 평균 예제

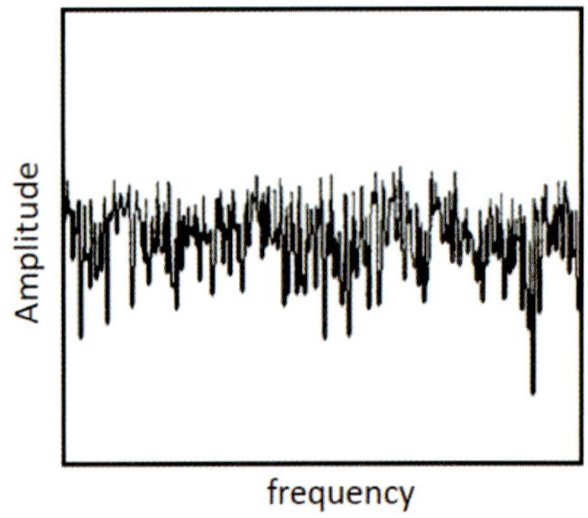

(a) 평균하지 않았을 때 스펙트럼

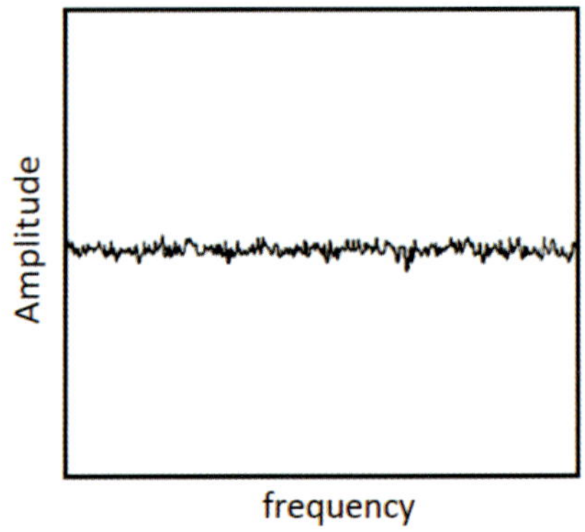

(b) 32회 평균한 스펙트럼

그림 2.54 스펙트럼 평균의 예 (화이트 노이즈)

2) 주파수 영역에서의 평균화

노이즈를 가지고 있는 2개의 신호로부터 전달함수를 구하는 경우, 원래라면 노이즈가 없어 부드러운 곡선이 되어야 할 전달함수가 노이즈로 인하여 부드러운 전달함수를 얻을 수 없게 된다. 이러면, 전달함수를 여러 번 측정하고 단순 이동 평균을 하면 잡음 성분의 비율은 점차 감소하게 된다. 또한 파워 스펙트럼과는 큰 차이점이 존재한다. 예를 들어 파워 스펙트럼을 측정할 때에는 단 한 번의 데이터만으로 결과를 평가하게 되면 오차가 너무 커서 평균화 처리를 이용하는 경우가 빈번하다. 그림 2.54는 신호 발생기로 발생시킨 random 파동을 스펙트럼 분석한 것을 나타낸 것이다. 그림 2.54(a)는 평균 없이(단 1회 측정의 데이터), 그림 (b)는 32 회의 평균 처리를 한 것이다. 평균화를 통해 데이터가 평탄하게 되어 신호 강화가 되는 것을 두 그래프의 비교를 통해 알 수 있다.

2.3.3.2. 기타 분석 기법

1) 엔벨로프 해석

기계에서 얻어지는 신호의 주기적인 특징을 통해 결함을 진단하는 경우, 엔벨로프 해석이 주로 활용된다. 예를 들어, 롤러 베어링에서 내륜 등에 결함이 있는 경우, 전동체가 그 결함을 통과할 때마다 충격에 따른 링의 고유진동이 발생하여 그림 2.55와 같은 파동이 관측된다. 이 충격 파동이 발생하는 주기가 결함의 위치(내륜, 외륜, 전동체의 어디에 있는지)를 결정하는 것이 관건이 되기 때문에 이 진동이 발생하는 주기를 알아야 한다. 먼저 관측한 원래 파형을 일단 절댓값을 처리하는 저역 통과 필터를 통과시키면 그림의 적색선에 해당하는 포락선(envelop)을 알 수 있고, 그것을 주파수 분석하면 이 충격의 주파수를 알 수 있다. 이렇듯 진폭 변화의 주기를 찾으려면 파동을 그대로 주파수 분석하는 것이 아니라 포락선 처리를 하고 주파수 분석하여야 한다.

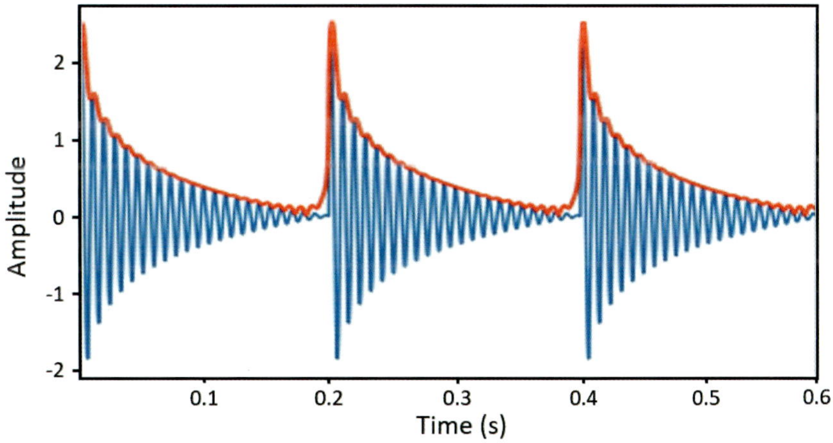

그림 2.55 포락선 처리

2) 캠벨 선도

캠벨 선도(Campbell diagram)는 회전기계에서 회전수를 변화시켜가며 진동을 분석하고 각 회전수의 진동수와 진폭을 하나의 그래프로 명시적으로 나타낸 것이다. 그림 2.56을 그래프를 보면, 가로축은 회전 수고, 세로축은 진동의 주파수이다. 그리고 그 점을 중심으로 진폭을 반경으로 하는 원을 그리고 만약 그림 속에 큰 원이 있으면, 그 원의 중심의 가로축에 해당하는 회전수로, 세로축에 대응하는 진동수의 진동이 커지고 있다는 것을 나타낸다. 아래 그림의 캠벨 선도에서 기계의 축 진동 측정 결과, 2400 rpm 부근에서 위험속도를 통과하여 3500 rpm 부근에서 오일 휠(oil whirl)이 관측되는 것을 확인할 수 있다.

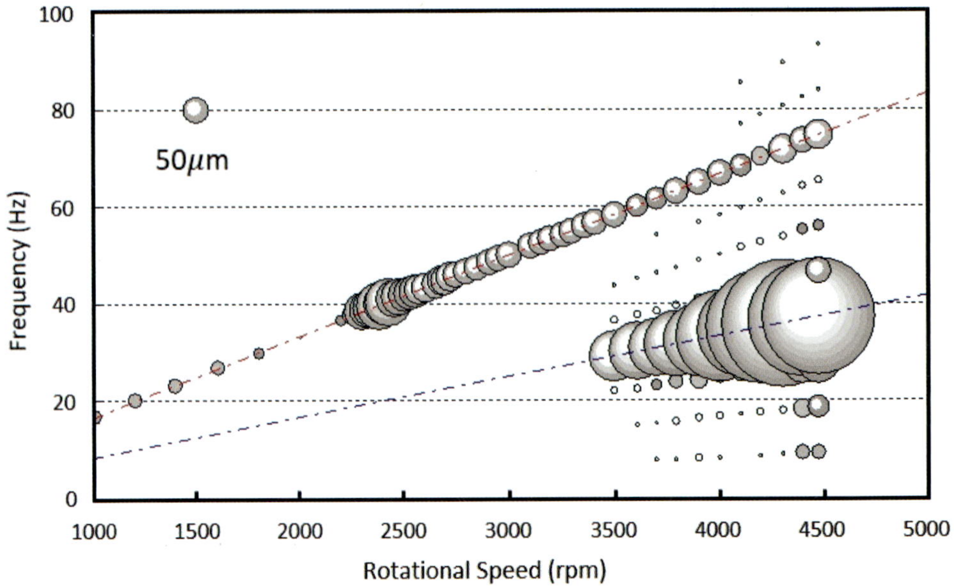

그림 2.56 캠벨 선도

회전기계에서는 보편적으로 회전수 n차 성분의 가진력이 있으므로, 가진 주파수를 세로축으로 표시하면 그림 2.56과 같은 모양이 직선이 나타나게 된다. 따라서 이러한 가진력에 의해 발생하는 강제 진동이 직선상에 나타난다. 불평형 진동의 경우 회전수의 1차 가진력 직선 위에 회전수의 2차, 3차 등의 고조파 진동 성분이 있으면 각각 가진력 선에 진동의 크기를 나타내는 원형이 그려진다.

실험을 통하여 그 고유진동수를 이미 알고 있는 경우에는 그림의 세로축에 그 진동수의 선을 그리면 고유진동수 곡선과 가진 주파수 선이 만나는 점이 있는데 이를 공진점이라고 부른다(만약 회전수에 따라 고유진동수가 변하지 않는다면 수평 직선이다). 아래 그림을 기준으로 보면 대략적으로 2400 rpm 부근이다. 또한 자려 진동의 경우에는 회전수가 변화한다고 할지라도 진동수가 변화하지 않으므로 위에서 앞서 말한 것과 같이 원점을 지나는 직선을 따라 이동하지 않기 때문에 발생하는 진동이 자려 진동 혹은 강제 진동의 여부를 확인하는데 꽤 유용하게 쓸 수 있다. 이 그림에서는 오일 훨이 발생했기 때문에 회전주파수의 약 1/2의 부근에 주파수가 발생하고 있다.

2.4 상태감시, 경향관리, 심각도 평가

2.4.1. 상태감시

플랜트는 많은 기기가 컴퓨터에 의한 상호 연결을 통해 운전 제어되고 있는 고도로 집약화된 하나의 시스템이며, 항상 "건강한" 상태에서 운전하는 것이 이상적이다. 그러나 기기가 운전할 때 항상 스트레스가 걸리는 부위는 시간이 지나면서 열화되므로 장비는 이상이 발생할 위험을 내재한다. 일부 이상은 공장 전체에 운전 불능을 일으킬 수도 있다.

컴퓨터를 중심으로 한 디지털 데이터 수집 기술이 발전하면서 1970년대부터 데이터베이스를 기반으로 한 상태감시 및 진단이 유기적으로 결합하였고, 각 플랜트 제조 업체들은 이러한 진단 기술을 주목하였다. 플랜트의 이상 부위를 조기에 발견하여 플랜트의 치명적인 사고를 미리 방지하는 진단 기술은 투자를 통해 이익을 창출할 수 있는 기술로 인정받으면서 활발한 개발이 이루어졌다. 최근에는 기계의 수명을 연장하는 기술로 재평가되고 있다. 상태감시와 같이 진단 기술로서 이 장에서는 ISO 18436-2에 규정되어 있는 다음 항목에 관해 서술한다.

- 감시 프로그램 설계(Monitoring program design)
- 경보설정(Alarms set-up)
- 기준선 설정, 열화 경향관리(Baseline assessments, trending)
- 점검 루트 계획(Route planning)
- 기타 진단 기술(Alternative technologies)

2.4.1.1. 상태감시 파라미터

유체 기계의 경우 유체의 성능이나 기능 등 주 효과를 이용하는 방법과 운전할 때 부수적으로 발생하는 2차 효과를 이용하는 방법으로 크게 나뉜다.

(1) 주 효과: 기기 본래의 성능을 보여주는 파라미터로 펌프의 경우 유량과 토출압력, 모터의 경우 입력전류, 출력 토크, 회전수 등이 이에 해당한다. 보통 프로세스 데이터 또는 플랜트 데

이터로 불린다.

(2) 2차 효과: 기기가 운전할 때 발생하는 진동, 음향, 온도, 악취 등이다.

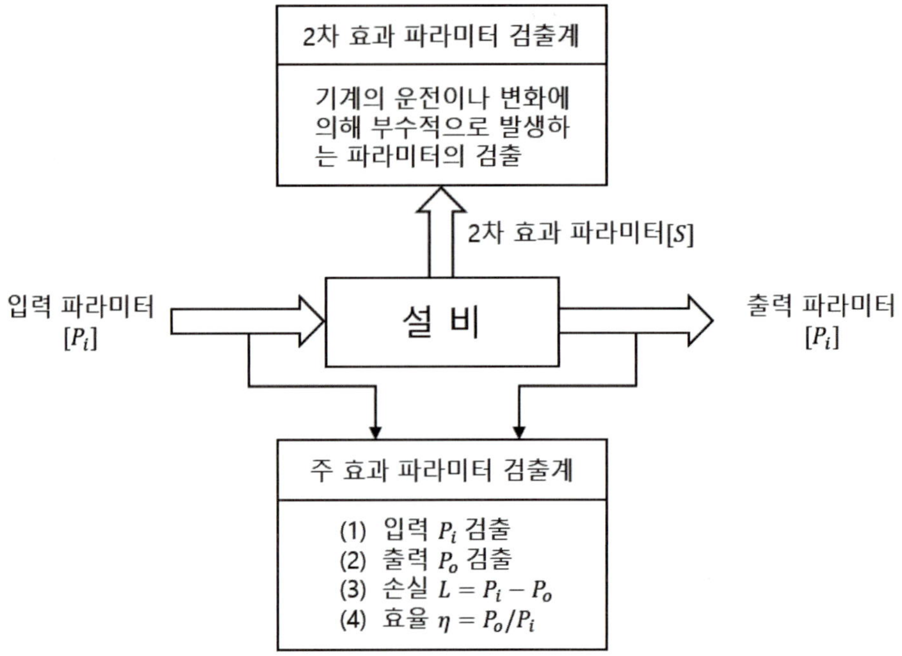

그림 2.57 설비의 주 효과와 2차 효과

대다수의 주 효과 파라미터는 중앙관제실에서 온라인으로 감시되며, 이 값이 이상을 보이면 기기로서는 치명적인 상황이다. 이러한 값이 시간 경과에 따라 비정상에 근접하는 것으로 예측되는 경우, 이것은 매우 중요한 정보로서 공장 긴급정지 등의 판단 신호로 사용된다. 그러나 초기에 고장을 감지하고 싶거나 그 원인을 파악하려는 경우에는 이러한 주 효과 파라미터만으로는 진단 정보가 부족하다.

한편, 2차 효과 파라미터의 몇 가지 중요한 점은 중앙관제실에서 온라인으로 감시하고 있지만, 대부분은 오프라인에서 필요에 따라 점검된다는 것이다. 이 점검 값의 이상을 통해 결함이 발생한 부위를 인지하고, 주 효과 파라미터와 함께 사용하여 시너지 진단 정보로서의 가치를 크게 높일 수 있다.

지금까지 알 수 있는 바와 같이 기계의 중요한 파라미터로 진동 상태감시를 통해 기계 고장을 초기 단계에서 감지하거나 고장 원인을 진단할 수 있다. 그러나 진동 신호는 짧은 시간 동안에 변화하는 다이나믹한 신호로 주요 파라미터와 다르게 보통 전처리가 필요하다. 따라서 진동의 경우 다양한 데이터 처리를 한 후에 상태감시 파라미터로 사용한다. 구체적으로는 다음과 같은 측정량이 상태감시 파라미터로 사용된다.

- 광대역 총진동값의 경향
- 주파수 분석 결과(스펙트럼)
- 스펙트럼의 개별주파수 성분의 경향
- 특정 대역 주파수 성분 또는 협대역 주파수 성분의 경향
- 3차원 스펙트럼
- 보드 선도, 나이퀴스트 선도 등의 벡터분석
- 축중심의 궤적

2.4.1.2. 상태감시 방법

기계의 상태를 감시하는 방법은 크게 두 가지가 있다.

1) 상시 감시(permanently on-line vibration monitoring system)

플랜트의 각 장소에 배치된 센서를 통해 얻은 주 효과 신호 및 중요 장비에서 측정된 2차 효과인 신동 신호 등을 현장에서 중앙관제실 등에 보내고 온라인에서 지속해서 감시하는 방식이다. 이 정보는 컴퓨터로 처리·분석되어 디스크에 데이터로 저장된다.

고속 회전체와 같이 상태 변화가 플랜트 이상에 직결되는 장비의 경우 온라인 감시가 필요하다. 진동 정보는 기준선으로 불리는 기준치와 비교하여 경계경보, 비상 정지 등의 운전 모드 결정 근거가 된다. 이 방식은 설비 비용이 소요되기 때문에 감시해야 할 센서 위치는 엄선되어야 한다.

2) 간헐 감시(portable off-line monitoring system)

기계 현장에서 휴대용 간이 진단기기를 통해 진동 등을 측정하고, 규정된 형식으로 측정값을 기재하는 방식이다. 사람에 의한 오프라인 작업이므로 설비 비용이 필요가 없는 대신 인력과 시간이 필요하다. 무조건 감시 위치를 늘리는 것은 좋은 대책이 아니다. 비용을 고려하여 필요한 위치만을 선택하여야 한다.

또한, 고온, 유독 가스 등으로 인해 사람이 접근하기 위험한 기기의 경우 가까운 안전한 장소에 설치된 단자함에서 정보를 기록한다. 기록된 판독 값은 자동으로 또는 수동으로 후단의 컴퓨터 해석 시스템에 입력되어 데이터베이스에 저장된다.

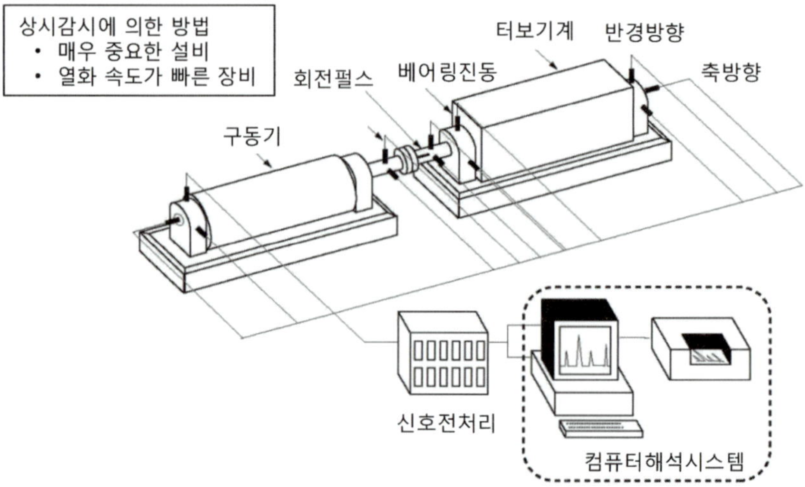

그림 2.58 온라인 진동상태 감시 (ISO13373-1)

일반적으로 오프라인에서의 휴대용 감시 방식의 측정 주기를 결정할 때는 열화 속도를 충분히 검토할 필요가 있다. 마모 열화와 같이 열화가 천천히 진행될 때는 정기보수 간격의 1/6 ~ 1/10의 간격으로 실시한다. 또한 새로 도입된 기계에서의 감시 프로그램의 경우에는 초기 결함 발생에 대비하여 초기 시운전 단계에서부터 만전을 기해 수시로 감시한다. 운전이 안정 가동 기간에 들어가면 측정점을 단순화하고, 측정 주기를 늘려 간소화를 도모한다.

회전 기계별 진단 주기에 대하여 표 2.5에 그 대표적인 예를 보여준다.

표 2.5 간이 진단 주기의 대표 예

회전 속도 별 분류	대상 기기	측정 주기
(1) 고속 회전기계	터보 압축기, 가스·증기터빈	매일 측정
(2) 일반 회전기계	펌프, 팬, 블로어, 증기터빈	매주 측정

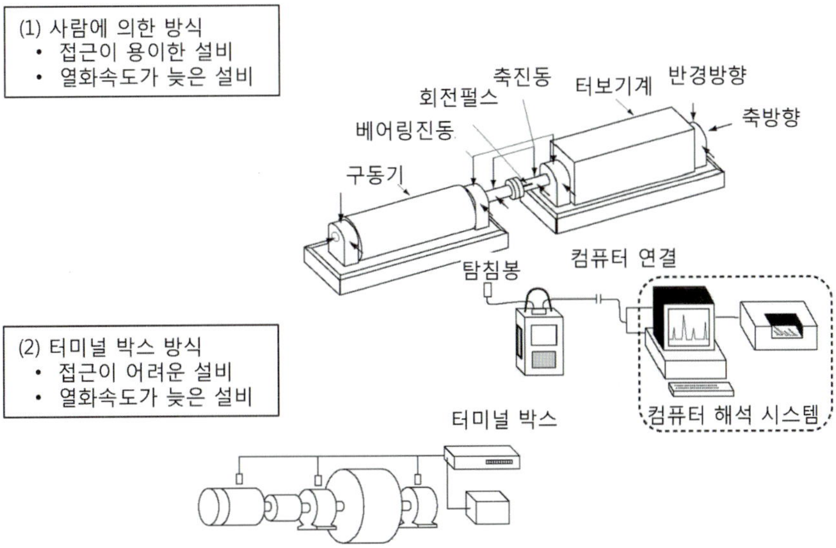

그림 2.59 오프라인 진동상태 감시 (ISO13373-1)

2.4.2 경향관리

경향관리 프로그램을 구성할 때는 측정 주기를 결정하는 것이 가장 중요하다. 새로 도입된 기계나 최근 수리되어 정상 상태로 운전되는 기계의 경우에는 그 기계의 중요도, 신뢰성 기록 및 시스템의 데이터 저장 용량에 따라 측정 주기를 결정한다. 예를 들어, 지속해서 측정을 시행하는 온라인 감시 시스템의 경우에는 측정할 때 진동값에 변화가 없다면 이미 저장된 오래된 진동 데이터를 지울 수 있다. 주기적 감시 시스템의 경우에는 진동값이 증가하기 시작한 시점부터 측정 주기를 단축하여 감시를 강화하는 것이 타당하다. 이 내용은 다음과 같이 설명할 수 있다.

기동/정지시의 진동측정은 동일한 회전수 증감폭을 주기로 진동을 측정해야 한다. 비교적 낮은 가속 기계에 대해서는 5 r/min 이상의 회전수 증감폭으로 측정해도 좋으나 고속으로 가/감속하는 기계에 대하여 이 샘플 수는 적합하지 않다. 이 경우에는 연속 측정이 권장된다.

2.4.2.1. 광대역 경향관리

1) 일반적인 경우

회전축과 정지 구조물의 진동치에 대한 평가 기준을 확립하는 데에는 고려해야 할 세 가지 요소가 있다.

a) 진동값(진동의 크기)

b) 진동 변화의 크기

c) 진동 변화의 속도

새로운 기계를 검사할 때는 미리 설정된 진동값 또는 고객의 동의를 얻은 허용 진동값에 근거하여 평가해야 한다. 그러나 일단 검사를 통과하여 정상 운전 상태의 진동값이 측정되는 기계의 경우에는 진동값 뿐만 아니라 진동값 변화까지 관리해야 한다.

회전 기계의 경우에는 기계의 보수 시점을 결정하는데 표준이 되는 2가지의 국제 규격이 존재한다. 하나는 ISO 7919로 비왕복 회전 기계의 축 진동에 관한 광대역 주파수 진동 측정 및 평가 규격이다. 또 하나는 ISO 10816으로 회전 기계의 비회전 부분(베어링 하우징 등)에서 측정한 광대역 주파수 진동의 측정 및 평가에 관한 규격이다. 두 표준 모두 진동값을 4개의 영역으로 분류하여 평가하는 기준과 진동값 변화에 대한 평가 기준을 제시하고 있다.

대부분은 회전 기계에서 진동 속도가 넓은 운전속도 범위에 걸친 진동의 심각도(severity) 특성을 지정하는 Factor로 적절하다고 알려져 있다. 그러나 주파수를 무시하고 진동 속도값만을 고려할 때는 위험성을 초래할 만큼 충분히 큰 진동 진폭을 놓칠 가능성이 있다.

저속 운전 기계에서 진동의 주성분이 회전속도 성분일 경우 이러한 위험성이 있으며, 마찬가지로 고속 기계에서 표준을 일정한 속도값으로 설정할 때도 동일한 위험성이 있다. 즉, 고속의 기계에서 허용할 수 없는 높은 가속도의 진동값을 놓칠 수 있는 위험이 있다. 결론적으로, 속도값 기준은 그림 2.60과 일반화된 영역 설정에 따라 결정하여야 한다.

즉, 이 그림에서 보는 바와 같이 하한 주파수 f_1와 정의주파수 f_x 구간과 정의주파수 f_y와 상한주파수 f_u구간에서의 허용 진동 속도값은 주파수에 따라 달라져야 한다는 것이다. 또한, 정의주파수 f_x와 f_y구간은 허용 진동 속도값을 일정하게 할 수 있다. 각종 기계의 종류에 대한 f_1, f_u, f_x, f_y의 값과 평가 표준은 ISO 10816에 나와있다.

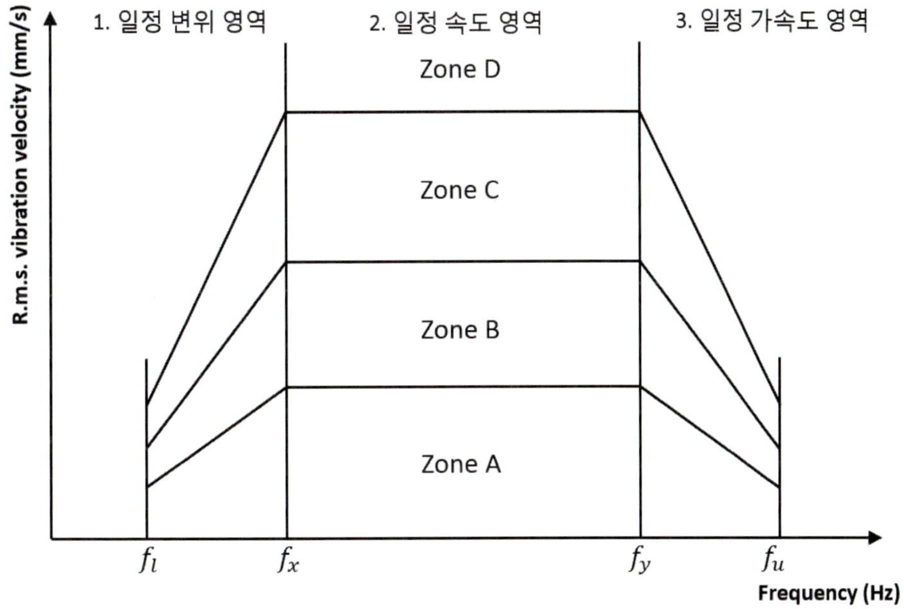

그림 2.60 일반화된 진동 속도 영역

산업용 일반 회전기계의 경우, $f_1 = 1$ Hz, $f_x = 10$ Hz, $f_y = 1000$ Hz, $f_u = 10000$ Hz이다.

신규 검사의 경우 기계의 진동은 일반적으로 영역 A 안에 있어야 한다. 아무런 제한 없이 장기 운전이 허용되는 기계는 일반적으로 영역 B에 속한다. 기계의 진동값이 영역 C에 속하면 일반적으로 장기 운전은 허용되지 않는다. 하지만 수리가 가능한 시기가 될 때까지 진동값이 영역 C에 머문다면 일반적으로 기계의 운전을 계속 허용할 수 있다. 기계의 진동값이 영역 D에 속하면 일반적으로 기계에 손상이 발생할 가능성이 큰 것을 의미한다.

특정 기계에 대해서는 경고값을 높이거나 낮출 수 있다. 이 경고값은 일반적으로 측정 지점 또는 측정 방향에 따른 경험에 기초하여 기준값에 대해 상대적으로 결정되는 것이 당연하다. 경고값 설정에 관한 ISO의 기준은 앞 절에서 설명하였고, 경향관리에 관해서도 이전의 방식을 따르고 있다.

(1) 사례 1 : 진동치가 정상 영역에 있는 기계

이 경우는 영역 B의 진동 추세 곡선에 대해 다음을 권장한다.

a) 과거의 측정 데이터에서 큰 변화가 없을 경우 추가 작업 불필요

b) 진동이 증가 추세인 경우, 증가 경향이 선형이고 예상치가 다음 정기 측정까지는 상한치

를 초과하지 않으리라고 추정되면 추가 작업은 필요하지 않다. 하지만 다음 측정에서 예상치가 상한치를 초과할 것으로 예상되면 측정 빈도를 늘린다.

c) 증가세가 선형적이지 않거나 이전의 측정치보다 25 % 증가하는 변화가 있는 경우, 측정 빈도를 늘리거나 혹은 연속감시의 경우에는 샘플링 빈도를 올릴 필요가 있다.

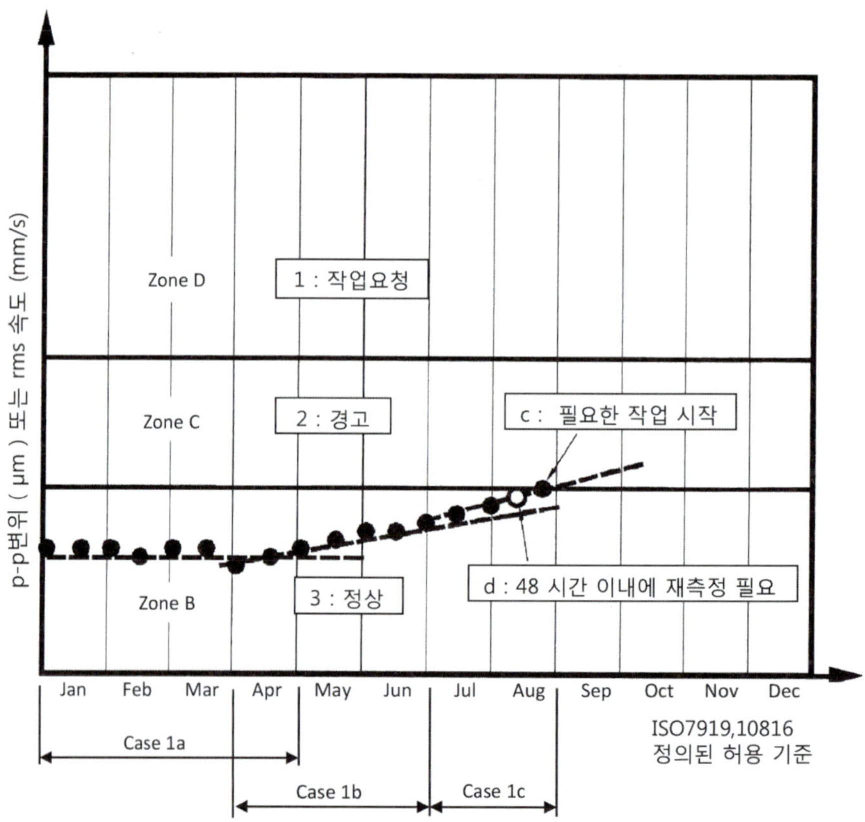

그림 2.61 회전축 또는 정지구조에서 측정된 광대역 주파수 진동 (진동값이 경보영역 내에 있는 경우)

(2) 사례 2 : 진동값이 경보 영역에 있는 기계

이 경우, 그림 2.62의 영역 C의 진동 추세 곡선에 대한 경우 다음의 행동을 권장한다.

a) 진동값에 변화가 없으면 측정과 감시를 동일한 시간 간격으로 실시한다.

b) 진동의 증가 추세가 선형이며 다음 정기 유지보수나 정기 측정 또는 감시까지 예상치가 상한치를 초과할 것으로 판단되거나 증가세가 선형이 아닌 경우에는 연속감시(On-Line Monitoring)로 전환하거나, 감시 빈도를 향상하고 보수계획을 변경해야 한다. 또한 고장

의 원인을 판별하기 위한 진단을 수행하는 프로그램이 권장되고, 유지되어야 한다.

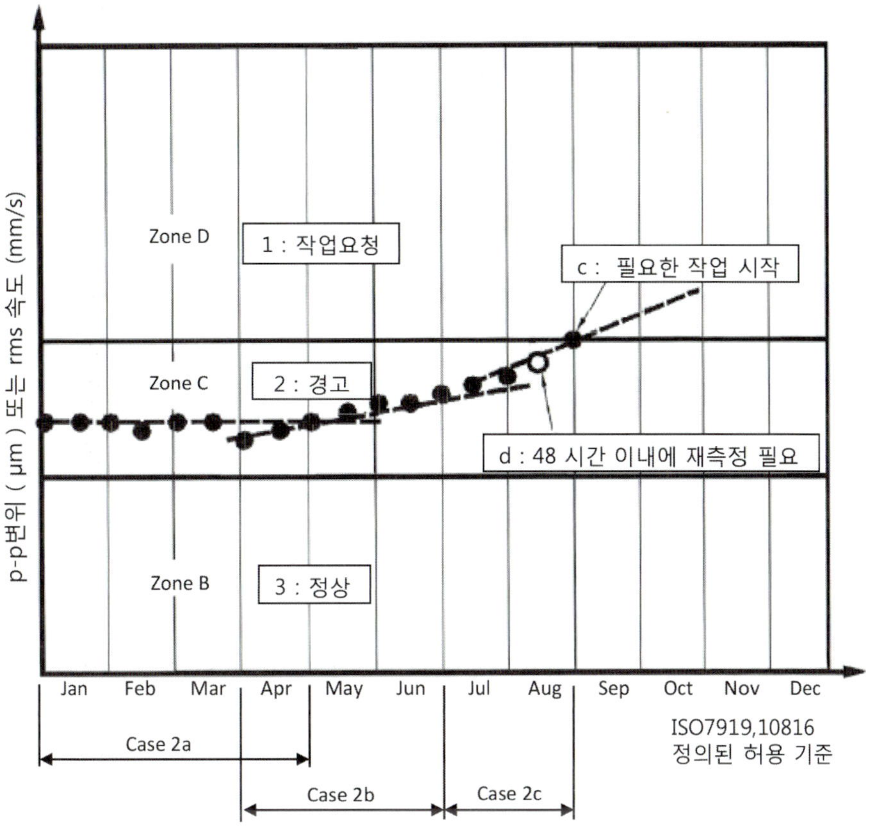

그림 2.62 회전축 또는 정지구조에서 측정된 광대역 주파수 진동 (진동값이 경보영역 내에 있는 경우)

2.4.2.2. 기동, 정지시의 진동

이 절에서 정의하고 있는 기동/정지시 진동은 기계가 기동 운전되는 동안 또는 정지 작업이 진행되고 있는 동안 측정된 진동 정보를 다룬다. 이러한 데이터는 정상 운전시에는 측정할 수 없으므로 기계 상태에 대한 유용한 정보를 제공한다.

이와 같은 과도상태의 진동은 불평형 진동에 대한 응답, 구조 공진, 부분 공진, 위험 속도, 감쇠, 전자기적 이상, 접촉 및 회전축의 균열 등을 감지하고 분석하는데 가장 적합하다. 기동/정지시 데이터의 스펙트럼에는 3차원, 시간 또는 회전수를 포함한다. 예를 들어, 동일한 회전수 간격을 가진 스펙트럼 그래프(3차원 스펙트럼, 계단식 스펙트럼 또는 워터폴 선도라고 부른다.)를 늘어놓은 것이다. 일반적으로 이와 같은 과도상태 진동 데이터는 보드 선도, 나이퀴스트 선도 및 캠벨 선도 등에서도 표현된다.

기동/정지시의 진동은 기준치 진동 데이터의 주요 부분이다. 초기 시험에서 데이터를 더 잘 이해할수록 기계 고장 감지, 진단 및 탐색의 가능성이 커진다.

2.4.2.3. 과도 진동 경향관리

과도상태 진동 데이터의 표현은 정상상태 진동 데이터의 표현보다 훨씬 복잡하지만, 기계의 변화를 감지하려면 경향관리를 할 필요가 있다. 3차원 데이터 분석을 통해 정상상태의 운전 데이터에서는 볼 수 없는 이상을 식별할 수 있다.

기계의 회전수가 일정한 경우에도 과도적인 운전이 발생할 수 있다. 예를 들어, 환경 조건(온도, 압력 등), 부하 및 공정 파라미터의 변화 등이 있다. 따라서 이러한 변화가 발생할 가능성이 있는 경우, 가능한 한 고속의 경향관리를 통해 과도상태 진동 측정이 가능하게 할 필요가 있다.

2.4.2.4. 개별 주파수 관리

1) 일반

광대역 주파수 성분의 진동은 경보의 원인을 분석할 충분한 정보를 제공하는 데 한계가 있다. 예를 들면, 스펙트럼상에 여러 개의 가진원에서 주파수 성분이 관찰되는 복잡한 기계의 경우가 있다. 이런 경우 광대역 주파수 성분은 개별 주파수 성분(진폭/위상)으로 분해되어야 한다. 대부분은 각 주파수 성분과 운동하고 있는 기계의 각 부품은 개별적으로 관계가 있다. 따라서 특정 주파수 성분이 변경되면 이에 해당하는 기계나 부품의 이상 또는 손상이 감지된다. 기계적인 불균형, 열적 불균형, 자려(self-excited) 진동, 접촉, 정렬 변화, 베어링 및 기어의 손상과 회전축의 크랙 등을 개별 주파수 관리로 감지할 수 있다.

일반적으로 대상 기계의 기준치 데이터인 기준(Reference) 스펙트럼은 합격 판정검사 또는 오버홀(Overhaul) 점검시 기록한다. 이 기준 스펙트럼을 감시시 측정한 스펙트럼과 비교하여 변화를 감지할 수 있다. 단, 이 경우 동일한 주파수 해상도와 창 함수를 사용하여 FFT 분석을 수행할 필요가 있다.

그림 2.63은 스펙트럼의 예를 나타낸다. 이 그림에서 특정 주파수에서 진동 성분을 명확하

게 식별할 수 있다. 이 스펙트럼에서 문제가 되는 피크의 원인이 무엇인지와 문제 발생 초기에 얼마나 빨리 감지할 수 있는지를 평가하는 것이 중요하다.

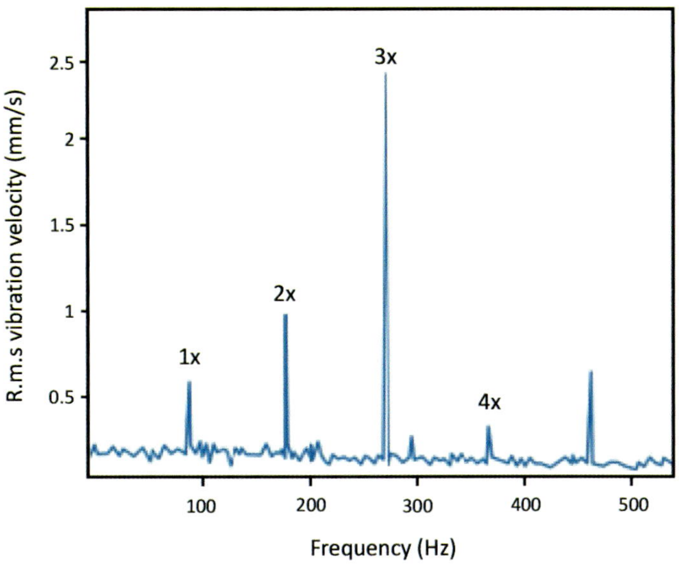

그림 2.63 스펙트럼

2) 개별 주파수 진동의 경향관리

기계의 진동 스펙트럼에서 개별 주파수는 진동의 제한치를 설정에 중요한 자료를 제공한다.

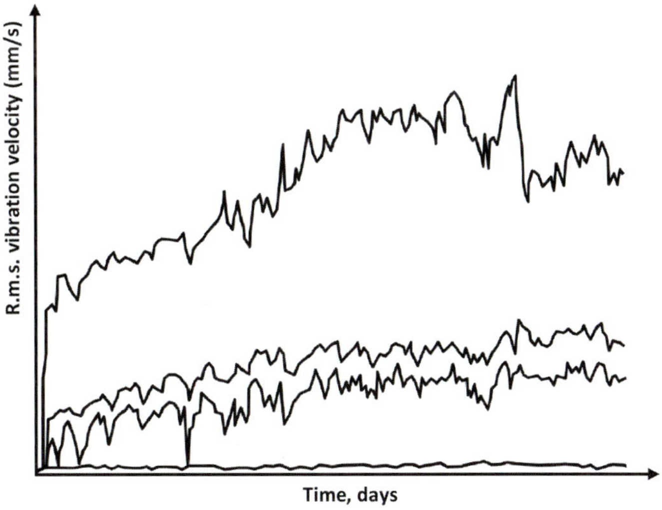

그림 2.64 개별 주파수 성분의 시간 변화 (서브 하모닉)

2.4.3. 심각도 평가

2.4.3.1. 진동의 허용치와 손상도

기계가 운전 중일 때 진동이 발생한다. 특히 회전기계의 경우 축이 회전할 때 발생하는 불평형력으로 인해 진동이 발생하는 것은 어쩔 수 없다. 불평형 외에도 여러 원인에 의해 진동이 발생할 수 있다. 따라서 일정 레벨 이하의 진동은 정상이라 할 수 있으나 너무 심할 경우 축의 강도, 베어링 수명, 기기 오작동 등의 이상이 발생하므로 어떠한 대책이 필요하게 된다.

정상진동과 이상진동의 판별은 기종의 명세나 운전조건에 따라 다르며 과거의 축적 데이터도 참고하여 판단하여야 하지만, ISO에서는 일반적인 지침으로서 축 진동(ISO 7919) 및 베어링 진동(ISO 10816)을 이용하여 판정하는데 표준을 제시하고, 터빈발전기 등 대표적인 기종에 대해서는 구체적인 판정기준치를 제시하고 있다.

표 2.6 ISO에 의한 진동평가

규격	평가량	절대판정기준	상대판정기준
축 진동 ISO 7919	변위	영역별(A ~ D) 축 진동변위의 크기	진동변위의 변화량
베어링 진동 ISO 10816	진동 심각도 (severity)	영역별(A ~ D) 진동 심각도의 크기	진동심각도의 변화량

즉, 양/불량 상태의 판정은 축 진동을 이용하거나 베어링 진동을 이용할 수 있다. 두 경우 모두 진동의 크기 자체에 주목하는 절대치 판정방법과 크기의 변화량에 주목하는 상대치 판정방법이 있다. 절대치 판정은 영역을 A ~ D로 구분하여 운전 상태를 평가한다. 그 분류는 다음과 같다.

- 영역 A: 신규로 제작된 기계의 진동레벨
- 영역 B: 문제없이 운전이 지속될 수 있는 진동레벨. 정상진동영역
- 영역 C: 장기간의 연속운전은 바람직하지 않는 진동레벨. 주의하면서 운전하고 그 사이에 적절한 대책을 실시한다.
- 영역 D: 기계에 손상을 일으킬 가능성이 있는 진동레벨. 운전 불가

한편, 운전 시에 이상이 감지될 때는 경보(warning)나 긴급정지(trip)의 조치를 취한다. 경보레벨의 설정은 영역 B/C의 경계치의 1.25배가 권장되나, 통상 운전 시의 진동(baseline치)이 작은

경우에는 더욱더 작게 설정된다. 긴급정지레벨의 설정은 영역 C/D 경계치 이하로 설정하는 것이 좋다. 아울러 기계의 도입 시의 기준은 영역 A/B 경계치에 해당한다.

진동의 변화량에 관해서는 베이스라인으로부터의 변화량에 주목하는 것이 좋지만, 일반적으로는 B/C 영역 경계치의 25 %가 기준이 된다. 이 진동변화는 운전 상태에 어떠한 이상이 있음을 의미하므로 이에 따른 대응이 필요하다.

이처럼 진동 상태는 영역별 진동의 크기 또는 진동변화량으로 평가하는 것이 일반적이다. 영역 A, B는 정상인 상태이고, 영역 C, D 혹은 진동변화가 있을 때는 조사 및 대책이 필요한 이상 상태라고 볼 수 있다.

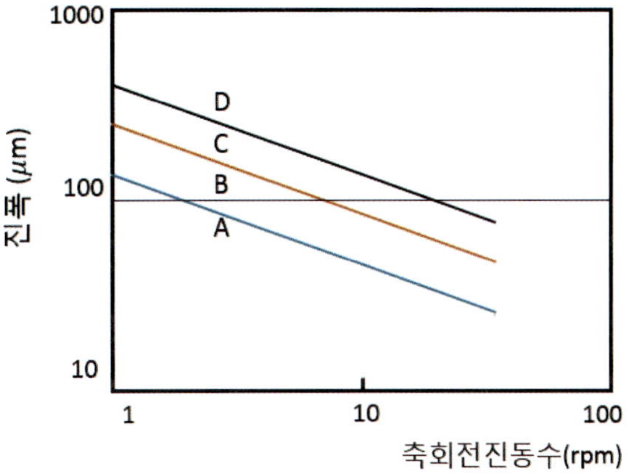

(a) 축 진동 허용기준

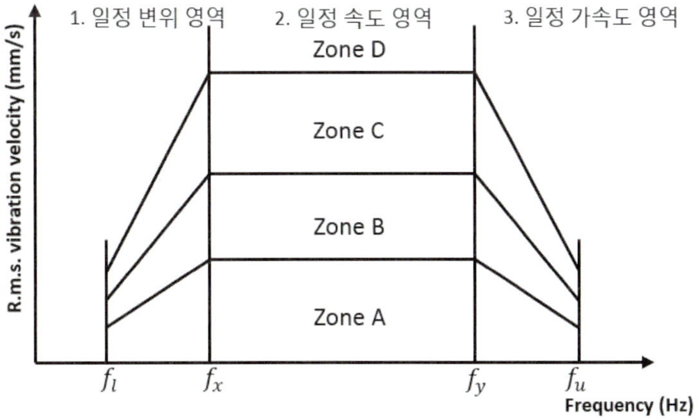

(b) 진동속도 허용기준

그림 2.65 영역별 판정치

또한 축 진동 및 베어링 진동의 영역별 평가량 및 기준치는 다음과 같이 되어 있다.

1) 축 진동 기준

축 진동의 평가기준으로는 통상 진동변위의 peak-peak(p-p)치가 사용된다. 이것은 축 진동치가 케이싱 측과의 상대변위를 통해 측정되고, 축의 변형에 의한 굽힘 강도, 정지부와의 틈새에서 접촉, 베어링 하중, 지지 구조체에의 진동전달력 등의 손상이 변위량과 깊은 관계를 갖기 때문이다. 단순한 불평형 진동이라면 진동파동은 정현파이지만, 다른 진동성분이 포함되면 왜곡된 파동이 된다. 이 경우에도 변위의 최대치에 주목하기 위해 p-p를 사용한다. x, y의 직교하는 2방향으로 측정한 파동도 합성하는(예를 들면, 후술의 리사주 궤적을 그려서 p-p를 취하는) 것이 바람직하다.

ISO 기준에서는 7919-2~5에서 증기터빈, 산업용 기계, 가스터빈세트, 수력발전용 기계에 대한 기준치를 영역별로 제공하고 있다. ISO 7919-2에서는 출력 50 MW 이상의 육상용 증기터빈 발전기에 대한 기준을 제시하고 있고, 축 진동계의 설치부인 케이싱 위치에서 바라본 축 진동 상대변위의 값을 표 2.7에 나타낸다. ISO 7919-3에서는 산업용 기계에 대한 기준치를 제시하고 있고, 그 값을 그림 2.66에 나타낸다. 또한 터빈이나 터보발전기를 대상으로 한 축 진동의 절대평가를 위해 MITI, API, VDI 등의 표준이 존재한다.

표 2.7 ISO 7912-2 증기터빈 발전기에 대한 축진동 기준치(최대상대변위)

Zone 경계	축회전속도 r/min			
	1500	1800	3000	3600
	Peak-Peak상대변위			
A/B	100	90	80	75
B/C	200	185	165	150
C/D	320	260	240	240

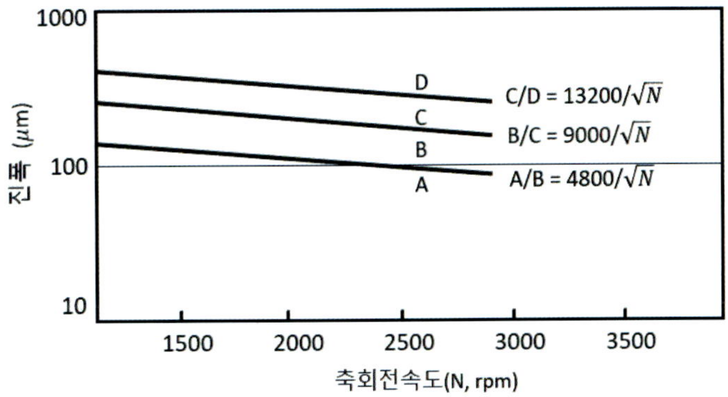

그림 2.66 ISO 7912-3 산업기계의 축진동 기준치

2) 베어링 진동기준

비회전부분에서의 진동치를 의미하며 일반적으로 심각도(severity)를 베어링 하우징 부근에서 측정된 진동치의 평가량으로 사용한다. 진동 심각도는 10 Hz에서 1 kHz까지의 광대역 진동속도의 실효치(rms: root mean square)로 되어 있다. 그러나 낮은 주파수 영역에서는 변위 일정을, 높은 주파수 영역에서는 가속도 일정을 사용하여 진동의 심각함을 평가하는 것이 합리적이다. 베어링 진동의 경우에는 축의 회전수 성분뿐만 아니라 광범위한 여러 주파수성분의 진동을 검출할 수 있는데, 이 경우 이러한 복합파 주파수성분의 합성으로 심각도를 구한다. 심각도는 진동에너지에 해당하므로 평가기준치는 베어링에 대한 동하중 혹은 시시구조물이나 기초에의 진동 전파 등을 고려하여 결정된다. ISO 10816-1은 베어링 진동기준을, ISO 10816-2~6에서는 증기터빈 외에 각종 기계를 종류별로 나눠 영역 경계의 기준치를 나타내고 있다.

ISO 10816-1 기준을 그림 2.67에 나타낸다.

• 기계의 class 별 분류

- Class I: 통상의 운전조건 하에서 전체 완성기의 일부 구성요소로써 조립된 엔진 및 기계(대표 예, 출력 15 kW 이하의 범용 전동기)
- Class II: 특별한 기초를 가지지 않는 중형기계(대표 예, 출력 15 ~ 75 kW 전동기) 및 특별한 기초 상에 견고하게 설치된 엔진 및 기계(300 kW 이하)
- Class III: 대형 원동기 및 대형 회전기로 강 기초 또는 진동 측정방향으로 비교적 높은 강성을 가지는 무거운 기초 상에 설치된 것

- Class IV: 대형 원동기 및 대형 회전기로 진동측정방향으로 비교적 유연한 강성을 가지는 기초 상에 설치된 것(대표 예, 출력 10 MW 이상의 터보발전기세트 및 가스터빈)

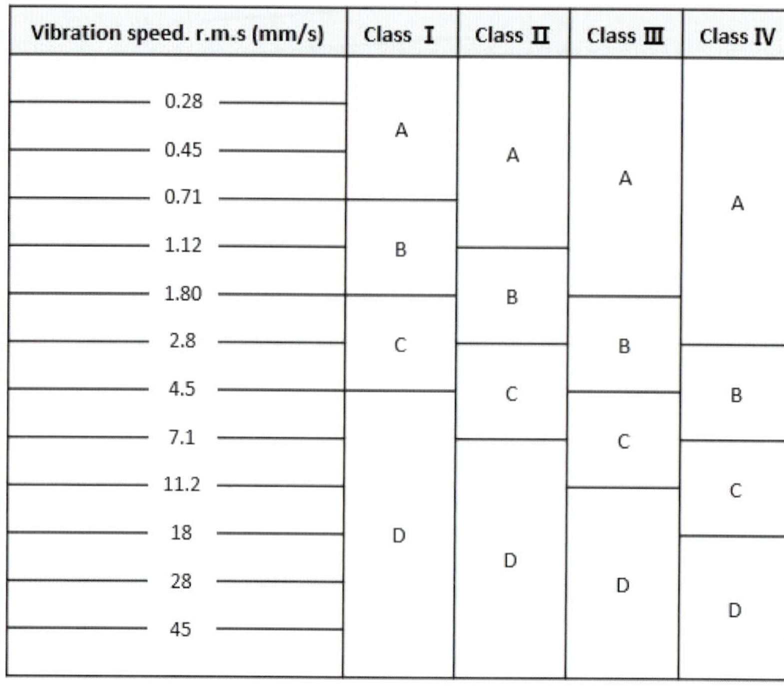

그림 2.67 ISO 10816-1에 의한 베어링 진동기준

2.4.3.2. 이상 진동과 손상도

앞 절의 기준치를 사용하면 일반적으로 진동상태의 양부 혹은 이상의 정도는 판단할 수 있지만 어디까지나 진동의 크기 혹은 크기의 변화를 바탕으로 한 판정으로 이상의 원인이나 종류에 대해서까지는 고려하지 않은 간이진단적인 판정 방법이다. 또한 고려하는 주파수도 회전수와 그 조화주파수 영역 이하의 비교적 저주파수 영역을 주요 대상으로 하고 있다.

이상 징후가 관찰되었을 때는 그 가혹도를 평가하거나, 적절한 조치를 취하기 위해 무엇이 일어나고 있는지 그리고 원인은 무엇인지와 같은 내용을 파악해야만 한다. 이를 위해서는 먼저 회전기계에 어떠한 이상 현상이 발생할 수 있고 각 이상 현상의 특징은 무엇인지를 이해하고 측정 파동의 분석 결과와 비교하여 해당 내용을 추정하는 것이 이상적이다. 일반적으로 회전기계에서 발생하는 진동을 주파수 측면에서 분류하면, 다음과 같이 된다.

(a) 저주파수 영역(수 Hz ~ 1 kHz)의 진동: 불평형, 정렬불량, 거더에 의한 진동, 오일 휩 등

(b) 중주파수 영역(1 kHz ~ 10 kHz)의 진동: 회전요소의 통과주파수 진동, 기어 맞물림주파수, 전동기의 슬롯주파수 진동 등

(c) 고주파수 영역(10 kHz 이상)의 진동: 부품의 접촉과 충돌, 음향진동, 캐비테이션 등

정상이라면 회전동기의 불평형 진동만 나타나고 이상이 있으면 기타 주파수 성분도 나타난다. 주파수 대역에서의 진동허용치(X)의 예를 표 2.8에 나타내고 진동허용치에 따른 보전 액션(action)을 위한 계수를 표 2.9에 나타낸다.

표 2.8 주파수대역에 따른 진동허용치 (X mm/s rms)

No.	주파수대역 (N은 회전주파수)	기계 또는 구성요소		
		일반기계	기어상자	공작기계(기어 없음) (angular 볼 베어링)
1	0.3 N → 0.8 N	0.71	0.71	0.18
2	0.8 N → 1.2 N	1.3	1.3	0.18
3	1.2 N → 3.5 N	0.71	0.71	0.18
4	3.5 N → 8.5 N	0.53	0.53	0.089
5	8.5 N → 1000 Hz	0.53	0.53	0.089
6	1000 Hz → 2000 Hz	0.53	0.53	0.089

표 2.9 보전액션을 위한 계수

허용가능(Acceptable)	X
제 1 경고(First Alarm)	~ 1.5X
제 2 경고(Second Alarm)	~ 4.5X
정지(Shutdown)	~ 6.5X

2.4.3.3. 이상 진동의 진단

여기에서는 파동이나 주파수를 중심으로 분석하여 이상의 내용이나 손상도를 판단하는 방법을 설명한다.

1) 시간파동의 분석

(1) 진동 리사쥬(또는 Orbit)

축의 진동을 직각을 이루는 2방향에서 측정하여 오실로스코프의 화면에 그리면 축의 선회 궤적을 관측할 수 있는 orbit(또는 리사주)가 생긴다. 또한 관측한 궤적에서 최대 휘돌림 진폭(p-p)을 읽어 베어링이나 실 부분의 틈새부에 대해 어느 정도 여유를 가지고 운동하고 있는지를 평가할 수 있다. 미끄럼베어링에서는 진동의 휘돌림 진폭(p-p) R과 베어링 직경틈새 C의 비 R/C를 이용하여 손상도를 평가할 수 있고 판정 기준은 표 2.10과 같다.

표 2.10 R/C에 의한 축 진동 평가

상태	3,600 rpm	10,000 rpm
정상	0.3	0.3
운전 가능	0.3	0.2 ~ 0.4
기회를 보아 정지	0.3	0.4
긴급 정지	0.3	0.6

(2) 진동파형 파라미터

표준적인 진동의 파동은 정현파이지만, 고차 진동이나 충격적인 파동이 중첩되면 파동이 왜곡되어 정현파로부터 파동이 일그러진다. 이러한 왜곡된 파동의 특징을 나타내는 파라미터로는 표 2.11과 같은 파라미터가 있다. 표에서 기호의 의미는

x_p : 피크치

x_a: 절대평균치 $x_a = \frac{1}{T}\int |x(t)|dt$

x_{rms} : 실효치 $x_{rms} = \left\{\frac{1}{T}\int x(t)^2 dt\right\}^{0.5} = \left\{\int x^2 p(x)dx\right\}^{0.5}$

μ_3 : 3차 모멘트$= \int (x-x_m)^3 p(x)dx$

μ_4 : 4차 모멘트$= \int (x-x_m)^4 p(x)dx$

여기서 x_m은 평균치, $p(x)$는 확률밀도함수이다.

표 2.11 파형 파라미터

파형 파라미터	정의	성질	정현파일 때의 값
파형률 K (shape factor)	x_{rms}/x_a	정현파로부터 어긋남이나 왜곡을 표시	1.11
파고율 C (crest factor)	x_p/x_{rms}	파 높이의 지표	1.414
충격지수 I (impulse factor)	x_p/x_a	충격성, 특히 피크가 문제로 될 때 이용	1.571
왜도 β_1 (skewness)	$\mu_3/x_{rms}{}^3$	확률밀도함수의 퍼지는 정도	-
첨두도 β_2 (kutosis)	$\mu_4/x_{rms}{}^4$	확률밀도함수의 비대칭 정도	1.5

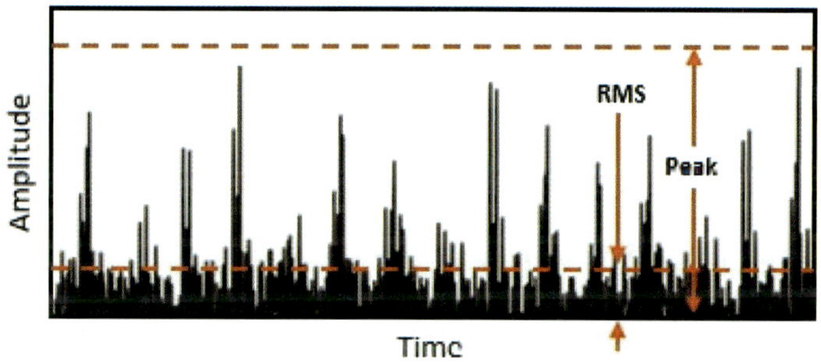

(a) 파고율: 대

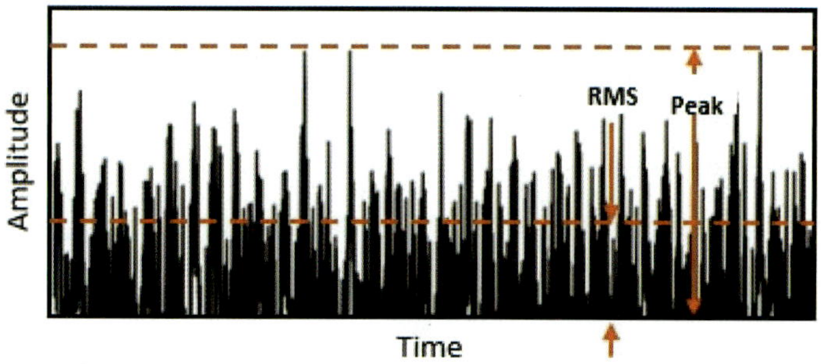

(b) 파고율: 소

그림 2.68 파고율

이들 중 가장 널리 이용되는 것은 파고율이다. 파고율은 피크가 실효치에 비해 어느 정도 큰

지를 나타내는 것으로, 정현파의 경우는 $\sqrt{2}=1.414$이지만,충격적인 파형이 포함되어 피크가 높게 되면 크게 된다. 판단의 지침으로는 표 2.12와 같은 값이 알려져 있다.

표 2.12 파고율 값의 판정기준

	기어의 경우	구름 베어링의 경우
양호	2 ~ 4	5 이하
주의	4 ~ 8	5 ~ 10
윤활불량	-	10 ~ 20
위험	8 ~ 12	20 이상

(3) 진동가속도

구름 베어링의 이상 판정 등에는 진동가속도에 따른 상대값 판정과 절대값 판정이 적용된다. 신품상태에서의 베어링의 진동값, 즉 초기값 등을 미리 알고 있으면 상대값 기준을 이용한다. 초기값이 불명확한 경우에는 절대값 기준이 판정의 기준이 된다.

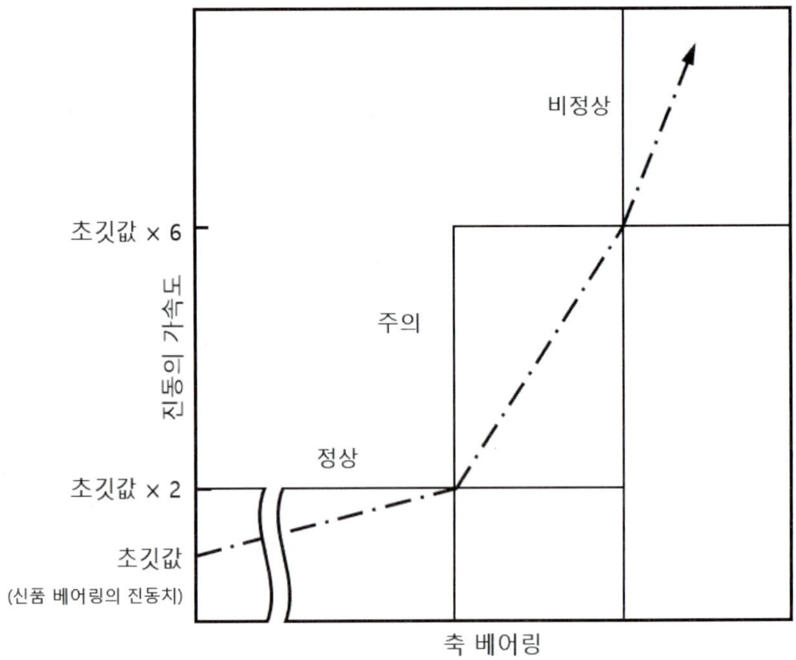

그림 2.69 구름 베어링의 이상판정에서의 상대값 기준

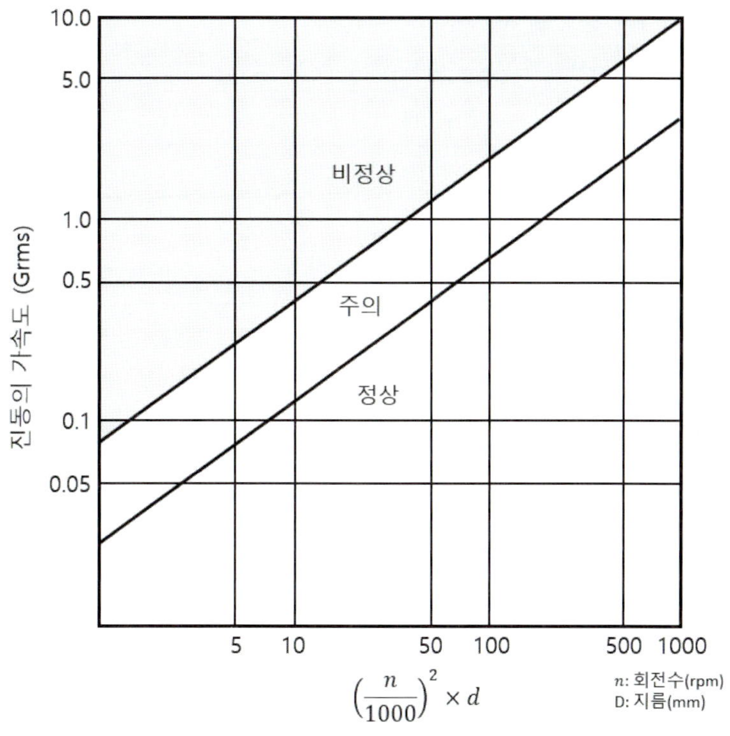

그림 2.70 구름 베어링의 이상판정에서의 절대값 기준

2) 주파수 분석

주파수 분석은 기어의 진단 등에 효과적이다. 기어에서는 기어 맞물림으로 인한 특유의 진동 외에도 편심, 피치오차, 치형 오차 등에 따른 비정상적인 진동이 발생하여, 마모, 표면피로, 소성변형, 이의 절손 등의 손상이 발생한다. 기어가 이상 시에 발생하는 진동의 주파수 중 다음의 경우가 주성분을 구성한다.

축 회전수 성분 f_r, 기어의 맞물림 주파수 f_m $(= z \cdot f_r : z$는 잇수)와 그 변조성분 $f_m \mp n \cdot f_r$ 및 f_m의 고주파성분 $n \cdot f_m$이 있다. 기어에 편심이 있으면 맞물림 주파수의 진동이 회전수 주기의 진폭변조를 받아서 측대파 $f_m \mp n \cdot f_r$가 발생하고 피치오차가 있으면 주파수 변조를 받아서 f_m의 고차진동이 나타나기 쉽게 된다.

따라서 이상을 검지해서 심각도를 평가하기 위해서는 중고주파수영역의 진동, 특히 기어 맞물림 주파수 영역의 진동에 주목한 분석을 수행할 필요가 있다.

아래는 기어의 이상에서의 측대파 발생에 따른 경험적인 판정 기준을 나타낸다.

표 2.13 기어이상에서의 측대파의 경험적 판정기준

측대파 스펙트럼 A_{sb} / 중심주파수 스펙트럼 A_c	심각도(Severity)
0 ~ 0.1	정상(normal)
0.1 ~ 0.3	주의(surveillance)
0.3 ~ 0.75	위험(distress)
0.75 ~	정지(shut down)

2.5 진동 대책

2.5.1 불평형 진동

2.5.1.1. 불평형 진동의 개요

모든 회전체에서는 아래 그림과 같이, 회전체의 축 중심 O와 질량중심(무게중심)이 완벽하게 일치하지 않는다. 이에 따라 회전축 중심과 질량중심사이의 거리를 편심량(또는 편심, e)이라 하며, 이에 따른 회전체의 질량 불평형(mass unbalance) U는 질량과 편심량의 곱인 $U = Me$로 정의된다.

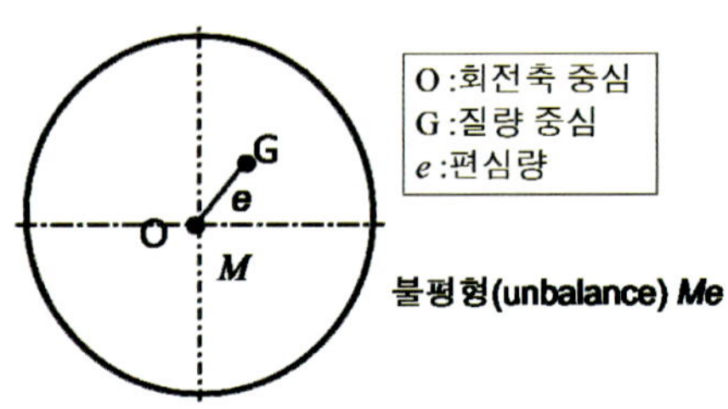

그림 2.71 회전체 질량 불평형

회전체에서 불평형이 발생되는 주요 요인은 다양하나, 제조 과정에서 피할 수 없는 오차와 운영 중 손상에 의한 이상으로 크게 나눌 수 있다. 제조 과정에서 발생하는 불평형은 가공, 조립, 제작시 나타나는 불균형으로서 아무리 정밀한 가공을 수행하더라도 항상 존재한다. 더불어 회전체 자체는 연결 및 동력 전달을 위하여 키(key) 홈 또는 테이퍼 등의 비대칭성(asymmetry)이 설계 단계에서부터 존재하기도 하며, 이것이 바로 불평형으로 전환되기도 한다.

운영 중 발생할 수 있는 불평형은 대표적으로 열적 변형(팽창)에 의한 굽힘에 의한 열불평형 현상이다. 이는 회전체가 상온에서 일정 온도 이상의 정상 운전 상태가 되면, 상온의 상태에 비하여 불균질한 열적 팽창을 경험하게 되고, 이것이 불평형으로 나타나는 것이다. 이에 따라 일반적인 대형 회전 기계는 예열 시간을 거쳐 실제 운전 상태와 동일한 온도 조건에서 불평형 질량을 없애는 평형잡이(balancing)를 수행한다. 이외에는 회전체 블레이드, 볼트, 너트 또는 액세서리 등이 회전체에서 떨어져 나가는 현상이 발생할 수 있으며, 이 경우도 마찬가지로 불평형을 야기한다.

불평형으로 인해 발생되는 불평형 진동(unbalance vibration)은 회전체 진동의 가장 기본이 되는 성분으로서 주요 진동주파수는 회전 동기성분(1X)이라는 큰 특징을 가지고 있다. 또한 불평형력이 회전속도의 제곱에 비례하여, 회전속도를 변화하며 진동을 측정할 때, 주파수 변화 및 진동의 크기 변화를 비교적 명확하게 볼 수 있다. 운영 중 발생하는 이상 현상으로부터 야기되는 불평형을 제외한 제조과정 중에 발생한 불평형은 운영 시간 경과 및 운전 조건에 따라 그 특징이 변화하지 않기 때문에 지속적인 반복 측정에서도 진동 측정 결과의 재현성이 매우 높다. 따라서, 이와 같은 대표적인 특징을 통해 고진동의 원인을 불평형으로 진단할 수 있다.

이와 같은 불평형 진동은 회전체가 회전하고 있는 한 어쩔 수 없이 발생하기 때문에 이상진동이라고 볼 수 없다. 하지만, 그 크기가 비정상적으로 크면 이상진동으로 볼 수 있으며, 이를 수정해야 한다. ISO 21940 시리즈에서는 허용할 수 있는 불평형량을 G grade라는 이름으로 정하고 있으며, 이를 수정하기 위한 평형잡이(balancing) 방법 및 권장 절차를 자세히 설명하고 있다.

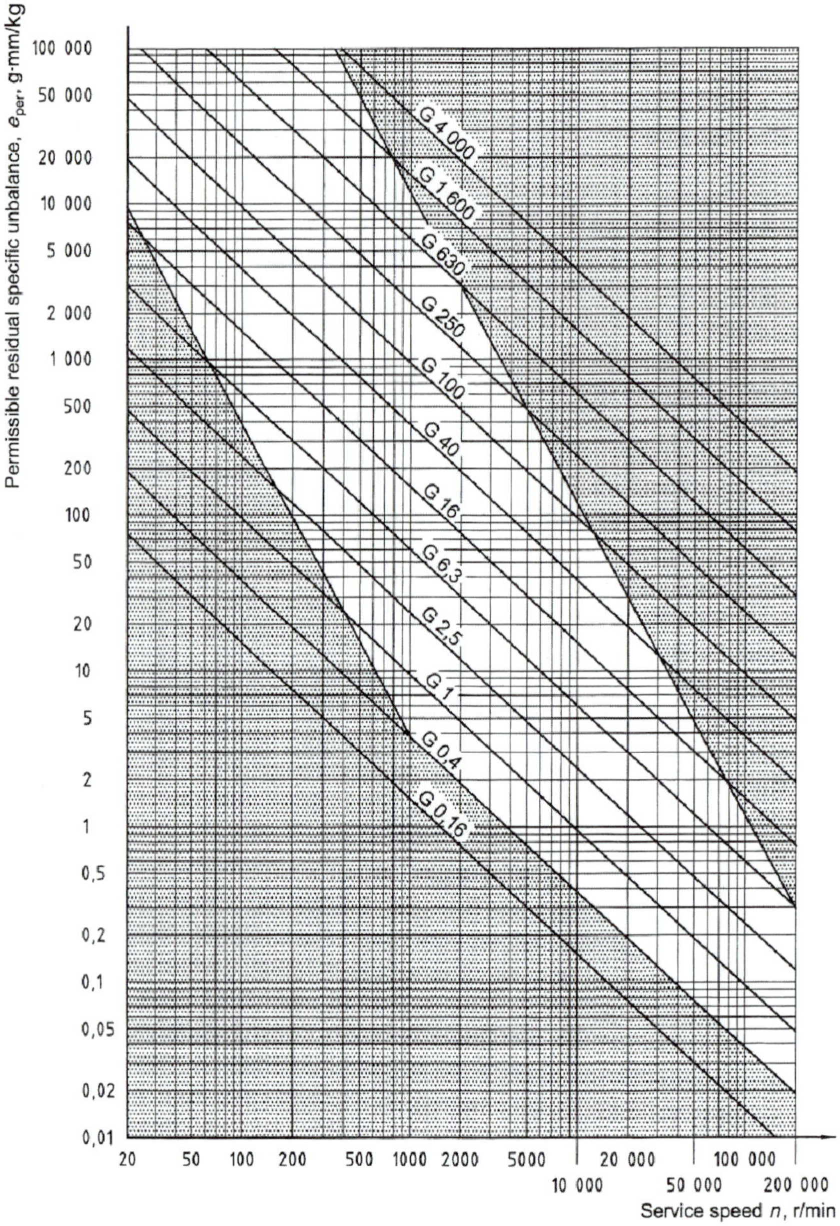

그림 2.72 회전체 허용 불평형량

2.5.1.2. 현장 평형잡이 절차

회전체 제조 과정에서는 아래 그림과 같이 공장에 설치되는 정밀한 평형잡이 기계(balancing machine)를 이용하여, 회전체 자체에 대한 세밀한 평형 잡이를 수행할 수 있으나, 다른 부품들과의 현장 조립 과정에 불평형은 변화할 수 있으며, 이에 대한 최종적인 현장 평형잡이가 많이 수행되고 있다. 또한, 이와 같이 현장 평형잡이는 운전 중 이상에 의해 발생되는 불평형 진동을 줄이는 수정 작업으로도 빈번히 수행되어, 기계의 유지보수에 핵심적인 단계라고 할 수 있다. 아래 표는 다양한 현장 평형잡이 방법을 보여주고 있다.

표 2.15 현장 평형잡기 방법

	1속도 영향계수법	다속도 영향계수법	A. 다속도 다수정면 영향계수법 B. 모드원 평형잡기법
방법	하나의 회전수에서 대해 영향계수를 이용하여 평형잡기 수행	진동이 현저하게 되는 몇 개 회전수에서 대해 영향계수를 이용하여 평형잡기 수행	A. 진동이 현저하게 되는 몇 개 회전수에서 대해 영향계수를 이용하여 평형잡기 수행 B. 계측점의 모드원을 측정하고, 이를 해석하여 유효한 수정을 수행
적용 범위	• 위험속도가 큰 문제가 되지 않은 회전체 • 1차 위험속도만 관계되는 회전체 • 위험속도가 서로 충분히 분리되어 있고 모드가 단순한 회전체	• 다수의 위험속도가 존재하나 이들이 서로 비교적 분리되어 있고 모드도 단순한 회전체	• 위험속도가 많이 있고, 모드도 복잡한 회전체
진동 계측 장치	• 필터부착 범용진동계 • 필터, 스트로보스코프, 위상계 부착 범용 진동계	• 필터, 스트로보스코프, 위상계 부착 범용진동계 • 자동필터, 위상계 부착 진동계	• 자동필터, 위상계 부착 진동계 • 모드원 계측장치 • 전용데이터처리장치
예	• 일반 소형기계 • 전동기, 펌프 • 소형 터빈, 블로워	• 자가발전터빈, 발전기 • 중형 사업용 터빈발전기 • 압축기, 블로워	• 대형 사업용 터빈 • 대형 가스터빈

그림 2.73 정밀 평형잡이 기계의 예

표 2.15와 같은 다양한 방법 중에 가장 간단한 방법은 수정면을 1개만 고려하고 1개의 회전속도에 대한 단면 영향계수법이다. 단면 영향계수법은 아래 그림과 같이 타코 센서와 진동센서 최소 1개만 존재하면 실시할 수 있기 때문에 현장에서 빈번히 사용되는 방법이다.

그림 2.74 진동벡터 계측을 이용한 현장 평형 잡이[4]

4) https://www.ggfiltration.com/service/dynamic-balancing-of-fans/

현장 평형 잡이를 실제로 구현하는 절차는 아래와 같다.

1) 축에 1회전마다 1개의 펄스가 발생될 수 있도록 위상기준용 센서(타코 센서)을 설치한다.

2) 진동 측정을 위한 진동센서를 적절한 위치에 설치한다.

3) 진동 분석기를 이용하여 1X 성분 진동 크기를 측정하고, 위상기준 펄스와의 분석을 통해 위상을 측정하여 진동 벡터를 생성한다.

4) 회전을 정지하고 충분한 효과벡터의 크기가 얻어질 수 있는 크기의 시험중량(trial weight)를 부착하고 다시 정해진 회전수까지 증가시켜 운전한다. 이 경우 시험중량이 될 수 있는 한 평형중량(balance weight)이 될 수 있도록 할 필요가 있다. 위험속도(공진) 통과 유/무에 따라 가진력과 응답의 위상이 정반대(180°)가 되기 때문에, 아래와 같은 3가지 경우에 대해서 각각 다르게 시험중량을 선택하는 것이 적절하다.

① 위험속도보다 충분히 낮은 속도에서는 진동벡터와 반대로 시험중량을 부가

② 위험속도 부근에서는 진동벡터로부터 90° 위상지연 방향으로 부가

③ 위험속도보다 충분히 높은 속도에서는 진동벡터 방향으로 시험중량을 부가

5) 다시 진동이 충분히 안정된 것을 확인하고 진동 데이터를 취한다.

6) 시험중량을 부가하기 전의 진동벡터와 시험중량을 부가한 후의 진동벡터로부터 효과벡터를 구한다.

7) 시험중량의 크기 및 위치(위상)와 효과벡터를 고려하여 진동을 낮추기 위한 수정중량을 계산하고, 이것을 부착하여 다시 진동 데이터를 취한다.

8) 4) ~ 7)의 순서를 반복하여 진동이 허용치 이내가 되도록 한다.

현장 평형잡기는 진동 문제 해결에 가장 간단한 방법이나 현장 상황에 따라 다양한 운전 조건에 대한 평형잡이가 불가능하다는 약점을 지니고 있다. 이에 따라 평형잡이를 수행한 회전조건 또는 운전조건에서는 문제 없지만, 다른 조건에서는 불평형량이 증가하여 진동 문제가 발생할 수 있다. 또한, 현장 평형잡이는 다수의 수정면을 이용할 수 없는 경우가 많아서, 평형 잡이의 최종 결과가 만족스럽지 않는 경우가 많다. 이와 같은 한계점을 극복하기 위해서는 반복적인 시험을 통해 수정 질량의 크기와 위치를 최적화 시킬 수 있다. 하지만, 많은 반복에 의한 시간이 소요되어 현장 여건에 따라 실행이 불가능한 경우도 있다.

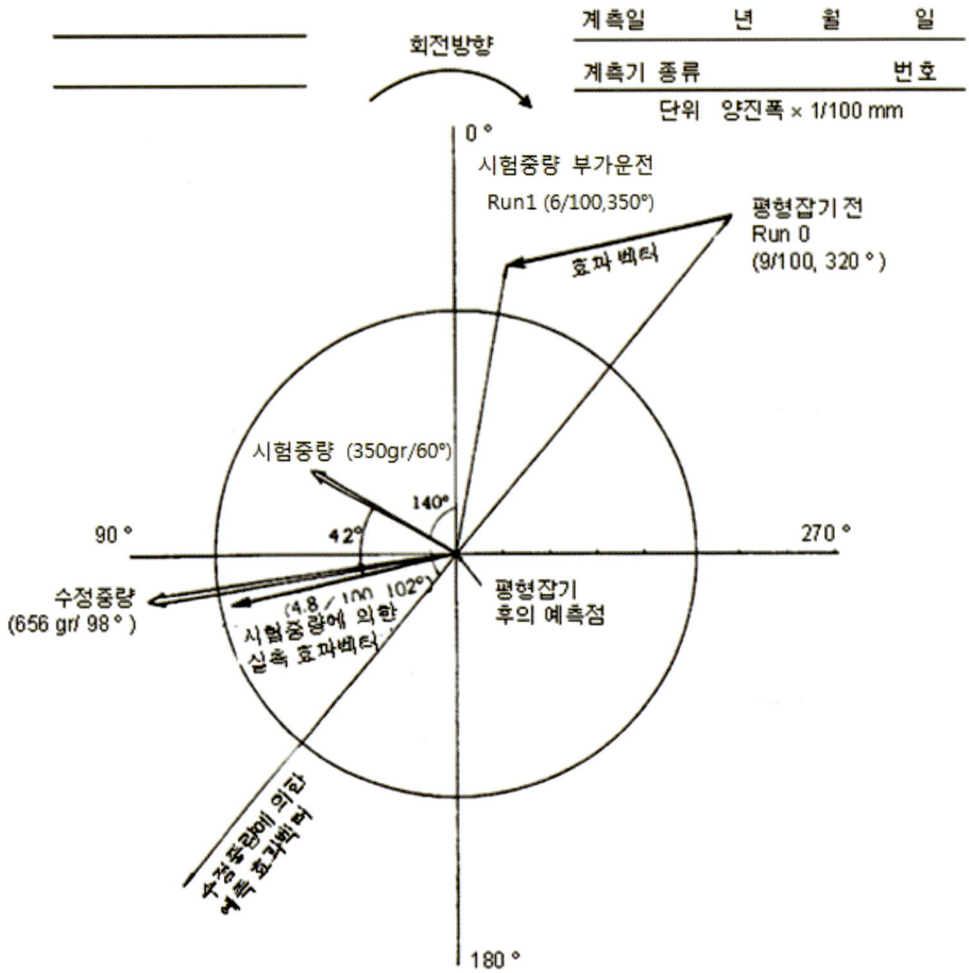

수정중량(balance weight)

크기 $w = 9/4.8/350 = 9 \times 350/4.8 = 656$ gr

각도 $\varphi = 140° - 42° = 9.8°$

그림 2.75 단면 효과벡터 평형잡기의 예

2.5.2. 축정렬

2.5.2.1. 베어링 정렬 불량 Vs. 미스 커플링

정렬불량(misalignment)이라는 말은 현장에서 다양한 의미로 사용되지만, 크게 베어링정렬불량과 미스커플링으로 나눌 수 있으며, 각각의 상세한 사항은 다음 표와 같다.

표 2.16 정렬불량과 미스 커플링의 비교

	베어링 정렬불량	미스커플링
정의	축중심이 베어링 중심과 일치하지 않고 계획된 값에서 어긋나 있는 상태	커플링결합의 기하적 정밀도불량으로 인해, 커플링 체결에 의해 축이 휜 상태
오차가 발생하고 있는 좌표계	정지좌표계	회전체의 회전좌표계
베어링 하중	정하중이 변화 동하중은 작용하지 않음(변화하지 않음)	정하중은 작용하지 않음(변화하지 않음) 1회전에 1회의 동하중이 작용함
축과 커플링의 응력	1회전에 1회의 변동응력이 발생	베어링의 강성이 원주방향으로 같다면 변동응력은 걸리지 않음 축이 휜 방향만 정적 굽힘응력이 걸림
일차적인 진동	기본적으로 이것만으로 진동이 발생하지 않음	1회전에 1회의 진동이 발생함
이차적인 진동	불평형이 남아있는 경우, 베어링 하중의 변화와 함께 진동특성이 변화하여 진동이 변화 회전축의 비선형 강성과 비대칭 축강성에 의해서 회전주파수의 2배, 3배, 4배 성분이 발생	베어링 정렬불량과 합쳐진 경우에는, 축힘의 양이 변화하여 축방향진동이 축직각진동과 같은 정도의 진폭이 되기도 함 어떤 회전각도에서만 정하중이 발생하기 때문에, 회전주파수의 2배, 3배, 4배성분이 발생
비고	축과 커플링의 강도와 베어링의 수명 등에 대해 매우 중요하다 운전중의 정렬 변화의 파악(Hot alignment)이 중요	넓은 의미에서 불평형진동의 원인중에 하나가 되어, 대형 회전체에서는 중요 일반적인 불평형 진동과 혼동되고 있는 경우가 많음

베어링 정렬불량은 목표로 한 정렬 값으로부터 베어링 위치가 어긋나 있는 현상을 의미한다. 베어링 정렬불량에 의해 진동이 발생하는 일은 없지만, 정렬불량이 변화하거나 정렬이 부적절하면, 베어링에 걸리는 하중이 변화하기 때문에 베어링의 강성계수나 감쇠특성에 영향을 주고, 이에 따라 위험속도가 변화하여, 전체적인 동특성이 변화하는 경우가 많다. 또한 커플링이 구비된 경우에 회전수의 2배 진동(2X 성분)이 발생하는 것으로 잘 알려져 있다. 또한, 베어링 정렬불량은 회전축에 반복 굽힘 응력을 주기 때문에 강도 측면에서 문제를 발생시킬 수 있으며, 커플링의 굽힘 피로 손상의 원인이 되기도 한다.

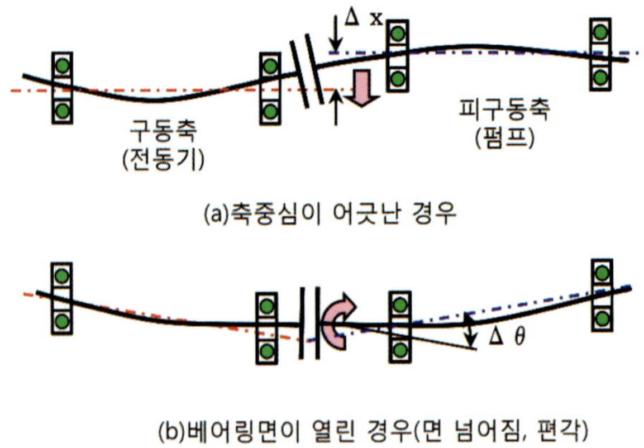

그림 2.76 베어링 정렬불량

다른 하나의 정렬 불량인 미스 커플링은 회전축 커플링부의 정도 불량에 의해, 결합 후 축이 강제적으로 굽혀진 상태이다. 베어링이 2개 이하인 경우는 축의 초기 변형만 있으므로 불평형의 분포로 가정할 수 있지만, 베어링이 3개 이상인 경우는 부적절한 축 굽힘이 되기 때문에 베어링에 회전하는 반력 등 복잡한 거동이 나타난다. 미스 커플링의 진단에는 낮은 회전수에서 진동을 측정하고, 이를 평가하는 방법이 있으며, 커플링 중심이 벗어나 있는 경우와 면이 기울어져 있는 경우에, 특징적인 휘돌림의 위상(역위상, 동위상)을 통해 진단하기도 한다.

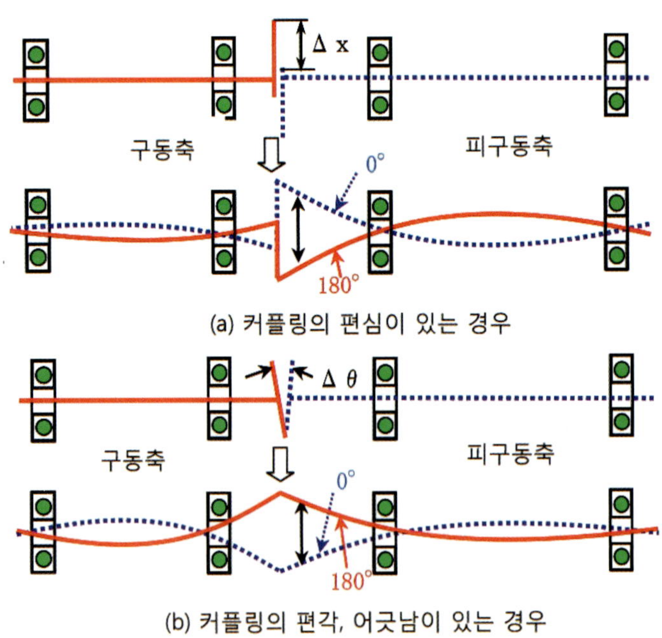

그림 2.77 미스 커플링

2.5.2.2. 정렬 계측 및 수정법

대형 회전기계의 베어링 레벨이나 중심 위치를 계측하는 방법으로는 레이저 광선을 기준선으로서 계측하는 방법, 수준기(water level meter)에 의한 수직방향 높이를 계측하는 방법 등이 정밀한 방법으로 사용된다. 이에 비해 현장에서 자주 사용되는 방법으로는 커플링에 장착한 다이얼 게이지(dial gauge)나 변위계를 회전시키면서 상대적인 면과의 경사나 중심의 어긋남을 계측하는 것이 일반적이다. 정렬 계측 및 수정 방법은 회전체의 정적 처짐 정도에 따라 아래와 같이 각각 다른 방법이 적용될 수 있다.

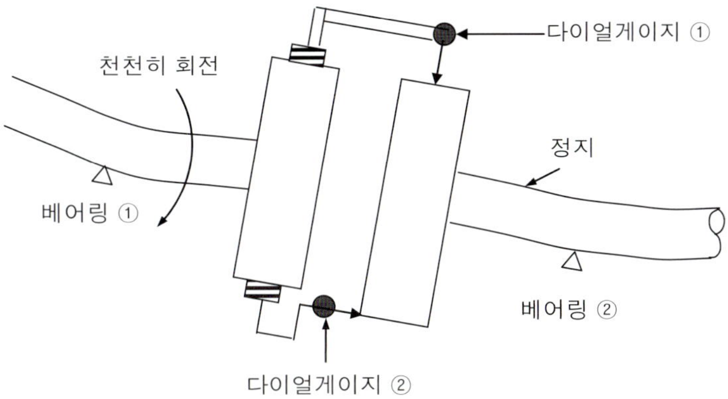

그림 2.78 다이얼 게이지를 이용한 현장 정렬 예

1) 비교적 강한 회전체(rigid rotor)

자중에 의한 변형이나 외부 하중에 의한 변형이 무시할 수 있을 정도인 회전체(강성회전체)에서는 베어링을 일직선상으로 나열(방법 i)하여, 레이저 광을 이용하여 중심의 벗어남을 확인하고 이를 수정한다. 커플링으로 결합되어 있는 경우는 반경방향으로의 중심과 면의 경사를 한쪽 커플링에 다이얼게이지를 고정하여 회전시킴으로써 중심이 얼마나 벗어났는지를 양호한 정도로 계측할 수 있다.

2) 탄성 회전체

회전체의 변형이 큰 경우의 정렬방법에 대해서는 여러 방법이 있고, 회전기계의 제작사에 따라 제시하는 방법이 다르다. 따라서 대상이 되는 기계의 제작사 매뉴얼에 따라서 실시할 필요가 있지만, 기본적으로는 다음의 3가지 방법이 널리 사용되고 있다.

• 강성회전체와 같이 일직선상으로 나열한다(방법 ii).
• 커플링부의 모멘트가 0이 되도록 플랜지를 맞추어 결합한다(방법 iii).
• 베어링부의 굽힘 응력이 최소가 되도록 휨을 고려하여 결합한다(방법 iv).

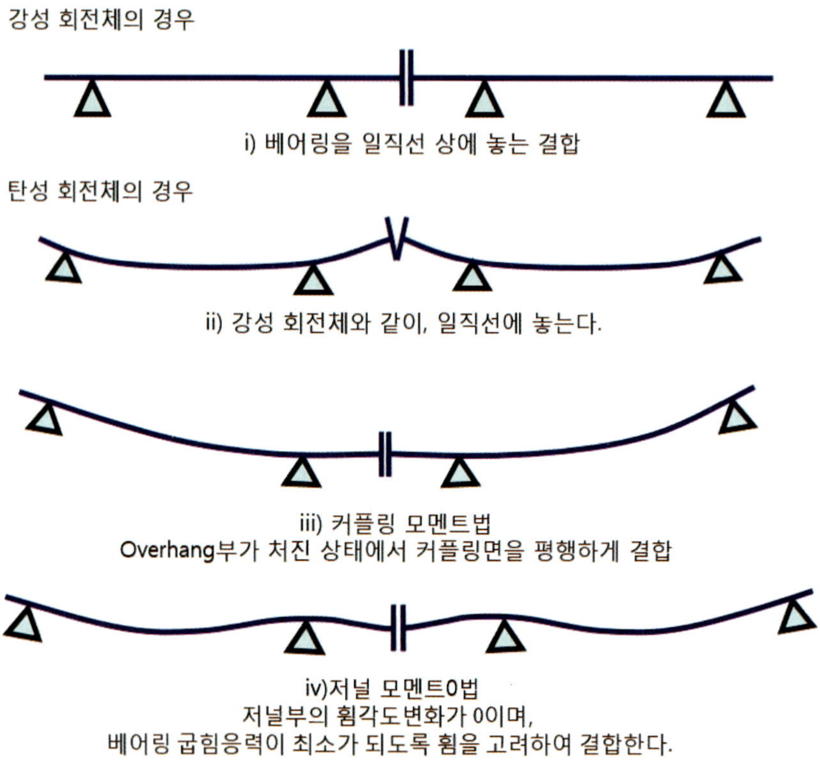

그림 2.79 베어링 정렬 방법

2.5.2.3. 정렬 수정시 주의 사항

정렬은 아래와 같은 운전 및 환경 조건에 따라 변화하기 때문에 실제 운전 조건에서 정렬을 수행(hot alignment)하는 것이 권장되나, 현장 제약으로 정지 상태 또는 저속 운전 상태에서 정렬을 수행(cold alignment)하기도 한다. 따라서 실제 운전 조건이 아닌 경우 아래와 같은 변화를 염두하고 미리 오프셋(offset)을 주는 등의 대책이 필요하다. 이와 같은 오프셋은 정밀한 해석 결과를 토대로 그 양에 대한 계산이 필요하다. 일반적으로 정렬 계산서라는 이름의 보고서를 통해 정렬의 오프셋에 대한 해석 및 설치 이후 테스트(jack-up 테스트 등)를 통한 확인 방법이 제안된다. 하지만, 정밀한 해석 모델의 구축이 불가한 경우, 제작사의 권고나 유사 회전축의 작업 결과를 참고하여, 적용하기도 한다.

(1) 열팽창에 의한 변화: 베어링 지지부마다 온도차가 있거나, 축 중심높이가 다르기 때문에 온도가 동일하여도 열팽창에 차이가 발생하거나, 케이싱에 열팽창 차이가 있거나 하여 운전 중에는 상당히 변화한다.

(2) 저압 증기터빈과 같이 진공압에 의한 케이싱의 변형으로 정렬상태가 변화한다.

(3) 미끄럼베어링에서는 운전 시 저널이 베어링 내에서 부상하기 때문에 상당량의 변위가 존재한다. 베어링 형식에 따라서는 수평방향의 변위도 크므로 주의가 필요하다. 또한 특히 베어링 치수가 서로 인접한 베어링에서 크게 다를 때는 사전에 부상을 고려한 오프셋 양의 설치가 필요하다.

(4) 커플링부의 굽힘응력이 최소로 되도록 조정한다.

2.5.3. 공진제어

2.5.3.1. 고유진동수(또는 위험속도)의 측정

모든 기계 시스템은 질량과 강성(힘에 대한 변형)을 각각 가지고 있으며, 운동방정식에 의해 시스템이 외란에 대해서 움직이는 고유한 진동수(주파수)를 가지고 있으며, 이를 고유진동수라고 한다. 만약 가진력 진동수와 대상의 고유진동수가 일치한 경우에 진동이 매우 크게 되는데, 이 상태를 공진(resonance)이라 부른다. 회전기계에서는 불평형 등 회전수 성분의 가진력과 공진이 자주 문제가 되기 때문에, 특별히 공진이 일어나는 회전수를 위험속도(critical speed)라 부른다.

이와 같은 위험속도는 모든 회전 기계 시스템이 가지고 있는 특징으로서, 운전 속도를 위험속도와 충분히 이격하여 설계해야만 낮은 진동에서 운전이 가능하다. 이에 따라 설계단계에서 고유진동수를 예측하고, 각종 가진력을 식별하여, 공진이 발생하지 않도록 설계 변경이 이루어진다. 하지만, 실제 시스템이 제조되는 단계에서 다양한 외부적 불확실성이 설계 단계에서 예측한 고유진동수를 변화시키고, 실제 운전 조건에서 공진을 일으키는 사례가 빈번하다.

따라서, 현장에서 고유진동수(위험 속도)를 측정하는 시험이 필요하며, 일반적으로 회전 기계에서 사용하는 방법은 충격 시험과 회전 속도 상승(run-up)/하강(run-down)을 통한 시험이다.

첫번째 충격 시험은 충격 신호가 광대역 주파수 성분을 가진시키는 특징을 이용하여 아래 그림과 같이 대상 구조체에 충격 가진을 주고, 응답을 측정하는 방법이다. 가진된 힘(가진력)과 측정된 응답과의 관계를 주파수 분석을 통해 구할 수 있으며, 가진력에 대한 응답이 매우 커지는 주파수가 고유진동수이다. 이 방법은 충격 해머와 진동센서 및 데이터 획득 장치만 있으면 사용할 수 있는 간편한 방법으로, 주로 현장에서 간편하게 고유진동수를 측정할 때 사용하는 방법이다.

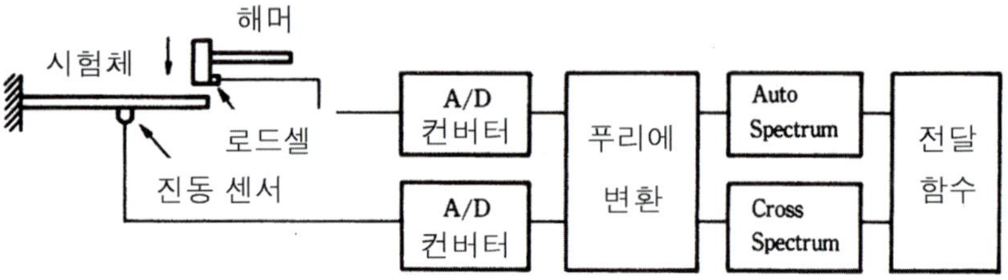

그림 2.80 충격 시험을 위한 장비

위와 같은 충격 시험을 수행할 때 주의할 사항은 충격 해머의 팁(tip)의 선택이다. 팁의 종류로는 고무, 테플론, 플라스틱, 알루미늄, 동 등이 사용될 수 있으며, 팁의 경도(hardness)에 따라 유효한 측정 진동수가 결정된다. 따라서, 미리 고유진동수의 범위를 예상하여 팁을 결정하거나, 다양한 팁을 이용하여 반복 시험을 통해 적합한 팁을 선택해야 한다.

아래 그림은 고유진동수 측정을 위해 실시한 충격 시험으로부터 측정된 주파수응답함수의 예를 보여주고 있다. 주파수에 따른 응답 크기의 변화와 가진력 성분을 기준으로 가속도 응답의 위상 변화를 확인할 수 있다. 응답 크기를 기반으로 약 90 Hz에서 첫 번째 고유진동수를 확인할 수 있으며, 200 Hz 부근에서 두 번째, 세 번째, 네 번째 고유진동수를 각각 확인할 수 있다. 이때 위상의 변화는 고유진동수의 특성으로 인해 180° 변화하는 것을 확인할 수 있다. 특히, 200 Hz 부근에서는 응답의 크기로부터 고유진동수인지 여부를 확인하기 어렵지만, 위상의 변화를 통해 고유진동수 여부를 확인할 수 있다. 이와 같이 응답의 크기만으로 고유진동수를 찾기도 하지만, 위상의 정보까지 포함하여 판단하면 좀 더 정확한 고유진동수 규명을 실시할 수 있다.

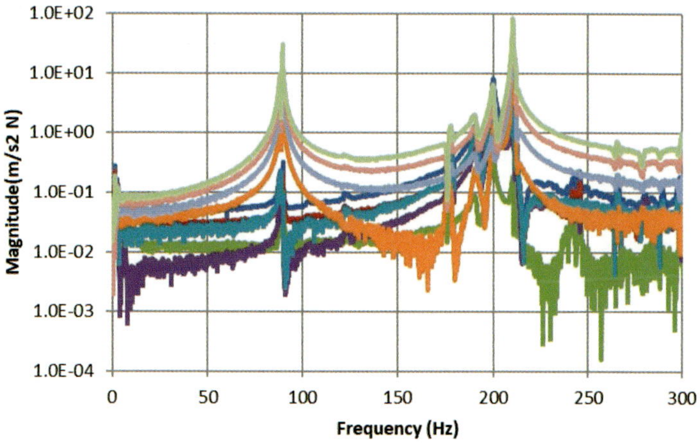

그림 2.81 주파수응답함수 크기

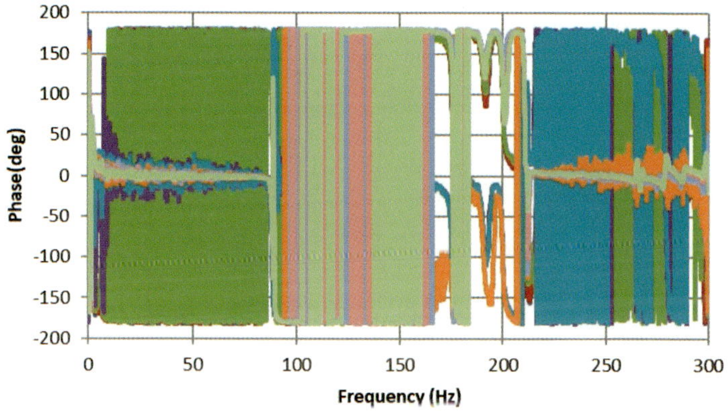

그림 2.82 주파수응답함수 위상

고유진동수를 구하는 다른 방식은 대상 기계의 회전속도을 증가시키거나 감소시키면서 진동을 측정하는 방법이다. 회전속도에 따라 불평형 질량에 의한 가진 성분(1X)는 반드시 존재하기 때문에, 회전속도 변화에 따라 다양한 주파수 성분 가진이 가능하고, 이때의 진동 크기를 이용하여 고유진동수를 확인할 수 있다. 아래 그림은 발전기 회전 속도에 따른 진동 크기를 측정한 예이며, 회전수 변화 따라 진동 응답이 급격히 증가하는 공진이 발생하고, 이에 따라 고유진동수를 유추할 수 있다. 이와 같은 회전속도 변화 방법은 진동센서와 데이터 획득 장치만이 필요한 간단한 방법이지만, 대상 회전체의 속도 제어가 가능해야 하며, 유체 베어링이나 공력 특성과 같이 회전 가속도에 영향을 받는 특징(대표적으로 hysteresis)이 지배적인 경우, 정확한 고유진동수 측정이 어렵다는 단점이 있다.

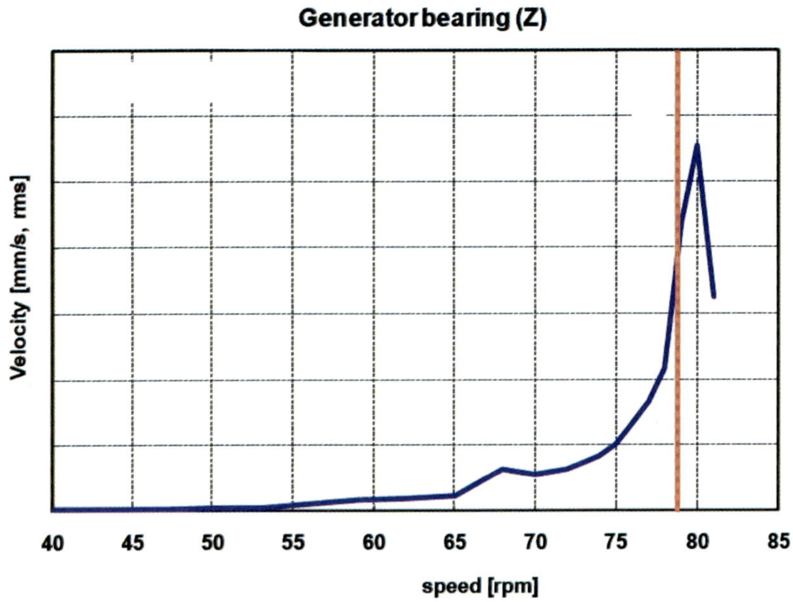

그림 2.83 회전속도 변화에 따른 기계진동의 예

2.5.3.2. 공진 회피

공진에 의한 진동 문제 발생 시 해결에는 다음의 3가지 방법이 있고, 이들 중 현장 상황에 따라 적절한 방법을 선택하여 적용한다. 한가지로 대책으로 해결되는 경우도 있으나, 대부분의 경우 여러가지 방법을 조합적으로 사용하여 공진회피 목적을 이룰 수 있다.

1) 운전 회전수, 또는 구조물 고유진동수를 이동시켜 공진 회피

공진회피의 가장 쉬운 방법으로서 변속 운전이 가능한 기계의 운전조건(회전수)을 변화시키는 방법이 있다. 공진은 좁은 운전영역에서 나타나는 현상이기 때문에 회전 속도의 작은 변화도 큰 진동 변화를 이끌어 낼 수 있다. 하지만, 일반적으로 회전 기계는 회전 속도가 성능에 연관되는 경우가 많기 때문에 회전 속도에 대한 임의의 변경이 불가능한 경우도 많다.

이와 같은 경우는 구조물 변경을 통한 고유진동수 변경이 최선의 방법이 될 수 있다. 이 방법은 현장에서 가장 많이 적용되는 방법으로서, 진동 문제가 발생한 구조물을 보강(강성 강화)하는 것이 일반적인 방법이다. 이를 통해 고유진동수를 증가시키고, 공진을 회피한다. 이론적으로는 강성을 약화시켜도 마찬가지로 진동 문제를 해결할 수 있지만, 강성 약화에 따른 부작용이 있기 때문에 현장에서 적용되는 경우는 매우 드물다.

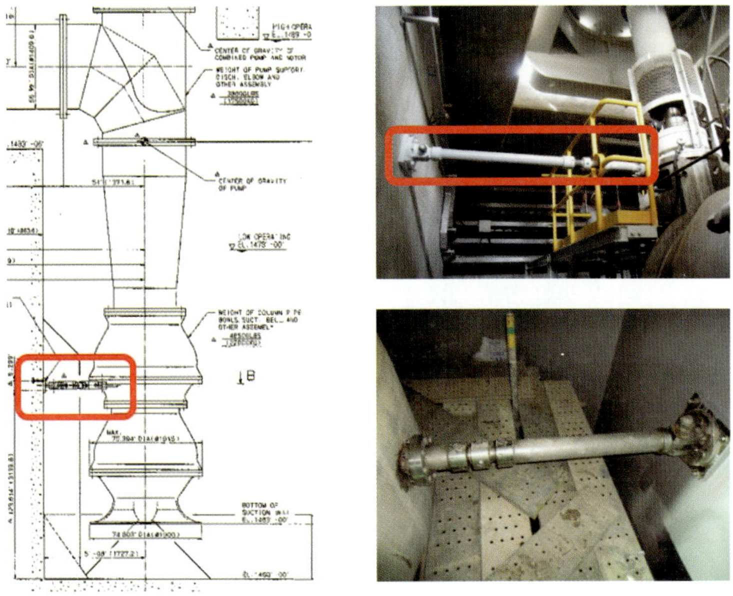

그림 2.87 구조 보강을 통한 수직 펌프 공진 회피 예

현장에서 자주 사용되는 또다른 공진회피 방법은 동흡진기를 설치하는 방법이다. 동흡진기는 현재 공진이 발생한 고유진동수와 동일한 고유진동수를 갖는 질량-강성 시스템을 의미한다. 이와 같은 동흡진기를 공진이 발생한 시스템에 부착하면, 이론적으로 고유진동수가 공진이 일어난 고유진동수 보다 낮은 1개와 높은 1개로 각각 분해된다. 이에 따라 현재 운전조건에서는 공진이 발생하지 않으며, 공진회피에 따른 진동 감소 효과를 볼 수 있다. 이와 같은 동흡진기는 이론적으로 설계 방법이 잘 정립되어 있으며, 실제 적용 사례도 많이 알려져 있다.

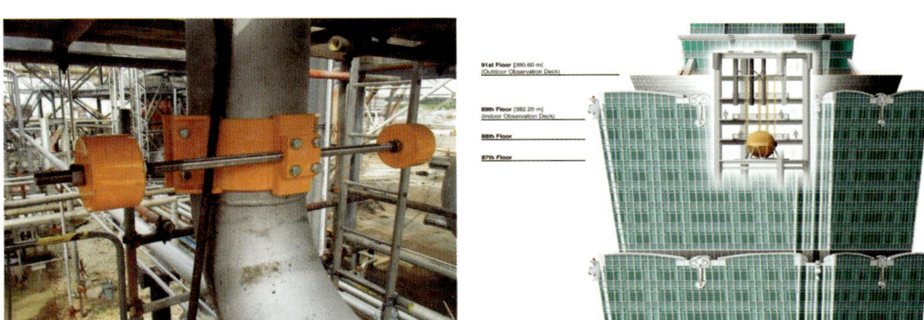

그림 2.88 배관용[5] 및 건물용[6] 동흡진기 예시

5) https://www.avtreliability.com/media-centre/case-studies/dynamic-vibration-absorber-oil-refinery

6) https://bsbgroup.com/blog/the-mechanism-and-applications-of-tuned-mass-damper-tmd

2) 공진배율을 낮추어(감쇠를 부가하여) 응답 감소

운전 조건 변경이나 구조물 보강에 의한 공진회피가 불가능한 경우, 공진 상태를 허용하되 진동의 크기를 낮추는 방법이다. 이 방법의 대표적인 사례는 구조물에 고무나 코팅재와 같은 점탄성(viscoelastic) 재진제를 부착하는 방법이다. 점탄성 재진제는 높은 진동 감쇠 성능을 가지고 있기 때문에, 진동 에너지의 소산(dissipation)을 통해 전체 진동의 크기를 낮추는 효과가 있다. 이와 같은 제진재는 부착하는 위치에 따라 진동 감소 효과가 달라질 수 있다는 점에 유의해야하며, 공진 회피와 같은 큰 저감 효과는 기대할 수 없다는 단점이 존재한다.

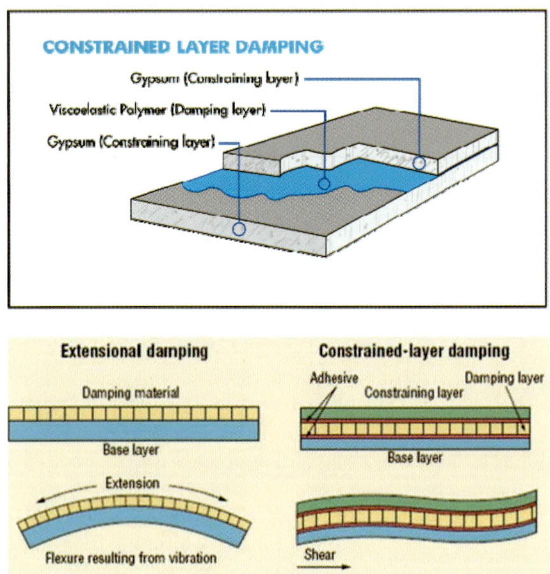

그림 2.86 재진제의 원리 및 예[7]

3) 원인 가진력을 감소시킨다. (평형잡이 수행 등)

위 2가지 공진회피 방법 이외의 방법으로 진동 기진력을 감소시키는 방법이 있다. 대표적인 방법이 회전 기계의 평형잡이(balancing)를 수행하는 것이다. 평형잡이를 통해 불평형량을 감소시키면 감소된 불평형력에 따른 진동 감소 효과를 바로 확인할 수 있다. 이 외에도 공진을 일으키는 기진원이 외부에 있는 경우, 전달되는 진동을 감소시키기 위해서 차단 구조를 설치하거나 재진 구조물을 설치하는 것이다.

7) https://en.wikipedia.org/wiki/Constrained-layer_damping,https://medium.com/@stephanwilson36/the-current-size-and-forecasts-of-constrained-layer-damping-market-87ee39bc11c9

2.6 설비에 관한 지식

2.6.1. 증기터빈

증기터빈(steam turbine)은 고압증기의 열에너지를 운동에너지로 바꾸고 이를 기계적 일로 변환하는 원동기이다. 고압의 증기를 압력이 낮은 곳으로 분출시키면 증기는 압력이 저하하여 팽창하고, 그 열에너지는 운동에너지로 바뀌게 되어 고속의 증기유동이 발생한다. 이와 같은 기능을 하는 것이 노즐(nozzle)이며, 이 노즐로부터의 고속 증기유동이 휠(wheel)에 달린 블레이드(blade)에 부딪히면 휠이 회전하여 증기의 운동에너지가 기계적 에너지로 변환된다. 따라서 증기터빈에서는 노즐과 회전블레이드의 한 쌍이 기본적인 요소가 되며, 이 한 쌍을 증기터빈의 단(stage)이라 한다.

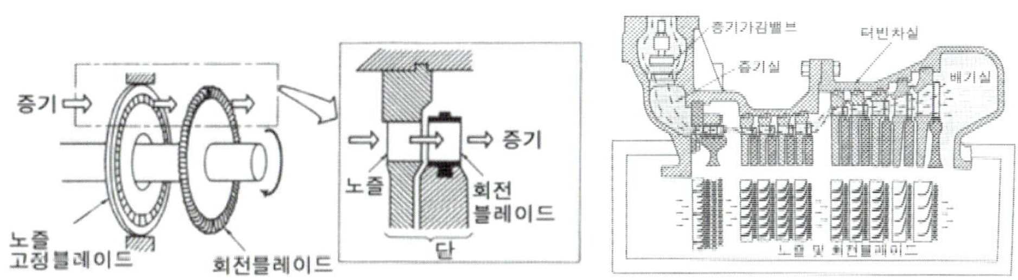

그림 2.87 증기터빈의 구조

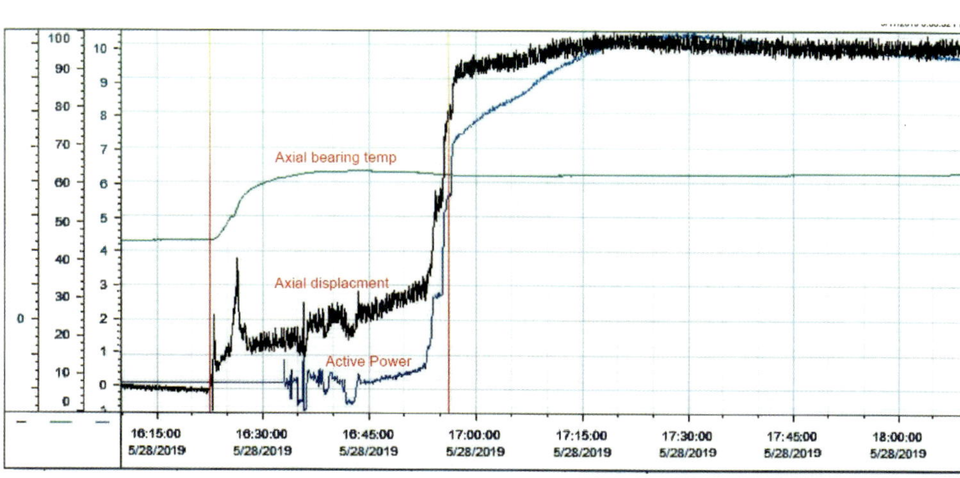

그림 2.88 증기터빈 진동 및 베어링 온도 측정 예

증기터빈은 부품수가 상당히 많은 복잡한 구조로 되어 있기 때문에 발생하는 진동의 종류도 많다. 증기터빈에 발생하는 진동은 크게 나누어 아래와 같은 분류를 할 수 있다.

- 로터의 잔류 질량 불평형에 의한 진동
- 운전 중에 발생하는 질량 불평형에 의한 진동, 회전체의 열 특성, 회전부 일부의 비산, 회전부의 어긋남, 커플링의 어긋남 등
- 접촉(contact, rubbing) 진동
- 정렬(alignment) 변화에 의한 진동
- 불안정 진동(Oil Whip, Oil Whirl, Steam Whirl, 급유량 부족 등)
- 기타

단, 증기터빈과 가스터빈은 운동에너지를 만드는 원동기이며, 단독으로 운용되는 경우는 없고, 발전기, 펌프, 압축기 등의 부하와 연결된다. 따라서 기계의 진동상태감시 및 진단에는 부하의 진동특성도 충분히 파악해야만 한다.

2.6.2. 가스터빈

가스터빈은 고압·고온의 기체를 노즐을 통해 분출시켜 블레이드를 때려 회전력을 얻는 원동기이다. 노즐 출구의 압력을 입구보다도 낮게 하면 기체는 노즐을 지나는 사이에 압력 감소에 따라 운동에너지를 증가하고 고속으로 회전블레이드에 충돌하여 휠을 회전시킬 수 있다. 가스터빈은 피스톤 기관에 비하여 연소가 연속적으로 이루어지기 때문에 대출력을 얻기 쉽고 왕복운동부분이 없기 때문에 구조가 간단하며, 경량·소형으로 만들 수 있다. 또한 토크의 변동이 없기 때문에 회전이 일정하고 진동이 적다. 더욱이 윤활유 소비량이 적고 가솔린보다도 낮은 품질의 액체연료나 기체연료를 사용할 수 있는 등의 장점이 있다. 그러나 노즐이나 회전블레이드에 고급의 내열재료를 필요로 하며 고속회전이 되기 때문에, 일반적으로 감속장치를 필요로 한다. 열효율은 30%를 넘는 것도 있으며, 출력이 십수 kW로부터 수십 MW 이상에 이르는 것까지, 발전용·공업용·선박용·차량용·항공기용 등의 각 분야에서 널리 실용화되어 있다.

가스터빈의 중요 구성요소는 아래 그림과 같이 압축기, 연소기, 터빈이라 할 수 있다. 압축기와 터빈은 보통 다단의 축류식이 대용량 가스터빈에 많이 사용되며, 블레이드의 이상에 대한 불평형 발생 및 접촉(rubbing) 등의 진동 문제가 발생할 수 있다. 연소기는 원통형 구조 내부에서 연

소가 일어나는 장치이며, 연소 조건에 의한 유체 기인 진동(fluid induced vibration)이 케이스에서 발생하기도 한다. 구조적으로는 아래 그림과 같이 다수 회전체로 구성된 가스터빈은 베어링 지지부와 연성된 진동에 의해서 문제가 자주 발생하기도 한다.

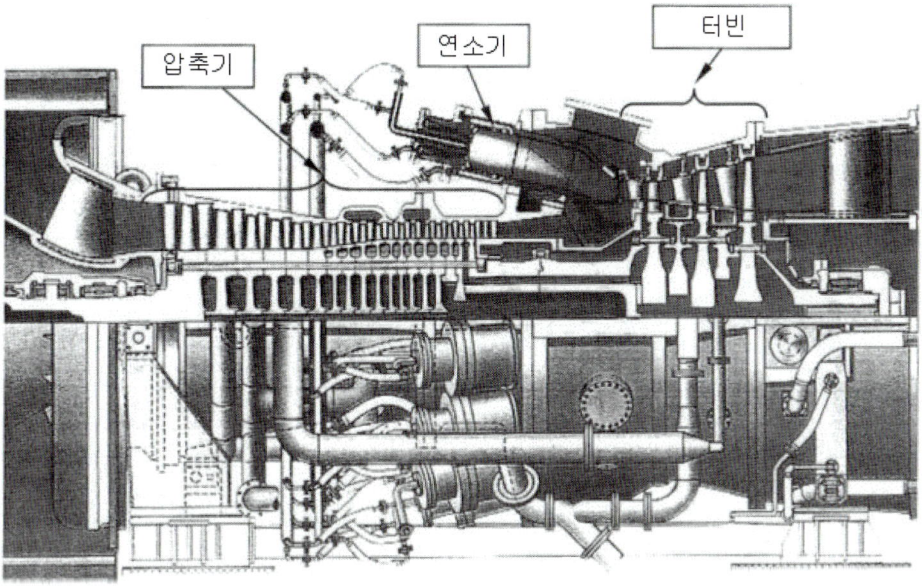

그림 2.89 가스터빈의 주요 부품

2.6.3. 풍력발전기

풍력발전기는 바람의 운동에너지를 축 회전 운동에너지로 변환하는 기계로서 스팀터빈 및 가스터빈과 유사한 기능을 한다. 하지만 에너지 밀도가 상대적으로 낮은 바람을 원동력으로 하기 때문에 유사한 출력에 대해서 상대적으로 큰 구조물(블레이드 및 타워)이 필수적으로 필요하다. 또한, 거대한 블레이드의 회전 운동은 낮은 회전속도에서 이루어지는 것이 일반적이기 때문에, 이를 효율적인 고속으로 변환하여 발전을 이루거나, 회전속도의 변환 없이 다수의 극(pole)을 갖는 발전기로 전기를 생산하기도 한다. 이와 같이 회전속도의 변환을 수반하는 형식은 다단의 높은 회전비를 갖는 기어박스를 이용하며, 이에 따라 기어 방식 풍력발전기라 하며, 수 MW급 풍력발전기에서는 다수를 차지하는 방식이다. 최근 해상 풍력발전기와 같이 대형화(10 MW 이상)가 진행되면서, 빈번한 고장 및 많은 유지보수 비용을 요구하는 기어박스 대신 블레이드의 회전을 직접적으로 발전기에 연결하는 직접 구동(direct drive) 방식이 채택되기도 한다.

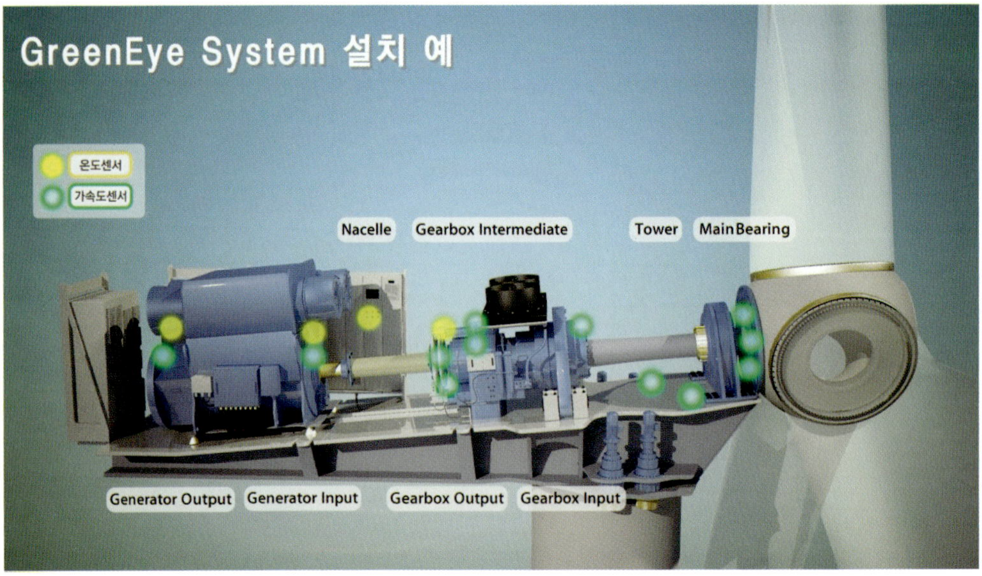

그림 2.90 기어 구동 방식 풍력발전기

위 그림은 기어 방식 풍력발전기의 드라이브트레인의 전형적인 배치를 보여주고 있다. 블레이드의 낮은 회전속도를 증속시키기 위한 다단 유성기어 형태의 기어박스가 존재하며, 기어박스의 고속단과 발전기 연결되어 있는 형태이다. 이와 같은 구성에서는 블레이드 부분의 불평형, 블레이드 축과 기어박스 사이의 축정렬, 기어박스 내부 기어 및 베어링 진동, 기어박스와 발전기 사이의 축정렬, 발전기 자체의 불평형 및 공진이 진동 문제로 대두될 수 있다. 이 중 상대적으로 높은 회전 속도에서 운전되는 고속단과 발전기 사이의 축정렬 및 발전기의 불평형 문제는 빈번히 발생하는 진동 문제로 알려져 있다.

직접 구동식 풍력발전기의 경우, 높은 회전 속도 대신 다수의 극(pole)을 갖는 발전기를 이용하는 방식으로 발전기의 대형화는 피할 수 없는 구조이다. 이에 따라 발전기의 중량이 대폭 상승하며, 로터 베어링(메인 베어링)이 대부분의 하중을 지지하여, 베어링 문제에 따른 진동 문제가 야기될 수 있다. 또한, 발전기 냉각 및 전력 변환을 담당하는 컨버터(converter) 냉각 문제에 따른 냉각 펌프 및 열교환기 등의 보기류의 진동이 문제가 될 수 있다

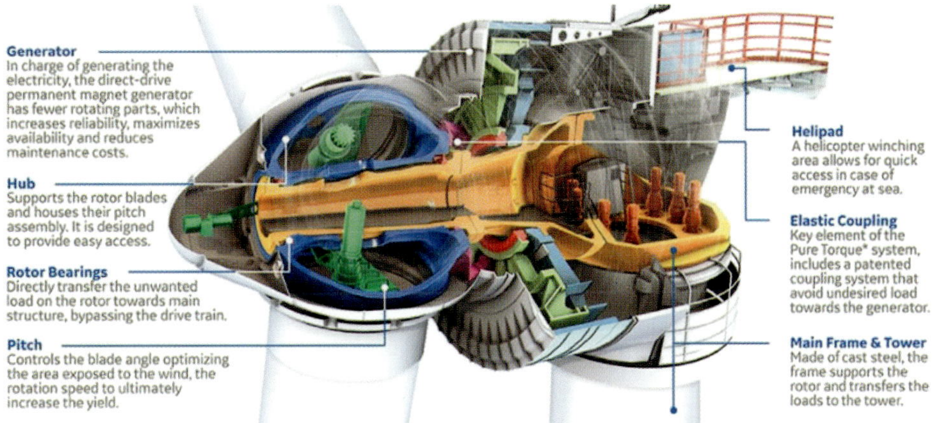

그림 2.91 직접구동식 풍력발전기

위와 같은 진동 문제 및 장기적인 유지보수에 효과적으로 대응하고자, 대형 풍력발전기에는 진동 및 온도를 측정하는 상태감시시스템의 설치가 필수적으로 진행되고 있으며, 규격화(ISO, VDI)화가 진행되어 체계적인 방법으로 설비에 대한 감시/진단이 이루어지고 있다.

2.6.4. 유체 기계

유체기계는 유체의 위치에너지(정압) · 운동에너지(동압)를 회전축의 운동에너지로 변환을 수행하는 기계로서 대표적인 유체 기계인 펌프는 아래 그림과 같이 분류 가능하다.

- 터보형
  - 원심식 — 원심펌프
  - 사류식 — 사류펌프
  - 축류식 — 축류펌프
- 용적형
  - 왕복식
    - 왕복펌프
    - 피스톤 펌프
  - 회전식
    - 기어펌프
    - 베인펌프
    - 스크류 펌프

그림 2.92 유체기계의 분류

이 중 많은 진동 문제를 야기하는 터보형 유체기계는 회전 운동에너지를 임펠러나 블레이드를 통해 유체의 운동 에너지로 변환하는 기계이며, 이에 따라 기본적으로 회전체에 의한 불평형이 진동 문제를 일으킬 수 있다. 이 외에도 아래와 같이 터보형 유체 기계 고유의 진동 문제가 발생한다. 이와 같은 진동은 주로 유체역학적인 불안정성에서 기인하는 것으로 운전 조건 변경 또는 근본적인 설계 변경을 통해 문제를 해결하는 것이 보통이다.

(1) 캐비테이션

임펠러(impeller) 입구는 흡입배관의 유동에 선회 운동이 주어져 급격한 압력 저하가 발생한다. 이 압력 저하에 따라 유체가 기화하여 기포가 발생하고, 이것이 유동을 따라서 하류로 이동하고 다시 유체의 압력이 포화 증기압보다 높아지면 순식간에 기포의 붕괴가 일어난다. 이 현상을 캐비테이션이라고 하며, 그 특징은 아래와 같다.

- 캐비테이션 특유의 10 kHz 이상의 소음이 발생한다.
- 주로 대유량 영역에서 발생하나, 높은 비속도 펌프에서는 실속상태에서 발생한다.
- 캐비테이션이 발생한 부위에는 배 껍질 모양의 무늬를 인지할 수 있다.
- 대책으로 유효 흡입수두(net positive suction head, NPSH)를 크게 설계하는 것이다.

(2) 서징(surging)

일반적인 유체기계의 유량-압력 성능 곡선은 서로의 관계가 반비례하는 관계를 갖는다. 하지만, 유량이 매우 작은 영역에서는 유량-압력 관계가 서로 비례하는 관계로 나타나며, 이때 펌프 배관의 부하(관 저항)과의 상호 작용으로 인해 서징(surging) 현상이 발생한다. 이와 같은 서징 현상은 유체 기계 뿐만 아니라 배관에서도 높은 진동이 발생되며, 주로 0.1 ~ 10 Hz 정도의 저주파 진동이 나타나는 것이 특징이다.

(3) 날개 통과 주파수 및 안내 깃의 영향

원심펌프나 팬에서 임펠러의 날개수 Z와 회전수 N의 곱 및 그 배수 성분을 주파수로 하는 날개 통과 주파수 압력맥동이 배관계에 발생한다.

날개 통과 주파수 : $f_z = nZN \qquad n = 1, 2, 3...$

펌프의 경우 케이싱의 토출 부분에 안개 깃(guided vane)이 있는 경우가 있으며, 이때는 날개 통과 주파수와의 상호 관계에 의하여, 날개수와 안내 깃 수의 최소공배수와 회전주파수의 곱인 주파수 성분이 진동으로 나타나기도 한다.

(4) 선회 실속

터보기계를 설계유량보다 저유량 영역에서 운전할 경우, 날개에 유입되는 입구에서의 유체 유입각도(마중각)가 커져서 날개면의 경계층이 박리되고, 실속이 발생한다. 이와 같은 실속은 원주 방향으로 전파하며, 외부 정지부에서 관찰하면 회전 방향으로 회전속도보다 느린 속도로 전파한다. 이와 같은 현상을 선회 실속(rotating stall)이라 하며, 회전속도의 0.1배 ~ 0.7배의 진동수로 발생한다. 선회 실속은 배관에 큰 압력 변동이나 소음을 발생시키며, 심한 축진동과 날개의 손상을 유발할 수 있다.

(5) 오일 휩(oil whip)

유체 기계의 미끄럼 베어링이 설치되는 경우나 라비린스 씰(Labyrinth seal), 오일 필름 씰이 설치되는 경우 오일 휩 현상이 발생할 수 있다. 오일 휩 현상은 회전축 및 유체의 운동과 점성의 상호 작용으로 발생하는 자려(self-excited) 진동으로서, 매우 큰 진동이 발생하여 운전이 불가능한 상태가 된다. 오일 휩 현상의 대책은 설계적 변경을 통하여, 강성 방향간 연성을 없애는 틸팅 패드(tilting pad) 베어링을 사용하거나, 베어링의 설계 변수를 변경해야 한다.

2.6.5. 전동기

전동기(electric motor)는 전기적인 에너지를 기계적인 에너지로 변환하는 회전기계이다. 사용하는 전원에 따라 직류전동기, 교류전동기(유도기, 동기기), 스테핑(stepping) 전동기가 있다. 교류전동기 중 유도전동기는 전원주파수에 대하여 슬립(slip)이 수반되므로 전원주파수보다도 낮은 회전수로 회전한다.

아래 그림들은 직류전동기, 유도전동기의 대표적인 구조를 보여준다. 모두 회전자와 고정자를 가지며, 고정자는 하우징(케이스)과 결합되고 회전자는 베어링을 사이에 두고 하우징에 결합되어 있다. 직류전동기의 경우 고정자는 회전력을 발생시키기 위하여 필요한 자속을 만드는 자석 부분이며, 회전자는 전기자 철심의 슬롯(slot)에 권선을 넣어 회전에 의한 자속의 변화를 발생시킨다. 진동/소음 현상은 주로 브러시(brush)나 정류자와 같은 마찰되는 부품에서 빈번하게 발생하며, 이와 같은 단점을 해소하기위해 회전자를 영구 자석으로 이용하는 브러시리스(brushless) 전동기가 사용되기도 한다.

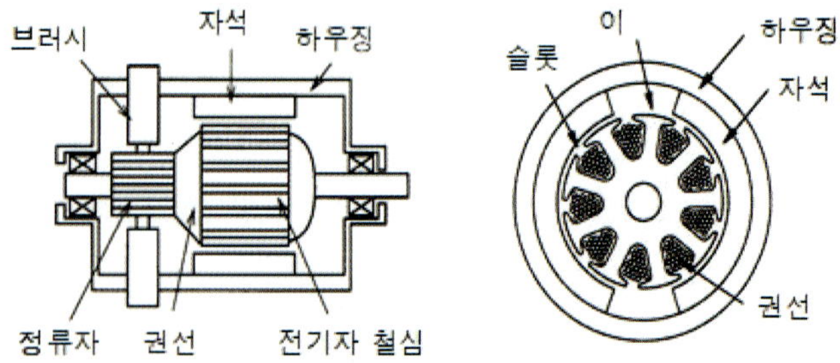

그림 2.93 직류전동기 구조

교류전동기 중 유도전동기는 고정자 코어에 권선이 존재하며, 이 고정자에 발생하는 회전자계와 이것에 의해 회전자에 유도되는 와전류와의 사이에서 발생하는 전자력(torque)에 의해 회전한다. 와전류의 발생 때문에 회전자의 속도 N은 동기속도 N_S에 대하여 늦게되며, 이 속도차와 동기속도와의 비율 S를 슬립(slip)이라 한다. 이들의 관계식은 다음과 같이 구할 수 있다.

$$N_S = \frac{120 f_0}{p} (\mathrm{min}^{-1})$$

$$S = \frac{N_S - N}{N_S}$$

$$N = (1 - S) N_S$$

여기에서 f_0는 전원주파수를 의미하며, p는 유도전동기의 극수이다.

유도전동기의 주요 진동 원인 중 하나는 고정자와 회전자 사이의 간극(gap)의 불균형에 의한 전원 주파수 2배 성분 또는 슬립 주파수의 2배의 변조 현상이 발생한다. 회전자 로터 바(bar)의 절손에 의해서도 유사하게 회전속도와 슬립주파수 2배의 변조 현상이 발생된다. 그 외에도 로터 바 돌출 또는 고정자 코어 돌출 현상이 발생될 수 있으며, 이 경우 고정자 슬롯 통과 주파수 또는 회전자 슬롯 통과 주파수가 각각 나타날 수 있다.

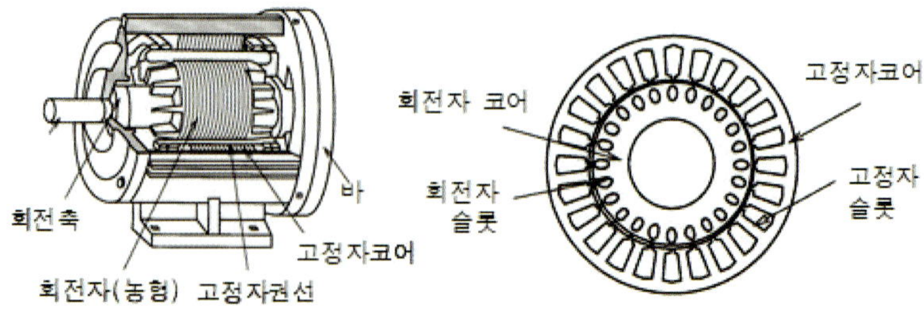

그림 2.95 유도전동기 구조

이외에도 회전 기기에서 공통적으로 발생할 수 있는 회전자 질량 불평형, 하우징(프레임) 공진에 기인하는 진동, 하우징의 강성부족에 기인하는 진동, 정렬불량에 기인하는 진동, 베어링의 불안정성에 기인한 진동이 발생할 수 있다.

2.6.6. 발전기

발전기(generator)는 기계적인 에너지를 전기적인 에너지로 변환하는 회전기계이다. 발전기도 전동기와 마찬가지로 직류발전기, 교류발전기(유도, 동기)가 있다. 전동기와 마찬가지로 자속을 발생하는 극과 권선(코일)이 필요하고 회전자와 고정자에 배치된다. 전기적인 에너지를 얻기 위해 회전자에는 슬립링(slip ring), 고정자에는 브러시를 배치하고 있다. 직류발전기는 직류 전동기와 구조는 동일하나, 교류발전기의 경우, 그 출력이 큰 발전기에서는 회전자에서 자기장을 만들고(계자), 고정자의 권선에서 발전(전기자)이 되는 방식이 사용하기도 한다.

발전기에 발생하는 진동 문제로는 전동기와 같이 일반 회전기계에 발생하는 기계적인 이상진동과 전기적인 특유의 이상이 있다. 발전기 회전자에는 코일이 내장되어 있는 경우가 있고, 여자전류가 흐르면 발열하므로 냉각을 위한 구멍이 마련되어 있다. 이 구멍을 통해 흐르는 기체가 관 저항 등으로 인하여 불균일하게 되면, 회전자에 온도분포가 생겨 회전자는 굽히고 이상진동이 발생하기도 한다.

2.6.7. 미끄럼 베어링

미끄럼 베어링은 지지하는 하중 방향에 따라 레디얼(radial) 베어링(또는 저널 베어링)과 스러스트(thust) 베어링으로 나눌 수 있으며, 일반적으로 높은 하중을 지지하는 역할로 흔히 사용된다. 가장 단순한 형태의 베이링은 실린더형 베어링으로 아래 그림과 같이 회전축과 정지부 사이의 쐐기 모양의 오일 막(film)의 압력에 의하여 축이 부상되고 윤활 효과가 발생한다. 그러나 고속회전축을 지지하는 경우에는 유체와 구조 사이의 상호 작용에 의하여 불안정 진동인 오일휩(oil whip)이 발생하는 경우가 있다. 오일 휩은 회전축의 1차 위험속도의 2배 이상의 회전수에서 갑자기 축이 크게 휘도는 자려(self-excited) 진동 현상이다. 일단 오일 휩이 발생하면, 발생한 회전수보다도 낮은 회전수로 감속하지 않으면 진동은 감소하지 않는 불안정 현상이 나타난다.

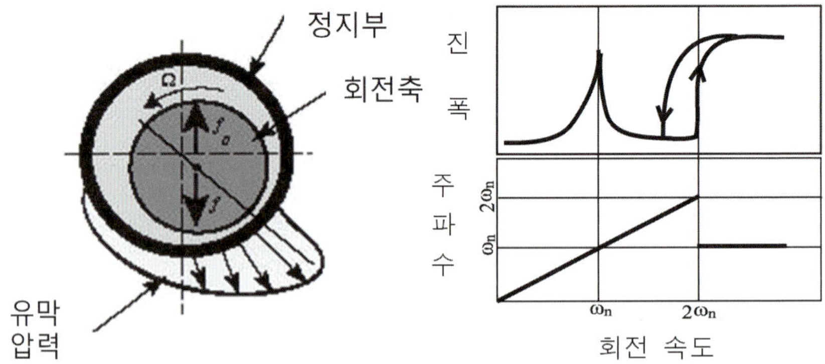

그림 2.95 미끄럼 베어링의 동작 원리 및 오일 휩(oil whip)

위와 같은 오일 휩 현상이 자주 문제가 되기 때문에 이를 일으키지 않는 베어링으로서 틸팅 패드(tilting pad) 베어링이 개발되었다. 베어링 슬리브(정지부) 내에 3 ~ 5개의 패드(pad)를 내장하고 있고 축의 회전에 의해 패드가 경사지어 유막 압력이 발생한다. 이 패드의 압력 분포는 하중 축에 대칭으로 된다. 이 때문에 오일 휩의 원인인 비대칭(비대각) 강성 작용이 발생하지 않는다.

그림 2.97 틸팅 패드 베어링

미끄럼베어링 재료는 내피로성(높은 압력변동에 견딤), 높은 융점(melting point), 높은 경도(급격한 압력변화에 의한 캐비테이션에 견딤), 내식성(기름의 분해 열화에 의한 부식에 견딤), 내용착성(시동시 등 경계윤활 시에 대응)이 필요하다. 이 조건을 만족하기 위해, 강도가 큰 바깥금속과 얇은 저융점 합금을 라이닝(lining)한 적층 베어링을 채용하고 있다. 라이닝의 대표적인 재료로서는 알루미늄합금, 동납합금, 주석기 화이트메탈(white metal), 납기 화이트메탈 등이 있다.

이와 같은 미끄럼베어링에서는 온도 상승에 의한 고온용착, 윤활유에 딱딱한 입자가 혼입되어 메탈면의 마모를 가져오는 연삭마멸(abrasive wear), 과대한 변동하중에 의한 메탈균열을 일으키는 피로손상 등이 대표적인 손상형태이다.

2.6.8. 구름 베어링

구름 베어링(rolling element bearing)은 아래 그림과 같은 볼(ball) 또는 롤러(roller)의 전동체를 외륜과 내륜 사이에 설치한 베어링으로서 전동체의 운동에 의해 윤활 작용이 발생하는 베어링이다. 아래와 같은 장점이 있어서, 저하중, 저속 또는 미끄럼 베어링을 사용할 수 없는 조건에서 다양한 형태로 사용된다.

- 고정밀도의 규격품이 대량생산, 조립, 조정, 교환이 용이하다.
- 베어링 성능은 사용조건의 영향을 많이 받지 않는다.
- 그리스윤활이 가능. 윤활유 공급장치, 밀봉장치가 간단하다.
- 1개의 베어링으로 레디얼(반경 방향), 스러스트(축방향) 하중을 동시에 받을 수 있다.
- 재료 선택에서 고온에서도 사용이 가능하다.

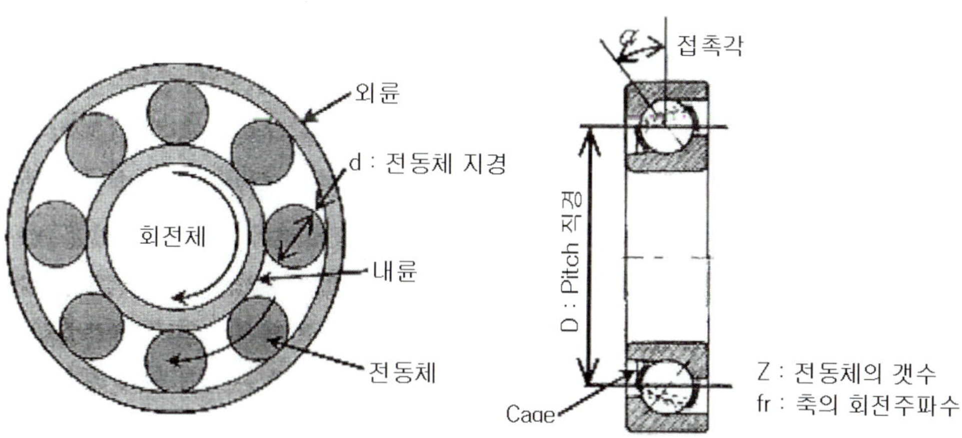

그림 2.97 구름 베어링의 구조

전동체는 외륜, 내륜에 대하여 미끄러지지 않고, 구름 운동만을 하고 하중을 받았을 때 각 요소는 변형되지 않는다고 가정했을 때, 형상과 운동의 기하조건으로부터 각 요소의 손상 주파수를 유도할 수 있다. 외륜은 정지된 상태에서 내륜이 회전한다면 다음과 같은 손상 주파수를 구할 수 있다.

(1) 내륜의 1점에 손상이 있을 경우의 주파수

$$f_i = Z\frac{f_r}{2}\left(1 + \frac{d}{D}\cos\alpha\right)$$

(2) 외륜의 1점에 손상이 있을 경우의 주파수

$$f_o = Z\frac{f_r}{2}\left(1 - \frac{d}{D}\cos\alpha\right)$$

(3) 전동체의 1점에 손상이 있을 경우의 주파수(내륜, 외륜 양쪽에 해당)

$$2f_b = f_r\frac{D}{d}\left[1 - \left(\frac{d}{D}\right)\cos\alpha\right]$$

(4) 전동체의 공전주파수 또는 Cage의 공전주파수

$$f_c = \frac{f_r}{2}\left(1 - \frac{d}{D}\cos\alpha\right)$$

따라서 베어링 각 부분의 손상은 진동을 감시하여, 위에서 언급한 손상 주파수의 존재 유무로 간단히 손상을 진단할 수 있다. 하지만, 작은 손상이 발생하는 경우 쉽게 손상 주파수 성분을 찾기 어려우며, 이 경우 다양한 신호 처리(필터링, 평균화, 포락선 분석 등)를 통해 진단이 가능하다. 아래 그림은 베어링 손상에 대한 진동 신호의 예를 보여주고 있다. 특이할 점은 내/외륜 손상의 경우 고장 주파수 성분 및 조화 성분도 나타날 수 있으며, 회전속도에 따른 측대역 성분도 관찰된다는 점이다. 모든 고장에 대해서 이와 같은 현상이 반드시 발견되는 것은 아니지만 빈번하게 발생하는 현상이다.

	시계열 파형	주파수영역스펙트럼 (신호처리 후)
(회전신호)	축 1회전 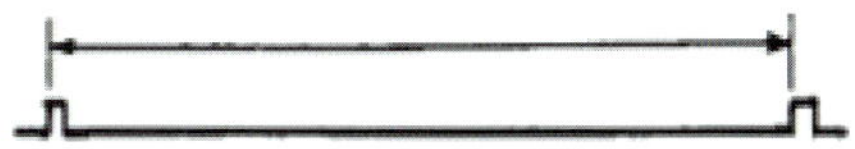	–
정상		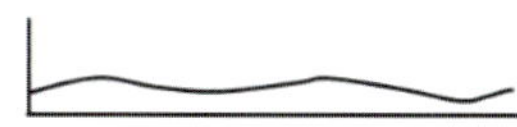
윤활유의 부족		
반경틈새의 증대		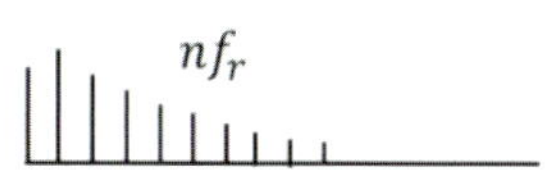
외륜손상	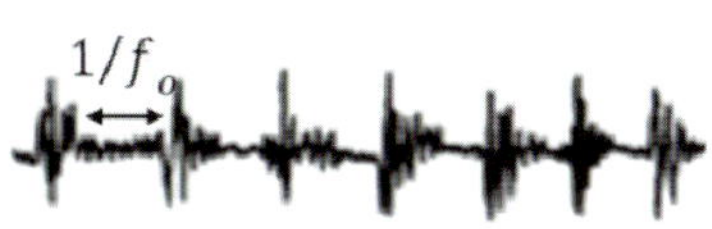	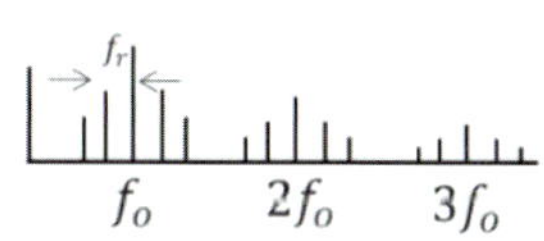
내륜손상	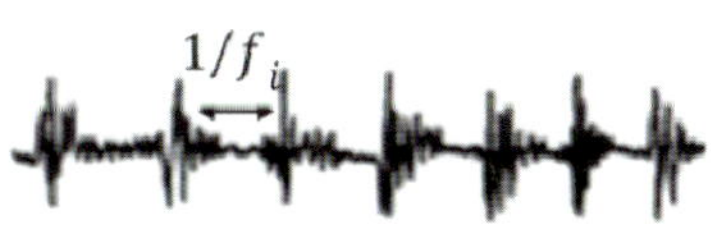	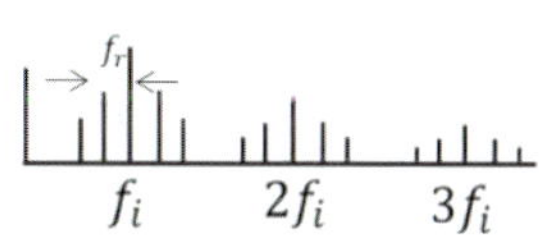
전동체손상		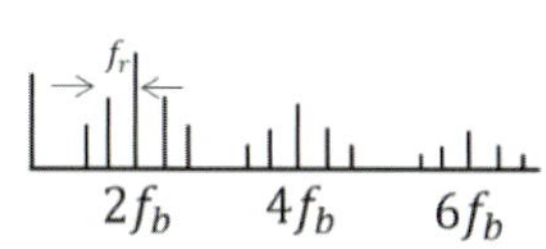

그림 2.98 구름 베어링에 발생하는 이상진동의 예

2.6.9. 씰

기계 또는 기계 부품에서 외부로의 유체의 누설, 또는 외부에서 기계로의 이물질/쓰레기의 유입을 방지하는 기계요소를 씰(seal)이라 하며, 아래와 같이 분류할 수 있다.

그림 2.100 씰의 분류

정적 씰은 배관의 플랜지(flange) 사이와 같이 상대운동이 없는 면 사이에 사용하기 때문에 진동 문제를 발생하지는 않는다. 이에 비해 상대운동이 있는 회전축과 같은 요소에 사용하는 것이 동적 씰이다. 대표적인 종류가 정지부와 회전부에 각각 고정용 링(ring)을 설치하고, 링 사이에는 스프링(복원력 요소)을 설치하여 밀봉하는 접촉형 미케니칼(mechanical) 씰이다. 미케니칼 씰은 스프링의 강성이 과대하면 이상마모가 발생하여 씰의 수명이 짧아지고, 반대로 강성이 부족하면 누설량이 증가한다.

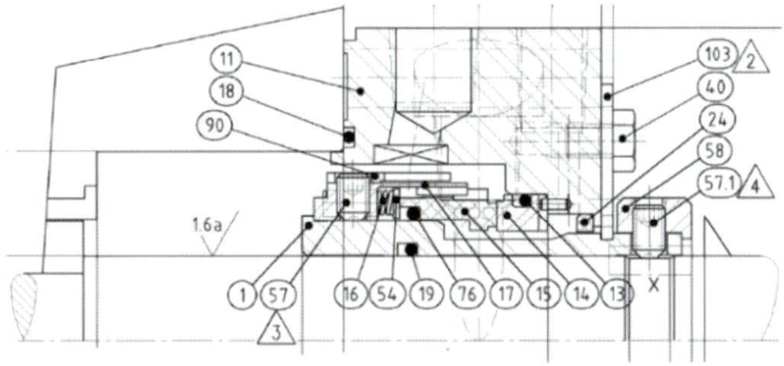

No.	Description	No.	Description
1	Sleeve	24	Gland bushing
11	Gland	40	Cap screw
5	Pin	54	Retaining ring
13	Seat gasket	57	Set screw
14	Stationary face	57.1	Set screw
15	Rotating face	58	Drive collar
16	Coil spring	76	Rotating face gasket
17	Spring holder	90	Pumping ring
18	Gland gasket	103	Setting device
19	Sleeve gasket		

그림 2.100 접촉형 미케니컬 씰의 구조와 구성 부품 명칭

다른 형태로 회전부와 정지부의 틈새에 복잡한 작동유체의 누설 유로를 형성하고, 이 유로에 유체가 흐를 때 발생하는 확대축소저항, 점성마찰저항을 이용하여 밀봉 효과를 내는 라비린스(labyrinth) 씰이 있다. 유체의 저항을 이용하고 있기 때문에, 다른 씰과 비하여 누설 양이 많지만, 비접촉이라는 장점 때문에 대형 유체기계에 빈번히 사용된다.

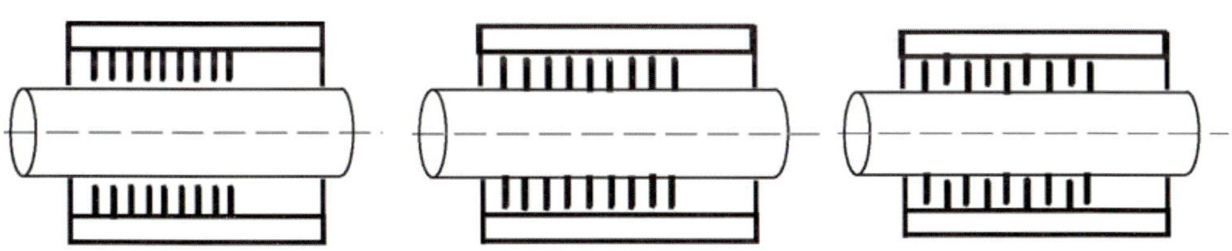

그림 2.101 라비린스 씰의 예

2.6.10. 기어

기어(gear)는 2개 또는 그 이상의 축 사이에 회전이나 동력을 전달하는 장치로서, 각종 동력전달 장치 가운데 가장 효율이 좋고, 비용도 저렴하게 되기 때문에 여러 기계나 장치에 적용되고 있다. 적용 위치 및 형태에 따라 아래 그림과 같이 다양한 형태로 변형이 가능하다.

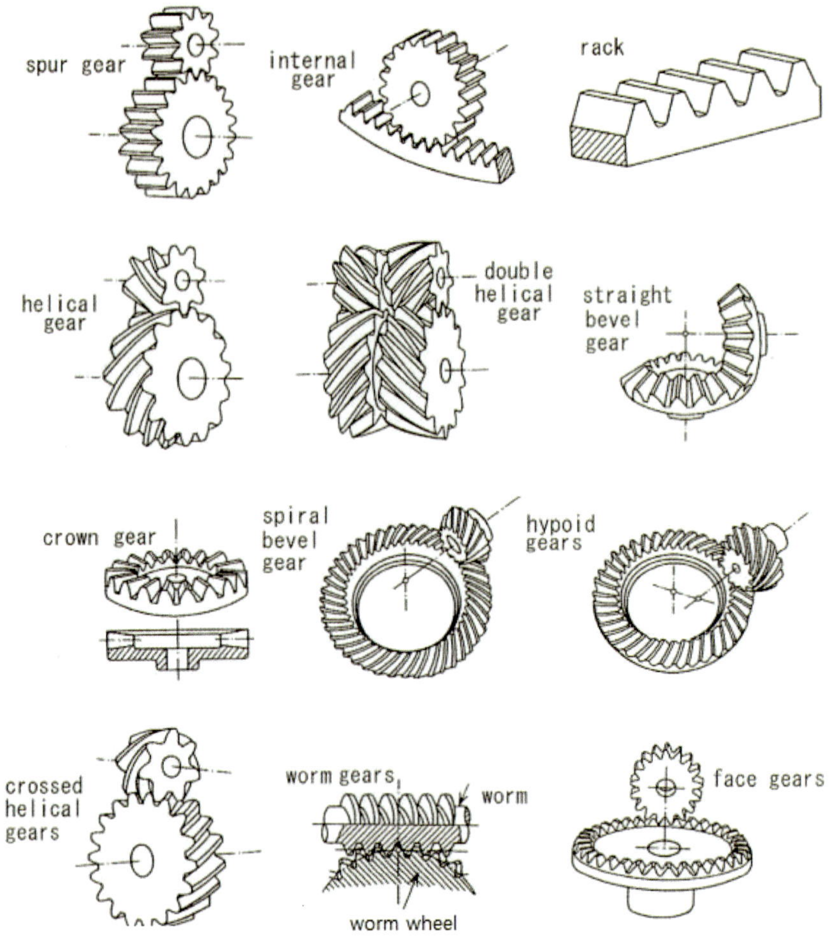

그림 2.102 기어의 형태

기어의 진동 문제에서 특이할 점은 구름 베어링과 유사하게 기어 맞물림 주파수(gear mesh frequency)라는 특별한 주파수 성분이 존재한다는 것이다. 이 주파수는 일반 평기어의 경우 회전속도와 기어 이 수(the number of teeth) 곱으로 표현되며, 기어 이가 맞물리면서 발생하는 진동 성분이다. 이에 따라 정상적인 기어에서도 위 성분은 발생되지만, 문제가 있는 기어에서 성분이 커지거나 회전 속도 주파수와 변조가 일어나 주파수 스펙트럼에서 측대역(sideband) 형태를 나타낸다. 아래 그림은 다양한 기어 손상의 경우에 나타나는 진동 스펙트럼의 예이다. 이를 이용하여 기어 진단에 사용이 가능하다.

	중간(저) 주파수		전주파수 영역	
	시계열 파형	주파수영역 파형	시계열 파형	주파수영역 파형
정상	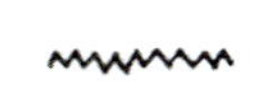	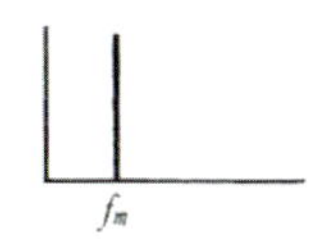	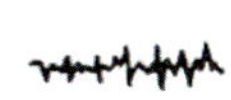	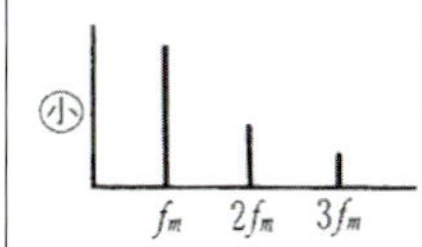
Gear 조립 편심		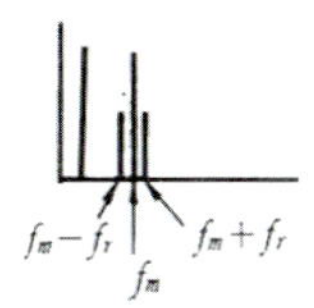	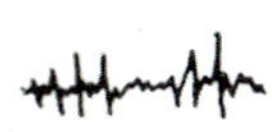	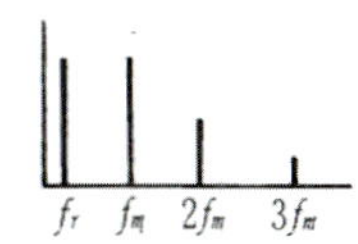
Gear 조립 편각	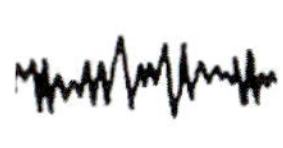	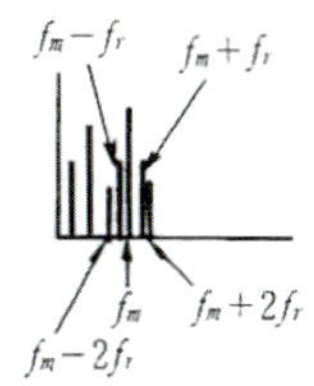		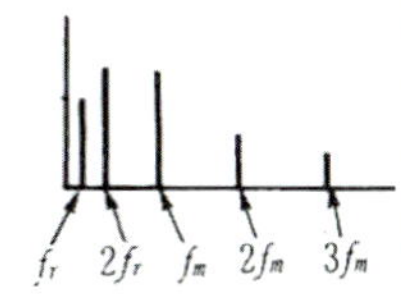
Pitch 오차 치형 이상 이빨의 소성변형		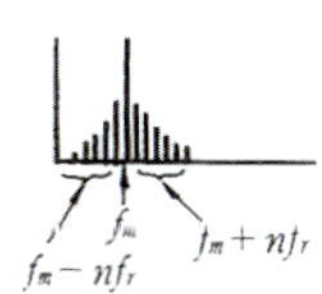		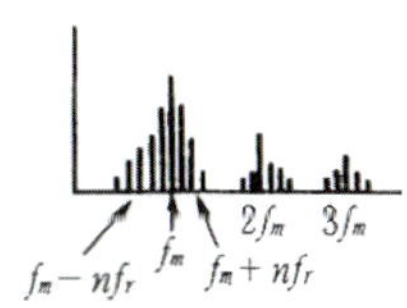
맞물림 이상 모든 치면 손상		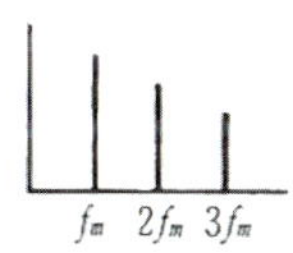		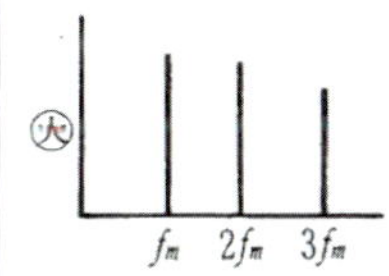
이빨의 결손 국부적 이상	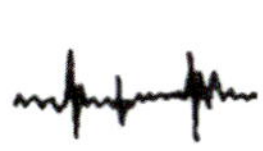	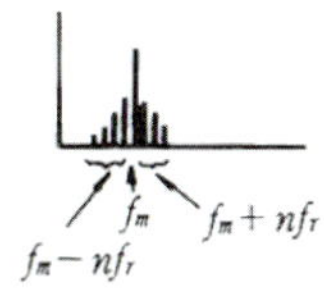	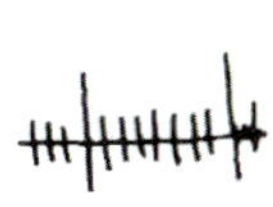	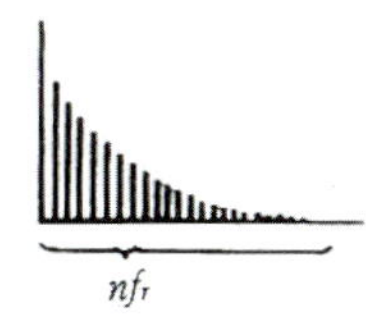

그림 2.103 기어 손상과 진동 및 진동 스펙트럼 예

참고문헌

[1] 양보석, 전오성, 봉석근, 김진욱, 이승원, 최병근, 최연선, ISO 규격에 따른 기계설비의 상태감시와 진단 (진동, 영역 I) 개정판, 한국소음진동공학회, 2007.

[2] 양보석, 전오성, 봉석근, 김진욱, 이승원, 최병근, ISO 규격에 따른 기계설비의 상태감시와 진단 (진동, 영역 II) 개정판, 한국소음진동공학회, 2014.

[3] Daniel J. Inman 지음, 황재혁, 이건복, 정태건, 임병덕, 안찬우 옮김, 최신기계진동학, 4판, 가디언북, 2015.

[4] 이장무, 기계진동학, 4판, 문운당, 2006.

[5] 도요타 토시오, 회전 기계 진단의 진행 방식, 일본 공장 유지 보수 협회, 1991.

[6] 도요타 토시오, 전기 설비 진단의 진행 방식, 일본 공장 유지 보수 협회, 1993.

[7] 일본 철강 협회 편 : "설비 진단 기술 핸드북", 1986.

[8] R.E.Eshleman, Machinery Vibrations Analysis, Volume 1 Diagnostic Techniques .

[9] 豊田, 회전기계진단의 나아갈 방향, 日本プラントメンテナンス協会, 1996.

[10] 竹之内, 진동번에의한 설비진단기술, リオン技術資料

[11] NSK카탈로그, 초소형 베어링모니터－NB-4형, 日本精工株式会社

[12] 와타나베 유키오 외, 회전기에 있어서의 최근의 진단 기술 기계의 연구, 51,3, 1999.

[13] 와타나배 조 외, 세워 축펌프의 이상 예지 시스템, 터보 기계, 제11권 4호, 1983.

[14] Y.Watanabe, et al "Development of anomaly quantitative estimation methods for primary loop recirculation pump" Proc.3rd Int. Conf. On Nuclear Engineering, S410-4, 1995.

[15] 후지이 키요시 이틀본기계 학회 논문집, 13-44, 1947..

[16] 오자키 켄지 외, 세로틀 펌프 감시 진단 장치의 개발, D&D2002, 2002.

[17] R.L.Eshleman, Machinery Vibration Analysis: Diagnostics, Condition Evaluation, and Correction Vol (2002)

[18] 설비 관리 기술 사전 편집 위원회편 : 설비 관리 기술 사전, 2003.

[19] 동나무 만박 외, 회전 기계가 새로운 위험 속도평가법, 미츠비시중공기술보 Vol.16 No.2, p1-8, 1979.3.

[20] ISO 10814, Susceptibility and sensitivity of machines to unbalance

[21] 동나무 만박, 칸키 히로시, 회전 기계의 진동에 의한 헬스 모니터링시스템, 미츠비시중공 기술보 Vol.18 No.6, p1-8, 1981.

[21] 후지사와 후미남, 탄성 로터의 진동 진단 기술(2), 기계의 연구, 39-5, 1987.

[22] 오오시마 에지 감수 : 설비 진단 예지 보전 실용 사전 P876, 1988.

[23] Y.Watanabe, et al, "Development of primary loop recirculation pump diagnosis system" Proc.3rd Int. Conf. On Nuclear Engineering, S410-3, 1995.

[24] 나카지마 히데오 외, 대형 증기 터빈축진동 진단 시스템」화력 원자력 발전, Vol.38.No.12, 1987.

[25] Jens T. Broth, Mechanical Vibration and Shock Measurements, Bruel&Kjaer, 1984.

[26] PCB piezotronics, Bruel&Kjear, RION Co., Ltd. 제품 카탈로그

[27] https://www.ggfiltration.com/service/dynamic-balancing-of-fans/

[28] https://www.avtreliability.com/media-centre/case-studies/dynamic-vibration-absorber-oil-refinery

[29] https://bsbgroup.com/blog/the-mechanism-and-applications-of-tuned-mass-damper-tmd

[30] https://en.wikipedia.org/wiki/Constrained-layer_damping

[31] https://medium.com/@stephanwilson36/the-current-size-and-forecasts-of-constrained-layer-damping-market-87ee39bc11c9

[32] https://www.ge.com/renewableenergy/wind-energy/offshore-wind/offshore-turbine-haliade-150-6mw

03 윤활유 분석 기반의 기계상태진단

3.1 트라이볼로지 개론

3.1.1. 트라이볼로지의 기원

트라이볼로지(tribology)는 표면에서 나타나는 대부분의 기계, 화학적 거동을 다루는 학문으로서 그리스어 τρίβω(문지르다 라는 뜻)에서 파생된 단어이다. 최초로 트라이볼로지라는 용어를 제시한 사람은 영국의 기계공학자인 Peter Jost로 알려져 있다. 트라이볼로지는 "상대운동하는 표면의 상호작용에 대한 과학 및 기술적 분야"라고 정의될 수 있으며 일반적으로 마찰, 마모, 윤활을 아우른다. 인류의 가장 위대한 발명 중 하나로 일컬어지는 바퀴는 더 적은 에너지로 더 무거운 물체를 운반하기 위해 고안된 기계요소이다. 바퀴는 미끄럼마찰(sliding friction) 대신 구름마찰(rolling friction)이 일어나도록 하여 마찰에 의한 에너지 소모를 크게 저감하는 이점을 가지고 있다. 일반적으로 기원전 3000년 정도에 바퀴가 등장한 것으로 알려져 있으므로, 에너지 효율과 마찰문제에 대한 인식은 유사이래 꾸준히 있어왔다고 추론할 수 있다. 마찰을 저감하기 위한 또 다른 고대의 사례로 거상(巨像:colossus)을 옮기는 이집트의 벽화가 종종 인용된다. 그림 3.1을 살펴보면 썰매와 같은 구조물 상단에 거상이 자리하고, 여기에 밧줄을 매달아 수많은 사람들이 앞을 향해 당기고 있음을 알 수 있다. 자세히 살펴보면 거상 앞에 선 한 명의 사람이 거상의 진로에 액체를 뿌리는 모습을 발견할 수 있는데, 이는 고대인들도 유체에 의한 윤활효과를 잘 알고 있었다는 것을 시사한다. 기원전 900년에서 기원후 400년 사이, 그리스/로마 시대에는 베어링 및 기어의 초기형태가 개발되었다고 알려져 있다. 이 시기에 롤러 베어링의 초기 디자인 또한 등장하였는데, 이탈리아의 Nemi 호수 바닥에서 발견된 배에서 회전체를 위한 롤러 베어링이 발견된 바 있다.

이처럼 마찰 및 마찰에 의한 에너지 손실과 관계된 문제는 오랜 옛날부터 인류의 관심사였고 마찰을 극복하기 위한 기초적인 수준의 윤활기술이나 바퀴와 같은 기계요소가 널리 활용되어 왔으나, 마찰, 윤활 및 마모거동에 대한 관심이 학문의 범주로 편입되기 까지는 상당히 오랜 시간이 소요되었다. 트라이볼로지 분야의 선구자로 흔히 이탈리아의 예술가이자 공학자였던 레오나르도 다 빈치(Leonardo da Vinci), 프랑스의 물리학자 아몽통(Amonton) 과 쿨롱(Coulomb)을 꼽는데, 이들의 활동시기가 15-18세기이므로 앞서 언급한 이집트의 벽화 사례를 마찰에 대한 첫번째 역사 기록이라고 간주한다면, 적어도 수십세기 이상 마찰현상에 대해서는 학문적 진보가 거의 이루어지지 않은 셈이다. 15세기에 이르러 레오나르도 다 빈치는 평판 위에서 네모난 블록이 미끄러질 때, 마찰이 수직하중에 대해 비례하여 나타난다는 과학적인 통찰을 도출하였다. 그러나 이 발견은 당시에 학계에 발표된 것이 아니라 단지 그의 노트에만 기록되어 대중에게 공개되지 않았으므로 역사적, 과학적으로 후대에 영향을 발휘했다고 볼 수는 없다. 그로부터 100여년 이상이 흐른 1699년에 이르러, 프랑스의 학자 아몽통은 건조한 상태의 표면에서 나타나는 몇 가지 마찰의 법칙들을 발표하였는데, 첫째는 마찰력이 수직하중에 비례한다는 것이며, 둘째는 마찰력과 접촉면적(겉보기 접촉면적 : apparent contact area)은 서로 무관하다는 점이었다. 이러한 연구결과는 레오나르도 다 빈치의 발견과 같은 것이었으나 앞서 언급했듯, 레오나르도 다 빈치의 발견은 과학적 출판물을 통해 대중에 공개되지 않았으므로 19세기 후반에 들어서야 그의 연구가 대중에게 알려졌다) 이러한 마찰 법칙들은 아몽통의 법칙(Amonton's law)으로 알려져 있다.

이후 프랑스의 물리학자 쿨롱은 아몽통이 발표한 두 가지 법칙에 한 가지 법칙을 더 추가하였는데, 이는 바로 마찰력과 속도 사이의 독립성이었다. 이후 19세기에 이르러서는 유체역학 분야의 오스본 레이놀즈(Osborne Reynolds)에 의해 유체에 의한 압력(hydrodynamic pressure)이 두 표면의 접촉을 분리시키고 윤활효과를 제공할 수 있음을 규명하였는데, 이 연구를 필두로 두 접촉하는 표면 사이의 상호작용과 윤활 시스템에 대한 후속연구들이 이어졌다.

그러나, 마찰과 마모거동은 기계요소의 작동조건이나 환경변수에 의하여 좌우되는 매우 복잡한 문제이며 기술의 발달과 함께 새롭게 개발되어온 측정장비들의 도움을 바탕으로 새로운 관찰사실들이 규명됨에 따라 기존에 발표된 몇몇 법칙들로는 트라이볼로지 현상을 제대로 설명할 수 없다는 사실을, 그리고 트라이볼로지 현상을 제대로 이해하기 위해서는 마이크로/나노 스케일의 관점에서 바라볼 필요가 있음을 학자들은 깨닫게 되었다. 심지어 이 분야에서 알려진 대부분의 지식은 세계 2차대전 이후에 획득된 것 인만큼, 트라이볼로지는 다른 전통적인 공학 분야(예 – 열역학, 탄/소성 역학 등)와 비교하여, 학문으로서의 발전이 늦게 이루어졌다고 할 수 있다. 오늘날의 트라이볼로지는 물리, 수학, 화학, 재료과학/공학, 기계공학 등 다양한 분야에 걸쳐진 융복합 학문이며, 수많은 동적 기계요소를 위시한 산업전반의 원활한 운영에 필수적인 분야임에도 불구하고, 상대적으로 다른 전통적인 학문 분야에 비하면 대중적 인지도가 낮은 상태에 머물러 있다. 그러나, 최근 대두되고 있는 4차 산업혁명이라는 화두와 탄소중립과 같은 환경 문제는 산업전반에 수많은 자동화된 공업용 기계시스템의 필요성과 더불어 더 적은 자원의 소모, 더 적은 폐기물의 발생을 강제하고 있다. 뿐만 아니라, 원활한 생산공정의 운영을 위해 유지보수의 선진화(예측가능한 유지보수 : predictive maintenance)가 요구되며, 더 나아가서는 장비의 유지보수를 최소화 하여 생산공정의 비효율성을 제거하는 것이 중요하다. 이러한 산업/환경적 요구는 마찰 및 마모를 저감하는 것을 중대 과제로 삼는 트라이볼로지 분야에 대한 산업 전반의 관심을 혁신적으로 향상시킬 것으로 기대된다.

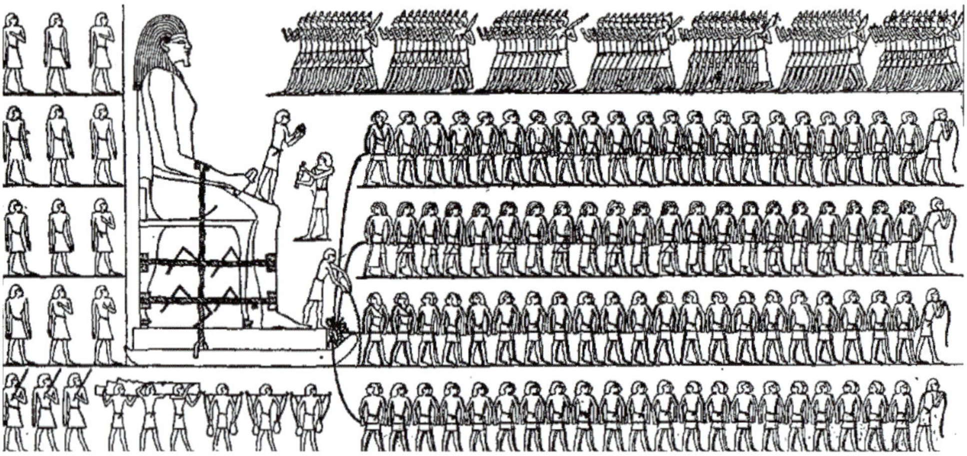

그림 3.1 거상을 움직이기 위해 윤활유를 사용하는 모습을 나타낸 이집트 벽화 (기원전 1880 년경)

3.1.2. 트라이볼로지 현상의 경제, 환경적 효과

트라이볼로지 현상은 경제적, 환경적으로 막대한 파급효과가 있음이 여러 학자들에 의해 연구되고 발표되어 왔다. 영국의 기계공학자 P. Jost는 1990년 그의 논문에서 트라이볼로지 현상과 경제적 손익에 대해서 다음과 같이 말했다.

“1965년, 영국의 D.E.S (Department of Education and Science)에서는 트라이볼로지 현상에 대해 보다 세심한 주의를 기울일 경우, 연간 515,000,000 파운드의 비용을 절약할 수 있다고 발표하였다. 또한 다년간의 경험을 통해 트라이볼로지 문제의 해결을 통해 저감할 수 있는 비용이 국민총생산(Gross National Product : GNP) 기준 1.3 ~ 1.6 % 수준임을 알 수 있다."

Jost는 이러한 경향이 영국에만 국한된 것이 아니며, 독일, 캐나다, 중국 등 다른 국가의 연구에서도 동일하게 GNP의 크기로 설명할 수 있는 수준(GNP의 수 %)의 비용저감이 가능하다는 결론을 내리고 있다고 발표하였다. 1966년 미국에서는 트라이볼로지 문제를 등한시함으로써 발생하는 손실이 GNP 대비 4 % (1966년 기준, 2000억 US$)에 이른다는 연구결과도 발표된 바 있다. 1976년 독일에서는, GNP 대비 1 %(100억 서독마르크, 오늘날 50억 유로 상당)의 경제적 손실이 마찰과 마모에 의해 일어난다고 연구결과를 발표하였다. 2017년, Holmberg와 Erdemir는 기존의 트라이볼로지가 전세계적 에너지 소비, 경제적 비용 및 오염배출에 미치는 영향에 대한 다양한 연구를 종합적으로 정리하여 논문을 발표하였다. 이 논문에서도 트라이볼로지적 현상에 대한 기술적 개선을 통해 절약할 수 있는 비용이 대략 GNP의 2 % 정도라고 언급하고 있다. 뿐만 아니라, 전세계 에너지 자원의 약 1/3이 마찰의 형태로 소진된다는 연구결과도 있어, 트라이볼로지 현상이 경제적 관점에서 매우 커다란 이슈라는 사실을 잘 알 수 있다. 그 외에도 트라이볼로지 현상과 에너지 손실, 그리고 경제적 파급효과의 상관관계에 대한 연구결과는 수많은 기관과 연구자들을 통해 발표되어 왔는데, 몇몇 연구결과를 열거하면 다음과 같다.

마찰력에 의한 동력손실은 현대적인 제트엔진의 경우 전체 동력의 1.5 ~ 2 %, 피스톤 타입의 항공엔진의 경우 9 %, 차량엔진의 경우 40 ~ 45 %, 철도의 경우 50 %, 섬유산업의 경우 80 % 이상이라고 추산된다. 일반 승용차량의 경우 엔진, 변속기, 다이어, 브레이크 등에서 마찰을 극복하기 위해 연료가 가진 에너지의 1/3 가량을 소진하며, 2009년 기준 전세계적으로 2,080억 리터의 연료(가솔린 혹은 디젤)가 마찰에 의한 에너지 손실로 낭비되었다. 중장비 차량의 경우에는 2012년 기준 전세계적으로 1,800억 리터의 연료가 마찰손실로 낭비되었다.

이처럼 트라이볼로지 현상과 경제적 효과 사이의 상관관계와 중요성에 대해 수없이 많은 연구가 발표되었음에도 불구하고, 지난 수십 년간 실제로는 연구에서 제시한 수준(GNP의 수 %)의 고작 1/10 가량의 비용저감이 이루어졌을 뿐이다. 그러나 기대에 미치지 못한 수준의 작은 비율일 지라도, 트라이볼로지적 현상에 대한 대응을 통해 이루어진 에너지 절약의 절대적 가치는 매우 크다고 할 수 있다.

경제 및 산업의 발전과 트라이볼로지 분야의 또 다른 관점에서의 상관관계는 국내의 산업통계자료에서도 드러나는데, 다음의 그림 3.2는 통계청에서 발표한 자료를 토대로 작성되었으며,

대한민국의 연간 GDP와 국내 윤활유 생산량의 추세를 보여준다. 대한민국은 제조업이 GDP에서 차지하는 비중이 약 27.8 %(2020년 기획재정부 발표)로 미국(11.6 %)이나 영국(9.6 %)과 같은 국가에 비해서는 거의 3배에 이르는 높은 수준이다. 그림에서 볼 수 있듯, GDP와 윤활유 생산량의 오르내리는 추세가 상당한 높은 수준의 상호의존성을 가지고 있음을 알 수 있다. 경제가 성장하면서 제조업이 함께 추세적으로 성장하는 것은 당연한 현상이지만, 윤활유의 생산량은 다른 재화의 생산량과 비교할 경우 다소 다른 특성을 나타낸다. 예를 들어 국내 휘발유의 생산량을 동일한 형식의 그래프로 표시하면 장기간에 걸친 생산량의 증가추세는 유사하게 나타나지만, 연간 GDP의 증감에 따라 생산량의 변화가 민감하게 나타나지는 않는다. 이러한 현상은 제조업에 의존적인 한국 경제가 성장할 때에는 기계의 사용량이 늘어나고 기계의 운전에 필수적인 윤활유의 생산량 또한 비례해서 증가한다는 추론을 통해서 쉽게 이해할 수 있다. 반대로 경제가 침체될 때에는 제조업의 가동율이 직접적으로 타격을 받으며 윤활유의 생산량 역시 급감하게 된다는 것을 의미한다. 즉, 트라이볼로지 분야(윤활)는 제조업의 근간을 이루는 주요 산업이며 경제상황을 추론할 수 있는 주요 지표이기도 하다.

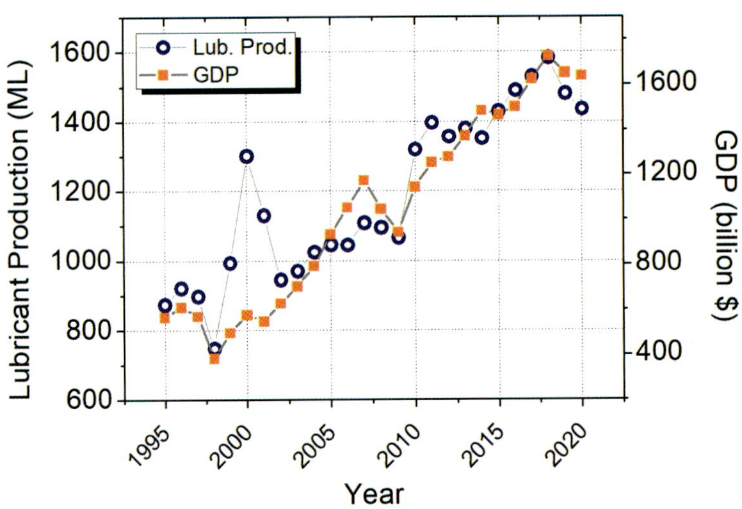

그림 3.2 대한민국의 윤활유 생산량과 국내총생산(GDP)의 상관관계

한편, 환경 측면에서도 트라이볼로지 분야는 매우 중요하다. 오늘날 탄소중립이 전세계적 관점에서 핵심목표로 부상하며, 환경에 대한 관심이 증대되고 있다. 이산화탄소 배출의 주 원인으로 지목되는 화석연료를 사용한 발전시설을 감축하거나, 신재생 에너지로 전환하는 방안이 탄

소중립을 위한 대책으로 흔히 언급된다. 그 외에도 내연기관 차량들의 대체방안, 탄소 다배출 업종에 대한 공정개선 지원, 에너지 소비 감축을 위한 기술개발 등이 탄소중립 달성을 위한 핵심 전략으로 꼽힌다. 수많은 기계요소에서 마찰 및 마모에 의한 에너지 손실이 발생하는 만큼 각종 화석연료나 전력을 추가적으로 소모하게 되므로 그로 인한 자원 낭비와 이산화탄소 배출로 인한 지구온난화 등의 문제를 야기하게 된다. 이와 같은 전세계적 추세를 토대로 고려할 때, 마찰 및 마모현상 역시 탄소중립이라는 전세계적 목표를 달성하기 위해 반드시 극복하고 개선해야하는 문제라고 할 수 있다.

뿐만 아니라 기계요소에 필수적인 유활유가 자연환경에 유출될 경우 막대한 오염을 야기한다. 미국환경보호국(United States Environmental Protection Agency)에서는 1 갤런의 공업유가 유출될 경우 100만 갤런의 물을 오염시킨다고 언급하고 있으며, 미항공우주국(NASA)에서는 매년 700만 갤런 이상의 공업유가 유출되고 있다고 발표하고 있다. 공업유는 산업 전반에서 필수불가결한 요소이므로 사용 자체를 금지할 수는 없다. 그러나, 친환경(생분해성)공업유를 개발하거나 공업유의 사용량을 줄일 수 있는 기술을 개발함으로써 이러한 오염을 저감시킬 수 있다.

예를 들어 식물/동물성 오일은 고대로부터 널리 사용되어온 친환경 유활유이다. 생물로부터 추출한 오일이므로 자연적으로 분해되어 환경오염 문제로부터 상대적으로 자유로운 편이므로 생분해성 오일(biodegradable oil)이라고 부를 수 있다. 그러나 이러한 성질을 다시 말하자면, 화학적으로 안정하지 않고 쉽게 산패된다는 것을 의미하므로 자연에서 유래한 오일은 외부환경조건이나 시간이 흐름에 따라 윤활유로서의 성질이 열화하게 된다. 반면, 석유에서 추출한 광유(mineral oil) 계열의 윤활유나 합성유(synthetic oil)는 식물/동물성 오일에 비해 윤활유로서의 성질을 유지하는 것이 용이하고, 다양한 환경에서 더 우수한 윤활효과를 제공할 수 있다. 이러한 이유로 1800년대 후반, 석유화학공업이 충분히 발달된 이후에는 산업적으로 활용하는 윤활유는 대개 광유 및 합성유를 토대로 제작된다. 그러나, 광유는 생분해가 거의 이루어지지 않고, 높은 독성으로 인한 환경오염을 야기하므로 식물성 오일을 공업적으로 활용하기 위한 다양한 연구와 시도가 이루어지고 있다. 다만, 식물성 오일은 저온이나 고온에서의 특성이 상대적으로 좋지 않으며, 산화안정성 역시 낮으므로 광유등을 완전히 대체하기는 어렵고 일부 환경요인이 고려되어야 하는 대상을 한정하여 사용처를 확보하고 있다.

서유럽이나 미국의 환경에 관한 법령에 의하여 보트용 2행정 엔진용 윤활유나 임업용 윤활유,

콘크리트 몰드 이형제(release fluid), 유압시스템용 오일 등에 생분성 윤활유의 사용이 권고되고 있는데, 이러한 사용처의 면면을 살펴보면 윤활유가 쉽게 소모되고 유출될 수 있는 분야, 혹은 윤활유가 수거되고 재활용되기 어려운 분야임을 알 수 있다. 이러한 분야를 필두로 생분해성 오일의 활용은 점차 늘어날 것으로 예상되지만 여전히 친환경 윤활유의 활용은 극히 미미한 수준이며, 이는 식물성/동물성 오일이 갖는 여러 단점에 기인한다. 따라서 친환경 윤활유의 활용이 보다 확대되기 위해서는 앞으로 더욱 우수한 특성을 지닌 친환경 윤활유가 개발될 필요가 있으며, 트라이볼로지 학계는 이러한 연구개발에 지속적으로 기여하고 있다.

3.1.3. 트라이볼로지의 중요성(산업과의 관계)

트라이볼로지 분야는 산업의 발전과 더불어 끊임없이 새로운 문제에 직면해왔다. 1차 산업혁명 시기는 증기기관을 기반으로 하여 기계화, 산업화가 진행되어 동적 기계요소의 활용이 폭발적으로 증가하였는데, 이러한 산업적 변화와 맞물려 이 시기에는 기어, 베어링, 윤활유의 개발 및 활용과 같은 주제가 대두되었다. 2차 산업혁명 시기(19세기 중반-20세기 중반)에는 마찰, 마모, 윤활의 상관관계와 유체윤활, 틸팅 패드 베어링, 윤활유의 첨가제 등에 대한 연구가 이루어졌다. Hertz, Reynolds, 그리고 Stribeck 등에 의하여 수많은 학문적 성과가 도출된 것도 이 시기이다. 이어 3차 산업혁명 시기에는 탄성유체윤활, 응착력과 마모에 대한 이론, 접촉역학, 다양한 보호코팅과 같은 주제가 다루어졌으며, 최근 수 십년간은 초윤활(superlubricity)현상, 환경을 고려한 그린 트라이볼로지 (green tribology), 나노수준의 물질 사이의 접촉거동을 다루는 나노트라이볼로지(nanotribology), 우주와 같은 극환환경에서의 현상을 다루는 스페이스 트라이볼로지(space tribology), 관절, 치아, 피부 및 장기에서의 마찰 및 마모거동에 관한 바이오트라이볼로지(biotribology)등에 대해 트라이볼로지 학계에서 주목하고 있다. 앞서 언급한 다양한 연구개발주제의 면면을 살펴보면, 트라이볼로지 학계가 산업환경의 요구에 발맞추어 적절하게 대응해 왔음을 알 수 있다.

그 결과, 트라이볼로지 기술은 오늘날 수많은 동적 기계요소에 빠짐없이 적용되고 있다. 예를 들어서 자동차의 경우, 브레이크, 엔진(피스톤-실린더), 베어링, 씰, 클러치 등 다양한 부품에 마찰과 마모를 제어하기 위한 여러가지 기술이 적용되어 있다. 경우에 따라서는 마찰과 마모를 최소화 하기 위한 방안이 적용되기도 하고, 또 어떠한 경우에는 마찰이나 마모가 적절하게 일어나도록 조건을 부여하기도 한다. 베어링 같은 부품은 마찰을 최소화하기 위한 기계요소이며,

여전히 학계와 산업계에서는 베어링의 마찰을 줄이고 작동안정성을 향상시키기 위한 연구를 진행하고 있다. 차량용 브레이크는 반대로 적절한 수준의 마찰을 발생시키기 위한 장치이다. 효과적으로 차량이 제동하기 위해서는 적정수준의 마찰력을 발생시킬 수 있는 브레이크 소재의 선정 및 브레이크 형상설계가 이루어져야 한다.

표면연마공정은 마모현상을 생산적으로 활용하는 사례이다. 연마공정은 다양한 방법으로 가공된 표면의 불규칙한 형상을 제거하여 거칠기를 낮춤으로써, 기계요소의 성능과 신뢰성을 향상시키는 생산공정이다. 연마공정의 생산성이나, 연마공정을 통해 획득되는 가공물의 표면거칠기를 개선하기 위해서는 공정에 투입되는 연삭재의 종류나 공정의 메커니즘 선택이 중요하며, 표면이 과도하게 마모되거나 손상되지 않도록 하기 위한 최적화가 필요한데, 이 과정에서 트라이볼로지 관점에서의 연구개발이 요구된다.

이러한 몇몇 사례를 살펴보면, 오늘날 산업과 트라이볼로지는 매우 밀접한 관계라는 것을 알 수 있으며 앞으로도 트라이볼로지 학계는 인류의 미래와 직결된 다양한 첨단 분야가 맞닥뜨린 문제점과 미해결 과제를 극복하기 위한 끊임없는 노력을 통해 산업 발전에 기여할 것으로 기대된다.

3.1.4. 표면의 특성

트라이볼로지 현상을 논할 때, 표면은 반드시 고려해야할 대상이다. 마찰이나 마모는 말 그대로 재료의 표면끼리 맞닿아 상호작용하며 일어나는 현상이므로 재료 표면의 물질조성이나 형상과 같은 조건에 의해 영향을 받는다. 예를 들어, A재료와 B재료가 접촉하고 있는 상황에서 계면에 오염물질이 존재하는 경우와 그렇지 않은 경우는 마찰 및 마모 특성이 달라진다. 마찬가지로 동일한 A재료와 B재료가 접촉하는 상황에서 표면의 형상이 매끄러운 경우와 거친 경우의 마찰 및 마모 특성 역시 달라진다. 따라서 마찰과 마모를 관리하기 위해서는 재료 표면의 특성에 대한 이해가 수반될 필요가 있으며, 여기에서는 표면의 다양한 특성 중에서 표면거칠기와 응착력에 대해 살펴보고자 한다.

3.1.4.1. 표면의 구조와 형상

흔히 매끈한 표면을 비유할 때 '거울처럼 매끈한' 이라는 표현을 종종 사용한다. 실제로 거울은 매우 매끄러운 면을 가지고 있으며, 그러한 이유로 대부분의 빛을 정반사하여 우리들의 모습을 거의 왜곡 없이 비춰주게 된다. 그러나, 거울과 같이 매끈한 표면을 정밀한 측정장비를 동원하여 들여다보면 실제로는 평탄한 면이라고 생각했던 표면이 불규칙한 높낮이를 가진 면이라는 사실을 알게 되는데, 이러한 현상은 비단 거울에만 국한되는 것은 아니다. 오늘날 반도체 산업의 기본 재료가 되는 실리콘 웨이퍼의 경우, 인간이 만들어 낼 수 있는 가장 평탄한 면을 가지고 있는 요소 중 하나로 알려져 있다. 그러나 이러한 실리콘 웨이퍼 마저도 정밀한 장비를 활용하여 측정해보면, 아주 약간의 거칠기를 갖고 있다. 다시 말해서 완벽하게 평탄한 표면이란 존재하지 않으며, 모든 물체는 반드시 불규칙한 표면 형상을 갖는다고 할 수 있다. 이와 같은 표면의 불규칙성은 표면 텍스쳐(surface texture)라고 부르며, 다음과 같이 크게 네 가지로 분류할 수 있다 (그림 3.3 참조).

(1) Lay
(2) Flaw
(3) Waviness
(4) Roughness

먼저,

(1) Lay는 기계적 가공에 의하여 발생되는 흔적으로 보통 한쪽 방향으로 일정하고 평행하게 늘어서 있는 패턴들의 집합이라고 할 수 있다. 대체로 맨눈으로도 관찰이 되는 수준의 표면 텍스쳐이다.
(2) Flaw는 가공 과정에서 무작위로 발생하는 의도치 않은 표면의 흠집(균열, 찍힘, 구멍 등)을 의미한다. 이것은 의도치 않은 결함이므로 표면거칠기에는 포함하지 않는다.
(3) Waviness는 마치 파도가 연속적으로 밀려오는 형상처럼 표면이 가상의 기준면을 중심으로 하여 반복해서 나타내는 장주기의 굴곡(높이 편차)이다. 기계적 가공과정에서 나타나는 불안정한 거동(진동 등)에 의하여 발생한다. 파상도 라고도 불린다.
(4) Roughness는 waviness와 유사하게 나타나는 표면의 굴곡이지만, waviness에 비하여 훨씬 더 짧은 파장을 가지며, 기계적 가공과정의 불안정성 외에도, 재료 자체가 갖는 구조적 특징에 의한 표면의 높이 편차 역시 roughness의 원인이 된다. 일반적으로 표면거칠기라고 하는 것은 roughness를 의미한다.

앞서 언급한 바와 같이 자연에 존재하는 모든 물질은 정도의 차이만 있을 뿐, 어느정도의 표면 굴곡을 갖는다. 그리고 이러한 표면의 형상, 굴곡(거칠기)은 공차, 씰의 누설 등에 영향을 미치는 요소로 알려져 있지만, 동시에 트라이볼로지적 특성에도 크게 기여한다는 사실 역시 인지할 필요가 있다. 예를 들어, 계면에 윤활유가 매개하지 않는 건조한 접촉상황에서 마찰이 일어날 경우, 표면거칠기가 매우 작거나 매우 클 경우에는 마찰이 증가하는 현상이 나타날 수 있다. 조건에 따라서 경향은 다소 달라질 수 있으나 표면거칠기에 의해 마찰이 변화하는 현상의 원인은 대체로 실제접촉면적 및 응착력과, 표면 돌기들 사이의 기계적 걸림(mechanical interlocking), 혹은 변형 현상이 크게 영향을 미치는 것으로 알려져 있다. 따라서, 설계의 의도 및 제품의 사용처에 따라 표면에 적절한 거칠기를 부여하여 마찰 및 마모를 적절한 수준으로 관리할 필요가 있으며, 이를 위해서는 표면거칠기의 값이 어떻게 측정되고 측정의 원리는 어떻게 되는지에 대한 이해가 수반되어야 한다.

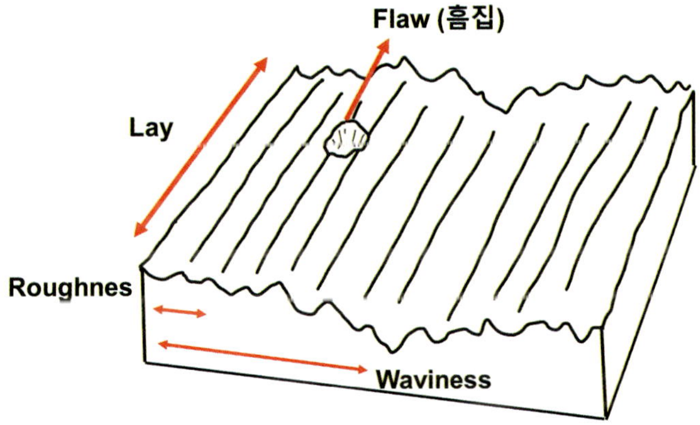

그림 3.3 표면 텍스쳐의 개략도

3.1.4.2. 다양한 표면 거칠기 인자

표면 거칠기는 여러가지 인자로 분류될 수 있는데, 가장 대표적인 것은 굴곡의 크기에 대한 인자(amplitude parameter)이다. 일반적으로 표면 거칠기라고 말하면, 평균거칠기(average roughness)를 말하는 경우가 많은데, 이 값은 표면굴곡의 높이값에 대한 단순평균을 통해 획득된다. 매우 직관적이며 이해하기 쉬워 널리 사용되는 거칠기 인자이다.

1) R_a, arithmetic average(산술평균거칠기)

: 산술평균거칠기는 기호로 흔히 R_a로 표기하며, 경우에 따라서는 center-line average(CLA), 혹은 arithmetic average(AA)로 표기하기도 한다. 여기에서는 대중적인 기호인 R_a로 표기하도록 하겠다.

명칭을 살펴보면 알 수 있듯, 표면 굴곡의 높이 값을 단순히 산술평균하여 얻는 값이며 계산식은 다음(식 3.1)과 같다.

$$R_a = \frac{1}{L}\int_0^L |z-m|dx \approx \frac{1}{n}\sum_{i=1}^{n}|z_i - m| \tag{3.1}$$

엄밀하게는 적분을 통해 계산해야 하지만, 실제로는 불연속적인 측정값의 집합을 통해 거칠기를 추정하므로 후자의 식을 이용하게 된다.

이때, m은 전체 데이터의 평균값이며 n은 데이터의 개수, z_i는 개별 높이 데이터를 의미한다. 식을 살펴보면, 굴곡 전체의 평균높이로부터 굴곡의 각 부위가 평균적으로 얼만큼 떨어져 있는지를 나타내는 값이 곧 평균거칠기의 물리적 의미임을 알 수 있다.

예를 들어, 어떠한 표면을 2차원 표면형상 측정장치를 이용하여 높이값을 측정한 결과, 다음과 같은 총 9개의 데이터를 획득했다고 가정해보자(실제로는 더 많은 데이터를 획득하여 계산하지만 여기에서는 계산의 용이성을 위하여 9개 데이터만 활용하기로 한다).

순번	1	2	3	4	5	6	7	8	9
높이값 (μm)	7.5	4.3	-4.2	3.3	6.7	1.5	6.4	2.5	-0.7

이때, 평균값은

{(7.5 + 4.3 + (-4.2) + 3.3 + 6.7 + 1.5 + 6.4 + 2.5 + (-0.7)} / 9 = 3.03333

이고, 이 값을 이용하여 식 (3.1)의 계산을 수행하면,

{(7.5 − 3.03333) + (4.3 − 3.03333) + (-4.2 − 3.03333) + ⋯ } / 9 = 2.896

R_a는 2.896 μm로 계산된다.

2) R_q, root-mean square roughness(제곱근 평균거칠기)

: 제곱근 평균거칠기는 기호로는 흔히 R_q로 표기하며, 경우에 따라서는 RMS 등으로 표기하기도 한다. 계산식은 다음과 같다.

$$R_q^2 = \frac{1}{L}\int_0^L |z-m|^2 dx \approx \frac{1}{n}\sum_{i=1}^{n}|z_i - m|^2 \tag{3.2}$$

$$R_q = \sqrt{\frac{1}{L}\int_0^L |z-m|^2 dx} \approx \sqrt{\frac{1}{n}\sum_{i=1}^{n}|z_i - m|^2} \tag{3.3}$$

즉, 굴곡의 높이값에 대해 제곱을 취하여 평균을 구한 뒤, 제곱근을 적용한 것이 제곱근 평균거칠기에 해당한다. 일반적으로 R_q 값이 R_a에 비해서 10%정도 큰 값을 나타낸다고 알려져 있다. 다만, 가공방법과 표면의 형상에 따라 이 차이는 달라질 수 있으므로 단순히 R_q 값을 토대로 R_a를 계산하거나 반대로 R_q 값을 토대로 R_q값을 계산하는 경우는 주의를 기울일 필요가 있다. 대체로 산업현장에서는 R_a 값을 주로 사용하므로 R_q 값의 사용빈도는 낮으나, 제곱값을 이용한 계산수식의 특성상 표면 거칠기의 편차에 대해 R_q 값이 더 민감하다는 특징이 있으며, Skewness 및 Kurtosis를 계산하기 위해서는 R_q 값의 계산이 필요하다.

3) R_p

: 기준길이 (sampling length)내에서 가장 높은 산(peak)의 높이를 의미한다. (단, 평균선 average line으로부터의 높이이다)

4) R_v

: 기준길이 내에서 가장 깊은 골(valley)의 깊이를 의미한다. (역시 평균선으로부터의 깊이를 의미한다)

5) R_z

: 기준길이 내에서 가장 높은 산의 높이와 가장 깊은 골의 깊이의 합이며 따라서, 다음과 같은 식으로 나타낼 수 있다.

$$R_z = R_p + R_v \tag{3.4}$$

과거의 표준 (ISO 4287-1:1984)에서는 R_z 값은 10점 평균거칠기 (ten point height of irregularities)를 의미하였고, 이는 샘플길이 내에서 가장 높은 5개의 산 높이와 가장 깊은 5개의 골 깊이의 각각의 평균값의 합산이었다. 그리고 이 값과 개정된 표준에서 정의하는 값은 경우에 따라서는 무시할 수 없는 수준의 차이가 나타날 수 있다. 따라서 기존 기술 문서와 도면을 활용할 경우에는 주의를 기울일 필요가 있다.

6) R_t

: 평가길이 (evaluation length)내에서 최대 산 높이와 최대 골 깊이의 합. 주의할 사항으로, R_t는 R_z와 정의는 유사하지만 데이터의 범위가 다르다는 점이다. R_z는 기준길이를 활용하여 계산하지만, R_t는 평가길이를 토대로 계산한다. 평가길이는 일반적으로 기준길이의 5배이므로, 더 넓은 범위를 가지며 따라서 R_t는 항상 R_z보다 크거나 같다.

7) R_{sk}, Skewness

: skewness는 비대칭도라고도 하며, 통계학에서도 흔히 사용되는 지표이다. 본래 확률변수의 분포 비대칭성을 나타내는 지표이며 표면거칠기를 나타낼 때에는 표면 높이 분포의 비대칭성을 나타내는 값으로 활용된다. 자연적으로 존재하는 물질의 표면 높이 분포는 대체로 가우스 분포를 따르는데, 만약 가공 등을 통하여 표면의 형상이 인위적으로 바뀔 경우 분포가 비대칭적으로 나타나게 된다(그림 3.4 참조). R_{sk}의 계산식은 다음과 같다.

$$R_{sk} = \frac{1}{R_q^3 n} \sum_{i=1}^{n} (z-m)^3 \tag{3.5}$$

8) R_{ku}, Kurtosis

: Kurtosis는 확률분포의 뾰족한 정도를 나타내는 척도로서, 평균을 중심으로 값이 몰려있을 경우 확률분포의 형상이 뾰족한 모양이 된다. 이 경우, 정규분포에 비해서 양쪽 꼬리부분이 더 두꺼워지는데, 이렇게 두꺼워진 꼬리부분의 값에 의하여 분포값의 편차가 커지므로 R_{ku}값은 커진다. 일반적으로 정규분포에 비해서 뾰족하고 꼬리부분이 두꺼운 경우에는 R_{ku}값이 3보다 크게 나타난다. 반대로 정규분포에 비해서 뭉특한 형태의 확률분포를 보여주며 양쪽 꼬리부분의 두께가 더 얇은 경우에는 R_{ku}값이 3보다 작게 계산된다(그림 3.4 참조). R_{ku}의 계산식은 다음과 같다.

$$R_{ku} = \frac{1}{R_q^4 n} \sum_{i=1}^{n} (z-m)^4 \tag{3.6}$$

(a)

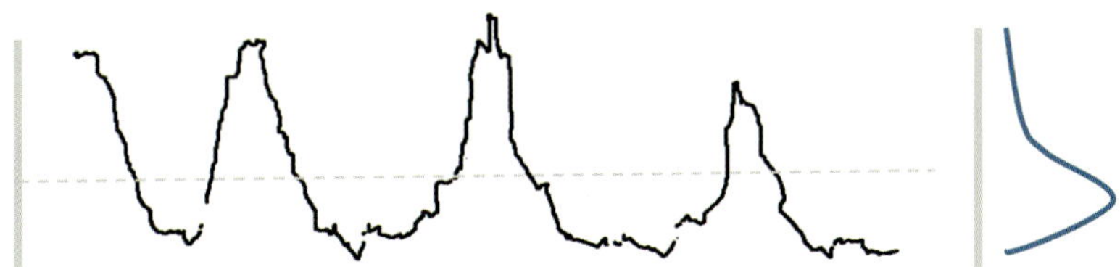

(b)

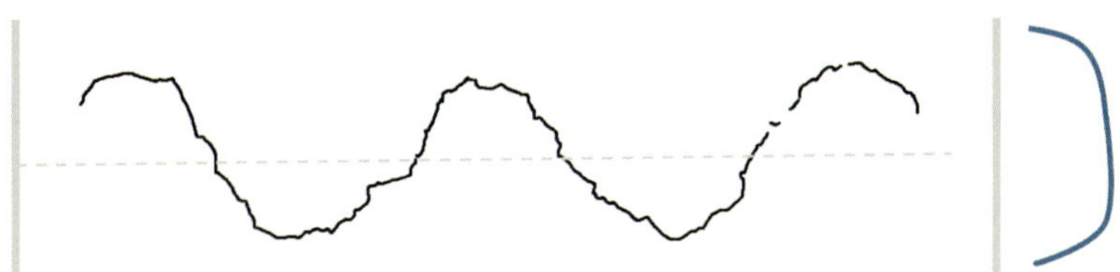

(c)

그림 3.4 표면 형상의 분포도
(a) 일반적인 정규분포를 따르는 표면
(b) R_{sk}가 0보다 작은 경우(표면 형상 분포가 비대칭적일 경우)
(c) R_{ku}가 작을 경우 (3 이하)

9) 그 외의 거칠기 인지

그 외에도 다양한 표면거칠기에 대한 인자가 존재한다. 앞서 소개한 파라미터들은 굴곡의 크기(높이)를 나타내는 amplitude parameter이며, 이와는 다르게 표면 형상요소의 너비를 기준으로 나타내는 인자, 혹은 굴곡의 높이와 너비를 동시에 고려하는 인자도 존재한다. 전자의 경우는 간격 파라미터(spacing parameter)라고 부르고, 후자는 혼합 파라미터(hybrid parameter)라고 부른다.

3.1.4.3. 표면 거칠기의 측정

표면 거칠기를 측정하기 위한 장치는 크게 접촉식과 비접촉식으로 나눌 수 있다. 접촉식 측정 장비는 일반적으로 탐침(stylus)을 측정대상물체의 표면에 접촉시키고 수평방향으로 탐침을 이동시킬 때 물체의 표면형상 높낮이에 의하여 탐침이 수직방향으로 움직이는 정도를 측정하는 방식이다(그림 3.5). 일반적으로는 이러한 형태의 측정장치를 Stylus Profilometry라고 부른다. 탐침이 측정대상물체와 접촉할 때 하중은 매우 낮은 수준(보통 수 mN 이하)이지만, 직접적인 접촉이 일어나므로 측정대상물질이 기계적 강도가 낮다면 표면의 마모는 피할 수 없다는 단점이 있다. 또한 탐침의 크기와 형상에 의해 측정되는 표면의 형상이 왜곡되는 경우도 나타날 수 있다. 예를 들면 그림 3.5에서도 나타나듯, 표면의 형상변화가 급격한 경우, 탐침의 물리적 크기와 형상에 의하여 표면을 그대로 추종하지 못하는 경우가 발생한다. 접촉식 측정장치를 활용할 경우, 측정 데이터의 해상도는 탐침의 크기에 의하여 제한되는데, 일반적인 장비에서 활용되는 탐침의 끝단 반경은 크게는 수 μm에서 작게는 0.1-0.5 μm 수준이다. 접촉식 측정장치 중에서 가장 우수한 측정해상도를 보여주는 것은 원자간력 현미경(atomic force microscopy : AFM)이며, 이 경우에는 탐침의 끝단 반경이 약 10 nm, 혹은 그 이하이므로 Å(Angstrom) 수준의 측정이 가능하다. 다만, AFM은 상대적으로 고가이고 장비를 다루는 것 역시 숙련도가 필요하며 측정 범위가 지나치게 작아 ($100 \times 100\ \mu m^2$ 수준) 보통의 산업에서 활용하기에는 적합하지 않다. 그 외에도 표면을 따라 기계적으로 탐침을 이동시켜 측정하는 방식이므로 측정시간이 오래 걸린다는 점 역시 단점으로 작용한다. 이러한 측정속도의 문제로 대부분의 접촉형 측정장치들은 2차원의 표면형상을 측정하는 용도로 사용하며, 3차원 형상을 측정하는 접촉식 측정장치도 존재하지만 측정시간이 지나치게 오래 걸리는 단점이 있다. 그림 3.5와 같이 탐침형 표면형상 측정장치는 측정 오류를 가질수 있다. 따라서 탐침형 표면형상 측정장치를 사용할 때에는 측정대상의 특징을 파악하고 측정되는 거칠기나 표면형상의 수준이 어느정도인지, 그리고 측정대상 물질의 물성은 어느정도 수준인지 사전에 인지하여 장비 사용의 적절성을 판단해야한다. 예를 들어 탐침의 끝단 반경보다 너비가 작고 깊이가 깊은 나노스케일의 반복패턴을 AFM을 제외한 보통의 탐침형 표면측정장치로 측정하려고 한다면, 당연하게도 실제와는 전혀 다른 결과를 얻게 될 것이다.

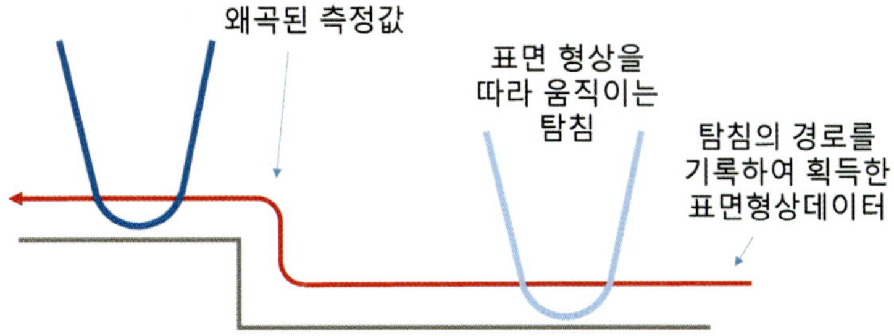

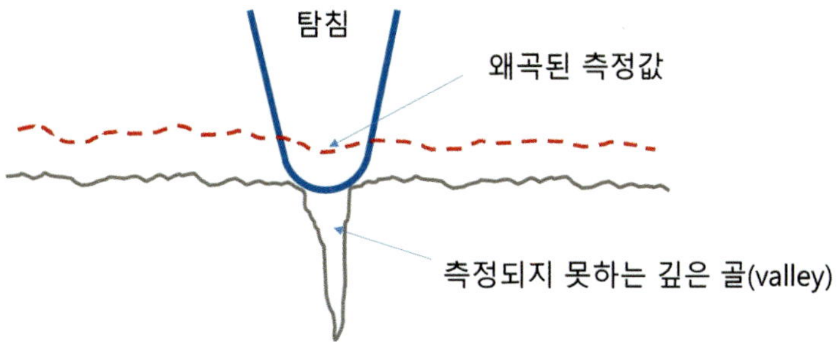

그림 3.5 탐침을 이용한 표면형상 측정장치의 측정원리 개략도 및 측정오류의 사례

비접촉식 측정장비는 대체로 광학 간섭계(optical interferometry) 혹은 레이저 공초점 현미경(laser confocal microscopy)을 활용하는 경우가 많다. 이러한 비접촉식 측정장치들은 대체로 접촉식 측정장치에 비해서 더 우수한 수평 및 수직 해상도를 갖는다.

간섭계를 이용한 측정장치는 측정대상 물체에 조사한 빛이 반사되어 돌아와 레퍼런스 빔(reference beam)과 간섭을 일으켜 나타나는 간섭무늬를 토대로 표면의 형상을 재구성하는 방법으로 탐침형 측정장치와 다르게 넓은 영역에 대한 측정을 매우 빠른 시간에 마칠 수 있다는 큰 장점을 가지고 있다. 기본적으로 높이정보에 대한 3차원 이미지 구성이 가능하고, 표면에 손상을 입히지 않으며, 연질의 재료도 무리없이 측정할 수 있다는 장점도 있어 널리 활용되는 측정방식이다.

공초점 현미경(confocal microscopy)을 이용한 표면 측정 방법은 다음과 같다. 레이저 혹은 그 외의 광원을 작은 핀홀을 통과시켜 표면에 입사시키면, 그 빛이 표면에서 반사되어 다시 빔스플리터와 또 다른 핀홀을 통해 포토디텍터에 도달하게 된다. 이때, 핀홀은 초점면에서 반사된 빛 이외의 정보를 제거하는 필터로서의 역할을 수행한다. 매 순간 수직방향으로 일정 거리만큼 시편을 움직이며 이미지를 누적하여 획득한뒤, 이들을 조합하여 3차원 표면형상을 재구성하는 것이 공초점 현미경을 활용한 표면형상 측정 방법이다. 간섭계를 이용한 방법과 유사한 장점을 가지고 있다.

3.1.4.4. 응착력의 원인

마찰 및 마모거동에 직접적으로 영향을 미치는, 표면에서 나타나는 현상 중 하나로 응착력을 꼽을 수 있다. 분리되어 있던 두 고체표면이 서로 접촉하였을 때 접촉면에서는 원자단위에서 결합이 형성되는데, 이것이 응착력의 주된 원인이 된다. 이때, 접촉면에서의 결합의 대부분은 2차 결합인 반데르발스(van der Waals) 결합이지만, 접촉하는 물질의 조성과 환경, 오염물질의 흡착유무 등에 따라서 화학적 결합(1차 결합)이 일어나기도 하며, 계면에서의 확산현상이 응착력에 기여하는 사례도 존재한다.

결합의 종류를 막론하고, 접촉면에는 항상 응착력이 작용하며 단지 그 힘의 크기가 조건에 따라 달라질 뿐이다. 계면에 존재하는 응착력은 접촉하고 있는 두 물체가 떨어지거나 전단이 일어나지 못하게 저항하는 힘으로 작용하므로 마찰력의 원인 중 하나라고 할 수 있다. 응착력의 세기는 접촉하는 물질의 조성에 따라서 달라지며, 접촉하는 면적에는 대체로 비례하는 경향을 나타낸다. 즉, 접촉면적이 커질수록 응착력은 커지고, 접촉면적이 감소할수록 응착력은 작아진다. 따라서 응착력에 의한 마찰을 저감하기 위해서는 접촉면적을 감소시키거나 계면의 물질을 변경해야 한다.

접촉면적은 접촉부위의 거시적 형상과 표면거칠기에 의하여 달라지므로 접촉면적을 저감시키기 위해서는 적절한 수준의 표면 거칠기를 부여하는 것이 필요함을 알 수 있다. 다만, 앞서 언급했듯 표면거칠기가 증가하면 마찰 혹은 마모가 증가할 수 있어 응착력 저감 효과가 상쇄될 수 있으므로, 적당한 조건을 찾는 노력이 필요하다. 또한 계면의 물질을 변경하는 가장 쉬운 방법은 표면에 낮은 표면에너지를 갖는 물질을 코팅하는 것이다. 예를 들어 순금속의 경우 대부분 표면의 화학적 반응성이 매우 높아 쉽게 산화가 일어나곤 하는데, 이러한 현상은 표면에 존재하는 원자들이 일부 화학적 결합을 이루지 못한 채 존재하기 때문이다. 이렇게 화학적 결합에 참여하지 못한 채 남아있는 결합 팔을 dangling bond라고 부르며 이 dangling bond의 존재로 인하여 공기중에 존재하는 산소와 쉽게 결합이 일어나므로 금속이 산화되는 것이다(그림 3.6). 이러한 dangling bond가 산화로 인하여 제거될 경우 표면에너지가 낮아지지만, 다른 물질과 결합이 충분히 일어나지 않아 dangling bond가 해소되지 않은 상태에서는 표면에너지가 높게 나타난다. 이러한 상태의 표면이 다른 물질과 접촉할 경우, 응착력이 크게 나타나게 된다. 따라서 화학적 결합력이 낮거나 혹은 결합을 통해 dangling bond가 해소되어 있는 상태의 물질을 표면에 코팅하여 응착력을 낮출 수 있다.

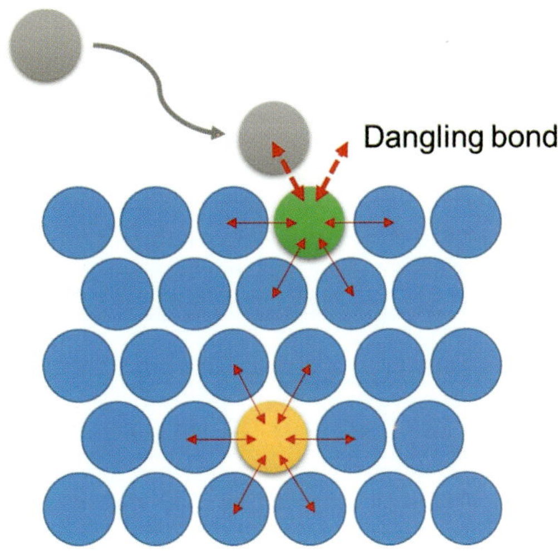

그림 3.6 재료 내부와 표면의 원자가 이루는 결합 양상의 차이를 나타내는 개략도

3.1.5. 마찰이론

마찰력은 두 접촉하고 있는 물체가 상대운동(미끄럼 운동 및 구름운동 등)할 때, 물체가 이동하는 방향의 반대방향으로 저항하는 성질의 힘을 의미한다. 마찰력은 물체의 이동을 방해하는 요인으로, 에너지 손실을 야기하게 되므로 가능한 낮은 수준을 달성해야 한다고 생각하기 쉽다. 하지만, 브레이크, 타이어, 로봇의 손 혹은 신발과 같은 시스템은 적당한 수준의 마찰력을 발휘해야 하므로 마찰력은 목적에 맞게 제어해야 하며, 이를 위해서는 마찰거동의 기본적인 특성과 원인을 파악할 필요가 있다. 흔히 마찰현상을 재료의 기본적 물성이라고 생각하는 경향이 있다. 마찰에 관하여 가장 널리 알려진 식은 다음과 같다.

$$F_f = \mu N \tag{3.7}$$

이때, F_f는 마찰력, μ는 마찰계수(friction coefficient), N은 수직하중이다. 식 (3.7)은 마찰력과 수직하중이 비례관계라는 의미를 담고 있으며, 이는 앞서 언급한 바와 같이 프랑스의 학자 아몽통에 의하여 정립된 이론이기도 하다. 여전히 이 식은 학계 전반에서 널리 활용되고 있다. 식의 형태를 조정하면, 다음의 식 (3.8)과 같이 기재할 수 있다.

$$\mu = \frac{F_f}{N} \tag{3.8}$$

마찰력이 수직하중과 비례한다는 의미는, 다시 말해서 마찰계수 μ 값이 상수임을 전제한 것이다. 실제로 학계 및 현장에서 이 식을 활용할 때에도 특정 물질의 마찰계수를 고정된 값이라고 간주하는 경우가 상당히 많다. 예를 들면, 스테인리스 스틸의 마찰계수는 얼마이고, 구리의 마찰계수는 얼마라는 식으로 활용하는 경우가 대부분이다. 이는 마치 물질의 탄성계수(Young's modulus)나 인장강도(tensile strength), 녹는점(melting temperature)등을 다루는 방식과 크게 다르지 않다. 실제로 탄성계수나 인장강도 그리고 녹는점 등은 여러가지 조건에 의하여 다소 값의 차이가 있을 수는 있으나, 기본적으로는 재료에 의존하는 내재적 성질, 즉 물성(material property)으로 인정된다.

그러나 마찰계수의 실체는 이와는 상당히 다르다. 예를 들어 온도나 습도, 표면거칠기가 달라지면 마찰계수의 값 또한 크게 변화한다. 심지어 어떠한 재료 A와 B를 접촉할 때와 A와 C를 접촉할 때의 마찰계수 역시 크게 달라진다. 이러한 현상은 마찰현상이 재료에 내재된 특성이 아니라는 점을 시사한다. 즉, 마찰은 재료의 물성이 아닌 마찰이 일어나는 시스템의 다양한 조건이 상호작용하여 나타나는 현상이라고 표현할 수 있다. 이러한 이유로 여전히 모든 마찰현상을 정확하게 나타낼 수 있는 모델은 아직 존재하지 않으며, 마찰이 일어나는 시스템 마다 각기 다른 방법과 가정을 토대로 분석하는 것이 최선이라고 할 수 있다.

마찰현상을 크게 분류하면 건조마찰(dry friction)과 유체마찰(fluid friction)로 나눌 수 있다. 유체마찰에 대해서는 다음장에서 다루도록 하며, 여기에서는 건조마찰의 기본적 특징을 살펴보도록 하겠다.

3.1.5.1. 고전 마찰이론의 소개

앞에서 언급했듯, 고전 마찰이론은 레오나르도 다빈치, 아몽통 그리고 쿨롱에 의하여 정립되었다. 크게 세가지 마찰법칙이 이들에 의해 제안되었는데, 각각을 살펴보면 다음과 같다.

(1) 마찰력은 수직하중에 비례한다.

(2) 마찰력은 접촉면적과 무관하다.

(3) 마찰력은 상대운동 속도와 무관하다.

이 세가지 법칙 중 앞선 두가지는 아몽통이 제안하였으며, 마지막 세 번째 법칙은 쿨롱에 의하여 정립되었다. 쿨롱은 뿐만 아니라 정지마찰(static friction)과 운동마찰(kinetic friction)을 구분하였다. 정지마찰은 접촉하고 있는 물체가 정지상태에서 운동상태로 천이되기 직전의 가장 높은 마찰력을 의미한다. 그림 3.7을 살펴보면, 그래프의 초반에는 시간이 흐름에 따라 마찰력이 지속적으로 높아지는 구간이 나타난다. 이 구간에서는 물체는 움직이지 않으며 오로지 마찰력만 증가하는데, 이때 가장 높은 마찰력을 정지마찰이라고 칭한다. 이 값에 도달하는 순간, 물체는 움직이기 시작하며 이후로는 마찰력이 정지마찰에 비해서 다소 낮은 값으로 유지되는데, 이때의 마찰력은 운동마찰이라고 부른다.

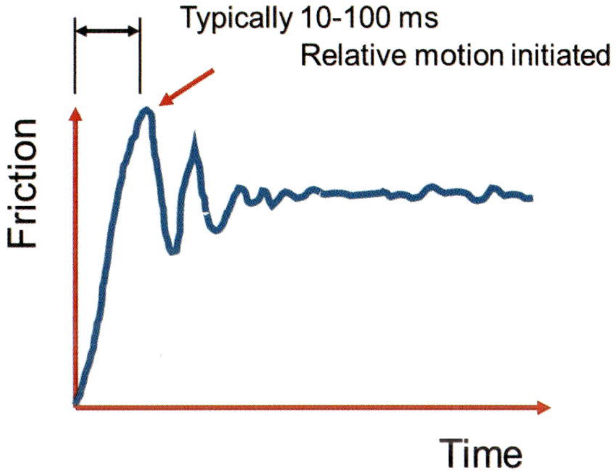

그림 3.7 어떠한 물체를 상대운동 시키기 위해 당겼을 때 시간에 따라 나타나는 마찰력의 변화

즉, 움직이고 있는 물체를 계속해서 움직이도록 하기 위해 필요한 힘에 비하여 정지해 있는 물체를 상대운동시키기 위해 필요한 힘이 더 크다는 의미이다. 다르게 표현하면 정지마찰계수(static friction coefficient : μ_s)가 운동마찰계수(kinetic friction coefficient : μ_k)보다 크다고도 할 수 있다. 흥미로운 점은 정지마찰계수는 시간에 따라서 달라질 수 있다는 점인데, 표면이 공기중에 노출된 시간이나 접촉면에 맞닿아 있는 시간 등의 변수에 따라 정지마찰계수가 증가하거나 감소할 수 있다는 사실이 오래전부터 보고되었다.

예를 들면, 매우 깨끗하게 절단된 표면이 서로 맞닿은 경우 두 표면이 접촉된 상태로 시간이 오래 지날 경우 접촉면 사이에 화학적 결합이 발생될 수 있으며 이 경우에는 두 표면을 상대운동시키기 위해 결합을 파괴하기 위한 힘이 요구되므로 정지마찰계수가 높게 나타날 것이다. 반대로 전단강도가 낮거나 윤활특성을 제공할 수 있는 물질에 의해 표면이 오염되는 경우에는 정지마찰계수가 낮아질 수도 있다. 전단강도가 낮은 물질은 말 그대로 작은 전단력에도 쉽게 변형하는 재료를 의미한다. 따라서, 전단강도가 낮은 물질이 계면에 존재할 경우, 이 물질은 작은 전단력에도 쉽게 미끄러지며 변형하게 되고 이는 결과적으로 전체 시스템의 마찰력을 낮추는 원인으로 작용하게 된다. 이는 마치 오염물질이 고체윤활제의 역할을 수행하는 것과 같다.

정지마찰계수가 증가하는 것은 바람직하지 않은 현상이다. 예를 들어 간헐적으로 작동하는 기계요소의 경우 시간이 흐름에 따라 정지마찰계수가 증가한다면, 기계요소의 사양을 높은 정지마찰력을 이겨낼 수 있도록 보완할 필요가 있으며, 높은 정지마찰력으로 인해 야기되는 표면손상 문제 역시 고려해야할 대상이 된다. 따라서 정지마찰계수가 과도하게 높아지지 않도록 관리할 필요가 있다. 일반적인 대책으로는 접촉면이 화학적 결합등을 통해 응착력이 높아지지 않도록 낮은 표면에너지를 갖는 물질을 코팅하거나 윤활을 적용하는 것을 고려할 수 있다.

정지마찰계수를 다르게 나타내는 방법으로는 경사면의 각도를 이용하는 것을 들 수 있다. 그림 3.8을 살펴보면 경사면 위에 블록이 놓여있는데, 블록은 수직방향으로 중력을 받는다. 블록의 무게에 해당하는 만큼의 힘이 경사면 위에 작용하고, 이 힘을 경사면을 기준으로 분해하면 경사면에 수직한 방향으로 가해지는 힘과, 경사면에 수평한 방향으로 가해지는 힘으로 나뉜다. 이때, 경사면에 수직한 방향으로 가해지는 힘은 블록이 경사면에 인가하는 수직하중이며, 경사면에 수평한 방향으로 가해지는 힘은 블록을 미끄러지게 하는 전단력이다. 이때, 전단력이 블록과 경사면 사이의 마찰력에 비해 크다면 블록은 미끄러져 내려갈 것이다.

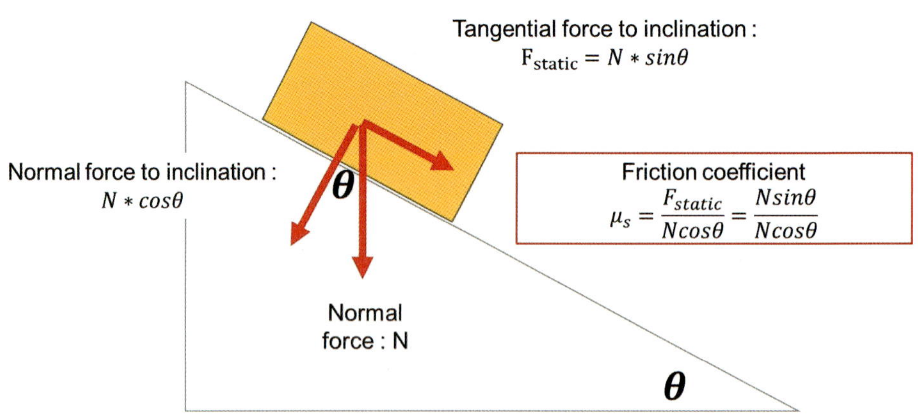

그림 3.8 경사면 위에 놓인 블록에 대한 힘의 상태도

즉, 경사면의 각도 θ를 작게하면 블록은 정지한 상태를 유지하고 각도 θ가 특정값을 넘어서는 순간 블록은 미끄러져 내려갈 것임을 쉽게 유추해볼 수 있다. 블록이 미끄러지기 시작하는 순간에는 마찰력과 전단력이 동일한 값이며 이때 경사면의 각도를 θ_s 라고 정의하면, 마찰력은, $N\sin\theta_s$ 블록이 경사면에 가하는 수직하중은 $N\cos\theta_s$ 로 나타낼 수 있다. 마찰계수는 마찰력을 수직하중으로 나눈 값이므로, $\frac{N\sin\theta_s}{N\cos\theta_s}$ 로 나타낼 수 있으며 이것을 다시 정리하면 블록이 미끄러지기 시작하는 순간의 정지마찰계수는 다음과 같은 간단한 식으로 나타낼 수 있다.

$$\mu_s = \tan\theta_s \tag{3.9}$$

이 식은 물체의 무게와는 무관하게 오로지 경사면의 각도로만 표현하는 특징을 지니고 있다. 앞서 언급한 마찰법칙 중 1법칙과 2법칙을 떠올려보자. 우선 첫 번째 법칙은 "마찰력은 수직하중에 비례한다" 이며, 이것을 다르게 표현하면 "어떠한 물질의 마찰계수는 수직하중과 무관하게 상수이다" 라고 할 수 있다. 그리고 두 번째 법칙은 "마찰력은 접촉면적과 무관하다" 이다. 만약 두 법칙이 모두 참이라고 가정한다면, 특정 물질을 블록으로 만들되, 무게를 달리하거나 형태를 달리하여 경사면과 맞닿는 접촉면의 크기를 다르게 하더라도 해당 블록이 미끄러지는 각도는 항상 일정해야 할 것이다. 하지만, 안타깝게도 실제 현상은 그렇지 않다는 사실이 오랜 기간동안의 연구를 통해 입증되었다. 덧붙여 세 번째 법칙인 마찰력과 상대운동 속도의 독립성 역시 실제로는 참이 아니다. 고전 마찰법칙이 실제와 맞지 않는 것은 이 법칙들이 전적으로 경험을 바탕으로 만들어졌기 때문이다. 실제로는 온도, 습도, 압력, 상대운동속도, 접촉면적, 접촉하는 재료의 조합 등 수많은 요소가 마찰력에 영향을 미친다는 사실이 오랜 연구를 통해 밝혀진 바 있다.

마찰력의 근원을 설명하고 모델링 하고자 하는 시도는 과거부터 꾸준히 이루어져 왔다. 그 중, 대표적인 모델을 소개하자면 다음과 같다. 그림 3.9는 쿨롱모델(Coulomb model)을 나타낸 것이다. 쿨롱모델은 모든 물질이 가지고 있는 표면거칠기를 쐐기형태(wedge)의 돌기들로 간주하고, 표면에 무수히 존재하는 이들 사이의 기계적 상호작용이 마찰의 원인이 된다고 설명하는 것이다. 마찰현상의 원인을 과학적인 근거를 토대로 설명하고자 한다는 점에서 의의를 찾을 수 있으나, 실제 현상과는 맞지 않는 한계점을 지닌 모델이기도 하다. 그림 3.10을 살펴보자. 쐐기모양의 돌기가 반복적으로 존재하는 두 표면(강체)이 접촉하였을 때 초기 상태를 좌측의 그림이라고 가정한다. 이때, 접촉면의 일부를 확대하여 표현하면 우측의 그림과 같이 그릴 수 있다. 접촉하는 두 물체 중 상단에 위치한 것을 A, 하단에 위치한 것을 B라고 명명하고, 수평방향으로 A를 미는 전단력 (F)과 A를 누르는 수직력(N)이 존재한다고 가정해보자. 시스템 전체 관점에서의 마찰계수 $\mu = F/N$ 으로 기재할 수 있다. 상단에 위치한 A 물체를 수평방향으로 이동시키기 위해서는 쐐기가 쐐기를 타고 올라가야 하므로 (그림 3.9(b)) 힘 F와 N을 분해하여 쐐기의 경사면에 대한 수평방향으로 가해지는 힘이 서로 균형을 이루거나 F의 분해성분이 N의 분해성분보다 커야 한다. 그림 3.10을 살펴보면 F 및 N의 쐐기 경사면에 대한 분해성분은 각각 $F\cos\theta$, $N\sin\theta$ 임을 알 수 있다. 즉, 적어도 $F\cos\theta = N\sin\theta$ 이어야 한다. 이때, 앞에서 마찰계수를 $\mu = F/N$로 정의하므로 $F/N = \sin\theta/\cos\theta = \tan\theta$로 추정할 수 있다.

즉, 쿨롱 모델에서는 표면에 존재하는 돌기들(거칠기 요소)의 기계적 상호작용이 마찰의 주 원인이며, 돌기의 형상이 날카로울수록, 즉 각도가 클수록 마찰이 커진다는 의미를 담고 있다. 이러한 가설은 얼핏 타당한 접근으로 생각될 수 있으나, 이 모델의 치명적 단점은 마찰이 에너지를 소산하는 과정이라는 사실을 반영하지 못한다는 점이다. 다시 그림 3.9를 살펴보자. (a)에서 (b)로 이행하는 과정은 쐐기가 쐐기를 타고 오르며 위치에너지가 증가하는 구간에 해당한다. 즉, 위치에너지를 증가시키기 위해 소모되는 에너지가 마찰력에 의한 일(work)에 대응되는 셈이다. 그러나, 이 모델의 한계점은 그 다음 단계에서 나타난다. (b)에서 (c)로 이행하는 과정에서는 증가한 위치에너지가 감소하면서 운동에너지가 증가하게 되고, (c)에서 최대가 된 운동에너지는 그 다음단계에서 쐐기가 쐐기를 거슬러 오르게 하는 원동력으로 작용하므로 더 이상 에너지의 투입이 요구되지 않는 단계에 이르게 된다. 실제의 마찰력은 비보존력 (non-conservative force)이므로, 끊임없이 에너지가 소산된다. 따라서 어떤 형태로든 에너지를 소산시키는(소성변형, 포논 등) 메커니즘이 포함된, 보다 나은 현실적인 마찰 메커니즘의 제안이 필요하다고 할 수 있다.

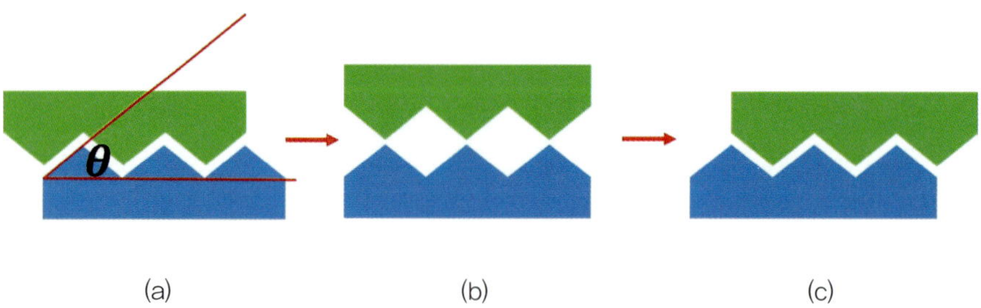

그림 3.9 마찰의 근본적 원리를 설명하기 위한 Coulomb 모델의 개략도

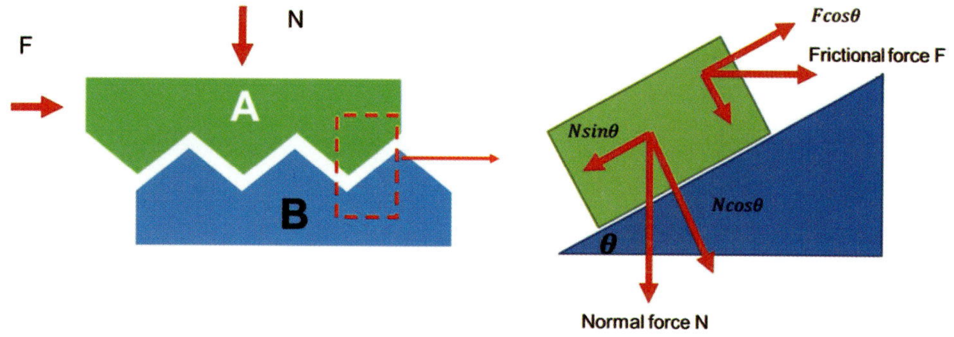

그림 3.10 Coulomb 모델에서의 마찰력 계산 개략도

3.1.5.2. 현대적 관점에서의 마찰거동

현대적 관점에서 마찰현상을 설명하고자 하는 다양한 이론이 발표되어 왔는데, 그 중 비교적 단순하면서도 널리 받아들여지는 설명을 소개하면 다음과 같다.

Bowden, 그리고 Tabor는 금속표면끼리의 접촉 및 상대운동 상황에서 표면의 거칠기로 인하여 돌기(asperity)들 사이의 접촉이 일어나고, 이때 수직하중에 일부 돌기에 집중되므로 높은 접촉 압력이 발생하여 접촉하는 돌기들 사이에서 일종의 용접현상이 일어난다고 주장하였다. 그리고, 마찰력은 바로 이 용접부위를 전단시키기 위한 힘이라고 간주하였다. 다만, 이후의 연구들에 따르면 세라믹과 같이 높은 경도와 녹는점을 갖는 물질의 경우에는 용접현상이 반드시 일어난다고 보기 어렵다는 사실이 밝혀졌다. 그럼에도 불구하고 돌기들 사이의 실제 접촉면에서 발생하는 응착력이 마찰에 기여한다는 점은 명백히 입증되었다.

접촉면의 변형 역시 마찰에 영향을 미친다는 사실이 밝혀졌는데, 접촉하는 돌기들이 소성변형하거나, 상대운동하는 두 접촉면 중 어느 한 쪽의 돌기가 다른 면을 파고들어 긁어낸다면(마모가 발생하지 않더라도 소성변형이 일어나는 상황이라면), 필연적으로 에너지가 소산되는데, 이 역시 마찰에 기여하게 된다.

그 외에도 상대운동시, 접촉면에서 탄성변형이 일어나는 상황에서도 매우 작은 에너지가 소실되는데, 이는 포논(phonon)에 의해 일어나는 현상이라고 알려져 있다. 포논은 우리말로는 음향양자라고도 부르며 결정격자의 양자화된 진동을 나타내는 준입자(quasi-particle)이다. 마찰이 일어날 때, 기계적 에너지가 포논을 생성하고 전자를 여기(excitation)시키는데, 이 국부적인 에너지가 포논의 이동을 통해 전파되고 궁극적으로는 전체 시스템에서 열 에너지로 소산되는 것이 마찰에 기여하는 주된 메커니즘으로 알려져 있다.

이 중에서 마찰에 크게 기여하는 두 항으로 응착력과 표면의 변형을 꼽을 수 있고, 만약 이 둘이 서로 독립적이라고 가정한다면 전체 마찰력은 다음과 같이 기재할 수 있다.

$$F_i = F_a + F_d \tag{3.10}$$

이때, F_i는 전체 마찰력, F_a는 응착력에 의한 마찰성분, F_d는 변형에 의한 마찰성분을 의미한다. 마찰계수 역시 두 성분의 합산으로 다음과 같이 표시할 수 있다.

$$\mu_i = \mu_a + \mu_d \tag{3.11}$$

마찬가지로 μ_i는 전체 마찰계수, μ_a는 응착력에 의한 마찰계수 성분, μ_d는 변형에 의한 마찰계수 성분을 의미한다. 두 성분(응착력과 표면의 변형)이 실제로는 완전히 독립적인 것은 아니며, 상호영향을 주고받으므로 엄밀하게는 옳다고 할 수는 없으나, 두 성분을 분리하여 다루는 것이 여러모로 편리하며 실질적인 결과에 크게 문제를 일으키지 않으므로 대체로는 받아들여지고 있다.

두 표면이 접촉할 때 표면거칠기로 인하여 실제 접촉하는 면적은 겉보기 면적에 비해 매우 작게 나타난다. 만약 재료가 강체라면 가장 높이가 높은 돌기들 사이의 점접촉이 형성되겠지만, 실제 재료는 탄성 및 소성특성을 가지므로, 불규칙적으로 배열되어 있는 표면의 돌기들에 접촉하중이 집중되면 탄성 및 소성변형이 일어나고 다수의 돌기들 사이에 유한한 면적을 갖는 접촉이 형성된다. 이 접촉면적을 겉보기 접촉면적과 구분하여 실제접촉면적(real contact area)이라고 칭한다(그림 3.11). 하중이 매우 높거나 재료의 기계적 강도가 높지 않은 경우에는 돌기의 과도한 변형에 의하여 실제접촉면적이 겉보기 접촉면적과 유사한 수준으로 커질 수도 있지만, 대개는 실제접촉면적은 겉보기 접촉면적에 비해 매우 작은 값을 갖는다.

돌기들 사이에 형성된 접촉면에서는 물리적 혹은 화학적 상호작용이 일어나 접촉면에 응착력이 나타나도록 하는데, 두 표면이 상대운동하려면 응착력의 원인이 되는 접촉면의 결합을 전단시켜야 한다. 외부에서 에너지를 인가하여 결합을 분리하고 상대운동이 일어나더라도 새로운 돌기들의 쌍이 서로 만나게 되고, 이들 사이에 접촉이 새로이 일어나게 되는데 이 접촉면에서는 새로운 결합이 형성된다. 다시 말해서, 상대운동이 일어난다는 것은, 매 순간 돌기들 사이의 결합이 생성되고 소멸한다는 의미이기도 하다. 즉, 돌기 사이의 결합을 끊어내기 위한 힘, 즉 마찰력의 필요성은 어느 한 순간에 국한되지 않으며 매 순간 연속적으로 인가해 주어야 재료를 상대운동시킬 수 있다.

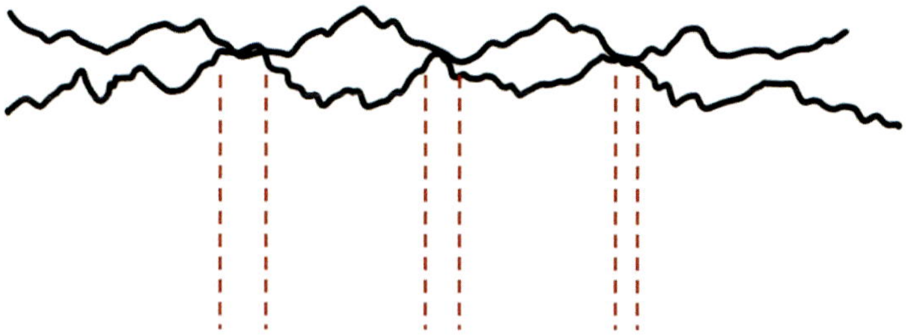

그림 3.11 국부적으로 형성되는 실제 접촉면의 개략도

Bowden과 Tabor는 건조마찰(dry friction) 조건에서 마찰력 중, 응착력에 관한 항을 다음과 같이 정의하였다.

$$F_a = A_r \tau \tag{3.12}$$

A_r은 실제 접촉면적이며, τ는 계면전단강도(interfacial shear strength)이다. 만약, 계면전단강도가 상수라고 가정하면, 응착력에 의한 마찰력 F_a는 실제 접촉면적 A_r에 비례한다고 할 수 있다. 만약 계면에 윤활막이 존재한다면, 돌기사이의 접촉부위의 결합형태도 달라지게 되므로 계면전단강도는 윤활이 일어나는 부위와 그렇지 않은 부위가 필연적으로 다른 값을 갖게 된다. 이를 식으로 표현하면 다음과 같다.

$$F_a = A_r\{\alpha\tau_d + (\alpha - 1)\tau_l\} \tag{3.13}$$

이때, α는 윤활이 적용되지 않은 부위의 비율, τ_d, τ_l은 각각 건조마찰조건과 윤활조건에서의 계면전단강도이다. 대체로 윤활조건에서의 계면전단강도는 건조마찰조건에서의 계면전단강도보다 낮으며, 윤활막의 두께가 클수록 이러한 경향은 더 두드러지게 나타난다.

건조마찰 상태에서 응착력에 의한 마찰계수 항은 다음과 같이 기재할 수 있다.

$$\mu_a = \frac{F_a}{N} = \frac{A_r\tau_d}{N} = \frac{\tau_d}{p_r} \tag{3.14}$$

이때, N은 수직하중, p_r은 평균 실접촉압력이다. 탄성변형 구간은 수직하중과 접촉면적 사이의 관계가 복잡하므로 잠시 논외로 하고, 소성변형 구간에 대해서 우선 고려해보기로 하자. 소성변형이 일어나는 조건에서는 표면에 가해지는 접촉압력이 경도(hardness)와 같다고 가정할 수 있다. 따라서 위의 식에서 평균 실접촉압력 p_r을 경도 H로 치환하여 다음과 같이 쓸 수 있다.

$$\mu_a = \frac{\tau_d}{p_r} = \frac{\tau_d}{H} \tag{3.15}$$

재료의 경도 H는 대개 상수로 간주할 수 있으며, 계면전단강도 τ_d는 접촉한 두 재료 중, 강도가 더 낮은 재료의 bulk shear strength를 넘어설 수 없고, 항복 이론에서는 일반적으로 연성 금속의 경우 경도는 bulk shear strength의 약 5배 정도라고 가정하므로 위의 식을 다시 쓰면 μ_a는 0.2 이하가 된다는 결론을 내릴 수 있다. 그러나 이 식은 지나치게 단순화되어 있으며, 소성변형 범위에서 실제로는 이보다 큰 마찰계수(작게는 0.3, 크게는 1 이상)가 흔히 측정된다. 일부 가정이 포함되어 있기는 하나, 이처럼 이론적 예측값과 실제 실험값에 괴리가 큰 것은 순전히 응착력에 한정하여 분석을 수행했기 때문이다. 실제로는 마찰에 영향을 미치는 요소가 매우 많으므로 이를 함께 고려할 필요가 있다.

3.1.6. 윤활이론

윤활에 대해서 언급하기 전, 우선 윤활유 혹은 윤활제에 대해 알아보도록 하자. 윤활제는 재료의 형태에 따라 고체윤활제(solid lubricant)와 유체윤활제(fluid lubricant)로 구분할 수 있다. 두 종류의 윤활제 모두 낮은 전단강도를 가지는 윤활제가 두 물체 사이의 계면에 개입하여 상대운동이 쉽게 일어나도록 돕는 역할을 수행한다. 그 결과 윤활제가 적용된 동적 기계요소는 마찰과 마모가 크게 저감되고 소음 및 진동이 감소하며, 궁극적으로는 기계요소의 수명과 신뢰성이 향상된다. 각각의 윤활제는 장단점과 특징이 있어 적절한 사용처를 선정하는 것이 매우 중요하며, 윤활의 메커니즘에 대한 이해가 있어야 적절한 윤활유를 선택할 수 있다. 여기에서는 유체윤활제의 특징과 윤활 메커니즘에 대해서 알아보고자 한다.

유체윤활유는 점도(viscosity)를 가지며, 윤활유마다 점도의 수준은 크게 다르다. 점도는 유체가 유동할 때 발생하는 내부저항이며, 점도가 높을수록 유체를 전단시키는 데 드는 힘도 증가하게 된다. 점도는 온도나 압력등에 의하여 변화할 수 있지만, 한 가지 분명한 점은, 윤활유의 점도가 높을수록 두꺼운 윤활막을 형성할 수 있어 윤활효과를 발휘하기 쉽다는 점이다. 물론, 점도가 너무 높을 경우에는 윤활유를 전단시키기 위해 필요한 에너지가 과도하게 높아지므로 마찰이 되려 높아지는 경우가 있을 수 있으므로, 윤활의 대상이 되는 기계요소의 작동조건을 세심하게 고려하여 적당한 수준의 점도를 갖는 윤활제를 선정하는 것이 필수적이다. 점도는 크게 절대점도(absolute viscosity 혹은 dynamic viscosity)와 동점도(kinematic viscosity)로 나눌 수 있는데, 절대점도는 다음의 식을 활용하여 계산한다.

$$\mu = \frac{F/A}{u/h} \tag{3.16}$$

이때, F는 유체를 사이에 두고 두 판이 상대운동할 때 필요한 힘, A는 판의 면적, h는 유체의 두께, u는 판의 운동속도이다. 절대점도의 단위는 SI 단위로는 $\frac{N}{m^2} \cdot s = Pa \cdot s$ 를 쓸 수 있으며, CGS 단위계로는 P(Poise)를 쓸 수 있으나, 통상적으로는 너무 큰 단위이므로 P 대신 cP(centipoise)를 활용하는 것이 일반적이다. $1P$는 $0.1 Pa \cdot s$에 해당한다.

동점도 (v)는 절대점도를 유체의 밀도(ρ)로 나누어 계산한다.

$$v = \mu/\rho \tag{3.17}$$

동점도의 단위로 가장 널리 활용되는 것은 stoke(S) 혹은 centistoke(cS) 가 있으며, SI 단위계로는 m^2/s를 사용한다. $1S$는 $0.0001\ \mathrm{m}^2/\mathrm{s}$ 이다.

또 다른 윤활제의 주요성질로는 점도지수(viscosity index : VI)가 있다. 점도지수는 온도의 변화에 따라 점도가 달라지는 정도를 나타내는 지표로서, 1929년, Dean 과 Davis에 의해 제안되었다. 점도지수는 경험적인 파라미터로서, 온도에 따라 점도가 변화하는 양상이 크게 다른 두 오일을 기준으로 삼아 지표가 구성되었다. 미국의 Pennsylvania산 오일과 Gulf coast산 오일은 210 °F (98.9 °C)에서 동일한 점도값을 갖지만, 구성성분의 차이로 인하여 온도가 변화하면 점도가 서로 달라지게 되는데, 이러한 특성을 토대로 Pennsylvania산 오일을 점도지수 100으로, 나머지 Gulf coast산 오일을 점도지수 0으로 정하고 다음과 같은 식을 통해 점도 지수를 계산하였다.

$$VI = \frac{(L-U)}{(L-H)} \times 100 \tag{3.18}$$

L은 점도지수가 0인 오일의 40 °C에서의 동점도이고, H는 점도지수가 100인 오일의 40 °C에서의 동점도, 그리고 U는 대상 시료의 40 °C에서의 동점도이다. 높은 점도지수는 온도의 변화에 따라 점도 변화가 적음을 의미하며, 고온과 저온 모두에서 큰 변화없이 일정한 수준의 점도를 나타낸다면 그만큼 일관된 윤활성능을 발휘할 수 있다는 의미이므로, 점도지수는 높은 것이 유리하다고 할 수 있다. 오늘날 공업용으로 활용되는 합성유나 다급점도유(multi-grade oil)는 150 이상의 높은 점도지수 값을 갖는다.

그 외에도 유동점(pour point), 인화점(flash point), 산화안정성(oxidation stability) 등 다양한 특성들이 윤활유 성능 평가에 있어 중요한 역할을 하며, 대체로 윤활유는 폭넓은 온도범위와 가혹한 환경에서도 일정수준 이상의 성능을 발휘할 수 있도록 첨가제 등을 포함하여 설계되는 추세이다.

유체윤활제가 두 표면을 분리할 수 있는 것은 유체가 가진 점성특성 때문이라고 할 수 있는데, 미끄럼 베어링을 예로 들어 살펴보도록 하자. 그림 3.12(a)를 살펴보면 샤프트가 회전을 시작할 때 일어나는 모습을 나타내고 있다. 샤프트가 회전하기 전에는 중력에 의하여 샤프트가 가라앉아 샤프트와 베어링이 서로 접촉한 상태이지만, 샤프트가 회전하기 시작하면 유체의 점성에 의하여 윤활제가 샤프트와 베어링의 간격으로 끌려들어간다. 이때, 좁아지는 간격으로 끌려들어가는 윤활제는 웨지(wedge)를 구성하면서 샤프트를 지지하는 압력을 발휘하게 되는데, 이로 인하여 샤프트와 베어링 사이의 접촉이 해소되고 마찰이 매우 낮은 상태에 이르게 된다. 이러한 현상을 웨지효과(wedge effect)라고도 부른다. 한편, 베어링의 구동 중, 진동등에 의하여 샤프트가 수직방향으로 움직이는 상황을 고려해볼 수 있는데 (그림 3.12(b)) 이때, 윤활제는 점성에 의해 즉각적으로 바깥으로 빠져나가지 못하므로 샤프트에 의하여 압축되어 샤프트를 지지하는 압력을 발휘하게 된다. 이러한 현상을 스퀴즈 효과(squeeze effect)라고 부른다. 이러한 현상이 유체윤활제가 접촉면을 분리하는 압력을 발휘하는 원리이며 윤활제의 점성과 접촉면의 운동이 윤활에 중요한 역할을 한다는 사실을 잘 알 수 있다.

윤활거동의 유체역학적 이해가 본격적으로 향상된 것은 19세기 말, 영국의 엔지니어였던 Beauchamp Tower가 저널 베어링에 사용되는 윤활유의 유출을 관찰하고 그 원인에 대해 고찰하면서부터 시작되었다고 알려져 있다. Tower는 윤활유의 유출이 결국, 어떠한 메커니즘에 의하여 윤활유가 압축되었기 때문이라는 사실을 유추해내고, 더 나아가 두 표면을 분리시킬 수 있는 윤활유의 압력이 어느 정도인지 계산하였다. 같은 시기, Osborne Reynolds 등은 Tower의 데이터를 활용하여 유체윤활의 이론을 제시하였는데, 이 것은 점성 유체가 물리적으로 두 표면을 분리시켜 마찰을 저감시키는 현상에 대한 최초의 해석적 연구결과였다. Reynolds는 이러한 유체에 의한 윤활효과를 설명할 수 있는 방정식을 제안하였는데, 이것이 Reynolds' equation이라고 불리는 식이다.

Reynolds equation은 Navier-stokes equation과 continuity equation으로부터 유도될 수 있으며, 기본적으로 미소 유체요소 (fluid element)에 가해지는 힘이 평형을 이루고, 질량의 출입이 일정하여 보존되는 상황을 활용하여 식이 구성된다. 식은 다소 복잡하지만, 기본적으로 다음과 같은 미분방정식의 형태로 나타난다.

$$0=\frac{\partial}{\partial x}\left(-\frac{\rho h^3}{12\eta}\frac{\partial p}{\partial x}\right)+\frac{\partial}{\partial y}\left(-\frac{\rho h^3}{12\eta}\frac{\partial p}{\partial y}\right)+\frac{\partial}{\partial x}\left[\frac{\rho h(u_a+u_b)}{2}\right]+\frac{\partial}{\partial y}\left[\frac{\rho h(v_a+v_b)}{2}\right]$$
$$+\rho\left(w_a-w_b-u_a\frac{\partial h}{\partial x}-v_a\frac{\partial h}{\partial y}\right)+h\frac{\partial \rho}{\partial t} \tag{3.19}$$

식에서 p는 압력, h는 유막의 두께, η는 점도, u, v, w는 x, y, z 방향으로의 윤활유의 속도이며, 각 심볼에 표기된 아래첨자 a, b는 각각 높이가 h 및 0일 때의 속도임을 의미한다. 이 식의 우항에서 첫째 및 둘째항은 Poiseuille 유동을 나타내고, 이는 압력에 의한 유동을 의미한다. 셋째와 넷째항은 Couette 유동이며 여기에는 앞서 언급한 wedge 효과가 포함된다. 다섯째 항은 squeeze 유동을, 마시막 여섯째 항은 밀도 변화에 의한 local expansion 항이다.

Reynolds equation은 조건에 따라 식을 단순화시킬 수 있다. 예를 들어 수평방향으로의 움직임만 존재하고, 시간에 따른 점도의 차이도 없다고 가정하면, 위의 식을 다음과 같이 간단하게 정리할 수 있다.

$$\frac{\partial}{\partial x}\left(\frac{\rho h^3}{\eta}\frac{\partial p}{\partial x}\right)+\frac{\partial}{\partial y}\left(\frac{\rho h^3}{\eta}\frac{\partial p}{\partial y}\right)=12\bar{u}\frac{\partial(\rho h)}{\partial x}+12\bar{v}\frac{\partial(\rho h)}{\partial y} \tag{3.20}$$

만약, 이상기체를 가정한 기체윤활 베어링이라면 다음과 같은 관계식을 활용할 수 있다.

$$p=\rho RT \tag{3.21}$$

이때, p는 압력, ρ는 밀도, R은 기체상수, T는 온도이다. 이 관계를 활용하면, Reynolds equation에서 밀도 ρ를 압력 p로 치환할 수 있으므로 다음과 같은 형태로 식을 기재할 수도 있다.

$$\frac{\partial}{\partial x}\left(\frac{\rho h^3}{\eta}\frac{\partial p}{\partial x}\right)+\frac{\partial}{\partial y}\left(\frac{\rho h^3}{\eta}\frac{\partial p}{\partial y}\right)=12\bar{u}\frac{\partial(\rho h)}{\partial x}+12\bar{v}\frac{\partial(\rho h)}{\partial y} \tag{3.22}$$

Reynolds's equation은 베어링 요소의 성능(압력, 유막, 두께 등)을 추정하기 위하여 활용되며, 아주 단순한 일부 케이스를 제외하고는 수치해석적으로 해를 구해야 한다.

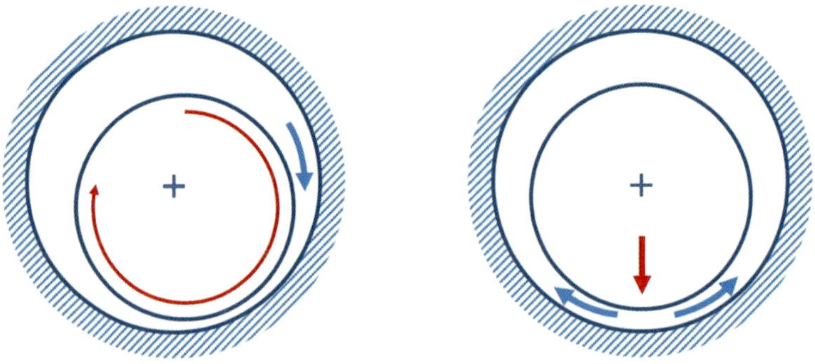

(a) (b)

그림 3.12 미끄럼베어링의 윤활상황에 대한 개략도 (a) 샤프트의 회전에 의해 윤활유가 샤프트와 베어링 사이로 끌려들어오는 상황 (b) 갑작스러운 진동에 의해 수직방향으로 샤프트가 내려앉을 때 오일이 압착되는 상황

윤활상태(regime of lubrication)는 윤활막의 두께나 윤활을 제공하는 방법에 따라서 구분된다. 윤활상태는 기준에 따라 크게 다섯 가지 정도로 나뉘는데 명칭은 다음과 같다.

(1) Hydrostatic lubrication

(2) Hydrodynamic lubrication

(3) Elastohydrodynamic lubrication

(4) Boundary lubrication

(5) Mixed lubrication

(1) Hydrostatic lubrication

: Hydrostatic lubrication은 외부에서 인위적으로 압력을 인가하여 윤활제가 윤활효과를 발휘하도록 하는 경우에 나타나는 윤활상태이며, 이 경우에는 베어링 사이에 상대운동이 없더라도 가압을 통해 윤활제를 공급하므로 충분히 두꺼운 윤활막이 구성될 수 있다. 따라서 항상 높은 수준의 강성과 감쇠특성을 나타낼 수 있고 안정적으로 구동할 수 있다는 장점이 있다. 게다가, 일반적인 베어링의 경우 구동을 시작하거나 멈출 때, 윤활성능이 저하되는 것에 비하여

hydrostatic lubrication이 적용된 베어링은 운전상태와 무관하게 하중지지능력을 발휘할 수 있으므로 저속으로 작동하면서 동시에 높은 하중이 가해지는 기계시스템에 적용할 경우 큰 이점을 얻을 수 있다. 그러나 외부에서 가압을 해 주어야 하므로 부가적으로 펌프가 함께 활용되어야 하고, 그로 인하여 베어링 시스템이 복잡해지는 단점이 존재한다.

(2) Hydrodynamic lubrication

: 앞서 언급한 Tower와 Reynolds의 연구가 바로 hydrodynamic lubrication 현상에 대한 것이었다는 점을 상기할 필요가 있다. Tower는 오일을 이용한 윤활시험 도중, 적절한 속도조건에서 마찰이 크게 줄어든다는 사실을 발견한 바 있다. 그리고 Reynolds는 이러한 현상이 윤활유에 나타나는 Hydrodynamic 작용 때문이라는 것을 도출해내고, 여기에 유체의 점성이 크게 작용함을 확인하였다. Hydrodynamic lubrication 현상은 적절한 수준의 유체 점성과 상대운동 속도조건이 주어질 때 나타날 수 있으며, 웨지형태의 두 표면 사이에 윤활유가 끌려들어오면서 압력이 발생하여 두 표면을 떠받치는 하중 지지력을 발휘하게 된다. 이 경우, 두 표면의 접촉이 완전히 분리되어 마찰이 매우 낮은 상태가 되며, 마모 역시 거의 일어나지 않는다. 다만, hydrostatic lubrication과 달리 작동조건이 변경될 경우, 윤활상태가 달라지게 되는데, 예를 들어 속도가 매우 느려진다면 두 표면사이에 끌려 들어오는 윤활유의 양이 부족하여 충분한 압력을 발생시키지 못하게 되므로 두 표면을 분리시키는 hydrodynamic lubrication 상태를 유지할 수 없게 된다.

(3) Elastohydrodynamic lubrication

: 탄성유체윤활이라고도 번역되는 elastohydrodynamic lubrication은 접촉하는 물체의 변형이 hydrodynamic lubrication에 영향을 미치는 경우를 의미한다. 대체로 높은 하중이 인가되는 non-conforming 접촉면(이 개념은 다음장인 "접촉이론"에서 보다 자세히 다루기로 한다.)에서 흔히 나타나는 현상이다. 볼 베어링이나 롤러 베어링 등이 이러한 조건에 해당되며, 이들은 상대면과 접촉시 점접촉 혹은 선접촉에 가까운 접촉면을 구성함으로써 매우 작은 접촉면적을 나타내는 기계요소이다. 높은 하중이 인가되는 롤러 베어링을 예로 들어 보자. 높은 하중은 롤러 베어링의 표면을 변형시키고, 동시에 윤활유의 점도를 상승시키게 된다. 베어링의 변형된 면에서는 유체윤활막이 대체로 일정한 두께로 형성되며, 윤활막은 hydrodynamic 작용을 통해 압력을

발휘하여 베어링을 지지하게 된다 (그림 3.13). 이처럼, 기계요소의 탄성변형이 hydrodynamic lubrication 현상을 야기하는 데 기여하는 경우를 elastohydrodynamic lubrication이라고 부른다.

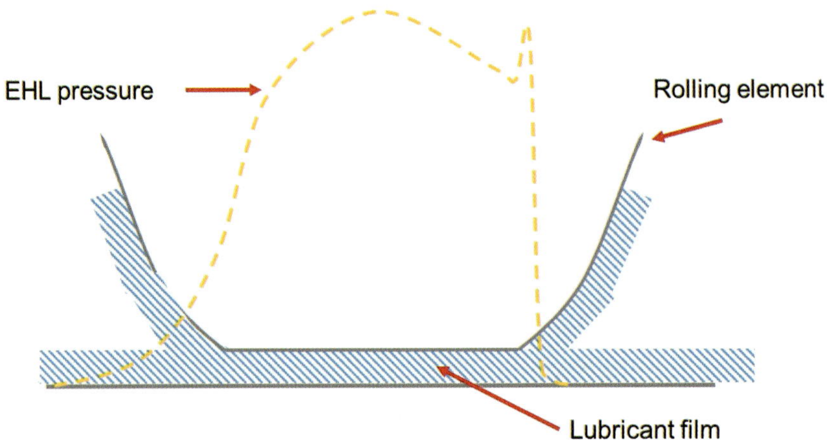

그림 3.13 Elastohydrodynamic lubrication 현상의 개략도

(4) Boundary lubrication

: 접촉하는 두 표면에 매우 얇은 윤활막이 흡착되어 있어서 표면 사이의 직접적인 접촉은 부분적으로 방지하여 아주 약간의 윤활효과를 제공하지만, 표면의 돌기들 사이의 접촉을 완전히 분리시키지는 못하여 마찰이 상당히 높은 상태를 boundary lubrication, 우리말로는 경계윤활이라고 부른다. 대체로 표면의 거칠기가 크거나, 하중이 큰 경우, 혹은 상대운동 속도가 느린 경우에 경계윤활 현상이 나타난다.

(5) Mixed lubrication

: Boundary lubrication과 hydrodynamic lubrication의 중간단계이다. 윤활막의 두께는 boundary lubrication에 비하여 두꺼워진 상태이나, 두 표면을 완전히 분리시킬 정도의 조건이 되지는 못한다.

윤활유의 점성, 접촉물체의 상대운동속도, 그리고 수직하중에 따라서 윤활효과가 달라진다는 것이 잘 알려져 있는데, 이러한 변수와 윤활상태의 상관관계를 나타낸 도표를 스트라이벡 곡선(Stribeck curve)이라고 부르며, 그 형태는 다음(그림 3.14)과 같다. 스트라이벡 곡선은 하중, 윤활유의 점도, 그리고 회전속도의 곱을 X축으로 나타내고, Y축을 마찰계수로 하여 그려지는 도표로서 X축에 놓인 각종 조건과 윤활상태 사이의 상관관계를 직관적으로 보여주는 유용한 자료이다.

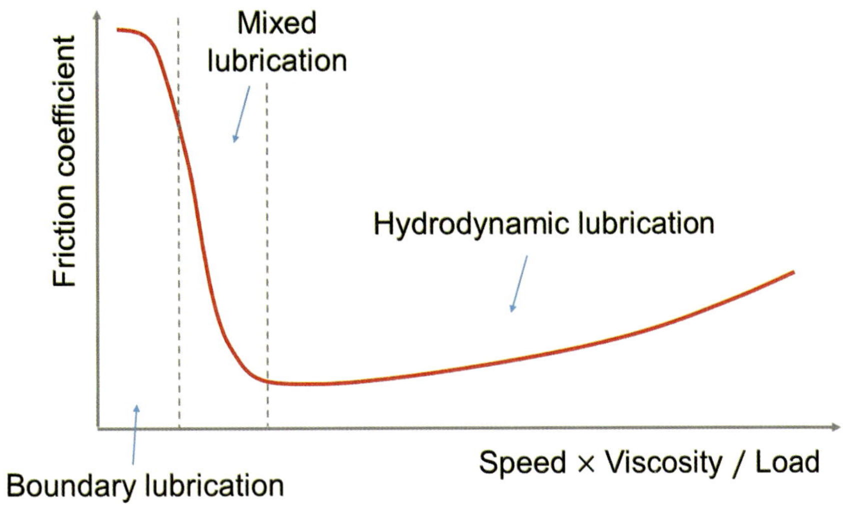

그림 3.14 스트라이벡 커브의 개략도

3.1.7. 접촉이론

접촉역학(contact mechanics)이라고 불리는 학문은 1882년 Heinrich Hertz가 24세에 발표한 "On the contact of elastic solids"라는 논문으로부터 시작된다고 해도 과언이 아니다. Hertz는 당시 유리렌즈와 광학적 특성에 대한 연구를 수행하고 있었는데, 이 과정에서 렌즈와 렌즈가 하중에 의해 접촉하고 변형할 경우 광학적 간섭무늬(interference fringe)에 영향을 주는 것에서 착안하여 접촉거동에 대한 이론을 정립해 나가기 시작하였다. 당시 학자들은 이 연구의 중요성에 대해서 즉각적으로 인지하였고, 오래 지나지 않아 이 이론은 공학분야에서도 널리 퍼져 열차궤도, 기어, 베어링 등의 산업에 적극적으로 활용되었다. 단순히 기계적 접촉면적이나 압력을 분석하는 것뿐만 아니라, 전기와 열전달을 추정하는 과정에도 접촉역학이 널리 활용되고 있다는 사실을 토대로 고찰하자면, 말 그대로 접촉이 일어나는 모든 시스템에서 접촉에 대한 분석은 매우 중요하고 할 수 있다.

앞서 마찰거동에 접촉면적이 매우 큰 영향력을 발휘한다는 사실을 언급하였다. 접촉면적과 마찰이 매우 높은 수준의 상관관계를 가지고 있다는 사실이 잘 알려져 있는데, 여기에서 말하는 접촉면적은 겉보기 접촉면적이 아니라 실제 접촉면적을 의미한다. 일반적으로 실제 접촉면적은 겉보기 접촉면적에 비해 매우 작다는 사실이 잘 알려져 있다. 그림 3.11을 살펴보면 표면거칠기로 인하여 국부적으로만 실제 접촉면이 구성되는 것을 알 수 있는데, 이러한 현상은 표면거칠기가 클수록 더 두드러지게 나타난다. 반대로 표면거칠기가 작거나 접촉면에 가해지는 하중이 커지면 표면거칠기의 영향은 적게 나타나게 된다. 이러한 어려운 조건이 산적해 있음에도 불구하고, 정확한 접촉면적을 계산하는 것은 마찰거동의 이해에 매우 핵심적인 요소로 받아들여진다.

Hertz가 논문을 발표하던 시점에는 표면거칠기가 존재한다는 사실 자체에 대해서는 학계 전반에서 충분히 인지하고 있었지만, 그의 연구는 표면거칠기를 고려하지는 않았으며 몇몇 가정들(표면형상의 연속성, 작은 변형율 조건, 무마찰 조건, non-conforming contact 등)이 적용되었는데 그럼에도 불구하고 이 이론은 여전히 접촉상황에 대한 통찰을 매우 간단한 식계산을 통해 제공할 수 있다는 장점을 지니고 있으며, Hertz의 접촉이론으로부터 파생된 수많은 접촉모델은 접촉에 관련된 다양한 요인들을 모델 내부로 끌어들이며 더 정확하고 더 다양한 상황에 적용할 수 있도록 개선되어 왔다. 덕분에 오늘날의 접촉이론은 표면거칠기나 응착력과 같은 요인을 고려하여 접촉분석을 수행할 수 있게 되었다.

3.1.7.1. Hertz 접촉이론과 파생모델

앞서 언급했듯, Hertz의 접촉이론은 몇 가지 가정을 바탕으로 수립되었다.

1) 접촉하는 두 표면은 연속적이어야 하고, 형태는 국부적인 굴곡없이 부드러우며 non-conforming 특성을 지녀야 한다.
2) 변형률은 작아야 한다. 접촉면적 역시 두 물체의 크기 혹은 곡률반경에 비해서 충분히 작을 필요가 있다.
3) 마찰력이 없어야 한다.
4) 접촉면 근방에서는 각 접촉물질이 탄성반무한체(elastic half-space)으로 간주되어야 한다.

Non-conforming 접촉조건은 그림 3.15(a)와 같이 접촉하는 두 물체의 형상이 서로 크게 다른 경우를 의미한다. 볼 베어링의 볼과 외륜, 혹은 내륜 사이의 접촉 상황이 여기에 해당한다. 반대로 conforming 접촉조건은 접촉하는 두 물체의 형상이 매우 유사한 경우를 의미하는데, 예를 들면 저널 베어링의 경우, 그림 3.15(b)와 같은 접촉을 이루게 된다. 그 외에도 탄성변형을 가정한 연구이므로 과도한 하중이 인가되거나 접촉면적이 지나치게 커지는 경우는 Hertz 접촉이론을 적용하기 어렵다. 따라서 고무와 같이 기계적 강도가 매우 낮은 물질은 Hertz 접촉이론을 적용하기에 어려움이 있다. 이와 같은 제약조건이 존재함에도 불구하고 Hertz의 접촉이론은 식이 대단히 간결하고 활용방안이 다양하므로 여전히 널리 사용되고 있다.

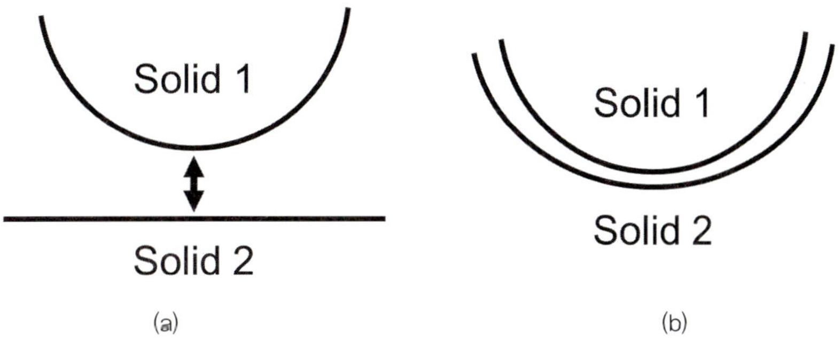

그림 3.15 접촉상황의 개략도 (a) non-conforming 접촉, (b) conforming 접촉

Hertz 접촉이론은 몇몇 형상의 물체 사이의 접촉을 다루는데, 대표적으로는 구(sphere)와 구 사이의 접촉, 원통(cylinder)과 원통사이의 접촉을 예로 들 수 있다. 구의 접촉은 접촉점을 중심으로 원형의 접촉면을 형성하며, 이때 접촉면의 반지름, 접촉압력, 수직방향의 변형량 등을 식으로 쉽게 계산할 수 있다. 원통이 서로 평행하게 정렬된 상태에서 접촉하는 경우, 변형이 없을 때에는 선접촉(line contact)을 형성하며, 하중이 인가됨에 따라 사각형의 접촉면이 구성된다. 다만, Hertz 접촉이론에서는 원통의 길이를 무한하다고 간주하여 2차원 문제로 해석하므로 접촉면의 너비(width)만을 계산할 수 있으며, 원통사이에 인가되는 하중 역시 단위길이당 하중으로 다뤄지므로 주의가 필요하다.

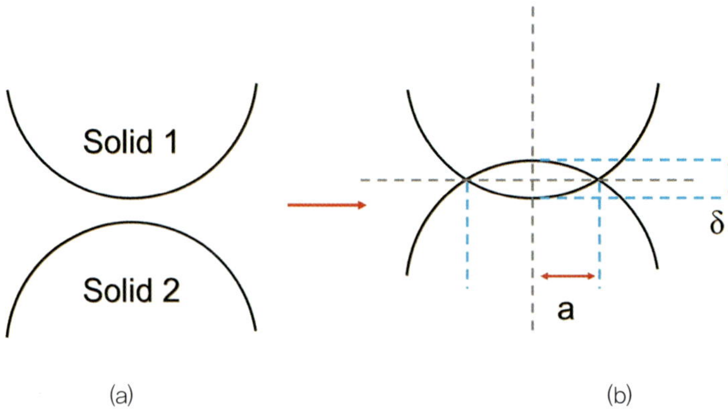

그림 3.16 구형 물체가 서로 접촉할 때의 접촉 상황에 대한 개략도 (a) 접촉 전, (b) 접촉 후

우선 구 사이의 접촉에 대해서 알아보면, 그림 3.16에서 나타나는 것과 같이 두 개의 구가 만나 변형을 통해 일정한 면적의 접촉면을 형성하게 된다. 이때, 접촉면의 형상은 원형이며, 원의 반지름을 그림 3.16(b)에 기재된 것과 같이 'a'라고 표기하도록 한다. 다소 과장되게 그려졌지만, 인가된 하중에 의하여 접촉하는 두 개의 구는 수직방향으로도 변형이 일어나는데, 두 구의 변형량을 합산한 것을 'δ'로 표기하도록 한다.

접촉면의 반지름 a는 다음과 같이 계산할 수 있다.

$$a = \left(\frac{3PR}{4E^*} \right)^{\frac{1}{3}} \tag{3.23}$$

이때, P는 수직하중, R은 유효반경(effective radius), E*는 유효탄성계수(effective modulus)이다. 유효반경과 유효탄성계수는 다음과 같이 계산한다.

$$\begin{aligned} \frac{1}{R} &= \frac{1}{R_1} + \frac{1}{R_2} \\ \frac{1}{E^*} &= \frac{1 - v_1^2}{E_1} + \frac{1 - v_2^2}{E_2} \end{aligned} \tag{3.24}$$

여기서 R_1, R_2는 구형물체 1과 2의 반지름, E_1, E_2는 구형물체 1과 2의 탄성계수, v_1, v_2는 구형물체 1과 2의 푸아송 비(poisson's ratio)를 의미한다.

한편, 수직방향의 변형 δ와 접촉중심부에 가해지는 최대압력 p_0는 다음과 같이 계산한다.

$$\delta = \frac{a^2}{R} = \left(\frac{9P^2}{16RE^{*2}} \right)^{\frac{1}{3}} \tag{3.25}$$

$$p_0 = \frac{3P}{2\pi a} = \left(\frac{6PE^{*2}}{\pi^3 R^2} \right)^{\frac{1}{3}} \tag{3.26}$$

이번에는 두 개의 원통이 평행하게 정렬한 상태에서 접촉하는 경우를 알아보자. 앞서 언급했듯, 원통사이의 접촉은 2차원 문제로 다루어진다. 따라서 구의 접촉문제에서 변수 P 수직하중이었지만, 원통의 접촉문제에서는 단위길이 당 하중으로 재정의 된다. 접촉면의 형상 또한 더 이상 원형이 아니며, 이해하기 쉽게 표현하자면 직사각형의 형태로 표현할 수 있다. 단, 원통의 접촉은 2차원 문제로 정의하였으므로 다소 모순처럼 들리겠지만 직사각형의 한 변의 길이는 무한대로 간주해야 한다. 그러므로 직사각형의 변 중에서 긴 쪽은 물리적 의미를 갖지 못하며, 실제 해석을 통해 획득할 수 있는 정보는 짧은 쪽 변의 길이에 불과하다. 구의 접촉문제에서 'a'는 원형 접촉면의 반지름이었다면, 원통의 접촉문제에서의 'a'는 접촉하는 변의 길이의 절반 값에 해당한다. 원통의 접촉문제에서 접촉하는 변의 절반 길이 a, 최대 압력 p_0은 다음과 같이 표기할 수 있다.

$$a = \left(\frac{4PR}{\pi E^*} \right)^{\frac{1}{2}} \tag{3.27}$$

$$p_0 = \left(\frac{PE^*}{\pi R} \right)^{\frac{1}{2}} \tag{3.28}$$

한 가지 흥미로운 점은, 접촉에 의해 발생하는 응력분포를 바탕으로 최대전단응력이 발생하는 지점을 계산하면, 그림 3.17과 같이 그 깊이가 구의 접촉문제에서는 표면으로부터 대략 0.49a (a는 접촉면의 반지름) 원통의 접촉문제에서는 표면으로부터 대략 0.78a (a는 접촉변의 반길이)위치에서 나타난다는 것이다. 전단응력은 금속의 소성변형을 야기하는 요소로서, 최대전단응력이 표면으로부터 일정 깊이 아래에서 발생하는 현상은 일부 마모 메커니즘과도 직접적으로 관련되어 있다. 이에 대해서는 후술하도록 한다.

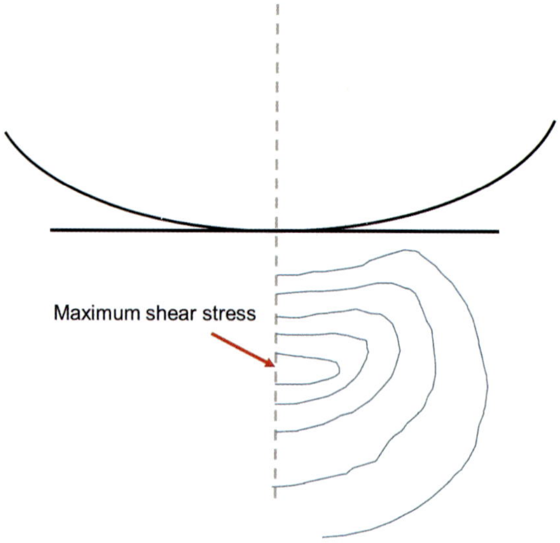

그림 3.17 원통 접촉시 나타나는 최대전단응력 등고선의 개략도

Hertz의 접촉이론은 접촉현상에 대한 수준 높은 이해와 분석의 편의성을 제공한다는 점에서 매우 큰 의의를 갖는다고 할 수 있다. 그러나 여러가지 가정이 포함되어 있어 조건이 부합하지 않으면 적용할 수 없고, 표면 거칠기나 소성변형 및 응착력에 의한 영향 등을 반영할 수 없다는 단점이 있는데, 이에 대한 해결책은 후대의 학자들에 의해 제안되었다. 거친 표면의 접촉거동에 대한 분석은 다양한 접근방법을 토대로 이루어졌는데, 대표적으로는 통계적 분석 방법을 들 수 있다. 통계적 분석이 활용되는 주된 이유로는 표면거칠기의 원인인 돌기들의 크기와 형상 및 분포가 일정하지 않기 때문이다. 표면 돌기의 높이를 확률밀도함수로 표현하여 접촉거동을 다루면, 불균일하게 분포하는 돌기의 물리적 접촉상황을 직접적으로 다루지 않더라도 충분히 근사한 해를 구할 수 있다. 이러한 관점에서 제시된 연구결과 중에서 Greenwood와 Williamson 혹은 Greenwood와 Tripp의 모델이 가장 널리 알려져 있다. 이들의 연구는 그 외에도 컴퓨터 기술이 발달함에 따라 시뮬레이션을 활용하여 거친 표면의 접촉해석을 수행하는 경우도 점차 빈번해지고 있다.

한편, 응착력에 의한 영향을 고려한 모델로는 Derjaguin, Muller, Toropov 의 이름을 딴 DMT 모델과 Johnson, Kendall, Roberts의 이름을 딴 JKR 모델이 가장 널리 알려져 있다. DMT 모델은 접촉면의 형상(profile)은 기본적으로 Hertz 접촉이론의 것과 동일하되, 접촉면의 바깥에서 장거리의 상호작용(응착력)이 작용하는 상황을 다룬다. 대체로 DMT 모델은 강성이 크고 접촉면의 곡률이 작은 경우에 활용하며 JKR 모델은 반대로 강성이 비교적 작고 접촉면의 곡률이 큰 경우에 활용하는데, 대체로 고무와 같은 연질의 재료에 대해 해석할 때 유용하다.

3.1.8. 마모현상의 개요

마모는 대개 상대운동하는 두 소재사이에서 표면이 손상되거나 재료가 떨어져 나가는 현상을 지칭한다. 마모현상이 누적될 경우, 필연적으로 기계요소의 의도된 설계로부터 벗어나게 되므로(접촉부위의 형상이나 치수가 달라지므로) 성능의 저하나 진동, 소음 등을 유발하며 종국에는 기계의 파손에 이르게 된다. 마모현상은 단순히 기계를 운용함에 있어서 에너지의 소모를 증가시키는 것뿐만 아니라 고장으로 인한 기계의 유휴상황을 야기함으로써 막대한 경제적 비용소모를 초래하며, 심각한 경우에는 사고를 유발할 수 있으므로, 반드시 철저하게 관리하고 저감시켜야 한다. 마모 현상을 이해하고 제어하기 위해서는 마모의 발생원인, 메커니즘을 명확하게 인지해야한다.

마모경향을 정량화하기 위한 방법으로는 마모계수와 마모율을 활용할 수 있다. 마모계수(wear coefficient) k는 다음과 같은 식으로 표현할 수 있으며, 이 식은 Archard의 마모방정식(Archard's wear equation)의 변형이다.

$$k = \frac{VH}{Px} \tag{3.29}$$

이때, V는 마모체적, H는 재료의 경도, P는 인가되는 수직하중, x는 상대운동 거리를 의미한다. 마모계수 k는 무차원수이며, 마찰계수와 마찬가지로 재료의 물성이 아닌, 접촉하는 재료의 조합과 환경조건 등에 의존적인 값이다. 대개 마모계수의 범위는 크게는 10^{-2} 수준에서 작게는 10^{-9} 가량으로 나타나는데, 마찰계수와 마찬가지로 마모계수의 값이 큰 경우는 마모가 쉽게 일어나는 경향을 지니고 있음을 의미하고, 마모계수 값이 작은 경우는 마모가 쉽게 일어나지 않음을 의미한다. 본디, 마모계수와 마모식의 기초적 개념은 응착마모 현상에 대한 모델링으로부터 비롯되었으나 연삭마모 등의 다른 마모 메커니즘에 대해서도 적용할 수 있다.

마모율(wear rate)는 마모계수와는 다르게 단위를 가지며 보통은 $m^3/N{\cdot}m$ 혹은, $mm^3/N{\cdot}m$ 등의 단위를 사용한다. 마모율의 계산에는 마모계수와 달리 경도값이 포함되지 않으며, 마모의 절대적 양을 단지 인가하중과 상대운동 거리로 정규화(normalize)한 것으로 이해할 수 있다. 마모율은 다음과 같이 계산할 수 있다.

$$\text{wear rate} = \frac{V}{P \cdot x} \tag{3.30}$$

3.1.8.1. 마모메커니즘의 분류

마모현상은 발생의 원인에 따라서 여러가지 메커니즘으로 분류할 수 있다. 많은 학자들에 의해 공통적으로 분류되는 마모메커니즘으로는 다음과 같은 것들을 꼽을 수 있다.

1) 응착마모(adhesive wear)
2) 연삭마모(abrasive wear)
3) 피로마모(fatigue wear)
4) 침식마모(erosive wear)
5) 부식마모(corrosive wear)
6) 아크방전에 의한 마모(electric arc induced wear)

그 외에도 미동마모(fretting wear) 또한 마모메커니즘의 일부로 고려되지만, 미동마모의 경우 독립적인 마모메커니즘이라기 보다는 여러 마모메커니즘이 복합적으로 나타나는 형태로 간주된다. 몇몇 연구에 따르면 전체 마모현상 중, 60-70 % 가량은 응착마모와 연삭마모가 주된 원인이라고 알려져 있다.

1) 응착마모

응착마모는 말 그대로 표면 사이의 응착력이 마모의 원인이 되는 현상이다. 두 표면이 접촉할 때 실제 접촉면은 표면에 존재하는 무수히 많은 돌기들 사이에서 국부적으로 일어나게 되는데, 이때 돌기들 사이에 결합이 형성되고 돌기들 사이의 결합력(응착력)에 의하여 두 표면 중 일부가 분리되는 현상을 응착마모라고 한다. 다음의 그림 3.18을 살펴보자. 두 물체 A와 B의 돌기가 서로 접촉한 상태에서 접촉면에는 일정 수준의 응착력이 나타난다. 대개 응착력은 재료 자체의 기계적 강도에 비해서 약한 편이지만, 서로 접촉하는 물질의 조합이나 주변 환경조건에 따라서는 상대적으로 강한 결합을 구성할 가능성도 있다. 물체 B 내부의 결합강도에 비하여 응착력이 더 강하다고 가정하고 두 물체 A와 B를 서로 상대운동시키기 위해 전단력이 가해지는 상황을 떠올려보자. 두 물체가 전단되기 위해서는 결국 두 물체를 결합시키고 있는 응착력을 해소해야 하지만, 앞서 물체 B의 결합강도가 응착력에 비해 작다고 가정했으므로, A와 B의 접촉면이 분리되기 보다는 물체 B의 일부가 탈락되는 것이 더 용이할 것이다. 이러한 이유로 물체 B의 일부가 떨어져 나가게 되는 현상이 응착마모이다.

여기에서는 설명을 단순화하기 위하여 물체 B의 강도가 낮은 경우를 가정하였지만, 응착마모가 오직 기계적 강도가 낮은 물질에서만 발생하는 것은 아니다. 물체 A와 B의 기계적 강도가 대단히 높은 경우를 떠올려 보자. 정상적인 경우라면 두 물체 사이의 응착력이 두 물체의 내부 결합강도에 비해서 작으므로 두 물체가 상대운동할 때 단지 접촉면의 결합이 해소되어 마모가 일어나지 않을 것이라고 예측할 수 있다. 그러나, 모든 재료는 내부 결함을 지니고 있으며, 그 재료가 어떠한 거동이력을 갖는지에 따라서 내부 결함의 정도는 크게 달라질 수 있다. 예를 들어 물체 B가 잦은 응력의 변화를 겪은 경우라면 내부에 다수의 크랙이 존재할 가능성이 있으며, 재료 내부의 크랙은 비교적 작은 힘으로도 재료를 파괴시키는 원인으로 작용한다. 만약 물체 B가 이와 같이 수많은 크랙을 내포하고 있다면, 물체 B의 본래 기계적 강도가 매우 높다고 하더라도 전단력이 가해질 때 크랙이 성장하여 물체 B의 일부가 탈락하는 현상이 일어날 수 있다.

응착마모는 재료의 일부가 상대면에 응착되어 일시에 탈락되어 일어나는 현상이므로 흔히 떠올리는 마모의 전형인 연삭마모의 평행한 마모흔적이 아닌, 마치 구덩이처럼 재료가 떨어져나간 형상이 마모흔적으로 남게된다. 다만, 표면의 돌기 단위에서 일어나는 현상이므로 떨어져나간 형상의 크기는 수 μm 수준, 혹은 그 이하 정도로 비교적 작다.

대개는 기계적 강도가 낮은 물질이 더 많은 응착마모를 겪곤 하지만, 기계적 강도가 높은재료가 응착마모를 겪지 않는다는 것은 아니며, 재료 내부의 크랙, 결정립계(grain boundary), 재료의 결정구조(crystal structure)등에 따라서 응착마모 경향이 달라질 수 있다는 점을 인지할 필요가 있다.

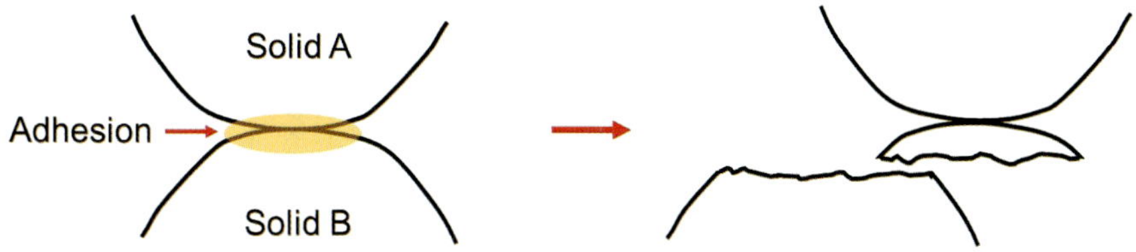

그림 3.18 응착마모의 메커니즘 개략도

앞서 언급한 Archard의 마모방정식을 달리 기재하면 다음과 같다.

$$V = k\frac{Px}{H} \tag{3.31}$$

즉, 하중이 커지거나 상대운동거리가 길어질수록, 그리고 경도가 감소할수록 마모체적은 증가하는 경향을 나타낸 식임을 알 수 있다. 이 식은 두 접촉물체의 계면에 존재하는 수많은 접촉돌기들 중, 한 지점의 접촉 돌기에 대한 가정을 토대로 수립되었다.

전체 시스템에 가해지는 수직하중을 P 라고 가정하면, 수많은 접촉돌기들 중 1개의 돌기에 가해지는 미소하중을 dP 라고 표현할 수 있다. 만약 접촉조건이 소성변형을 일으키는 수준이라고 가정한다면, dP 는 다음과 같이 표현할 수 있다.

$$dP = \pi\alpha^2 H \tag{3.32}$$

여기서 a는 돌기의 접촉면의 반지름, H는 재료의 경도, 혹은 유동응력(flow stress)이다. 이때, 응착마모가 일어난다면, 제거되는 재료의 체적은 대략 접촉면을 중심면으로 하는 반구 형태이고, 응착마모가 시작되어 종료되는 시점까지 상대운동거리는 접촉하는 돌기의 직경인 $2a$라고 가정할 수 있다. 이를 식으로 나타내면 다음과 같다.

$$dv = \frac{2}{3}\pi a^3 \tag{3.33}$$

$$dx = 2a \tag{3.34}$$

이때, dv는 마모체적, dx는 상대운동거리이다. 식 (3.32) 및 (3.33)을 조합하면, 다음의 식 (3.34)로 정리할 수 있다.

$$dv = \frac{1}{3}\frac{dPdx}{H} \tag{3.35}$$

이 식은 단일 돌기에 대한 식이므로 미소요소라는 의미를 담아 체적 V 대신 dv, 하중 P 대신 dP를 사용하였지만, 전체 시스템에도 유사한 현상이 일어난다고 가정하면, 처음 제시한 Archard의 마모방정식과 마모계수 k를 제외하고 동일한 식이 된다.

응착마모는 대체로 기계적 강도, 즉 경도가 낮은 재료에서 더 많이 일어나는 경향을 보인다. 이는 다양한 실험을 통해 입증된 결과이며, 재료 사이의 응착력이 원인이 되는 마모현상이므로 재료와 재료 사이의 상호적합성(compatibility)이 영향을 미친다. 따라서 응착력을 낮추는 재료의 선정과 표면처리가 응착마모를 저감하는 데 있어서 핵심적이라고 할 수 있다.

2) 연삭마모

연삭마모는 일반적으로 가장 흔하게 떠올릴 수 있는 마모의 형태이다. 연삭마모는 표면의 돌기나 작은 입자가 상대면을 깎아내거나 변형시키며 일어난다(그림 3.19). 이러한 현상이 쉽게 일어나기 위해서는 표면은 일정 수준의 거칠기를 가지고 있어야 하고, 접촉면 중 한 쪽의 경도가 더 높거나, 접촉면 사이에 끼인 작은 입자의 경도가 접촉면 보다 높아야 한다. 연삭마모는 마모입자가 발생하면 접촉면 사이에서 마모를 유발하는 요인으로 작용하게 되므로 시간이 흐름에 따라 마모가 가속화되는 경향이 있다. 마모입자가 두 접촉면 사이에 개입될 경우, 접촉면 두개와 마모입자까지 포함하여 총 3개의 물체가 상호작용하는 상황이 되므로 이러한 경우를 3-body interaction이라고 부른다. 응착마모와는 다르게 지속적으로 표면의 돌기나 입자가 상대면을 연삭하며 일어나는 현상이기 때문에 이동방향을 따라 길게 파인 다수의 평행한 선형의 마모흔적이 남게 된다.

연삭마모는 돌기 혹은 입자에 의해 표면이 소성변형하며 재료가 제거되는 과정이고, 반복되는 상대운동으로 인하여 이 과정에서 높은 응력과 변형이 인가되어 재료가 단순히 소성변형만을 하는 것이 아닌, 크랙이 생성되고 성장함으로써 국부적인 피로파괴등의 현상이 일어나 작은 입자가 만들어지기도 한다. 제거된 재료는 대개 마모흔적의 측면이나 끝으로 밀려나 받고랑과 같이 굴곡진 형상이 된다.

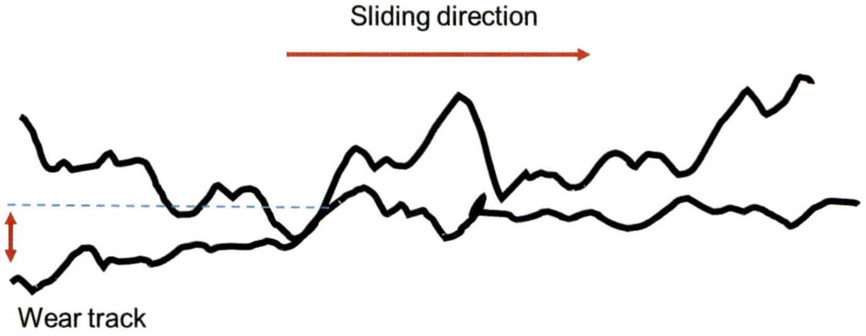

그림 3.19 연삭마모 현상의 개략도

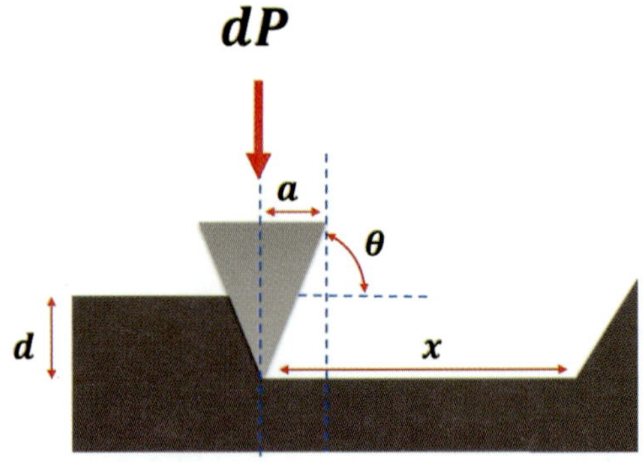

그림 3.20 콘 형태의 돌기가 표면을 연삭시킬 때의 개략도

응착마모의 경우와 유사하게 돌기 하나에 미소하중 dP가 가해지는 상황을 가정해보자. 그림 3.20을 살펴보면 원뿔형태의 돌기에 의해 가해지는 수직방향의 하중을 지지하는 면은 원뿔의 경사면을 따라 존재하지만, 하중이 가해지는 방향을 따라 투영(projection)시킬 경우 a 만큼의 반지름을 갖는 반원형태가 된다. 연삭마모 현상은 소성변형을 바탕으로 일어나므로 하중 dP에 의해 소성변형이 일어나는 것을 가정하면, 다음과 같은 식으로 표현할 수 있다.

$$dP = \frac{1}{2}\pi a^2 H \tag{3.36}$$

원뿔형태의 돌기가 상대운동하면서 제거되는 바닥재의 체적은

$$dv = a^2 x \cdot \tan\theta \tag{3.37}$$

식 (3.36), (3.37)을 정리하면 다음과 같다.

$$dv = \frac{2dPx \cdot \tan\theta}{\pi H} \tag{3.38}$$

여기서 식을 미소요소에 대한 표현 대신, 전체 시스템에 대한 표현으로 달리 기재하면

$$V = \frac{2Px \cdot \overline{\tan\theta}}{\pi H} \tag{3.39}$$

이 식에서 $\overline{\tan\theta}$는 전체 돌기에 대한 평균값을 의미하며, 현실적인 측정량과 연관시키자면 표면거칠기와 관계되어 있다고 할 수 있다. 이 식에서 $\overline{\tan\theta}$와 π를 상수취급하여 계수 k로 표현하면 다음과 같이 쓸 수 있다.

$$V = k\frac{2Px}{H} \tag{3.40}$$

이 식은 앞서 소개한 Archard 마모방정식과 동일한 형태이며, 이 식은 응착마모뿐만 아니라 연삭마모의 경우에도 활용될 수 있음을 알 수 있다.

3) 피로마모

피로마모는 구름마찰과 미끄럼마찰이 함께 반복해서 일어나는 기계요소에서 흔히 발견된다. 대표적으로 베어링을 들 수 있다. 이 현상은 반복해서 하중이 가해지고 해소되는 상황에서 접촉면의 하부에서 미세한 균열이 생성 및 성장하는 거동에 의해 발생하는데, 반복하중의 인가횟수에 따라 균열이 성장하다가 일정 순간 파괴가 일어나며 커다란 덩어리 째로 재료가 떨어져 나가 표면에 작은 구덩이와 같은 형상(pitting)을 남기게 된다. 피로현상에 의한 것이므로 일정 수준의 사이클에 도달하기 전 까지는 특별히 관찰할 수 있는 흔적을 남기지 않는다는 것이 응착마모나 연삭마모와의 가장 큰 차이이다. 따라서, 재료가 순차적으로 제거되는 응착마모 혹은 연삭마모와 같은 현상과 다르게 재료의 제거율은 피로마모 관점에서는 큰 의미가 없으며 피로마모가 발생하기 전까지의 사이클 수가 얼마나 되는지를 다루는 것이 오히려 기계설계에 있어서 의미가 있다고 할 수 있다.

피로마모의 경우 한가지 흥미로운 점은, 유체윤활에 의하여 접촉면의 분리가 일어나더라도 발생할 수 있다는 사실이다. 두 표면이 윤활유에 의하여 분리될 경우, 직접적인 접촉이 없으므로 응착마모나 연삭마모는 거의 일어나지 않는다. 그러나 윤활유에 의해 접촉이 분리된 상태라고 하더라도 기계요소에 가해지는 수직하중은 윤활유에 의하여 한쪽에서 다른 한쪽의 재료로 전달되는데, Hertz의 접촉이론에 따르면, 수직하중이 인가될 때 최대 수직응력은 표면에서 나타나지만, 최대전단응력은 표면에서 일정거리만큼 깊은 곳에서 발생한다. 전단응력은 금속의 소성변형과 균열성장을 야기하는 주된 원인이므로, 일정 깊이의 전단응력이 반복해서 변화할 경우, 균열이 성장하여 파괴에 이르는 피로마모 현상이 일어나게 된다.

4) 침식마모

침식마모는 입자의 충돌에 의해 일어나는 현상이다. 대개 마모의 양상 자체는 연삭마모와 유사성을 지니고 있으나, 주된 원인이 유체속에 존재하는 미세한 입자가 가진 운동에너지가 표면을 손상시키는 것이라는 점에서 구분된다. 침식마모에 영향을 주는 요인으로는 표면과 충돌하는 각도(attack angle)와 입자의 속도, 그리고 입자의 형상을 꼽을 수 있는데, 입자의 속도는 커질수록 마모가 증가하는 경향을 나타내는 것에 비하여 충돌 각도는 연성재료와 취성재료에 대해서 각기 다른 영향을 발휘한다. 취성재료의 경우 입자가 표면에 수직하게 충돌하는 경우 마모율이 높게 나타나는 것에 비하여 연성재료의 경우에는 비스듬한 각도로 표면과 충돌할 경우에 마모율이 높게 나타난다. 이는 연성재료와 취성재료의 소성변형 및 파괴거동의 주 메커니즘이 다르기 때문이다.

5) 부식마모

부식마모는 화학적 마모라고도 불리며, 말 그대로 부식성의 환경(화학적으로 반응성이 매우 높은 환경)에서 두 재료 사이에 상대운동이 일어날 때 화학적 결합으로 인해 나타나는 현상이다. 대표적으로 산소는 재료를 부식시키는(재료와 화학적 반응하는) 주된 원인인데, 예를 들어 철과 산소가 반응할 경우 재료의 성질이 달라지고 상대운동이 일어날 때, 산화된 철이 쉽게 탈락하면서 마모가 일어나게 된다. 이어서 마모로 인하여 산화되지 않은 철의 표면이 드러나고, 다시 산소와 반응하여 마모가 일어나는 일이 반복된다. 이처럼 부식마모는 화학반응과 상대운동이 병행될 때 일어나는 현상이다. 수분이나 염분이 많은 물속, 혹은 바닷속에서 작동하는 기계요소의 경우에는 화학적 반응이 더욱 급격하게 일어나므로 부식마모에 대한 철저한 대비가 요구된다. 실제로 산업에서도 부식마모는 매우 중요하게 다뤄지며 부식마모를 막거나 늦추기 위한 다양한 시도가 이루어지고 있다.

부식마모에 영향을 미치는 요인으로는 부식성 환경, 온도 등을 들 수 있으며, 만약 전류가 흐르는 조건이라면 부식마모가 더욱 가속화될 수 있다.

6) Cavitation 마모

cavitation 마모는 흔히 수중에서 사용되는 터빈블레이드나 프로펠러 등의 표면을 손상시키는 마모메커니즘으로 잘 알려져 있다. 명칭에서 알 수 있듯, 유체 내에서 반복적으로 생성 및 파괴되는 기포가 마모에 영향을 미치는데, 기포가 파괴될 때 비대칭적인 형상으로 붕괴하게 된다. 그에 따라 유체의 마이크로 제트가 형성되고 고체표면에 충돌한다. 이러한 충돌 현상에 수반하는 에너지는 고체표면에서 여러 가지 형태로 흡수되는데, 소성변형이나 국부적인 파괴로 인한 에너지 소산이 결과적으로는 cavitation 마모의 원인이 된다. cavitation 마모를 저감하기 위한 방법으로는 경도가 높으면서도 취성이 높지 않은 재료의 적용이 선호된다. 다상(multiple phase) 재료의 경우, 상대적으로 약한 상의 조직이 cavitation에 의해 손상되므로 가능하면 조직구조 사이의 기계적 강도차이가 크지 않은 재료를 사용하는 것이 유리하다.

7) fretting 마모

fretting 마모는 매우 작은 길이의 왕복운동을 반복하는 경우 접촉면에서 발생하는 현상이다. 왕복운동 길이는 작게는 수십 나노미터 수준에서 마이크로미터 수준정도로 매우 작다. fretting 마모는 볼트나 베어링, 열교환기의 히트파이프와 배플플레이트 사이와 같은 부위에서 진동에 의해 쉽게 발생할 수 있으며, 그 외에도 억지끼움으로 체결된 부품의 접촉면 역시 fretting 마모가 일어날 수 있는 취약부위이다. 두 접촉면 사이에 인가된 수직하중에 의하여 표면 돌기들이 서로 응착력에 의하여 결합하고, 진동 등에 의하여 결합된 돌기가 전단되면 마모입자가 생성된다. 이들 입자에 의하여 표면이 연삭되며 마모가 연속적으로 일어나게 된다.

부식, 혹은 산화가 일어날 수 있는 조건하에서 fretting 마모가 일어날 경우에는, 산화현상으로 인하여 마모가 가속되는 경우가 나타날 수 있다. 이러한 현상은 산화물들이 연삭입자로 작용하기 때문이다. 이러한 경우는 fretting corrosion 이라고 부른다.

3.1.9. 마찰/마모 시험장치

마찰 및 마모를 측정하기 위한 시험장치를 통칭 트라이보미터(tribometer)라고 부른다. 어떠한 시스템의 트라이볼로지 특성을 측정하기 위한 가장 기본적인 시험장치이며, 시험하고자 하는 대상 시스템의 특성에 따라 세심한 기준을 가지고 선정해야 한다. 예를 들어, 자동차의 브레이크에 대한 연구를 수행한다고 가정하면, 회전하는 바퀴에 마찰력을 인가하는 시스템이므로 왕복운동 방식의 트라이보미터보다는, 회전방식의 트라이보미터를 선정하는 것이 실제 시스템의 특성을 파악하는 데에 있어 합리적이다. 또 다른 예로, 우주공간에서 사용되는 기계요소를 시험하기 위해서는 진공환경을 조성할 수 있는 트라이보미터를 선정해야한다. 만약, 그러한 환경조성을 할 수 없는 트라이보미터를 사용한다면 대기환경이 마찰면과 상호작용하므로 우주공간에서 일어나는 현상과는 동떨어진 결과를 도출할 가능성이 매우 높다.

3.1.9.1. Tribometer의 종류

트라이보미터는 실험실 수준에서 작동하는 벤치탑 장비부터, 크게는 산업현장에서 활용하는 기기를 일부 수정하여 트라이볼로지적 특성을 측정할 수 있도록 하는 것에 이르기까지 그 종류가 매우 다양하다. 거의 대부분의 트라이보미터는 크기가 상대적으로 작은 실험실 수준의 장비들이다. 1970년대 미국 트라이볼로지 학회에서 243 종류의 트라이보미터가 존재한다고 발표한 전례가 있으니, 그로부터 수십 년이 지난 지금 트라이보미터의 종류는 훨씬 다양할 것이라고 예측해볼 수 있다. 물론 각기 다른 설계가 트라이보미터의 근본적인 메커니즘의 차이를 의미하는 것은 아니므로, 수많은 종류의 트라이보미터 중에서 실질적으로 유의미한 설계의 차이는 많지 않다고도 할 수 있다. 그럼에도 불구하고 마찰 및 마모현상의 복잡성과 시스템 의존성은 다양한 형태의 시험장치에 대한 요구로 이어진다고 할 수 있다.

가장 대표적인 트라이보미터로는, 윤활유의 시험에 활용되는 4-볼 시험기(4-ball tester)를 예로 들 수 있다. 4볼 시험기는 그림 3.21(a)와 같이 3개의 볼을 삼각형의 형태로 배치하여 컨테이너에 담고 나머지 1개의 볼을 그 위에 올려 체결한 뒤, 수직하중을 인가한 채로 회전시킴으로써 상단의 1개의 볼과 하단의 3개의 볼이 상대운동 하도록 한다. 만약 윤활이 적절하게 이루어진다면, 상단의 볼과 하단의 볼이 접촉하는 3개의 지점에 마모가 매우 적게 나타날 것이며, 반대로 윤활이 부적절 하다면 3개 지점에 상대적으로 커다란 마모가 발생하게 된다. 이때 마모면의 크기를 토대로 윤활성능을 상대적으로 비교할 수 있는 장치가 4볼 시험기이다. 4볼 시험기는 ASTM 규격(ASTM D 2783 등)이 제시되어 있으므로 규정된 크기의 볼(지름 12.7 mm)을 사용하고, 규정된 회전속도를 준수하여 시험을 수행한다.

또 다른 대표적 트라이보미터로는 핀-온-디스크 시험기(pin-on-disc tribometer)가 있다. 가장 널리 쓰이는 시험장치 중 하나이며, 그림 3.21(b)와 같이 핀(혹은 볼)을 디스크와 중심부로부터 일정 거리만큼 떨어지도록 하여 접촉시키고, 핀에 수직하중을 인가한 채 디스크를 회전시켜 핀과 디스크 사이에 마찰 및 마모가 발생하도록 한다.

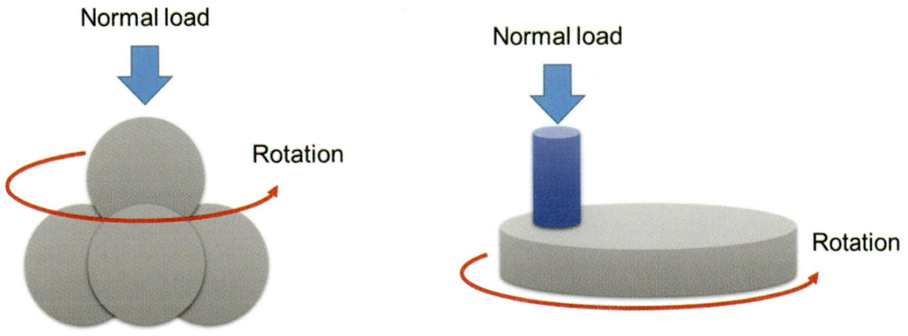

(a) 4볼 시험기　　(b) pin-on-disk 타입의 시험기

그림 3.21 대표적 트라이보미터의 개략도

3.1.9.2. 마찰 측정

이와 같은 트라이보미터에서는 마찰력을 측정하기 위해서, 다양한 형태의 센서를 활용한다. 대표적으로는 압전소자(piezoelectric material)를 활용한 센서와, 스트레인 게이지(strain gauge)를 활용한 센서가 있다. 압전소자는 압력이 가해질 때 전하를 방출하는 특성을 바탕으로 하중을 전기신호로 변환할 수 있다. 이 전기신호를 교정작업(calibration)을 바탕으로 하중값으로 변환 기록함으로써, 마찰력을 획득할 수 있게 된다. 압전소자는 높은 주파수로 신호를 측정할 수 있으므로, 마찰력의 빠른 변화를 추종할 수 있고 높은 민감도로 측정을 할 수 있다는 장점을 지니고 있다. 그러나 가격이 매우 비싸고 온도나 진동에 취약하다는 단점 때문에 널리 사용되지는 않는다.

또 하나의 센서로는 스트레인 게이지를 이용한 전통적인 로드셀(loadcell)이다. 압전소자에 비해서 상대적으로 매우 저렴하며 로드셀의 디자인에 따라 매우 넓은 범위의 마찰력 측정이 가능하므로 일반적인 용도로 널리 사용된다. 스트레인 게이지는 인장과 압축에 따라 저항이 변화하는 소자이다. 보통, 보(beam)와 같은 부재에 부착하여 사용한다. 보에 하중이 가해질 때 보의 굽힘현상이 일어나고, 그로 인하여 스트레인 게이지는 인장하거나, 압축하는 거동을 겪게 된다. 이로 인하여 스트레인 게이지의 저항이 변화하게 되는데, 스트레인 게이지에 전류를 흘려 저항 변화에 의한 신호를 획득함으로써 하중의 크기를 측정할 수 있다. 대개 4개의 스트레인 게이지를 활용하는 풀 브리지(full bridge)회로를 널리 이용하는데, 이렇게 풀 브리지 회로를 구성하게 되면 온도변화와 같은 환경요인을 일부 보상할 수 있기 때문이다.

3.1.9.3. 마모 측정

마모를 측정하는 방법은 크게 세가지로 나뉜다.

- 첫째, 재료의 무게변화(감소)를 측정한다.
- 둘째, 재료의 마모면의 치수가 변화한 것을 측정한다 (길이나 폭의 감소)
- 셋째, 마모면의 형상을 표면형상 측정장치를 통해 정밀하게 측정한다.

우선, 마모가 발생할 경우 필연적으로 표면의 재료가 모재로부터 탈락하거나 상대면으로 전이되므로 무게의 감소가 일어나게 된다. 따라서 무게 감소량만큼 마모가 일어났다고 추정할 수 있다. 다만, 마모가 일어났을 때 재료가 원래의 위치에서 제거되었다고 하더라도 단지 모재의 다른 위치로 옮겨가는 정도에 그쳤다면 무게변화는 일어나지 않는다. 연성금속의 경우 마모입자로 떨어져 나가기 보다는 소성변형으로 인하여 마모흔적 주변의 버(burr), 혹은 웨지(wedge)의 형태로 모재에 부착되어 있을 가능성이 높다. 따라서 이러한 경우에는 무게감소를 토대로 마모량을 추정하기는 어렵다. 뿐만 아니라 무게감소를 통해 마모량을 측정하기 위해서는 상당한 양의 마모가 일어나야 하는데, 시험 대상에 따라서는 명백한 무게감소가 나타날 정도로 마모를 진행시키는 것이 어려울 수 있다.

두번째 방법은 기계요소의 치수가 마모에 의하여 변화하는 것을 측정하는 방법이다. 예를 들어 긴 막대기 형태의 기계요소가 있고, 그 막대기의 한쪽 끝이 다른 소재와 마찰하여 마모가 일어난다고 가정해보자. 예를 들어 막대기의 초기 길이가 100 mm 라고 하고, 마모가 지속적으로 일어난 후 길이가 98 mm로 줄었다면 2 mm 길이에 막대기 단면적을 곱한 만큼 부피의 재료가 마모로 제거되었다고 추정할 수 있다. 기계요소의 한쪽 면이 전체적으로 마모가 일어난다면 치수변화를 통해 마모를 측정하는 것은 편리한 방법이 될 수 있다.

마지막 방법은 마모면의 형상을 형상측정장치(profilometry)를 이용하여 직접적으로 측정하는 것이다. 많은 경우, 마모는 기계요소의 국부적인 지역에서만 일어난다. 따라서 무게감소나 치수의 변화를 감지하기 어려운 경우가 대부분이다. 따라서 마모가 일어나는 지점의 형상이 변화하는 것을 형상측정장치를 활용하여 측정하고, 마모 전후의 형상비교를 통해 마모량을 측정하는 방법이다. 앞의 두 방법에 비하여 다소 측정에 난이도가 있지만, 상대적으로 더 정확한 마모 정량화를 가능케 한다는 점에서 장점을 지니고 있다.

3.2 윤활유 분석을 활용한 상태진단

3.2.1. 윤활유

3.2.1.1. 윤활제의 종류, 구성요소, 기능

자동차, 건설기계 같은 다양한 기계시스템에서 원활한 기능을 수행하기 위해서는 적절한 윤활이 필요하다. 윤활을 하는 모든 재료를 윤활제(潤滑劑)라고 한다. 윤활제는 기계가 상호작용하는 윤활면에서 마찰을 감소시키고 마모를 방지하는데 사용하는 물질이라고 사전에 명시되어 있다. 윤활제는 고체 윤활제와 액상 윤활제, 그리스가 대표적이다.

고체 윤활제에는 흑연(graphite), 이황화몰리브덴(MoS_2), PTFE(polytetrafluoroethylene) 등이 있다. 고체 윤활제는 윤활유의 누설이 민감한 장치에서나 그리스와 액상 윤활유의 사용이 어려운 환경에 주로 사용된다. 온도 변화가 극심한 우주나 진공 같은 환경 등에서는 기존의 그리스나 액상 윤활유의 사용이 어렵기 때문에 PTFE 같은 고체 윤활제가 적용된다. 또한 미세한 파우더 형태의 고체 윤활제를 액상 윤활유나 그리스식에 혼입하여 사용함으로써 윤활성능을 향상시키는데 기여하기도 한다.

액상 윤활유는 다른 윤활제에 비해 가장 적용 범위가 넓고 다양한 산업에서 사용하고 있다. 보통 액상이라는 말을 빼고 윤활유로 사용된다. 윤활유는 기유(base oil)와 첨가제(additive)로 구성되어 있다. 기유는 주로 석유에서 얻어지는 광유를 사용하고 그 외에도 합성유, 식물성유가 있다. 합성유가 많이 사용되는 광유보다는 화학적 구조으로 균일하며 산화안정성이 뛰어나다. 식물성유는, 콩, 야자수 등 식물로부터 얻어지며 가격면에서는 저렴하나 다른 유에 비해 산화안정성이 취약하다. 그러나 현재 식물성유의 산화안정성 문제를 해결하려는 연구가 활발히 진행되고 있다. 첨가제는 크게 기유의 기능은 보완하거나 개선하는 역할을 수행한다.

그리스는 증주제, 기유와 첨가제로 구성되어 있고 그리스에는 액상 윤활유에 없는 증주제(thickener)가 포함되어 있다. 증주제는 액상 윤활유를 머금고 있는 스폰지와 같은 물질이라고 생각하면 된다. 윤활유는 여러가지 기능을 수행하는데 우선적으로 마찰, 마모를 감소시킨다. 윤활유는 기계가 상호 작용하는 윤활면에서 마찰 및 마모를 저감하여 효율이나 기계의 신뢰성을 향상시킨다. 윤활유가 윤활면에 도포되어 금속표면과 산소의 접촉을 차단함으로써 녹이나 부식을 방지한다. 또한 윤활유가 순환하는 시스템에서는 윤활면에 발생한 마찰열 및 기타 열을 빼앗아 냉각시키는 기능을 수행한다. 순환하는 윤활유는 열이 발생되는 지점에서 열을 뺏어 cooler나 chiller 등에서 냉각시켜 다시 공급함으로써 기계시스템이 과열되지 않고 안정적으로 작동하게 한다. 유압시스템에서 사용되는 윤활유는 힘과 운동을 전달하는 기능을 수행한다. 공기나 물에 비해 내식성도 좋지만 비압축성 성질이 뛰어나 동력을 전달하는데 윤활유가 주로 사용된다. 그 외에도 발생된 마모입자나 이물질이 서로 큰 덩어리가 되지 않게 하는 등 오염 제어 기능과 외부 물질과 차단시키는 씰(seal) 기능이 있다.

3.2.1.2. 기유와 첨가제

윤활유는 그림 3.22와 같이 기유와 첨가제로 이루어져 있다. 이때 기유는 크게 합성유(synthetic oil), 광유(mineral oil), 식물성유(vegetable oil)로 나눠진다. 기유로 가장 많이 이용되고 있는 광유는 $C_{26} \sim C_{40}$의 탄화수소를 사용한다. 광유는 그림 3.23과 같이 화학적으로 파라핀(Paraffin)계, 나프텐(Naphthene)계, 방향족(Aromatic)계로 나누어진다. 파라핀계는 분자의 가지가 많지 않고 곧게 배열되어 있는 반면에 나프텐계는 여러 방향으로 가지가 많은 구조로 되어 있다. 이런 구조의 차이로 인해 표 3.1과 같은 특성이 나타난다. 파라핀계는 안정적인 구조로 나프텐계보다 인화점이나 점도지수가 높은 반면에 나프텐계는 가지가 많은 구조로 첨가제의 용해성이 파라핀계보다 양호하다.

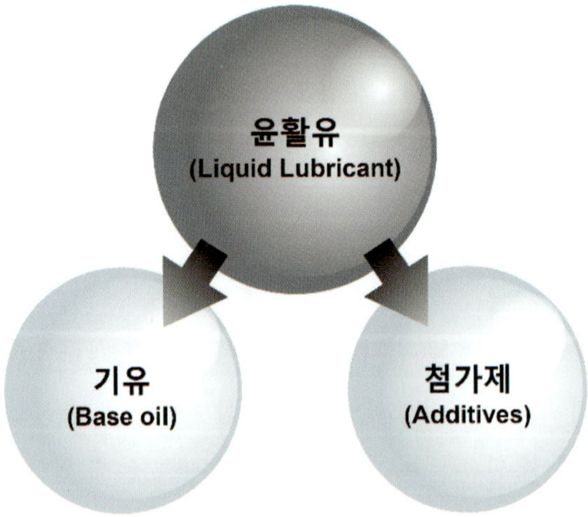

그림 3.22 윤활유의 구성요소

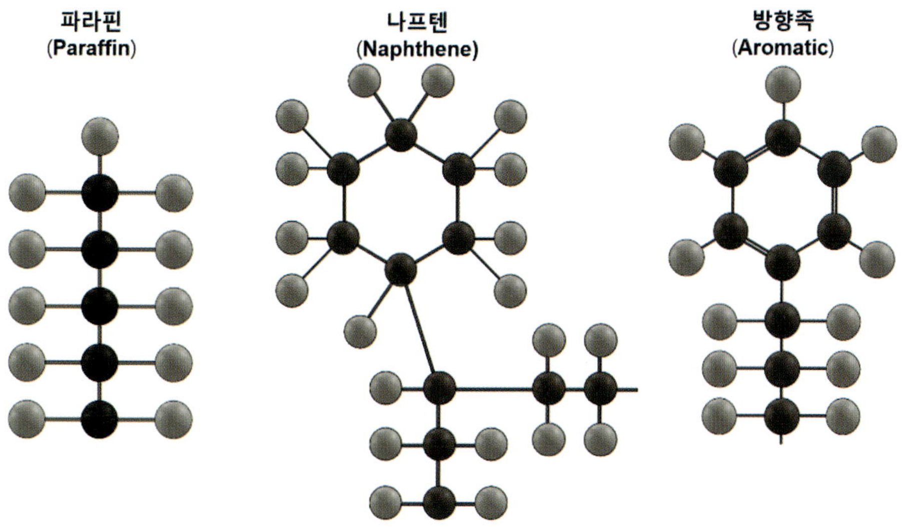

그림 3.23 광유의 분류

표 3.1 파라핀계와 나프텐계 특성 비교

	파라핀(Paraffin)계	나프텐(Naphthene)계
점도지수(VI)	95 ~ 105	30 ~ 70
유동점	왁스의 유동점과 동일	파라핀계보다 낮음
인화점	나프텐계보다 높음	파라핀계보다 낮음
왁스 함유율(%)	1 ~ 10	소량
파라핀 함유율(%)	45 ~ 60	15 ~ 25
나프텐 함유율(%)	20 ~ 30	65 ~ 75
첨가제 용해성	상대적으로 나프텐계보다 빈약	양호

기유는 Group 1에서 Group 5까지 5등급으로 나누어져 있다. Group 1의 경우는 용제추출과정을 통해 방향족, 극성물질, 황, 질소 등을 50 % 이상 제거하고 끝으로 연한 수소화 정제를 하지만 Group 2의 경우는 수소화 분해를 통해 이중결합을 분해한 뒤, 수소를 포화시키고 끝으로 고압수소화 처리를 통해 얻게된다. Group 3의 경우는 Group 2와 같이 수소화 분해를 거친 뒤, 수소 이성화 작업을 수행하는데, 이 과정을 통해 직렬 파라핀이 분기 파라핀으로 변화하며 저온성능이 향상된다. 산화 안정도면에서는 등급의 숫자가 클수록 더 안정적이다. 즉 Group 1보다는 Group 2가 산화안정성이 더 뛰어나다. 그 뿐만 아니라 Group 1 보다는 Group 2, 3의 황 함유

량, 방향족, 극성물질 성분이 상대적으로 적다. Group 4의 경우 PAO(Poly Alpha Olefin)를 사용하며 Group 5의 경우는 대체로 합성유 기유를 나타낸다.

윤활유는 기유와 첨가제로 구성되어 있고 첨가제의 역할은 표 3.2와 같이 크게 3가지로 나뉜다. 첨가제는 기유의 기존 성질을 향상, 기유의 바람직하지 못한 성질을 억제, 또한 기유에 새로운 성질을 부여한다. 기유는 산화 및 부식을 방지하고 비교적 큰 표면장력으로 인해 기포를 배출하거나 파괴하는 성질뿐만 아니라 기름과 물이 잘 섞이지 않는 성질을 가지고 있다. 이때 기유에 항산화제, 부식억제제, 소포제, 항유화제를 첨가하면 그 기능이 향상된다. 그리고 기유는 저온환경에서 왁스 성분이 응결되어 흐르지 않는 성질이 있고 또한 온도에 따라 점도가 변화하는 성질을 가지고 있다. 따라서 기유에 유동점 강하제와 점도지수 향상제를 첨가함으로써 저온에서 유동성이 확보되고 온도 변화에 의한 점도 변화가 작아진다. 또한 첨가제는 기유에 새로운 기능을 부여하는데 이를 수행하는 첨가제에는 극압제, 청정제, 점착성 향상제, 금속비활성제가 있다. 이와 관련한 첨가제의 특성 중에 극성(polarity)이 있다. 첨가제의 극성으로 인해 입자 포위, 물 유화, 금속 침윤의 기능을 수행한다. 입자 포위는 첨가제중 청정제나 분산제가 입자 표면에 달라붙는 것을 의미하고 물 유화는 유화제와 같이 첨가제 극성을 띄는 머리 부분이 미세한 물방울에 달라붙는 것을 의미한다. 또한 첨가제의 극성으로 인해 내마모제, 부식억제제, 극압제, 방청제 성분이 금속 표면에 붙어 있어 금속 침윤의 기능을 가진다. 비극성 물질로는 기유와 PTFE 등이 있고 극성 물질로는 물, 스폰지, 금속 표면 등이 있고 비극성 물질에는 테프론, 왁스 등이 있다.

표 3.1 첨가제의 역할

기능	기유의 기존 성질을 향상	기유의 바람직하지 못한 성질을 억제	기유에 새로운 성질 부여
첨가제의 종류	• 항산화제 • 부식억제제 • 소포제 • 항유화제	• 유동점 강하제 • 점도지수 향상제	• 극압제 • 청정제 • 금속비활성화제 • 점착성 향상제

마찰, 마모 제어 첨가제에는 유성향상제, 내마모첨가제, 극압첨가제가 있다. 유성향상제는 식물성 또는 동물성 지방산을 주성분으로 하며 금속 표면에 연성의 흡착막을 형성한다. 접촉 온

도가 60 °C를 초과하면 그 효력이 없어진다는 단점이 있다. 내마모첨가제는 유성향상제와 달리 60 °C 이상의 온도에서도 흡착막을 형성하며, ZDDP(Zinc Dialkyl Dithio Phosphate), TCP (Tricresyl Phosphate) 가 주로 첨가제로 사용된다. 극압첨가제는 베어링이나 기어 같이 작은 면적에 큰 하중이 전달되는 기계시스템에서 사용되는 첨가제로 주로 황과 인계의 성분이 주로 사용된다. 그 외에도 붕산염, 이황화몰리브덴, 흑연이 극압첨가제로 사용된다.

산화억제제 또는 항산화제는 산화를 지연시키는 첨가제이다. 실제 이 첨가제는 산화를 억제하는 것이 아니라 산화의 진행을 지연하는데 작용한다. 산화가 진행되면 보통 산가(AN, Acid Number)도 증가하고 바니쉬(varnish)와 슬러지(sludge)가 생성되어 점도 또한 증가한다. 따라서 항산화제는 산화를 지연시켜 윤활유의 사용 기간을 확대하는 것으로, 산화되기 전에 반응성의 유체 과산화물 및 자유 반응기들을 비활성화 하는 기능을 수행한다. 항산화제로는 주로 페놀계, 아민계 화합물이 사용되고 그 외에도 ZDDP, 금속 술폰산염 등이 사용된다. 특히 ZDDP의 경우는 내마모 첨가제와 항산화제로 사용된다.

분산제는 그림 3.24와 같이 입자들을 포위하여 미세하게 분산시키는 기능을 수행한다. 즉 입자들을 에워싸서 입자들이 서로 뭉쳐 큰 입자가 되는 것을 방지함으로써 고형 입자에 의한 마모를 방지할 수 있다. 분산제로는 숙신아미드, 유기화합물 등이 사용된다.

청정제는 윤활유 내의 퇴적물이 없도록 청정하게 하거나 연소에 의해 발생한 산을 중화하는 기능을 한다. 대부분의 연료에는 연소에 필수적인 황 성분이 있다. 특히 디젤 엔진의 연료는 가솔린 엔진의 연료보다 황 함유량이 상대적으로 많다. 연료의 황 성분이 물과 반응을 하면 황산을 형성하여 금속 표면을 부식시킨다. 즉, 부식에 의한 마모로 기계의 윤활 특성이 나빠지고 결국은 기계의 큰 손상이나 고장이 발생한다. 따라서 황산에 의한 부식 방지 목적으로 윤활유에는 산의 중화를 위한 염기 성분이 포함되어 있다. 이와 관련된 물성값은 윤활유 내의 염기의 양을 나타내는 염기가(BN, Base Number)이다. 윤활유 내의 염기가에 영향을 주는 첨가제는 대부분이 청정제 이지만 그 외에도 분산제, 점도지수 향상제, 부식억제제도 일부 영향을 준다. 청정제의 성분으로는 주로 바륨, 칼슘, 마그네슘 화합물을 주로 사용한다. 이때 사용하는 시스템에 따라 요구되는 염기가의 범위도 다르다. 만약 요구되는 염기가 보다 작은 염기가를 함유한 윤활유를 사용한다면 부식에 의한 마모 및 손상이 발생한다. 반면에 요구되는 염기가보다 큰 염기가를 함유한 윤활유를 사용하면 잉여 첨가제에 의한 퇴적물 또는 바니쉬(varnish)나 락커

(lacquer) 같은 이물질 층이 윤활면에 생성되기도 한다. 이것은 윤활면의 틈새를 줄임으로 상대 운동을 하는 시스템에서 원활한 운동을 방해하고 마찰, 마모 및 열을 발생시켜 윤활유의 소모량을 증가하거나 고착의 원인이 된다.

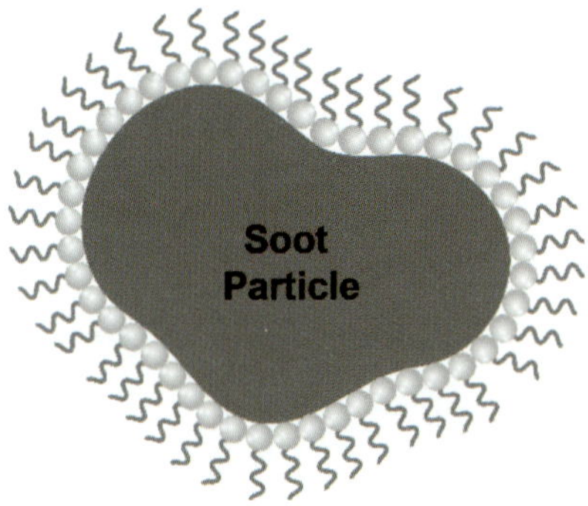

그림 3.24 수트 입자 주위의 분산제

녹 방지제는 금속 표면에 극성 피막을 형성하고 그 피막이 물을 배척함으로써 녹(rust)의 발생을 억제하는 첨가제로 엔진유에서는 과염기가 주로 사용되고 기타 산업유에는 숙신산, 지방산이 주로 사용된다. 부식 억제제는 표면에 물 및 부식성 산과 접촉하는 것을 방지함으로써 부식을 억제하는 첨가제로 이미다졸, 벤조트리아졸 등이 사용된다.

점도지수향상제는 점도지수를 향상하는 첨가제이다. 점도지수는 온도의 변화에 대한 점도의 변화를 나타내는 지수이다. 온도의 변화에 대한 점도변화가 작은 것이 점도지수가 높은 경우이고 이것이 윤활시스템에서 주로 요구되는 조건이다. 온도변화에 따라 점도가 많이 변하는 경우는 온도 변화가 심한 환경이나 시스템에서는 적용하기 힘들다. 이는 시스템에 따라서 적당한 점도의 범위가 존재하는데, 주위 환경이나 작동 조건에 따라 온도가 크게 변화하여 점도가 요구되는 범위를 벗어나면 윤활 문제가 발생하기 때문이다. 점도지수향상제로는 폴리이소프렌, 폴리이소부틸렌, 폴리메틸메타크릴레이트, 올레핀 공중합체 등이 사용된다.

소포제는 그림 3.25와 같이 기포의 표면장력을 저하시켜 기포를 파괴하는데 사용되는 첨가제이다. 윤활유 안에 발생한 기포는 용적 효율을 떨어뜨리고 또한 힘과 운동을 전달하는 유압작동유에서 기계적 작동의 문제를 발생시킬 수 있다. 따라서 윤활유에 포함된 기포를 제거하는데 작용하는 첨가제가 필요하다. 소포제로는 실리콘(Si) 계열의 메틸실리콘, 폴리메틸메타크릴레이트 등이 사용된다.

소포제는 주로 윤활유의 사용기간이 증가하면 그 양이 감소하지만, 사용 중에 흙, 먼지 등의 유입으로 소포제의 주성분인 실리콘의 양이 증가하기도 한다. 특히 건설장비와 같이 흙, 먼지가 많은 환경에서 작업하는 기계시스템의 윤활유를 분석할때는 흙, 먼지 등에 의해 소포제의 성분인 실리콘의 양이 증가하는 현상에 주의해야 한다.

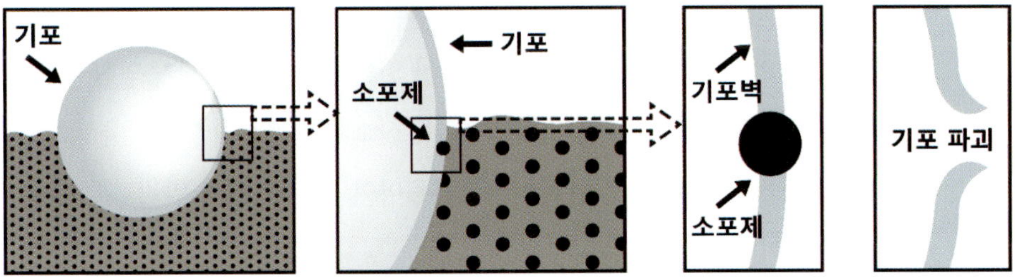

그림 3.25 소포제에 의한 기포의 파괴

마찰조정제는 운전 시작시점에 작용하는 내마모성 첨가제로 마찰감소 및 에너지(동력) 손실을 감소하는 역할을 한다. 지방산, 카르복실산 그리고 고체 윤활제의 재료인 몰리브덴, 흑연, PTFE가 첨가제로 사용된다.

유동점 강하제는 윤활유의 저온 특성을 개선하는 첨가제이다. 윤활유는 그림 3.26과 같이 저온 환경에서는 왁스 결정화로 인해 윤활유가 겔(gel)화 되고 결정화된 왁스들은 윤활유와 엉겨붙어 흐름을 방해한다. 따라서 윤활유는 특정 온도 이하의 저온환경에서 유동성을 잃는다. 유동점 강하제는 왁스 결정들이 윤활유와 엉겨붙는 것을 방지하여 저온에서도 유동성을 유지하는 첨가제로 알킬 왁스 나프탈렌, 알킬 왁스 페놀 등이 사용된다.

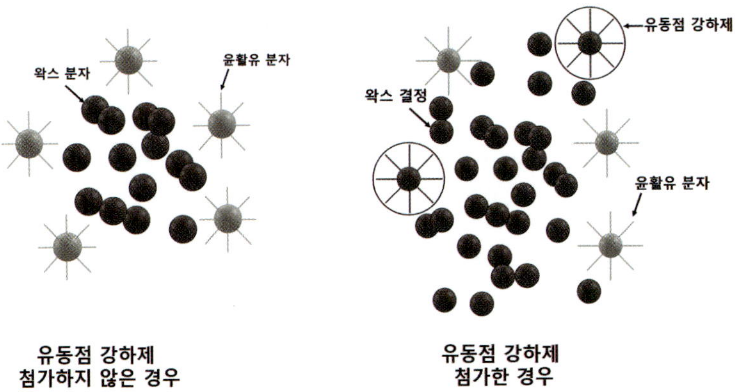

그림 3.26 유동점 강하제의 기능

윤활유의 열화는 산화, 표면 흡착 같은 여러가지 원인에 의해 발생한다. 열화의 여러가지 원인 중에는 첨가제의 소멸과도 밀접한 관련이 있다. 첨가제 소멸은 크게 분해, 분리, 흡착에 의해 일어난다.

첨가제의 소멸 기구(mechanism) 중의 하나인 분해(decomposition)는 그림 3.27과 같이 전단, 열적 열화, 산화, 가수분해, 중화가 있다. 그림과 같이 전단은 화학적인 구조에서 분자구조가 끊어지는 것을 의미하고 열적 열화는 윤활유가 열을 받으면 첨가제가 인산염, 황산염, 황화물 같은 화합물을 생성하는 것을 의미한다. 산화는 산소와 반응하여 화합물을 만드는 것이고 가수분해는 물 분자가 작용하여 일어나는 분해 반응이며, 중화는 산과 염기가 만나 염과 물을 생성하는 화학반응이다.

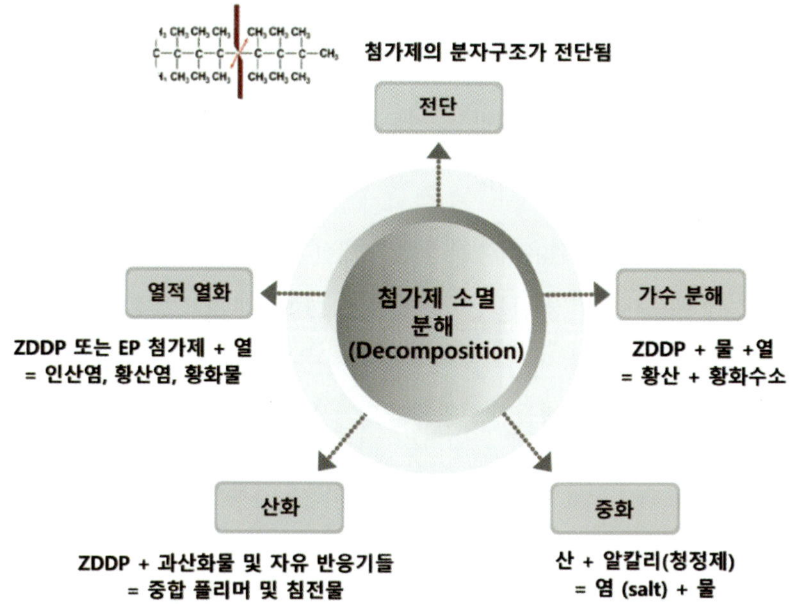

그림 3.27 첨가제의 분해

첨가제의 소멸 기구인 분리(separation)는 그림 3.28과 같이 응축 침전, 증발, 원심 분리, 응결 흡착, 여과가 있다. 응축 침전은 소포제와 같이 첨가제들이 결합하여 응축이 되고 이 응축된 첨가제들은 불용성이라 다시 용해되지 않아 바닥에 침전이 되는 것을 의미한다. 증발은 진공탈수기 등의 의해 산화안정제와 같은 첨가제들이 증발되는 것을 의미하고 원심분리는 원심분리기에서 높은 비중의 유기금속성분의 첨가제들이 분리되는 것을 나타낸다. 응결 흡착은 필터 등의 흡착성 재료에 극성 첨가제가 부착되어 제거되는 것이며 여과는 필터에 응축된 첨가제가 걸러지는 것을 의미한다.

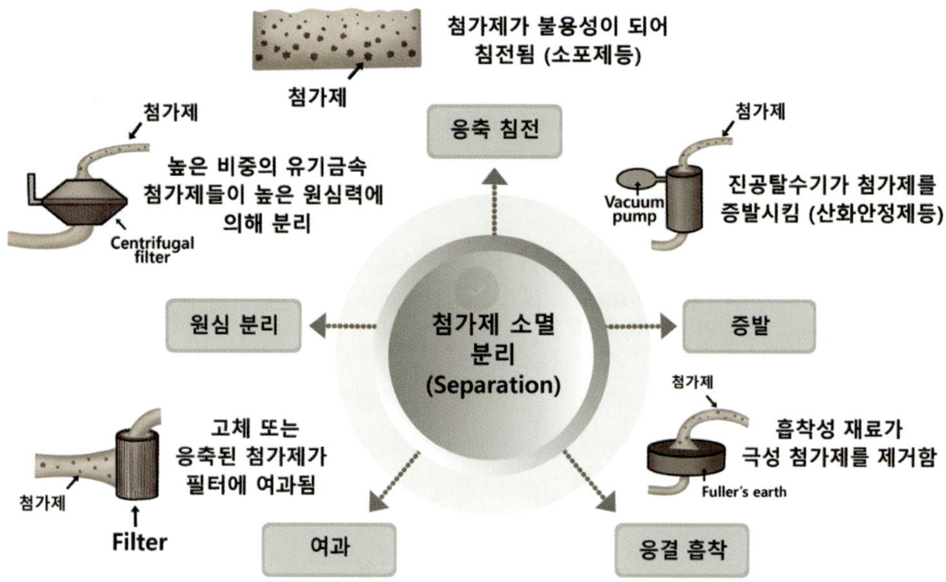

그림 3.28 첨가제의 분리

흡착(adsorption)은 첨가제의 소멸 기구 중 하나로 그림 3.29와 같이 입자스크러빙, 마찰접촉, 수세(water washing), 표면 흡착이 있다. 입자스크러빙은 수트(soot) 같은 극성 입자 주위를 극성인 첨가제가 에워싸는 것을 의미하고 마찰접촉은 내마모첨가제나 극압첨가제들이 접촉 부위에 경계막을 형성하는 것을 뜻한다. 그리고 수세는 물이 극성이므로 극성 첨가제들이 물분자에 붙여서 바닥으로 끌어내리는 것을 의미하고 표면 흡착은 극성 첨가제들이 윤활면에 흡착되는 것을 나타낸다. 입자스크러빙, 마찰접촉, 표면 흡착 등은 실제 윤활유의 유용한 기능을 수행하면서 소멸되는 것을 의미한다.

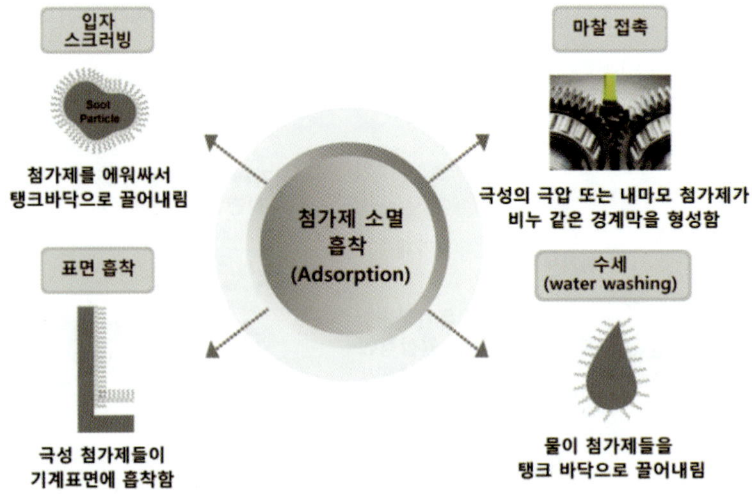

그림 3.29 첨가제의 흡착

3.2.1.3. 그리스 및 급지 방법

그리스는 액상 윤활유와 함께 산업에서 많이 사용되고 있는 윤활제이다. ASTM D288에 그리스는 액체 윤활유 중에 증주제(thickener)를 분산시킨 고체 또는 반고체 제품이라 정의하고 있다. 일반적으로 젤이나 겔 같은 반고체 상태에 있는 그리스만 있는 것이 아니라 고체 상태의 그리스도 존재한다. 그리스는 기유, 첨가제, 증주제로 이루어져 있다. 액상 윤활유와 다른 점은 증주제가 있다는 것이며 이 증주제는 윤활유를 머금어 유지하는 스폰지 같은 물질이다. 비누기 증주제는 그림 3.30과 같이 단순 비누기(simple soap), 복합 비누기(complex soap)로 나누어진다.

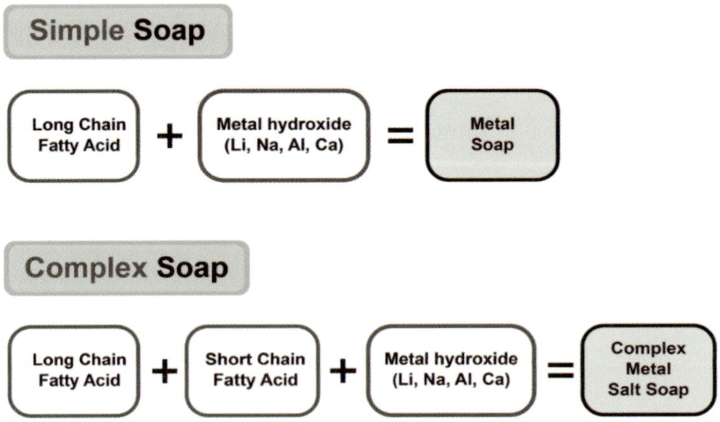

그림 3.30 단순 비누기와 복합 비누기

표 3.3은 그리스의 장점과 단점을 보여준다. 그리스의 장, 단점은 시스템에 적합한 윤활제를 선택하는데 도움이 된다. 그리스의 장점은 정지, 시동 성능이 우수, 적은 누설량, 오염물 침입과 차단 성능이 우수, 고체 첨가제들을 함께 사용 가능하다는 것이다. 그리스의 단점으로는 냉각기능의 불량, 베어링의 속도 한계가 낮음, 첨가제와의 적합성이 나쁨, 용적 관리 곤란, 분석의 어려움 등이 있다.

액상 윤활유에 비해 점도가 높다는 점이 그리스의 장점이자 단점이다. 그리스는 높은 점도로 인해 누설량이 적으며 시스템이 정지 시, 드레인(drain) 되지 않고 잔류함으로써 윤활막을 형성하여 정지와 시동을 반복하는 시스템에 적합하다. 반면에 그리스의 높은 점도로 인해 베어링에서 고속운전이 어렵다. 그 이유는 그리스를 윤활제로 고속운전을 하면 발열문제가 발생하기 때문이다. 즉, 그리스는 액상 윤활유에 비해 냉각성능이 낮고 점성마찰력에 의한 열 발생량이 많다.

추가적인 그리스의 장점으로는 잉여 그리스가 외부로부터의 입자나 오염물이 유입되는 것을 막아주는 밀봉제 역할을 수행한다. 그리고 그리스는 몰리브덴 및 흑연 같은 불용성 고체 첨가제들을 그리스 내에 혼합하여 윤활성능을 개선할 수 있다.

표 3.3 그리스의 장점과 단점

장점(advantage)	단점(disadvantage)
• 정지, 시동 성능이 좋음 • 누설량이 적음 • 오염물 침입, 차단 성능이 좋음 • 고체 첨가제들과 혼합하여 윤활성능 개선	• 냉각기능, 열전달 감소 • 베어링의 속도 한계가 낮음 • 첨가제와의 적합성이 불량 • 산화에 대한 낮은 저항성 • 용적 관리가 어려움 • 윤활유 분석이 어려움

그리스는 액상 윤활유와 달리 급지가 중요하다. 급지는 수동 급지와 자동 급지로 나뉘며 수동 급지는 브러쉬, 그리스 건 등을 이용하여 각각의 윤활개소에 급지하는 방식이고 자동 급지는 펌프와 밸브를 이용하여 자동적으로 급지를 하는 방식이다. 수동 급지는 자동 급지에 비해 비용이 저렴하고 점검 중 급지가 가능하지만 작동 중 급지하는데 어려움이 있고 윤활개소를 빠뜨리는 경우가 발생할 수 있다. 반면에 자동 급지는 윤활개소를 빠뜨리는 실수는 발생하지 않으며 운전 중 급지가 가능하므로 운영하는데 효율적이지만 상대적으로 시설비용이 크다는 단점

이 있다. 수동 급지 방법 중에는 그림 3.31과 같이 일점 윤활기(single point lubricator)를 이용하여 그리스를 급지하기도 한다. 일점 윤활기는 스프링형, 가스형, 펌프형 3가지 방식으로 그리스를 급지하고 있다.

그림 3.31 그리스 일점 윤활기

그리스는 주도(consistency)에 따라 등급이 나누어지는데 주도는 가해진 기계적 힘에 그리스가 변형에 저항하는 능력을 나타낸다. 그리스의 주도는 NLGI(National Lubricating Grease Institute) 등급으로 구분하는데 표 3.4와 같이 000에서 6까지 9등급으로 이루어져 있다. 주도값이 클수록 그리스가 단단한 것을 의미한다. 주도는 그림 3.32와 같이 콘침입도계(ASTM D217)를 이용하여 25 °C 에서 측정하며 침입도에 따라 주도를 결정한다. 주도를 정확히 측정하기 위해서는 그리스를 다지는 혼화 과정이 선행되어야 한다. 혼화는 콘침입도를 측정하기 전에 그리스를 다지는 행위이다. 혼화는 무 교란, 비혼화, 혼화, 연장혼화, 블록으로 구분되는데 혼화는 표준 그리스 혼화기에서 60회 혼화한 그리스를 말하고 연장혼화는 규정된 행정수(60회)로 혼화한 후, 25 °C로 만들어 추가로 표준 혼화기로 60회 왕복 혼화한 그리스를 의미한다.

표 3.4 그리스 NLGI 등급

NLGI 등급	ASTM D217 혼화 침입도	식품 유사품	
000	445-475	케첩	
00	400-430	사과소스	
0	355-385	황색 겨자	
1	310-340	토마토 페이스트	
2	265-295	땅콩 버터	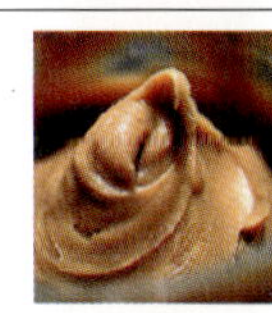
3	220-250	식물성 쇼트닝	
4	175-205	얼은 요구르트	
5	130-160	부드러운 파이	
6	85-115	체다 치즈 스트레드	

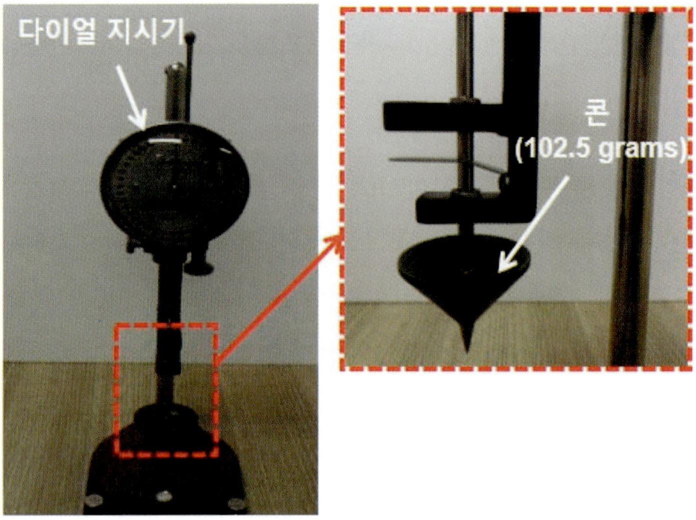

그림 3.32 콘침입도계(ASTM D217)

그리스의 산화 안정성 시험은 그리스의 수명 또는 보관기간 등을 예측하는데 매우 중요하며, 그 중의 한 시험법으로 ASTM D942가 있다. 이 방법은 그림 3.33과 같이 100시간 시험 후 산화에 의한 강하 압력을 측정하여 산화 안정성을 평가한다. 그리스의 강하 압력이 작을수록 산화 안정성이 뛰어나다는 것을 의미한다.

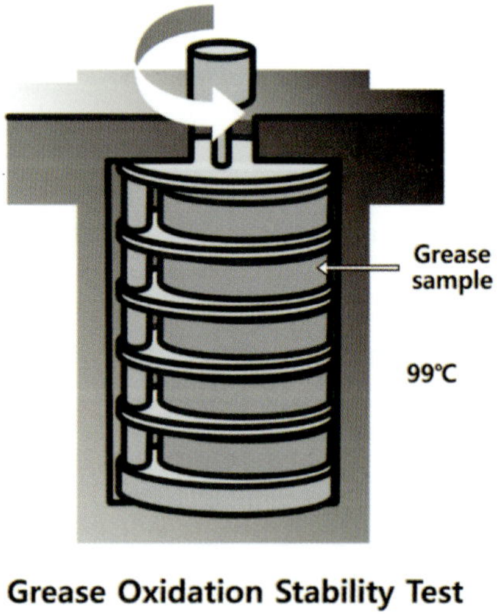

그림 3.33 그리스의 산화 안정성 시험 (ASTM D942)

그리스의 부식 방지 성능 실험은 ASTM D1743에 규정되어 있으며, 그리스를 습한 조건하에서 보관할 때 철 표면에 부식을 예방하는 정도를 평가한다. 이 방법은 새로운 베어링에 그리스를 채운 상태에서 48시간 동안 물에 노출하여 부식 정도를 평가한다. 부식 정도에 따라 Pass, Marginal pass, Fail로 구분하여 평가를 한다.

그리스의 적점(Dropping point) 시험은 그리스에 온도를 상승시켜 반고체 또는 고체상태에서 액체상태로 변하는 최저온도를 확인하는 것이다. 적점은 그리스의 고온 특성을 파악할 뿐 아니라 현재의 윤활 성능을 파악하는데도 활용한다. 적점의 60 ~ 70% 되는 온도를 그리스의 최고 사용한계 온도라고 본다. 그리스의 사용기간이 길어지면 열화되어 적점 온도가 낮아지므로 적점 시험을 통해 현재 사용 중인 그리스의 상태를 파악할 수 있다.

그리스의 압송성(Pumpability) 시험은 그리스가 분배 시스템에서 일정온도, 정상류 조건으로 흐르는 능력을 평가하고 압송성은 그리스에 포함된 고체 첨가제, 점착성 향상제, 증주제의 종류와 농도 등에 영향을 받는다. 그리스의 함몰성(Slumpability) 시험은 그리스가 팔로우 플레이트 없이 펌프로 공급되는 능력, 즉 쉽게 허물어지는 정도를 평가한다.

그리스의 이유(Oil separation) 시험은 ASTM D1742에 규정되어 있는데 기유가 저장 중인 그리스의 증주제에서 분리되는 경향을 측정하고 그리스의 분리 시험은 ASTM D1263에 규정되어 있으며 높은 온도 및 부하 조건에서 그리스의 누설 경향을 측정한다.

그리스의 수세(水洗) 시험은 크게 수 분사 시험(ASTM D4049)과 베어링 수세 시험(ASTM 1264)이 있다. 수 분사 시험은 66 °C 오븐 위에 그리스가 0.974 mm 두께로 입혀진 상태에서 40 psi 압력과 38 °C 온도 조건의 물을 5분 동안 분사하여 그리스의 잔류 상태를 확인한다. 이때 약 5 %의 그리스 손실은 작은 경우에 해당되고 약 30 % 이상의 그리스 손실은 큰 경우에 해당된다. 베어링 수세 실험은 베어링 내에 충진된 그리스가 유량이 약 5 ml/s 물에 손실되는 정도를 파악하는 것으로 실험 온도는 38 °C 또는 79 °C이다. 전형적으로 약 2 % 의 그리스 손실도 큰 경우에 해당된다.

3.2.1.4. 윤활유 오염

효과적인 윤활유의 분석을 위해서는 윤활유의 오염원을 파악하는 것이 필요하다. 윤활유의 오염원에는 물, 공기, 열, 고체입자, 연료 및 용제, 부동액, 냉매, 부적당한 윤활유 등이 있다. 고체입자에는 마모에 의해 발생하는 마모입자, 흙, 먼지, 수트, 불용분 등이 있다. 특히 다른 오염원과 달리 대기 중에서 기계시스템이 작동하므로 공기 중의 산소와 윤활유가 반응하여 산화가 진행되는 것은 불가피한 현상이다.

먼저 오염원 중 수분은 산화를 발생시키고 점도 상승 등 윤활유를 열화시키는 주원인 중 하나이다. 윤활유 중에 수분은 표 3.5와 같이 자유수분(free water), 유화수분(emulsified water), 용해수분(dissolved water) 3가지 형태로 존재하고 자유수분은 이미 탱크나 섬프(sump) 바닥으로 침전된 물을 의미하고 용해수분은 물 입자들이 윤활유 속에 용해되어 분산되어 있는 형태를 말한다. 그리고 유화수분은 윤활유 중에 안정된 부유 상태로 분산된 물을 의미한다. 수분 오염에서 수분포화점에 대한 개념이 반드시 필요한데 수분포화점은 윤활유가 유지할 수 있는 용해수분의 최대량을 말한다. 윤활유가 수분포화점 이상에서는 유화수분 또는 자유수분 형태로 존재한다. 보통 같은 윤활유에서 수분에 의한 오염을 시각적으로 윤활유가 흐려지는 정도로 판단을 할 수 있지만 종류가 다른 윤활유들과의 수분오염 정도를 평가할 때는 주의해야 한다. 왜냐하면 윤활유마다 수분포화점이 다르므로 수분오염의 양이 큰 경우에도 수분포화점이 높으면 상대적으로 덜 흐려 보일 수 있기 때문이다. 따라서 유종이 다른 경우에는 시각적으로 수분오염의 정도를 평가하는 것은 바람직하지 않다.

표 3.5 오일 중에 존재하는 수분의 3가지 형태

수분의 종류	자유수분 (Free water)	유화수분 (Emulsified water)	용해수분 (Dissolved water)
	탱크 및 섬프 바닥에 이미 침전된 물	유 중에 산정된 부유 상태로 분산된 물	물 입자들이 유 속에 분산되어 있는 형태

부동액은 냉각수 등이 추운 환경에서 작동할 수 있도록 물의 어는점을 낮추는 액체이다. 부동액의 누설에 의한 오염은 부동액의 주성분인 에틸렌 글리콜과 칼슘 황산염과 반응하여 오일 볼(oil ball)을 형성한다. 오일 볼의 크기는 대략 5 ~ 40 μm 정도이고 필터 손상이나 베어링 마모 등을 유발한다. 그림 3.34는 오일 볼에 의한 손상된 윤활면의 모습을 보여준다. 부동액의 오염은 점도 증가뿐만 아니라 오일 볼에 의한 윤활면을 손상시키므로 주의해야 한다. 부동액에 의한 오염이 될 경우, 원소 분석을 하면 칼륨(K), 나트륨(Na), 붕소(B) 성분이 기준치 이상 검출된다. 따라서 부동액의 오염에 의한 기계손상이 의심된다면 반드시 이 부분을 확인하는 것이 필요하다. 부동액 오염을 검출하는 방법에는 포름알데히드를 이용한 현장 시약법 (ASTM D2982), 기체크로마토그래피(ASTM D4291), FTIR, 점도 분석, Blotter spot test 등이 주로 이용된다. 현장 시약법은 부동액의 주성분인 글리콜을 포름알데히드로 변환하여 그 함유량을 색깔의 진한 정도에 따라 판단하는 방법이고 기체크로마토그래피는 혼합기체인 시료를 액체나 고체로 채운 분리관 속으로 통과시켜 기계 시료 속의 각 성분을 분리하여 검출하거나 농도를 측정하는 방식으로 글리콜을 측정한다.

그림 3.34 오일 볼

연료에 의한 오염은 주로 연료 펌프에서의 누설, 연료관의 누설, 연료분사 결함, 블로우바이(blow-by)에 의해 발생한다. 연료가 윤활유에 비해 상대적으로 점도가 낮기 때문에 연료가 윤활유에 유입이 되면 점도가 저하되고 윤활유의 첨가제 등이 희석되므로 윤활성능이 저하된다. 특히 윤활유의 불이 붙는 온도인 인화점(flash point)이 20 °C ~ 30 °C 정도 인하된다. 연료의 오염이 의심되면, 점도 측정도 방법이지만 인화점을 확인해보는 것이 바람직하다. 연료가 혼입이 되면 연료 성분 중에 황(S)이 물과 반응하여 황산이 생성되어 부식이라는 큰 문제점을 유발한다. 그래서 상대적으로 가솔린 엔진보다 황 함유량이 많은 연료를 사용하는 디젤 엔진의 경우에 황산의 중화를 위해 염기성분이 윤활유에 포함되어 있다. 이때 황 함유량에 따라 적절한 염기가(BN)를 가진 윤활유를 사용해야 한다. 연료오염에 대한 분석을 위해서는 인화점 측정, FTIR, 점도, 가스크로마토그래피 등을 이용할 수 있다.

디젤 엔진의 경우 낮은 공연비, 낮은 압축비, 블로우바이 등으로 수트에 의한 윤활유의 오염이 발생한다. 그림 3.24와 같은 수트에 의한 윤활유의 오염으로 슬러지(sludge)가 발생하고 마모 발생, 점도 증가, 분산성 저하, 필터 막힘 또는 손상 등이 발생할 수 있다. 수트의 주성분이 탄소이며 이는 압축 강도가 큰 물질로 내마모 성능을 감소시켜 윤활면에서의 손상을 발생시킨다. 그리고 윤활유에 수트가 유입이 되면 분산제가 수트를 에워싸서 그들이 결합하여 부피가 커지는 것을 막는 역할을 수행하지만 수트의 유입량이 많아지면 윤활유의 분산제가 수행하는 기능을 상실하게 된다. 수트 오염 검출에는 점도 측정, FTIR, 펜탄불용분 시험(ASTM D893), Blotter spot test 등이 활용되고 있다.

윤활유의 공기 오염은 대기중에서 기계시스템을 사용하기 때문에 피할 수 없다. 공기에 의한 오염이 발생하면 윤활유 중에 기포를 밖으로 배출하는 방기성이 저하되고 거품 발생의 원인이 된다. 공기 오염으로 인해 그림 3.35 좌측의 그림과 같이 윤활유의 표면 장력이 저하되면 기포가 미세하게 깨져서 윤활유에 남아 있게 된다. 그리고 미세한 고체부유물들이 기포 발생의 핵이 된다.

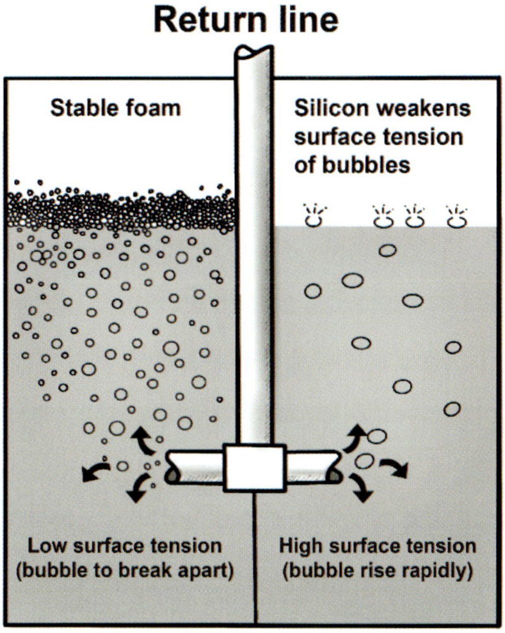

그림 3.35 윤활유 표면장력에 의한 방기성

먼지나 흙에 의한 오염은 주로 건설장비와 같이 외부 환경에서 노출되어 작동을 하는 기계시스템에서 많이 발생한다. 흙의 성분 분석을 하면 80 % 이상이 SiO_2와 Al_2O_3로 구성되어 있으며, 이 성분들이 윤활면에서 마모를 발생시킨다.

3.2.1.5. 윤활유 제조 및 관리 방법

윤활유는 기유와 첨가제를 섞어 혼합하는 공정을 블렌딩(blending) 공정이라 한다. 블렌딩 공정은 스크루(screw)를 이용하여 40 °C 이상의 온도 조건에서 1시간 이상 혼합한다. 혼합하는 과정에 발생한 이물질 또는 고형 입자들은 우회로를 만들어 계속적으로 필터링을 동시에 수행한다. 블렌딩 공정이 완료된 윤활유를 필요한 용량만큼 적당한 용기에 담는 과정을 홀딩(holding)이라 한다. 자동차용 엔진오일은 아주 작은 용기에 담아서 판매를 하지만 기업에서 대형 기계에 사용되는 윤활유는 드럼(drum) 또는 토우트 빈(tote bin)에 담아서 공급된다.

윤활유의 제조 과정에서도 오염물이나 이물질이 유입되지 않도록 청결하게 공정이 진행되어야한다. 그리고 윤활유의 운반 또는 보관과정에서도 청결해야 한다. 사용자들이 받은 새로운 윤활유도 제조 당시의 품질을 유지 못할 수 있으므로 윤활유의 보관, 관리는 매우 중요하다. 소비자에게 최종적으로 윤활유가 사용되기 전까지는 여러 단계를 거치게 되는데 이 과정에서 오염의 가능성이 있다. 그래서 신유도 윤활유 분석을 하여 상태를 확인 후 사용하거나 필터로 정화를 한 뒤 사용하는 것이 바람직하다. 극단적으로 신유라고 알고 있는 윤활유가 보관과 이송 과정에서 수분이나 이물질로 오염이 될 경우에 오염여부를 확인하지 않고 사용하게 되면 기계 시스템의 손상 또는 고장을 유발한다.

가장 많이 사용되는 윤활유 용기로는 드럼이 있다. 드럼을 보관할 때는 그림 3.36과 같이 벙(bung)과 벤트(vent)가 3시와 9시 방향으로 있어야 한다. 그 이유는 보관 시, 벙과 벤트가 윤활유에 잠겨 있어 수분이나 이물질의 유입을 방지하기 위해서다. 그리고 드럼을 보관할 때는 가급적 실내 저장고에 보관하고 지면과 접촉에 의한 드럼의 손상을 막기 위해 받침대 위에 보관을 하거나 팰릿을 사용하는 것이 효과적이다. 그리고 여러 개의 드럼을 보관할 때는 윤활유 관리 대장이나 관리 시스템을 사용하여 먼저 보관되어 있던 드럼이 사용될 수 있도록 해야 한다. 'First in, First out'의 개념으로 보관을 하여야 장기간 사용되지 않고 보관되는 윤활유가 존재하지 않게 된다.

그림 3.36 드럼의 보관 방법

윤활유를 오염시키는 흔한 방법에는 드럼의 뚜겅을 닫지 않고 보관, 드럼의 뚜껑을 드릴(drill)로 개봉, 윤활유 주입 시 청결하지 않은 깔대기 사용, 적당한 에어 브리더를 사용하지 않는 경우 등이 있다.

윤활유를 취급할 때 드럼용기의 윤활유뿐만 다른 윤활유들도 안전을 고려하여 실내에서 보관하며 낮은 습도와 적당한 온도를 유지하여야 한다. 그리고 용기를 개봉하여 윤활유를 사용한 다음에는 주입구에 에어 브리더를 사용하여 오염을 방지해야한다. 적당한 양의 윤활유가 필요할 때는 그림 3.37과 같이 전용 용기를 사용하는 것이 윤활유의 오염을 방지할 수 있다. 전용 용기는 윤활유의 유종에 따라 구분하여 사용하고 그림 3.37과 같이 캐비닛에 청결하게 보관 및 관리를 해야 한다.

그림 3.37 윤활유 전용 용기 보관

윤활유의 관리 및 사용 측면에서 필터를 사용하는 경우가 많은데 필터의 재질은 목재펄프 재질인 셀룰로스, 유리섬유, 금속이 주로 사용된다. 셀룰로스 재질은 가격이 저렴하지만 일정하지 않은 공극을 가지고 있고 물도 흡수하며 피로와 고온, 화학적 물질에 약하다. 유리섬유는 셀룰로스보다 상대적으로 일정한 공극을 가지고 있으며 고온 특성이 양호하다. 그리고 금속 재질은 다른 재질에 비해 공극이 일정하고 신뢰성이 우수하다. 특히 SUS (Steel Use Stainless)는 내부식성과 내구성도 우수하여 세척 후에 재사용이 가능하다. 금속 재질로 제작된 필터들에 자가세정(self-cleaning)기능을 추가하여 유지, 관리 측면에서 효과적으로 변화하고 있다. 3가지의 재질 외에도 자력을 이용하여 금속 입자들을 필터링하는 자성 필터(magnetic filter)가 있다.

필터의 성능은 배타율과 포집 효율로 나타낸다. 배타율은 그림 3.38과 같이 어떤 공극 사이즈

(X μm)를 기준으로 필터 전단과 후단의 입자의 수를 통해 필터의 성능을 평가한다. 포집 효율은 측정된 배타율을 활용하여 그림 3.38과 같이 평가한다.

배타율(βx)

$$\beta_x = \frac{\text{필터의 상류에서 X}\ \mu m\text{보다 큰 입자의 수}}{\text{필터의 하류에서 X}\ \mu m\text{보다 큰 입자의 수}}$$

포집 효율 % (Efficiency, E)

$$E = \frac{\beta - 1}{\beta} \times 100$$

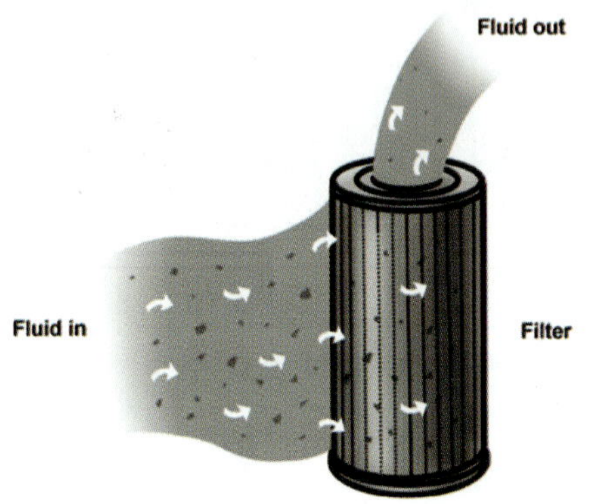

그림 3.38 필터의 배타율과 포집효율

3.2.2. 윤활유 분석

3.2.2.1. 윤활유 분석 방법의 종류

윤활유를 분석하는 방법은 그림 3.39와 같이 크게 오일 샘플링(oil sampling)을 한 뒤 실험실에서 분석을 하는 오프라인(off-line) 방법, 주된 흐름에 분석을 하는 인라인(in-line)방법, 대표적인 우회로를 이용하여 분석을 하는 온라인(on-line) 방법으로 나누어진다. 주된 흐름이나 시스템에 영향을 주지 않으면서 분석하기 용이한 온라인 방법을 선호한다. 온라인 방법은 윤활유 센서를 이용하는 방법으로 전체적인 유지 비용이 저렴하고 분석하는데 숙련된 기술이 필요하지 않다. 그리고 오일 샘플링 과정에서 발생하는 오염 등과 같은 사람의 실수를 방지할 수 있고 초기 고장을 예방한다.

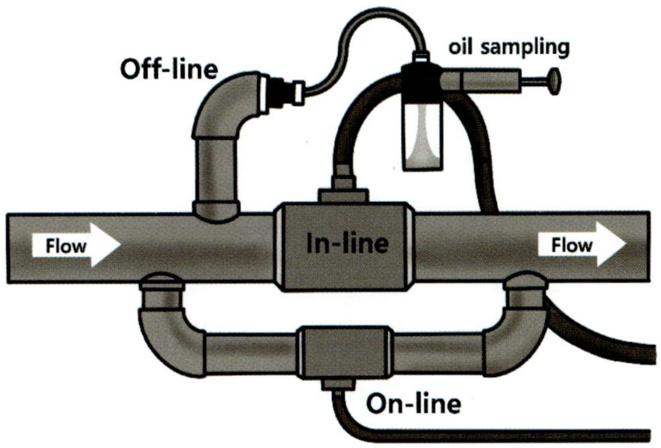

그림 3.39 윤활유 분석 방법들

오프라인 분석을 하기 위해서는 진공 펌프 등을 이용하여 오일 샘플링을 하는 것이 필요하다. 오일의 샘플링 시, 윤활유의 상태를 잘 나타내는 대표성이 있는 시료를 채취해야 한다. 샘플링 시, 표 3.6과 같이 엘보우 같은 난류 영역, 활성 유동 영역, 베어링이나 펌프의 하류에서 채취하는 것이 바람직하고 흐름이 없거나 층류영역, 필터 후단, 섬프 탱크, 기계작동 정지 시에 채취하는 것은 바람직하지 않다.

표 3.6 샘플링의 바람직한 채취 방법과 바람직하지 않은 채취 방법

바람직한 채취 방법	바람직하지 않은 채취 방법
• 활성 유동 영역에서 시료 채취 • 엘보우 같은 난류 영역에서 채취 • 베어링, 펌프의 하류에서 채취	• 흐름이 없는 돌출관 또는 호스 끝단에서 시료 채취 • 층류 영역에서 시료 채취 • 필터 후단 또는 섬프 탱크에서 시료 채취 • 기계가 정지 또는 작동하지 않을 때 시료 채취

시료의 샘플링 시, 청결을 유지해야 한다. 샘플링 시 시료를 오염시키면 기계상태에 대한 잘못된 정보를 얻게 된다. 샘플링 하는 도구와 샘플링 병이 청결해야 하며 샘플링 하는 사람도 청결을 유지해야 한다. 샘플링 병의 청결도 지침은 ISO 3722에 규정되어 있다. 샘플링 병의 재질로는 주로 PET 플라스틱이 사용되며 병의 내부 색깔을 확인할 수 있게 투명하게 제작된다.

3.2.2.2. 여러가지 윤활유 분석 방법

윤활유의 분석방법은 여러 가지이다. 우선 기유의 물성을 나타내는 점도, 점도지수, 비중, 인화

점, 유동점에 대해서 먼저 설명하고 오염도, FTIR, ICP, DR Ferrograph, RULER, RPVOT 등에 대해 설명한다.

1) 점도, 점도지수, 비중, 인화점, 유동점 분석

점도는 유체의 흐름과 전단에 대한 저항으로 윤활유의 물성을 대표하는 값 중에 하나이다. 다양한 시스템에서 적당한 점도의 범위가 존재하므로 요구되는 점도 조건보다 낮은 경우에는 접촉에 의한 마모 손상이 발생하고, 요구되는 점도 조건보다 높은 경우에는 큰 점성 마찰력으로 인해 동력(power)의 손실이나 과도한 마찰에 의한 열문제가 발생한다. 점도가 높을수록 유동성이 나빠진다.

점도에는 절대점도(Absolute or Dynamic viscosity)와 동점도(Kinematic viscosity)로 나누어진다. 간혹 Dynamic viscosity를 동점도로 혼동해서 사용하는 일이 있으니 주의해야 한다. 절대 점도는 그림 3.40과 같이 토크(torque)를 측정하여 점도를 역으로 계산하며, ASTM D2983에 측정방법이 정의되어 있다. 단위는 주로 P(Poise, g/(cm.s))를 사용하고 Poise의 1/100을 센티포이즈(Centipoise, 10^{-2}P=cP)도 사용한다. 그 외에도 Pa·s 단위를 사용한다. 포이즈(P)와 Pa·s와의 관계는 아래 식 (3.41)과 같다. 단위에서 소문자와 대문자를 주의해서 사용해야 한다.

$$1\ \text{cP} = 10^{-2}\ \text{P} = 10^{-3}\ \text{Pa} \cdot \text{s} = 1\ \text{mPa} \cdot \text{s} \tag{3.41}$$

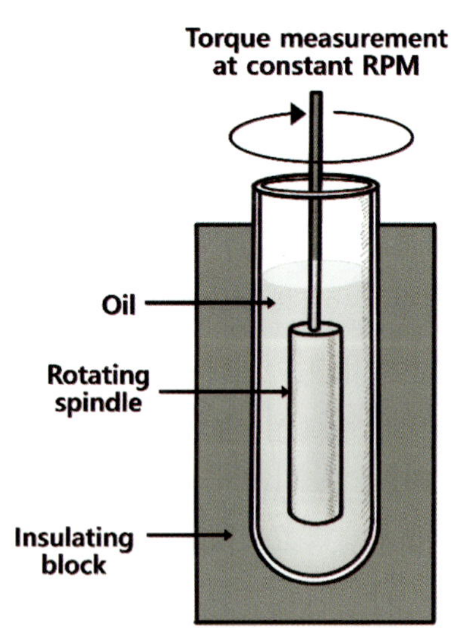

그림 3.40 절대점도의 측정

동점도는 중력에 의한 흐름과 전단에 대한 저항으로 그림 3.41과 같이 모세관에 흐르는 시간을 측정하여 평가하는 방법으로 ASTM D445에 측정방법이 규정되어 있다. 동점도의 단위는 St(stokes, cm^2/s)와 St의 1/100인 cSt(centistokes, mm^2/s)를 사용한다. 절대점도를 밀도로 나누면 동점도가 되는 상관관계가 있다.

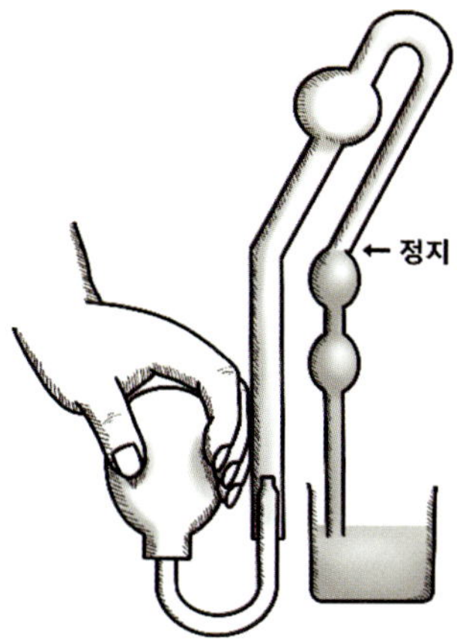

그림 3.41 동점도의 측정

점도지수는 VI(Viscosity Index)로 나타내고 온도변화에 대한 점도의 변화를 나타낸다. 40 °C와 100 °C사이의 점도 변화 정도를 지수화하였고 ASTM D2270에 규정되어 있다. 점도지수가 크면 온도변화에 의한 점도 변화가 적다는 것을 의미하며 보통 점도지수 100이상을 점도지수가 높은 편이라고 한다.

비중(Specific Gravity, SG)은 물의 무게에 대한 유체의 무게비를 나타내며 섭씨와 화씨를 사용할 때 그 기준이 조금 상이하다. 섭씨를 사용할 때는 같은 부피에 4 °C 물의 무게에 대한 15 °C 시료 무게의 비를 나타내고 화씨를 사용할 때는 같은 부피의 60 °F 물의 무게에 대한 60 °F 시료 무게비를 나타낸다. 그 외에도 API 비중이 있다. API 비중은 미국석유협회인 API(American Petroleum Institute)에서 지정한 비중이며 36단계로 나뉘어져 있고 물은 10에 해당한다. 물보다 비중이 큰 유체는 API 비중이 10보다 작으며 물보다 비중이 큰 유체는 API 비중이 10보다 크다. 그리고 API 비중과 비중과의 관계는 아래 식 (3.42)와 같다.

$$\text{API 비중} = 141.5/\ SG - 131.5 \qquad (3.42)$$

인화점(Flash point)은 윤활유가 충분히 증발하여 화염에 노출되었을 때 순간적으로 불이 붙는 최저온도를 나타낸다. 인화점과 발화점(Fire point)은 내화성(耐火性)과 관련된 물성값이지만 차이가 있다. 인화점은 화염을 이용하여 측정하지만 발화점은 화염을 사용하지 않고 스스로 발화하는 온도를 측정한다는 점이 다르다. 같은 윤활유나 연료에서는 보통 인화점보다는 발화점이 높다. 그래서 안정적인 관리 및 사용 측면에서 발화점보다는 인화점의 정보를 많이 활용한다. 인화점에는 그림 3.42와 같이 open cup과 closed cup 2가지 방식이 있다. Open cup 타입의 대표적인 방법이 COC(Cleveland Open Cup) test이고 구조가 상대적으로 간단하나 액체 표면으로부터 거리에 따라 측정된 인화점이 다를 수 있다. Closed cup 타입의 대표적인 방법이 PMCC(Pensky Martens Closed Cup) test이고 이 방법은 open cup 타입보다 인화점이 낮은 액체에 대해 측정을 한다. 즉 상대적으로 휘발성이 강하거나 인화점이 낮은 연료의 인화점을 측정하는데 적합하다. Open cup 타입의 측정은 ASTM D92에 규정되어 있고 closed cup 타입의 측정은 ASTM D93에 규정되어 있다. 사용유의 인화점을 측정하여 신유의 인화점과 비교할 때는 반드시 그 측정 방법의 동일여부를 확인해야 한다. 그 이유는 측정 타입에 따라 인화점의 차이가 발생하기 때문이다. 휘발성(volatibility)은 작은 분자들이 고온에서 증발하는 경향을 측정하는 것으로 인화점과는 다르다. 250 °C에서 1시간 동안 노출되었을 때 발생하는 중량 손실을 측정하여 휘발성을 측정한다. 일반적으로 휘발성이 낮을수록 좋으며 이 실험 방법은 ASTM D5800에 규정되어 있다.

유동점(Pour point)은 그림 3.43과 같이 중력 하에서 윤활유가 흐를 수 있는 최저 온도로 윤활유의 저온 특성을 나타낸다. 유동점 측정은 ASTM D97에 규정되어 있고 그 측정방법은 시료를 46 °C로 가열한 뒤 2.5 °C 주기로 꺼내서 흐르는지 확인하여 5초 동안 흐르지 않은 온도보다 2.5 °C 높은 온도를 유동점이라 한다.

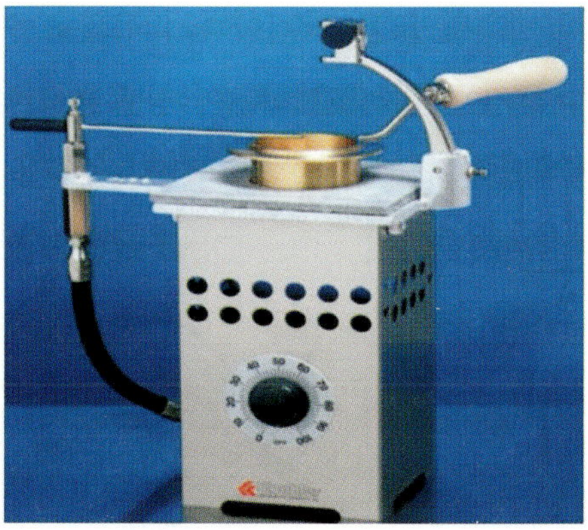

[COC- ASTM D92]

[PMCC- ASTM D93]

그림 3.42 인화점의 두가지 방식

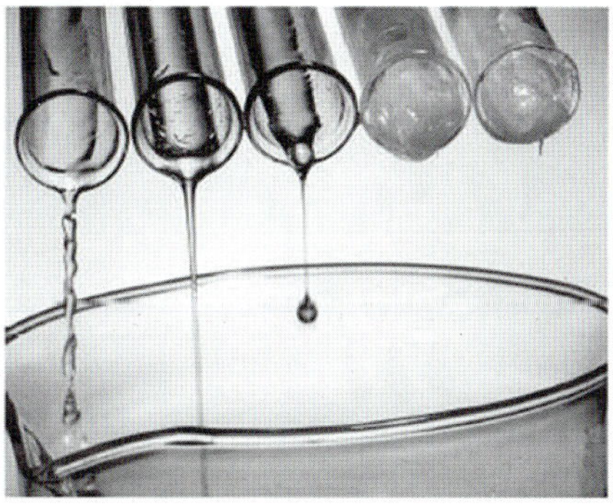

그림 3.43 유동점 측정

2) 수분, 산가, 염기가 분석

수분의 측정은 현장에서 간단히 측정하는 방법, Karl Fischer방법, FTIR과 수분센서를 이용하는 방법이 있다. 현장에서 측정하는 방법으로는 같은 유종에 대해서 흐려지는 정도를 보고 판단하는 시각적 방법, Watector를 이용하는 방법, Crackle test, 수산화칼슘(CaH_2)을 이용한 측정 등이 있다. 시각적으로 수분오염의 정도를 판단할 때는 반드시 같은 유종에 대해서 비교하여야 한다. 왜냐하면 앞서 오염원에 대한 설명에서 언급했지만 윤활유의 포화수분점이 유종마다 다르기 때문이다. Watector는 윤활유와 수분의 비중차이를 이용하여 그 양을 측정할 수 있고 또한 밸브를 통해 아래쪽에 있는 수분을 제거할 수도 있다. Crackle test는 그림 3.44와 같이 가열판에 윤활유를 떨어뜨리면 수분이 어느 정도 있을 때 '톡 톡' 소리가 난다. 이를 통해 수분 오염이 어느 정도 진행되었는지를 확인할 수 있는 방법이다. 수산화칼슘을 이용하는 방법은 자유수분과 유화수분의 양을 측정할 수 있으며, 윤활유 시료와 시약을 섞으면 수소기체가 방출되는데 이 수소기체의 용적은 수분농도에 비례하는 점을 활용한다. 가장 보편적인 방법은 화학적으로 Karl Fischer 방법을 이용하는 것이다.

그림 3.44 Crackle Test

Karl Fischer 방법은 1935년 독일의 화학자 Karl Fischer에 의해 개발된 방법으로 체적 계량법, 전기량 계량법이 있다. 이 방법은 적정(titration)을 이용하는데 적정은 일정한 부피의 시료 용액 내에 존재하는 물질중에서 알고자 하는 물질의 양을 직접적으로 측정하는 것이 아니라 이것과 반응하는데 필요한, 이미 알고 있는 농도의 시약 부피를 측정하여 그 양을 구하는 방법이다. 체적 계량법(volumetric method)은 요오드 시약을 이용한 적정방법으로 사용된 시약의 부피를 측정하여 수분을 측정하는 방법으로 ASTM D1744에 규정되어 있다. 전기량 계측법(coulometric method)은 전기량 분해에 의한 적정방법으로 전기량을 측정하여 수분을 측정한다. 그림 3.45는 체적 계량법, 전기량 계측법, 공증류법을 보여준다. 체적 계량법은 500 ppm(parts per million)이상의 수분량을 측정 가능하며 반응액이 첨가제 등과 반응하므로 절대적인 값이라기 보다는 상대적인 평가방법으로 사용된다. 전기량 계측법은 체적 계량법에 비해 상대적으로 적은 양의 수분 측정이 가능하여 5 ~ 5000 ppm 범위의 수분 측정이 가능하다. 이 방법도 다른 첨가제나 이물질에 의한 오차를 가지고 있으므로 보다 높은 정확성을 위해 사용되는 방법이 공증류법이다. 공증류법은 윤활유를 가열하여 수분을 분리하고 전기량 계측법 또는 체적 계량법으로 수분을 측정함으로써 보다 미세한 수분까지 측정 가능하고 측정의 정확성도 상대적으로 높다.

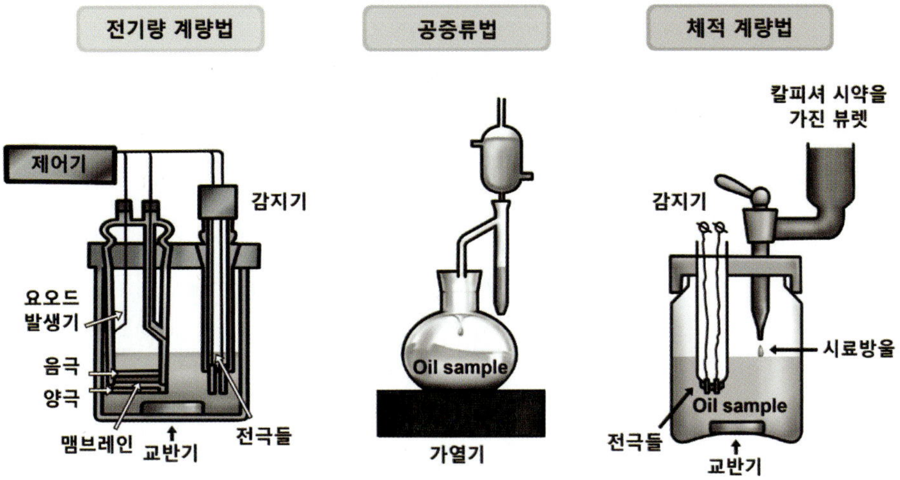

그림 3.45 체적, 전기량 계측법, 공증류법

산가(Acid Number, AN)와 염기가(Base Number, BN)는 윤활유의 산화 또는 열화의 정도를 평가하는데 많이 사용되는 물성값이다. 산가는 그림 3.46과 같이 1 g의 윤활유 시료에 포함된 산성물질을 중화하는데 필요한 수산화칼륨(KOH)의 양을 mg으로 표시한다. 이와 비슷한 개념으로는 화학에서 pH라는 개념이 있는데 산가는 산의 농도를 나타내고 pH는 산의 강도를 나타낸다. 염기가는 윤활유 중에 부식성 산을 중화하기 위해 사용할 수 있는 잔류 알칼리 성분의 농도를 나타낸다. 또한 윤활유 시료 1 g 중에 포함되어 있는 알칼리성 성분을 중화하는데 필요한 산과 같은 당량의 수산화칼륨의 양을 mg으로 표시한다. 염기가의 시약으로 산을 사용하지만 중화에 필요한 양을 알칼리로 환산하여 표시한다는 차이점이 있다. 산가와 염기가를 측정할 때 주의해야 할 사항이 있다. 표 3.7은 산가와 염기가의 측정방법들을 보여준다. 산가의 경우에는 반응시약으로 수산화칼륨을 사용하고 색상이나 전위차 계측을 이용하여 측정하지만 염기가의 경우에는 반응시약이 염산과 과염소산을 사용하고 산가와 마찬가지로 색상과 전위차 계측을 이용하여 측정한다. 특히 주의할 사항은 디젤 엔진의 경우 수트에 의해 오염이 되면 윤활유가 검은색 계통으로 어둡게 변화하므로 색상법으로 염기가의 측정은 적당하지 않다는 점이다. 그리고 반응시약으로 과염소산을 사용하는 ASTM D2896의 경우에는 반응시약이 강산이므로 상대적으로 실험 시간이 짧다는 장점이 있지만 마모입자등을 분해하는데 사용되어 염기가가 높게 평가될 수 있다. 신유의 경우에는 반응시약을 염산으로 사용하는 ASTM D4739와 차이가 거의 없지만 오염이 된 사용유의 경우에는 차이가 발생한다.

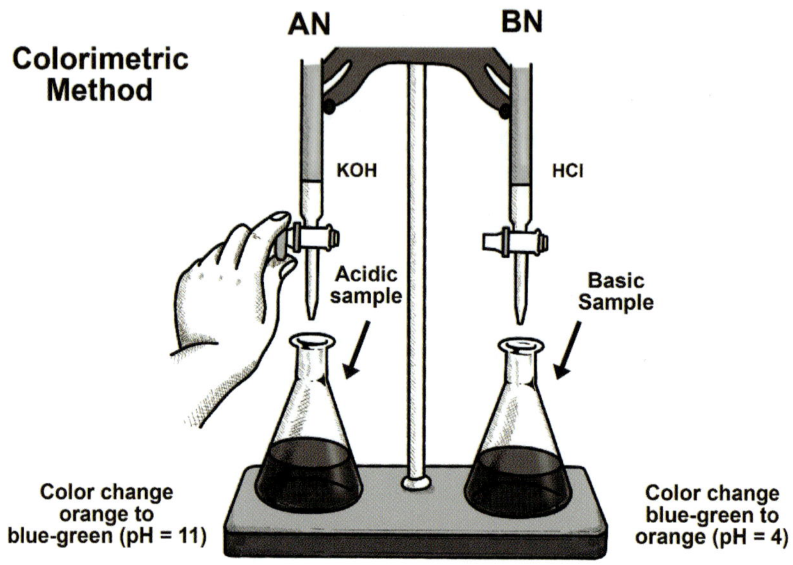

그림 3.46 산가, 염기가 측정

표 3.7 산가 및 염기가 측정 방법

ASTM Test	지시방법	반응시약	비고
D 664 AN	전위차 계측법	수산화칼륨 (KOH)	
D 974 AN	색상법	수산화칼륨 (KOH)	
D 974 BN or D 5984-96	색상법	염산 (HCl)	• 디젤 엔진의 경우 soot로 인해 색상법으로 구별이 되지 않음
D 2896 BN	전위차 계측법	과염소산 ($HClO_4$)	
D 4739 BN	전위차 계측법	염소 (HCl)	

3) 오염도 분석

오염도는 윤활유 속에 포함되어 있는 고형 입자들의 개수를 파악하여 오염의 정도를 분석한다. 입자계수는 여러 종류가 있으며 점차 그 기술이 발달하였다. 처음에는 작은 구멍(세공)을 가공한 막에 고형 입자가 막힘으로 입자를 측정하는 방식에서 출발하여 레이저를 활용하는 광학식 방식까지 발전하였다. 처음에는 하나의 레이저로 입자의 계수만 가능하였으나 점차 여러 개의 레이저 또는 측정 기술의 발달로 입자의 대략적인 모양까지도 파악이 가능한 DIPC(Direct Image Particle Counter) 방식까지 개선되었다. 그 이후에 현미경과 비젼(Vision) 기술의 발달로 PMPI(Particle Micro Patch Imaging) 방식으로 실제 입자들을 개별로 분리하여 입자 영상을 저장할 뿐만 아니라 크기별로 구별하며, 색깔로 어떤 금속의 입자인지에 대한 대략적인 정보도 제공한다. 하나의 레이저를 사용하는 레이저 광학식방법에서는 레이저의 직진성으로 인해 큰 입자 뒤에 있는 입자들을 파악하기 힘든 단점이 있었다.

대표적으로 많이 이용되고 있는 오염도는 표 3.8과 같다. NAS 1638은 미국의 NASA에서 만든 오염도 규정으로 ISO 규정의 오염도 규정이 나오기 전까지 산업계에서 많이 이용되었다. 2001년 5월 31일부로 폐지되었지만 오염도를 하나의 등급으로 표시한다는 장점으로 인해 일부 산업계에서 여전히 사용되고 있다. NAS 1638은 00부터 12까지 14등급으로 나누어지고 한 등급간의 오염 정도는 2배이다. NAS 1638 이후 요즘 기계시스템의 틈새를 고려하여 입자의 크기를 구분하는 기준을 4 μm, 6 μm, 14 μm으로 하고 기준에 따른 3가지 등급을 제시하였다. NAS 1638에 비해 보다 세밀한 입자까지 분류가 가능하지만 등급이 기준 입자 사이즈들에 의해 3가지로 등급이 평가되기 때문에 직관성 측면에서는 용이하지 않다. 따라서 산업계에서는 ISO 4406의 등급을 NAS 1638로 환산하는 방식에 대해서 연구 또는 방법을 찾는 시도도 하였다. 그 결과 ISO 4406의 입자 크기를 구분하는 기준을 일부 사용하고 NAS 1638와 같이 하나의 등급으로 평가하는 방식의 오염도 평가 방식이 나오게 되었는데 그것이 표 3.8에 나와 있는 SAE AS 4059이다. SAE AS 4059는 000에서 12까지 15등급으로 나누어지며 주로 항공, 발전기 분야에 많이 이용되고 있다.

표 3.8 대표적인 오염도의 종류

고형 입자에 대한 오염도	특징	비고
NAS 1638	• 100 ml 당 입자계수 • 입자 크기를 구분하는 기준: 5 μm, 15 μm, 25 μm, 50 μm, 100 μm • 등급: 00 ~ 12 (14등급)	• 2001년 5월 31일부로 폐지 • 각 등급의 간격은 2배의 오염 수준
ISO 4406	• 1 ml 당 입자계수 • 입자 크기를 구분하는 기준: 4 μm, 6 μm, 14 μm	• 1999년 전에는 입자 크기를 구분하는 기준이 6 μm, 14 μm
SAE AS 4059	• 100 ml 당 입자계수 • 입자 크기를 구분하는 기준: 4 μm, 6 μm, 14 μm, 21 μm, 38 μm , 70 μm • 등급: 000 ~ 12 (15등급)	• AS: Aerospace • 주로 항공, 발전기 분야에 이용

광학식 입자계수기에서는 공기나 수분에 의한 간섭이 발생한다. 따라서 공기나 수분을 제거하기 위해 진공펌프를 이용하여 제거하는 방법이 주로 사용된다. 그 외에도 ASTM D7647에 수분의 영향을 배제하기 위한 화학적인 방법이 있다. 이 방법은 그림 3.28과 같이 톨루엔과 이소프로판올을 3:1로 혼합한 용액을 윤활유와 1:1의 비율로 섞는다. 이때 물이 이소프로판올에 용해되고 이소프로판올은 톨루엔에 용해된다. 그리고 톨루엔은 윤활유에 용해됨으로써 수분뿐만 아니라 수분제거를 위해 사용한 톨루엔과 이소프로판올을 제거함으로써 입자계수의 정확성을 개선할 수 있다.

입자계수기에서 주의해야할 사항은 샘플병에서 시료를 채취하여 사용할 때 반드시 그림 3.47과 같은 교반기를 사용하여 교반 후 90초 안에 분석을 해야한다. 그렇지 않으면 오염 입자들이 샘플병 바닥에 가라앉아 윤활유의 대표성이 저하되기 때문이다. 그리고 교반을 원활하게 하기 위해서는 샘플병에 윤활유를 가득 채우는 것이 아니라 빈 공간이 있어야 하는데 그 공간을 ullage 또는 head space라고 한다. 표 3.9는 점도에 따라 ullage의 공간과 쉐이킹(shaking) 시간을 보여준다. 점도가 높을수록 ullage가 커지고 쉐이킹 시간도 길어진다.

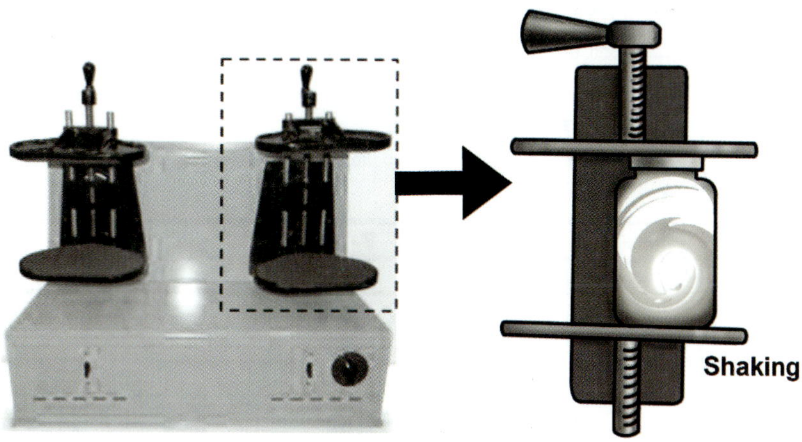

그림 3.47 교반기

표 3.9 점도에 따른 ullage와 쉐이킹 시간

동점도(η) 범위 [cSt]	샘플병 중에 요구되는 공간(ullage, 전체 부피에 대한 비율)	쉐이킹 시간 [minute]
η≤32	1/4	2
32≤η≤100	1/3	3 ~ 4
η>100	1/2	5 ~ 10

오염도를 평가하는 방법에 대해 SAE AS 4059를 예로 들어 설명한다. 그림 3.48과 같이 SAE AS 4059 오염도 등급표가 있을 때, 실제 입자 크기를 구분하는 기준에 따른 각각의 등급이 빨간색 실선이라고 하면 전체 등급은 파란색 실선과 같이 11등급이 된다. 즉 4 μm 이상의 입자에서는 7등급, 6 μm 이상의 입자에서는 8등급, 14 μm 이상의 입자에서는 9등급, 21 μm 이상의 입자에서는 9등급, 38 μm 이상의 입자에서는 10등급, 70 μm 이상의 입자에서는 11등급인 상황에서 이 시료의 전체 등급은 가장 나쁜 등급인 11등급이 된다. NAS 1638에서 최종 등급을 결정하는 방법도 SAE AS 4059 오염도를 결정하는 방식과 동일하다.

Size, ISO 4402 calibration, or optical microscope		Maximum Contamination limits (particles/ 100 mL)					
		> 1 μm	> 5 μm	> 15 μm	> 25 μm	> 50 μm	> 100 μm
Size, ISO 11171 Calibration or Electron Microscope		> 4 μm(c)	> 6 μm(c)	> 14 μm(c)	> 21 μm(c)	> 38 μm(c)	> 70 μm(c)
Size Code		A	B	C	D	E	F
Classes	000	195	76	14	3	1	0
	00	390	152	27	5	1	0
	0	780	304	54	10	2	0
	1	1,560	609	109	20	4	1
	2	3,120	1,220	217	39	7	1
	3	6,250	2,430	432	76	13	2
	4	12,500	4,860	864	152	26	4
	5	25,000	9,730	1,730	306	53	8
	6	50,000	19,500	3,460	612	106	16
	7	100,000	38,900	6,920	1,220	212	32
	8	200,000	77,900	13,900	2,450	424	64
	9	400,000	156,000	27,700	4,900	848	128
	10	800,000	311,000	55,400	9,800	1,700	256
	11	1,600,000	623,000	111,000	19,600	3,390	512
	12	3,200,000	1,250,000	222,000	39,200	6,780	1,020

그림 3.48 SAE AS 4059의 오염도

4) FTIR, ICP 등 다양한 분석 방법

푸리에 변환 적외선 분광분석(Fourier Transform Infrared Spectroscopy, FTIR)은 적외선을 시료에 조사하여 광원의 투과율과 흡수율을 측정하여 분자들을 구분한다. 기유와 첨가제의 상태, 유기 오염물을 분석하는 방법으로 많이 활용된다. 원소분광분석법은 철, 구리 같은 원자들을 분석하는 방법이지만 FTIR은 물, 글리콜 같은 분자들을 분석하는 방법이다. 그림 3.49와 같이 분석 결과는 cm당 파동의 수(wave number)에 대한 흡수량(absorption)으로 표시한다. 인산에스테르 같은 가수분해를 잘하는 윤활유에 대해 FTIR을 이용하여 신유와 사용유에서 물분자의 파동수에 대한 흡수량을 비교하여 수분오염의 정도를 파악할 수 있다. 그 외에도 FTIR을 이용하여 황화물과 산화 억제제인 페놀에 대한 흡수량을 파악하여 윤활유의 열화정도를 파악하는 등 다양한 오염원에 대한 분석이 가능하다. 하지만 FTIR을 이용한 윤활유 분석에서 주의할 사항은 동일한 영역의 적외선을 흡수하는 분자들이 중첩되는 분광대역을 갖고 있어서 같은 분자 구조를 포함하는 화합물들 사이에서 구별이 어렵다는 점이다. 즉 그림에서와 같이 물, 에틸렌 글리콜, 부틸레이티드하이드록시톨로엔은 물 분자를 가지고 있으면 구별이 쉽지 않다는 것을 의미한다.

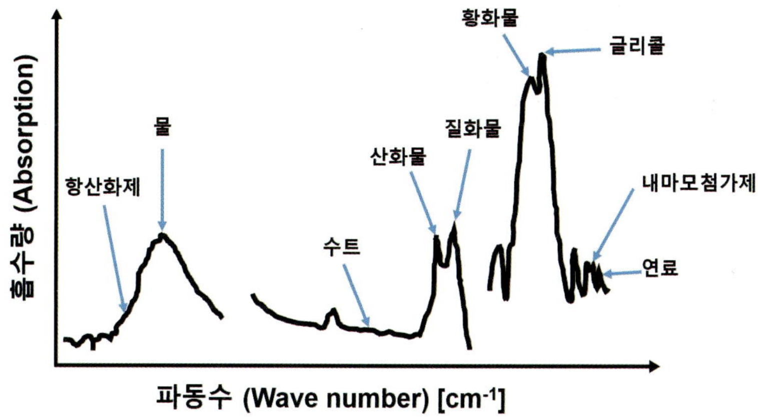

그림 3.49 FTIR의 분석 결과

원소분광분석(Atomic Emission Spectroscopy, AES)은 윤활유의 원소에 대한 분석을 하는 방법으로 그림 3.50과 같이 RFS(Rotrode Filter Spectroscopy), RDE(Rotation Disc Electrode), ICP(Inductively Coupled Plasma)가 있다. RDE는 탄소로 구성된 다공성의 디스크가 회전을 하면서 윤활유 시료를 묻혀 상단의 아크로 태움으로써 이때 나오는 광원을 이용하여 원소를 분석하는 방법이다. RDE는 아크를 사용하였지만 ICP에서는 플라즈마를 이용하여 시료를 태움으로써 나오는 광원으로 원소를 분석한다. RDE는 10 μm보다 작은 입자에 대한 원소 분석이 가능하지만 ICP는 3 μm보다 작은 입자에 대한 원소 분석이 가능하다. 원소분광분석방법은 그림 3.51에서 5 μm 보다 큰 구리(Cu) 입자에 대한 민감도가 낮다는 것을 확인할 수 있듯이 큰 입자가 많은 시료에 대한 분석에서는 제한적이다. 이런 경우에는 입자계수기나 직독 페로그래피(Direct Reading Ferrography) 같은 다른 분석 방법으로 보완할 필요가 있다.

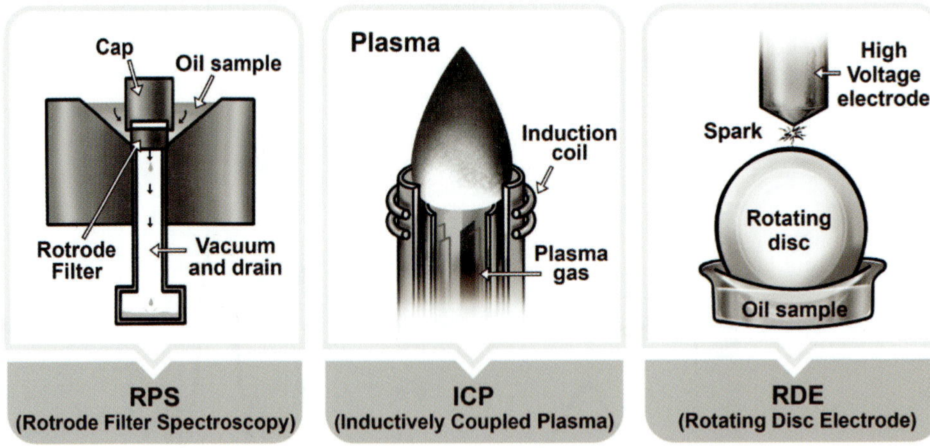

그림 3.50 원소분광분석법

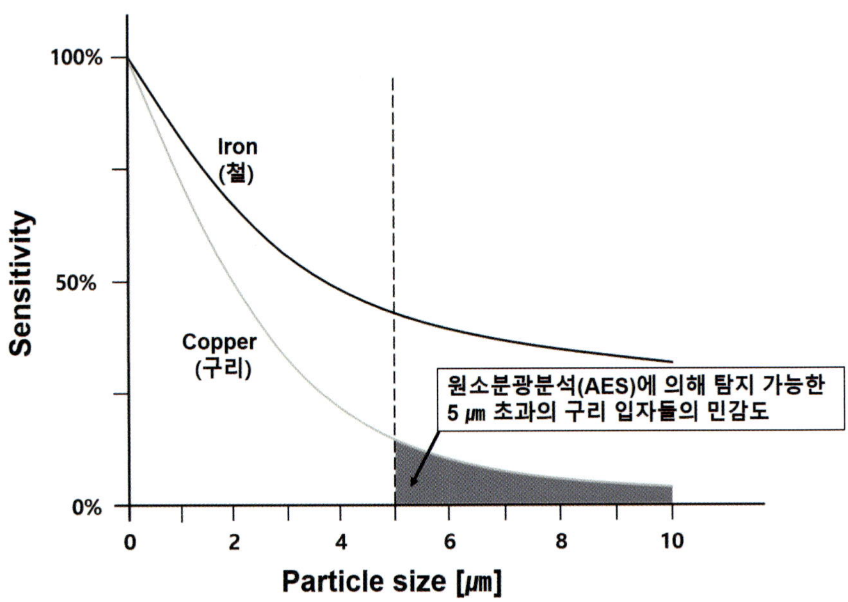

그림 3.51 원소분광분석법의 민감도

페로그래피는 그림 3.52와 같이 강력한 자기장 위에 유리 슬라이드를 따라 시료를 통과시키면 슬라이드에 철분 및 비철 입자를 오염물과 함께 분석이 가능하다. 슬라이드에 분류된 입자들을 현미경으로 마모입자의 크기, 모양 등을 분석할 수 있다. 요즘 사용되는 직독 페로그래피는 현미경에서 자동적으로 입자를 크기별로 분류를 해주는 등 자동화된 페로그래피이다. 직독 페로그래피에서 WPC(Wear Particle Concentration)는 마모입자 농도를 나타내고 PLP(Percentage Large Particles)는 대입자 농도를 나타낸다. 5 μm 이하의 작은 입자의 농도를 D_S라 하고 5 μm 초과하는 큰 입자의 농도를 D_L이라 하면 WPC와 DLP는 식 (3.43)을 이용하여 구할 수 있다.

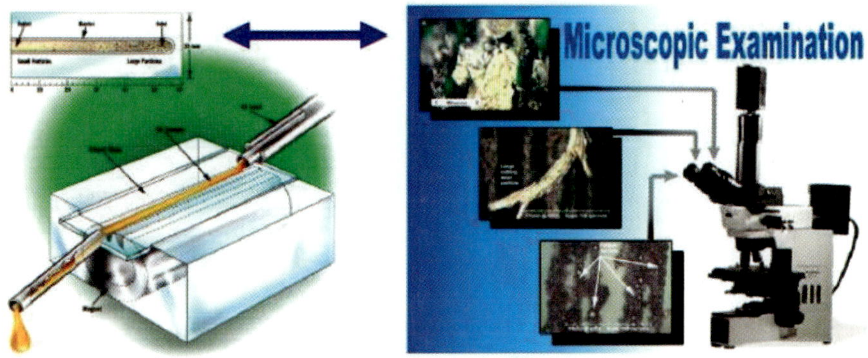

그림 3.52 페로그래피와 직독 페로그래피

$$WPC = (D_L + D_S) / \text{Sample Volume}$$
$$DLP = 100 \times (D_L - D_S) / (D_L + D_S) \quad (3.43)$$

회전압력용기 산화시험(Rotating Pressure Vessel Oxidation Test, RPVOT)은 RBOT (Rotating Bomb Oxidation Test)라고도 하며, 산화를 분석하는 방법이다. 그림 3.53과 같이 150 °C의 가열조에 윤활유 시료 50 g, 물 5 g, 구리코일 3 m를 넣은 뒤 산소 압력이 90 psi에서 압력 용기를 회전하면서 산화시킨다. 이때 물과 구리코일은 산화를 촉진하기 위해 사용된다. 산화로 인해 산소의 감압이 25 psi가 될 때까지의 시간을 분단위로 측정한다. 이때 산소의 감압이 25 psi가 될 때까지의 시간이 길수록 산화안정성이 뛰어나다. 이 방법으로 식 (3.44)를 이용하면 윤활유의 산화 잔존 수명을 구할 수 있다. 식 (3.44)에서 RPVOT는 실험에서 산소의 감압이 25 psi가 될 때까지의 시간을 의미한다. 이 방법은 윤활유의 산화 잔존 수명을 백분율로 보여주므로 사용자에게 쉽게 판단할 수 있는 정보를 준다는 점에서 장점은 있지만 시험 반복 정밀도가 나쁘며 시험에 걸리는 시간이 길다는 단점이 있다.

윤활유 산화 잔존 수명(%)= (RPVOT @사용유) X 100/(RPVOT @신유) (3.44)

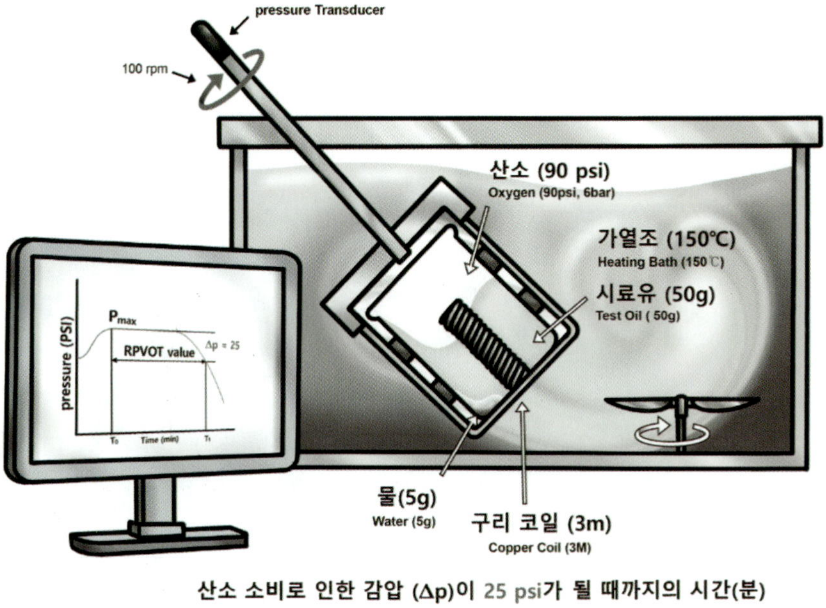

그림 3.53 회전압력용기 산화시험(RPVOT)

RULER는 산화방지제의 농도를 측정하여 산화를 분석하는 장치이다. 페놀(Phenoles), 아민(Amines), ZDDP 같은 산화방지제의 소멸 경향을 관리함으로 윤활유의 잔존유용수명을 결정한다. RULER는 그림 3.54와 같이 시료를 솔루션액과 혼합하여 산화방지제를 추출한 뒤 프로브를 이용하여 산화방지제의 양을 측정한다. 테스트는 1분안에 검사가 완료될 정도로 간단하다.

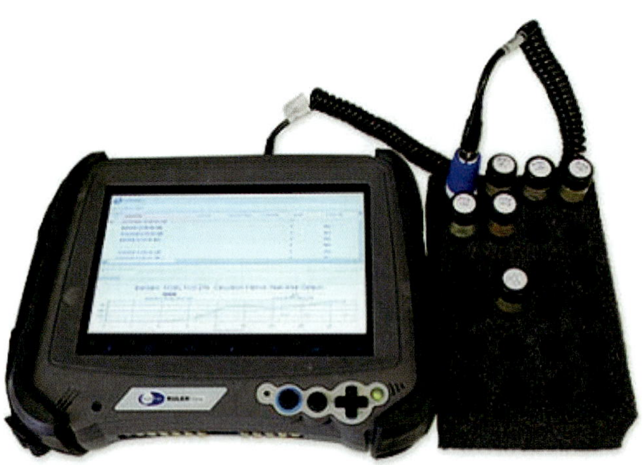

그림 3.54 RULER

MPC(Membrane Patch Colorimetry)는 그림 3.55와 같이 윤활유의 열화를 분석하는 것으로 현장이나 분석실에서 윤활유 중의 열화 생성물(바니쉬)의 양을 분석하기 쉬운 방법이다. 이 방법은 72시간 시료를 묵힌 다음에 시료와 에테르를 각각 50 ml 혼합하여 0.45 μm의 맴브레인 패치(membrane patch)를 통해 여과를 시킨 뒤, 걸러진 열화생성물의 색깔로 분석을 한다. 색깔을 숫자로 나타내는데 열화 생성물 즉 바니쉬가 많은 경우 색깔은 짙은 갈색 계통이고 기준표로 평가하면 숫자가 크게 나타난다.

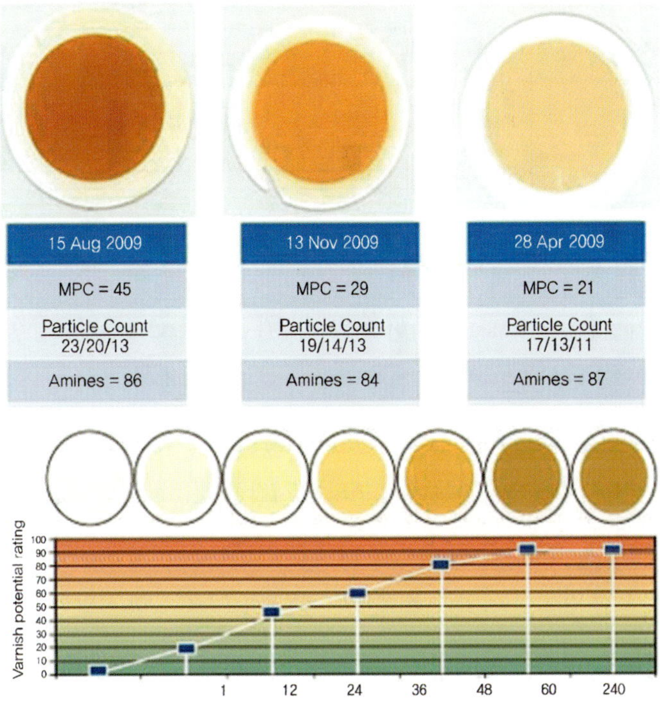

그림 3.55 MPC

Blotter spot test는 그림 3.56과 같이 시료를 Blotter paper 위에 떨어뜨리면 시료에 있는 바니쉬나 soot 이물질이 분산된다. 이때 분산되는 형태를 보고 윤활유의 분산성의 정도를 파악한다. 이물질이 한곳에 모여 있다면 윤활유의 분산성이 상실되었음을 보여주는 것이다.

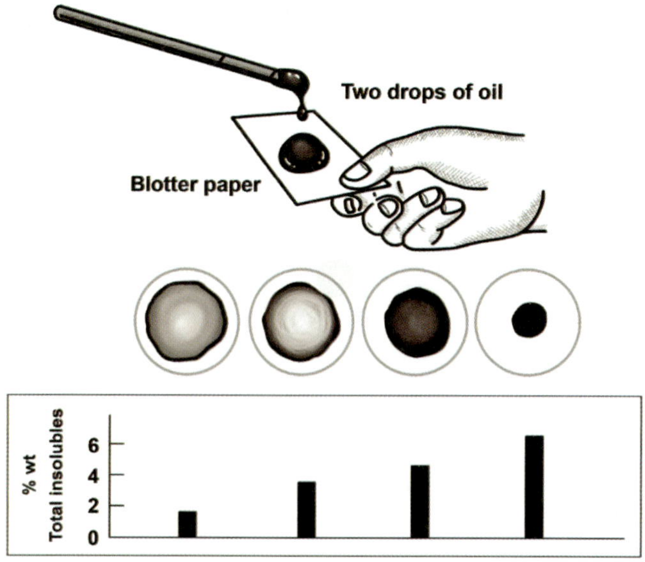

그림 3.56 Blotter spot test

공기 방출(Air Release) 시험, 발포 경향(Form Tendency), 포말 안정성(Foam Stability) 시험은 윤활유 속의 공기가 산화의 원인이 되므로 윤활유 중에 있는 공기를 얼마나 잘 배출하는지를 평가하는 시험이다. 공기 방출 시험은 압축 공기를 시료속으로 불어 넣은 뒤, 공기가 체적의 0.2 %에 도달하는데 요구되는 시간을 분(minute) 단위로 측정하는 방법으로 ASTM D3427에 규정되어 있다. 이때 측정된 시간이 짧을수록 윤활유의 상태가 양호하다. 발포 경향, 포말 안정성 시험은 윤활유가 포말(거품) 형성에 저항하고 빨리 포말을 사라지게 하는 능력을 평가하는 시험으로 3가지 단계(sequence)를 진행하며 이 방법은 ASTM 892에 규정되어 있다. 예전에는 윤활유의 관리규정에 공기 방출, 발포 경향, 포말안정성에 대한 규정이 포함되어 있지 않았지만 요즘은 이 규정을 포함하는 사례들이 증가하고 있다.

내마모 테스트 방법에는 가장 대표적인 방법이 그림 3.57과 같은 Four ball test이다. 이 방법은 3개의 강구 위에 1개의 강구를 회전하면서 수직하중을 가하며 회전 강구가 융착될 때까지 규정된 주기로 하중을 증가한다. 이 방법은 ASTM D2783에 규정되어 있으며 융착될 때까지의 인가한 하중이 클수록 내마모 성능이 우수하다는 것을 의미한다.

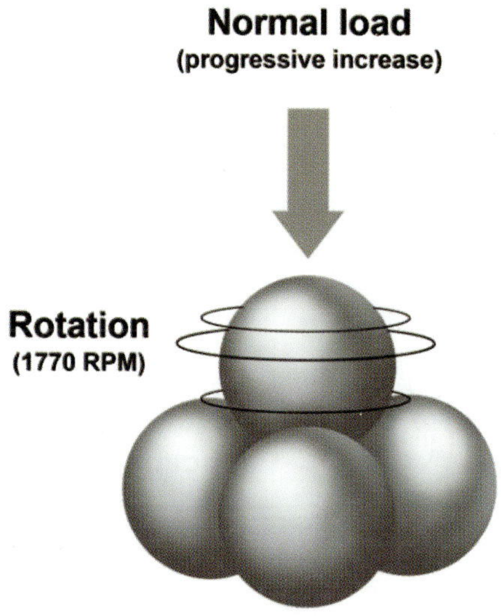

그림 3.57 Four ball test

FZG four square gear test는 그림 3.58과 같이 윤활유의 극압성능을 테스트 하는 방법으로 실제 기어 접촉으로 기어 윤활유의 마모와 스커핑(scuffing) 저항 능력을 평가한다. 스커핑 또는 스코링(scoring)이 일어날때까지 일정한 속도로 점차 하중을 증가시키면서 시험을 수행하며, 관련 실험 내용은 ASTM D5182에 규정되어 있다.

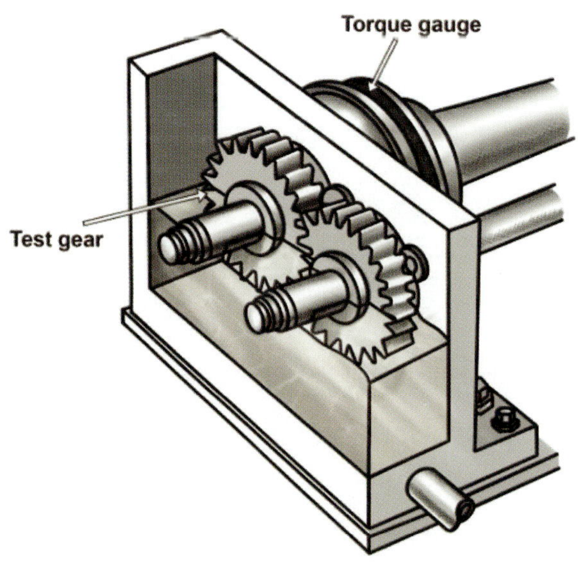

그림 3.58 FZG four square gear test

Timken test는 그림 3.59와 같이 윤활유의 극압 성능 테스트 하는 방법으로 회전부와 레버암으로 구성된다. 회전부의 링이 정지한 강철 블록에 가하는 압력을 변화시키는데 이 방법은 그리스와 액상 윤활유에 대해 각각 ASTM D2509와 ASTM D2782에 규정되어 있다. 어떤 하중을 인가하고 10분 안에 큰 마모가 발생하면 fail로 판정한다.

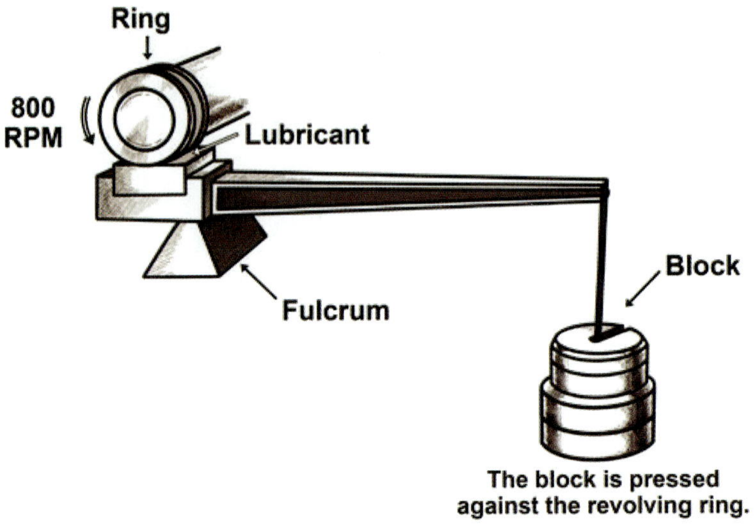

그림 3.59 Timken test

탄소 잔류분(Carbon residue)은 윤활유의 증발(evaporation)과 열분해(pyrolysis) 과정 후에 남아 있는 탄화 잔류물을 의미한다. 탄소 잔류분은 기유의 특성에 영향을 많이 받으며 연소 지연, 미연소 탄소입자 배출, 엔진 열 효율 저하, 배기 계통 퇴적물(deposit) 등의 문제와 관련이 되어 있다. 탄소 잔류분 분석에서 나오는 결과의 단위는 %(m/m)로 전체 용액의 대한 탄화 잔류물의 양을 질량비로 나타낸다. 예를 들어 용액이 100 kg 일때 탄소 잔류분 분석에서 0.2%(m/m)라면 실제 양은 탄화 잔류물이 0.2 kg이라는 것이다.

Sulfated(Sulphated) ash는 샘플이 탄소 잔류물이나 재(ash)가 생성될 때까지 태워 황산과 반응하고 남은 ash의 양을 나타낸다. 연소, 냉각, 황산과 반응, 탄소가 완전히 산화될 때까지 가열(775 °C) 한 다음 다시 냉각, 황산과 반응, 무게가 일정할 때까지 가열(775 °C) 과정을 거친다. 이때 Sulfated(Sulphated) ash 분석을 통해서 신유는 첨가제의 양을 확인할 수 있고 사용유의 경우에는 첨가제의 양 뿐만 아니라 금속 마모입자들이나 무기질 오염물의 양을 파악할 수 있다.

펜탄 불용분(Pentane Insoluble) 분석은 윤활유와 펜탄 용매를 혼합하여 산화물과 고체입자를 윤활유로부터 분리한 뒤 톨루엔(toluene)으로 유기 산화물(organic oxides)등을 녹이고 수트 같은 녹지 않는 불용분(insoluble)을 윤활유로부터 분리하여 그 양을 측정하는 방법이다. 그 대표적인 방법으로는 ASTM D893, ASTM D5967, ASTM D4055가 있다. 먼저 ASTM D893의 시험 절차는 아래와 같다.

1. Pentane solvent를 분석하고자 하는 윤활유와 혼합
2. 혼합한 용액에서 불용분을 원심 분리하여 그 양(A)을 측정
3. 톨루엔을 이용하여 유기 산화물을 녹임
4. 혼합한 용액을 원심 분리하여 그 양(B)을 측정
5. A와 B의 무게 차이를 평가하여 수트 등 불용분의 함량을 평가

ASTM D5967(Soot percent by Thermal Gravimetric Analysis[TGA])은 오븐 안에 분석하고자 하는 윤활유를 넣고 가열하면서 무게의 변화를 측정하여 분석하는 방법으로 그 절차는 다음과 같다.

1. 불화성 가스인 질소 가스를 주입하여 산화 반응을 방지하며 일정하게 온도를 증가시키면서 불용분만 남기고 오일 성분은 증발하게 한 뒤, 무게(A)를 측정
2. 질소 대신 산소를 주입하여 탄소 함유 물질(carbonaceous material)을 태우고 다른 금속 불용분은 남긴 뒤, 무게(B) 측정
3. A와 B의 무게 차이를 평가하여 수트 등 불용분의 함량을 평가

ASTM D4055(Pentane Insoluble by Membrane Filtration)은 펜탄 용매를 이용하여 윤활유와 혼합한 뒤, 미세 맴브레인(submicron membrane)을 이용하여 피터링 한 뒤, 건조시켜 무게를 측정하여 분석하는 방법이다. ASTM D893은 불용분을 분리하는데 원심분리를 이용하지만 ASTM D4055는 미세 맴브레인을 이용한다.

3.2.3. 윤활유 센서

3.2.3.1. 윤활유 센서의 종류

혈액 검사는 인체의 혈액을 채취하여 단순한 혈액형 확인뿐만 아니라 원심분리 방법을 이용하

면 다양한 질환에 대해 검사가 가능하다. 인체의 혈액이 건강에 대한 많은 정보를 가지고 있듯이 윤활유 또한 그림 3.60과 같이 다양한 오염 및 기계상태에 대한 정보를 갖고 있다. 윤활유에 포함된 수분, 연료, 부동액, 수트, 먼지, 마모입자 등에 정보를 분석하여 윤활유의 상태뿐만 아니라 기계상태에 대해 파악할 수 있다. 하지만 예전에는 윤활유가 제공하는 기계상태에 대한 정보들을 활용하는 분야가 적었다. 이는 주로 샘플링을 통한 오프라인 분석이 대부분이었기 때문이다. 오프라인 분석을 하면 정확한 분석은 가능하지만 실시간적인 분석을 통한 상태진단이 이루어지지 않았다. 또한 실시간적인 분석을 위한 윤활유 분석 센서의 발달도 미흡하였다. 현재는 윤활유 센서의 발달로 윤활유가 담고 있는 다양한 정보들을 이용하여 실시간적인 상태진단이 가능하게 되었다. 그 이유는 윤활유 센서의 민감도 및 신뢰성이 개선되고 있기 때문이다.

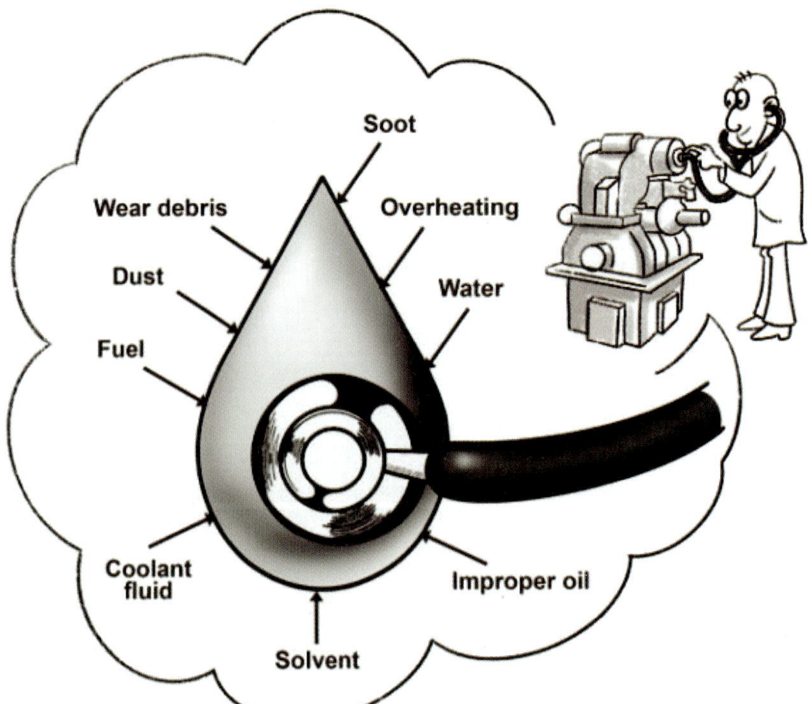

그림 3.60 윤활유에 포함된 상태진단 정보

윤활유 센서는 마모입자 센서, 점도 센서, 수분 함량 센서, 수트 센서, 산가 및 염기가 센서, aeration 센서, 그리스 센서가 사용된다. 그 외에도 유전상수 센서, 전기 전도도 센서, 오염도 센서 등이 있다. 마모입자 센서의 경우 가장 대표적인 윤활유 센서 중의 하나이다. 그림 3.61은 운전시간에 따른 마모입자 사이즈와 마모입자 발생률을 나타낸다. 새로운 엔진이나 기어박스에서 운전 초기나 정상적인 운전 조건인 경우에는 마모입자의 사이즈가 1 μm ~ 10 μm 정도이다. 그러나 비정상적인 운전 조건에서의 마모입자는 정상적인 운전 조건일 때 보다 마모입자 사이즈가 20 μm ~ 100 μm로 크다. 단 풍력 터빈의 경우에는 비정상적인 운전 조건일 때 마모입자의 사이즈는 10 μm ~ 50 μm 정도이다. 이 결과를 바탕으로 기계상태의 이상 징후에 대한 조기 경고를 주기 위해서는 풍력 터빈의 경우 10 μm 이상의 마모입자를 모니터링하는 것이 필요하고 일반적으로는 20 μm 이상의 마모입자를 모니터링 해야 한다는 확인할 수 있다.

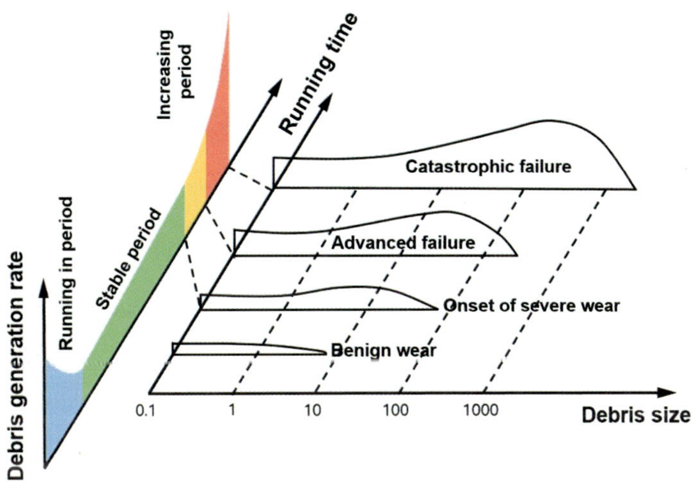

그림 3.61 운전 시간에 따른 마모입자 사이즈 및 마모입자 발생률

3.2.3.2. 마모입자 센서, 점도 센서

마모입자 센서는 인덕턴스(Inductance)를 이용하는 방법, 전기용량(Capacitance)을 이용하는 방법, 음향(Acoustics)을 이용하는 방법, 광학(Optics)을 이용하는 방법 그리고 인덕턴스와 영구 자석을 이용하는 Bulk measurement 방식이 적용된다. 전류의 변화는 자력선을 변화시키고 이때 기전력이 발생하는데 이를 자기 유도라 한다. 자기 유도의 정도를 인덕턴스라고 하면 전기용량은 전기 에너지의 저장 능력을 나타내며 정전 용량이라고도 한다.

표 3.10은 마모입자 센서들의 측정 방법에 따른 장점, 단점, 측정 가능한 물질, 측정 범위 등에 대해 정리한 자료이다. 인덕턴스를 이용한 마모입자 센서에서 MetalSCAN 센서는 철분(ferrous) 마모입자와 비철(non-ferrous) 마모입자를 모두 측정가능하지만 민감도(sensitivity)

가 낮다는 단점이 있다. 그림 3.62의 왼쪽 그림과 같이 자기장과 와류(eddy current)의 방향을 비교하여 반대방향이면 비철 마모입자이고 같은 방향이면 철분 마모입자라는 것을 구별할 수

표 3.10 마모입자 센서의 비교

측정 방법 (분류)		특정 센서	측정 가능 물질	측정 범위	장점	단점
인덕턴스 (Inductance)	Magnetic collection	Gill sensor	철분 입자	-	영구 자석으로 철분입자 제거, 고출력	개별 마모입자의 검출 불가능, 비철 입자 검출 불가능
	3-D solenoid structure	MetalSCAN sensor	철분과 비철 입자	100~ 3360 μm	철분과 비철 입자 구별, 고출력	낮은 민감도, 넓은 측정 영역으로 인해 여러 개의 입자들이 하나의 입자로 확인될 가능성이 있음
	2-layer planar coil structure	Inductive pulse sensor	철분과 비철 입자	20~ 1000 μm	철분과 비철 입자 구별, 개별 마모입자를 검출 가능	저출력
전기용량 (Capacitance)	Dielectric constant	Bulk capacitance sensor	금속 입자	-	고출력	낮은 민감도, 수분의 영향을 받음, 넓은 측정 영역
		Microfluidic Capacitance sensor	금속 입자	10~ 40 μm	높은 민감도	극도로 낮은 출력, 수분의 영향을 받음
초음파 (Ultrasonic)	Acoustic Amplitude change	Ultrasonic oil debris sensor	고체 입자, 공기 방울	170~ 1000 μm	고체 입자와 공기 방울 검출	복잡한 구조, 금속과 비금속 입자 구별 불가능
		Integrated ultrasonic, inductive pulse sensor	금속 입자, 세라믹, 공기 방울, 고체 입자	50~ 310 μm	철분과 비철 입자 구별, 고체 입자와 공기 방울 검출	저출력, 복잡한 측정 유로 구조
광학 (Optical)	Wear debris morphology	Active pixel sensor	고체 입자	5~ 160 μm	입자의 모양과 재질 확인	저출력, 복잡한 시스템, 투명성에 영향을 받음

있으나 측정하는 범위가 넓어 여러 개의 입자를 하나의 입자로 인식할 수 있다. Gill 센서는 그림 3.62의 오른쪽 그림과 같이 영구 자석(permanent magnet)과 인덕턴스 방식을 함께 사용하는 마모입자 센서로 철분 마모입자만 측정가능하다. 영구 자석을 사용하면 비철 마모입자의 검출이 어렵고 낱개의 마모입자를 구별하여 측정이 불가능하다. 그러나 다량의 철분입자를 측정뿐만 아니라 철분입자를 센서에 붙임으로 제거가 가능하다는 장점이 있다.

그림 3.62 인덕턴스를 이용한 마모입자 센서

그림 3.63과 같이 전기 용량을 이용한 마모입자 센서는 철분 마모입자와 비철 마모입자를 구분할 수 없지만 높은 민감도를 가지고 있다. 마모입자의 오염에 의한 전기 용량의 변화, 즉 유전율(permittivity)을 이용하는 방식으로 유전율은 물, 점도, 산가 등 다른 요소에 영향을 받기 때문에 마모입자에 대한 변화만을 검출하는데 어려움이 있다. 또한 전기 용량을 측정하는 방식이므로 금속 계통의 마모입자를 검출할 수 있다.

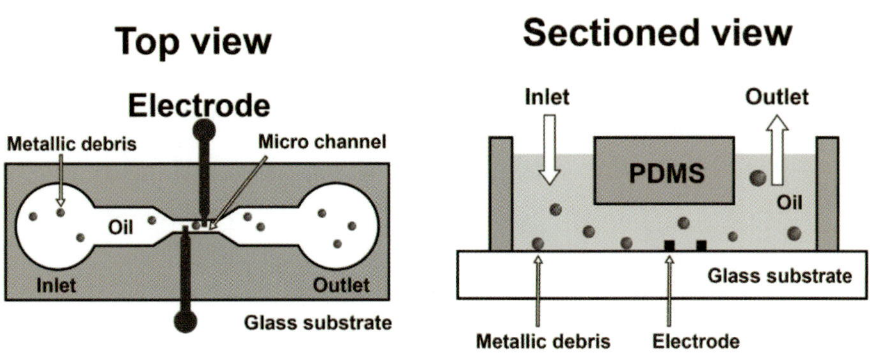

그림 3.63 전기 용량을 이용한 마모입자 센서

음향을 이용한 마모입자 센서는 그림 3.64와 같이 초음파를 검사하고자 하는 윤활유에 보낸 뒤, 반사파를 이용하여 측정한다. 대부분의 고체 마모입자들은 음향 반사계수(Acoustic reflection coefficient)가 비슷한 값을 가지므로 금속 입자와 절연체 입자를 구별하기 어렵지만 윤활유 중의 고체 입자와 공기 방울을 구별할 수 있다. 그림 3.64의 우측과 같이 반사파의 첫 번째 peak 값이 아래쪽에 있는 경우는 공기 방울이고 첫 번째 peak 값이 위쪽에 있는 경우는 고체 입자이다. 초음파로 측정하는 영역이 균일하지 않으므로 만일 마모입자가 측정 영역을 벗어나 통과한다면 측정이 불가능한 단점이 있다. 즉 마모입자의 측정에서 실제 오염에 비해 과소평가될 가능성이 있다. 따라서 좁은 유로로 측정 영역을 축소하여 측정하면 이 문제를 일부 개선할 수 있지만 측정 효율이 감소한다. 이에 음향과 인덕턴스를 함께 이용하여 측정하는 마모입자 센서도 개발되었다.

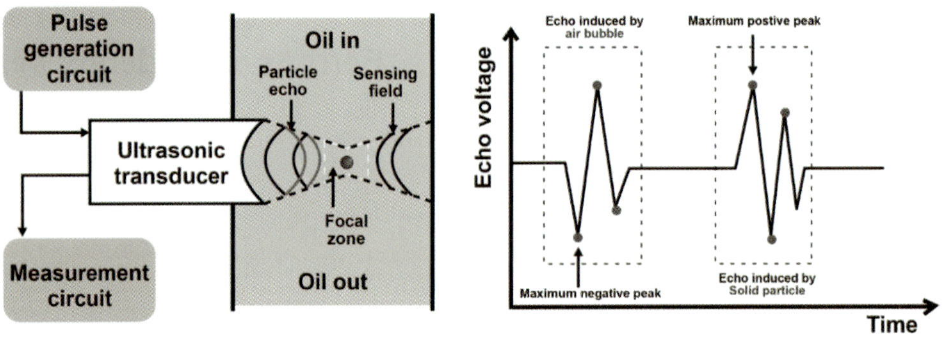

그림 3.64 음향을 이용한 마모입자 센서

광학을 이용한 마모입자 센서는 그림 3.65와 같이 광원을 이용하여 마모입자를 검출하는 방법으로 마모입자의 형상까지 확인할 수 있다는 점에서는 다른 방법과 차별성이 있고 윤활유의 빛 투과성에 영향을 많이 받는다. 이때 불투명한 윤활유의 경우는 마모입자의 크기나 개수 측정에서 오류(error)를 포함하며 또한 선명한 사진을 확보하는데 어려움이 있다. 그리고 마모입자들이 빠르게 움직이거나 측정 창에서 겹치는 경우에는 이를 구별하기 위한 효과적인 이미지 처리 알고리즘과 이를 실행하기 위한 고성능의 하드웨어가 요구된다.

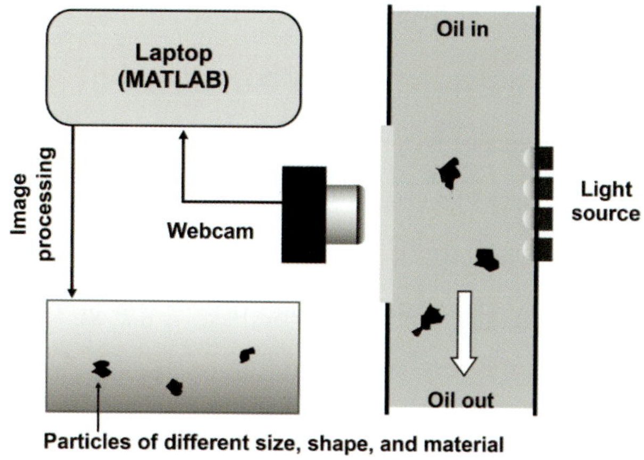

그림 3.65 광학을 이용한 마모입자 센서

점도는 윤활유의 대표적인 물성값으로 기계시스템에서는 적당한 범위를 유지해야 한다. 요구되는 조건보다 점도가 낮을 경우는 접촉에 의한 마찰, 마모가 발생하며 점도가 높을 경우에는 과열에 의한 문제가 발생한다. 이처럼 중요한 물성값을 측정하는 점도 센서는 그림 3.66과 같이 크게 물체의 변위(displacement)를 이용하는 방법, 음향을 이용하는 방법, 진동을 이용하는 방법이 있다. 물체의 변위를 이용한 방법은 그림 3.53의 가운데 그림과 같이 작은 피스톤을 전자기력으로 아래위로 움직일 때 걸리는 시간을 측정하여 유체의 점도를 측정하는 방식이다. 이 방법은 구조의 복잡성으로 인해 센서의 신뢰성이 높지 않다. 음향을 이용하는 방법은 구조가 간단하고 열적 안정성을 가지고 있으나 윤활유에 잠겨 있는 전극이 산 성분에 의해 부식되는 경우 정확성이 줄어든다. 진동을 이용하는 방법은 유체의 점도에 따라 공진 주파수나 진폭이 달라진다는 점을 활용한다.

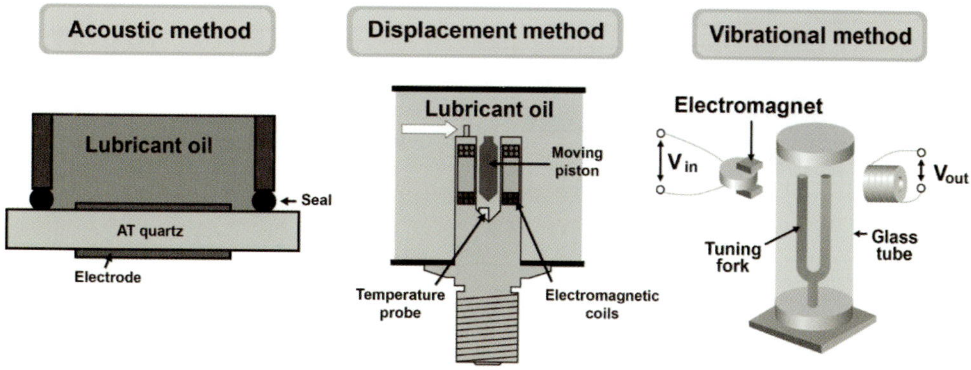

그림 3.66 점도 센서

3.2.3.3. 수트 센서, 산가(염기가) 센서

수트 센서는 디젤 엔진과 같이 윤활유에 수트가 혼입할 가능성이 높은 환경에 적용하는 센서로 윤활유의 전도율(conductivity) 또는 유전율(permittivity)의 변화를 이용한다. 이전에 마모입자 센서에서 전기용량을 이용한 측정방식이 마모입자 외에도 다른 오염에 의한 변화에 영향을 많이 받는 것처럼 수트 센서도 수트 외에 다른 오염원의 영향을 많이 받는다. 이렇게 전기화학적 방식을 이용하는 센서는 범용성은 좋으나 어떤 특정한 한 가지 원인에 의한 검출이나 측정을 하는데 어려움이 있다. 수트 센서는 EIS(Electrochemical Impedance Spectroscopy)와 다변량 분석(multivariate data analysis)을 이용하여 이를 개선하려 하였다. EIS는 윤활유의 절연특성(dielectric property)과 주파수의 함수로 임피던스(Impedance)를 측정하여 활용하였다.

전통적인 pH센서는 윤활유가 사용되는 환경에서 반응이 느리고 민감도가 낮아서 현재는 사용되지 않는다. 산가 센서는 MEMS 기반으로 제작된 구조물에 H^+ 농도 변화를 측정하는 방식이나 CNT(Carbon Nano Tube)를 이용한 저항을 측정하는 방식 등이 있다.

3.2.3.4. 수분센서, Aeration 센서

Aeration 센서는 3.67과 같이 광원을 사용하거나 X-선을 이용하는 방식이 있다. 광원으로는 금속 할로겐화물(metal halide) 빛을 이용하고 CCD(Charge Coupled Device) 카메라로 측정하는 방식은 윤활유의 투명성, 빛의 강도, CCD 카메라 또는 측정되는 기계시스템의 진동에 크게 영향을 받는다. X-선을 이용하는 방법은 높은 정확도를 가지고 있으나 현재 적용되는 센서의 경우 측정되는 유체가 0.5 L 보다 적은 양이 필요하고 수트나 물 같은 다른 오염원에 영향을 받는다.

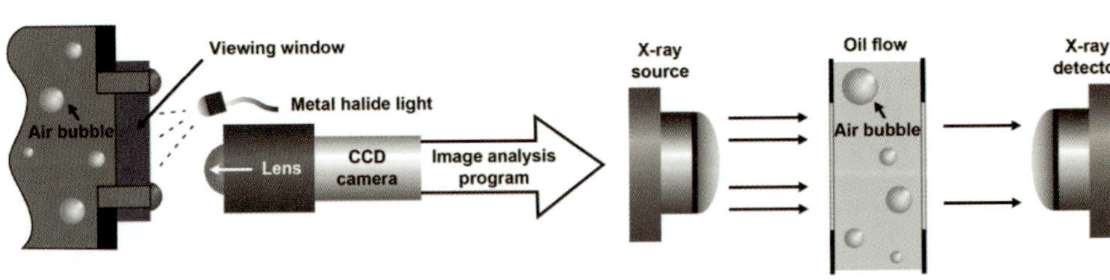

그림 3.67 Aeration 센서

3.2.3.5. 유전상수 센서 등 그 외 윤활유 센서

하나의 물성값을 통해 윤활유의 특성을 파악하려는 연구들이 진행 중이며 그 대표적인 물성값 중의 하나가 유전상수(dielectric constant)이다. 사용유(used oil)의 유전상수는 신유(new oil)의 값과 비교하여 윤활유의 오염에 대한 정보를 제공한다. 유전상수는 비유전율(relative permittivity)이라는 용어로도 사용되고 물, 마모입자, 부동액, 연료의 혼입 같은 오염물의 존재에 대한 정보를 제공하고 산화나 첨가제의 고갈(depletion) 같은 윤활유의 화학적 변화에 대한 정보도 제공한다. 유전상수(κ, kappa)는 식 (3.45)와 같이 유전율의 비 또는 전기용량의 비로 나타낸다. 유전율은 전기장을 전달하는 물질의 정도를 나타내고 전기용량은 축전기 등이 전하를 저장할 수 있는 능력을 의미한다. 참고로 전기용량은 두 전극사이의 거리(d)와 면적(A), 물질의 유전율(ε)로 구해진다.

즉 유전상수는 진공상태일때의 전기용량 또는 유전율에 대한 어떤 물질에서의 전기용량 또는 유전율의 비를 나타낸다.

$$\kappa = \varepsilon_r = \varepsilon_m / \varepsilon_0 = C' / C_0 \tag{3.45}$$

유전상수는 그림 3.68과 같이 크게 2가지 편극성(polarizability)과 쌍극자 모멘트(dipole moment)의 합으로 나타난다. 편극성은 전기장을 가진 분자 내에서 전자들의 상호작용이고 쌍극자 모멘트는 분자 내에 양과 음전하의 중력 중심을 측정하여 평가한다. 만약 두 중심이 일치하지 않으면 분자는 전기적으로 비대칭적이 되고 극성이 되면서 영구적으로 쌍극자(dipole)가 된다. 식 (3.46)은 쌍극자 모멘트(μ_1)와 전기장(E) 및 편극성(α)의 관계를 나타낸다. 식 (3.46)은 유전율(ε)에 대한 드 베이어(Debye)공식이다. 식 (3.47)에서는 L(아보가드로 수), ρ(오일의 밀도, g/cm^3), α(편극성), μ_1(쌍극자 모멘트), M(오일의 분자량), k(볼츠만 상수), T_1(절대온도)을 이용하여 유전율과 편극성, 밀도, 분자량, 온도와의 관계를 보여준다. 식에서 $(L_\rho/(3M))$은 분자 하나의 부피를 나타내고 kT_1는 열에너지의 양을 나타낸다.

$$\mu_1 = \alpha E \tag{3.46}$$

$$(\varepsilon - 1)/(\varepsilon + 2) = (\alpha + \mu_1^2/(3kT_1))(L_\rho/(3M)) \tag{3.47}$$

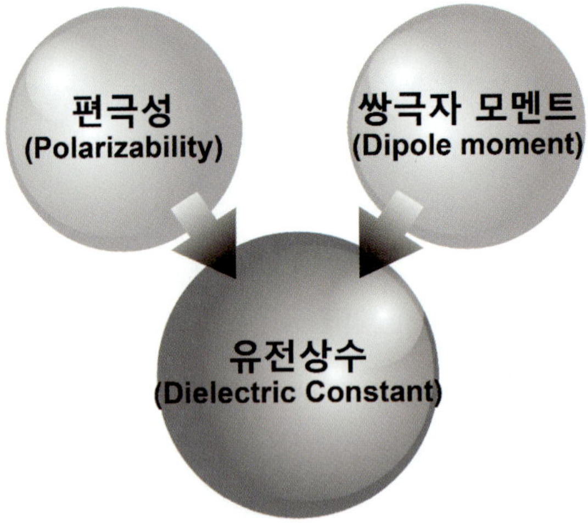

그림 3.68 유전상수의 편극성과 쌍극자 모멘트

유전상수에 영향을 주는 인자에는 온도, 밀도, 파라핀계와 나프텐계의 양, 첨가제, 전기장의 주파수 등이 있다. 온도에 따른 유전상수는 온도가 증가할수록 대체적으로 감소한다. 식 (3.47)의 드베이어 공식에서도 보여주듯이 온도가 증가하면 윤활유의 밀도가 감소하여 유전율이 감소한다. 밀도가 작다는 것은 단위 부피당 윤활유 분자들의 수가 상대적으로 적다는 것으로 윤활유 분자들 간의 전기장과 상호작용이 약해진다. 밀도는 유전상수의 편극성에 영향을 준다. 식 (3.48)은 하나의 예시로 연료에서 밀도와 유전율의 관계를 나타내는 식으로 밀도의 단위는 kg/m^3 이다.

$$\varepsilon = 0.001667\rho + 0.785 \tag{3.48}$$

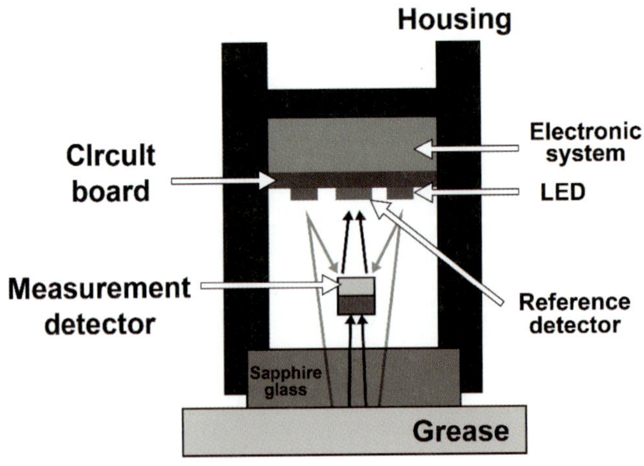

그림 3.69 그리스 센서

전기장 주파수(electric field frequency)는 유전상수에 영향을 주는데 전기장 주파수가 증가하면 유전상수는 감소한다. 전기장의 주파수가 높으면 분자들이 회전이나 움직이는데 충분한 시간이 주어지지 않아 단지 극성(polarizability) 만이 유전상수에 기여한다. 윤활유의 구성 요소에서 첨가제들이 기유에 비해 유전상수에 미치는 영향이 크다. 그 이유는 내마모방지제, 산화억제제 등의 첨가제에는 쌍극자 모멘트 성분이 있기 때문이다. 기유에는 방향족, 나프텐계, 파라핀계가 있는데 파라핀계보다는 방향족과 나프텐계가 큰 유전상수 값을 가진다. 그 외에도 수분, 연료 등의 오염에 의해 유전상수가 변화한다. 요즘 자동차, 건설장비 등에서 상태진단을 위해 유전상수 센서를 이용하는 사례들이 증가하고 있다.

그리스의 높은 점도 조건과 유동이 균일하지 않으며 가혹한 작동 조건에 많이 사용되기 때문에 일반적인 액상 윤활유에 적용되는 센서들은 그리스를 사용하는 환경에 적용하기 어렵다. 즉, 액상 윤활유의 경우는 일반적인 온도 사용 범위에서 유동성이 양호하므로 여러 가지 방법으로 측정이 가능하지만 그리스는 유동성이 나빠 다양한 측정방법을 적용하기 어렵다. 최근에 Schaeffler 에서 그리스의 수분 함량, 마모입자, 온도, 불투명도(opacity)를 측정 가능한 센서를 개발하였다. 그림 3.69와 같이 근적외선(near-infrared) 광원을 이용하여 그리스에 의해 반사되는 것을 검출기(detector)로 측정하는 방식이다. 이 방법은 비슷한 흡수 특성을 갖는 오염물에 대한 구분이 어렵고 또한 센서의 위치에 민감하다. 그리스 또한 산업 분야에서 활발히 적용되므로 그리스 분석을 활용한 상태진단을 하기 위해서는 그리스의 물성값을 측정하는 센서의 개발이 요구된다.

전기전도도는 전기전도율이라고도 하는데 전기 저항의 역수이며, 전류가 통과하기 쉬운 정도를 나타낸다. 윤활유의 전기전도도는 기유, 첨가제, 극성 등에 영향을 받는다. 윤활유가 오염이 되면 전기전도도가 변화하므로 전기전도도 센서를 이용하여 윤활유의 상태진단을 한다. 전기전도도 또한 유전상수와 유사하게 여러가지 오염인자들에 영향을 많이 받는 단점이 있다.

3.2.3.6. 통합형 센서

윤활유의 오염과 열화는 어떤 하나의 원인 또는 오염원에 의해서라기보다는 복합적인 원인들에 의해 발생한다. 따라서 윤활유나 기계의 상태진단을 위해서는 여러 가지 물성값에 대한 측정과 평가가 필요하다. 그림 3.70은 산업계에서 사용되고 있는 통합형 센서들을 보여준다. 그리고 표 3.11은 그림 3.70에 있는 통합형 센서들의 작동 온도, 작동 압력, 측정 가능한 항목 및 항목에 대한 오차 수준을 보여준다. 윤활유 센서들이 2가지 이상의 물성값을 측정하며 측정오차들이 5 % 이하의 정밀도를 유지하고 사용 온도나 압력 조건이 다양한 시스템에 적용할 수 있도록 제작되었다. 이렇게 MEMS의 기술 등 센서 제조 기술의 발달로 하나의 센서로 윤활유의 여러 가지 물성값을 측정할 수 있는 통합형 센서들이 개발되고 있다. 하나의 물성값을 측정하는 과거의 센서에 비해 여러 가지 물성값을 동시에 측정함으로써 종합적인 분석이 가능하게 되었다. 그러나 여전히 센서의 정확도 및 신뢰성의 개선이 필요하다.

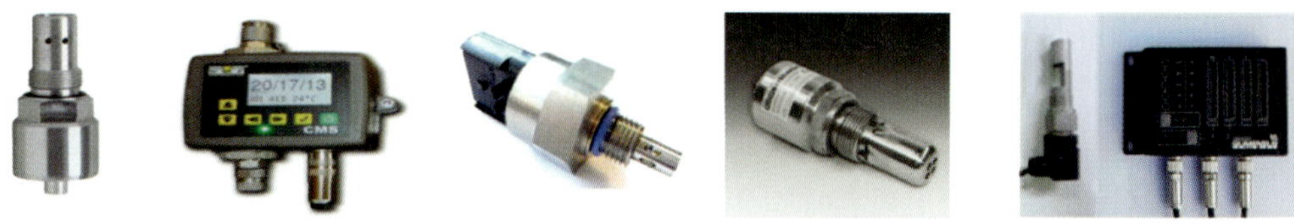

IFM LDH 100 | **RMF Contamination Monitoring Sensor 2** | **TE FPS 2800** | **Hydac HLB 1400** | **Ulfa Oil-Mon sensor**

그림 3.70 통합형 윤활유 센서

표 3.11 통합형 윤활유 센서의 특징

Oil sensor model	IFM LDH 100	RMF Contamination monitoring sensor 2	TE FPS 2800	Hydac HLB 1400	Ulfa Oil-Mon sensor
Working Temp.	-20 ℃ ~ 12 0 ℃	-40 ℃ ~ 120 ℃	-40 ℃ ~ 150 ℃	-25 ℃ ~ 100 ℃	-20 ℃ ~ 85 ℃
Working pressure	Max. 50 bar	Max. 20 bar	Max. 25 bar	Max. 50 bar	Max. 10 bar
Errors	Temp: ±2 ℃, Relative humidity: ±3 %	Temp: ±2 ℃, Relative humidity: ±3 %, Contamination: ±0.5 code for 4, 6, 14 μm	Temp: ±0.1 ℃, Density: ±1 %, Viscosity: ±2 %, Dielectric constant: ±1 %	Temp: ±3 ℃, Relative humidity: ±3 %, Electrical conductivity: ±5 %, Dielectric constant: ±5 %	Temp: ±3 ℃, Relative humidity: ±3 %, Contamination: ±0.02 ppm
Measuring items	Temperature, Relative humidity	Temperature, Relative humidity, Contamination	Temperature, Density, Absolute viscosity, Dielectric constant	Temperature, Relative humidity, Electrical conductivity, Dielectric constant	Temperature, Relative humidity, Contamination, Oxidation

3.2.4. 윤활유 분석을 활용한 기계상태진단 사례

3.2.4.1. 각종 엔진 적용 사례

엔진 윤활유는 상대 운동을 하는 구성요소의 마찰을 감소시키는 기능뿐만 아니라 청정제(detergent)나 분산제(dispersant)에 의해 구성 요소들을 깨끗하게 유지시키는 기능 등을 수행한다. 이전에는 윤활유를 샘플링하여 점도, 산가, 염기가, 수분 함량, 불용분의 양 등을 분석함으로써 상태진단을 하였다. 요즘은 자동차 엔진뿐만 아니라 선박용 엔진, 장갑차나 탱크의 엔진 등에 윤활유 센서를 이용한 실시간 상태진단이 적용되고 있다. 최근에는 유전상수나 전기화학적 임피던스(electrochemical impedance)를 이용하거나 가시화 페로그래피(visual ferrograph)를 이용하여 엔진 윤활유를 상태진단하고 있다. 전기화학적 임피던스를 이용한 측정에서는 부동액의 주성분인 글리콜(glycol)의 오염이나 수트의 오염 및 전체적인 오염도를 평가하였다. 그리고 유전상수와 전기전도도를 이용하여 엔진 윤활유의 산가(Acid Number, AN)를 측정하였다. 유전상수와 전기화학적 임피던스를 이용한 분석은 빠르며 간단하고 기존 표준 테스트 방법과의 연계에 어려움이 없으며 가격이 비교적 저렴하다는 장점을 가지고 있다. 온라인 가시화 페로그래피(On-Line Visual Ferrograph, OLVF)는 이미지 센서를 활용하여 엔진의 마모입자 농도를 연속적으로 모니터링 가능한 장치로 높은 샘플링 빈도수(high sampling frequency)와 자동 모니터링이 된다는 장점을 가지고 있다. 이 방법은 마모입자의 사이즈, 농도, 형상 정보를 알 수 있으니 미모 예측에 활용되지 않았다. 국내에서는 유전상수를 이용하여 자동차 엔진오일의 품질을 모니터링하는 시스템에 대한 연구를 수행하였다. 개발된 센서들은 오일필터 일체형 센서 또는 그림 3.71과 같이 딥스틱게이지 타입(dipstick gauge type)의 소형 센서이며 엔진오일의 열화정도를 측정하였다.

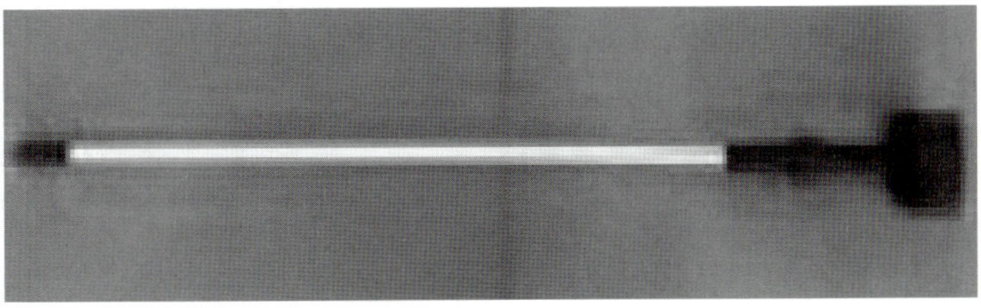

그림 3.71 딥스틱게이지 타입의 소형 센서

선박용 디젤 엔진(marine diesel engine)에서는 복잡한 진동 소스, 간섭 등으로 발생하는 고장을 진동으로만 측정하므로 엔진을 모니터링하기 어렵다. 따라서 윤활유 센서를 이용한 오일 분석이 엔진의 기계상태진단에 중요한 방법이 되었다. 주로 온라인 페로그래피 (on-line ferrograph)를 이용하여 엔진 윤활유의 상태를 진단한다.

국내 생산되는 탱크에서 엔진과 변속기로 구성된 파워 트레인의 상태진단을 위해 그림 3.72와 같이 마모입자 센서, 마모입자 계수(particle counter) 센서, 염기가와 첨가제의 소멸 상태를 모니터링하는 센서들로 진단시스템을 구성하여 성능 테스트에 적용하였다. 그리고 아래의 시스템을 무선 통신이 가능하도록 하여 탱크가 시험 운전을 하는 동안 파워 트레인의 이상 유무를 진단하여 과도한 이상마모가 발생할 때는 경고를 하도록 하였다.

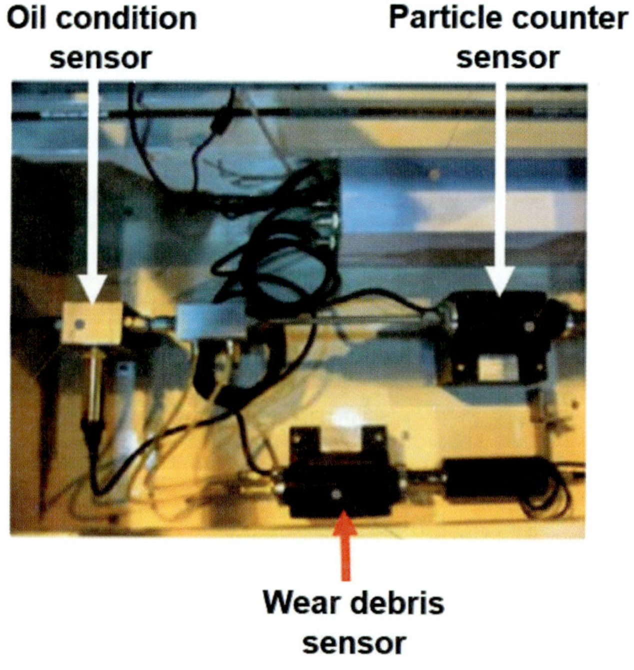

그림 3.72 탱크의 오일 상태진단 시스템

3.2.4.2. 풍력발전기, 항공기 적용 사례

풍력발전에서도 심각한 손상에 따른 비용을 절감하기 위한 보전 활동(maintenance activity)이 아주 중요하다. 유지, 보수 비용이 유럽의 해상 풍력발전의 경우는 전체의 18 ~ 23 %이고 육상 풍력발전의 경우는 12 ~ 30 %이다. 풍력발전기의 기어박스(gearbox)는 그림 3.73과 같은 손상으로 인해 다른 구성요소에 비해 고장시간(downtime)과 고장율(failure rate)이 크다. 기어박스에서는 기어 손상, 베어링 손상, 축의 손상, 윤활유의 누설 및 고온 문제 등이 발생한다. 이때 상대 운동을 하는 금속 표면에서는 마이크로 피팅(micro-pitting), 스커핑(scuffing), 플레이킹(flaking) 등의 마모 손상이 나타난다. 그림 3.74는 시간에 따른 진단 과정을 나타내는 그래프로 P점은 잠재적인 고장 조건을 발견한 시점을 나타내고 F점은 기능 고장을 일으키는 시점을 나타낸다. 그리고 RUL(Remaining Useful Life)은 고장 진행과정에서 P점 이후의 잔존 수명을 나타낸다. 이와 같은 기어박스나 주요 베어링 장치의 상태진단을 위하여 다양한 형태의 모니터링 방법을 활용하고 있다. 마모입자 센서에는 철분 마모만을 측정하는 센서를 사용하거나 철분, 비철 마모입자를 모두 측정이 가능한 인덕턴스(inductance) 마모입자 센서를 주로 이용한다. 그리고 윤활유의 오염도에 대해 입자계수기(particle counter)를 사용하여 상태진단을 하고 있다. 그 외에도 유전상수(dielectric constant)나 전기 전도도(electrical conductivity)를 이용한 센서를 활용하기도 한다. 이는 전기 전도도와 유전상수가 윤활유의 열화(degradation) 및 첨가제의 소멸(depletion)과 관련이 있기 때문이다. 그러나 이 물성값들은 온도의 변화에 민감하고 데이터의 해석 기술에 의존도가 높다. 또한 간단한 방법으로는 윤활유 센서로 압력, 온도를 측정하거나 필터의 상태를 확인하며 복합적인 방법으로는 진동센서와 윤활유 센서를 함께 사용하여 상태진단을 하는 것이다.

Planetary Bearing　　　　Planetary Gears

그림 3.73 풍력터빈 기어박스의 마모 손상

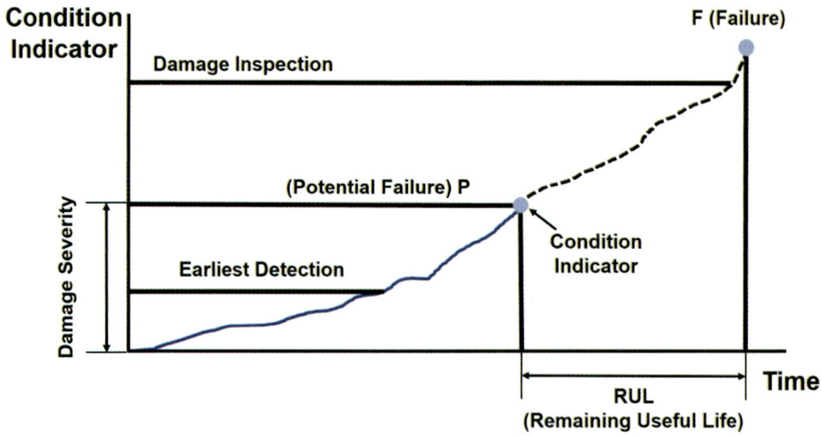

그림 3.74 풍력터빈 기어박스의 상태진단

전투기, 헬기, 수송기 등 항공기에 그림 3.75와 같이 윤활유 센서들을 이용한 상태진단은 주로 엔진, 변속기, 유압 라인에 적용되고 있다. 그림 3.75(a)는 CH-47(Chinook) 헬기로 1950년대 중반에 대량의 무장병력 침투 및 수송, 부상병 후송, 주요 장비 및 군수품 이동과 투하를 수행하기 위해 개발되었다. 그림에서 빨간점은 윤활유 센서들이 설치된 위치를 나타낸다. 아직 일반 산업계에서 윤활유 센서를 통한 기계상태진단이 보편화되기 이전부터 항공기 분야에서는 이미 적용되고 있었다. 그림 3.75(b)는 미국 해군의 주력 전투기인 F/A-18(Hornet)으로 1983년부터 실전 배치되어 지금까지도 운영되고 있다. 그림의 빨간점은 철분 마모입자를 검출하는 Chip detector, 전투기 윤활유의 충진율을 보여주는 Slight gauge, 윤활유내 마모입자를 모니터링하여 밸브를 자동적으로 닫게 하는 Full-flow screen housing의 위치를 나타낸다. 이렇게 하나의 항공기에 여러 개의 윤활유 센서들을 설치하여 상태진단을 하고 있다. 최근 논문에서는 최신의 전투기 F-22(Raptor)에서는 개량된 윤활유 센서들이 많이 적용되고 있다고 보고한다.

항공기에서는 3가지 관점에서 윤활유 모니터링이 이루어지고 있다. 이는 윤활유의 품질(oil quality), 입자(debris), 윤활유 시스템 운영(oil system operation)이다. 특히 입자 모니터링은 엔진의 상태진단 시스템에서 중요한 요소 중에 하나이다. SOA(spectrometric oil analysis), magnetic chip collector, electric chip collector 를 이용하여 윤활유에 포함된 불순물 입자를 모니터링한다. GE90 항공기 엔진에 설치된 와류 입자 분리기 (vortex debris separator)는 와류를 발생시켜 입자와 공기, 윤활유로 분리함으로써 센서가 입자의 양을 측정하게 한다. 이러한 방법 등을 통해 항공기에 보다 정밀한 상태진단이 가능하도록 노력을 기울이고 있다.

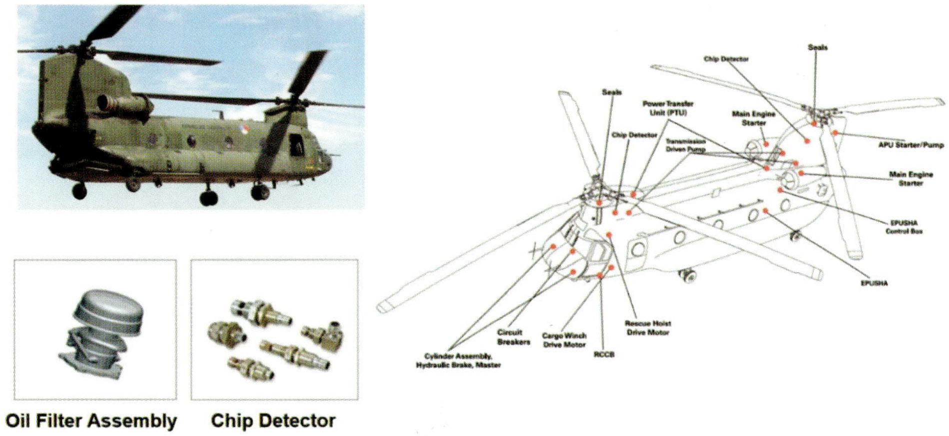

(a) 헬리콥터(CH-47)

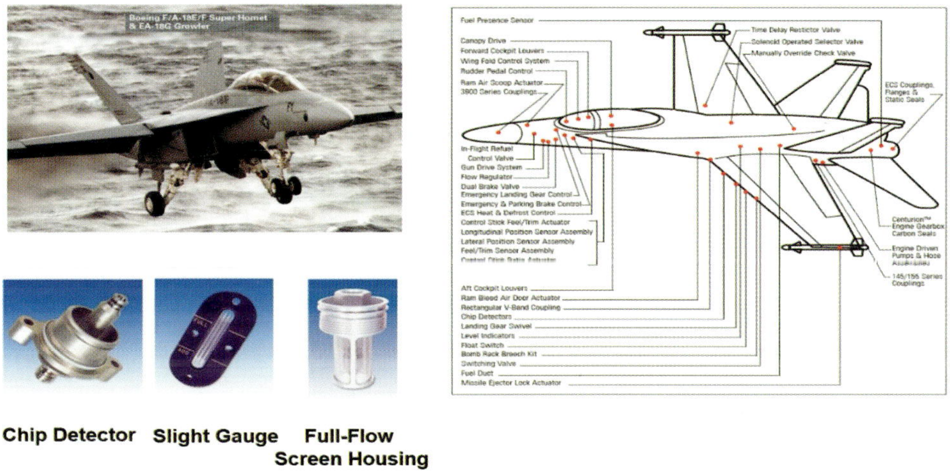

(b)전투기(F/A-18)

그림 3.75 항공기에 적용된 오일 센서

3.2.4.3. 건설장비의 적용 사례

가혹한 환경에서 작업을 수행하는 건설장비들의 상태진단은 기계의 신뢰성 측면에서 필요하다. 그림 3.76과 같이 건설장비 시장에서 시장 점유율이 가장 높은 Caterpillar(CAT)는 1971년부터 S.O.S(Scheduled Oil Sampling) 프로그램을 시작하여 윤활유 샘플링과 분석을 통해 정기적으로 소비자에게 유용한 정보를 제공하였고 Hitachi는 2019년에 일부 건설장비에 유전상수, 밀도, 절대점도, 온도를 측정가능한 통합형 센서를 활용하여 상태진단 시스템을 적용하였으며 볼보에서도 윤활유 분석 서비스를 제공하고 있다.

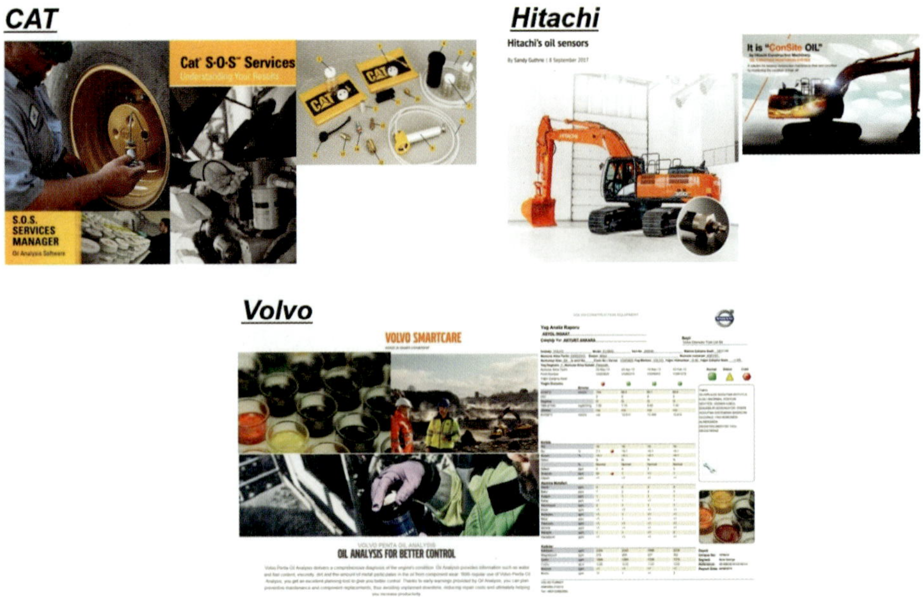

그림 3.76 건설회사들의 윤활유 분석 서비스

예전에는 주로 윤활유의 압력과 온도, 부동액의 온도 등을 모니터링하였으나 현재는 마모입자 센서와 통합형 센서(integrated sensor)를 통해 윤활유의 여러 물성값을 모니터링하여 상태진단을 하고 있다. 임피던스를 이용한 센서를 통해 철분 입자와 비철 입자를 측정 가능하며, 수분과 공기 방울의 측정이 가능한 시스템을 개발하고 있다. 또한 그림 3.77과 같이 입자를 측정하여 오염도를 평가하는 센서로 굴삭기의 유압유에 대해 상태진단하기도 한다. 일본의 Hitachi에서도 유전상수, 점도 등을 동시에 측정 가능한 통합형 센서와 오염도 센서를 함께 이용하여 유압 작동유의 상태진단을 하는 연구도 수행하였다.

그림 3.77 20톤 굴삭기에 설치된 마모입자 센서

국내에서도 국내 건설기계 회사에서는 액슬(axle)에 철분 마모 센서를 이용한 상태진단이나 유압작동유에 통합형 센서를 활용한 기계상태진단에 대해 연구를 진행하고 있다. 액슬은 무한궤도가 아닌 바퀴로 움직이는 건설장비에서 자동차의 차동기어(differential gear)의 기능과 힘의 전달방향을 변화시키는 장치이다. 여러 개의 기어로 구성된 부품이며 주로 마모입자가 발생되고 때로는 큰 손상이 발생되는 부분으로 신뢰성이 요구된다. 액슬의 개발 단계에서 마모입자의 발생 정도를 파악하기 위해 상태진단 시스템을 개발하였다. 액슬 내구성 실험 장치에 영구 자석이 포함된 철분 마모입자 센서를 윤활유 드레인(drain)에 설치하고 상태진단 프로그램을 활용하여 모니터링하였다. 이 상태진단 시스템은 철분 마모입자 센서로부터 오는 신호를 이용하여 실험 중 마모입자의 양과 변화율을 확인할 수 있다. 또한 마모량과 이것의 변화율에 대한 기준값을 설정하고 측정값이 기준값을 초과하면 교통 신호등이나 신호음으로 경고하는 시스템을 갖추고 있다. 그림 3.78은 이상마모가 발생하였을 때 상태진단 시스템에서 결과를 나타내고 그림 3.79는 이때의 액슬 내부의 마모 상태와 철분 마모 센서에 부착된 철분 마모입자의 모습을 보여준다. 이뿐만 아니라 통합형 센서를 이용하여 유압작동유에 대한 상태진단 시스템을 개발하려는 연구를 진행중이다.

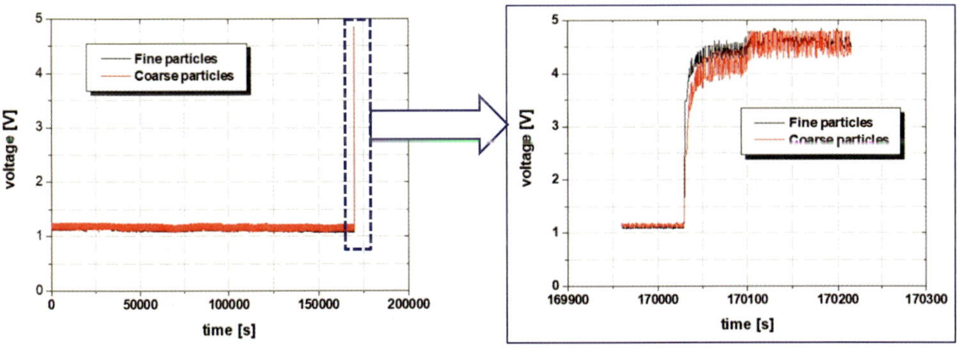

그림 3.78 액슬 상태진단 프로그램의 이상마모 결과

그림 3.79 액슬의 이상마모와 철분 마모 센서의 마모입자

참고문헌

[1] Jost, H. P., "Tribology—origin and future", Wear, Vol. 136, pp. 1-17, 1990.

[2] Bhushan, B., Introduction to tribology John Wiley & Sons, 2013.

[3] Bhushan, B., Principles and applications of tribology John Wiley & Sons, 1999.

[4] Ciulli, E., "Tribology and industry: From the origins to 4.0", Front. Mech. Eng., Vol. 5, pp. 55, 2019.

[5] Nosonovsky, M., Bhushan, B., Green tribology: biomimetics, energy conservation and sustainability Springer, 2012.

[6] Stachowiak, G. W., Batchelor, A. W., Engineering tribology Butterworth-heinemann, 2013.

[7] Bousdekis, A., Apostolou, D., Mentzas, G., "Predictive maintenance in the 4th industrial revolution: benefits, business opportunities, and managerial implications", IEEE Eng. Manag. Rev., Vol. 48, pp. 57-62, 2019.

[8] Tzanakis, I., Hadfield, M., Thomas, B., Noya, S., Henshaw, I., Austen, S., "Future perspectives on sustainable tribology", Renew. Sustain. Energy Rev., Vol. 16, pp. 4126-4140, 2012.

[9] Holmberg, K., Erdemir, A., "Influence of tribology on global energy consumption, costs and emissions", Friction, Vol. 5, pp. 263-284, 2017.

[10] Albagachiev, A. Y., Gurskii, B., Luzhnov, Y. M., Romanova, A., Chichinadze, A., "Economic and ecological issues in tribology", Russ. Eng. Res., Vol. 28, pp. 959-964, 2008.

[11] Holmberg, K., Andersson, P., Erdemir, A., "Global energy consumption due to friction in passenger cars", Tribol. Int., Vol. 47, pp. 221-234, 2012.

[12] Holmberg, K., Andersson, P., Nylund, N.-O., Mäkelä, K., Erdemir, A., "Global energy consumption due to friction in trucks and buses", Tribol. Int., Vol. 78, pp. 94-114, 2014.

[13] KOSIS 국가통계포털 Available at: https://kosis.kr/.

[14] Elleuch, R., Elleuch, K., Abdelounis, H. B., Zahouani, H., "Surface roughness effect on friction behaviour of elastomeric material", Mater. Sci. Eng. A, Vol. 465, pp. 8-12, 2007.

[15] Stachowiak, G., Batchelor, A. W., Experimental methods in tribology Elsevier, 2004.

[16] Tabor, D., "The area of contact between stationary and between moving surfaces", 1939.

[17] Dong, Y., Li, Q., Martini, A., "Molecular dynamics simulation of atomic friction: A review and guide", J. Vac. Sci. Technol. Vac. Surf. Films, Vol. 31, pp. 030801, 2013.

[18] Hutchings, I., Shipway, P., Tribology: friction and wear of engineering materials Butterworth-Heinemann, 2017

[19] Johnson, K. L., Johnson, K. L., Contact mechanics Cambridge university press, 1987

[20] 이한영, 공호성, 성인하, 이성철, 한흥구, 홍성호, ISO 18436-4 규격에 따른 기계설비의 상태와 진단(트라이볼로지 영역 I) 개정판, 한국소음진동공학회, 2019.

[21] 이한영, 공호성, 성인하, 이성철, 한흥구, 홍성호, ISO 18436-4 규격에 따른 기계설비의 상태와 진단(트라이볼로지 영역 II) 개정판, 한국소음진동공학회, 2019.

[22] 정동윤, 고충현, 윤활공학, GS인터비전, 2016.

[23] 홍성호, 윤활유 분석 기반의 기계상태진단-기본 과정, 한티미디어, 2021.

[24] Lee, K. S., Kim, J. W., “A study on strategy of condition based maintenance for rolling stock”, Proc. Spring Conf. Korean Society for Railway, Mokpo, Korea, May 2015.

[25] Yan, R., Gao, R. X., “Complexity as a measure for machine health evaluation”, IEEE Trans. Instrum. Meas., Vol.53, pp.1327-1334, 2004.

[26] Kumar, M., Shankar, Mukherjee, P., Mohan, Misra, N., “Advancement and current status of wear debris analysis for machine condition monitoring: a review”, Ind. Lubr. Tribol., Vol.65, pp.3-11, 2013.

[27] Hong, S. H., “Literature review of machine condition monitoring with oil sensors – Types of sensors and their functions”, Tribo. Lubr., Vol.36, No. 6, pp.297-306, 2020.

[28] Hong, S. H., “Review of application cases of machine condition monitoring with oil sensors”, Tribo. Lubr., Vol.36, No. 6, pp.307-314, 2020.

[29] Hong, S. H., Ha, J. M., Seo, M. G., Cho, J. I., Jeon, H. G., Yoo, J. H., “Machine condition monitoring system with ferrous wear debris sensor”, Proc. Autumn Conf. Korean Tribol. Soc., Pusan, Korea, October 2019.

[30] Khan, M. A., Starr, A. G., “Wear debris: basic features and machine health diagnostics”, Insight Non-Destr. Test Cond. Monit., Vol.48, pp. 470-476, 2006.

[31] Younus, A. M. D., Yang, B. S., "Intelligent fault diagnosis of rotating machinery using infrared thermal image", Expert Syst. Appl., Vol.39, pp.2082-2091, 2012.

[32] Flanagan, I. M., Jordan, J. R., Whittington, H. W., "Wear-debris detection and analysis techniques for lubricant-based condition monitoring", J. Phys. E. Sci. Instrum., Vol.21, pp.1011-1016, 1988.

[33] Du, L., Zhu, X., Han, Y., Zhe, J., "High throughput wear debris detection in lubricants using a resonance frequency division multiplexed sensor", Tribol. Lett., Vol.51, pp.453-460, 2013.

[34] Cao, W., Dong, G., Chen, W., Wu, J., Xie, Y.B., "Multi sensor information integration for online wear condition monitoring of diesel engines", Tribol. Int., Vol.82, pp.68-77, 2015.

[35] Shen, M. X., Dong, F., Zhang, Z. X., Meng, X. K., Peng, X. D., "Effect of abrasive size on friction and wear characteristics of nitrile butadiene rubber (NBR) in two-body abrasion", Tribol. Int., Vol.103, pp.1-11, 2016.

[36] Zhu, X., Zhong, C., Zhe, J., "Lubricating oil condition sensors for online machine health monitoring – A review", Tribol. Int., Vol.109, pp.473-484, 2017.

[37] Controls, Gill Sensors & Controls. Oil debris sensor, https://www.gillsc.com/assets/Uploads/GScondition-CD1599-Iss-5.pdf,Accessed December 16, 2020.

[38. Murali, S., Xia, X., Jagtiani, A. V., Carletta, J., Zhe, J., "Capacitive Coulter counting: detection of metal wear particles in lubricant using a microfluidic device", Smart Mater. Struct., Vol.18, pp.37001, 2009.

[39] Wen, Z., Yin, X., Jiang, Z., "Applications of electrostatic sensor for wear debris detecting in the lubricating oil", J. Inst. Eng. Ser. C., Vol.94, pp.281-286, 2013.

[40] Liu, Y., Liu, Z., Xie, Y., Yao, Z., "Research on an on-line wear condition monitoring system for marine diesel engine", Tribol. Int., Vol.33, pp.829-835, 2000.

[41] Keller, M. A., Saba, C. S., "Monitoring of ester base lubricants by dielectric constant", Lubr. Eng., Vol.45, pp.347-351, 1989.

[42] Du, L., Zhe, J., Carletta, J., Veillette, R., Choy, F., "Real-time monitoring of wear debris in lubrication oil using a microfluidic inductive Coulter counting device", Microfluid

Nanofluidics, Vol.9, pp.1241-1245, 2010.

[43] Du, L., Zhe, J., Carletta, J. E., Veillette, R. J., "Inductive Coulter counting: detection and differentiation of metal wear particles in lubricant", Smart Mater. Struct., Vol.19, pp.57001, 2010.

[44] Gastops Long Live Equipment. MetalSCAN MS4000, http://www.gastops.com/wp-content/uploads/2016/09/C008850_001.pdf,Accessed December 16, 2020.

[45] Du, L., Zhe, J., "A high throughput inductive pulse sensor for online oil debris monitoring", Tribol. Int., Vol.44, pp.175-179, 2011.

[46. Du, L., Zhe, J., "Parallel sensing of metallic wear debris in lubricants using under-sampling data processing", Tribol. Int., Vol.53, pp.28-34, 2012.

[47] Du, L., Zhu, X., Han, Y., Zhao, L., Zhe, J., "Improving sensitivity of an inductive pulse sensor for detection of metallic wear debris in lubricants using parallel LC resonance method" Meas. Sci. Technol., Vol.24, pp.75106, 2013.

[48] Nemarich, C. P., Whitesel, H. K., Sarkady, A., "On-line wear particle monitoring based on ultrasonic detection and discrimination", Mater. Eval., Vol.50, pp.525-530, 1988.

[49] Xu, C., Zhang, P., Wang, H., Li, Y., Lv, C., "Ultrasonic echo waveshape features extraction based on QPSO-matching pursuit for online wear debris discrimination", Mech. Syst. Signal Process, Vol.60, pp.301-315, 2015.

[50] Du, L., Zhe, J., "An integrated ultrasonic–inductive pulse sensor for wear debris detection", Smart Mater. Struct., Vol.22, pp.25003, 2013.

[51] Hamilton, A., Cleary, A., Quail, F., "Development of a novel wear detection system for wind turbine gearboxes", IEEE Sens. J., Vol.14, pp.465-473, 2014.

[52] Wu, T., Wu, H., Du, Y., Kwok, N., Peng, Z., "Imaged wear debris separation for on-line monitoring using gray level and integrated morphological features", Wear, Vol.316, pp.19-29, 2014.

[53] Markova, L. V., Makarenko, V. M., Semenyuk, M. S., Zozulya, A, P., "On-line monitoring of the viscosity of lubricating oils", J. Frict. Wear, Vol.31, pp.433-442, 2010.

[54] Markova, L. V., Myshkin, N. K., Kong, H., Han, H. G., "On-line acoustic viscometry in oil

condition monitoring", Tribol. Int., Vol.44, pp.963-970, 2011.

[55] Saluja, A., Kalonia, D. S., "Measurement of fluid viscosity at microliter volumes using quartz impedance analysis", AAPS PharmSciTech, Vol.5, pp.e47, 2004.

[56] Salzer, S., Jahns, R., Piorra, A., Teliban, I., Reermann, J., Höft, M., et. al., "Tuning fork for noise suppression in magnetoelectric sensors", Sens. Actuators A Phys., Vol.237, pp.91-95, 2016.

[57] Heinisch, M., Voglhuber-Brunnmaier, T., Reichel, E.K., Dufour, I., Jakoby, B., "Application of resonant steel tuning forks with circular and rectangular cross sections for precise mass density and viscosity measurements", Sens. Actuators A Phys., Vol.226, pp.163-174, 2015.

[58] Mueller, C. J., Pitz, W. J., Pickett, L. M., Martin, G. C., Siebers, D. L., Westbrook, C. K., "Effects of oxygenates on soot processes in DI diesel engines: experiments and numerical simulations", SAE Technical Papers, Vol.1, pp.1791, 2003.

[59] Laget, O., Malbec, L-M., Kashdan, J., Dronniou, N., Boissard, R., Gastaldi, P., "Experimental and numerical investigations on the mechanisms leading to the accumulation of particulate matter in lubricant oil", SAE Int. J. Engines, Vol.9, pp.2030-2043, 2016.

[60] George, S., Balla, S., Gautam, M., "Effect of diesel soot contaminated oil on engine wear", Wear, Vol.262, pp.1113-1122, 2007.

[61] Ulrich, C., Petersson, H., Sundgren, H., Björefors, F., Krantz-Rülcker, C., "Simultaneous estimation of soot and diesel contamination in engine oil using electrochemical impedance spectroscopy", Sens. Actuators B Chem., Vol.127, pp.613-618, 2007.

[62] Holzki, M., Fouckhardt, H., Klotzbücher, T., "Evanescent-fieldfiber sensor for the water content in lubricating oils with sensitivity increase by dielectrophoresis", Sens. Actuators A Phys., Vol.184, pp.93-97, 2012.

[63] Smiechowski, M.F., Lvovich, V.F., "Iridium oxide sensors for acidity and basicity detection in industrial lubricants", Sens. Actuators B Chem., Vol.96, pp.261-267, 2003.

[64] Soleimani, M., Sophocleous, M., Wang, L., Atkinson, J., Hosier, I. L., Vaughan, A. S., et. al., "Base oil oxidation detection using novel chemical sensors and impedance spectroscopy measurements", Sens. Actuators B chem., Vol.199, pp.247-258, 2014.

[65] Soleimani, M., Sophocleous, M., Glanc, M., Atkinson, J., Wang, L., Wood, R. J. K., et. al., "Engine oil acidity detection using solid state ion selective electrodes", Tribol. Int., Vol.65, pp.48-56, 2013.

[66] Moon, S-I., Paek, K-K., Lee, Y-H., Kim, J-K., Kim, S-W., Ju, B-K., "Multiwall carbon nanotube sensor for monitoring engine oil degradation", Electrochem Solid-State Lett., Vol.9, pp.H78, 2006.

[67] Zeng, J., Zhao, C., Zhang, M., Zhao, M., "Study condition monitoring of construction equipment based on wireless sensor networks", 2010 International Conference on Computer Application and System Modeling, Taiyuan, China, October 2010.

[68] Felix, N., Jennifer A., H., Jacqueline, G., "Improving hydraulic excavator performance through in line hydraulic oil contamination monitoring", Mechanical Systems and Signal Processing, Vol.83, pp.176-193, 2017.

[69] Liu, C., Tang, X., Yu, T., Wang, T., Lu, Z., Yu, W., "Measurement of moisture content in lubricating oils of high-speed rail gearbox by Vis-NIR spectroscopy", Optik – International Journal for Light and Electron Optics, Vol.224, 165694, 2020.

[70] https://korean.alibaba.com/product-detail/automatic-single-point-lubricators

[71] https://www.noria.com

[72] https://www.icmlonline.com

[73] https://en.oelcheck.com/analyses/test-methods/ruler/

04 열화상 기반의 기계상태진단

4.1. 열화상 원리와 이해

4.1.1. 기초 열역학의 이해

4.1.1.1. 열과 온도

열화상을 이해하기 위해서는 우선 열역학과 열전달에 대한 기본적인 이해가 필요하다. 여기서는 우리 주변의 물체를 기반으로 한 열역학과 열전달의 원리를 설명함으로 열화상 기반의 기계상태진단의 첫 발자국을 떼고자 한다.

물질은 우리의 주변을 가득 채우거나 정형 또는 비정형 물체를 이루는 기본요소이다. 그러므로 물질은 우리가 숨쉬는 산소와 질소를 포함하고 있는 공기를 비롯한 주변의 모든 인지 가능한 대상이라고 할 수 있다. 이러한 물질은 일반적으로 원자나 분자의 형태로 이루어져 있으며, 이러한 물질은 주변상황에 따라 다양한 상태(액체, 고체, 기체 또는 플라즈마 상태)로 보여 질 수 있다.

이러한 물질의 구성과 움직임은 열에너지와 온도 그리고 에너지의 이동을 다루는 열전달을 검토하기 위한 출발점이라고 할 수도 있다.

물체가 가지고 있는 에너지와 물체의 운동에 대한 논의를 위해서는 여기서 하나의 개념으로 설명하고자 한다. 원자나 분자는 원자량에 따른 고유한 질량을 가진다. 또한 물체를 이루는 분자가 어떠한 상황내에서 스스로나 강제로 움직이고 있다면, 이는 물체가 운동 에너지를 가지고 있다고 할 수 있다.

이러한 물체를 이루는 많은 수의 원자 또는 분자들은 운동 에너지의 합을 가지게 될 것이며, 우리는 소위 이것을 "열(熱)" 또는 "열에너지"라 부른다.

이러한 열에 대한 내용은 다음과 같이 서로 다른 관점을 가질 수 있다.

- 열(heat): 움직이고 있는 모든 분자들의 운동 에너지로 인해 물체가 가지는 에너지의 형태 (여기서 전자의 흐름, 화학적 반응도 대상이 될 수 있다)
- 열전달 (heat transfer): 물체 내의 어떤 위치에서 다른 위치로, 그리고 물체들 사이에 서로 전달되는 형태의 에너지

그러므로 우리는 다음과 같이 말할 수 있다.

열 자체는 모든 물체가 내부의 분자 운동으로 인해 가지게 되는 열에너지의 실질적인 전달 그 자체이며, 열에너지가 더 이상 이동하지 않게 되면 우리는 이것을 열평형이라고 할 수 있다. 즉 열전달이 이루어지나 실제적인 총합적 열의 이동은 없다고 해야 할 것이다.

열은 물체 내의 원자 또는 분자들의 모든 운동 에너지의 합인 에너지의 한 형태이다.

열과 온도는 모두 같은 분자 운동과 관련 있지만, 근본적으로 다른 의미이다.

온도(temperature, 溫度)는 물질 내 입자의 평균 운동 에너지를 말하며, 온도는 물질의 운동에너지가 큰지 작은지를 판단하는 것이다. 같은 질량, 같은 분자로 구성되어 있는 경우에는, 단지 입자가 물질 내부에서 얼마나 빨리 움직이는지를 다루는 것이다. 이는 분자들의 평균속도와 관련된다. 우리가 이를 쉽게 표현한다면, 키를 재는 자와 같다고 볼 수 있다. 몸무게와 상관없이 그 사람의 키를 표현하는 것처럼, 얼마나 평균 운동에너지로 -즉 온도가- 높은지 낮은지를 판단하는 척도(level)로서의 역할을 하는 것이다.

열(heat, 熱)은 에너지이다. 열은 온도와 뗄레야 뗄 수 없는 관계이지만 열이 온도는 아니다! 열은 에너지의 양(amount)을 의미하며, 이는 우리가 얼마나 많은 양의 에너지가 물체에 존재하는지를 파악하는 것이다.

특이하게 열와 온도는 밀접한 관계이면서 다른 물리적 특성을 가지고 있다. 열을 그 양을 서로 산술적으로 더하거나 뺄 수 있으나, 온도는 산술적으로 더 할 수 없다. 왜냐면 열의 양에 따라서 온도가 변할 수 있기 때문이다.

예를 들어 50 °C의 온도가 같은 두 물체가 있다고 하자. 각각의 물체는 50 J의 에너지를 가지고 있다. 즉 같은 온도 및 같은 에너지를 가진 물체라고 가정하자. 만일 둘을 합치면 어떻게 될까?

둘을 더해 50 °C라고 표현할 수는 있을까? 그런데 에너지는 어떻게 되는가? 두 물체를 합치면

에너지는 두 배가 된다.

이는 에너지는 두개의 합으로 주어지나, 온도는 단순합이 아니라, 에너지라는 특성을 감안하여 온도가 변화할 수 있는 여지가 있다는 것이다. 이에 대해서는 추후 비열이라는 내용과 열용량이라는 내용을 통해 조금 더 다루도록 하겠다.

그림 4.1의 경우는 온도와 열에 대한 내용을 간단하게 보여주고 있다.

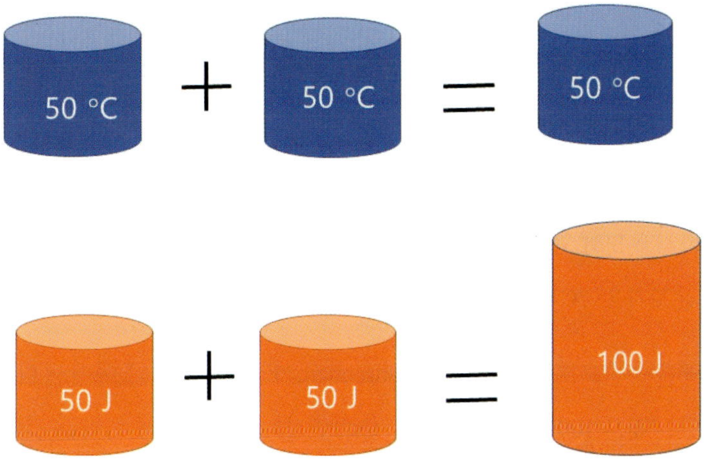

그림 4.1 온도(위)와 에너지(아래)의 합의 개념. 서로 다름에 주의하라

기를 잴 때 또는 거리를 측정할 때에 우리는 측정장치의 길이와 물체의 길이를 비교할 수 있지만, 온도는 직접적으로 측정할 수 없다. 그러기 위해서는 분자의 평균 속도를 측정할 수 있어야 하지만, 물론 너무 작아서 불가능하다! 따라서 온도가 물체의 무언인가에 영향을 주고 (예로 부피팽창, 전기저항값 변화 등) 이를 어떤 식으로도 다시 온도로 연계하는 것이 하나의 방법이다. 예를 들어 내부에 액체를 사용하는 막대온도계는 가는 유리관 내부에서 액체의 팽창- 일정한 단면적을 가진 막대유리를 따라 온도에 따라 부피가 팽창함으로 길이가 변화함-으로 온도를 측정한다. 따라서 측정하는 것은 사실상 온도에 따른 물체의 팽창거리를 측정함으로 온도라고 표현하는 것이다.

여기서 평형상태가 유지된다는 것은 물체의 온도를 측정하는 온도계에서 측정하려는 물체의 모든 부분과 모든 것이 같은 온도여야만 한다. 이것을 우리는 물체가 평형 상태에 있다고 할 수 있다.

온도는 분자 운동의 측정값으로 표시되는 것이다. 그러나 분자가 얼마나 빨리 움직일 수 있는지, 즉 가능한 최고 온도가 얼마인지 알기 어려우므로 이를 어떠한 기반을 중심으로 표현하는 것이 필요하게 되었다. 즉 분자가 전혀 움직이지 않는 온도, 그 점이 바로 절대영도(absolute zero temperature)이다.

절대온도의 온도척도는 절대영도에서 시작되며, 온도척도로 캘빈(Kelvin, K)을 사용한다. 그러나 일상 생활에서 절대영도는 일반적으로 잘 사용하지 않고 섭씨온도 (degree Celsius, °C) 단위를 사용하여 표현한다. 이러한 섭씨온도는 우리 주변에 가장 흔한 물질인 물의 상태 값을 기반으로 결정되었는데, 순수한 물의 어는점(freezing point)를 0으로 놓고 (즉 0 °C), 끓는 물을 100으로 놓아 (즉 100 °C의 끓는 물 상태) 그 상대온도를 기준으로 온도측정을 하는 상대온도 척도를 많이 사용한다. 여기서 절대온도와 섭씨온도는 대략 273 K의 차이를 나타내므로 이를 활용하여 절대온도와 섭씨온도 간의 변환이 쉽다는 장점을 가지고 있다.

따라서 온도에 대한 환산에 있어 273(정확히는 273.15)을 더하거나 빼면 된다. 예를 들어서 실내 온도가 25 °C라면, 절대온도는 25 + 273 = 298 K가 된다.

미국을 중심으로 한 화씨온도(Fahrenheit, °F) 도 존재하나 여기서 다루지는 않도록 하겠다. 재미있는 것은 100 °F는 섭씨 37.8 °C로 인간의 체온과 비슷하다는 것이며, 32 °F는 물의 어는점 212 °F는 물의 끓는점을 의미한다.

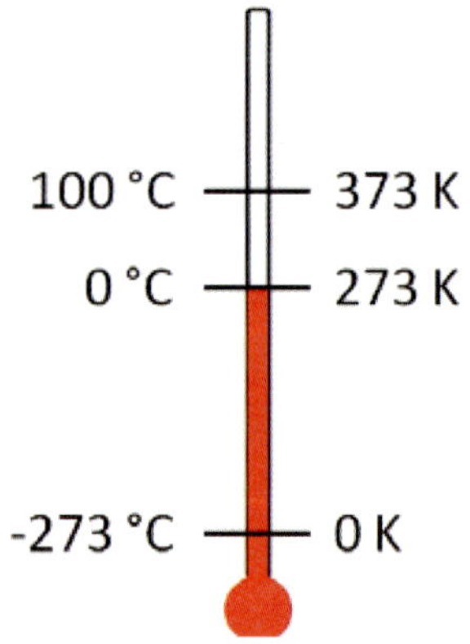

그림 4.2 온도의 정의

4.1.1.2. 물체의 열용량(Heat Capacity)

물체에 열을 가하면, 물체 내 분자의 평균 속도와 에너지가 증가하게 되며 온도가 상승한다. 물체에서 열을 제거하는 경우에는, 분자의 운동 속도와 운동 에너지가 감소하며 결론적으로 온도가 떨어지게 된다.

이러한 관계를 기반으로 어떤 물체의 일정량에 열을 가하거나 제거할 경우에 물체의 온도가 변하는 정도를 우리는 물체의 열용량이라고 한다. 우리가 가끔 다른 용어인 비열용량(또는 비열)은 그 물질의 1 g당 1 °C를 올리기 위한 에너지의 양을 의미하며, 이에 물체의 질량을 곱하면 우리는 물체전체에 필요한 에너지인 열용량을 얻을 수 있다. 이것은 물질 전체의 질량에 대해서 그 온도를 1 °C 높이기 위해 필요한 에너지를 의미한다.

따라서 물체의 온도를 높이기 위해서는 물체에 따라 서로 다른 열용량이 요구될 수 있다. 이는 물체마다 가지고 있는 비열이 다르기 때문에, 같은 온도를 올리더라도 물체의 종류와 상태(액체, 기체 또는 고체)에 따라 필요로 하는 에너지값이 다르다는 것을 말하는 것이다.

그렇다면 열용량은 온도변화 ΔT와 어떠한 관계를 가지고 있을까?

이는 물체가 흡수할 수 있는 양의 열에너지가 얼마인지를 표현할 수 있는 ΔQ로 표현할 수 있다. 그렇다면 열용량과, 온도변화(ΔT)그리고 흡열에너지(ΔQ) 간의 관계식 4.1의 식으로 표현할 수 있다.

$$C = \frac{\Delta Q}{\Delta T} \tag{4.1}$$

$$\begin{aligned} C_V &= \left(\frac{\delta Q}{dT}\right)_V = T\left(\frac{\partial S}{\partial T}\right)_V \\ C_p &= \left(\frac{\delta Q}{dT}\right)_V = T\left(\frac{\partial S}{\partial T}\right)_p \end{aligned} \tag{4.2}$$

여기서 S는 엔트로피를 의미한다. (엔트로피에 대한 내용은 여기서 다루지 않도록 하겠다. 좀 더 자세한 내용은 열역학 책을 참조하기 바란다)

우리가 사용하는 소재의 열용량 값을 이야기할 때, 비열용량(比熱容量, specific heat capacity)을 사용한다. 비열용량 값은 표에서 찾아볼 수 있으며 분자량(mol), 단위 체적(unit volume) 또는 단위 질량(unit mass)에 대하여 기재되어 있다.

표 4.1 물질의 비열용량

물질	비열용량 (단위질량 당)(J/g·K)	체적 (J/cm³·K)
공기	1.0035	0.001297
이산화탄소	0.839	
헬륨	5.1932	
수소	14.30	
메탄	2.191	
산소	0.918	
아르곤	0.52	
얼음	2.11	
물	4.18	4.18
유리	0.84	
석고 또는 석고보드	1.09	
납	0.129	1.44
알루미늄	0.897	2.42
금	0.129	2.492
동	0.385	3.45
은	0.233	2.44
주철	0.450	3.537

4.1.2. 기초 열전달

열역학 제2법칙은 엔트로피(Entropy)라는 자연의 보편적 원리를 제시한다. 엔트로피는 여러 방식으로 관찰할 수 있는 감소 원리다. 예를 들어서 자전거 타이어에 공기를 채우면, 시간이 지남에 따라 타이어에서 공기가 새나갈 것임을 예상할 수 있다. 또 다른 예로는 전원을 이용하여 배터리를 완충하더라도, 완충된 배터리가 영원히 충전된 상태를 유지할 수 없고 조금씩 충전된 것이 줄어드는 것을 알 수 있다.

엔트로피 자체를 쉽게 설명할 수 있는 것으로는 무질서(Disorder)를 들 수 있는데, 우리의 주변

즉 모든 자연은 항상 더 큰 엔트로피, 즉 더 큰 무질서한 상태를 향해 움직인다. 방을 정리해 놓으면 언젠가는 어지럽혀지고, 청소해 놓은 방에 먼지가 쌓이는 것과 같은 것은 바로 무질서도가 높아지는 방향으로 움직이는 것을 의미한다.

그렇다면 열과 온도의 관점에서, 가열을 멈추면 물체가 냉각되는 경우를 생각해 보자. 소위 열역학 제2법칙을 표현하는 가장 간단한 방식이자 가장 유용한 방식은 Clausius의 설명으로 표현하면 다음과 같이 쓸 수 있다.

'일반적으로, 열은 저온물체에서 고온의 물체로 자연적으로 이동할 수 없다'

열은 전도(conduction), 대류(convection), 복사(radiation)라는 세 가지 방식으로 전달된다. 여기서 세 가지 방식이 모두 동시에 일어날 수 있으며 서로의 방식은 각각 독립적이다. 예를 들어서 사진의 전열판(Hot plate)에서 열복사가 존재한다. 단연코 가장 강력한 열전달 방식이지만 전열판과 주변의 공기사이, 그리고 공기 자체에서 전도가 발생한다. 전열판 바로 위의 공기에서 대류도 또한 발생하지만, 복사가 전열판의 가장 강력한 열전달 방식이다. 그림 4.3에는 이러한 열전달의 3가지 방식이 모두 나타나 있는 것을 보여주고 있다.

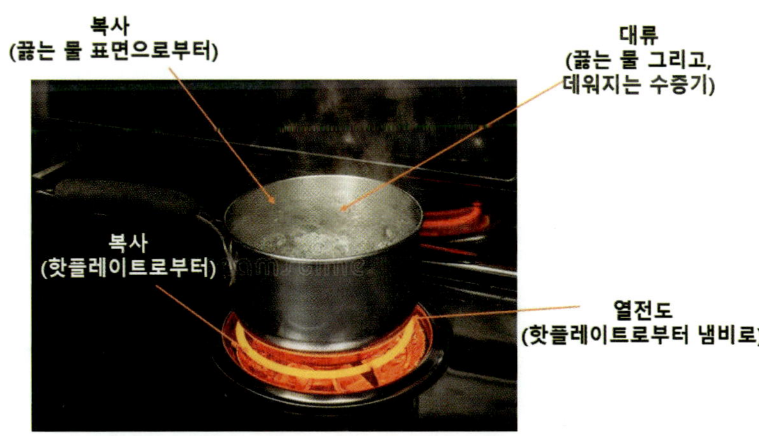

그림 4.3 열전달의 방식, 열전도, 열대류, 열복사로 나뉠 수 있다.

이러한 열복사로 전달된 에너지는 냄비와의 직접적인 접촉으로 인해 열전도 방식으로 냄비에게 열전달이 이루어지고, 냄비자체의 메탈소재를 통해 열전도 방식으로 열이 내부의 물로 전달된다. 냄비바닥과 맞닿은 물은 그 에너지를 받음으로 물의 온도가 높아짐에 따라 밀도가 가벼워져 온도가 낮은 물과의 위치교환 (즉 대류현상)을 보이며 점차 뜨거워지고 마침내 끓어오르게 된다. 끓고 있는 물의 표면에서는 당연히 복사열전달이 발생하며, 주변의 공기도 뜨거운 물에 의해서 데워진 공기(우리의 눈에는 수증기로 보임)는 당연히 대류현상을 보이며 주변의 차가운 공기와 열전달이 이루어지는 것을 알 수 있다.

4.1.2.1. 전도, 대류, 복사의 기초

열전도:

열전도 현상을 통한 열전달은 물체를 이루는 분자 수준에서 발생하게 된다. 여기서 열전도는 분자의 운동에너지가 주변의 다른 분자들과 직접적인 접촉을 통해 열교환을 진행하는 매우 일반적인 열전달 방법을 의미한다. 에너지의 수준이 더 높은 분자(즉 온도가 높은 상태)는 더 낮은 분자(온도가 낮은 상태)에게 온도차 만큼의 에너지를 제공하게 되는데 이는 바로 열에너지가 전달되는 것을 의미한다. 전도는 고체, 액체 또는 기체 분자의 상(Phase)에 무관하게 일어날 수 있다. 전도는 고체, 액체 또는 기체의 내부 만이 아니라 여느 세 가지 형태의 물체 사이에도 일어날 수 있다. 그러나 우리 주변에서는 대부분의 고체에서 열전도가 가장 많이 발생함을 알 수 있으며, 아래의 그림처럼 온도가 높은 타고 있는 숯에 의해 달궈진 금속봉이 한쪽 끝이 숯불에 닿아 뜨겁게 가열(밝은 노란색)되고 상대적으로 집게를 잡은 낮은 곳으로 열이 전달되는 것을 상대적으로 보여주고 있다.

그림 4.4 금속봉의 열전도 모습. 뜨거운 부위로부터 상대적으로 차가운 부분으로 열이 전달된다.

열대류:

대류에 의한 열전달은 열을 전달하는 물질의 질량 유동(Mass transfer)에 따라 좌우된다. 따라서 대류는 유체, 즉 액체 또는 기체로 제한된다. 유동은 더 뜨거운 유체와 더 차가운 유체 사이의 중력 차이나 바람, 팬 또는 펌프와 같은 외부의 힘에 의해 발생될 수 있다. 중력만이 작용하는 유일한 힘일 경우의 대류를 자연대류(Natural convection)라고 하고, 시스템 외부에서 중력이 아닌 다른 힘이 가해지는 경우는 강제대류(Forced convection)라고 한다.

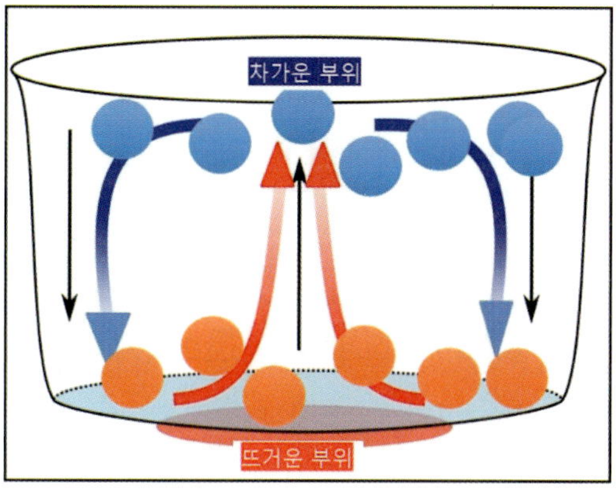

그림 4.6 대류 열전달의 원리. 뜨거운 부위의 분자들이 밀도가 가벼워져서 차가운 부위로 이동(중력의 반대방향)으로 위치변화를 통한 에너지 전달

열복사:

복사에 의한 열전달은 실제 전달이 일어나는 데 아무런 물질이 필요 없다는 점에서 위의 두 가지와는 차이가 있다.

그림 4.7 복사 열전달. 전자기파 형태로, 3차원적으로 에너지가 방출 또는 흡수된다.

열은 전자기파(Electromagnetic wave)의

방사(Emission) 및 흡수(Absorption)를 통해 전달된다.

열은 물체 표면의 방사에 의해 복사에너지로 변환된다. 복사에너지는 공기와 대부분의 기체를 아주 쉽게 통과할 수 있으며, 진공에서는 아무런 저항 없이 통과할 수 있다. 복사에너지가 다른 표면에 부딪히면 흡수를 통해 다시 열로 변환된다.

4.1.2.2. 열전도, 푸리에 법칙(Fourier's law), 열대류

앞에서 다루었지만, 열전도는 온도차를 가진 근접한 분자/물체의 직접접촉에 의해서 발생하며, 이는 고체나 정지 유체에서 발생한다. 열은 높은 온도를 가진 물체로부터 낮은 온도를 가진 물체로 열흐름이 발생하며 이는 3차원적인 프로세스(x, y, z방향)으로 퍼져가는 것을 의미하며, 이를 열확산계수로 표현할 수 있다.

이러한 열확산계수를 1차원적인 방향으로 고려하게 된다면, Fourier법칙을 적용할 수 있다. 전달되는 열은 1차원방향 (여기서는 x 방향)으로 온도차(dT)를 가진 물체표면 (1차원적 단면적, A)을 통해 전달되는 에너지 양이다. 이를 1차원 방정식으로 표하면 아래의 식으로 표현된다.

$$Q = -kA\frac{dT}{dx} \tag{4.3}$$

여기서 k는 열전도도(Thermal conductivity)라고 하며 그림 4.7에 그 대표적인 값을 보여주고 있다. 열전도도가 높은 것은 금속이나 단결정 상태의 재료들에서 나타나며, 액체류나 절연체 그리고 기체류는 열전도도가 낮은 물질들로 대부분이 전도성을 띄지 않으면서 전기적으로도 전도도가 낮은 특징을 가지고 있다. 그러므로 물체에서 인접한 다른 물체로의 전달되는 에너지는, 열전전도에 의한 열전달의 단위시간 당 크기, 즉 물체의 전도도에 따라 좌우된다. 이러한 열전도도의 단위는 단위길이 및 온도당 전달되는 에너지로 표현되며, W/m · K이다.

열전도도의 영향은 우리 주변에서 매우 쉽게 느낄 수 있으며, 이를 통해서 열전도도의 차이를 쉽게 파악해 볼 수 있다. 쉽게 뜨거워지거나 쉽게 차갑게 느껴지는 물체는 높은 열전도도를 가지는데, 이를 확연하게 차이 나게 보여주는 예가 바로 온도가 같은 상태인 (여기서 방 온도와 동일하다고 가정하자) 나무토막과 금속체에 각각 한 손을 올려 보자. 그림 4.8에 보이는 것처럼 관찰자는 금세 금속체에 올린 손이 더 차갑게 느껴질 것이다. 그러나 여기서 중요한 것은 손으

로 측정한 온도가 다른 느낌을 갖기 때문에 여러분이 실제 온도를 느낄 수 없다는 것을 증명한다! 여러분이 느끼는 것은 손에서 열을 빼앗는 단위시간당 전달된 에너지 크기의 차이다. 이러한 손에서 물체로 전달된 에너지 차로 인해 서로 다른 냉각력의 차이를 느끼게 되고, 이는 열을 전달하는 능력인 전도도가 물질마다 다르기 때문이다.

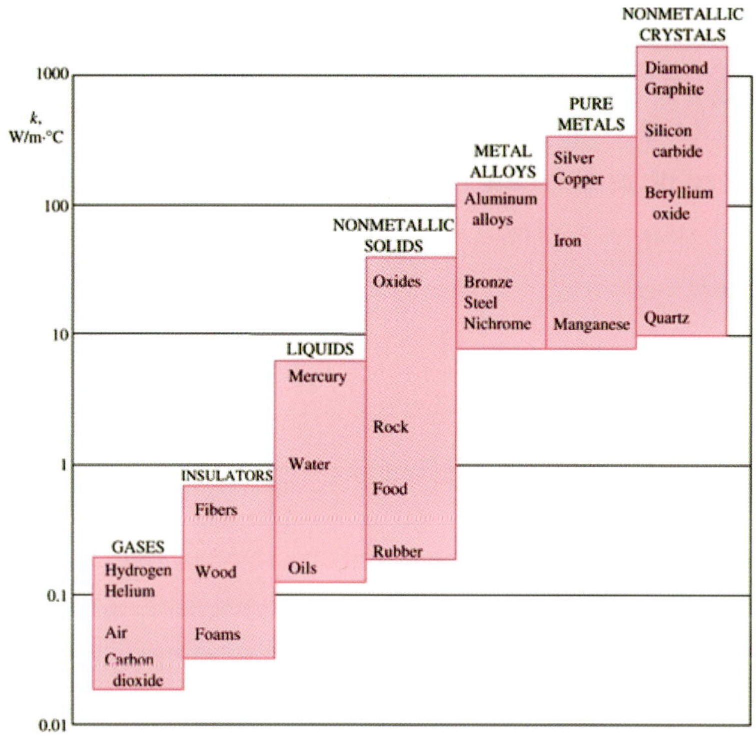

그림 4.7 대표적인 물질의 열전도계수 k값

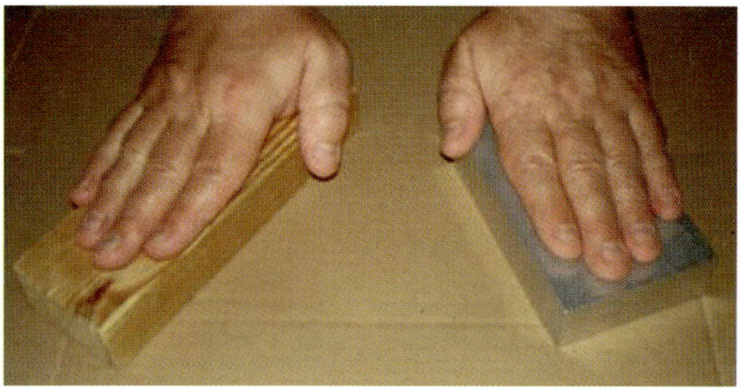

그림 4.8 열전도도 비교. 온도가 동일할지라도 알루미늄 블록 위의 손이 나무 위의 손보다 차갑게 느껴질 것이다. 그 차이는 물체의 열전도도에 있다.

대류는 일반적으로 열화상분석자에게 도움이 되기 보다 골칫거리이다. 대류는 해석에 대한 가능성을 제공하기 보다는 열화상분석자에게 해석에 있어 어려움을 제공하기도 한다. 여기서는 단순하게 다루고 배우지만, 실제에서 대류는 계산이 매우 까다로운 열전달 형태의 하나이다. 일반적으로 대류의 거동 방식을 정확히 예측하기란 매우 복잡하기 때문에 실험과 전산모사(Computer simulation)를 통해서 해석을 하지만 실제현상과는 차이가 많이 발생하는 경우가 다수 존재한다. 여기서는 대류를 이해함으로 열화상분석자에게 중요한 것은 대류가 수행하는 작업에 어떤 영향을 미칠 수 있는지를 이해하는 것이다. 열화상분석자는 일반적으로 기체의 흐름 그리고 액체의 증발 등과 같은 현상으로 인한 상 변화 또는 2상(Two phase)기체 상태로의 변화로 인한 대류문제를 다루며, 공기 자체를 열화상으로 관찰하기는 쉽지 않다는 것을 알아야 한다. 기체는 일반적인 열화상 카메라에 잘 관찰되지 않지만, 특별한 경우 적외선 카메라에 관찰될 수도 있다.

열화상으로 자연대류와 강제대류의 관찰을 위해서 대류에 대해서 이해를 하기 위해 냄비에 물을 넣고 가열하면서 끓을 때까지 가열하기, 끓는 상태, 그리고 냄비를 식히는 과정을 통해 열화상에서의 관찰된 내용을 설명하고자 한다. 그림 4.9는 이러한 과정을 열화상카메라로 촬영된 것을 보여주고 있다.

첫 번째 그림(그림 4.9(a))에서는 냄비의 물을 가열하면 어느 일정시간 후 물의 표면에서 약한 대류형태의 열분포를 확인해 볼 수 있다. 온도가 높지는 않지만 냄비 내의 물이 위치에 따라 서로 다른 온도로 유지가 되고 있음을 알 수 있다. 유체를 가열하면 운동에너지가 증가하게 되어 분자간격이 다소 멀어지게 되고, 분자간의 충돌이 더 빈번해짐으로 주변에 더 많은 공간을 필요로 할 것이다. 즉 밀도가 감소하게 되고, 따라서 유체의 더 차가운 부분은 중력에 더 큰 영향을 받게 되어 따뜻한 유체보다 아래쪽으로 이동함으로 유체의 순환이 발생한다.

두 번째 그림(그림 4.9(b))에서는 물이 끓어오르고 나서 일정온도가 유지되는 것을 보고 있다. 물의 끓는점이 유지됨에 따라, 기포로 인해 끓는 물의 교반(물의 섞임)으로 인해 분포형태가 교란되며, 뚜렷한 강제대류 성분을 볼 수 있다. 여기서는 물표면에서의 표면 증발로 인한 냉각이 발생하는 것도 관찰할 수 있다.

세 번째 그림(그림 4.9(c))에서는, 물이 끓고 있던 냄비에 더 이상 열을 가열하지 않고 고온 상태인 물을 자연적으로 식히는 것을 찍은 것이다. 여기서 자연대류 분포형태가 매우 뚜렷하게 보임을 확인할 수가 있다.

마지막 그림은(그림 4.9(d)) 식어가는 물을 수저로 젓는 경우를 촬영한 것이다. 자연 대류상태로 식어가는 물은 수저를 이용해 저어줌으로 발생한 강제대류에 의해 열분포가 바뀌었음을 보여주는 것을 확인할 수 있다.

따라서, 우리는 대류에 의한 상황을 다음과 같이 설명할 수 있다.

- 가열이 시작되어 분포형태가 나타나기 시작한다 (자연대류 과정, 중력의 반대방향으로 발생, 뜨거운 물체가 위로) → 물이 끓으면서 냄비 바닥에서 떠오르는 기포에 의해 물이 강하게 섞이게 된다 (강제대류 과정) → 물을 식힌다 (자연대류, 윗부분이 먼저 식기 시작한다) → 수저를 사용해 저어준다 (강제대류, 열분포의 특성이 바뀐다)

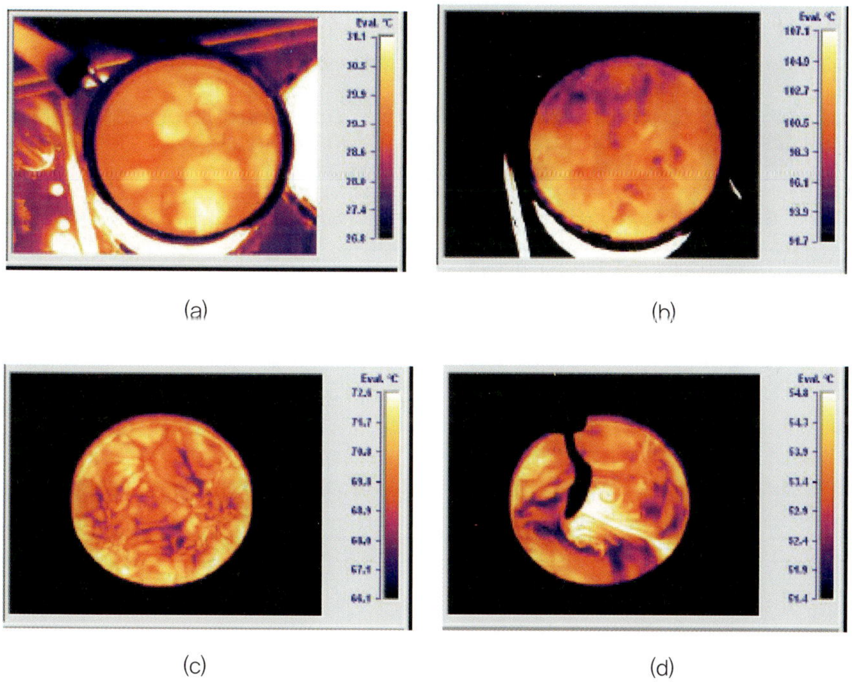

그림 4.9 대류에 대한 열화상 이미지 (a): 대류 분포형태 발생 (자연대류) (b): 끓기 시작함 (강제대류) (c): 가열기에서 내려 식힘 (자연대류) (d): 식히는 중에 숟가락으로 휘저음 (강제대류)

자연대류와 강제대류를 이해하고 이를 분석해 낼 수 있는 능력은 열화상분석자에게 매우 중요하다. 자연대류는 유체 내에서 밀도 차이 때문에 발생한다.

4.1.2.3. 복사에너지와 전자기(Electromagnetic) 스펙트럼

복사에너지 (전자기파의 방사 및 흡수)를 통해 열전달이 일어나는 원리를 앞서 설명하였다. 매질의 파동(Wave)은 근본적으로 에너지를 전달하는 진동(Vibration)이며, 전자기 복사에너지의 특성을 파동(Wave)으로 규정할 수 있다. 사실, 전자기 복사에너지는 두 파동이 결합된 것이다.

일반적으로 전자기파는 전기장과 자기장의 합으로, 전자기 파장(Wavelength, λ)은 파동의 최대값과 최대값 사이의 거리(Length)다. 소위 광자(Photon)라고 불리는 것의 유동이라고도 말할 수 있다. 여러 다른 종류의 복사에너지는 그 파장 λ 나 주파수(Frequency, Hz) f 로 구분된다. 열화상분석에서는 일반적으로 파장을 사용한다. 따라서 전자기 스펙트럼은 아래 그림으로 설명되어 있는 바와 같이, 여러 작은 부분들로 나뉘어진다.

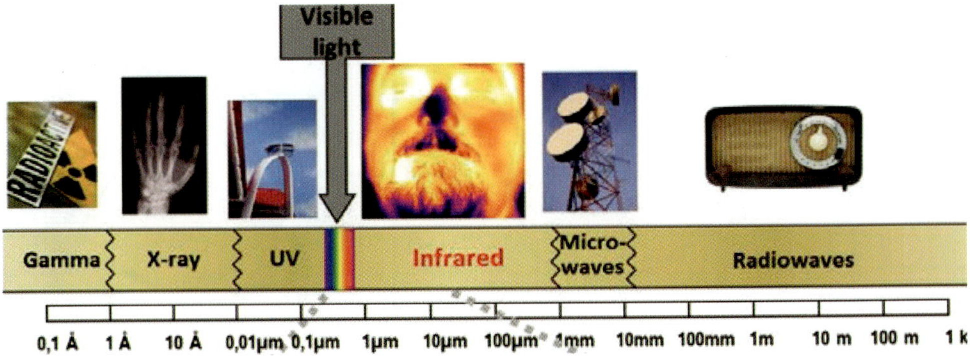

그림 4.10 복사와 전자기파장. 열화상은 적외선(Infrared)에서 단파(SW), 중파(MW), 장파(LW)로 나눌 수 있음 (파장의 개념은 사용에 따라 조금씩 다른 범위를 가질 수 있음)

열화상분석자는 여러 복사에너지 형태들의 순서와 어떤 것이 단파장인지, 중파장이며 장파장인지를 기억하는 것이 중요하다. 일반적으로 열화상에서는 장파장 (8 ~ 12 μm)대역의 카메라를 많이 사용한다.

열화상분석자로서 우리가 사용하지 않는 파장 대역을 거론할 필요는 없다. 따라서 일부 사람들이 다른 용어를 사용할지라도 열화상분석자에게는 위의 대역만으로 충분할 것이다. 적외선 카메라의 브로슈어에는 일반적으로 파장이 값으로만 나와 있다.

자외선(Ultraviolet, UV), 가시광선(Visible range, 400 ~ 700 nm) 및 중파 적외선부분에서는 주로 반사가 일어난다. 근적외선(Near Infrared, NIR) 및 단파(SW)카메라의 경우는 일반적이지 않고 특별한 모니터링을 위해 사용한다. 더 긴 적외선 파장에서는, 우리 주변의 물체에서 방사되는 복사에너지가 지배적으로 작동하기 때문에 열화상에서는 이러한 파장대를 활용하여 열영상취득 및 온도 측정에 활용할 수 있다. 중파(MW)로 불리는 대역은 약 2 μm 근처에서 시작하여 약 5 μm까지 이른다.

5 ~ 8 μm 까지는 공백이 존재한다. 이는 지구상에서 공기중 수분(즉, 물분자)으로 인해 적외선을 흡수하는 파장대역이다. 그러므로 이러한 파장대에서는 공기중의 수분으로 인해 일정거리 이상에서는 열화상으로 촬영이 쉽지 않다는 것을 이해해야 한다.

장파(LW)카메라는 17 μm 이상까지 이르지만, 14 μm 이상에서는 복사에너지가 그다지 강하지 않다. 8 μm부터 일반적으로 최대 14 μm(일반적으로 12 μm를 한도로 생각함) 정도까지 작동하는 카메라를 장파 카메라라고 한다.

대기 투과(Ahmospheric transmission) 및 흡수(Absorption)를 꼭 고려해야 한다. 5 ~ 8 μm 사이의 파장 대역을 열화상분석에 사용하지 않은 구체적인 이유가 있다. 이 구역에서는 대기가 상당한 수준으로 복사에너지를 흡수, 반사, 산란시키기 때문이다. 아래의 그림 4.11은 그 내용을 이론적으로 보여준다.

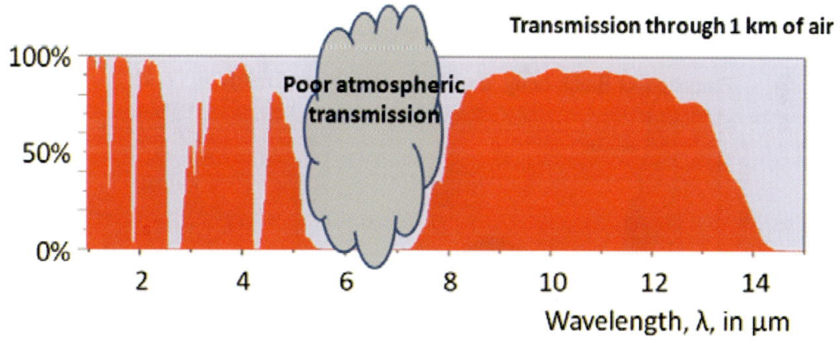

그림 4.11 공기를 투과해서 측정할 때 고려할 열화상 대기 투과와 흡수

4.1.2.4. 열복사, Stefan-Boltzmann 법칙(Stefan-Boltzmann law)

열화상분석을 위해서는 복사에너지에 대한 이해가 매우 중요하다. 온도 차(dT)를 가진 두 물체사이에서는 각각의 물체가 가지고 있는 온도를 기반으로 각각의 물체가 물체에서 방출하는 에너지로 서로 간에 복사열을 전달받을 수 있다. 그렇다면 물체가 방출하는 복사에너지는 어떻

게 표현할 수 있을까? 물체의 온도를 기반으로 이를 정리하면 Stefan-Boltzmann법칙에 의해 아래와 같이 표현할 수 있다.

$$Q = \varepsilon\sigma A T^4 \tag{4.4}$$

여기서 물체의 표면으로부터 방출되는 총에너지 Q는, 물체의 표면적 A, 물체의 절대온도 T에 물체의 방사율, Stefan-Boltzmann 상수 σ(= 5.67037×10^{-8} W/m^2·K^4 in vacuum)의 곱하기 형태로 표현될 수 있는 있다. 이 Stefan-Boltzmann 상수는 물체간의 거리가 존재하거나, 매질이 없는 진공 상태, 일반적인 상태에서도 적용이 가능한 값이다. 이것이 바로 태양으로부터 지구로 복사에너지가 전달되는 방식이기도 하다. 이를 좀 더 표현하기 위해서 그림 4.12에는 Stenfan-Boltzmann의 법칙과 함께 Planck 법칙 (복사에너지는 파장과 온도의 함수로 나타남), Wien의 법칙(복사최대파장과 물체의 온도는 일정한 값을 가짐)을 통해서 일반적인 복사에너지의 넓은 이해를 가질 수 있다.

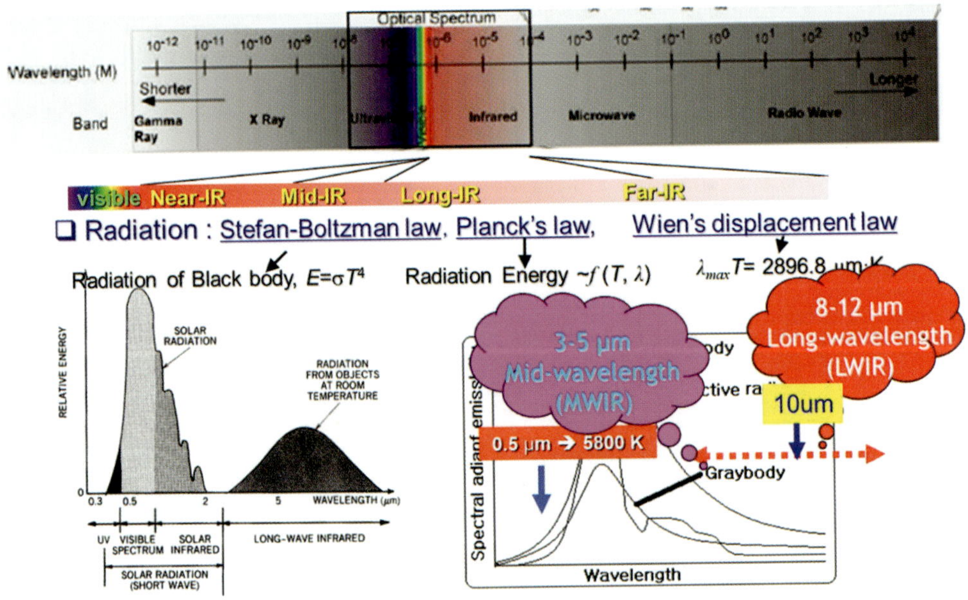

그림 4.12 복사에 관련한 다양한 법칙들

복사에너지의 차이를 이해할 수 있는 상황 하나를 설명함으로 복사에너지의 차이를 소개하고자 한다.

아래의 그림 4.13은 이러한 복사에너지의 차이를 보여주기 위해, 측정자의 손에서 나오는 복사에너지와 단열된 손(장갑을 끼고 있음)에서 나오는 복사에너지의 차이를 보여주고 있다. 열화상 카메라로 촬영된 영상에서, 손은 약 35 °C의 온도로 열에너지를 방출하고 있으나, 장갑을 낀 손의 경우에는 손의 따스한 온도를 장갑이 차단하고 있으므로 실내온도(20 °C)와 비슷한 상황의 열전달을 보여주고 있으므로 주변의 온도와 비슷한 상태로 잘 구분이 되지 않음을 알 수 있다.

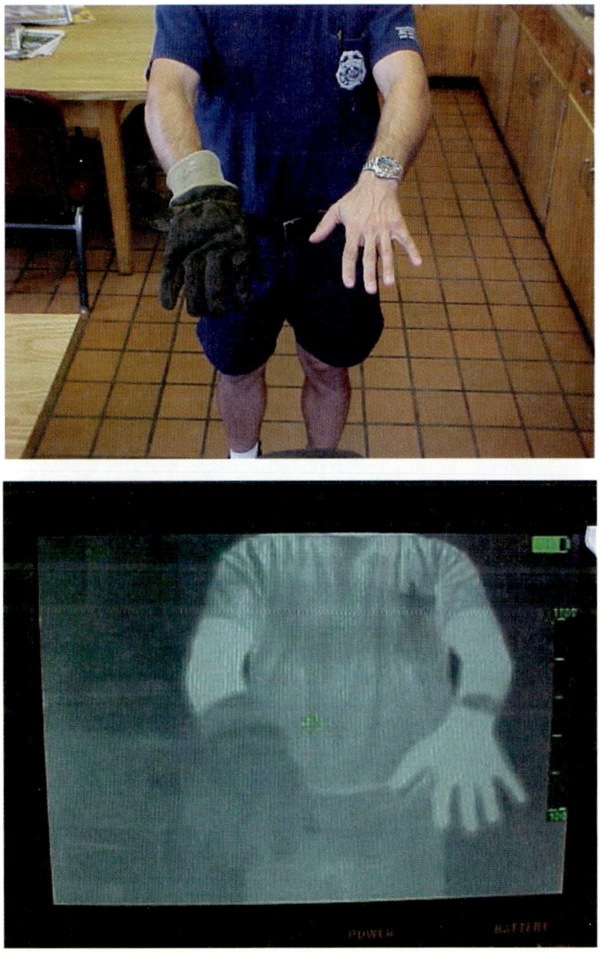

그림 4.13 복사열전도의 차이점 (위)는 단열장갑을 낀 손과 맨손의 사진 (아래) 열화상 카메라로 측정된 모습

그러므로 이러한 3가지의 열전달형태는 우리가 열화상으로 촬영하고 분석하려는 모든 과정중에 발생할 수 있으므로 이를 잘 이해해야 한다는 것이다.

이러한 모든 열전달에 대한 과정을 정리하여 그림 4.14에 표현하였다.

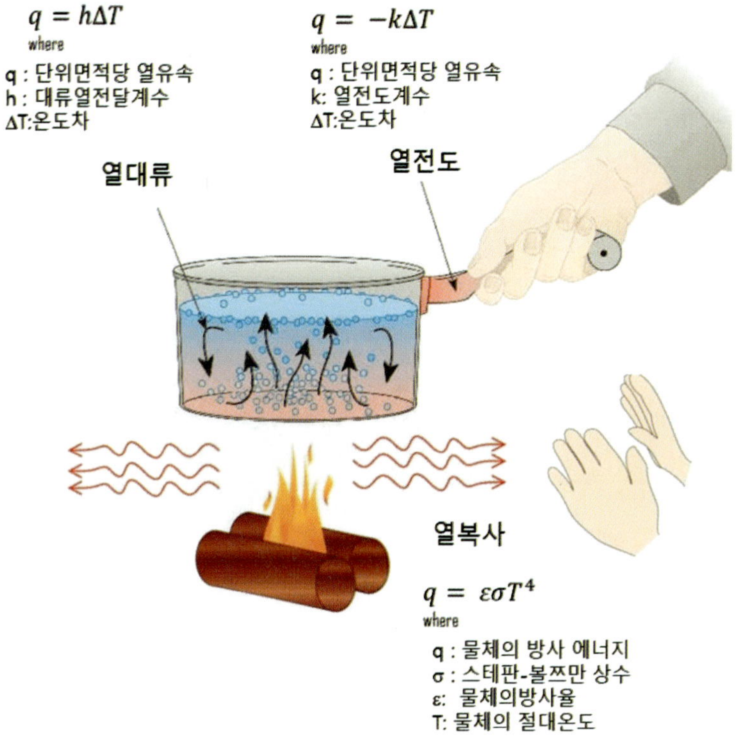

그림 4.14 열전도, 열대류, 열복사를 통한 열전달

이러한 물체내에서 발생하는 열전달과 물체가 주변의 환경들과 주고받은 열적인 영향에 대한 올바른 이해가 선행되어야 열화상분석에서 올바른 현상을 이해하고 제대로 된 분석을 할 수 있는 공학적인 초석이 된다. 그렇다면 이러한 현상을 열화상카메라로 찍게 되면 얻어지는 열영상 이미지에서 어떻게 하면 올바르게 판단하고 이해할 수 있는지 기본적인 설명을 하고자 한다.

4.1.3. 열영상의 해석

4.1.3.1. 온도 구배(Gradient)

물체로 열이 전달되거나, 물체내부에서 열을 방출하게 되어 열이 전달되는 상황은 열의 흐름을 만들어 내며, 이를 통해서 온도차를 발생하게 된다. 우리는 이것을 온도 구배라고 하며, 이러한 온도 구배를 열화상카메라로 측정해 볼 수 있다. 다양한 복사에너지 세기(=에너지량)가 회색(Gray color)이나 컬러로 보이는 영상을 제공한다. 보여준다. 그림 4.15는 뜨거운 커피잔을 열화상카메라로 촬영한 결과를 보여준다. 주변의 차가운 공기로 인해 커피는 점차 식어가고 있다.

온도 구배가 발생하면 에너지의 흐름이 발생하고 이를 열화상 카메라로 촬영하게 되면 그 작동 원리는 다음과 같다. 적외선 복사에너지가 원하는 부분의 스펙트럼만이 통과할 수 있도록 코팅된 렌즈를 통과한다. 이 복사에너지는 적외선 감지기(Thermal IR detector)로 초점이 맞추어진다. 요즘에는 초점면배열(FPA, 예로 640×480)이 감지기로 쓰이는데, 이는 디지털 카메라에 쓰이는 CCD와 비슷하다고 할 수 있다. 적외선에너지를 촬영하는 각각의 화소는 열에너지를 감지하는 감지기의 각 소자에 의해 생성된다. 감지기의 센서 소자에는 그 소자에 도달하는 복사에너지에 비례하는 전압 신호가 부여되고 그 신호로부터 영상이 생성된다. 따라서 영상은 온도 영상이 아닌 복사에너지 영상이다. 이러한 복사에너지의 영상을 통해 온도차가 발생하는 연속적인 모습을 보여주는 것이 바로 온도 구배이다. 이 영상을 다양한 색배합들과 그레이 스케일을 이용하여 다양한 방식으로 표시할 수 있으며, 이 경우 각각의 색채 또는 음영이 특정 복사에너지 강도와 연관된다.

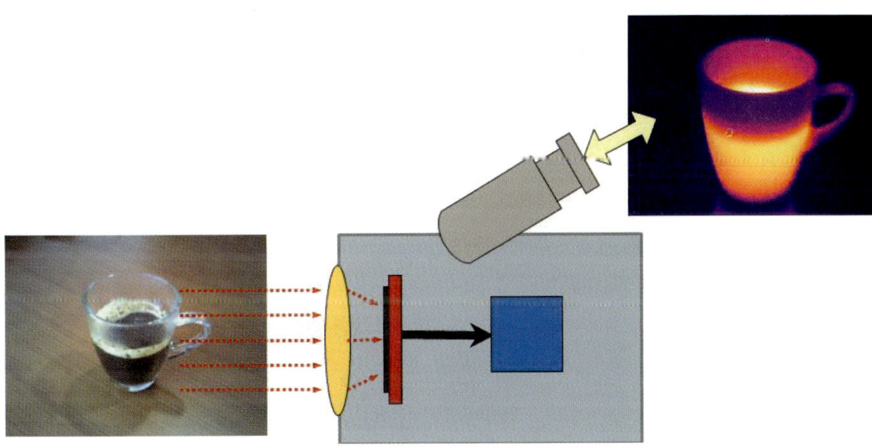

그림 4.15 온도 구배가 발생하고 있는 뜨거운 커피를 열화상 카메라로 촬영하면 온도 구배를 확인할 수 있다.

이러한 온도 구배는 실제 복사에너지의 강도로 표현된다. 여기서 조심해야 할 것은 열화상 카메라는 온도를 측정하는 것이 아니라, 복사에너지 강도를 측정하는 것임을 확실히 알고 있어야 한다는 것이다.

온도 측정하기

그렇다면 열화상카메라로 온도를 측정하지 못한다면 우리는 어떻게 온도를 할 수 있을 것인가? 이를 위해서 적외선 복사를 이용하여 물체의 온도를 측정하는 방법을 설명하기 위해서는 다시 Stefan-Boltzmann공식을 상기해 보도록 하자. 이를 이용해서 온도를 측정할 수 있는 방법을 설명하기에는 몇 가지 단계가 있다.

이 그림은 온도 측정 단계의 논리적 순서를 보여준다. 그러면 카메라의 작동 원리, 교정 원칙 및 일부 복사 거동 규칙과 같은 측정의 몇몇 기본 조건을 먼저 설명하고자 한다.

온도를 직접 측정할 수 없다는 점은 이미 언급하였다. 예를 들어서 액체 팽창과 같은 다른 현상을 반드시 이용해야 하며 이를 온도와 연관시켜야 한다. 복사에너지를 이용하여 온도를 측정하는 경우도 다르지 않다. 물체의 온도와 물체가 방사하는 복사 에너지량을 측정하고 이를 기반으로 온도로 변환을 시켜야 한다. 이러한 온도의 정확도를 이해하기 위해서는 온도 구배가 존재해야 영상에서의 물체를 구분해 낼 수 있으며, 이는 온도차로 인한 열구배의 존재로 인해 두 물체 간의 전달된 열의 양을 계산해 낼 수 있다는 것이다.

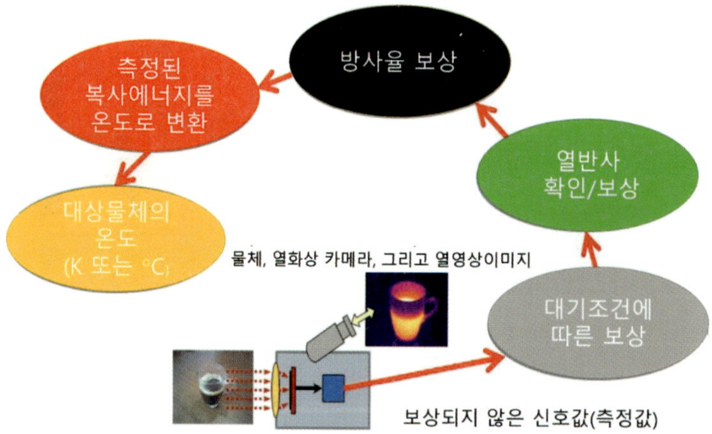

그림 4.16 열영상을 통한 온도 구배를 통해 물체인식 및 관련한 열전달 특성이해

4.1.3.2. 방사율과 열영상

우리는 Stefan-Boltzmann공식에 의해 복사에너지를 알면 온도를 측정할 수 있음을 알 수 있다. 여기에 온도로 바로 변환할 수 있는 경우는 방사율 ε 이 1로 주어지는, 매우 이상적인 물체(이를 흑체, Black body라고 함)를 기준으로 그 공식을 활용할 수 있다는 것이다. 그러나 우리 주변에 존재하는 많은 물체들은 이상적인 흑체가 아니라, 반사를 하거나 투과를 하는 특성을 가진 실체(Real body, 우리는 이를 또한 회색체 Grey body라 부르기도 함)의 모습을 보인다는 것이

다. 즉 이는 방사율값이 1이 아닌 1보다 작은 값을 가지고 있으므로 물체의 방사율을 올바르게 알아야 그 온도값을 알 수 있다는 하나의 난관을 가지고 있다. 일반적인 회색체 또는 실제는 흑체의 방사율보다 낮으므로 (어떤 경우는 0.1이하의 값을 갖는 경우도 있다) 흑체기반의 방사에너지의 비율을 방사율이라 하며 이는 1보다 같거나 작게 된다. 흑체는 완벽하고 이상적인 복사체로 정의되며, 그 온도영역에서 모든 파장영역에서 그 이상으로 복사에너지를 방사할 수 있는 물체는 존재하지 않게 된다. 그러므로 흑체는 전적으로 예측 가능하며 과학 법칙을 따르지만, 실생활에는 존재하지 않는 다는 것이다. 이러한 흑체는 연구실 상황 하에서 엄격한 실험조건하에서 얻어지는 결과값으로 우리 주변의 방사율이 낮은 실체와는 확연하게 구별되는 상태이다.

그렇다면 흑체와 실체(또는 회색체)의 차이점은 온도에 대하여 복사에너지를 얼마나 잘 방사하느냐이다. 흑체는 그 온도에서 방사할 수 있는 절대 최대치를 방사하게 된다. 실체는 주어진 온도에서 흑체에 비해 적은 복사에너지를 방사한다. 실체는 일반적으로 카메라를 통해 보이는 물체다. 방사율은 많은 조건 하에서 같은 온도에서 흑체가 방사하는 복사에너지에 비하여 실체인 물체가 그 온도에 대하여 복사에너지를 얼마나 잘 방사하는지를 설명하는 무차원수이다. 방사율을 물체가 가지는 상수로 여기고 있는 사람들이 많은데, 사실상 그렇지 않다는 것을 알아야 한다. 방사율은 물질을 비롯한 6 가지의 변수에 따라 변하기 때문에, 실세 값을 정확히 안다는 것은 학문적으로 그리고 공학적으로 매우 중요하며, 각 회사들마다 실험실에서 얻어지는 정확한 값을 공개하지는 않는다. 책이나 문헌에 공개된 것은 실제 데이타의 일부에 지나지 않는다.

그러나 간단히 말하면, 본 주제의 현재의 인식으로는 방사율이 일종의 비율인 방사효율의 측정치다. 그 원리를 설명하는 공식은 다음과 같다.

$$\varepsilon = \frac{W_{RB}}{W_{BB}} \tag{4.5}$$

방사율은 같은 온도에서 실체에서 방사되는 복사에너지 W_{RB} 흑체에서 방사되는 복사에너지 W_{BB}의 비다. 방사율은 0과 1 사이의 수여야 함을 쉽게 알 수 있으며, 여기서 1은 흑체의 방사율이다. 이는 실험적으로 얻어내는 경험치 값이다.

방사되는 복사 에너지량 Q는 온도와 방사율에 의해 좌우된다. 온도가 더 높을수록 방사되는 복사에너지양이 많아진다. 같은 온도에서 방사율이 더 높을수록 방사되는 복사에너지양이 높아진다. 그러므로 복사에너지가 높게 나온다고 온도가 높다고 표현하는 것이 어떤 경우에서는 틀

리다는 것이다.

복사 에너지량을 결정하는 것은 이 두 가지의 조합이다. 즉 열화상 카메라에 측정된 값은 온도와 방사율의 조합으로 주어진다는 것을 잊지 않아야 한다. 카메라 방사율이 높은 표면이 저온일 경우에는 복사에너지의 방사가 그다지 많지 않으며, 뜨거운 표면의 방사율이 낮을 경우에도 복사에너지의 방사가 그다지 많지 않을 것이다.

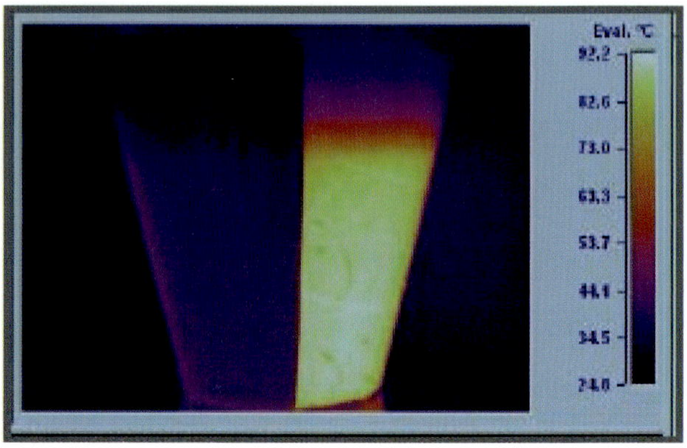

그림 4.17 방사율 차이에 의한 열화상 이미지의 결과 (오른쪽 열영상 이미지는 같은 온도에서 촬영된 것으로 방사율의 차이에 의해 그 차이를 보여주는 것이다.)

그림 4.17을 통해서 방사율이 우리에게 어떻게 착시를 보여주는지 실험을 이용하여 방사율 현상을 설명할 수 있다. 그림에서 보듯이 스테인리스로 제작된 통을 준비하고 통의 한쪽은 그대로 두고 다른 한쪽을 테이프로 부착하였다. 그리고 나서 스테인리스 통에 뜨거운 물을 붓고나서 잠시 후 열화상카메라로 촬영을 시작하였다. 여기서 테이프가 부착된 쪽은 노출된 쪽보다 방사율이 훨씬 더 높으며, 따라서 통의 온도가 같음에도 불구하고, 노출된 부위와 테이프로 감싼 부분의 차이가 매우 큰 것을 알 수 있는데 이는 표면의 방사율 차이로 인해 매우 커다란 차이를 보여준다는 것을 알 수 있다. 즉 테이프의 방사율이 스테인리스 통의 방사율보다 높으므로 복사에너지가 더 많다는 것을 알 수 있다.

좀 더 자세한 실험을 위하여 통에 뜨거운 물을 붓기전과 부은 후, 그리고 남아있는 잔열에 의한 차이를 알아보고자 그림 4.18과 같이 시간차를 두고 실험한 결과를 설명하고자 한다.

그림 4.18(a)의 경우 뜨거운 물을 붓기전에 양쪽면의 온도차이는 존재하지 않으므로 양쪽모두

비슷한 온도분포를 보이고 있다. 다만 테이프가 없는 노출된 부위의 스테인리스 통의 표면에 주변의 뜨거운 물체(잠시후에 통 안에 부을 뜨거운 물 주전자)의 열이 반사되어 나타나는 현상을 관찰할 수 있다. 이러한 열반사로 인해서 많은 사람들이 실제온도를 착각하고 있을 수 있는데, 이는 주의를 기울여야 한다.

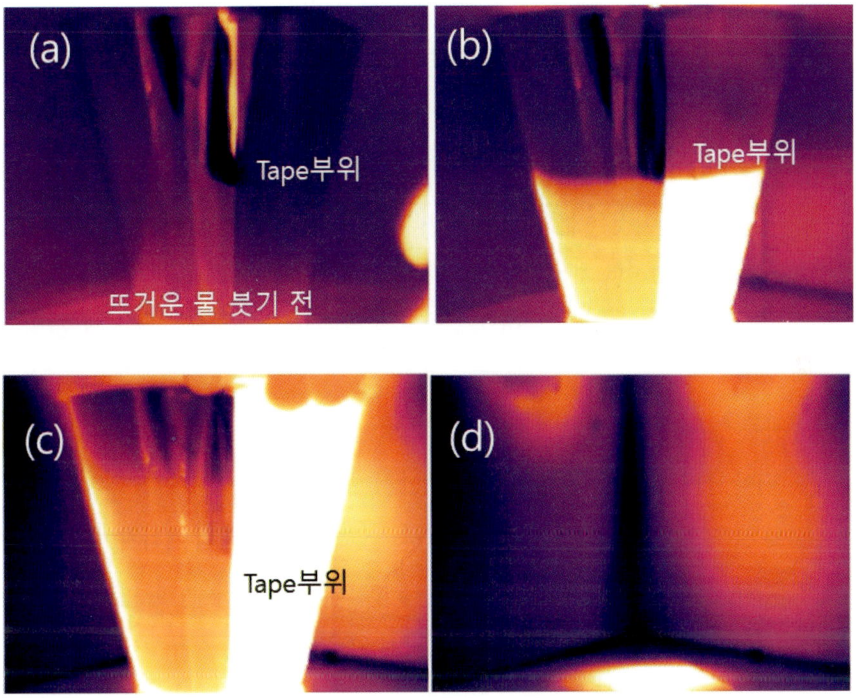

그림 4.18 상황에 따른 방사율의 변화 (그림 4.17에서 시간에 따라 측정)

그림 4.18(b)의 경우는 이미 설명되었듯이, 테이프가 있는 곳의 방사율이 높아 더 높은 방사에너지가 관측되었다 뜨거운 물이 위치한 곳까지 확산되고, 시간이 흐른 후 4.18(c)의 경우 스테인리스 통내부에서 열전도에 의해 전체적으로 열전도 되어 통 전체가 뜨거워진 현상을 보여주고 있다. 물론 테이프가 존재하는 곳은 테이프가 없는 통보다 더 높은 방사에너지가 나타나고 있음을 알 수 있다. 이러한 상황은 통을 제거하고 나서 주변의 벽면에 전달되어 흡수된 방사에너지의 양이 어느 정도인지를 관찰할 수 있는데, 테이프가 붙여진 면에서 방사된 에너지의 양이 더 높았기 때문에 그 쪽 벽면이 받은 흡수 복사 에너지양이 높게 남아있는 것을 관찰할 수 있다. (그림 4.18(d)). 이러한 차이는 재료의 방사율이 얼마나 중요한 것인지를 설명하는 대표적인 예이다.

4.1.3.3. 반사의 영향

방사율에 의한 복사에너지 차가 단순히 물체의 온도만의 함수가 아님을 이해했듯이, 물체에 보이는 복사에너지에서 단순히 물체의 방사에너지만을 다루어서는 안 된다. 복사에너지는 아래의 네 가지 방식으로 거동할 수 있다.

- 방사: 열이 복사에너지로 변환되며, 복사에너지가 "생성"된다
- 흡수: 복사에너지는 열로 변환되며, 복사에너지는 "소멸"된다
- 반사: 복사에너지가 표면에 부딪혀 방향이 바뀌지만, 여전히 복사에너지이다. 그림 4.18(a)에서 스테인리스 통 표면에 방사에너지가 높은 물체가 반사되어 비치는 것을 알 수 있다. 이것은 물체의 복사에너지가 아니라 타 물체에서 나온 복사에너지가 표면에서 반사가 일어난 것이다. 특히 매끈한 금속표면에서 이러한 열반사가 빈번히 발생한다.
- 투과: 복사에너지가 표면을 통과하여 크게 방향이 바뀌지 않으며, 여전히 복사에너지다.

방사는 열손실을 만들고 물체의 온도가 떨어지는 냉각현상을 일으킨다. 반면에 흡수는 열을 받게 되어 물체의 가열을 이끌어낸다. 여기서 주의할 것은 복사에너지 자체가 바로 열이 아니라는 점을 알아야 한다! 왜냐하면 복사에너지와 열은 다른 형태의 에너지이다. 복사에너지와 물질 분자의 운동 에너지인 소위 열 사이에는 양방향의 변환이 일어난다. 열이 복사에너지로 변환되는 경우를 방사라고 하며, 복사에너지가 다시 열로 변환되는 경우를 흡수라고 하기 때문이다.

어떠한 복사에너지가 물체에 부딪힌다고 생각해 보면, 그 복사에너지는 어떻게 될까? 그림 4.19에 보이는 것처럼 입사되는 복사에너지는 흡수(Absorption), 반사(Reflection), 투과(Transmission)되는 세 부분으로 나뉘어진다.

입사되는 복사에너지에서 일부는 물체에 흡수되고, 일부는 표면에서 반사되며 일부는 투과될 것이다. 여기서 입사되는 복사에너지의 흡수비율, 반사비율 및 투과비율을 결정하는 것은 무엇일까? 복사에너지가 얼마나 물체의 흡수, 반사 및 투과 능력에 따라 나뉘어질 것이다.

이를 정의하기 위해서 우리는 물체가 가진 입사에너지의 흡수 능력인 흡수율(Absorptance, α), 반사 능력인 반사율(Reflectance, ρ), 투과되는 양을 의미하는 투과율(Transmittance, τ)로 표현하며, 그 합은 입사되는 복사에너지와 같아야 한다. 따라서 다음과 같은 식으로 나타낼 수 있다.

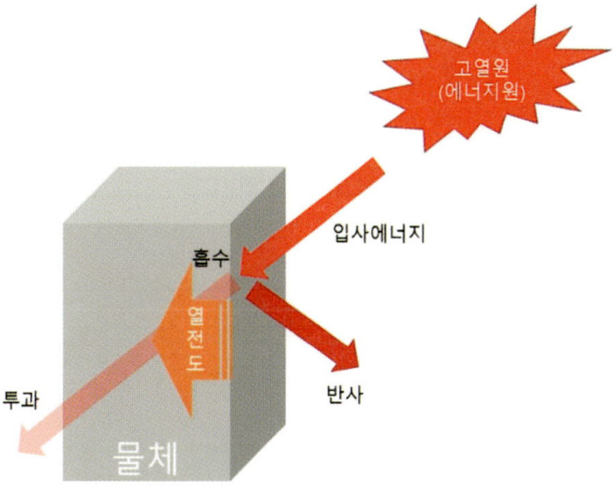

그림 4.19 물체에 입사되는 복사에너지의 에너지 분산

$$\alpha+\rho+\tau=1 \tag{4.6}$$

입사 복사에너지가 흡수, 반사하고 투과할 수 있는 능력에 비례하여 세 부분으로 나뉘어질 수 있다. 흡수율 α = 0.5라면 50 %의 입사 복사에너지가 흡수되고, 나머지는 반사 혹은 투과될 것이다.

물체로부터 방출되는 복사에너지: 이제는 반대의 경우로, 물체의 표면을 떠나는 복사에너지를 살펴보기로 하자. 여기서 원칙적으로 최대 세가지 열원에서 시작할 수 있다. 첫째는 물체 자체에서 나오는 방사에너지 부분이다. 두 번째는 반사로, 어디로부터 오는 복사에너지가 물체에 반사되어 나오는 것이며, 세 번째는 물체를 통해서 투과된 에너지로 물체의 뒤에서 얻어지는 것이라 할 수 있다. 나올 수 있다. 이 세 부분을 합치면 방출 복사에너지가 되며, 이를 그림으로 표현하면 그림 4.20으로 나타낼 수 있다.

이러한 것은 일반적으로 모든 물체에 적용할 수 있으며 만일 불투명한 회색체에 대해서는 투과(시각적인 투과가 아닌 열적인 투과를 의미함)된 부분이 존재하지 않게 되어 식이 보다 간단해진다.

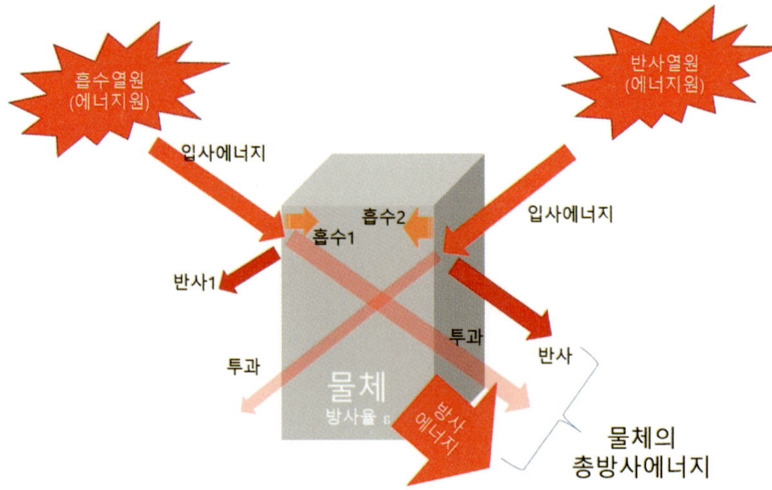

그림 4.20 물체의 방출에너지는 방사, 반사 및 투과의 복사에너지의 합이다.

그림 4.20에서 복사에너지를 투과시키는 물체(열화상카메라의 렌즈나 필터는 투과가 주된 역할임)는 특별한 경우를 제외하고는 매우 실현성이 적다는 것을 알아야 한다.

실생활의 방출 복사에너지를 측정하기 위해서 우리는 꼭 기억해야할 것이 있다. 그 첫 번째는 우리가 열화상카메라로 측정하는 물체는 흑체를 촬영하는 것이 아니라는 것이다. 이는 측정하는 물체의 방사율은 1.0 미만이고 상황에 따라 아주 낮은 방사율을 가질 수 있다는 것을 알고 있어야 한다(특히 금속물체를 측정시에는 매우 조심). 둘째로 열화상 카메라의 어떠한 파장영에서도 물체는 투과되지 않는다는 것이다. 만약 투과되는 물체를 측정하게 된다면 우리는 이를 분석하기 어렵고, 특별한 필터를 써서 이를 극복하거나, 피사체를 불투명하게 코팅하는 기술이 필요하게 될 것이다.

$$\varepsilon + \rho = 1 \tag{4.7}$$

따라서 그림 4.21에 보이는 것처럼, 피사체의 방출 복사에너지는 다음과 같을 것이다.

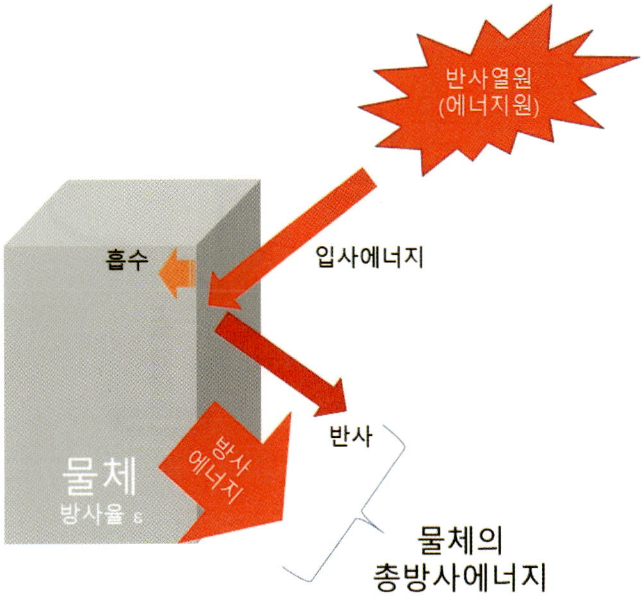

그림 4.21 반사에 의한 물체의 측정에 있어서 영향력 (반사열원)

열화상측정기술에 기억할 만한 중요한 내용을 정리하면 다음과 같다.

- 피사체에서 나오는 복사 에너지성분은 항상 방사 및 반사의 두 가지일 것이다.
- 불투명 실체(회색체)에서만 온도를 측정할 수 있다.
- 모든 물체는 반드시 무언가를 반사한다(반사열원이 존재한다).
- 방사율 ε 또는 반사율 ρ 중에서 하나를 알고 있다면, 다른 값을 계산할 수 있다.
- 양호한 방사체(높은 방사율)는 불량 반사체다.
- 반사능력이 좋은 물체는 불량 방사체(낮은 방사율)다.

그림 4.22는 열화상카메라로 물체의 온도를 측정할 때 고려해야 할 복사 성분을 보여준다. 왼쪽 컵이 피사체이며 열화상 카메라는 오른쪽에 위치하고 있다고 가정하자. 중간의 구름 모양은 물체와 카메라가 위치하고 있는 대기를 의미한다. 열화상 카메라에 도달하는 복사에너지 성분은 세 가지일 것이다. 이러한 복사에너지 성분(렌즈에 도달하는 적색 화살표)의 합을 겉보기 온도 (Apparent temperature)를 사용해서 설명하도록 한다.

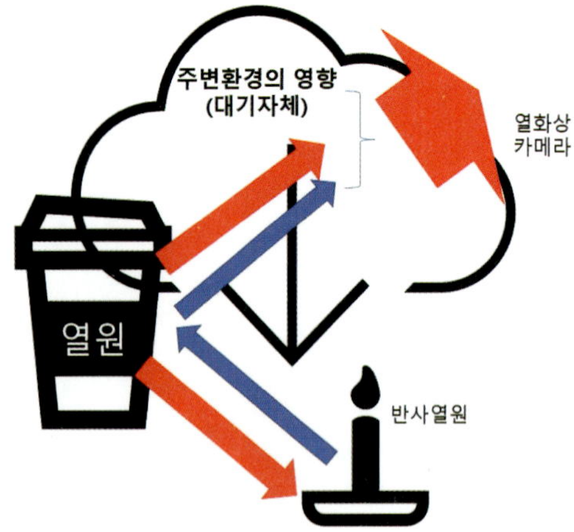

그림 4.22 반물체와 반사 겉보기 온도에 의한 열화상분석에 미치는 영향

겉보기 온도 개념:

여기서 이야기하는 겉보기 온도는 물체의 실제온도가 아니라 복사에너지의 양이라는 것을 기억해야 한다. 겉보기 온도는 대기자체(주변환경)에서 나오는 복사에너지와 피사체에서 나오는 방출된 복사에너지 및 반사열원에서 방출되어 피사체를 통해 반사된 복사에너지의 합으로 이루어져 있다. 방출 복사에너지 및 반사 복사에너지는 둘 다 대기에 의해 다소 감소된다.

여기서 중요한 것은 피사체의 온도 및 방사율이 방출 복사량을 결정하게 된다. 어딘가 다른 물체로부터 나오는 반사 복사에너지는 마찬가지로 일부가 대기에서 비롯되고, 피사체에 대한 방출과 반사에 적합한 각도인 어떤 다른 물체의 방출 및 반사 부분이 있을 것이며, 결국에는 카메라를 향해 반사된다. 이 세 가지 부분이 하나의 복사량으로 결합된 것이 소위 반사 겉보기 온도(Reflected apparent temperature, RAT)이다. 이 세 가지 성분이 겉보기 온도와 같다는 점에 주목하면 의미가 통할 것이다. 따라서, 겉보기 온도는 바로 카메라 렌즈의 표면에 도달하는 복사에너지가 된다. 반사 겉보기 온도는 카메라를 향해 반사하게 만드는 입사각으로 피사체의 표면에 부딪히는 복사에너지이다.

여기서 중요한 것은, 겉보기 온도를 사용하여 실제 피사체의 온도를 계산해 낼 수 없다. 실제 피사체의 온도를 계산하기 서해서는 실제로 피사체에서만 방사된 복사 에너지량을 알면 되는데, 방사된 복사 에너지량을 계산하려면, 열화상 카메라에 필수 입력 데이터를 제공해야 하며, 카메라가 방사된 복사량을 계산할 수 있도록 보상 변수(측정거리, 날씨, 습도, 주변온도, 바람의 영향, 구름, 그늘여부, 대기복사 등)를 입력해야 한다. 방사된 복사에너지는 열화상 카메라에 필수적인 교정(calibration) 데이터와 함께 마지막 단계인 온도 변환에 대한 입력 데이터이다. 방사 복사량이 구하고자 하는 값이지만, 얻게 되는 값은 겉보기 온도다.

반사 보상:

다음 단계는 반사에 대한 보상을 하는 절차로 대기영향이 제거된 후, 남아 있는 부분인 방출 복사에너지 (방사 에너지+반사된 에너지)에서 반사 부분을 결정하여 제거하는 것이다. 이 단계의 입력은 반사율과 반사 겉보기 온도이다. 반사율은 열화상 카메라가 식 (1- $\varepsilon= \rho$)을 이용하여 자동으로 계산하기 때문에 많은 사용자들이 입력하지 않더라도 자동으로 반영되는 입력 데이터이다. 만일 투과성분을 가진 물체를 측정하게 된다면 더욱 복잡해지나, 대부분의 상황에서는 이러한 투과성분이 없는 피사체를 측정하는 경우이므로 이를 고민할 필요는 없다. 방사율을 입력한다면 반사율도 자동으로 입력하게 되는 것이다.

반사 겉보기 온도의 측정:

반사 겉보기 온도를 측정하기 위해서는 우선 열화상 카메라에 방사율 ε을 1.0으로 설정하고, 피사체와의 거리를 0 m로 설정하여 겉보기 온도를 측정한다. 이 겉보기 온도는 피사체에 반사된 것이기 때문에 반사 겉보기 온도(RAT)라고 불린다. 열화상 카메라에서 언게 되는 측정값은 당연히 온도로 표시된다. 이는 카메라가 출력할 수 있는 값이기 때문이나, 이 온도값은 온도가 아니라 복사 에너지량에 해당한다. Stefan-Boltzmann법칙을 사용하면 복사에너지를 계산할 수 있었겠지만, 그럴 필요는 없다. 카메라가 계산이 이루어지기 전에 내부에서 모든 것을 신호 단위로 변환시킬 것이다. 최종 출력은 결국 섭씨로 변환된다.

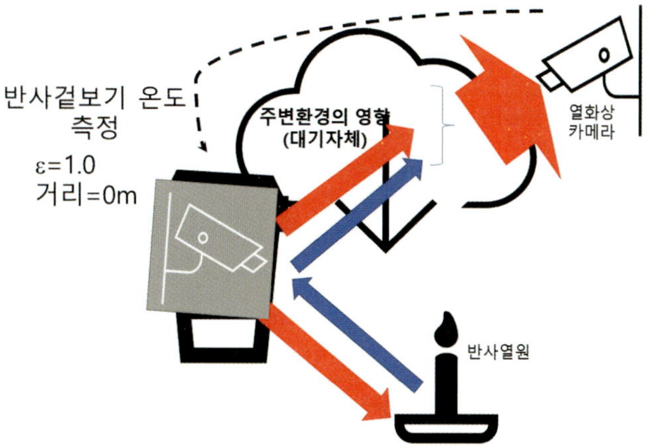

그림 4.23 반사 겉보기 온도를 측정하려면, 피사체에 부딪히는 복사에너지를 측정해야 한다.

4.1.4. 적외선 카메라를 이용한 온도측정기법

열화상을 측정하는 시스템(적외선 카메라)에 사용되는 열화상측정기는 방사(에너지)측정기(Radiation detector)의 원리를 이용한 것으로 여기에서 우리는 작동원리에 대한 기본적인 지식과, 측정기 성능에 대한 제한적 요소, 그리고 열화상 이미징 시스템에 대해서 간단히 다루려고 한다. 열화상 분석기술을 배우는 입장에 있어서, IR 이미징 시스템을 사용하는 것에 있어, 측정기에 대한 전문적인 지식을 알면 좋으나, 이 책에서는 이를 다루지는 않을 예정이다. 다만 필요한 경우, 열영상 이미지를 해석하는데 있어서, 카메라의 온도정확도(Temperature accuracy), 온도분해능(Temperature resolution), NETD(Noise equivalent temperature difference)로 표시함, 낮을수록 우수한 카메라 성능임), 공간분해능(Spatial resolution, 낮을수록 우수한 성능임), MTF(Modulation transfer function, 광학계성능으로 패턴을 인식하는 능력임)과 같은 열화상 및 광학적 파라미터의 제한요소들에 대한 기본적인 지식들을 알면 측정에 대한 한계 및 허용치를 이해하기에 좋다.

적외선 측정기(IR detector) 또는 측정시스템은 물체가 방출하는 복사 또는 방사에너지를 받아들여 감지물질에서 전기적 신호(저항값 변화, 전압변화 또는 전류변화 등)로 변환하는 일종의 변환기(Transducer, 트랜스듀서)형태로 작동한다. 이것이 IR 이미징 시스템의 가장 핵심을 이룬다. 감지물질과 각각의 화소의 크기(Pixel size, 개별 소자의 크기)에 따라 크게 좌우되며, 큰 범위에서 이러한 변환량이 열화상 이미징 시스템의 성능을 결정하게 된다.

열화상 측정기는 크게 2가지 종류로 나뉘어진다. 광자형 측정기(Photon detector)와 열 측정기(Thermal detector)로 나뉘며, 광자(또는 양자-Quantum) 측정기에서 단일스텝 변환은, 적외선 방사로부터 양자를 흡수함에 따라 각각의 화소에서 자유전하 캐리어 밀도(Concentration) 또는 이동도(Mobility)의 변화를 만들어내게 된다. 이렇게 되면 입사하는 방사에너지가 비평형상태의 전하 캐리어를 생성하게 되고, 이에 따른 각각의 소자(화소)에서 전기적 저항이 변하게 되거나 추가적인 광전류가 발생하게 된다. (예: 광다이오드, 사람이나 물체가 지나가면 물체에서 나오는 열에 의해 광자를 측정하고, 이에 따른 전류를 흘려보내 스위치가 동작되어 전등이 점등되는 역할을 함)

열 측정기는 2단 변환기로, 먼저 입사하는 방사에너지가 적외선에 민감한 재료(일반적으로 a-Si, VOx 산화물 등)에 흡수되고 이는 재료의 자체값(여기서 온도)을 변하게 한다. 둘째로 열 측정기의 전기적 출력값이 재료의 물리적인 변화 (온도변화 → 저항값 변화)에 의해서 발생한다. (예로서 볼로미터에서 온도의존성을 보이는 전기적 저항값이 신호로 변환된다.) 그림 4.24의 경우 볼로미터의 대표적인 구조를 보여주고 있는데, 육교처럼 생긴 박막의 구조물위에 IR센싱용 물질이 도포되어 입사하는 복사에너지를 받아들임으로 온도상승이 발생되고, 온도상승의 결과 전기저항값의 변화를 통해 센서본체와의 전기적인 연결구조인 다리부위(열전도 손실)를 통해 센서본체와의 전기적인 연결이 이루어진다. 이때 받아들인 복사에너지로 인해 IR센서부위의 온도가 상승하므로 여기서 발생되는 열복사 손실도 발생하게 되므로 실제적으로 100%의 입사되는 복사에너지가 전기적인 신호로 바뀌는 것은 어렵다. 열전도 손실과 열복사 손실을 작게 하기 위해서는 두가지 손실을 줄일 수 있는 설계기술이 필요하며, 이는 열화상카메라의 성능을 개선하기 위해 꾸준히 연구가 수행되고 있다.

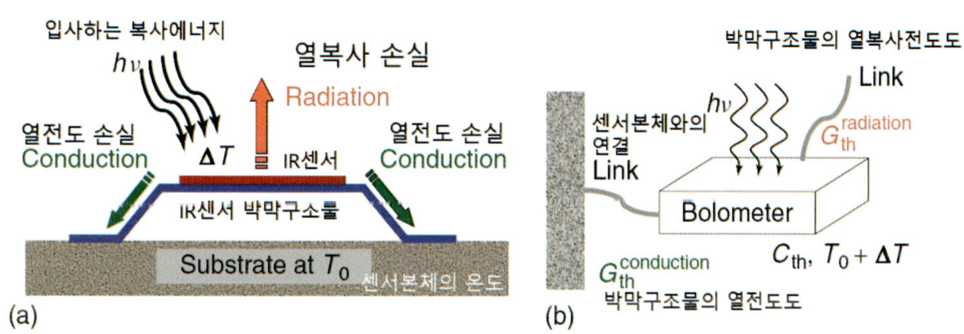

그림 4.24 열화상 측정기의 기계적 구조형상

일반적으로, 방사 측정기(=열 측정기, 볼로미터 형태가 대표적)는 수많은 파라미터에 의해 평가될 수 있다. 방사형 측정기의 특성은 D*값으로 나타낸다. D*값에 대해서, 다양한 방사형 측정기의 성능이 평가되어왔다. D*값은 공간 반응도(Spectral responsivity)와 주파수의존적 노이즈 측정법(Frequency dependent noise measurement)에 의해서 실험적으로 결정된다.

D*에 대한 지식으로, 주어진 측정기 형상과 신호측정의 대역폭(Bandwidth)에 대해서 노이즈 등가파워 또는 NEP(Noise equivalent power)를 예상할 수 있다. 예를 든다면, 비측정도 D*가 10^{11} cmHz$^{1/2}$W^{-1}이고 5 um파장을 가진 InSb 광다이오드를 가정하고, 측정기의 면적이 25 um × 25 um, 신호측정에 대한 대역폭이 10 kHz라고 하면, 우리는 NEP값이 2.5 pW를 얻을 수 있다. 물체의 온도에 의존하는 열화상 측정기 소자에 입사하는 방사 파워(Radiant power)는 IR카메

라의 주어진 광학계에 의해서 예측될 수 있다. 측정가능한 방사파워차이(Radiant power difference)의 낮은 극한값은 NEP (Noise equivalent power)이다. NEP를 통해서 흑체의 최소온도차를 측정할 수 있다. NEP에 상응하는 방사파워차이를 제공하는 이러한 최소온도차는 노이즈 등가 온도차(Noise equivalent temperature difference, NETD)로 정의한다. 이것이 바로 열화상 카메라의 성능을 보여주는 대표적인 값으로, NETD가 낮을수록 온도를 측정해 내는 정밀도가 좋다고 생각하면 될 것이다. 이러한 설계를 통해 형상화된 열화상카메라 모듈의 모습이 그림 4.25에 나타나 있다.

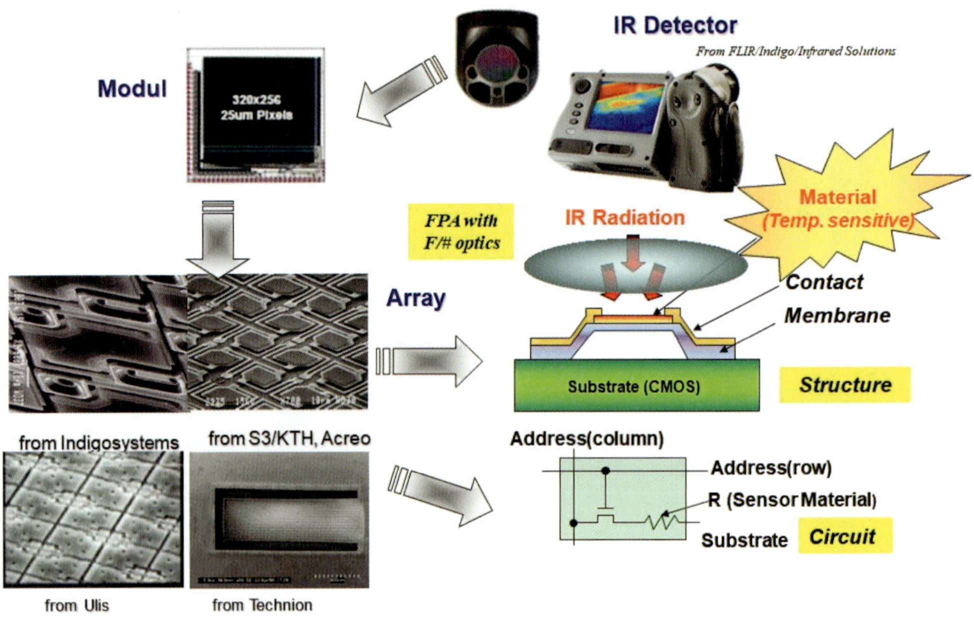

그림 4.25 FPA 열화상 모듈의 구조. 적외선을 흡수하기 위해 Free standing 구조로 구성되어 있음

물체로부터 방사되는 복사에너지는 다음의 그림 4.26에서 보이듯이 광학계를 거쳐 열화상 모듈로 들어오게 되고 각각의 소자는 복사에너지의 강도를 측정하여 전기적인 신호로 변경하게 된다. 이를 기반으로 프로그램을 통해 물체의 복사에너지는 물체의 방사율을 선택함으로 물체의 온도를 측정할 수 있도록 이루어져 있다.

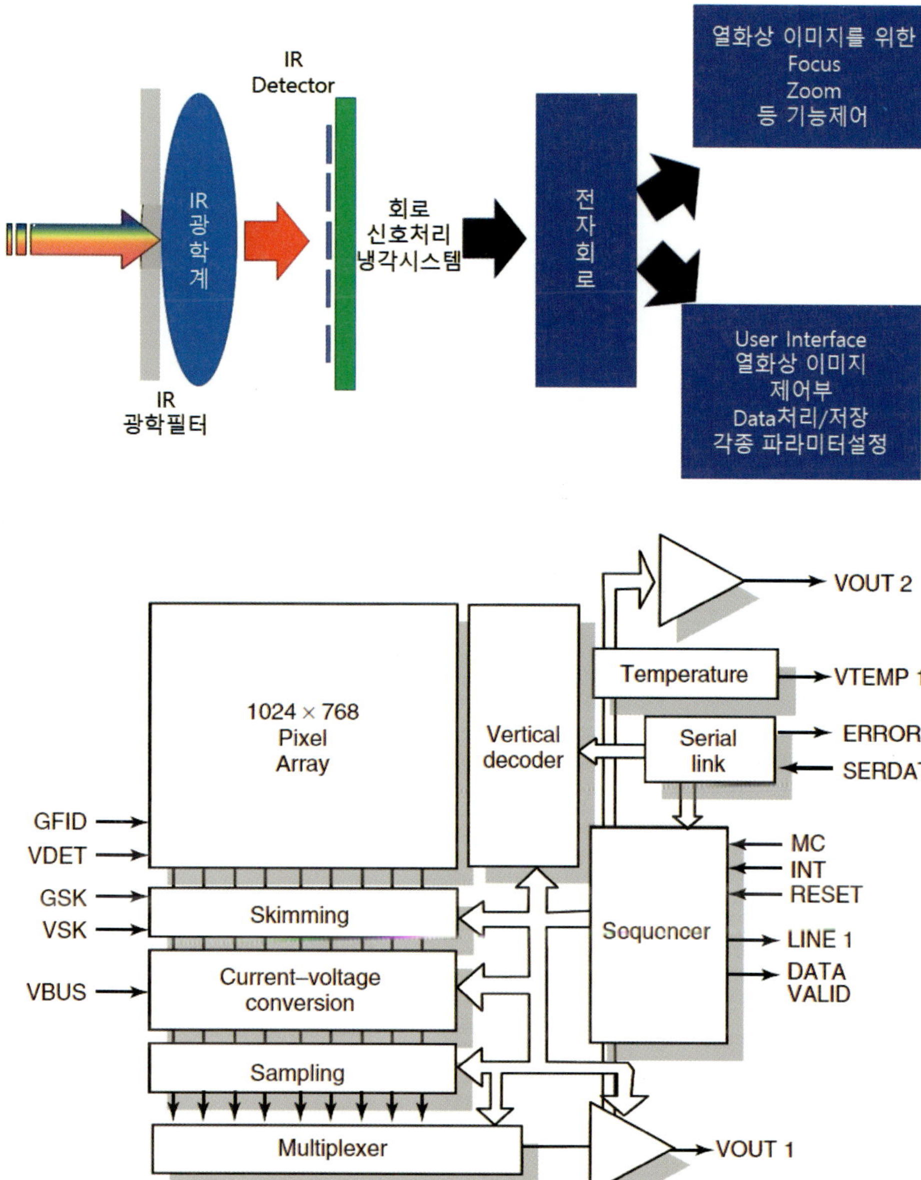

그림 4.26 적외선카메라의 주요 부품구성도 (위)와 열화상카메라의 동작원리 및 ROIC(Read–Out IC)의 블록 다이어그램 (아래, From ULIS)

열화상 카메라의 성능은 열화상 모듈에 의해서 다양한 물체의 에너지를 자세하게 측정할 수 있으며, 이는 해상도를 기반으로 다양하게 측정할 수 있는 능력을 보여주고 있다. 이는 일반 카메라의 기능과 동일하며, 해상도의 차이는 분석에 많은 영향을 줄 수 있다. 이러한 열화상 카메라의 기능은 일반카메라와 같이 단순히 해상도를 높이는 기술과는 달리 Free-standing구조의 맴

브레인 형태의 100만개이상의 구조체를 별도로 형성해야 하므로, 현재까지는 고해상도 또는 측정크기의 한계를 가지고 있다.

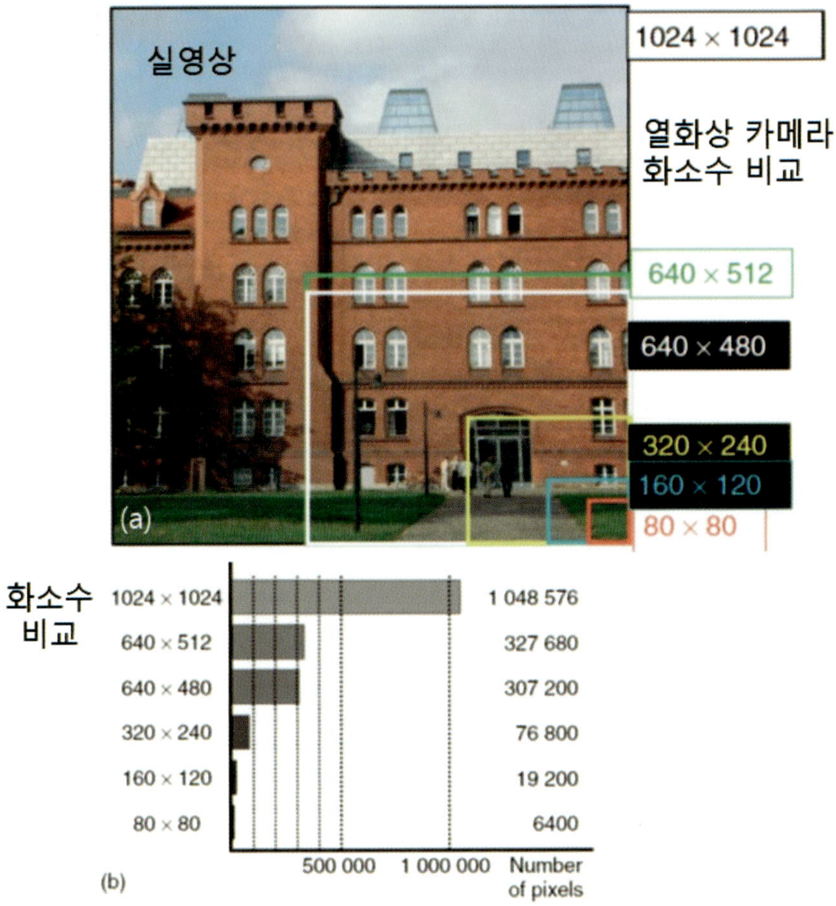

그림 4.27 열화상카메라의 화소 수(=해상도)에 따른 물체의 측정가능한 크기 비교. 같은 광학계를 이용해서 물체의 화소 수에 따른 측정크기를 비교함

이를 기반으로 열화상 카메라의 해상도의 차이를 보여주는 그 예를 그림 4.27에서 보여주고 있다. 같은 광학계를 기반으로 80×80의 화소수를 가진 경우, 한쪽 모퉁이의 작은 면적만을 촬영할 수 있다. 그러나 640×480의 화소수를 가진 경우는 건물의 절반정도 되는 면적을 촬영하고 전체면적에서 창과 문, 사람들을 동시에 관측할 수 있음을 알 수 있다. 이러한 화소수의 비교는 그림 4.27(b)에서 나타난 것처럼 열화상 센서의 화소수에 기인하고 있기 때문이다. 적어도 일정이상의 화소수를 가진 카메라가 인식과 화면에서의 정확도를 높이는 것에 도움이 될 것은 당

연한 이치이다.

같은 화수소를 가진 열화상 카메라의 경우 피사체와의 거리가 열화상측정에 많은 영향을 준다. 그림 4.28에 나타난 것처럼, 열화상 카메라를 통해서 관찰하고자 하는 물체는 일정거리(D)에 떨어진 물체는 열화상 카메라의 화각(FOV)내에서 이미지로 변환된다. 이러한 FOV는 관측되는 물체의 장(Field)의 각도적 연장선이다.

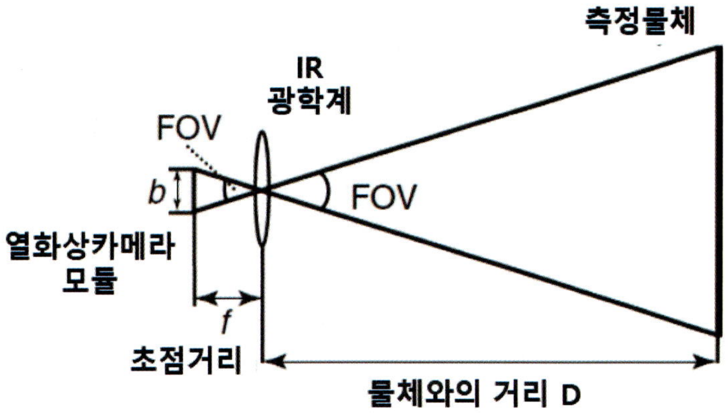

그림 4.28 열화상 카메라의 FOV. 광학 초점거리에 따른 측정물체의 크기관계

그림 4.28에 나타난 것처럼, FOV는 광학계의 구성형태에서 쉽게 얻어진다. 중심점을 통과하는 광선은 반사되지 않는다. 그러므로 광선은 최종적으로 측정기 어레이의 한계인 모서리점인 FOV로 향하게 된다.

$$FOV = 2\arctan\left[\frac{b}{2f}\right] \tag{4.8}$$

FOV는 카메라의 광학계와 FPA의 면적과 상관이 있다. 초점거리가 f 인 광학계를 가진 카메라와 직선 면적 b를 가진 FPA의 경우, FOV는 다음과 같이 계산될 수 있다.

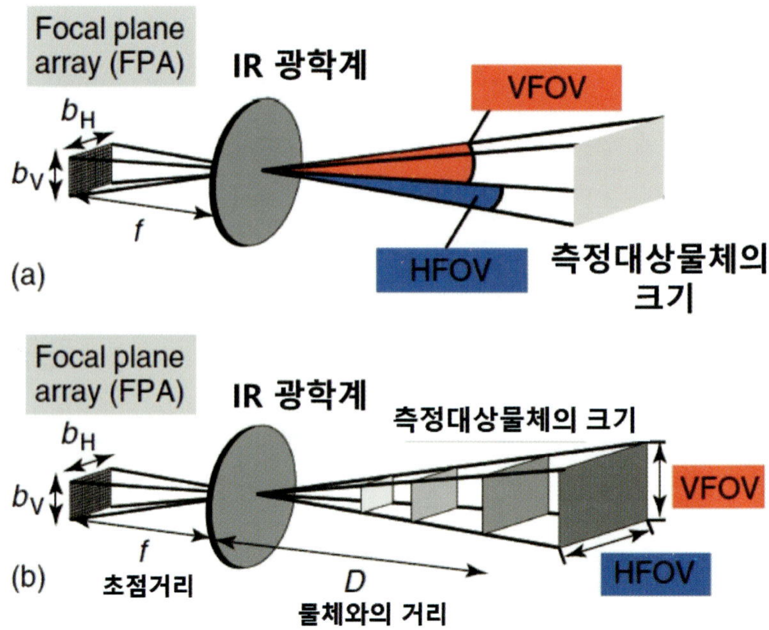

그림 4.29 열화상 카메라의 수평화각(HFOV)과 수직화각(VFOV)에 대한 설명 (a) 광학계에서 보는 수평/수직화각 (b) 측정대상물체에서 보는 수평/수직화각

일정 해상도를 가진 FPA형태의 열화상카메라 모듈은 그림 4.29에 보이듯이 가로×세로크기($b_H \times b_V$)를 가지고 있다. 이러한 열화상 카메라 모듈의 사각형 형태는 광학계를 기준으로 수평화각(Horizontal field of view, HFOV)과 수직화각(Vertical field of view, VFOV)를 만들어낸다. 서로 다른 광학시스템은 카메라의 FOV를 변하게 할 수 있다. 근접촬영에 대한 x/y값은 FOV와 관련이 있다: 그러나 숫자들은 최소 물체거리와 그 거리에서의 대표적인 수평적 물체크기(x)를 직접 제공한다. 만일 화소의 수평적인 수를 안다면, 우리는 즉시 최상의 공간분해능을 예측할 수 있다. 예를 든다면, 320화소에서 $x = 34$ mm이 의미하는 것은 각각의 화소는 34 mm/320 $\approx$ 0.1 mm의 물체크기를 반영하는 것이다. 표 4.2는 열화상카메라에 적용되는 각각의 렌즈에 따라 측정가능한 수평 및 수직화각에 대한 내용을 보여주고 있다.

표 4.2 카메라 렌즈에 따른 적용가능한 수평화각과 수직화각

Camera Lens	FLIR SC 6000 (640 × 512 pixels, 25 μm pixel pitch) HFOV°/VFOV°	FLIR SC 2000 (320 × 240 pixels) HFOV°/VFOV°
12°	-	12°/9°
Standard 24°	-	24°/18°
45°	-	45°/33.8°
Close up 34/80	-	24°/18°
Close up 64/15-	-	24.1°/18.1°
25 mm (focal length)	35.5°/28.7°	-
50 mm (focal length)	18.2°/14.6°	-
Close up 64/15-	-	24.1°/18.1°

4.1.4.1. 올바른 방사율의 적용

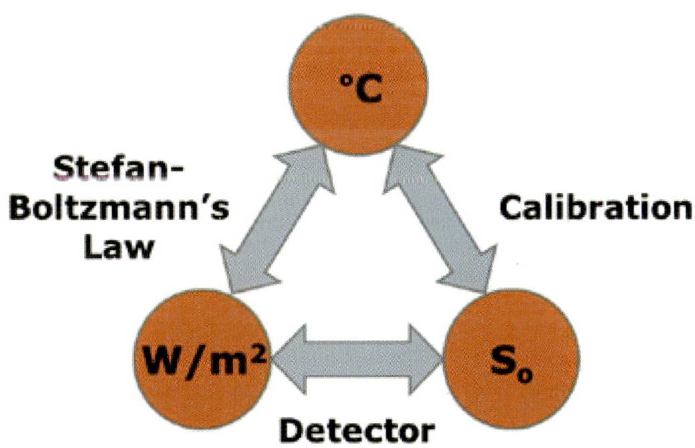

그림 4.28 물체의 온도와 방사에너지간의 연계성. 복사에너지의 법칙을 이용한 열화상카메라를 통한 센서신호(S_o)과 물체의 온도를 알기위한 보정관계를 통해 얻은 방사율을 통해 계산된 온도값의 관계

피사체에 도달하는 복사에너지의 일부분은 흡수될 것이며 나머지는 반사될 것이다. 반사겉보기 온도는 섭씨 단위로 입력될 것이며 내부적으로 센서의 신호단위로 변환될 것이다. 이 복사에너지는 피사체에 입사되며, 여기에 반사율을 곱하면 방출되는 반사복사 에너지량을 구할 수 있다. 방출되는 복사에너지량(=방출 복사+반사복사)에서 방출복사에너지의 반사부분을 제거

하면 방사되는 부분만이 남게 된다.

복사를 표현하기 위하여 어떤 물리량이 사용되느냐에 따라 방사율은 다르게 정의될 수 있다. 방사율에 정의로부터 $0 \leq \varepsilon \leq 1$인 것은 분명하다. 3가지 물체는 첫째 흑체, 둘째는 파장에 의존하지 않고 일정한 방사율을 갖는 실체(=회색체), 셋째는 파장에 따라 방사율이 변하는 선택적 방사체를 의미한다. 열화상에서 실제 응용의 경우 대부분 방사율은 파장과 온도에 따른 함수로 주어지므로 $\varepsilon - \varepsilon(\lambda, T)$로 표현하나, 일반적으로 회색체의 특성을 갖는 상수로 취급한다. 가스, 플라스틱 호일등과 같이 특정 적외선 파장대역에서 흡수 또는 방사특성을 갖는 물질을 다룰 경우에는 선택적 방사체로 취급해야 하며, 이때는 정략적 분석이 매우 복잡해질 수 있다. 표 4.3은 물체에 따른 방사율에 영향을 주는 요소들을 설명하고 있으며, 재료의 물성으로서, 방사율은 다음과 같은 변수에 의해서 영향을 받는다.

표 4.3 물체에 따른 방사율에 영향을 주는 요소

대상의 필수적인 특성	다른 변수
재료종류(금속, 단열재, etc)	관측 방향(시야각-FOV)
표면 구조(거친 표면, 연마된 매끈한 표면)	파장대역(LW/MW/SW, etc)
기하학적 형상(홈, 공동, etc)	온도(위상 차이, etc)

중요한 변수는 재료의 종류이다. 측정 기법에 따라, 열화상 기술은 유용한 특정 각도와 스펙트럼 범위에서 측정한 평균값을 사용한다. 단순화된 분류에서, 이것은 비금속과 금속으로 나누어 논의할 수 있는데, 왜냐하면-다행히도-피부, 종이, 페인트, 석재, 유리 등과 같은 실제적인 열화상 응용에 필요한 대부분의 비금속 재료들은 회색체이며, 0.8이상의 꽤 높은 방사율 값을 가지기 때문이다. 반면에, 금속, 특히 연마된 금속에서 0.2이하의 값들을 보이며, 일반적으로 낮은 방사율로 인해 열화상 분석에 있어서 해석적인 문제를 일으킨다. 그림 4.31에 보이는 것처럼 같은 물질이라도 측정되는 물체의 온도에 따라 방사율이 변화함을 알 수 있다.

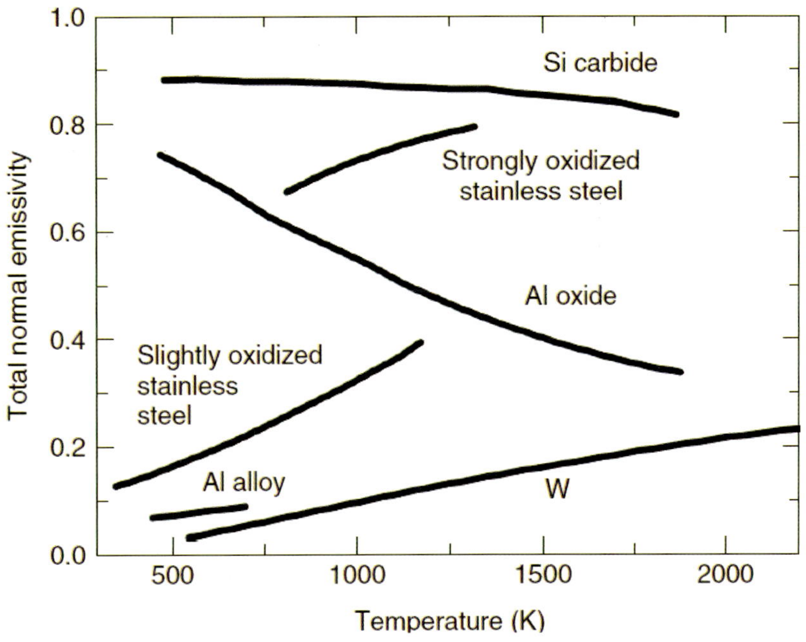

그림 4.31 온도의존성을 갖는 물체의 방사율

그림 4.31에 보이는 것처럼, 상온에서의 알루미늄(Al)과 1400 K에서의 알루미늄산화물은 파장에 따라 방사율이 엄청난 차이를 보이는 것을 알 수 있다. 또한 표면처리 (예를 들어 알루미늄 표면을 샌드블라스트로 무반사 처리한 경우), 표면이 거친 경우에 따라 방사율은 파장에 따라서 그 값이 매우 차이가 있음을 알 수 있다. 이를 통해 우리는 열화상기메리에서 측정된 온도는 입력한 방사율로 인해 매우 커다란 차이가 발생할 수 있다는 것을 이해하고 있어야 한다는 것을 명심해야 한다.

해석에 있어서 조심해야 할 것이 8 ~ 12 μm의 장파형 열화상카메라를 가지고 금속체를 측정하는 경우이다. 만일 같은 알루미늄 물체를 측정함에 있어 상온에서와 고온에서의 방사율이 매우 큰 차이를 보이고 있기 때문에, 상온에서의 측정에서는 낮은 방사율로 인해서 잘못된 온도값을 보일 수 있다는 것을 조심해야 한다. 특히 반사열원에 의한 문제를 가져올 수도 있다는 것을 기억해야 할 수도 있다.

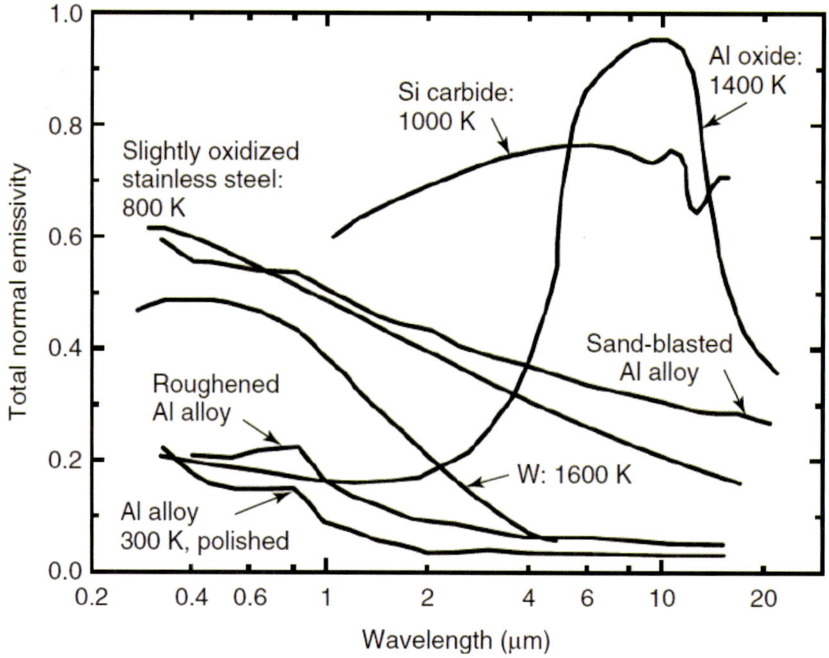

그림 4.32 파장의존성을 갖는 물체의 방사율

주어진 재료에 대해서, 방사율은 표면구조에 따라 상당히 변화한다. 이것은 불리한 상황으로 이어지게 되는데, 즉, 같은 재료에서, 방사율에 대한 여러 가지 값이 발견된다. 이 효과는 금속에서 가장 두드러진다. 연마된 금속은 0.02정도의 낮은 ε값에 도달할 수 있는 반면, 표면이 거친 상태라면 방사율은 더 커지고 심지어 0.8 이상의 값에 도달할 수 있다. 금속의 표면이 시간의 경과로 인해 산화/부식이 된 경우 가장 높은 값이 발견된다. 빗물에서 비롯된 수분과 공기 중 산소에 노출된 채로, 수년간 작동된 전기 접점의 금속볼트를 예로 들 수 있다. 0.78만큼 높은 값은 상당히 산화된 구리에서 적용이 가능하고, 0.90은 표면이 화학적으로 변경된 탄소강에서 관찰되었다. 이런 요인은 전기시설이나 기계류에서 발생할 수 있는데, 예를 들어 볼트, 너트, 전기 클램프 및 전기 구성요소의 검사와 같이 이상 및 정상을 판단할 기준이 필요한 경우에 가장 중요하게 고려해야 할 수 있다. 따라서, 방사율이 알려진 주변 환경에 비해 구성요소의 정확한 온도 차이를 알고 있어야 하기 때문에 정량 분석이 필요하다. 그리고 방사율의 실제 값에 따라 측정된 온도는 매우 크게 달라진다.

그림 4.33은 구리면을 가진 큐브를 보여주고 있다. 열 전도도로 인해, 큐브의 표면은 신속하게 동일한 온도를 가지게 된다. 각 면의 열복사의 방출은 적외선 카메라를 가지고 쉽게 분석할 수

있다. 페인트가 칠해진 면에서 0.96의 선택된 ε값이 정확한 온도를 제공한다(여기서 온도측정은 접촉식 열전대로 직접 확인할 수 있다). 거친 구리 표면은 훨씬 열복사에너지 방출이 적었고 연마된 구리 표면은 거친 구리 표면보다 더 적었다. 카메라 소프트웨어를 사용하여, 구리표면의 방사율 값을 조정할 수 있으며 또한 벽면 온도의 정확한 값을 얻을 수 있다. 예를 들면 연마된 구리 표면의 방사율은 약 0.03이었고 거친 구리 표면에서는 0.11을 찾았다.

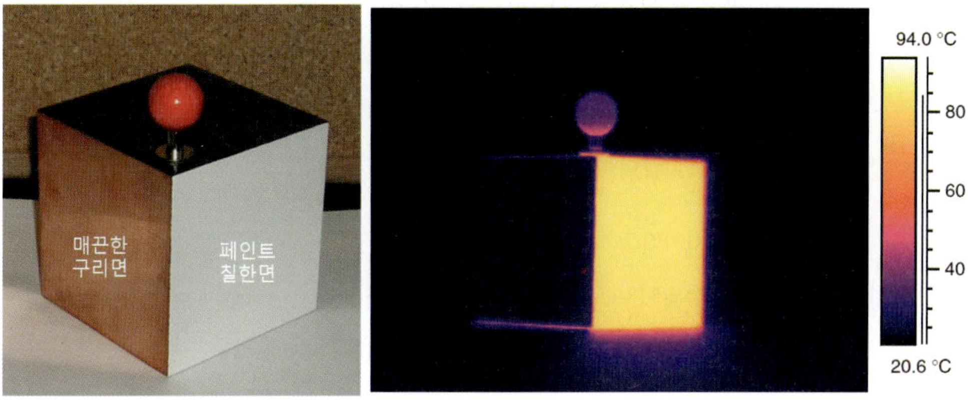

그림 4.33 구리표면을 가진 큐브(한쪽면이 페인트 칠 되어 있다) 동일하게 가열 후, 열화상 카메라로 찍은 열영상 이미지 (왼쪽)

방사율의 정확한 값을 추측하는데 발생하는 문제 때문에, 직접 ε값을 측정하는 것은 일반적인 방법이다. 이 작업은 여러 가지 방법으로 수행할 수 있고, 종종 사용되는 방법들 중 일부가 아래 표에 나열되어 있다. 모든 경우에서, "방사율"을 적외선 카메라의 선택된 파장 범위에 걸쳐 적분된 수직방향으로 정의했다.

표 4.4 열화상에서 수직방향 방사율을 위한 방법

방법	Tape	페인트칠 등	접촉식 온도계	구멍 가공
필요 장비	Tape	Paint	열전대	전기 드릴
원리	실험으로부터 알려져 있는 방사율, 접촉식 온도계로(열전대) 보정		접촉식 온도계로 1점 측정	공동효과로 인한 방사율 증가
장점/단점	비파괴적 제거가능 /매우 거친 표면의 경우 열접촉에 문제	비파괴적 /제거의 어려움 거친 표면 정리 작업	비파괴적 /시간 소요	표면구조에 영향 없음 /파괴적

4.1.4.2. 방사율의 측정의 실제와 어려움

적외선 열화상분석에서 대상물체의 온도를 측정한다는 것은 주어진 상황에 따라 측정결과를 온도로 바로 이해하는 것이 쉬울 수도 있고, 매우 어려울 수도 있다. 이미 설명하였지만 측정을 어렵게 만드는 가장 중요한 인자는 물체의 방사율과 반사율이다. 방사율이 낮을 경우 우리가 열화상카메라를 통해 관찰된 내용을 바로 받아들일 정도로 신뢰할 수 없기 때문에 이에 따른 물체의 온도 측정 또한 어려워진다. 앞에서 여러 번 설명된 것처럼, 측정하려는 대상물체에서 물체를 투과하는 에너지는 없다고 가정하면, 물체의 방사율 과 열반사는 식 $\varepsilon + \rho = 1$의 관계식을 따른다. 따라서 하나(여기서 방사율 또는 반사율)가 증가하면 다른 하나가 감소하는 관계가 있으므로, 카메라에 입력하는 방사율을 결정하면 자동적으로 반사율을 결정하게 된다.

만일 방사율을 1.0이라고 하면, 흑체로 취급되는 피사체의 온도측정 난이도는 어떻게 될 것인가? 흑체라고 가정되어 바로 Stefan-Boltzmann방정식을 따르게 되고 온도로 전환하는 것이 전혀 어렵지 않다. 다만 온도에 대한 방사에너지에 대한 측정 정확도는 사용하는 카메라의 사양의 정확도와 같다고 예상할 수 있다. 반면에 방사율을 0이라고 가정한다면, 난이도는 무한대가 될 것이다. 왜냐하면 피사체는 아무것도 방사하지 않으므로, 방사되는 복사에너지를 이용하여 그 온도를 카메라 교정에 연계시킬 수 없을 것이다.

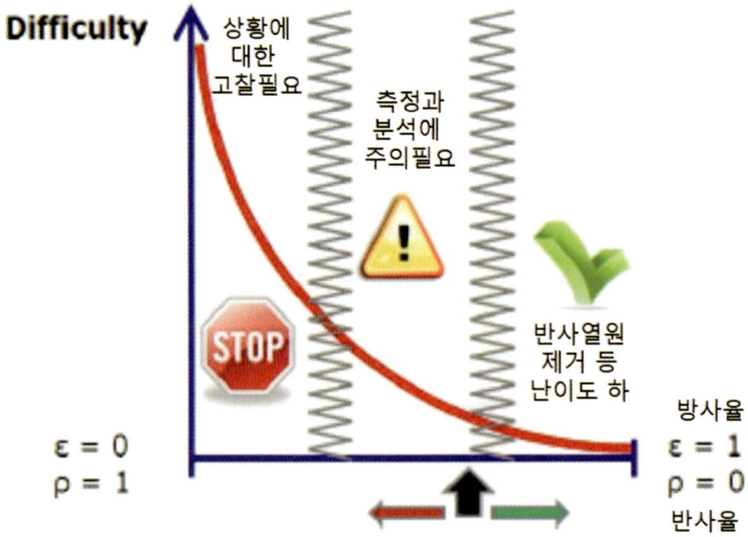

그림 4.34 방사율 측정의 난이도

이러한 양극단의 사이에는 끊임없이 변화하는 난이도가 있을 것이다. 원칙적으로 다음과 같이, 방사율을 설정하면 반사율도 설정되며, 따라서 그림 4.34의 흑색 마커가 슬라이더처럼 앞뒤로 움직인다. 방사율이 증가하면 반사율이 감소하거나, 그 반대가 된다. 피사체 방사율이 높을 경우 녹색 화살표 방향으로 움직이므로, 바람직한 방향이며, 방사율이 낮은 경우 적색방향으로 움직이며, 점점 어려워진다.

방사율에 관한 실제 이론

방사율은 상황 변수이다. 예를 들어 물체를 바라보는 각도를 바꾸게 되면, 방사율이 변하게 된다. 그렇다면 모든 가능한 경우를 포함하는 방사율 표를 어떻게 작성할 수 있을까? 이것은 실제적으로 불가능하며 상황에 따라 조금씩 다른 방사율값을 가질 수밖에 없다. 우리는 그림 4.31에서 0에서 1까지 척도를 가진 방사율에 따른 측정상황의 난이도를 세가지 영역으로 나누어 설명하고자 한다.

높은 방사율 구간 ($\varepsilon \sim 1$):

주변 영역이 쉬운 구역이다. 그 영역에서는 방사율, 반사율을 다소 잘못 설정하더라도 그렇게 심각한 문제는 없을 것이다. 금속이 아닌 대다수의 피사체 표면들은 특히 장파 카메라의 경우 방사율이 이 영역 내에 속할 것이다. 만일 피사체 방사율이 이 영역에 있다는 것을 확실하게 알고 있다면, 정확한 측정을 위한 방사율 추측이 가능하다. 정확한 측정 상황에서 실제 피사체의 방사율을 측정한다면, 매우 정확한 결과를 얻을 수 있을 것이다. 어떻게 이것을 알 수 있을까? 물체 표면에 흑체와 같은 방사율이 높은 검은 페인트나 검은색 테이프를 붙여놓고 온도를 관찰해 보면 그 차이를 알 수 있을 것이다.

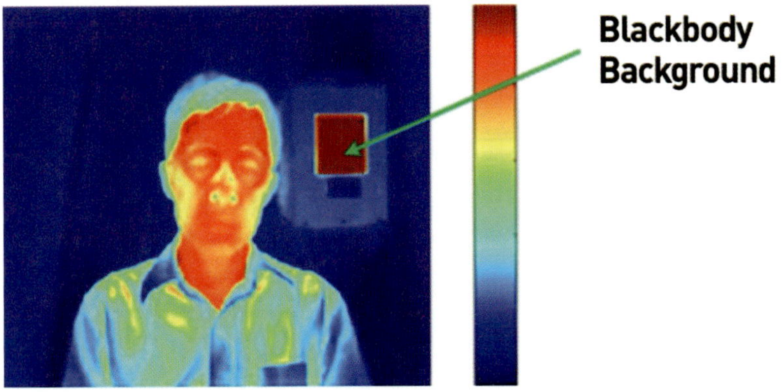

그림 4.35 흑체와 사람의 방사율 비교 (from FDA image)

중간 방사율 구역

부분적으로 부식되고 오염된 금속 표면- 금속과 예를 들어 알루미늄 또는 아연 페인트 등의 다른 조합이 주를 이룰 것이다. 이러한 종류의 피사체 표면은 부식, 먼지 등으로 인한 오염 및 노후도에 따라 그 방사율이 변하기 때문에 예측이 불가능하다. 매우 윤이 나는 도자기와 그러한 종류의 기타 소재들도 이 영역에 속할 수도 있다. 방사율이 척도 중간 부근인 피사체를 검사하는 경우 상당한 정밀도로 방사율을 측정할 필요가 있을 것이다. 방사율 평가는 대부분의 경우에 상당한 오차를 일으킬 것이다.

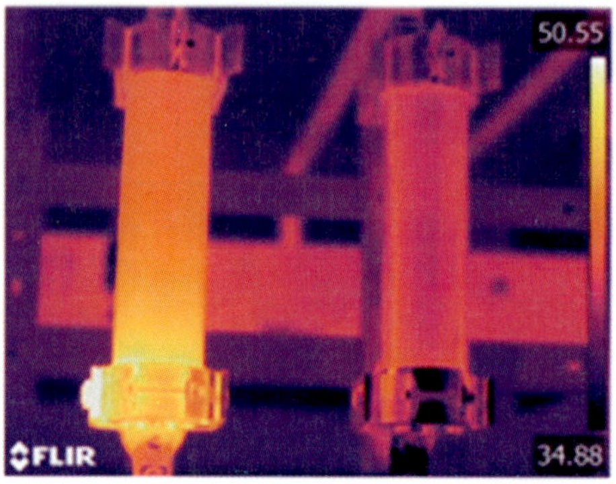

그림 4.36 부분적으로 산화된 부위(왼쪽 퓨즈)와 퓨즈와 커피를 담은 세라믹 컵

낮은 방사율 구간

이 구역에는 다른 것은 없이 주로 금속만이 해당될 것이다. 일반적으로 깨끗한 평면을 가진 금속표면은 매우 낮은 방사율을 보이고 있다. 그러나 낮은 방사율을 가진 금속의 경우 공동이나, 롤 형태로 말려 있는 경우, 코너를 형성하는 구조에서는 상호간의 방사로 인해 방사율이 매우 높아질 수 있다는 것이다. 그림 4.37의 경우 말려 있는 구조에서 같은 온도에서 촬영된 부식된 것으로 보이는 물체의 방사율을 평가하는 경우, 방사율이 그리 많이 낮지 않다고 생각할 수도 있지만 아마도 낮을 것이다. 긁히거나 샌드블라스트(Sandblast) 처리된 알루미늄과 같이 거칠지만 부식되지 않은 표면은 저 방사율과 중간 방사율의 경계보다 더 높아지지 않을 것이다.

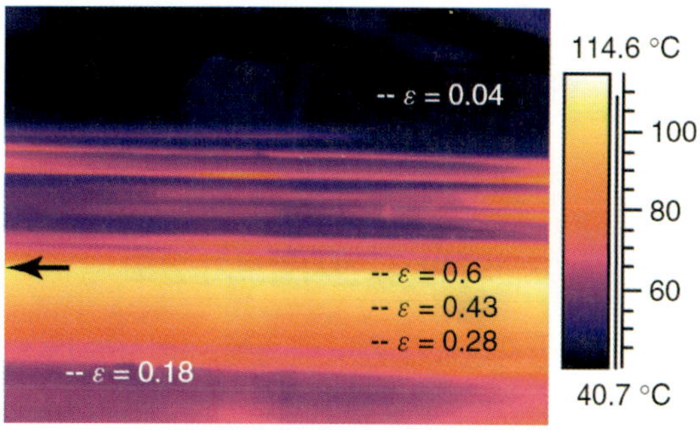

그림 4.37 중온상태의 메탈 박판의 위치에 따른 방사율의 차이 (표면에서는 방사율이 0.04이나 기하적으로 두개의 메탈판이 만나는 부분에서는 상호간의 열반사로 인해 0.6까지 올라가 있음. 기하적 위치에 따라 방사율이 매우 다른 값을 가진다는 것에 주의)

평판 금속 표면의 방사율을 알기 위해서는 실험이 가장 중요하다. 책에서 얻어지는 데이타 값으로 대입해서 그 값을 믿게 되면 낭패를 볼 수 있다. 그렇기 때문에 낮은 방사율을 가진 물체의 온도를 측정하는 것이 매우 어렵다고 할 수 있다. 주변환경에서 열반사에 의해 다른 온도가 촬영되는 경우가 있으므로, 유일한 도움이 되는 장점은 언제나 다소간의 기하구조 효과가 있을 것이다. 이 영역에서 측정물체의 온도를 측정하려면, 방사율 시험과 반사겉보기 온도의 통제를 필요로 하며, 그것은 아마 실험실에서만 가능할 것이다.

방사율/반사율은 지금까지 온도 측정에 가장 중요한 한 인자이다. 그것은 동전의 양면과 같이 하나가 증가하면 다른 하나가 감소하며, 앞서 설명했듯이 방사율과 반사율 값은 방사율이 낮으면 낮을수록 기하급수적으로 중요해진다는 것을 명심해야 한다. 방사율이 높을 경우에는 그 온도 오차가 크지 않지만, 방사율이 낮을 경우에는 온도오차가 클 뿐만 아니라, 온도 측정값이 터무니없이 나오는 경우가 발생하여 측정이 불가능해지게 된다.

방사율의 기본값을 설정: 너무 낮은 값을 사용하지 않아야 한다. 열화상 카메라에 아주 낮은 방사율값을 적용하여 결과를 확인해 보면, 반사 겉보기 온도보다 높은 피사체는 매우 뜨거워 보일 것이며, 반사 겉보기 온도보다 온도가 낮은 물체는 지나치게 차가워 보일 것이다. 예를 든다면 찬 물이 담긴 유리잔에서 안에 있는 물이 액체상태임 불구하고 어는점 이하로 측정될 수 있다. 방사율 측정은 연습이 필요한 중요한 기술이다. 그러한 연습을 통해 여러 물체들이 가질 방사율이 무엇일지를 보다 효과적으로 판단할 수 있게 될 것이다.

ISO 18434에는 두 가지 주요 방법이 요약되어 있다. 열전대나 RTD를 이용한 직접 접촉측정을 통해 온도를 확인하거나, 피사체 일부에 방사율이 알려진 물질을 붙여 놓고 열화상을 촬영하면, 방사율을 모르는 피사체의 신뢰할 수 있는 값을 얻음으로 실제 온도를 구한 후에는, 방사율을 모르는 영역을 측정하여 실제온도가 나올 때까지 방사율 설정을 변경한다.

표면의 반사, 반사겉보기 온도

반사겉보기 온도 측정에 대해서는 ISO 18434-1에는 직접적 방법과 반사체 방법의 두 가지 반사 겉보기 온도 측정 방법이 설명되어 있다. 어느 것이 사용하기에 적합한지는 상황과 피사체 특성에 따라 달라진다.

피사체는 원칙적으로 두 가지 형태의 반사 특성을 가진다. 확산형(표면이 거칠어서 사방으로 반사결과 사방으로 흩어짐) 또는 정반사형(거울면 반사와 비슷)이 될 수 있다.

간단한 시험을 통해 대다수 반사표면은 가시 대역에서 확산이 심해 보일지라도 거울과 매우 비슷한 특성을 지니고 있다는 것을 알 수 있다. 따라서 반사율이 높을(방사율이 낮을) 때, 반사 겉보기 온도가 가장 문제가 되는 대부분의 경우에 거울과 비슷한 표면을 가지고 있다고 예상할 수 있다.

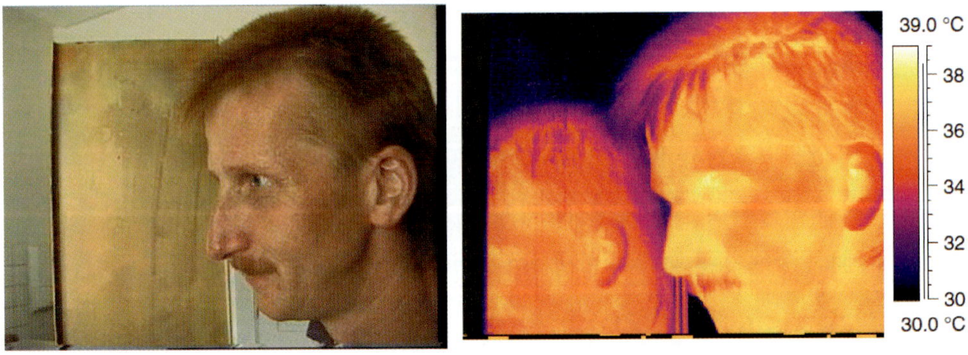

그림 4.38 확산형 열반사의 예. 사람의 체온에 의해 거친 메탈표면임에도 열반사가 일어나는 것을 보여준다.

ISO 표준에서는 두 방법 모두 주변에서 반사되는 복사의 평균을 측정하려는 것으로 가정하고 있다. 그러나 거울과 비슷한 표면을 측정하는 경우에는 반사가 도달할 각도가 매우 제한될 것이다! 따라서 평균화는 정확한 반사겉보기 온도 값을 제공할 수 없다.

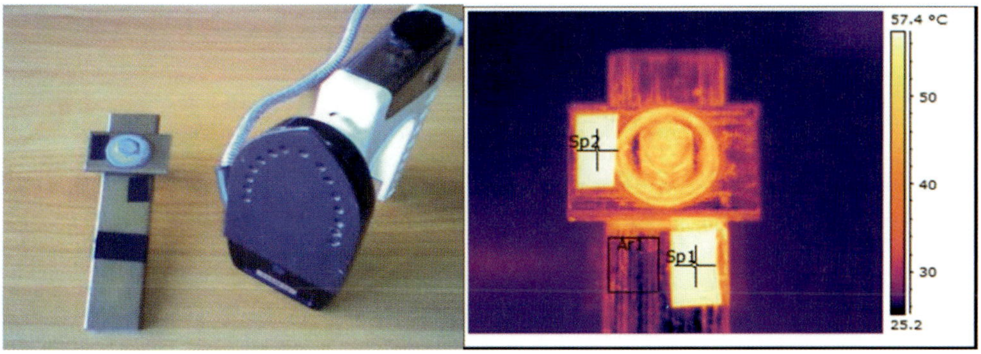

그림 4.39 가장 간단한 방법의 방사율 측정방법

4.1.4.3. 반사겉보기 온도의 측정

반사복사에 대하여 보상하려면, 카메라에 두 가지 입력값이 필요하다. 표면의 온도를 측정하려면, 카메라를 이리저리 이동시켜 측정하고자 하는 영역의 모든 점반사를 피해야 한다. 점반사원이 없으며 어떤 균일한 온도의 면적이 큰 영역을 찾으면, 측정을 위해 영상을 일시 정지하거나 저장한다.

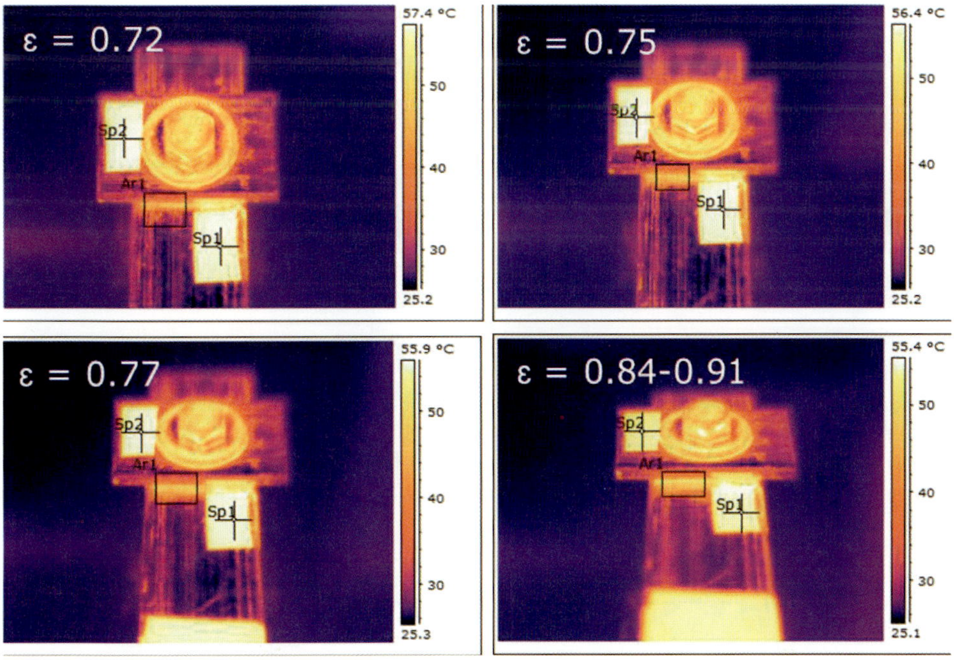

그림 4.40 기하구조에 따른 보는 시야각에 따른 방사율 변화. 피사체를 보는 각도에 따라 방사율이 변화한다

반사겉보기 온도에 대한 초기 기본값은 방사율을 1.0로 설정하고, 피사체와의 거리를 0 m로 설정하는 것이다. 그리고 지점온도계 기능을 이용하여 주변의 가장 지배적인 겉보기 온도를 검사함으로 평가해 볼 수 있다. 열화상카메라 촬영시 다른 열원이 포함되지 않아야 하며, 실제 피사체를 훑어볼 때 지점 열원의 반사를 피해야 한다. 실내에서는 벽면, 천장 및 바닥의 평균을 평가하여 그 값을 설정한다.

야외에서의 열화상 촬영은 사실 더욱 더 어렵다. 하늘의 겉보기온도 (일반적으로 매우 낮은 온도임. 높은 하늘의 대기나 우주의 경우 온도가 낮은 상태임)와 같은 지나치게 낮은 값으로 설정하지 않는 것이 좋다. 또한 태양에 반사된 영향이 카메라에 들어올 수 있어, 물체의 온도가 아니라 태양의 온도가 측정될 수 있음을 기억해야 한다. 야외 변전소나 케이블 등을 촬영할 경우 최적의 대비를 얻을 수 있고 확실한 온도 구배를 볼 수 있도록, 지면이 반사되는 부품의 아래쪽을 검사하는 것이 좋다.

방사율이 낮은 확산형 피사체

방사율이 낮으며 동시에 열분포가 확산되는 소재들은 그다지 많지 않다. 방사율의 중간 영역에서는 일반적으로 부식 방지를 위해 실외에 사용하는 알루미늄 및 아연 페인트와 같은 표면을 찾아볼 수 있다. 약 $\varepsilon = 0.5$는 그러한 표면에 흔하며, 실로 적외선 카메라에 난반사 된다. 예를 들어 가열로 외부케이스를 측정하면 가열로 벽면, 하늘, 지면, 다른 가열로, 굴뚝 등에서 반사되는 복사에너지원 (즉 반사열원)이 매우 복잡하게 섞여 있을 가능성이 높다. 이렇게 때문에 반사되는 열원을 제거하지 않고 분석을 할 경우 오류를 만들어 낼 수 있다. 이러한 경우 반사 겉보기 온도측정에 구겨 놓은 알루미늄 호일을 이용하여 반사법을 사용하는 것이 그 해결책이 될 수 있다.

다만 조심해야 할 것이 겉보기온도가 반사에 의해 영향을 받을 수 있다는 것이다. 반사를 결함이 있는 접속부로 보고하는 것은 열화상분석의 신뢰성을 약화시킬 수 있는 요소 중에 하나이다.

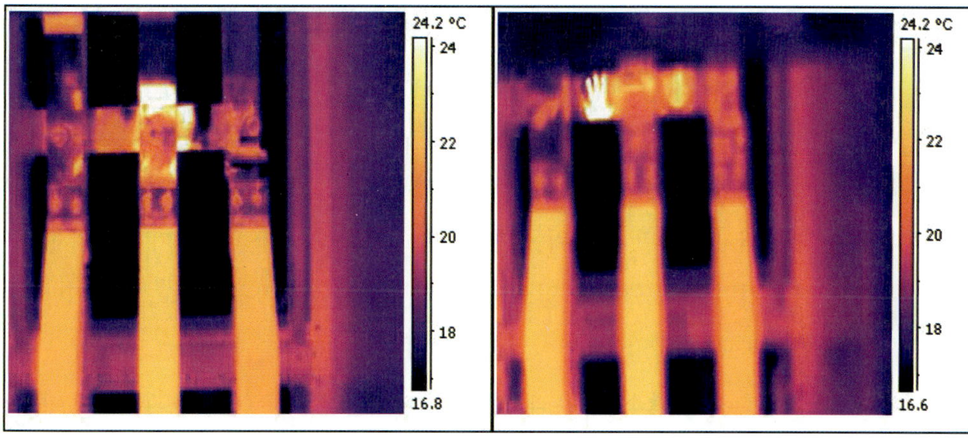

그림 4.41 반사겉보기 온도에 영향을 주는 반사열원의 영향. 오른쪽 열화상 이미지에 측정자의 손과 얼굴이 열 반사되어 나타났다.

우리가 열화상측정과 분석을 할 때 상기해야 할 첫째는 항상 반사열원이 존재한다는 것이다. 열반사를 피할 수 있는 방법은 없다. 일반적으로 반사라고 일컫는 것은 점 반사원에서 비롯되며 열영상에서는 가짜 발열점으로 나타난다. 그림 4.42는 투명유리를 통해 반사되는 측정자의 모습을 보여주고 있다. 그리고 배경 뒤의 문과 벽면이 그대로 열반사 되어 있다는 것을 알아야 할 것이다.

그림 4.42 가짜 반사열원(측정자와 뒤의 벽면)에 의해 발생되는 반사열원의 영향

이제 우리는 열화상 카메라로 물체의 방사에너지를 측정함으로 이의 물리적인 상황과 물체가 방사하는 상황을 이해하는 전반적인 내용을 다루었다. 열화상 카메라는 피사체의 온도를 측정하는 것이 아니라는 것을 배웠다. 그렇다면 우리가 열화상 카메라를 통해 물체를 관찰할 때 고

려해야 할 것을 다시 한번 정리하여 설명하고자 한다. 그림 4.43은 물체가 방출하는 적외선 복사에너지를 열화상 카메라로 관찰할 때 고려해야 할 것들을 설명하고 있다. 우선 사용하고 있는 열화상카메라의 광학적인 요소(대상물의 거리, 초점거리, FOV 등등)를 이해하고, IR모듈은 적외선 전자기복사강도를 측정하는 중요한 핵심요소로, 해상도와 파장영역, 그리고 NETD를 통한 카메라가 관찰할 수 능력을 파악하는 것이 중요하다. 피사체가 주변의 환경상태에 따라 다양한 환경변수들을 가지고 있으므로 이를 파악하는 것이 중요하고, 이를 기반으로 물체의 방사율을 올바르게 선정하는 것이 물체에서의 방열에너지를 이해하는 것에 매우 중요하게 작용한다. 이러한 방사율의 선정은 대상 피사체가 어떤 온도상태인지를 파악하고 이를 통한 분석이 올바르게 진행하는 것이 필요하다. 여기서 다시한번 강조한다. 열화상 카메라는 온도를 측정하는 것이 아니라 방사에너지를 측정하여 열적 분포를 이해하는 것이며, 올바른 해석을 통해 그 물체의 온도를 측정할 수 있는 길을 열어주는 것이라는 것을 잊으면 안 된다.

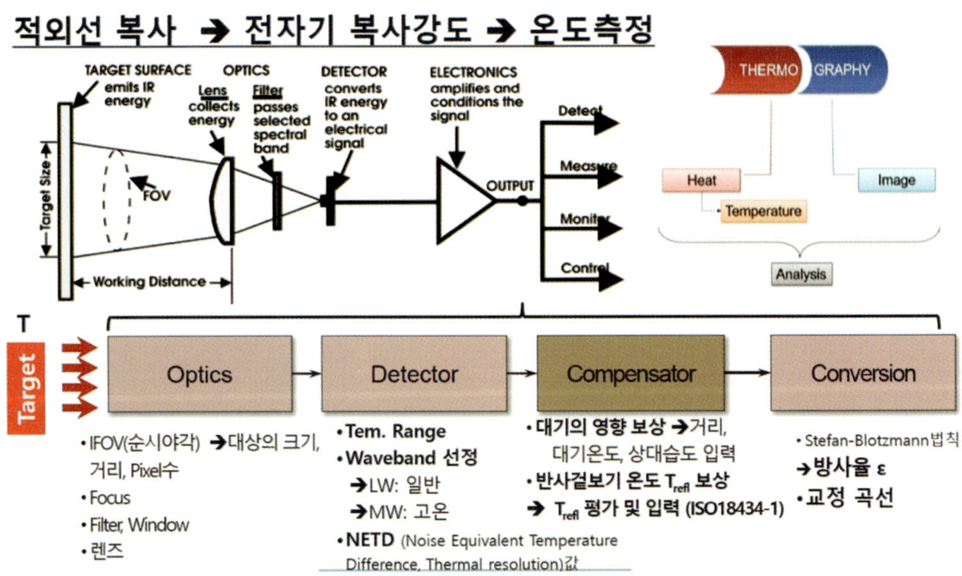

그림 4.43 열화상 분석을 위한 각 단계별 역할과 온도측정을 위한 고려사항
[from 김주형, 자격진단 인증원대회 2018]

4.2 기계분야 열화상 진단 방법과 사례

4.2.1. 기계분야 열화상 개요

기계분야에서는 열화상 카메라를 통해 기계의 상태를 평가하고 예측진단에 활용할 수 있으며, 다양한 물리적 현상에 의해 발생하는 열화상 진단이 가능하다. 특히 열화상분석자로서 단순한 열의 전달 방식으로 열전도 방정식에 기술되어 있는 관계를 이해할 필요가 있을 것이다. 예를 들어서, 다른 것은 그대로 두고 전도 경로 길이를 증가시킬 경우, 열전달율은 어떻게 변할까? 물론 이 식을 이용하여 계산하는 것이 매우 간단하지만, 기초 수준의 열화상분석자는 그럴 필요가 없다. 중요한 것은 이 식을 상태기반정비의 적용분야에 관련시키는 방법이다. 그림 4.44은 열화상 기술을 이용하여 분석할 수 있는 다양한 적용분야의 예를 보여주고 있다.

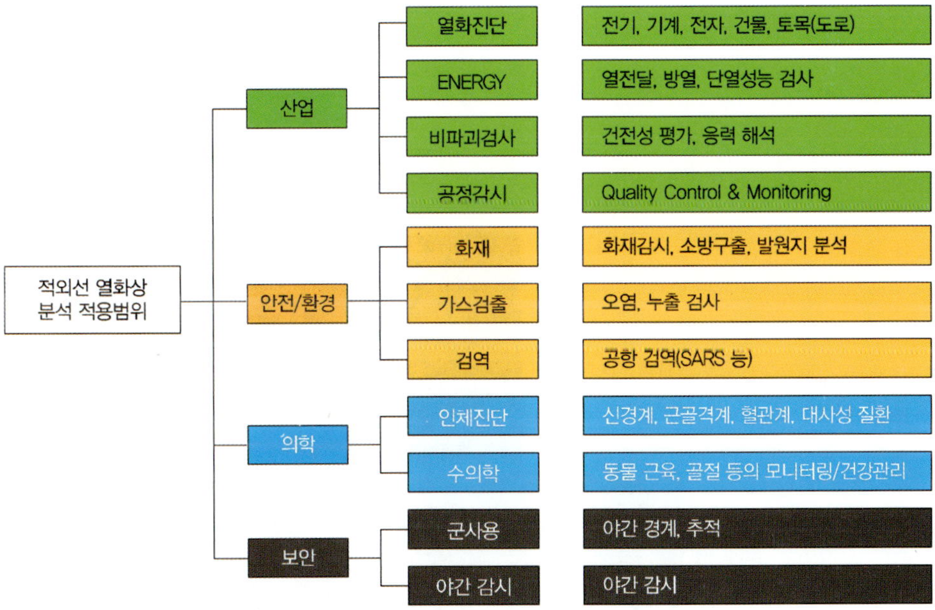

그림 4.44 적외선 열화상 기술을 적용할 수 있는 분야들.
특히 기계분야의 상태감시에 많은 부분 열화상 기술의 적용이 가능하다.

이러한 열역학적, 열전달의 차이점을 이용하여 열화상 분야에서는 다양한 상태감시나 문제점을 조기에 발견할 수 있다는 장점을 가지고 있다. 하나의 예를 든다면, 재료적인 측면에서의 발열에 대한 이상을 확인해 볼 수 있다.

전도열전달 차이를 모니터링

특히 기계재료로써 열과 전기를 잘 전달하는 금속류와, 절연을 위한 내화물, 플라스틱 등의 부도체 사이에서는 열전달의 차이점을 보인다는 것을 통해, 전기시스템의 고온 접점이나 외부 표면에 발열점이 있는 내화물을 안에 부착한 용기의 경우를 생각해 보자. 우리가 눈으로 보기에는 어떠한 변화도 보이지 않으나, 재료의 전기저항에 따른 발열의 분포형태는 대부분 Fourier 법칙에 기초하게 될 것이다. 그림 4.45에 보이는 것처럼, 아래의 원형기둥처럼 보이는 애자부위는 전기절연체로, 전기가 통하는 전선부위를 받치고 있다. 사진상으로는 어떠한 문제가 없어 보이나, 열화상 카메라로 부위를 관찰한 결과, 연결부위에서 전기가 통하면서 발생하는 발열현상을 관찰할 수 있다. 열은 원형 봉을 통해 흐르며, 전도 면적은 봉의 단면적이다. 열은 오른쪽 고온 접점에서 왼쪽의 온도가 낮은 금속 쪽으로 흐른다. 고온에서 저온으로 점진적으로 변화하는 분포형태를 열구배를 관찰할 수 있다. 이러한 도체상에서의 접점부위의 발열여부가 변하거나 심해진다면 우리는 열에 의한 재료의 열화를 예측할 수 있고, 이상발열에 의해 재료의 수명이 단축되거나 문제를 일으킬 수 있는지를 파악할 수 있다. 이러한 부분은 전기분야의 열화상에서 조금 더 자세히 다루도록 하겠다.

그림 4.45 열전도에 의한 단로스위치의 발열에 의한 열구배 현상 및 열전도 현상

내화벽의 사례는 어떠한가? 이 사례는 열이 물체의 한쪽 끝에서 다른 쪽으로 유동하는 상황이 아니라 가열로(Furnace)의 내부에서 외부로 유동하는 상황이다. 이 경우, 온도 차이는 내부와

외부의 온도 차이다. 이러한 가열로 안의 내화벽의 열전도 경로길이는 공간을 둘러싼 벽과, 천장 및 바닥의 두께가 되며, 열전도도는 사용된 소재 열전도도이다. 면적은 공간을 둘러싼 벽면의 전체 면적이 된다. 따라서 이 모든 변수를 알고 있다면, 이 온도로 일정공간의 온도를 유지하기 위해 필요로 하는 열에너지를 쉽게 계산할 수 있다. 열 유동은 단지 스스로 존재하는 것이 아니라, 열이 반드시 어디로부터 공급되야 한다. 여기서 가해주는 에너지인 P_{in}가 없다면, 나머지 변수를 이용하여 계산할 수 있다. 이를 통해 내부에 주어져야 할 열량 또는 내부로부터 빠져나가는 시간당 열에너지를 계산할 수 있다. 그 값은 다음과 같다.

$$P_{in} = k\frac{A}{L}(T_1 - T_2) \tag{4.9}$$

만일 두께가 다르거나 다른 재료, 균열 등이 발생해 있다면 어떻게 될까? 아마도 벽면을 통해 전달되는 전도열전달의 분포가 일정하지 않고 다르게 될 것이다.

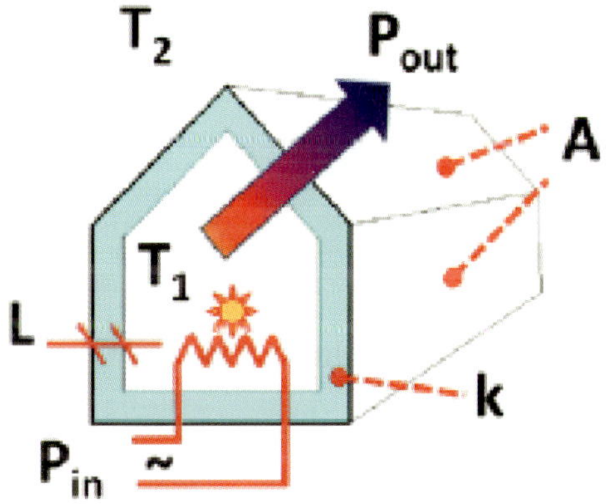

그림 4.46 벽면을 통한 열전도 현상. 여기서 열대류 및 열복사는 무시한다

그렇다면 내부에 뜨거운 액체상태의 금속을 가지고 있는 경우, 내부에서 외부로 전달되는 전도열전달의 차이로 인해 노의 상태를 확인해 볼 수 있다. 그림 4.46의 경우 가열된 노를 열화상 카메라로 모니터링 한 결과를 보여주고 있다. 부분적으로 온도차를 보이는 것이 관찰되었고, 높은 온도로 보이는 부위는 아마도 두께가 균일하지 않은 상태로 인해서 두께가 얇은 부위는 높은 온도를 보이는 것을 확인할 수 있다. 이를 통해 장기적으로 문제를 일으킬 수 있는 것을 미리 확인할 수 있으며, 열화상 카메라로 이러한 상태를 모니터링 함으로 미연에 사고를 방지하도록 적절한 조치가 이루어질 것이다.

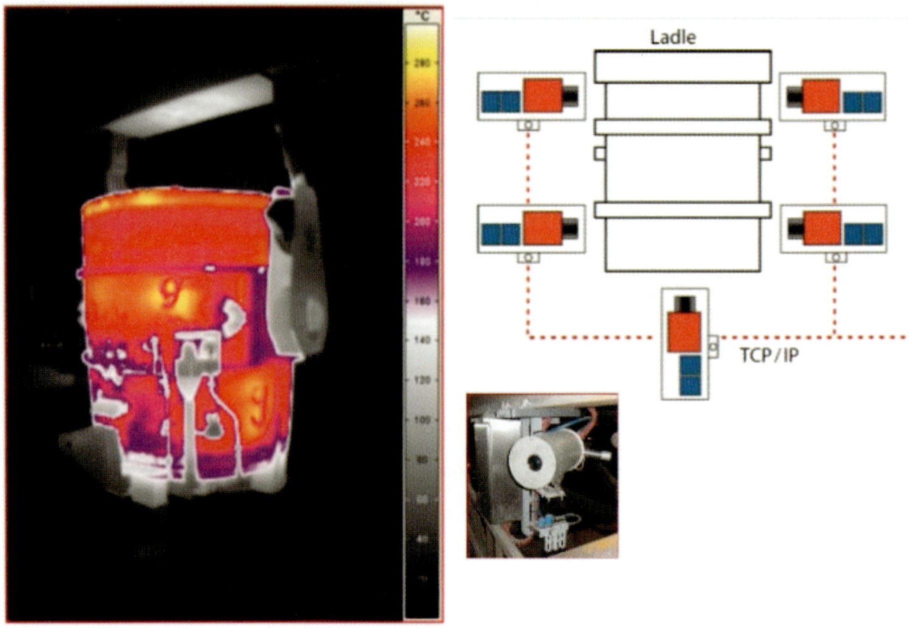

그림 4.47 제련소에서 용융금속을 담는 토페도 레들의 열화상 이미지 (from Infratec.)

그림 4.47은 물체의 열전도특성을 파악하는 실험을 진행한 것이다. 검은색 전기 절연테이프가 부착된 3개의 스테인리스 컵이 있다. 스테인리스 컵은 매끈한 표면을 가지고 있으므로 낮은 방사율을 가질 것이고, 검은 테이프는 방사율이 높은 특성(~ 0.95)을 가지고 있다. 컵의 내부에는 서로 다른 온도를 가진 액체를 포함하고 있다. 우리의 육안으로는 이를 구분할 수 없다. 컵이 원뿔형이기 때문에 각도를 고려해 볼 때 열반사는 바닥방향에서 일어날 것이다. 그러므로 반사열원에 대한 고민은 할 필요가 없다.

열화상 카메라로 측정한 결과 방사율이 낮은 스테인리스 컵에서는 커다란 차이를 보이지 않는데, 이는 매우 낮은 방사율로 인해 측정된 방사에너지가 비슷하기 때문이다. 그러나 방사율이 높은 표면은 차가울 때 차갑게, 뜨거울 때 뜨겁게 보인다. 이것이 실제 열적 분포이다.

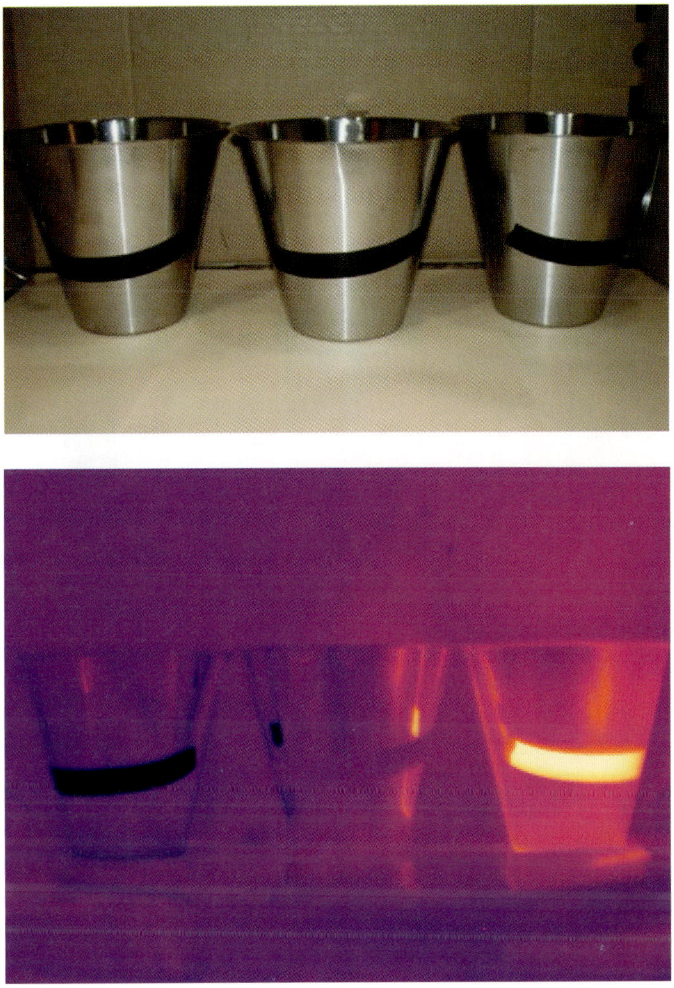

그림 4.48 서로 다른 온도의 액체를 담고 있는 스테인리스 컵. 열전도의 특성에 의해 열화상 카메라로 측정된 검은 테이프의 온도가 다르다.

열용량(Heat capacity)차이를 모니터링

만일 재료가 열을 저장할 수 있는 차이가 발생한다면 어떻게 될까? 고체상태와 액체 그리고 기체상태는 재료가 가질 수 있는 내부에너지와 관련 있다. 이러한 차이는 열용량에서 커다란 차이를 보인다. 열용량의 차이를 통해서 과도 열전달(정상상태가 아닌 상태가 변하는 과정) 과 열용량 차를 조합하여 상태를 모니터링 할 수 있기 때문이다. 지붕 및 벽면에 스며들거나 표면에 존재하는 수분의 경우 서로 다른 열용량 차이로 인해 그 열적인 상태가 동일하지 않음을 파악하는 것이다. 이를 통해 이상여부확인이나 저장 탱크의 액체 및 슬러지 퇴적물의 높이를 확인하는 등과 같은 적용분야에 활용할 수 있다.

그림 4.49는 내부에 액체를 담고 있는 저수조를 보여준다. 내부의 액체와 기체의 체적 열용량의 큰 차이와 대기로부터 복사되는 태양열로 인해, 열화상카메라로 내부의 수위를 선명하게 파악해 볼 수 있다. 왼쪽의 열화상 이미지는 아침에 촬영된 것이며 태양이 비치는 영역에 대비가 매우 뚜렷하게 나타나고 있다.

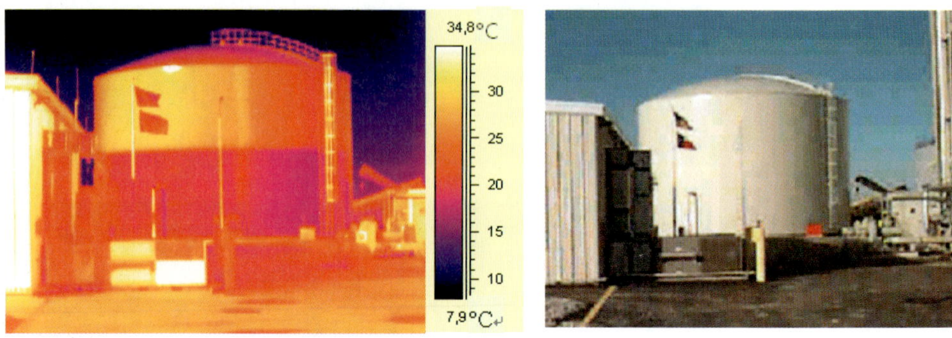

그림 4.49 액체와 기체를 담고 있는 저수조의 수위. 열용량 차로 인한 높이를 확인할 수 있다

앞서 온도 변화와 열이 어떻게 관련되는가를 검토할 때 열용량을 일반적으로 언급하였다. 그 경우에서는 물체가 무엇이며 재질이 무엇인지는 염두에 두지 않았다. 하지만 각 소재마다 온도 변화에 관련하여 열을 저장할 수 있는 능력이 다를 것이다. 열용량 차이를 적용할 수 있는 분야를 고려하는 열화상분석자에게 체적 열용량은 가장 흥미로운 사항이다. 두 물질의 체적 열용량에 큰 차이가 있다면, 과도 열유동이 있을 경우 열화상에서 두 물질을 구분할 수 있다.

열대류현상의 모니터링

열대류 현상은 시간에 따른 물체의 이동에 의해서 발생하는 현상이다. 이러한 현상은 기체 또는 액체가 에너지를 받음으로 인해 밀도가 변화하고 변화한 밀도의 영향은 중력방향의 반대로 위로 상승하는 현상을 보여준다. 이는 다양한 형태의 물체의 이동을 보여주며, 흐름에 의해 자연대류와 강제대류로 나타나며 Newton의 법칙에 의해 아래와 같이 표현될 수 있다. 여기서 h는 대류 열전달계수로 나타나며 이를 열화상기술로 모니터링 할 수 있다.

$$Q = hA\Delta T \tag{4.10}$$

열대류는 계산이 매우 까다로운 열전달 형태다. 대류의 거동 방식을 정확히 예측하기란 매우 복잡하다. 열화상분석자에게 중요한 것은 대류가 수행하는 작업에 어떤 영향을 미칠 수 있는지를 이해하는 것이다. 열화상분석자는 일반적으로 기류와 관련된 대류 문제를 다루며, 공기 자체는 적외선 카메라에 보이지 않는다.

잠열의 측정: 잠열이란 용어는 물질이 고체→액체→기체로 변하는 동안 흡수하거나 반대 방향으로 진행될 경우 방출하는 에너지의 양을 말한다. 이는 표면 온도에 변화를 일으키지 않고 나타난다.

상전이(Phase transition) 자체는 흡열(Endothermic, 에너지 흡수) 반응이거나 발열(Exothermic, 에너지 방출) 반응이다. 두 가지 익숙한 형태의 잠열이 융해(용융) 잠열과 기화(비등) 잠열이다. 융해나 기화에는 에너지가 필요하다. 따라서 반대의 경우, 즉 결빙(응고) 및 응축이 일어나는 경우에는 에너지를 다시 방출하게 된다. 열화상분석자로서는 증발이 일어나는 액체(일반적으로 물)의 표면에 기화가 미치는 영향을 이해하는 것이 중요하다. 표면은 증발로 인해 냉각된다. 비나 눈이 녹아 젖은 물체를 검토할 때 이 현상을 고려해야 한다. 부품에 미치는 냉각 효과는 상당하다. 한 가지 간단한 상황을 살펴보자면, 한 잔의 얼음물은 (얼음의) 융해 잠열로 인해 물은 냉각될 것이고 (공기 중의 수분의) 응축잠열은 최소한 얼음이 완전히 녹을 때까지 물을 가열할 것이다. 얼음이 다 녹으면, 잔 내부와 표면의 물이 증발하면서 내부의 물을 냉각시키게 된다. 어떤 경우에든 물은 결국 대기 온도에 비슷하지만 표면 증발로 인해 약간 낮은 온도에 도달하게 된다. 증발은 다른 중요한 효과도 일으킬 수 있다. 포장도로의 표면에 인접한 잔디 표면은 잔디 자체가 물을 증발시키기 때문에 더 시원해진다. 식물은 사람과 마찬가지로 과도한 열을 배출해야 하며, 증발을 통해 열을 배출한다.

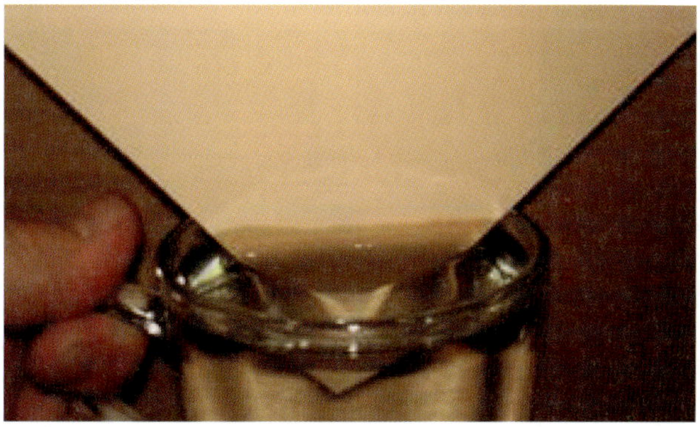

그림 4.50 잠열에 대한 실험(젖은 종이)

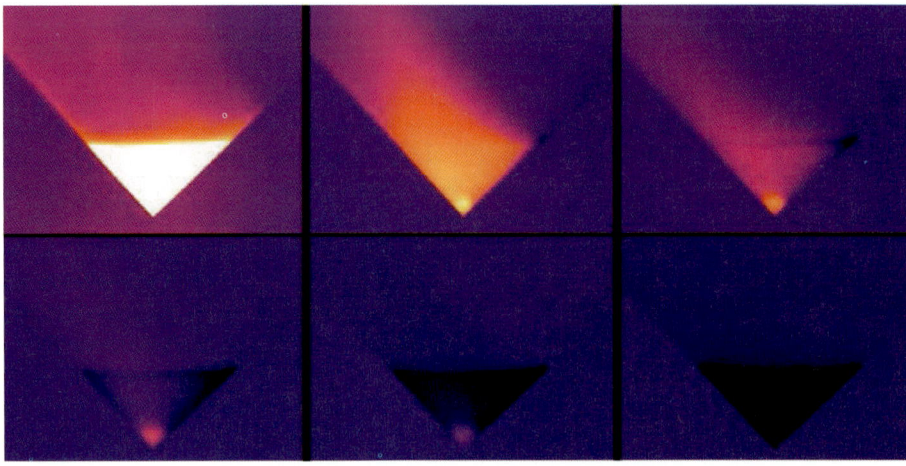

그림 4.51 증발잠열에 따른 종이의 온도변화

그림 4.51에 보이는 것처럼 뜨거운 물이 종이에 닿으면서 매우 뜨겁게 나타난다. 그러다가 흡수된 물의 온도가 낮아지면서 종이의 온도 또한 떨어지기 시작하여 방안의 온도와 비슷해진다. 이를 열화상 카메라로 관찰한 결과가 그림 4.51에 나타나 있다. 그런데, 여기서 특이한 것은 주변온도와 비슷해진 종이에서 물이 증발하면서 종이를 냉각시키는 과정은 증발잠열의 형태로 나타나기 시작하여 그 결과 증발이 이루어지는 젖은 종이의 온도가 실온보다 낮아진다. 이를 통해 대류는 처음에 종이의 건조한 부분에서 열을 빼앗는다.

4.2.2. 기계분야 열화상을 통한 상태진단방법

그림 4.52 자동차의 상태를 보여주는 열화상

적외선영상은 일반영상에 비해 얻을 수 있는 정보가 훨씬 더 많다. 그림 4.52를 보면, 길거리에서 있는 자동차의 일반사진과 열화상영상을 보여주고 있다. 사실 형태와 크기는 적외선 영상과

가시광 영상에서 유일하게 같은 것이다. 그 외에는 모든 것이 다르게 보일 것이다. 차량의 색이나 차량의 번호판, 심지어 주변의 내용을 파악하기도 어렵다. 열화상 카메라는 유리창을 통해 내부를 확인할 수 없기 때문에 차 안에 운전자가 있는지 여부를 알 수 없다. 전조등을 보면, 등이 켜져 있다는 결론을 내릴 수 있다. 그러나 여기서 주의해야 할 것이 있다. 열화상 카메라는 전조등이 켜져 있다고 말하는 것은 사실이 아니며, 조금 전에 꺼졌기 때문에 아직 열기가 남아 있는 상태일 수도 있다. 전조등을 껐다고 해서 열이 즉시 사라지는 것은 아니다. 그러한 결론을 내리는 것은 열적 방식이 아닌 눈에 보이는 식으로 생각하는 것이다. 엔진의 경우에도, 시동이 걸려 있거나 또한 조금 전에 시동을 끈 것으로 판단된다. 이를 통해 자동차가 주행을 했다거나, 주행후 잠시 정차했을 것이라는 결론을 내릴 수 있다. 타이어는 도로의 마찰을 제외한 다른 이유로 고무 자체의 내부에서 열이 발생되지는 않는다. 앞 브레이크가 뒷 브레이크보다 온도가 높아 보이는 이유는 전륜이 후륜 제동장치보다 차량 정지에 더 많은 일을 하기 때문이다. 앞유리에 보이는 분포형태는 히터를 켰다는 증거를 알 수 있다. 따뜻한 공기로 인해 열이 유리로 전도되고 카메라를 향해 복사되는 것이다.

4.2.3. 기계분야 열화상 이상사례진단

열화상 진단에 있어서, 우선 수집하는 데이터는 대표적인 정상 상태여야 하며, 아니면 최소한 데이터를 취한 상태를 기록해야 한다. 예를 들어 분위기 온도, 바람의 상태, 부하 조건 등을 기록해야 한다. 경향관리는 다음 두 가지 주요 상황들에 쓰인다.

1) 비교 데이터가 드물거나 조기에 문제를 검출해야 하는 고가 품목의 경우
2) 문제를 발견했을 때 수리가 가능할 때까지 감시 하에 두어야 하는 경우

경향관리는 매우 고가이며 취약한 공장 부품에 사용할 수 있지만, 비용 때문에 결코 일상적일 수 없다. 조기에 공장 가동이 중단되는 것을 방지하여 안전한 가동을 유지할 수 있을 경우, 경향관리는 상당한 비용을 절감할 수 있다. 그림 4.53에는 일반적인 공장에서 모터와 펌프등이 구동축에 연결된 베어링 구조를 보여주고 있다. 정상적인 동작여부를 파악하기 위해서는 각각의 베어링 부와 모터 및 펌프부위에서의 데이타를 지속적으로 취득해야 한다. 이러한 축정렬의 경우 정상상태에서는 이상신호(진동)를 보이지 않으나 이상신호가 발생하게 되면 소음과 진동 그리고 열적인 분포가 바뀌게 된다.

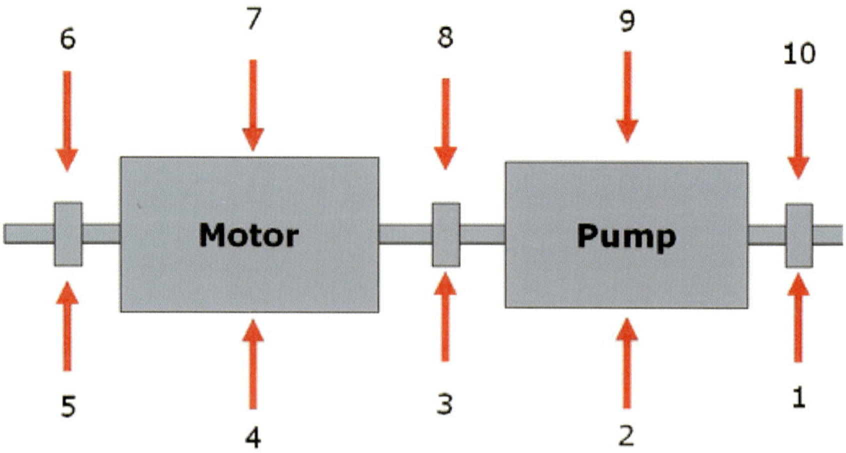

그림 4.53 구동장치의 반부하측 베어링으로부터 일관성 있게 데이타 취득의 예
(각각의 포인트들은 모니터링 위치를 의미함, 진동, 열화상)

회전기계의 경우 베어링 영역은 내/외부에 있는 부품들이 가진 문제들을 의미하는 열적 특징을 보일 수 있다. 그러나 반부하 측에서는 베어링 영역을 보기 어려울 수 있다. 따라서 축 주변의 베어링 하우징의 발열을 살펴봐야 한다. 전동기는 외부 주위에 자연적인 진동이 있을 것이다. 고정자 권선은 전동기 주위로 정상적인 대칭 분포형태로 더 따뜻한 영역으로 보일 것이다. 강제 공냉이 있을 경우, 외부에서는 분포형태를 전혀 볼 수 없을 것이다. 전동기들의 종류에 따라서 보다 상세한 사항들에 대해서 살펴볼 때에 그들 고유의 일반적인 특징들을 가질 것이다. 공장의 전동기들을 분석하고 경험을 쌓음으로써, 여러분은 정상적인 전동기가 어떻게 보이는지를 알게 될 것이다. 하지만 일반적으로 말해서 고정자 영역은 전동기에서 온도가 더 높은 영역이며 베어링 영역은 고정자보다 온도가 낮아야 한다.

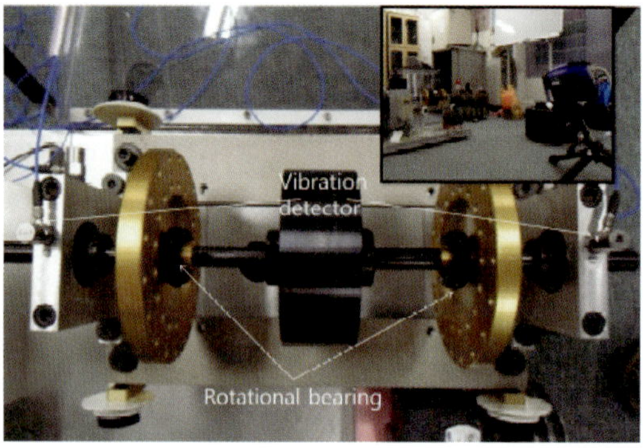

그림 4.54 기계부품의 문제를 발견하기 위한 열화상 모니터링 실험

그림 4.53의 경우 진동을 가진 베어링에서의 문제를 모니터링 하기 위한 실험을 보여주고 있다. 진동신호와 함께 열적 변화를 모니터링 하고 이를 찾아 낼 수 있는 연구를 진행한 결과가 그림 4.54에 제시되었다. 이를 통해 이상진동의 결과 열적인 변화에도 영향을 주는 관계가 있음을 알 수 있다.

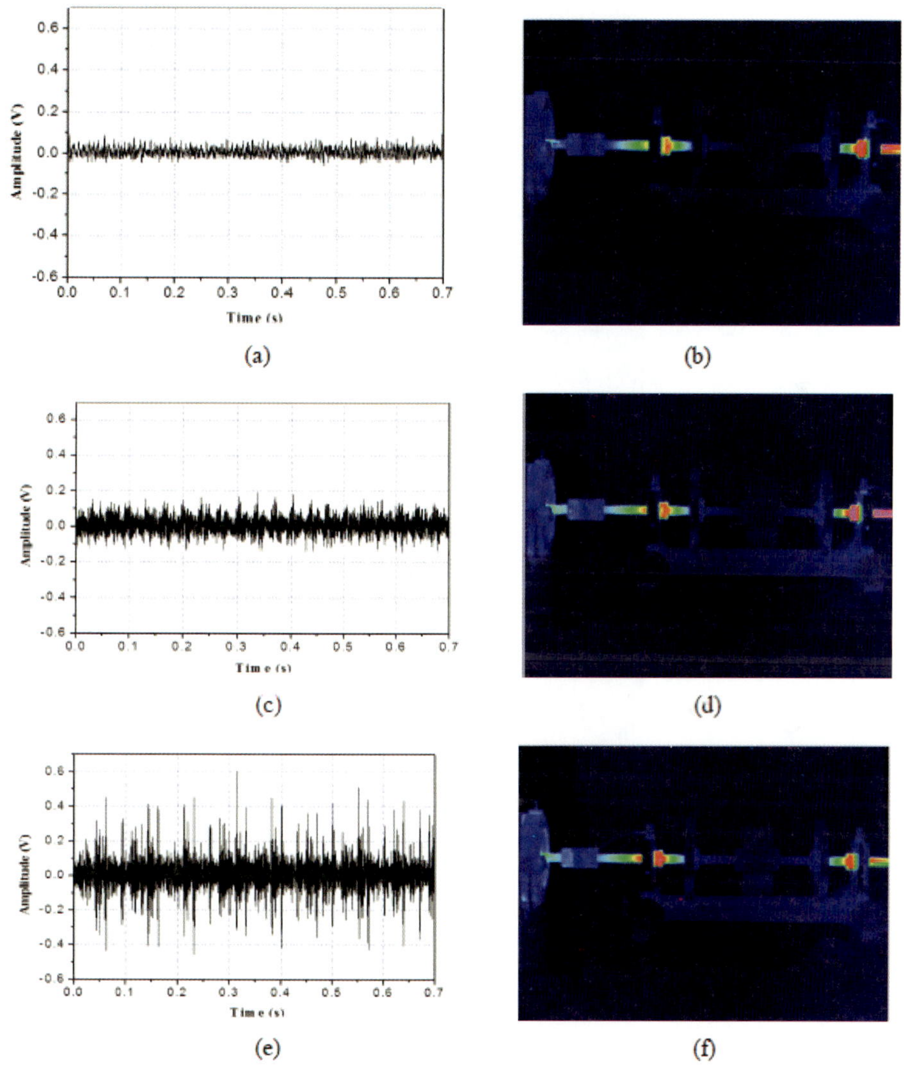

그림 4.55 진동결과에 연계한 열화상 패턴의 변화 (a,b) 정상상태, (c,d) 축정렬 이상 (e,f)베어링 부품의 파손상태

이러한 상태모니터링이 되지 않을 경우 그림 4.56과 같이 전동기에 문제를 발생하고 이러한 고장은 이미 케이싱 내에서 열화된 부분의 영상을 통해 미리 모니터링 될 수 있음을 보여주고 있다.

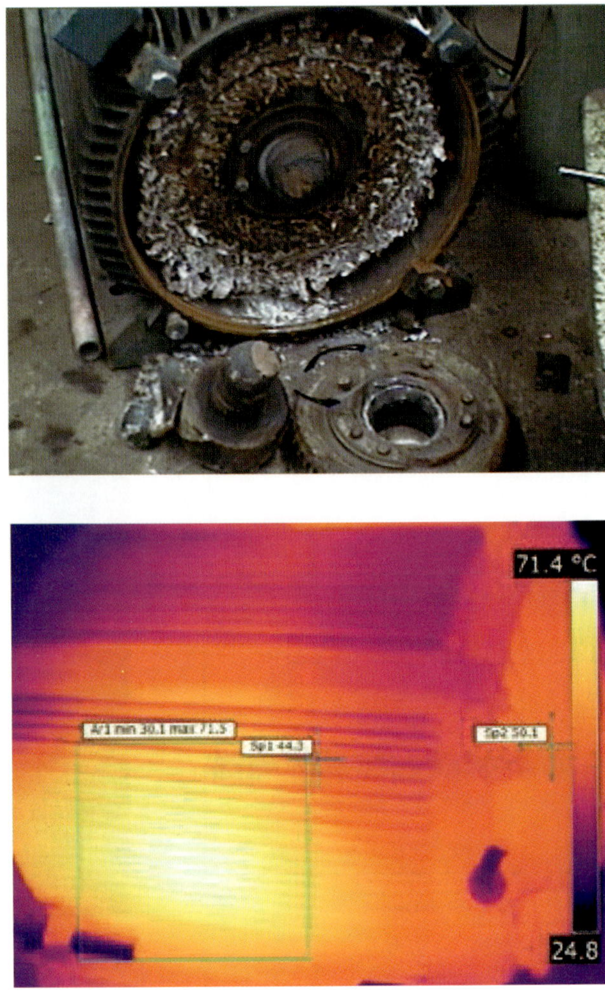

그림 4.56 전동기의 고장원인과 열화상 모니터링 결과

그림 4.57은 원통형 다관식 열교환기의 모습과 이를 촬영한 열화상 이미지를 보여주고 있다. 열교환기의 입구와 출구의 순환배관은 높은 겉보기 온도를 보이지만, 열교환기 부분에서는 갑자기 온도가 낮아진 것처럼 보인다. 만일 고온의 유체가 순환한다면 배출구의 배관도 뜨겁기 때문에 결코 사실일 리가 없다. 따라서 이러한 현상은 방사율과 관련이 있을 것이다. 사진을 보면 차갑게 보이는 배관이 새것임을 알 수 있다. 이 배관은 낮은 방사율을 보이므로 열화상에서 보이는 것을 그대로 받아들이면 안 된다. 고온 배관을 살펴보면 온도가 매우 비슷하다는 것을 알 수 있으며, 따라서 그다지 냉각이 일어나지 않는다. 이 장치 본체의 분포형태가 의심스러워 보인다.

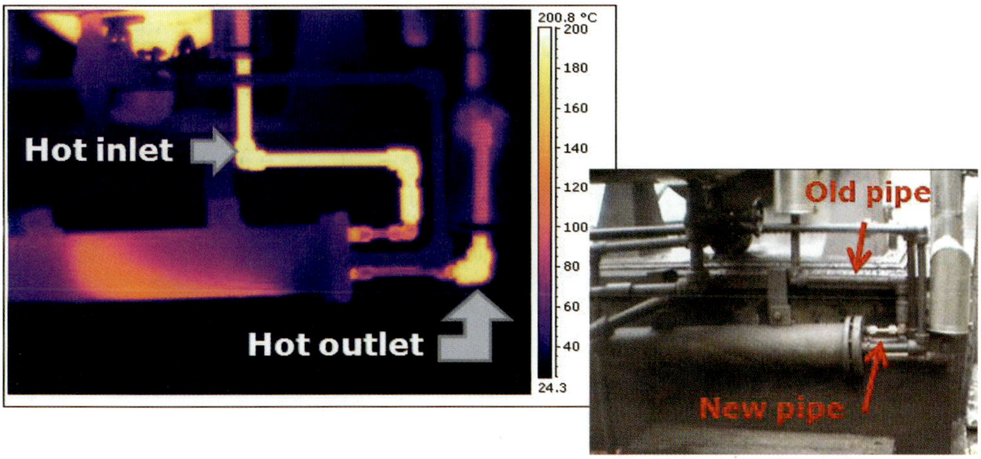

그림 4.57 방사율 차이로 배관의 일부가 뜨거워 보인다.

그 이유는, 장치의 기능저하로 발생된 현상으로 적절한 냉각이 이루어지지 않고 있었기에 발생한 현상이다. 열수 순환 연결 배관을 분해하여 열수 순환부를 세척한후, 새로운 연결 배관을 이용하여 장치를 재조립하였다. 그렇지만 기능 저하는 여전히 해결되지 않았으며 장치 본체의 분포형태는 내부의 고온 배관과 외부 원통 사이의 열접촉인 전도열 흐름을 나타낸다. 이것은 관이 막혔거나 유량이 제한된 부분이 냉수 순환부 관임을 의미한다. 완전히 분해하여 냉수 순환부도 세척하고 조립함으로 문제를 해결할 수 있다. 여기서 우리가 주의해야 할 것은 신뢰할 수 있는 피사체의 방사율이 높은 영역인 오염된 낡은 배관 위주로 검사해야 한다는 것을 보여준다. 방사율이 낮은 새 배관은 거짓 분포형태를 보여주기 때문이다.

여기서 주의해야 할 것이 하나 있다. 대다수 카메라에는 열분포형태의 표시에 사용할 수 있는 다양한 색채 팔레트를 제공한다. 그런데 선택된 색체 팔레트를 이용하는 것에 주의를 기울이지 않으면 열적 분포와 상관없는 색에 의해 열분포에 대해서 착각을 할 수 있다는 점이다. 예를 들어서, 가시광 흑백 사진을 모방하고자 할 때 회색 팔레트가 탁월하다. 그 때문에 군부대, 국경 순찰대와 수색 및 구조에는 거의 전적으로 이 팔레트를 사용한다. 이 팔레트는 열 분포형태들의 분석과는 관련이 없으며, 야간 감시용으로 적외선을 사용한다. 열 분포형태들을 보여주는데, 팔레트들은 다양한 대비 효과들을 가질 것이다.

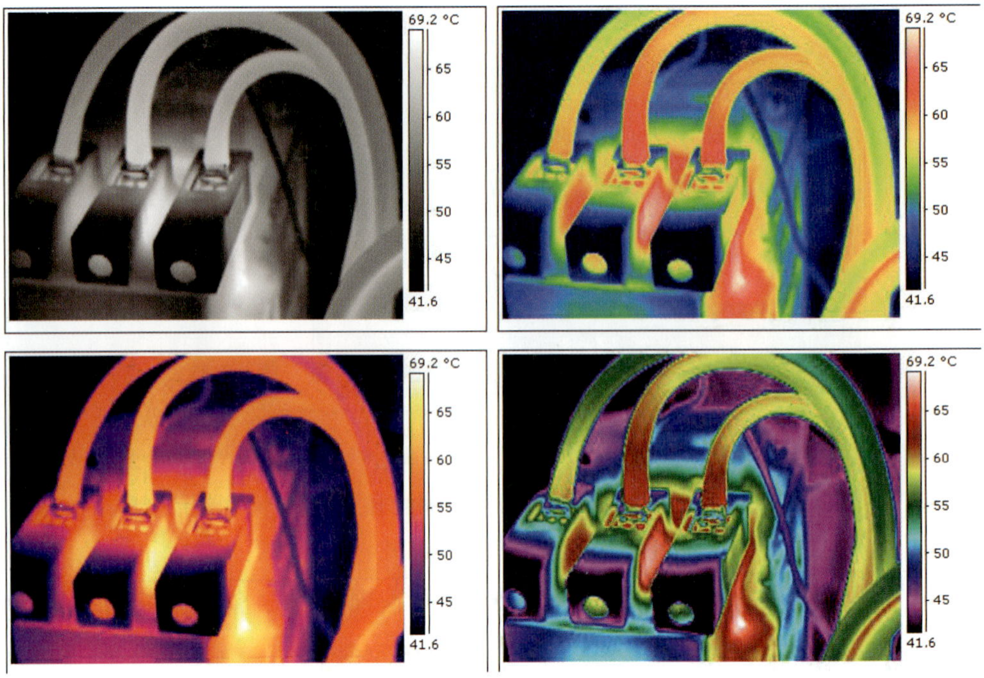

그림 4.58 다양한 팔레트를 통한 부품의 대비효과 비교
(시계방향으로 회색(White hot), 레인보우, 레인보우 High Contrast, 아이언 보우)

대류현상을 통한 열교환기의 입구 및 배출온도의 비교분석을 통해서 불량인 파이프의 특성을 찾아 낼 수 있다. 그림 4.59는 유압유용 多관형 냉각장치다. 온도를 검사해 보면, 고온 회로(오일)와 저온 회로(냉각수)가 두 유체에 대하여 온도차이가 매우 작다. 이는 장치에 문제가 있음을 의미하며, 검사가 꼭 필요하다. 내부 막힘을 나타낼 수 있는 의심스러운 분포형태는 없지만, 여전히 배제할 수 없다. 이 문제의 원인을 검사하여 해결해야 한다.

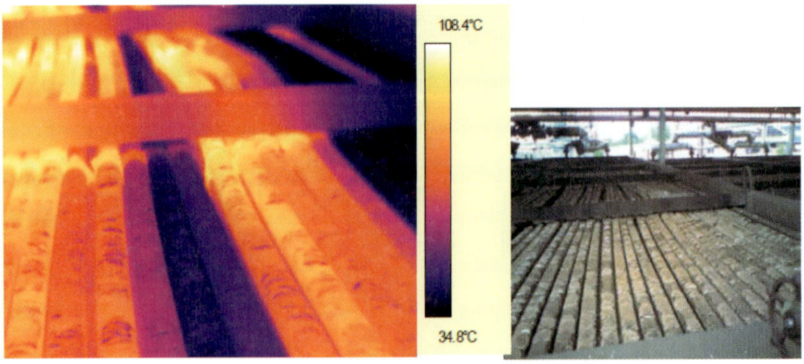

그림 4.59 일부배관이 막힌 파이프의 열화상(왼쪽) 측정결과와 사진(오른쪽)

이러한 현상은 밸브의 고장여부를 확인할 수 있다. 그림 4.60의 경우 적색 화살표는 오일이 통과하고 있는 밸브를 보여준다. 오일은 고온이지만, 어느 정도 정체가 되는 때에 헤더보다 밸브가 냉각될 것이다. 오일이 통과하고 있는 밸브 중에서 가장 인접한 두 밸브는 열려 있지만, 세 번째 밸브는 그 핸들이 가리키는 방향으로 보아 닫혀 있어야 하지만, 여전히 오일이 흐르고 있다. 따라서 밸브가 새는 것이다. 모든 밸브를 1분 이내에 점검할 수 있다.

그림 4.60 새는 밸브의 열화상 모니터링

내부에 불순물이나, 먼지가 쌓은 덕트는 전체적으로 열전달특성이 달라질 것이다. 우리가 관찰하고자 하는 덕트는 정제공장 가열로와 연결된 배기용 덕트다. 막힘이 심화되면 가열로의 효율이 저하될 것이다. 이제 덕트에는 더 많은 분진이 쌓였으며 가열로 방향의 배압이 증가하면서 정비와 청소를 해야하는 시점이 점점 가까이 오고 있음을 알 수 있다.

그림 4.61 내부분진으로 인한 열전달 특성이 달라진 덕트(아래 어두운 보라색이 분진으로 인해 막힌 부분이 된다)

다음의 그림 4.62는 압축 천연가스용 전동기 및 펌프 장치의 검사 결과를 보여주고 있다. 전동기는 서로 대칭이며 과도하게 온도가 높지 않다. 내부 베어링 영역의 등온선 분포형태는 베어링 자체를 중심으로 집중되어 있지 않다. 부하측의 끝단이 다소 온도가 높으며, 이것은 반대편에 팬이 있기 때문에 자연스러운 것이다. 부하측(In-board) 베어링에 비해, 온도가 상당히 높은 펌프의 반부하측 베어링이 문제의 원인이다. 진동 시험을 실시한 결과 다소간의 진동이 있었다. 축의 끝단은 52.1 °C이지만, 철망 뒤에 있기 때문에 온도 측정값이 감소한다. 이 분포형태는 축 자체가 주변 영역보다 온도가 높음을 보여주며, 열은 베어링에서 비롯된 것이 틀림없다.

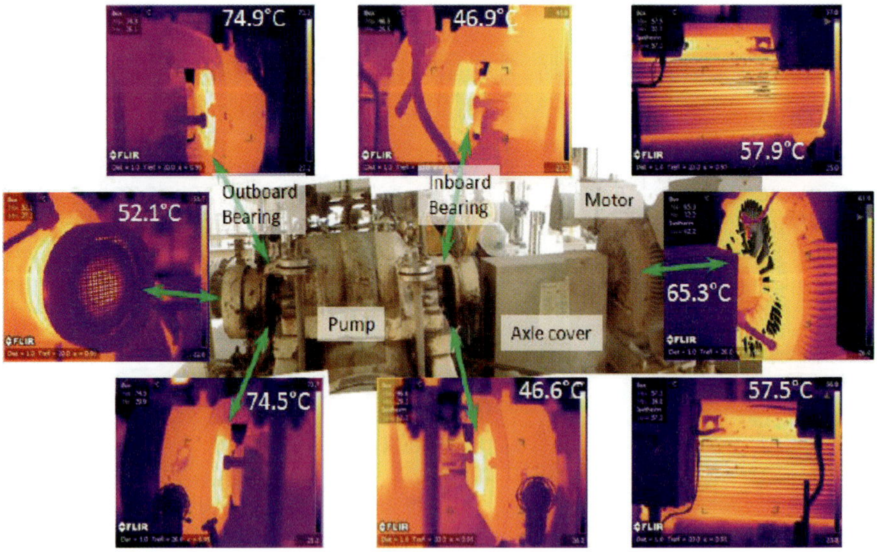

그림 4.62 압축가스용 전동기 및 펌프의 상태감시

이러한 그림은 기준선 설정에 필요하진 않지만, 원칙적으로 기준선 영상을 기록하는 방법의 예가 될 수 있다. 이 특정 사례에서는 처음으로 즉석에서 장치를 살펴보았으며, 따라서 진동 시험과 더불어 그 정보만으로 결론들을 끌어내야만 했다. 수리 후에는 교환 부품의 상태를 평가할 수 있으며 같은 방법으로 새로운 검사가 이루어질 수 있다. 이것은 기준선에 대한 매우 바람직한 근거로 활용될 수 있다.

예를 들어 전동기나 기계부품의 상태를 열화상으로 모니터링시 주의해야 할 것에 대한 내용을 아래의 그림 4.63에 보여주고 있다. 주위의 대기조건, 운전조건여부 및 결함상태를 파악할 수 있어야 하며, 이러한 결함상태가 어떠한 조건인지를 파악하여 그에 맞는 대책을 수립하고 행동에 옮길 수 있도록 기준이 준비되어야 함을 보여주고 있다. 일례로 풍력발전기에서 동력부품의 모니터링시 전기절연재의 열적등급을 기반으로 결함을 분류하고 이를 반영할 수 있는 권장사항을 보여주고 있다.

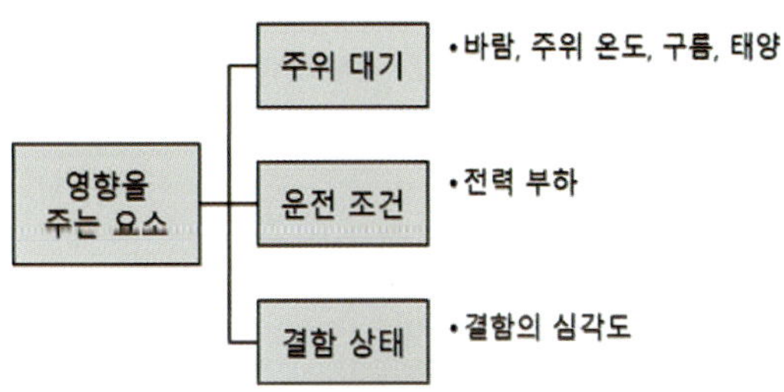

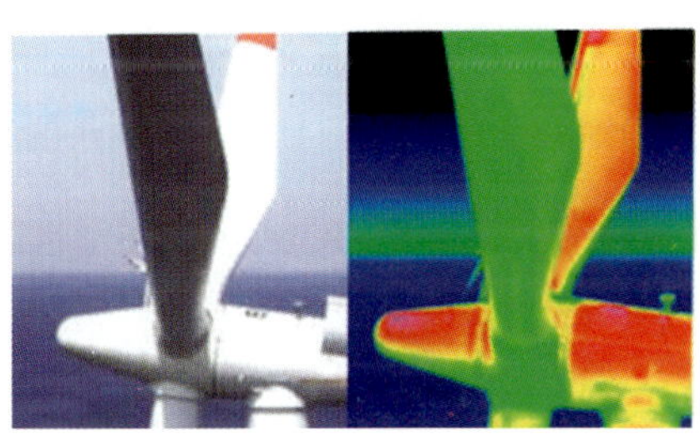

BS 2751:1986, IEC 60085:1984 전기 절연재의 열적 등급을 분류하는 방법

결함분류	온도 상승	권장사항
1	> 50 °C	즉시 수리를 해야 함
2	30 ~ 50 °C	가장 빠른 시기에 수리
3	10 ~ 30 °C	차기 정기 정비 활동 시에 조사
4	<10 °C	기록하고 지속적으로 감시

그림 4.63 열화상 모니터링에 따른 열적 온도상승에 대한 대책의 예

4.3 건축분야 열화상 진단 방법과 사례

4.3.1. 건축분야 열화상 개요

건축분야 열화상은 주로 건물의 외피(Envelope)의 표면온도를 측정하여 건물의 상태와 성능을 평가하는데 사용된다. 해당 외피는 내부 열전도, 주변부 공기 유동에 의한 대류, 외피 주변 복사체에 의한 복사현상과 태양열 일사 취득 등이 함께 어우러져 발생하고 이에 대한 정확한 이해를 통해 촬영된 열영상을 통해 정성적, 정량적 분석이 이루어질 수 있다. 앞 절 열화상 일반부분에서 설명한 카메라 사용법 및 주변 환경 조건 등은 건축분야에서도 동일하게 적용된다. 열화상 관련된 주요 서적에는 건축분야만 별도의 챕터를 소개할 정도로 최근 건축분야에서의 열화상 기술의 활용은 커져가고 있다.

건축분야에서는 다양한 기준 및 민간영역 컨설팅 등으로 열화상 진단이 활발이 수행되고 있으며, 대부분의 열화상 진단과 마찬가지로 건물 외피를 통한 열류(heat flow)에 대한 이해가 선행되어야 한다. 이는 기본적인 열전달(heat transfer) 이론에 대한 이해를 통해 확립할 수 있으며, 일반적인 열전달 교재를 통해 학습이 가능하다. 즉 열화상 카메라로 촬영한 열영상의 온도 분포, 정확히 복사에너지 분포는 건물의 벽체표면의 다양한 열전달 메커니즘에 의한 결과물일 뿐만 아니라 벽체와 벽체 너머의 상황을 모두 포함한 결과물이다.

건축분야의 열화상 측정이 타 분야와 구분되는 지점이 여기인데, 첫째, 일반적으로 벽체의 경우 비교적 큰 열용량을 가지고 있어서 열영상에서 보여지는 온도분포 패턴은 지금 측정가능한 환경조건의 결과물이 아니라 과거 축적된 열현상의 결과물일 확률이 매우 크다. 둘째, 여타 분야에서의 열영상 조건은 과도적일지라도 동일한 운전조건에서 발생한 온도 분포이므로 동일한 조건에서 주기적인 열영상 측정으로 상태감시가 가능하나, 건물의 경우 날씨라는 것이 매우 가변적이고 통제가 불가능하기 때문에 촬영된 열영상은 그 시점에만 해당하는 특징을 가진다. 셋째, 온도분포를 유발하는 온도차가 상대적으로 크지 않기 때문에 건물 외피에서 나타나는 온도 패턴은 뚜렷하지 않은 경우가 대부분이다. 이와 같은 이유로 건물분야에서 정량적 평가를 위해서는 과도적 상태를 고려한 모델 기반의 분석이 필요하고 이 경우에도 온도 차 조건이 큰 환경조건에서만 제한적으로 적용이 가능하다. 기존의 대부분의 기술 표준은 건물에서 열화상 측정이 가능한 환경조건에 대해 엄밀하게 상술하고 있다.

그러나, 정성적 분석의 경우에 있어서는 건물 열화상 측정이 매우 유용하여 건물 외피 전체 촬영만으로 두드러진 시공하자 및 열손실 부위를 쉽게 측정할 수 있으며, 2차원으로 시각적으로 표현되는 열영상은 일반인부터 전문기술자에게 상황을 즉각적으로 인식시켜 필요한 조치를 취하기 위한 효과적인 의사결정 도구로 현재도 매우 유용하다.

계속적으로 정성적인 장점을 유지시키면서 건물의 열성능 수준을 높이기 위한 진단도구로 사용되며, 현재 여러 국가에서 신축 건축물 의무 사항으로 열화상 측정을 채택하기 위한 프로그램이 진행 중이다. 더하여 궁극적으로 재연성을 확보한 정량적 기술을 위해서는 다양한 보조 진단도구 및 컴퓨터 분석 도구를 활용한 복합식 열화상 진단 기술의 발전을 필요로 한다. 이 장에서는 기존 건물 정성적 및 정량적 열화상 측정 방법과 표준 및 다양한 사례를 소개하고자 한다.

4.3.2. 건축분야 열화상 진단방법

건물 내·외부 온도차로 인한 열의 이동이 벽체, 지붕 등 건물의 내부 및 건물 외피의 표면온도를 변화시키며 IRT 진단 기법은 대상 표면으로부터 방출되는 복사에너지를 감지하는 형태로 주로 사용된다. 건물에 대한 적외선 열영상은 그림 4.64과 같이 IRT 이미지를 이용하여 건물의 열성능을 분석한 사례 연구는 에너지사용에 대한 새로운 관심이 시작된 교토 기후변화 협약이 있던 2005년 이후부터 급격히 증가하였으며 현재도 활발히 새로운 연구 논문이 발표되고 있다.

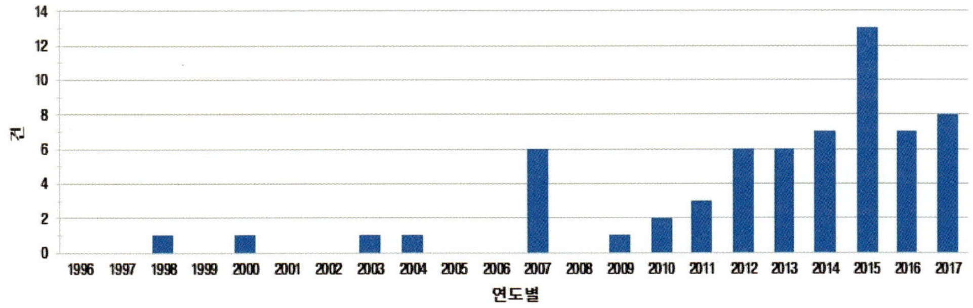

그림 4.64 연도별 열화상 분석의 예

그림 4.65에 나타낸 IRT를 활용한 건축물 열 성능 평가 연구들은 정성적, 정량적 분석 방법을 통해 건물 열 성능의 주요 인자들을 평가하였으며 조사된 총 74건의 사례 중 정성적 분석 방법을 통한 연구가 51건으로 다수이며, 정량적 IRT 분석 방법은 분석 결과를 수치 등의 지표로 제시할 수 있는 방사율, 열전도도, 열관류율 등의 열 물성치를 도출하는데 사용 된 사례가 대부분이다.

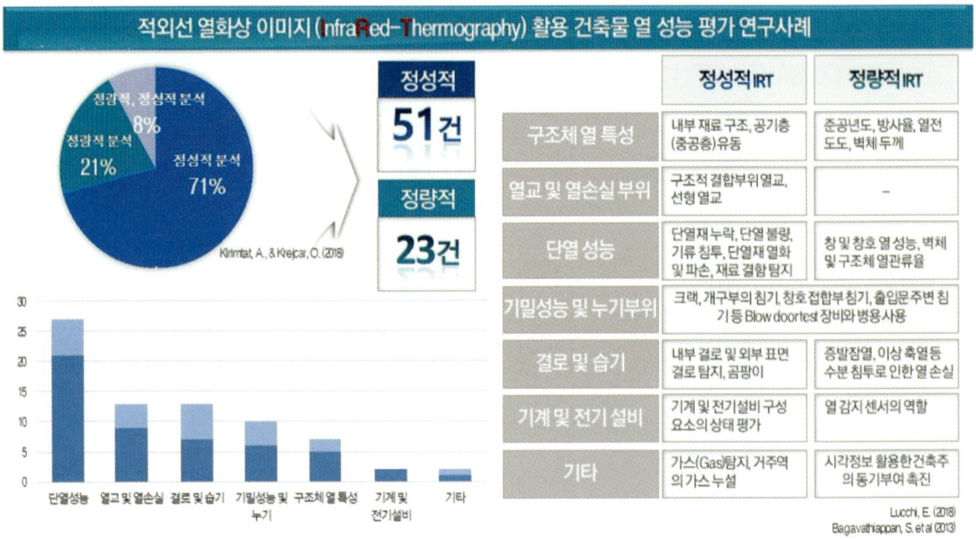

그림 4.65 정량적 정성적 분석

반면 정성적 IRT 분석 방법은 직관적 판단을 유도하는 목적으로 사용되었으며 IRT의 측정 결과로부터 색 패턴의 불규칙성 및 차이 등으로 나타나는 시각적 정보를 토대로 예외적인 패턴을 식별하는 사례가 논문 형태로 다수 소개되고 있으며, 적외선 열화상카메라를 통해 생성된 IRT 이미지는 건물 소유주에게도 문제 상황을 쉽게 인지할 수 있게 만들어 소유주 또는 거주자의 에너지 효율적 사용 및 외피 성능개선에 대한 심리적 동기부여를 촉진시킨다는 연구 사례도 발표되고 있다. 조사된 연구 사례에서 외벽, 지붕, 창 등 84건의 건물 외피 요소들에 대한 분석 내용 중 건물의 외벽이 38건, 내벽이 13건으로 벽체를 대상으로 진행된 연구가 전체의 61%를 차지한다.

4.3.2.1 건축물 정성적 열 성능 진단

정성적 IRT 분석 방법은 건물에서 발생하는 열 성능 저하 문제의 발생위치를 진단하기 위해 주로 사용되며 측정 시 다음의 기본사항을 준수할 것을 국제 표준에서 권고하고 있다.[8)]

- IRT 측정은 일반적으로 건물 내부와 외부의 온도차가 15 °C 이상 일정 기간 동안 유지되는 겨울철에 수행하여야 하며 건물 내부에서 기류 및 열 이동에 의한 측정오차를 방지하기 위해 건물 내부의 모든 문은 개방 상태로 유지하여야 한다.
- 촬영 도중 장비의 케이싱과 열 감지기 사이의 열 이동이 없도록 측정 장비는 촬영 전 일정

8) ISO 6781, ISO 13187, ISO 18436, UNI EN ISO 13786

시간 동안 측정 지점의 환경에 충분히 노출시켜야 하며 외부 영향인자에 의한 간섭이 없도록 하여야 한다.

- 실외 촬영 시에는 낮 동안 일사에 의한 건물 구조체의 축열 효과가 측정 시 영향을 줄 수 있으므로 일교차가 비교적 적은 구름이 많은 날 새벽시간에 측정하여야 하며 풍속, 안개, 강우로 인한 측정오차가 없도록 기상 조건을 각별히 고려하여야 한다.

누기(침기)부위 탐지의 경우 주로 Blower door test를 함께 이용하는 정성적 평가방법으로 알려져 있다. 그림 4.66은 건물의 현장 성능 기반 평가로 가장 잘 알려진 Blower door test에 대한 테스트 환경을 설명한 그림이다. 주로 주택에 대해서 현장 평가가 널리 이용되고 있으며, 건물의 침기 및 누기 정도를 평가하는 테스트 기법이다. 일반적으로 동일한 단열 성능을 가지고 있더라도, 기밀성이 떨어지는 건물의 경우는 상당량의 에너지가 침기와 누기로 손실되며 이를 정량적으로 평가하는 가장 일반적인 방법이 Blower door test이다. 건물 출입구에 본 장비를 설치하고 팬을 가동시켜 실내외 차압을 50 Pa로 유지하면서 설정한 차압이 떨어지지 않도록 감압을 위해 소비된 팬 동력 등을 이용하여 기밀의 정도를 평가하는 것이다. 주어진 환경에서는 침기를 의도적으로 활성화함으로써 침기 발생 벽체 주변에 외기로 인한 온도저하가 더 크게 발생하게 되고 열화상을 통해서 이를 쉽게 확인할 수 있다.

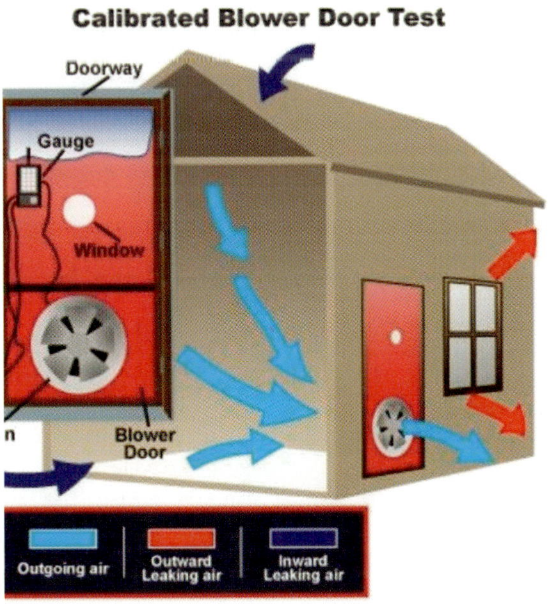

그림 4.66 Blower door test 장치 설명

결로 및 습기 탐지의 경우 피사체의 온도가 측정점의 습구 온도보다 낮은 지점이 결로 발생 취약 부위이며 해당 부위에 표면 결로가 눈으로 보이는 경우 곰팡이 발생 확률이 매우 높은 것으로 판정한다. 구조적 결합부위의 열교(모서리 등 점형열교)와 선형열교, 그리고 특정 부위에 반복적으로 나타나는 열교 및 열손실(ex. 조적벽의 몰탈, 목재 및 철재 스터드, 거푸집 폼타이) 등의 항목은 그림 4.67과 같이 정성적 IRT만으로 식별이 가능하다. 그 외 단열재 누락, 단열 불량, 단열재의 열화 및 파손 등의 단열성능과 내부 결로 및 습기, 곰팡이 발생 문제 또한 정성적 IRT 분석을 통해 진단이 가능하다.

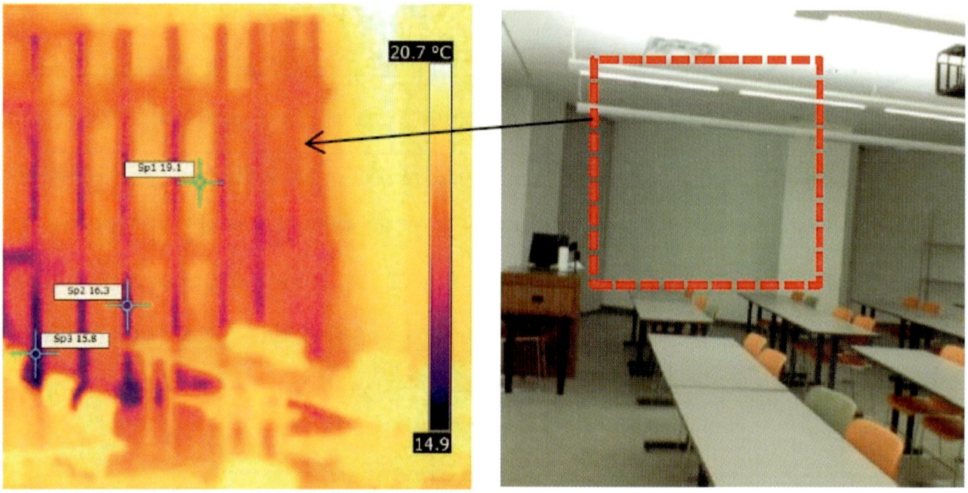

그림 4.67 정성적 IRT 분석을 통한 열교부위 탐지

그러나 물체의 방사율, 열전도도, 열관류율 등 명확한 수치로 제시되어야 하는 물리량의 측정에 관한 한 IRT 측정 시, 측정지점의 경계조건 및 일반적인 열화상 카메라의 영향인자들을 확실히 알고 있어야 하며 측정오차를 줄이기 위한 부수적 장치들(ex. 방사율테이프, 기밀성능 측정장비, 열류계 등)을 동봉하여 측정하여야 최소한의 재현성을 확보할 수 있다.

4.3.2.2 건물 외피의 정량적 열 성능

열화상을 통한 외피의 열성능을 평가 시 일반적으로 외피의 평균 열성능을 표시할 때는 열관류율(U-value)을 사용하고, 열교 부위의 경우 선형 열관류율로 별도로 표시하며, 후자의 경우는 현장 평가 방법은 현재 존재하지 않으며 도면 및 시뮬레이션 기반 평가만 이루어진다. 여기서는 KS F 2829 (2005-) 적외선 촬영법에 의한 건축물 단열 성능 평가 방법에 대해 소개하고, 기준으로는 채택되지는 않고 있지만 연구 문헌 등을 통해 소개된 열화상에 최적화된 열관류율 측정 방법에 대해 함께 소개한다.

열관류율은 해당 벽체의 구성에 따라 실내외부 온도차가 주어지면 단위면적당 이동하는 열류로 정의할 수 있다. 일반적으로 건축설계 도면으로부터 벽체 구성을 알 수 있지만, 시공 품질에 따라 건축 이후 내구성 저하 등으로 현장 평가가 달라질 수 있다. 열관류율의 정의에 따라 벽체가 정상상태(steady state) 상태로 평형이 이루어졌다고 가정하고, 전체 벽체 중 국소부위 열류은 어디에서 측정하던지 동일하다는 가정하에 열관류율 측정이 이루어진다.

그림 4.68와 같이 왼쪽 건물 외부에서는 실외 대류와 복사, 벽체내에서는 전도, 실내에서는 실내 대류 및 복사가 발생하게 되고 전체 열관류율 × 실내외 온도차=외표면 전달계수 × 실외 혹은 실내표면 대 공기 온도차로 정의할 수 있다.

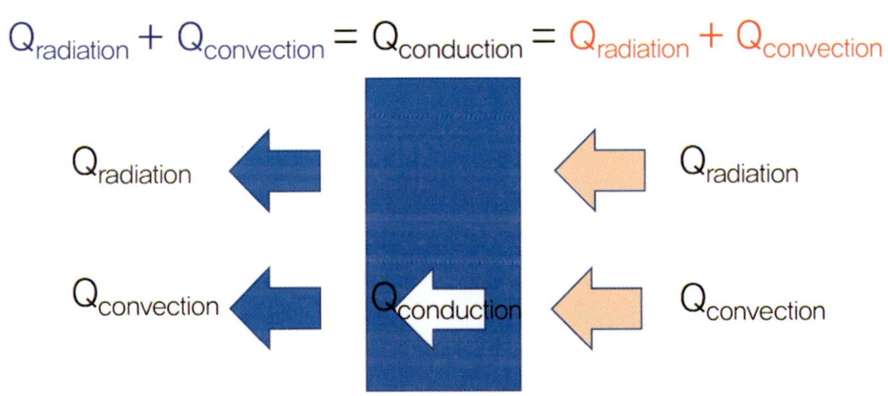

그림 4.68 건물 벽체를 관통하는 열전달 메커니즘

KS F 2829에서는 실내 및 실외표면 기준 열관류율 측정법을 각각 식 (4.11)과 식 (4.12)와 같이 정의하고 TDRo와 TDRi로 나타내었다. 여기서 T_{os}와 T_{is}는 실외와 실내 표면온도를 말한다.

$$U_{TDR_O} = h_o \frac{(T_{out} - T_{os})}{T_i - T_{out}} \tag{4.11}$$

$$U_{TDR_i} = h_i \frac{(T_{out} - T_{is})}{T_i - T_{out}} \tag{4.12}$$

그러나, 위의 식에서는 표면 열전달 메커니즘 중 복사 부분을 무시한 것으로, 주변 복사온도에 따라 오차가 발생할 여지가 크다. 따라서, 최근 연구 논문에서는 열화상 측정을 통한 벽체 열관류율 평가에 있어서, 그림 4.68과 같이 복사열교환 부분을 식에 포함한 후 열화상 측정을 통해 표면 온도를 대입하는 방식이 주류를 이루고 식 (4.13)과 같이 나타낼 수 있다. 식에서 T_{refl}은 주변 환경의 반사 겉보기 온도를 말한다.

$$U_{IRT} = \frac{\epsilon \times \sigma \times (T_{os}^4 - T_{refl}^4) + h_c(T_{os} - T_{out})}{T_i - T_{out}} \tag{4.13}$$

식 (4.13)을 직접 이용하여 대상 벽체의 열관류율을 측정하여도 무관하지만, 실외의 경우 대류열전달계수 h_c가 풍속에 따라 달라지므로 이를 식에 포함시켜 식 (4.14)와 같이 계산할 수 있다.

$$U_{IRT,3} = \frac{5.67\varepsilon((T_{os}/100)^4 - (T_{refl}/100)^4) + 3.8504v(T_{os} - T_{out})}{T_i - T_{out}} \tag{4.14}$$

KS F 2829 정량적 측정 방법 및 소개된 열화상 최적화 단열 성능 평가는 측정 시 경계조건에 대한 정보를 파악하기가 까다롭고 측정 오차를 발생시킬 수 있는 외적변수를 고려하기가 복잡하고, 무엇보다 준정상상태(quasi steady state)를 기반으로 하기 때문에 현장 측정 시 유의미한 결과를 얻기 어려운 실정이지만, 오차를 줄이기 위해 최대한 측정 및 환경 조건이 맞을 때를 선정하여 측정하는 것이 바람직하다. 다음 장에서는 표준에서 말하는 건물 열화상 측정 조건에 대해 상세히 알아볼 예정이다.

4.3.2.3. 건물 외피 성능 분석을 위한 열화상 측정 기준

건물의 정성적 및 정량적 열화상 측정 방법은 제한적으로 건물의 열화상 측정법 표준으로 제시되어 있으며 표 4.5와 같이 건물의 열화상 측정법 표준인 KS F 2829, ASTM C 1060, ASTM C 1153, ISO 6781에서 열화상 측정 방법을 분석하여 열화상 측정을 위해 고려해야 할 항목을 제시하고 있다.

표 4.5 열화상 관련 표준

국가	표준	표준명
대한민국	KS F 2829	적외선 촬영법에 의한 건축물 단열 성능 평가 방법
미국	ASTM C 1060	골조구조물의 외피공간 단열설비의 열적 검사방법 표준
	ASTM C 1153	적외선 이미징을 이용한 지붕구조물의 습식 단열재 위치추정에 관한 표준
ISO	ISO 6781	단열재-건물 외피의 열적 불규칙성을 정적으로 감지 - 적외선 방법

표 4.6은 국내·외 열화상 카메라 측정 표준에 제시된 열화상 측정을 위해 고려해야 할 항목을 요구조건과 측정조건 및 주의사항으로 구분하여 나타낸 결과이다.

국내 열화상 카메라 측정 표준인 'KS F 2829 적외선 촬영법에 의한 건축물 단열 성능평가 방법'은 'ISO 6781'과 'EN 13187'을 참고해 만들어진 표준으로 열화상 카메라 측정 시 고려되는 인자의 수가 가장 많으며 세세하게 기록되어 있지만 대기 온도 및 주변 환경에 대해서만 상세하게 나타냈으며 열화상 카메라 측정방법에 대해서는 상세하게 설명하지 못하고 있다. 국외 표준 중 ASTM 기준인 'ASTM C 1060 골조구조물의 외피 공간 단열설비의 열적 검사방법 표준'과 'ASTM C 1153 적외선 이미징을 이용한 지붕 구조물의 습식 단열재 위치추정에 관한 표준'에서는 각 표준 검사방법에 맞게 필요한 인자들에 대한 요소를 포함했으나 골조구조물과 지붕 등 한정적인 구조에 대한 표준이기 때문에 인자가 적다. 'ISO 6781 단열재-건물 외피의 열적 불규칙성을 정적으로 감지- 적외선 방법'은 'KS F 2829' 다음으로 많은 인자를 포함하고 있으며 'KS F 2829'의 참고표준이다 보니 둘이 비슷한 인자와 내용이 다수를 차지한다. 다만 압력에 대한 인자 및 열화상 카메라 측정 방법에 대한 인자가 적다.

표 4.6 국내 · 외 열화상 카메라 측정 표준 인자 별 포함 여부

대분류	중분류	소분류		KS F 2829	ASTM C 1060	ASTM C 1153	ISO 6781
요구 조건	사전 조사	건축물		○	○	-	○
		기상상태		○	-	-	○
	측정 조건	기상 상태	일사 조건	○	○	○	○
			실외	○	-	○	○
		위치선정 (주변 복사열의 영향 판단)		○	-	-	-
		표면상태		○	○	○	○
측정 조건 및 주의 사항	대기 온도	실내		○	○	-	○
		실외		○	-	○	○
		온도 차		○	○	○	○
		정밀도		○	-	-	○
	태양 복사량			○	-	-	-
	풍속			○	○	○	-
	압력	누기부위 조사		○	-	-	○
		압력 방향 파악		○	-	-	-
		실내외 압력차		○	-	-	○
		정밀도		○	-	-	○
	표면 온도	정밀도		○	-	-	○
	열화상 카메라	파장 영역		○	○	○	○
		표면 온도 재연능력		○	-	○	○
		정밀도		○	-	-	-
		실측 값과 비교		○	-	-	-
		측정 방법	기준 거리 (최대거리)	-	○	○	-
			반사 온도 측정	○	-	-	○
			인식 크기	-	-	○	-
			측정 각도	○	○	○	-
			실내 촬영	-	○	-	-
			실외촬영	-	○	-	-

사전 조사와 측정 요구조건에 대해서 표준별로 비교하기 위해 표 4.7에 정리하였다. 사전 조사에서는 건축물에 대한 정보와 기상상태에 대해 언급하고 건축물은 공통으로 건축물의 구조와 단열재 성능, 표면 정보 및 열원의 위치 및 종류에 대해 설명한다. 측정조건에서는 공통으로 실외 기상상태 및 표면 상태에 대해 언급하고 있다.

표 4.7 국내 · 외 열화상 카메라 측정법 비교 (측정 요구조건)

분류		KS F 2829	ASTM C 1060	ASTM C 1153	ISO 6781_1983
사전조사	건축물	냉·난방시스템 종류와 위치 건축물의 구조 단열재의 위치와 성능 외부표면 마감재와 피복재 표면 마감 재료 방사율 (측정 또는 문헌값 참조) 외부표면 함습 상태 방위 스케치 혹은 사진	육안조사, 사전 조사를 통해 열패턴 조사 건축물의 구조 건물주, 거주자의 불만 조사 표면 마감 재료, 방사율 방위 조명기구나 열원위치 스케치 혹은 사진 주변 모든 특징 기록	-	열전 장비의 사양과 기능 구조 및 단열재 층의 위치 마감재의 복사특성 건물 외피와 관련된 도면 및 시공문서 방위
	기상상태	지역 기후특성 운량 강우량 풍속 기상정보 또는 기상청 기상정보 일사에 노출 되어있는 상태	-	-	기후 환경 영향 지역 기후 특성 외부 공기 온도 운량 강우량 건물 외부표면 습기 풍속
측정조건	실외 기상상태	온도가 변하기 쉬운 환경일 때 촬영 금지	-	측정 24시간 전 우천시 측정 불가	온도가 변하기 쉬운 환경일 때 촬영 금지
	위치선정 ※ 주변 복사열의 영향 여부 판단	반사열의 영향이 가장 적은 곳 촬영 위치를 바꾸어 가며 비교 측정	-	-	-
	표면상태	측정을 방해하는 요소는 없어야 함	건조상태 측정을 방해하는 요소가 있을 시 기록	건조상태 물, 눈 파편, 골재 등이 없어야 함	측정을 방해하는 요소가 없어야 함

다음은 대기 온도와 표면 온도에 대한 온도 측정조건 및 주의사항에 대해 표준별로 종합한 내용이다. 표 4.8을 보면 공통으로 실내·외 온도차는 10 °C 이상을 기준으로 하고, 온도 측정 위치 및 대기 온도 오차, 측정 유지 시간 등 각 항목에 대해 구체적으로 주의사항을 함께 제시하고 있다.

표 4.8 국내 · 외 열화상 카메라 측정법 비교 (온도 측정조건 및 주의사항)

분류		KS F 2829	ASTM C 1060	ASTM C 1153	ISO 6781_1983
대기온도	실내	측정표면 2 m 이내 실내 중간높이에서 온도 측정	25 ℃ ± 5 ℃	-	측정 중 ± 2 ℃ 이상 변화금지
	실외	최고온도, 최저온도 포함 측정 개시 72시간 전부터 측정 종료까지 측정된 값 ※ 30분 간격 이내	-	실내온도보다 10 ℃ 이상 낮아야 함 ※흐린 날 기준	-
	온도차	3일간 일 평균 온도차 10 ℃ 이상	시험 전 4시간 동안 내부온도에서 외부표면 온도 또는 외부온도의 차가 10 ℃ 이상	벨러스트 지붕 온도차 18 ℃ 이상 외단열 온도차 23 ℃ 이상	24시간 전부터 온도차 10 ℃ 이상 검사 시작 시 이전온도와 30%이상 차이 나면 안 됨
	정밀도	± 1 ℃	-	-	± 1 ℃
표면온도	정밀도	± 0.5 ℃	-	-	± 0.5 ℃

열화상 카메라 측정 시 주의사항은 표 4.9에 종합하여 나타내었다. 열화상 카메라 측정 시 카메라 성능은 공통적이지만 카메라의 정밀도 및 실측 값 비교에 대한 표준은 KS F 2829에만 기재되어 있어 참고하였고 전체적으로 측정방법에 대해 완벽히 기술된 표준은 없었으며, ASTM C 1060과 ASTM C 1153에서는 측정방법에 대한 최소한의 가이드를 제공하고, 각 구조물에 한정해 기준 거리 및 촬영 방법, 각도에 대해 상세하게 기재하고 있다. KS 표준과 ISO 표준은 건물 외피에 대한 전반적인 것을 다루는 표준이기 때문에 측정방법에 대한 설명이 부족하고 주의사항만 기재되고 있다. 기준 거리 및 인식 크기는 열화상 카메라마다 성능이 다르므로, 카메라 성능 표에 나온 최소 거리를 참고하면 된다.

표 4.9 국내 · 외 열화상 카메라 측정법 비교 (열화상 카메라 측정 주의사항)

분류	KS F 2829	ASTM C 1060	ASTM C 1153	ISO 6781_1983
파장 영역	2 ~ 12 μm	2 ~ 14 μm	2 ~ 12 μm	2 μm ~
표면 온도 재연능력	0.3 ℃ 이내 해상도로 재연 가능 [기준: 표면온도 (20 ℃), 공간주파수(0.052 cycle/mm)]	-	0.3 ℃ 이내 해상도로 재연 가능 [기준: 표면온도 (20 ℃), 공간주파수(0.052 cycle/mm)]	0.3 ℃ 이내 해상도로 재연 가능 [기준: 표면온도 (20 ℃), 공간주파수(0.052 cycle/mm)]
정밀도	± 10% , ± 0.5 ℃ 둘 중 큰 값을 조건으로 측정	-	-	-
실측 값 비교	0.3 ℃ 이내	-	-	-
측정 방법 – 기준 거리 (최대 거리)	-	프레임 구분이 가능할 범위 내에서 가능한 가깝게 촬영 실내 = 3 m 실외 = 5 m	보행 조사 = 5 m 높은 곳에서 측정 = 5 m	-
측정 방법 – 실내촬영	-	화면에 최소 2개의 프레임 간격과 1개의 프레임 높이가 나와야 함	-	-
측정 방법 – 반사 온도 측정	적절하게 조정하여 사용	-	-	여러 각도에서 측정
측정 방법 – 인식 크기	-	-	최소 0.15 m	-
측정 방법 – 측정 각도	촬영 위치를 바꾸며 비교 측정	여러 각도에서 측정 반대 각도로 측정	0.35 rad 이상 (0.35 rad = 20°)	-

4.3.3. 건축분야 열화상 사례

4.3.3.1. 다양한 열교의 정성적 분석

건축 열화상 측정은 지금껏 주로 정성적 분석을 통해서 다양한 하자 유무를 판단하여 시공의 질을 높이거나 블로우 도어 테스트와 같이 테스트를 통한 결과를 수정하는 데 이용하는 것이 일반적이었다. 열교와 관련된 정성적 분석이 주를 이루어 아래는 해당 사항을 나열한 것이다.

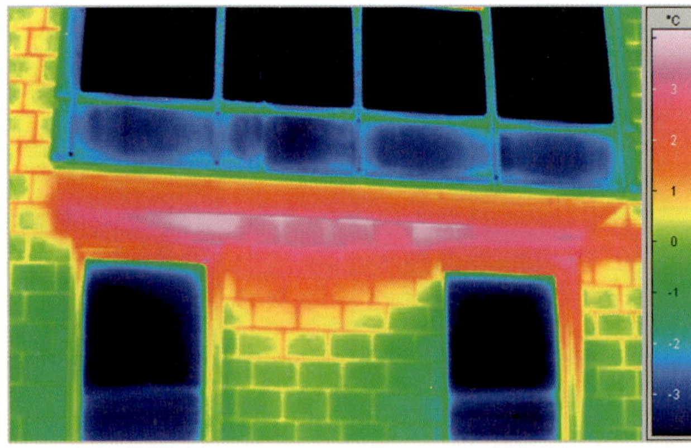

그림 4.69 열교에 의한 열손실: 창호 접합부 시공 품질 이상 의심[9)]

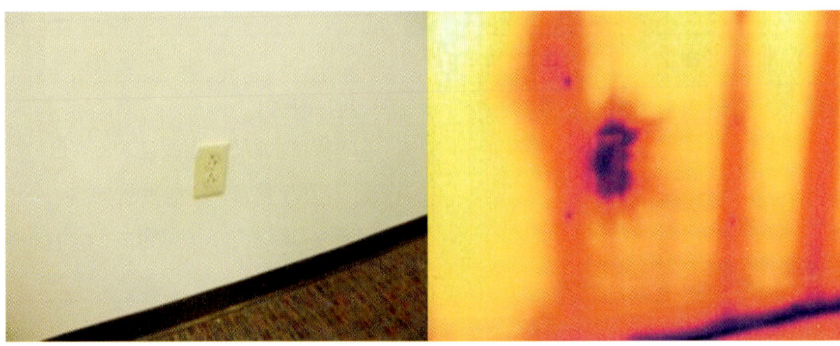

그림 4.70 콘센트 주변 열영상: 전기 및 설비 말단부는 열교 주요 부위이므로 측정 필요[10)]

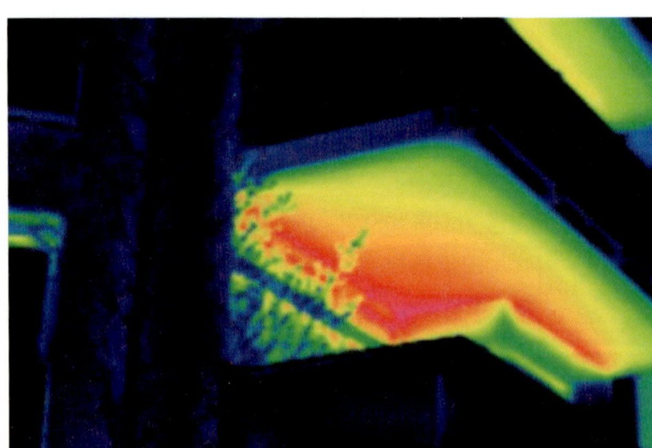

그림 4.71 발코니주변 실내측 슬래브 열교 영향: 열교패턴과 관련한 다양한 데이터가 구축되면 신기술 유도 등이 가능함[11)]

9) http://beodom.com/en/education/entries/fighting-thermal-bridges-or-how-to-make-better-buildings.html

10) https://irinfo.org/08-01-2011-pearson/

11) https://www.schoeck.co.uk/en-gb/structural-thermal-bridges

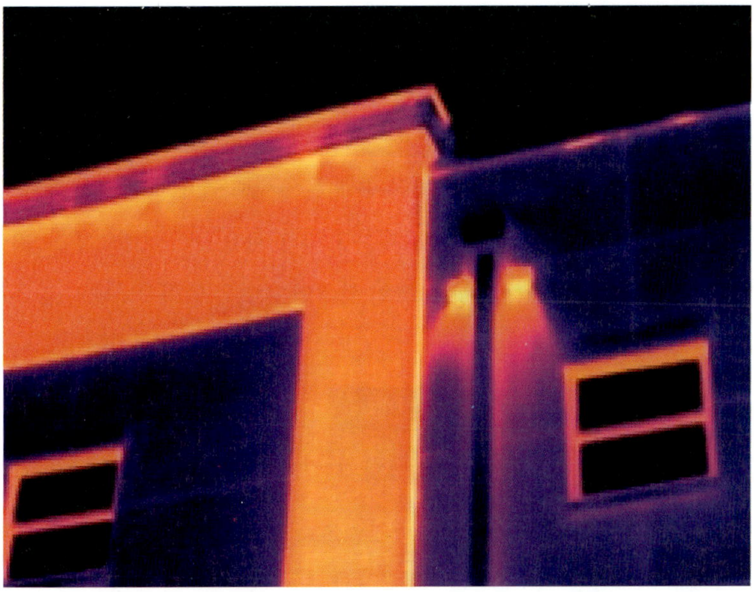

그림 4.72 주방후드 환기구를 통한 누기: 미사용시 댐퍼 등 추가 설치 필요[12)]

그림 4.73 메탈과 벽돌 연결부위의 누기: 열화상을 통해 누기위치를 특정하고 결함을 수정 가능[13)]

4.3.3.2. 건물 단열성능 측정을 위한 열화상 측정

열화상을 측정을 통한 열관류율 계산방법에서 소개된 식 (4.14)를 이용한 열관류율 측정 사례를 나타낸다. 현장 측정을 위한 기준과 방법에 따라 계산한 벽체의 열관류율을 비교하기 위해 열류계와 열화상 측정을 동시에 수행하였다. 측정 당시 실내·외 온도는 각각 27.20 °C, -0.10 °C

12) https://www.schoeck.co.uk/en-gb/structural-thermal-bridges

13) https://irinfo.org/08-01-2011-pearson/

로, 20 °C 이상의 온도 차이를 유지하였다. 또한, 외기풍속 측정 결과 0 m/s로 KS F 2829: 2005 규격의 3 m/s 이내를 만족하였다. 그 뿐만 아니라 KS F 2829: 2005 규격에서는 촬영된 열화상 온도와 실제 벽면 온도와의 차가 0.3 °C 이내가 보장될 경우 정량적인 평가가 가능하다고 규정하였다. 이에 열화상 촬영과 함께 접촉식 온도계로 벽체 표면 온도를 측정하고, 열화상 영역 내 평균 온도는 3.20 °C, 접촉식 온도계는 3.50 °C로 0.3 °C 이내의 온도 차이 조건을 만족하였다. 그림 4.74 ~ 4.75는 각각 대상 벽체의 실내외 표면을 열화상카메라로 측정한 열영상이다.

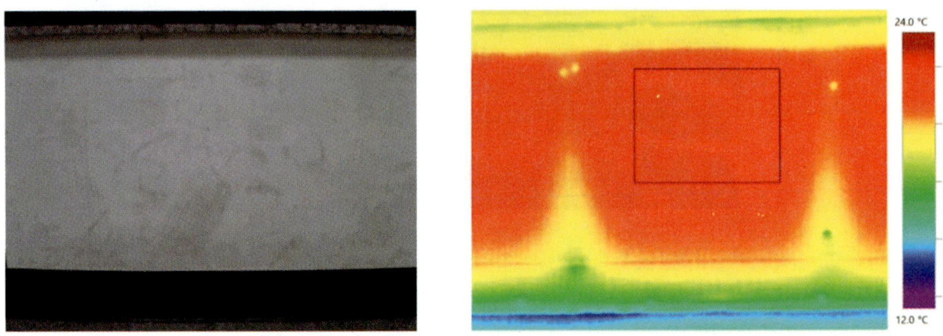

그림 4.74 벽체 열관류율 측정 시 내부 표면 온도 분포

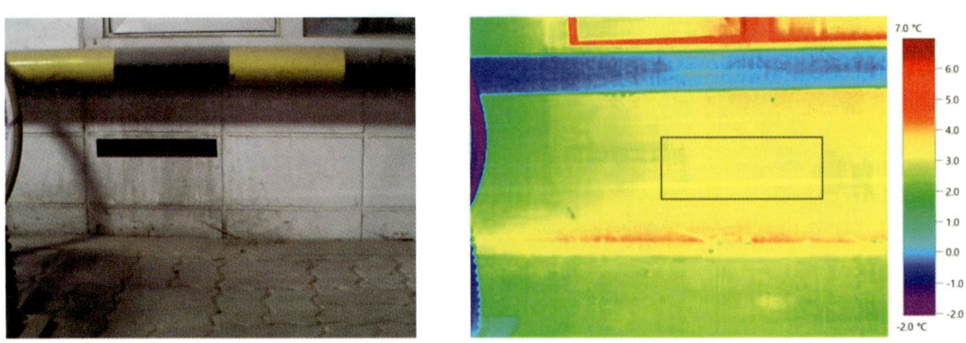

그림 4.75 벽체 열관류율 측정 시 외부 표면 온도 분포

측정결과, 재연성에 대한 추가 연구가 요구되지만, 비교 실험으로 제안하고 있는 Heat flow meter가 나타낸 U-value 0.502(W/m^{2}K)와 유사한 0.540(W/m^{2}K) 값으로 계산되어 열화상을 활용한 열관류율 계산의 정합성을 보여주었다.

4.3.3.3. 건물에너지 효율인증 관련 사례

건물에서의 에너지 효율 문제는 전 세계적 관심사이며, 특히 유럽, 미국 등 선진국의 건물 에너지 소비량은 국가 전체 에너지 소비량의 약 40 % 수준이다. 2015년 파리협약에 따라 온실가스 감축 의무 당사국들은 국가별 온실가스 감축목표를 달성하기 위해 감축 잠재력이 높은 건물 부문에서 관련 정책을 제시하고 각 국가별 규정을 재정비하는 등의 적극적인 조치를 취하는 추세이다. 특히, 대다수의 당사국에서는 연간 건축물이 사용하는 에너지를 자체적으로 수급할 수 있는 Zero-energy building(ZEB)에 대한 표준을 제시하고, 신축 건축물에 관한 한 ZEB 수준의 에너지 성능을 확보하도록 강제하고 있다. 또한 ZEB의 장기간 성능 유지, 기존 건축물의 에너지 성능 향상 등을 목적으로 건축물 및 기계설비의 열 성능 진단에 대한 연구개발이 다수 수행 중이며 그 중에서도 적외선 열화상(IRT: Infrared thermography)을 활용한 사례들이 다수 소개되고 있다. 일부 유럽 국가에서 건축물 열교부위 탐지 목적으로 적외선 촬영을 권장하기는 하나, 아직까지 IRT 진단 기법이 ZEB과 관련한 법제화 사례는 보고되지 않는다. 그러나, 다양한 프로그램 등을 진행하면서 향후 제로에너지 건물 등 건물 에너지 효율관련 인증제도 편입을 위한 연구가 진행 중이다.

1) 제로에너지 인증 관련 적외선 열화상 적용 사례

1. ASIEPI[14)]

- EU 회원국의 에너지 효율 측면에서 ZEB 건물 데이터 수집
- 덴마크에서는 건물의 기밀 성능 테스트를 의무화하고 있음. 성능평가는 Blower door 테스트를 기준으로 하며, 선택적으로 적외선 열화상 카메라를 통해 열교 부위를 측정하는 것을 추천하고 있음
- 핀란드, 독일에서는 품질 관리 목적으로 적외선 열화상 카메라 적용할 것을 제안하고 있음
- 특히, 적외선 열화상 카메라를 통한 열교부위 Visual Check 수행을 추천

2. IECC (International Energy Conservation Code)[15)]

- 기밀 성능 관리 측면에서 적외선 열화상 카메라 사용 추천

14) Erhorn, H., Erhorn-Kluttig, H., Citterio, M., Cocco, M., Orshoven, D. V., & Tilmans, A. (2010). An effective handling of thermal bridges in the EPBD context. Final report of the IEE ASIEPI work on thermal bridges, 69.

15) IECC, A. (2012). International Energy Conservation Code 2012. C403, 2.

• 주로 외피의 연소실 부위 파악을 위해 적외선 열화상 카메라 적용

• 이 외 Pipes, Access panel, Wall door 등 활용 가능

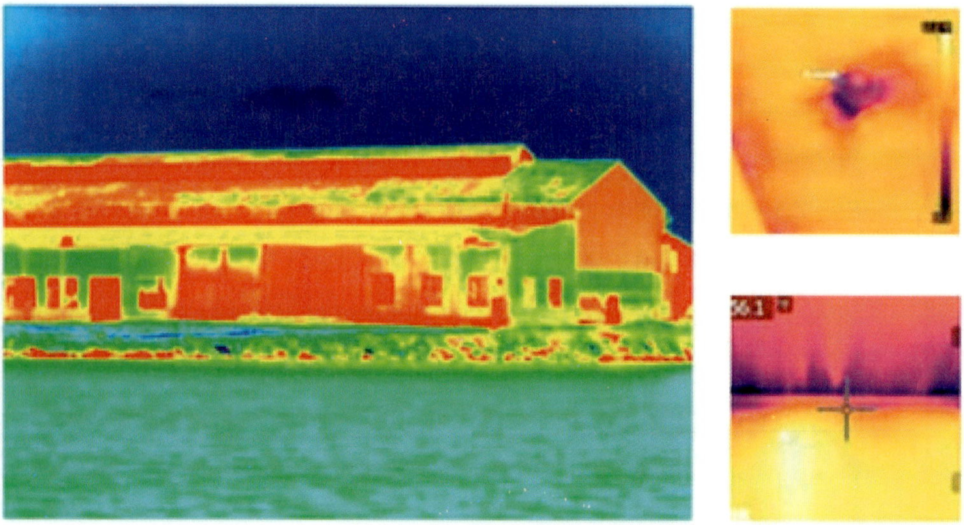

그림 4.75 적외선 열화상 카메라를 적용한 기밀시험 테스트 – IECC

3. ZEBRA (Nearly ZEB –European Union)

• ZEBRA는 유럽의 Nearly ZEB 데이터를 수집하고 높은 수준의 NZEB 달성을 위한 전략 제안을 목표로 함

• 유럽 17개국, 80 % 이상의 ZEB 데이터 수집 및 제도 개선

• ZEB 달성을 위해서는 지속적인 모니터링을 통한 건물 열 성능 관리 및 보수 필요. 건물의 Design process 이후 단계에서 결함을 파악하기 위한 도구로 적외선 열화상 카메라 사용 권장

4. Passive House Certification

• Netherlands, Northern Italy - 기밀성능과 관련해 Blow Test door 결과와 적외선 열화상 카메라 이미지 첨부, 기밀 성능 분석 참고 자료로 활용.

• 조사 대상 유럽 9개국(독일, 벨기에, 네덜란드, 영국, 아일랜드, 프랑스, 오스트리아, 스위스, 이탈리아) 중 2개 국가(네덜란드, 이탈리아)만 적외선 열화상 카메라 기술을 정성적으로 활용

2) 민간부문에서의 적외선 열화상 진단 적용 사례

- (1) FLIR, 열화상 카메라를 통해 결함을 조기 파악하여 에너지 절약 및 효율적 건물 관리. 열화상 카메라를 에너지 손실 부위 시각화를 통한 열교 부위 감지 및 기밀 성능 분석
- (2) Passive House Institute, 시각적으로 건물 결함 분석을 위해 열화상 이미지 사용 제안 열화상 이미지를 통해 정량적인 평가를 내리기는 매우 어려우며, 정성적으로 건물 구성요소의 표면 열손실 정보 확보 가능
- (3) PHIUS, 검사 시 건물 외피의 적외선 열화상 카메라 촬영을 요구하고 있으나 분석을 위한 특별한 기준을 정하고 있진 않음
- (4) InterNACHI, 인증을 위한 검사 시 건물 외피 및 창호의 열화상 촬영 및 결함 의심 부위 온도 차 데이터 수집
- (5) NABH, (6) NWI Green Building Alliance, 건물의 기밀 테스트(Blower Door Test)시 공기 누출 부위 탐색을 위한 열화상 카메라 촬영

이와 같이 적외선 열화상 기술을 ZEB의 성능 향상 및 관리 목적으로 적용하는 사례는 있으나 명확한 측정 기준이나 의무사항(Legal requirement)으로 규정하지는 않고 있으며, 적외선 열화상 카메라 기술은 정성적인 평가 방법과 일부 정량적인 평가법으로 인증 이외 주로 연구, 교육, 사법 분쟁 등에 적외선 열화상 기술을 적용하고 있다. 그러나 ZEB의 성능 향상 및 관리를 위해 일부 국가규정에서 적외선 열화상 카메라 기술이 권고되고 있다.

Passive House 및 사설 기관에서는 건물의 에너지 성능 향상 및 관리를 위해 적외선 열화상 카메라 적용이 제안되며, 적외선 열화상카메라를 이용한 IRT 진단 기법은 단일 장비로도 건축물의 외피 열 성능, 기계설비의 고장 및 예지진단 등 다양한 분석을 수행할 수 있으며 IRT 진단 기법은 외부 변수와 미지 인자들에 대한 영향에 민감한 만큼 현재도 정밀도 향상을 위한 방법론적 연구와 장비 및 감지기의 개발이 지속되고 있으며 드론 등 추가 장치를 활용한 기술의 적용 사례 또한 새롭게 소개되고 있다. IRT 영상을 통한 건축물 진단 기법의 가장 큰 장점은 다른 분야와 마찬가지로 비가시적 물리현상에 대한 시각화가 가능하다는 것이며, 시각적 이미지를 통해 직관적으로 문제 상황을 인식할 수 있다는 장점이 있으므로 향후 민간 영역의 ZEB 활성화, 그린 리모델링 등의 수요를 촉진시키는데 기여할 것으로 판단된다.

4.4. 전기분야 열화상 진단 방법과 사례

4.4.1. 현행 전기분야 열화상 점검규정 및 진단방법

최근 주요 산업 시설물 및 건축물 등이 다양화, 대형화, 자동화되며 고도 정보화 사회로 발전됨에 따라 전력 사용량 급증하고 전기설비 또한 대규모화 되고 있다. 전기 의존도가 높은 고도 정보화 사회에서 전기설비의 열화로 인한 화재 및 정전사고 등은 고밀집 사회집단에서의 인명적 피해뿐만 아니라 막대한 경제적 손실 및 장애를 야기함으로써 안정적인 전력공급 및 전기설비에 대한 신뢰성의 중요도가 높아지고 있다.

현장에 설치된 전기설비는 증축된 이후 장기간 사용함에 따라 전기적, 기계적 스트레스를 통해 열화가 발생하며 이에 더불어 전기적, 기계적 강도가 저하되어 결국에는 사고로 야기된다. 따라서, 설비의 이상 상태를 조기 탐지하여 예방진단을 수행함으로써 안정적인 전력공급을 하기 위해 전기설비의 정기 점검 및 진단을 실시한다. 기존에는 이러한 전기설비의 진단 및 점검이 주로 정전 후 실시되었지만 짧은 시간의 단전도 막대한 경제적 손실 및 장애를 야기하므로 최근 무 정전 점검기법이 요구되고 있다. 전력의 수요가 증가함에 따라 하기 도시한 표 4.10 및 표 4.11과 같이 송전선로가 지속적으로 증설되고 있다. 이러한 방대한 설비를 작업자가 일일이 점검하기에는 시간이 많이 소요될 뿐만 아니라 감전사고 등의 사고의 위험이 있기 때문에 비접촉식 센서를 통한 정밀한 점검기법이 요구되고 있다.

표 4.10 국내 연도별 송전설비 현황

구분		1990년	2000년	2010년	2015년	2020년	2021년
회선길이 (c-km)	765 kV	-	595	835	1,014	1,024	1,024
	345 kV	4,935	7,281	8,580	9,403	9,800	9,878
	154 kV	14,497	18,706	21,261	22,524	23,298	23,584
	합계	19,432	26,582	30,676	32,941	34,122	34,486

표 4.12 2020년도 송전설비 현황

구분		가공	지중	합계
회선길이 (c-km)	765 kV	1,024	-	1,024
	345 kV	9,382	430	9,812
	154 kV	23,484	3,831	27,315
	합계	30,194	4,272	34,466

열화상 카메라는 전기설비에서 전류가 저항체를 통과할 때 발생되는 열에너지를 적외선 파장 영역대에서 검출하여 온도로 변환 및 가시화하는 비접촉식 센서이다. 열화상 카메라는 전기설비의 온도 분포 뿐만 아니라 작업자들에게 육안으로 관측할 수 없는 내부 부품의 온도를 가시화할 수 있어 작업자들이 열화상 카메라를 이용하여 전기설비 점검 및 진단을 시행하고 있다(그림 4.75). 또한 비접촉식 센서이기 때문에 고전압의 송전설비를 점검 및 진단하는데 작업자의 안전을 보장할 수 있다는 장점이 있다.

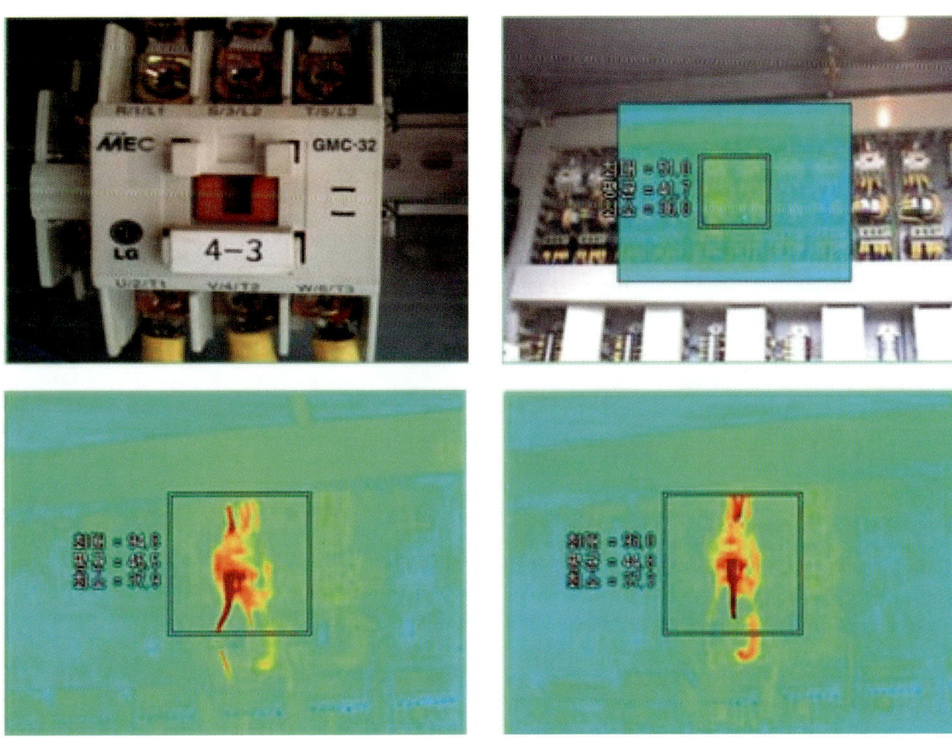

그림 4.76 전력설비 열화상 영상

전력설비는 그림 4.77과 같이 다양한 발전소에서 생산된 전기를 소비처에게 전달하기 위하여 송전설비와 변전 및 배전설비를 거친다. 송전설비는 발전소에서 생산된 전기를 변전소까지 송전하는데 필요한 설비들로 규정되며 대표적으로 송전선로가 있다. 변전 및 배전설비는 송전선로를 통해 이동하는 전기를 승압 및 강압하고 전기소비처에게 안전하게 전기를 배분하는 전기설비이다.

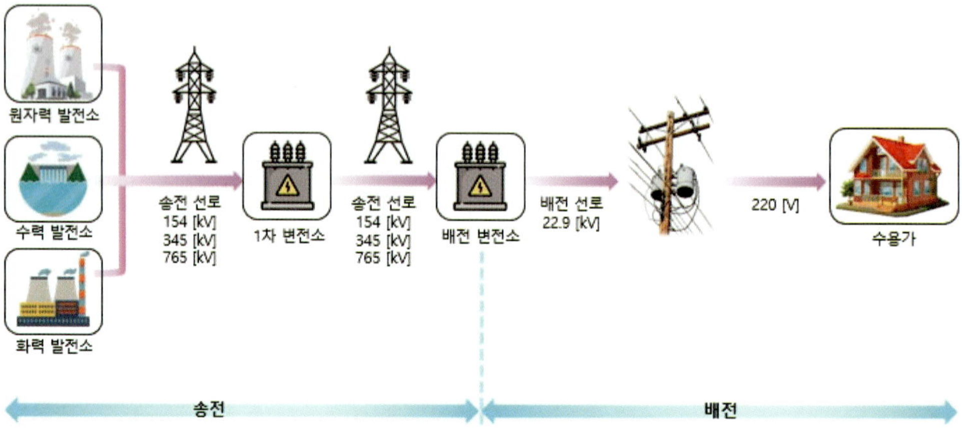

그림 4.77 국내 전력 계통도

일반적으로 발전소에서 생산된 전기의 전압은 12 kV에서 22 kV로 해당된다. 송전 시 손실되는 전력은 송전전압의 제곱에 반비례하므로 일반적으로 154, 345 또는 765 kV로 승압 후 변전소로 송전된다. 특고압의 전기가 안정적으로 전기소비처에게 공급되기 위해 열화상 카메라를 이용하여 송전설비와 변전 및 배전 설비들을 정기적으로 점검하고 진단하며, 이에 대한 상세한 점검규정과 진단방법은 후술하도록 한다.

4.4.1.1. 송전설비 열화상 점검규정 및 진단방법

변전소를 통해 승압된 전기는 송전설비를 통해 타 변전소 혹은 배전소로 송전되며 송전선로의 설치 위치에 따라 하기에 도시된 그림과 같이 가공 송전설비와 지중 송전설비로 분류된다. 공중에 설치된 송전선로와 이를 지탱하는 철탑 그리고 철탑과 송전선 간의 절연체인 애자 등의 기타 전기설비들을 포함한 가공 송전설비와 지중전력구 내에 설치된 중간 접속함을 포함한 지중 송전선로 및 지중전력구의 외부에 연결된 선로들과 연결해주는 종단 접속함을 지중 송전설비로 규정한다.

(a): 가공 송전설비

(b): 지중 송전설비

그림 4.78 송전선로 설치 위치에 따른 분류

1) 가공 송전설비 열화상 점검규정 및 진단방법

가공 송전설비의 주요 점검 대상은 그림 4.79와 같이 공중에서 전기를 수송하는 케이블인 (a) 가공 송전선로와 수목과 같은 송전에 장애가 되는 물체가 가공 송전선로부터 일정거리 이격을 주기 위한 (b) 송전철탑, 송전선 간의 이격거리를 유지하고 바람에 의한 진동을 감쇠 시켜주는 (c) 스페이서 댐퍼, 송전선과 철탑 간의 절연체인 (d) 애자 등이 있다.

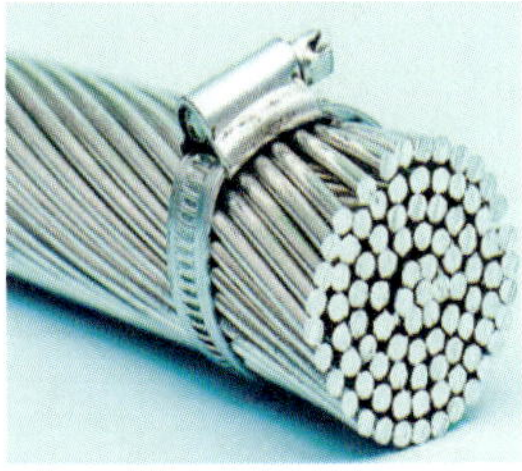

(a)

(b)

(C)

(d)

그림 4.79 (a): 가공 송전선로, (b): 송전철탑, (c): 스페이서 댐퍼, (d): 애자

하기에 도시된 그림 4.80은 가공 송전선로의 열화로 인하여 생성된 전도체 내부의 공극과 가공 송전선로에서 방출되는 높은 에너지를 가진 전자와의 충돌로 인하여 부분방전이 일어난 것을 (a)코로나 검출 카메라로 촬영한 영상과 (b)열화상 카메라로 촬영한 영상으로 열화된 부분이

국부적으로 온도가 더 높게 보이는 것을 확인할 수 있다.

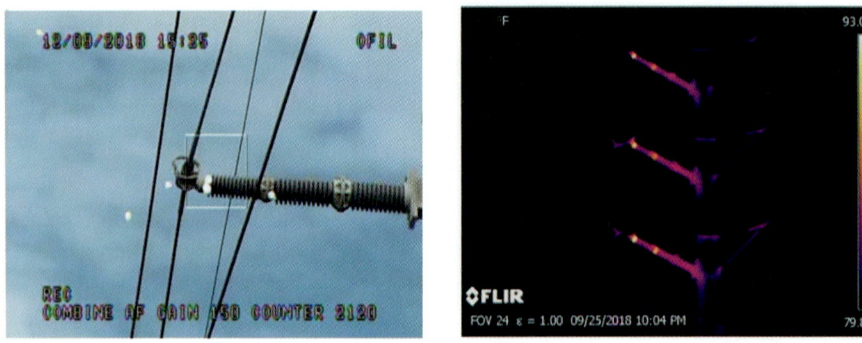

(a) (b)

그림 4.80 열화가 진행된 가공 송전선로의 (a): 코로나 검출 영상 (b): 열화상 영상

국내 가공 송전선로는 구리 대비 도전율이 60 %이지만 가볍고 경제적인 알루미늄을 사용한다. 구체적으로, 절연체가 없는 강심 알루미늄 연선(Aluminum Conductor Steel Reinforced, ACSR), 내열 강심 알루미늄 연선 (Thermal Aluminum Conductor Steel Reinforce, TACSR), 내열성이 높아 허용 전류 용량이 1.5 ~ 2배 높은 초 내열 강심 알루미늄피복인바심 연선 (Super Thermal resistant Aluminum-alloy Conductor Invar Reinforce, STACIR) 등이 사용된다. 낮은 전압의 154 kV 가공 송전선로는 ACSR으로 구성되며 높은 전압의 345 kV 또는 765 kV는 TACSR 혹은 STACIR로 구성된다. 하지만 가공 송전선로의 주재료인 ACSR은 경제적을 높이기 위해서 절연선을 사용하지 않기 때문에 외부 환경에 직접적으로 노출됨에 따라 기계적 강도 저하로 인해 열화가 발생하며 열화가 발생한 지점의 온도가 상기에 도시된 그림 4.80 (b)와 같이 국부적으로 높아지게 된다.

그림 4.81 강심 알루미늄 연선, Aluminum Conductor Steel Reinforced (ACSR) 구조

열화상 카메라를 통해 기계적 및 전기적 강도 저하로 인하여 열화된 가공 송전선로를 국내에서는 표 4.13과 같이 정기적으로 헬기를 이용하여 수동 선로 점검을 실시한다. 선로 점검 시 제작된 송전선로의 매뉴얼에 맞게 방사율을 설정하고 가공 송전선로는 날선으로 되어 있어 점검 시 최소 이격거리를 두고 점검을 실시한다. 점검 시 부하 전력량을 확인하고 가공 송전선로에 태양 빛이 반사되어 들어오는 열에너지를 최소화하기 위하여 태양빛을 마주하고 송전선로의 그늘면 온도를 측정한다.

표 4.13 현행 가공 송전선로 점검규정 및 진단방법

<table>
<tr><td>선로 점검 주기</td><td colspan="2">• 345 kV 이상 1회/1년, 154 kV 이하 1회/2년
• 중부하선로 (부하율 60%이상): 1회/연 이상 (하절기 등 취약시기)
• 발전소 연계선로 1회/연</td></tr>
<tr><td rowspan="4">온도 측정 시 중요 요소</td><td>방사율</td><td>• 제작사 매뉴얼 방사율을 기준으로 설정</td></tr>
<tr><td>측정거리</td><td>• 일반적으로 200 m를 넘지 않는 거리에서 측정</td></tr>
<tr><td>전력선 부하</td><td>• 측정 시각의 부하 전력량을 반드시 확인
• 가능한 부하량이 많을 시 점검</td></tr>
<tr><td>빛 반사 영향</td><td>• 태양빛에 의한 빛 반사 주의
• 태양빛을 마주하고 측정 대상물의 그늘면 온도 측정</td></tr>
<tr><td>점검규정 및 진단방법</td><td colspan="2">• 점검결과 판정 (전선접속개소)
1) 전선접속개소와 전선 간의 온도 차
2) 전선접속개소와 타 진신 접속개소 간의 온도 차
3) 전선접속개소 각 부분의 온도 차
<table><tr><th>온도차</th><th>과열여부 판정</th><th>조치사항</th></tr><tr><td>5 ℃ 미만</td><td>정상</td><td>-</td></tr><tr><td>5 ℃ 이상 10 ℃ 미만</td><td>요주의</td><td>재점검 후 과열 시 보수</td></tr><tr><td>10 ℃ 이상</td><td>이상</td><td>재점검 후 이상 시 즉시 보수</td></tr></table></td></tr>
</table>

전선접속개소의 온도가 송전선로보다 높으면 전선접속개소가 위험 상태에 있다고 가정하고 전선접속개소와 전선 간의 온도 차가 5 °C 미만일 경우 정상, 5 °C 이상 10 °C 미만의 경우 요주의, 10 °C 이상일 경우는 이상으로 진단한다.

2) 지중 송전설비 열화상 점검규정 및 진단방법

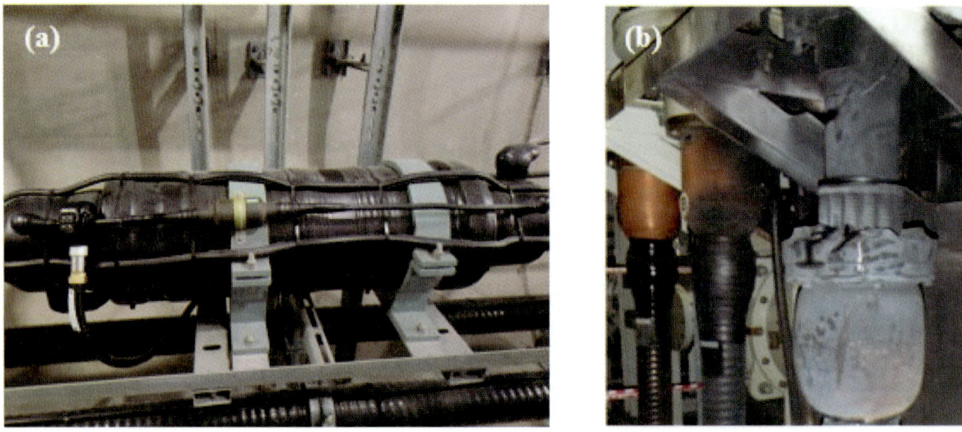

그림 4.82 주요 지중 송전설비 점검항목 (a): 지중 송전선로와 중간 접속함, (b): 종단 접속함

지중 송전설비는 그림 4.82와 같이 지중 전력구 내에서 전기를 수송하는 (a) 지중 송전선로와 선로 간의 접속 설비인 중간 접속함 및 외부 변전소나 가공 송전선로와의 접속 설비인 (b) 종단 접속함으로 구분된다.

지중 송전선로와 중간 접속함 및 종단 접속함은 가공 송전선로와 다르게 케이블 내부에 도체가 절연처리 되어 시공된다. 케이블은 절연체의 종류에 따라 Oil Filled(OF) 케이블 및 XLPE (Cross Linked Poly-ethylene Insulated Vinyl/PE Sheathed) 케이블로 분류된다. OF 케이블은 케이블 내부에 유통로를 두고 외부에 설치한 유조 (oil tank)에서 상시 대기압 이상의 압력을 인가하여 절연지에 절연유를 공급함으로써 높은 절연내력을 유지할 수 있게 한 케이블이다 (그림 4.83(a)). 따라서 높은 전위경도에서도 절연체의 두께를 줄일 수 있다는 장점이 있는 반면 외부의 급유설비가 존재하여 시공 및 유지보수가 어렵다는 단점이 존재한다. XLPE 케이블은 저밀도 폴리에틸렌을 가교제로 가교 시킨 가교 폴리에틸렌을 절연체로 사용한 케이블로 600 V 부터 500 kV의 넓은 전압범위에서 사용 가능하다 (그림 4.83(b)). XLPE 케이블은 절연 내력과 체적 저항률이 높고 유전체 역률 및 유전률이 높아 전기적 특성이 우수하고 내열성과 내노화성이 우수하여 연속최고 허용온도가 90 °C로 송전용량을 높일 수 있다. 급유설비가 필요 없기 때문에 시공 및 유지보수가 용이하며 절연유 유출에 따른 환경오염 또한 없어서 최근 많이 사용된다.

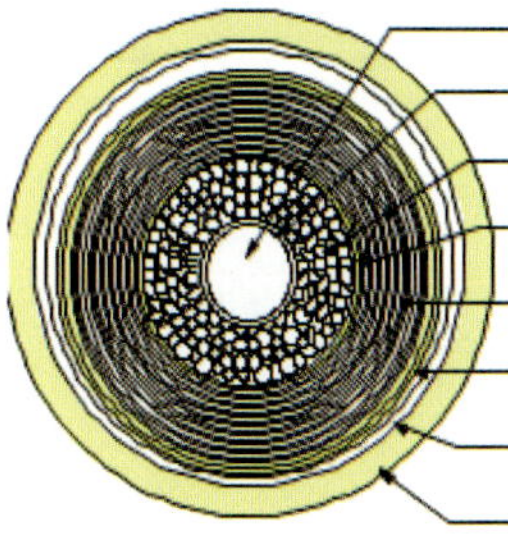

(a)

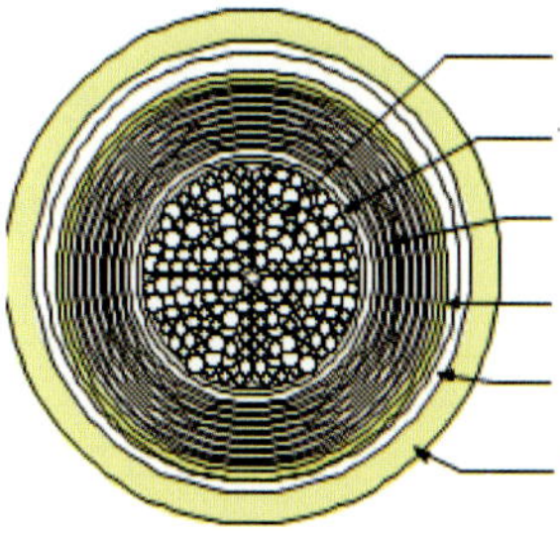

(b)

그림 4.83 지중송전설비 케이블 (a): OF 케이블, (b): XLPE 케이블

지중 송전선로 간의 접속 설비인 중간 접속함 및 외부 선로와 지중 송전선로 간의 접속 설비인 종단 접속함은 장기간 사용시 접속함 내부에 전기적기계적 열화가 발생되며 열화 지점에서 국부적으로 온도가 높아진다. 지중전력구 특성상 공간이 협소하고 접근성이 낮아 유지보수가 어렵기 때문에 열화상 장비를 활용하여 지중 송전설비의 예방진단을 위한 정기점검을 실시하고 있다 (표 4.14). 국내에서는 작업자들이 지중전력구 내부에서 하기에 기술된 표와 같이 직접 열화상 장비를 통하여 송전선로 및 접속함에서 방사되는 파장에너지로부터 열에너지를 검출하여 온도분포를 파악하여 점검을 실시한다. 송전선로와 접속함 간의 온도차가 2 °C 미만이면 정상, 2 °C 이상 4 °C 미만이면 요주의, 4 °C 이상이면 이상으로 진단한다.

표 4.14 현행 지중 송전선로 점검규정 및 진단방법

<table>
<tr><td>선로 점검 주기</td><td>• 순시 점검 (도보순시 원칙)
1) XLPE 케이블: 1회/월, OF 케이블: 1회/2주
2) 실시간 장비 설치개소에 해당하여 154 kV는 1회/년, 345 kV는 1회/3월
• 정기 점검: 연 1회 접속개소 및 접속함을 열화상 카메라로 과열 여부를 확인</td></tr>
<tr><td>점검규정 및 진단방법</td><td>• 점검결과 판정 (전선접속개소)
1) 전선접속개소와 전선 간, 접속함과 전선 간의 온도 차
2) 전선접속개소와 타 전선 접속개소 간, 접속함과 타 접속함 간의 온도 차
3) 전선접속개소, 접속함 각 부분의 온도 차
<table>
<tr><th colspan="2">온도 차</th><th rowspan="2">과열여부 판정</th><th rowspan="2">조치사항</th></tr>
<tr><th>전선접속개소</th><th>접속함</th></tr>
<tr><td>5 ℃ 미만</td><td>2 ℃ 미만</td><td>정상</td><td>-</td></tr>
<tr><td>5 ℃ 이상
10 ℃ 미만</td><td>2 ℃ 이상
4 ℃ 미만</td><td>요주의</td><td>추적 관리
(1회/주)</td></tr>
<tr><td>10 ℃ 이상</td><td>4 ℃ 이상</td><td>이상</td><td>재점검 후
이상 시 보수</td></tr>
</table>
</td></tr>
</table>

4.4.1.2. 변전 및 배전 열화상 점검규정 및 진단방법

변전소는 전력손실을 줄이는 것을 목적으로 하여 발전소에서 생산된 전기를 입력 받아 154 kV 또는 345 kV 또는 765 kV로 전압을 올려 송전선로로 보내는 승압 변전소와 승압된 전기를 송전선로에서 입력 받아 345 kV 또는 154 kV 또는 22.9 kV로 전압을 내려 배전선로로 보내는 강압 변전소로 분류된다. 하기에 도시된 그림 4.84와 같이 배전소를 통해 22.9 kV까지 강압된 전기는 배전 변전소에서 6.6 kV로 강압되어 산업현장으로 송전되고 가정용이나 상업용의 경우는 설치 위치에 따라 지상 변압기 혹은 주상 변압기로 구분되며 220 V 혹은 110 V로 강압되어 전기소비처에게 송전된다. 변전소 및 배전소에서 변압기를 포함하여 전력조류의 제어, 선로 보호 및 기기 보호 등을 위한 설비들을 변전 및 배전설비라고 규정한다.

그림 4.84 변전 및 배전설비 (a): 변전소, (b): 지상 변압기, (c): 주상 변압기

변전 및 배전설비의 주요 설비는 하기에 도시된 그림 4.85와 같이 변압기, 차단기, 단로기, 피뢰기, 배전반, 콘덴서 뱅크 등으로 해당된다. 변압기는 내부에 권선의 비율에 비례해서 승압 및 강압해주는 장비이며 계전기를 통해 이상 현상을 감지하여 전류를 차단하는 차단기가 있다. 단로기는 부하 전류가 흐르지 않는 상태에서 충전 회로를 개방하기 위한 장치로 차단기와 변압기 등의 주요 설비들을 점검할 때 사용되고 피뢰기는 번개가 치는 동안 전압을 대지로 방전하는 장비이며 배전반은 앞서 기술한 이상 현상을 감지하는 장비인 계전기를 포함한 전류 제어기 및 배선용 차단기로 구성되어 있다. 콘덴서 뱅크는 전력 콘덴서의 직병렬 조합으로 구성되며 무효전력을 저감하여 시스템의 역률을 개선하는 장비이다.

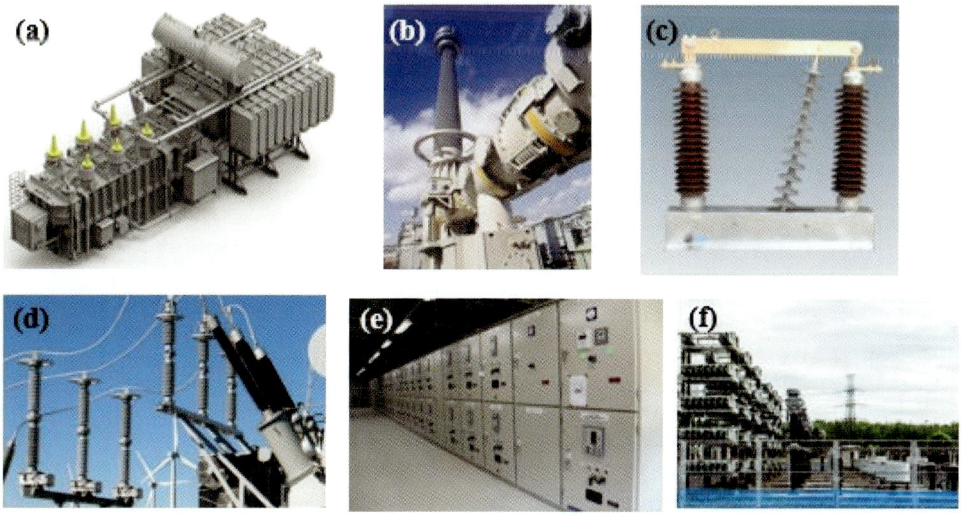

그림 4.85 (a): 변압기, (b): 차단기, (c): 단로기, (d): 피뢰기, (e): 배전반, (f): 콘덴서 뱅크

앞서 기술한 설비들은 전기적기계적 부품으로 구성되어 있어 이상 발생 시 열화가 발생되고 과열이 되기 때문에 사고로 이어질 수 있으며 이를 예방하기 위해 열화상 카메라를 통해 예방진단을 실시하고 있으며 상세한 점검규정 및 진단방법은 하기에 도시된 표 4.15에 도시되어 있다. 점검 항목은 단로기, 전력콘덴서, 보호 배전반, 제어회로 및 소내설비 등을 포함하며, 동하계 peak 시 연 2회 실시한다. 점검규정 및 진단방법은 동일조건에서 다른 부위와 비교하여 이상 여부를 판정하는 방법으로 측정온도의 최저치와 최고치의 온도 차가 5 °C 이하 시 정상, 5 °C 초과 10 °C 이하 시 요주의, 10 °C 이상 시 이상으로 진단한다.

표 4.15 현행 변전 및 배전설비 점검규정 및 진단방법

<table>
<tr><td>점검 항목 및 점검 주기</td><td>• 단로기: 2회/1년, 동 하계 peak 시
• 전력 콘덴서: 2회/1년, 동 하계 peak 시
• 보호 배전반 및 제어회로: 2회/1년, 동 하계 peak 시
• 소내설비: 2회/1년, 동 하계 peak 시</td></tr>
<tr><td>점검규정 및 진단방법</td><td>• 점검결과 판정
: 동일조건에서 다른 부위와 비교하여 측정온도의 최저치와 최고치의 온도 차를 기준으로 함
<table><tr><th>구분</th><th>정상</th><th>요주의</th><th>이상</th></tr><tr><td>온도차</td><td>5 ℃ 이하</td><td>5 ℃ 초과
10 ℃ 이하</td><td>10 ℃ 이상</td></tr></table></td></tr>
</table>

4.4.2. 로봇 및 AI 기반 전기분야 열화상 진단방법 및 사례

최근 열화상 카메라의 기술 발전 및 수요 상승으로 인해 다양한 분야에 열화상 카메라를 접목한 진단 방법에 대한 연구가 개발되고 있다. 전기분야 또한 열화상 진단 방법이 활발히 개발되고 있으며 상술한바와 같이 한국전력공사에서는 열화상 카메라를 이용한 점검방법에 대한 규정을 제시하여 송전선로, 배전 및 변전에 대한 진단을 실시하고 있다. 수만 km의 가공 및 지중 송전선로를 열화상 장비를 이용하여 수동 점검하기에 많은 시간이 소요될 뿐만 아니라 헬기점검 및 지중전력구의 특성상 사고의 위험성이 있기 때문에 로봇 및 AI를 활용한 열화상 진단 기법을 개발 중이다.

4.4.2.1. 가공 송전선로 열화상 진단방법 및 사례

가공 송전선로 송전설비들은 특고압의 전기가 흐르고 있고 국내 가공 송전선로는 지면으로부터 최소 70 m부터 최대 120 m의 높이에 설치되어 있다. 따라서 유지보수 전공(electrician)이 접근하여 송전설비를 점검하는 것은 한계가 존재한다. 가공 송전선로의 높이와 접근성의 한계는 결국 열화상 카메라와 송전선 사이의 측정 거리가 매우 멀어져 신뢰하기 어려운 데이터를 취득함을 의미하기 때문에, 열화상 카메라를 활용하여 정밀하게 가공 송전선로를 진단하기에는 한계가 존재한다. 이러한 문제 해결하기 위해 최근 로봇을 이용한 진단 방법들이 많이 개발되고 있으며 특히 사물인터넷(Internet of Thing, IoT) 및 무인비행체(Unmanned Aerial Vehicle, UAV)를 이용한 가공 송전선로 점검 기법이 활발하게 개발되고 있다. IoT를 이용한 진단 방법의 경우 접촉식 열전대를 무선 네트워크망을 통해 중앙처리장치로 전송하고 접촉식 열전대의 온도 데이터를 분석하여 가공 송전선의 이상 유무를 판단하는 방법이다. UAV를 이용한 진단 방법의 경우 송전선과 약 30 m 거리를 두고 접근하여 비접촉식의 열화상 카메라를 이용하여 가공 송전선로를 촬영하고 측정된 열화상 데이터를 분석하여 가공 송전선로를 진단한다. IoT를 이용한 점검 방법의 경우 접촉식의 열전대를 사용하기 때문에 열화상 카메라를 활용하여 온도를 측정하는 방법보다 더 정확한 온도를 측정 가능하며 IoT가 꺼지지 않는 동안은 계속해서 데이터를 측정 가능하다. 하지만 모든 가공 송전선로에 IoT를 설치하는 것과 유지보수에 큰 한계가 있다. UAV와 열화상 카메라를 활용한 진단방법의 경우 IoT를 활용한 진단 방법에 비해 정확한 온도 측정에는 한계가 존재하지만 열화상 카메라를 탑재한 진단 UAV 시스템을 제작하면 사람이 도달할 수 없는 전국의 가공 송전선로에 대해 점검이 가능하다. 본 절에서는 열화상 카메라를 탑재한 진단 UAV 시스템 및 이미지 처리 기법을 이용한 가공 송전선로 열화상 진단방법 및 사례에 대해 기술한다.

먼저 UAV를 활용한 열화상 진단을 실시하기 위해 하기에 도시된 그림 4.84와 같이 열화상 카메라를 탑재한 열화상 진단 UAV 시스템을 제작하였다.

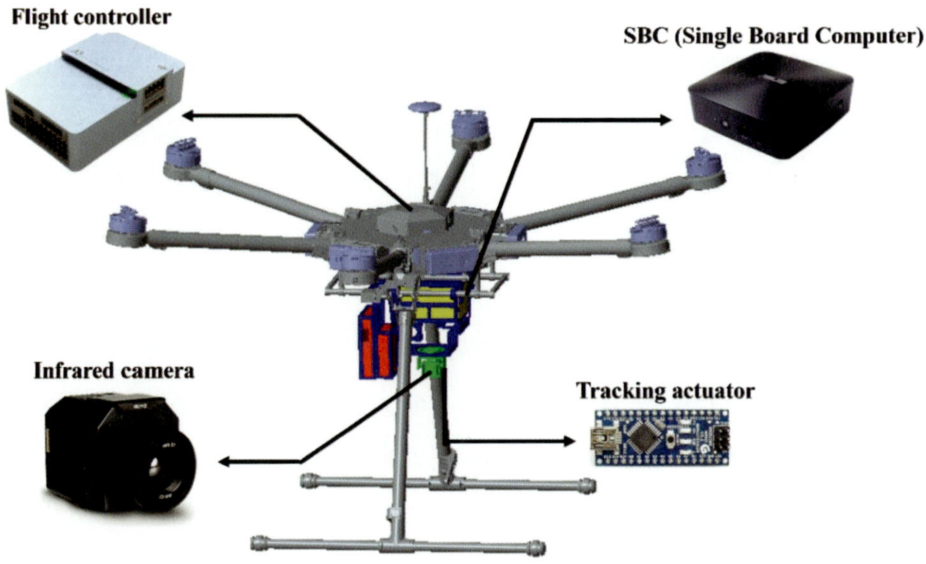

그림 4.85 비행 컨트롤러, 열화상 카메라, 미니 컴퓨터, 추적 작동 장치가 탑재된 열화상 진단 UAV 시스템

그림 4.85에서 열화상 진단 UAV 시스템은 열화상 데이터 취득을 위한 열화상 카메라 센서 (FLIR VuePro R), 가공 송전선로 추적을 위한 추적 작동 장치와 실시간 계산을 위한 미니 컴퓨터, UAV 자율비행을 위한 비행 컨트롤러가 탑재 되어있다. 한정된 배터리를 사용할 경우 UAV의 전체 무게가 늘어날수록 비행시간이 감소하기 때문에 효율적인 비행을 위해서는 UAV 하부에 탑재되는 짐벌의 경량화는 매우 중요하다. 전체 시스템의 무게 경량화를 위해 비행 컨트롤러를 제외한 장비들은 상기 그림에 도시된 UAV 하부의 짐벌과 같으며 짐벌은 CAD를 이용하여 설계하였으며 3D 프린터를 이용하여 출력 및 제작하였다. UAV의 비행은 가공 송전선로의 중심을 기준으로 30 m 이격하여 경로 비행을 실시하도록 비행 컨트롤러에 명령을 입력한다. 이때 30 m는 UAV와 가공 송전선로 사이의 안전 이격거리로 가공 송전선로로부터 30 m 이내에 UAV가 접근할 경우 가공 송전선에서 흐르는 특고압의 전류로 발생하는 강한 자기장으로 인해 UAV에 탑재되어 있는 지자기 센서에 교란을 발생시키기 때문에 진북을 찾지 못하게 되어 사전에 정의된 경로대로 비행하지 못하게 되고 최악의 경우 UAV가 가공 송전선과 충돌하거나 추락으로 인해 인명 피해뿐만 아니라 막대한 경제적 손실을 야기할 수 있다.

열화상 카메라는 앞서 기술된 바와 같이 사물의 온도를 측정하는 것이 아닌 사물의 열을 측정하는 센서이기 때문에 열화상 진단 UAV 시스템으로 가공 송전선의 온도를 측정하기 위해서는 측정된 열화상 데이터를 온도로 변환하는 과정이 필요하다. 해당 과정은 열화상 원리와 이해에서 기술된 열화상 데이터를 온도로 변환하는 방정식을 활용하였으며 열화상 진단 UAV 시스템을 사용할 경우 열화상-온도 변환 방정식의 변수인 방사율 (ε)과 배경온도 (T_{bkg})를 추가적인 실험을 통해 정의하여 사용한다.

또한 가공 송전선은 송전선의 무게와 중력으로 인해 중력 방향으로 처지게 되며 이를 이도라고 정의한다. UAV의 경로 비행은 이러한 가공 송전선의 이도를 고려하지 않고 철탑과 철탑을 직선으로 비행하거나 철탑과 철탑 사이에 경로를 추가하여 가공 송전선의 이도를 비약하게 고려하여 비행 가능하지만 열화상 카메라가 UAV에 고정되어 탑재되어 있다면 안정적인 열화상 데이터 취득에 한계가 있다. 이러한 한계를 극복하기 위해 열화상 진단 UAV 시스템에는 추적 작동 장치와 서보모터가 탑재되어 열화상 카메라가 가공 송전선을 자동으로 추적하는 알고리즘을 적용하였다. 열화상-온도 변환 방정식의 변수인 방사율 (ε)과 배경온도 (T_{bkg})를 정의하는 방법과 가공 송전선 자동 추적 알고리즘은 후술하도록 한다.

먼저 배경온도는 열화상-온도 변환 방정식에서 온도 측정에 큰 영향을 주는 변수이기 때문에 열화상 카메라를 이용하여 측정하고자 하는 사물의 온도를 정확히 계산하려면 정확한 배경온도 측정은 필수적이다. 배경온도를 측정하는 방법은 반사판법 (Reflector method)를 사용하였다. 반사판법은 5가지 단계로 나뉘며 상세 과정은 하기와 같다.

1. 주변 배경온도를 난반사 할 수 있는 알루미늄 포일을 구긴다. 이때 알루미늄 포일의 방사율은 0.04로 사용된다.
2. 구겨진 알루미늄 포일을 그림 4.86의 알루미늄과 같이 주름지게 펼쳐서 두꺼운 종이나 박스에 붙인다.
3. 주름진 알루미늄 포일이 붙은 두꺼운 종이나 박스를 측정하고자 하는 사물 앞에 둔다.

방사율을 1.0으로 설정하고 주름진 알루미늄 포일을 열화상 카메라로 촬영한다. 이때 측정된 알루미늄 포일의 픽셀 온도들의 평균 값을 주변 배경온도로 사용한다.

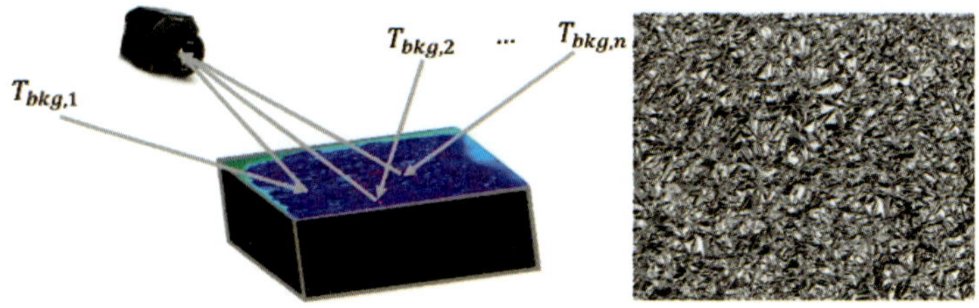

그림 4.86 반사판법을 이용한 배경온도 측정 방법 모식도

상기에 도시된 그림은 반사판법을 이용한 배경온도 측정 방법에 대한 실험 과정을 도시하였으며 배경온도 (T_{bkg})는 하기 식 (4.15)과 같이 정의된다.

$$T_{bkg} = \sum_{i=1}^{n} T_{bkg,\,i} \tag{4.15}$$

이때, $T_{bkg,\,i}$는 측정된 열화상 데이터에서 주름진 알루미늄 포일에서 i번째 픽셀의 온도 값이다. 후술할 내용에서의 배경온도는 앞서 기술한 반사판법을 이용하여 정의하도록 한다.

국내의 가공 송전선은 앞서 기술한바와 같이 ACSR 재료를 사용하며 과거 ACSR의 방사율을 기록한 보고서에 따르면 ACSR의 방사율 (ε)은 0.6으로 정의되어 있다. 하지만 가공 송전선을 열화상 카메라로 촬영할 경우 앞서 기술된 바와 같이 UAV의 가공 송전선 사이의 안전 이격거리인 30 m를 이격하여 촬영하기 때문에 방사율을 0.6으로 사용할 경우 가공 송전선 표면의 나선형 구조에 대한 영향을 고려할 수 없다. 따라서 가공 송전선의 방사율 측정을 위한 실험을 하기에 도시된 그림 4.87과 같이 진행하였다. 가공 송전선의 방사율 측정을 위한 실험은 크게 두 가지 경우로 진행하였다. 첫 번째는 숲 속에 가공 송전선 시편을 지면으로부터 낮은 위치에 설치하여 배경온도가 숲이 되도록 하는 경우, 두 번째는 공간이 트인 곳에 가공 송전선 시편을 지면으로부터 높은 위치에 설치하여 배경온도가 하늘이 되도록 하는 경우를 모사하였다. 또한 정확한 방사율 측정을 위해 열화상 진단 UAV 시스템에서 사용하는 열화상 카메라 센서보다 고성능인 열화상 카메라 (FLIR, T650SC)를 사용하였으며, 온도 측정 정확도가 ±0.5 °C인 T-type의 열전대를 가공 송전선 시편에 부착하여 방사율을 측정하였다. 열화상 카메라와 가공 송전선 시편 사이의 측정 거리는 앞서 정의된 안전 이격거리 30 m를 고려하여 설치 및 측정하였다.

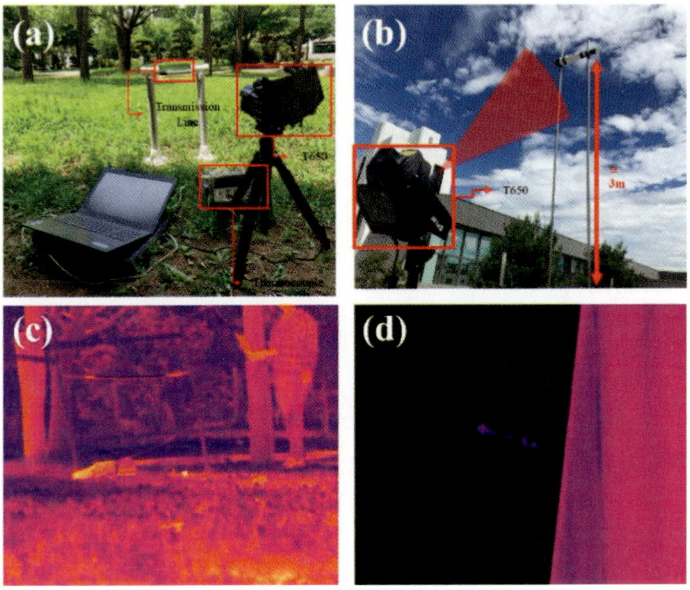

그림 4.87 가공 송전선 시편을 이용한 가공 송전선 방사율 측정 실험
(a, c): 배경이 숲인 경우 (b, d): 배경이 하늘인 경우 실험 사진과 데이터

첫 번째 실험에서 열전대로 측정된 가공 송전선 시편의 온도는 34.0이었으며 대기 투과율은 기상청에서 제공하는 정보인 대기온도 25.1 °C, 습도 31 %와 앞서 정의된 측정 거리 30 m를 Passman-Larmore 표에 적용하여 0.98로 사용하였다. 주변 배경온도는 9.4 °C로 측정되어 가공 송전선 시편의 방사율은 0.6448로 측정되었다. 두 번째 실험에서 열전대로 측정된 가공 송전선 시편의 온도는 29.0 °C이었으며 대기 투과율은 기상청에서 제공하는 정보인 대기온도 24.0 °C, 습도 65 %와 앞서 정의된 측정 거리 30 m를 Passman-Larmore 표에 적용하여 0.98로 사용하였다. 주변 배경온도는 8.0 °C로 측정되어 가공 송전선 시편의 방사율은 0.6261로 측정되었다. 첫 번째 및 두 번째 실험에서 사용된 주변 배경온도는 앞서 기술한 반사판법을 이용하여 계산하였다. 온도 변환의 강건성을 위해 두 실험 결과로 산출된 방사율들의 평균 값인 0.6355를 열화상 진단 UAV 시스템에서 사용할 방사율로 선정하였다.

앞서 기술한 바와 같이 열화상 진단 UAV 시스템에는 가공 송전선을 자동으로 추적하는 알고리즘이 탑재되어 있다. 본 알고리즘은 열화상 카메라의 이미지를 입력으로 하여 작동되며 해당 특징으로 인해 실시간 처리가 가능하여 가공 송전선을 UAV가 비행 중에 서보모터를 제어하며 추적 가능하다. 자동추적 알고리즘은 열화상 진단 UAV 시스 템에 탑재된 열화상 카메라로 가공 송전선을 촬영 시 생기는 두 가지 특징을 이용하여 작동한다. 첫 번째 특징은 가공 송전선을 열화상 카메라로 촬영 시 가공 송전선은 직선으로 촬영된다. 앞서 기술한 바와 같이 가공 송전선은 이도가 존재하기 때문에 전체적으로 보면 직선이 아니지만 UAV를 이용하여 근접하여 촬영할 경우 길이가 긴 가공 송전선의 일부 구간만 촬영하기 때문에 해당 구간은 열화상 데이터에서 직선 형상을 띄게 되며 이를 이용하여 자동 추적 알고리즘에 사용한다. 두 번째 특징은 열화상 진단 UAV 시스템을 이용하여 가공 송전선을 촬영할 경우 열화상 데이터 상에서 좌우 양 끝에 송전선이 존재한다는 점이다. 하기에 도시된 그림 4.87은 해당 두 가지 특징을 이용하여 열화상 이미지 데이터를 이용하여 송전선 자동 추적 기법 상세 알고리즘으로 단계별로 상세 내용은 후술하도록 한다.

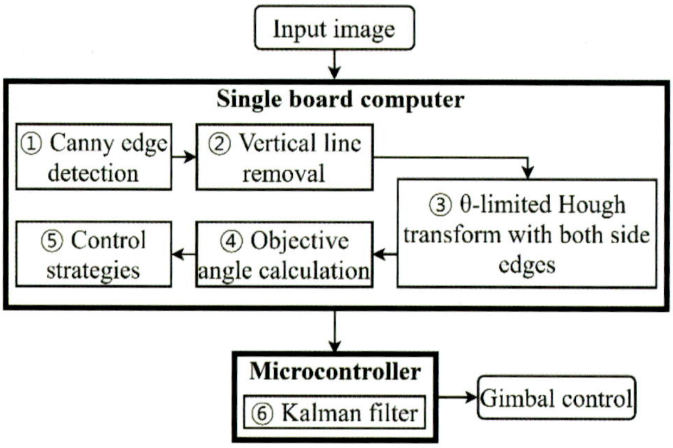

그림 4.88 가공 송전선 자동추적 전체 알고리즘

가공 송전선 자동추적 알고리즘의 1번부터 5번까지의 5 단계는 열화상 진단 UAV 시스템에 탑재된 미니컴퓨터에서 처리되며 6번은 추적 작동장치에서 처리된다.

첫 번째 단계에서는 측정된 열화상 이미지 데이터에 대해 Canny edge detection 방법을 적용하여 모서리를 추출한다. 앞서 기술한 첫 번째 특징으로 인해 가공 송전선은 열화상 이미지에서 직선의 형상을 가지므로 열화상 이미지에서 모서리를 추출하면 가공 송전선의 데이터는 잔존하게 되고 이미지 상에서 직선을 가지게 된다.

두 번째 단계는 열화상 이미지의 수직선을 제거한다. 열화상 진단 UAV 시스템을 이용하여 가공 송전선을 촬영할 경우 가공 송전선은 열화상 이미지에서 수평선을 가지고 측정되므로 수직선을 제거하면 세 번째 단계에서 실시하는 직선 검출 기법에서 가공 송전선만 추출하는 것이

가능하다. 수직선 제거를 하는 방법으로는 앞서 산출한 모서리만 남은 열화상 이미지에 대해 수직 커널 필터를 열화상 이미지에 컨볼루션 연산으로 적용하여 수직선을 제거한다.

세 번째 단계는 θ-제한 Hough 변환 방법을 통한 가공 송전선 검출 단계이다. 본 단계에서는 수평선만 남은 열화상 이미지에 대해 Hough 변환 방법을 적용하여 1차 다항식의 직선을 검출한다. 이때 두 번째 단계에서 산출한 수평선 열화상 이미지 전체를 사용할 경우 이미지에 송전선이 아닌 배경과 같은 외란이 생길 수 있고 이미지 처리 속도가 저하되기 때문에 앞서 기술한 두 번째 특징을 이용하여 이미지 양 끝의 데이터만 남기고 가운데 데이터는 제거하여 세 번째 단계를 진행한다.

네 번째 단계는 산출된 가공 송전선의 직선의 다항식을 이용하여 열화상 카메라의 각도를 계산하는 단계이다. 이때 산출된 여러 개의 가공 송전선의 직선의 평균 좌표를 산출하여 카메라의 중심이 해당 평균 좌표로 움직이도록 추적 작동장치에 신호를 보내게 되며 모터의 제어 각은 하기 식 (4.16)을 통해 산출된다.

$$z = \left[\sum_{i=1}^{n} \left(\frac{m_i}{L} \right) \right] \times \frac{\beta}{V} \tag{4.16}$$

이때 z, m_i 그리고 L은 각각 목표 모터 제어 각(°), 산출된 i 번째 가공 송전선 직선의 위치와 열화상 카메라 중심 사이의 픽셀 거리, 그리고 검출된 직선의 개수를 의미한다. c_I, β 그리고 V는 각각 열화상 이미지의 중심으로부터 바닥까지의 직선 픽셀 거리, 열화상 카메라의 수직 측정각(°), 그리고 열화상 카메라의 픽셀 단위의 수직 해상도이다.

다섯 번째 단계는 강건성 확보를 위한 제어 기법이 적용된다. UAV를 비행할 경우 급격하게 부는 바람이나 경로 비행 도중 경로점에 도달했을 때 생기는 급정지와 같은 현상에 의하여 열화상 데이터에 대해 갑작스러운 변화가 일어날 수 있다. 이때 열화상 카메라가 가공 송전선을 지속적으로 추적할 수 있도록 하며 추적 중인 가공 송전선이 급격하게 위치가 변경될 경우 자동 추적 제어를 잠시 멈추고 추적 중이던 가공 송전선을 다시 검출하면 다시 자동 추적을 진행하는 방식으로 진행된다.

여섯 번째 단계는 Kalman 필터를 적용하여 모터 제어 각도 변화가 일어날 때 급격하게 모터가 작동하지 않도록 각도 제어를 보정해준다. 다섯 번째 단계와 여섯 번째 단계의 두 제어 전략을 이용하여 가공 송전선을 안정적으로 추정할 수 있도록 알고리즘이 설계되었다.

가공 송전선로 열화상 진단을 위해 실제 가압이 되어있는 가공 송전선로에 대해 현장 실험을 진행하였다. 대전에 위치한 154 kV 대덕-덕진 6-7 T/L에 대해 현장 실험을 진행하였다. 전체 경간 거리는 480.5 m이며 가공 송전선로에는 가공지선, 상단, 중단, 하단의 4개의 회선이 설치되어 있다. 가공 송전선로로부터 사전에 정의된 안전 이격거리 30 m를 유지하며 비행하기 위해 한국전력공사 전력연구원에서 개발한 지상관제 시스템 (Ground Control Station, GCS)를 이용하여 경로비행을 실시하였으며 상세 경로는 하기에 도시된 그림 4.89(a)와 같다. 가공지선의 경우 가압이 되지 않았기 때문에 열화상 점검을 실시하지 않았으며 상단, 중단, 하단을 순서로 지그재그 경로로 비행을 실시하였다. 하기에 도시된 그림 4.89(b)는 가공 송전선로 주변 배경온도 측정을 위해 사용된 알루미늄 포일이며 가공 송전선 앞에 두고 반사온도를 측정하기에는 접근성에 한계가 존재하기 때문에 가공 송전선로 근처 바닥에 알루미늄 포일을 두고 배경온도가 하늘이 되도록 열화상 이미지 데이터를 취득 후 앞서 기술한 반사판법을 이용하여 배경온도를 산출하였다.

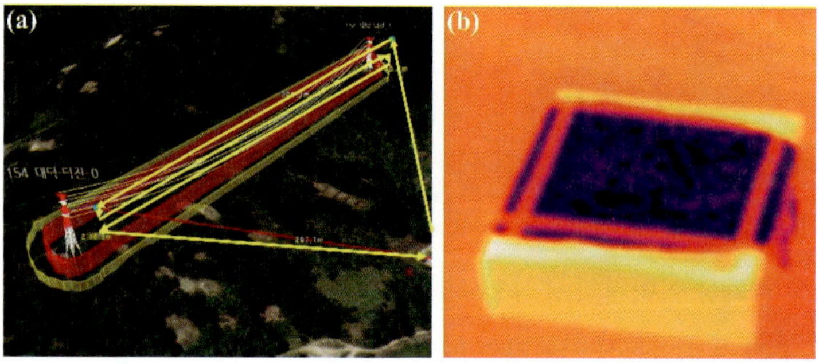

그림 4.89 (a): 가공 송전선로 자율비행 경로, (b): 구겨진 알루미늄 포일을 이용한 배경온도

상기에 도시된 그림 4.89(a)의 경로를 비행하면서 안정적인 열화상 데이터를 취득하기 위해 앞서 기술된 열화상 카메라 자동 추적 알고리즘이 적용되었다. 각 단계에 따른 이미지 처리 기법 결과를 하기 그림의 4.90(a)에 도시하였으며 각 단계를 적용함에 따라 가공 송전선을 추적하고 열화상 이미지의 중심으로부터 가공 송전선의 중심까지 거리가 산출됨을 확인 가능하다. 또한 FLIR 사의 Vue Pro R을 사용한 경우 그림 4.90(b)와 같이 열화상 카메라의 제어 각이 평균 2° 이내로 계산되었으며 이는 19 픽셀에 해당하는 수치이므로 자동 추적제어가 잘 이루어짐을 확인 가능하다.

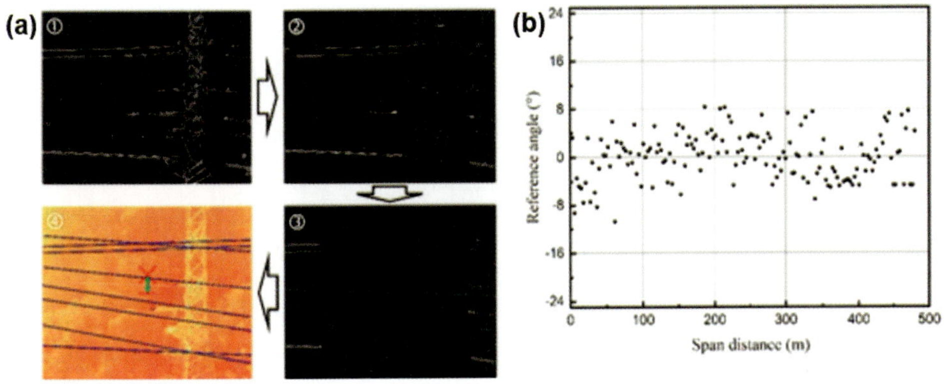

그림 4.90 (a): 가공 송전선로 자동추적 알고리즘 단계에 따른 결과,
(b): 자동추적 알고리즘 적용에 따른 모터의 상대 각

앞서 실시한 가공 송전선 자동 추적 알고리즘을 통해 안정적으로 가공 송전선로 열화상 데이터를 취득 가능하며, 일정한 배경온도에서 송전선로 온도 측정을 위해 UAV의 고도를 가공 송전선보다 아래로 비행하면서 배경온도가 하늘이 되도록 촬영을 진행하였다. 이때 배경온도는 앞서 기술한 반사판법을 사용하여 -31로 측정되었으며 이때 대기온도와 습도는 측정 시간 때의 기상청으로부터 취득하였으며 각각 9.4 °C, 34 %로 설정하였고 측정 거리는 사전에 정의된 안전 이격거리인 30 m로 설정하여 대기 투과율은 Passman-Larmore 표에 적용하여 0.988로 산출하였다. 이때 열화상 카메라의 렌즈에 의한 영향을 무시하기 위해 렌즈는 청결한 상태를 유지하였으며 방사율은 앞서 기술한 바와 같이 0.6355로 설정하였다. 이때 가공 송전선의 온도를 하기에 도시된 그림 4.91에 도시하였다. 이렇게 측정한 송전선로 및 설비 영상은 송전선로 점검 및 고장진단에 사용 가능하다.

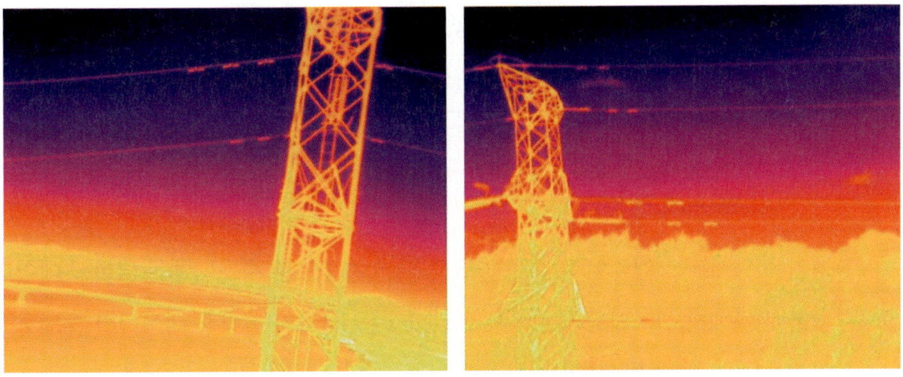

그림 4.91 가공 송전선의 온도 측정(예)

4.4.2.2. 지중 송전선로 열화상 진단방법 및 사례

지중 송전선로는 국내의 경우 최대 약 80 m 깊이의 지중전력구 내에 설치되어 있다. 지중전력구의 특성상 협소하고 접근성이 낮기 때문에 작업자들이 수동 점검 및 진단을 하기에 한계가 존재한다. 이러한 한계 극복을 위해 IoT 및 지중로봇을 이용한 지중 송전선로 점검 및 진단 기법이 활발하게 개발되고 있다. IoT 기반 진단의 경우 지중 송전선로에 부분방전 검출 장비를 부착하고 지중전력구 내 일정 구간마다 열화상 장비를 설치하여 검출된 데이터들을 무선 네트워크망을 통해 중앙처리장치로 전송하고 분석하여 지중 송전선의 이상 유무 판단 및 위치를 파악할 수 있는 방법이다. 지중로봇을 이용한 진단 방법의 경우 지중로봇에 열화상 카메라를 탑재하여 지중 송전선로를 촬영하고 측정된 열화상 데이터를 분석하여 지중 송전선로를 앞서 기술된 표 4.14의 기준에 따라 진단한다. IoT를 이용한 진단 방법의 경우 접촉식 센서인 부분방전 검출 장비와 내벽에 열화상 장비를 설치하여 IoT가 꺼지지 않는 동안은 계속해서 실시간으로 데이터를 측정 가능하다. 하지만 IoT를 일정구간마다 설치하는 것은 유지보수에 큰 한계가 있다. 반면 자율주행이 가능한 지중로봇과 열화상 카메라를 활용하여 AI와 이미지 처리기법을 통해 진단 시스템을 구축하여 위의 문제점을 해결할 수 있다. 본 절에서는 열화상 카메라를 탑재하여 AI와 이미지 처리 기법을 이용한 지중 송전선로 열화상 진단방법과 사례를 소개한다.

그림 4.92 열화상 카메라, GPU 기반 미니 컴퓨터가 탑재된 열화상 진단 지중로봇 시스템

상기에 도시된 그림 4.91과 같이 열화상 진단 지중로봇 시스템에는 열화상 데이터 취득을 위한 열화상 카메라 센서 (I3systems 사의 TE-EV1), 실시간 열화상 데이터를 통해 지중 송전선로를 검출 및 자동 진단을 위한 GPU 기반 미니 컴퓨터가 탑재 되어있다. 지중로봇이 주행 시 시스템

외부에서 전원 공급을 할 수 없기 때문에 한정된 배터리 내 효율적인 주행을 위해 지중로봇에 탑재되는 짐벌의 경량화가 매우 중요하다. 따라서 최적화된 짐벌을 3D 프린터를 이용하여 출력 및 제작하였다. 지중전력구 내 바닥의 보폭이 약 70 cm로 협소하기 때문에 지중로봇의 조향을 위해서는 어느 정도 회전반경이 필요하므로 한계가 있다. 이러한 문제를 해결하기 위해 전방향 (Omni-directional) 구동이 가능한 메카넘 휠 (mecanum wheel)을 장착하여 제작하였다.

열화상 카메라는 앞서 기술된 바와 같이 사물의 온도를 측정하는 것이 아닌 열에너지를 측정하는 센서이기 때문에 온도로 변환하는 과정이 필요하다. I3systems 사의 TE-EV1은 640 × 480 화소를 가지며 열화상-온도 변환 방정식 (3)은 물체의 방사율만 고려한다.

$$T_{obj} = \frac{\varepsilon \cdot Count - 5000}{100} \tag{4.17}$$

앞서 기술한 온도-변환 방정식과는 상이하기 때문에 검증을 위해서 그림 4.93와 같이 종이컵에 지중 송전선로의 재질과 동일한 폴리염화비닐 (Polyvinyl chloride, PVC) 재질의 절연테이프를 부착하고 끓는 물을 부어 최대 85 °C 에서 35 °C 까지 열화상 데이터를 취득하여 측정 정확도가 ±0.5 °C인 T-type의 열전대와 앞서 기술한 온도-변환 방정식을 사용하는 센서인 Vue Pro R을 이용하여 테스트 베드를 구축하였다.

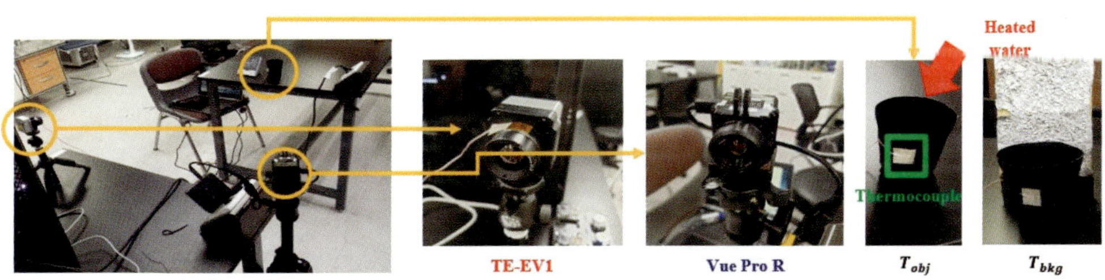

그림 4.93 TE-EV1 온도 변환 방정식 검증을 위한 테스트 베드 구축

그림 4.90(b)에서 알 수 있듯이 지중전력구의 환경은 제한적이기 때문에 측정거리를 2.5 m로 제한하여 1.0 m부터 2.5 m까지 0.5 m 간격으로 총 4번의 실험을 진행하였다. 대기온도는 23.0, 습도 28, 배경온도는 앞서 기술한 반사판법을 이용하여 25로 측정되었으며 대기 투과율은 2.5 m 이내에서 Passman-Larmore 표에 적용하여 1로 적용하였다.

이에 대한 결과는 하기에 도시된 그림 4.94와 같이 T-type의 열전대를 기준으로 I3system 사의

TE-EV1 열화상 데이터 간의 평균 제곱 오차는 작동거리가 (a) 1.0 m 일 때 1.21, (b) 1.5 m일 때 0.32, (c) 2.0 m일 때 1.11, (d) 2.5 m일 때 0.45로 열화상 카메라 온도 정확도가 인 TE-EV1 열에너지-온도 변환 방정식을 사용 가능하다고 판단하고, 열화상 카메라 기반 지중송전선로 검출 및 진단 알고리즘을 그림 4.94와 같이 개발하였다.

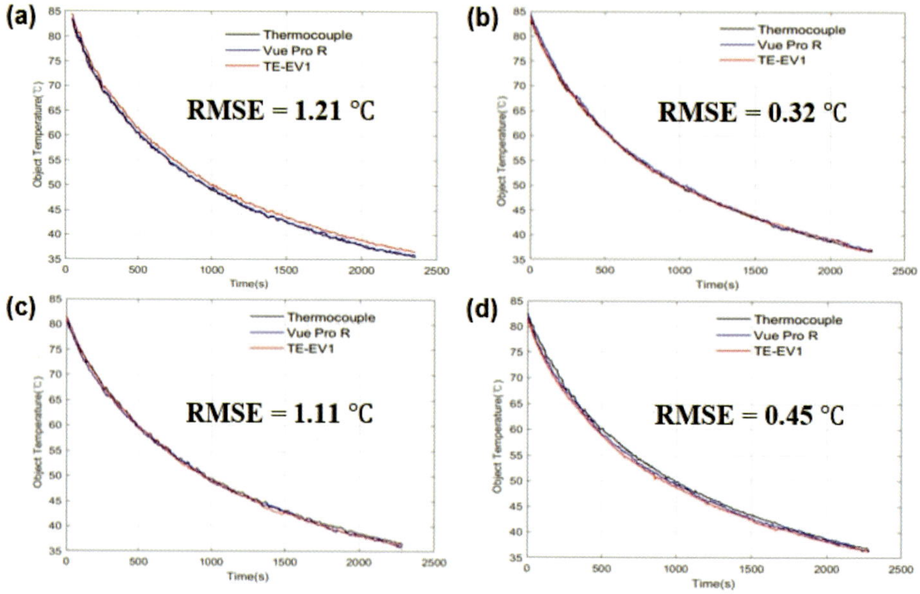

그림 4.94 열전대 T-type을 이용한 측정거리에 따른 TE-Ev1, Vue Pro R 열에너지-온도 방정식 검증 결과 측정거리 (a): 1.0 m, (b): 1.5 m, (c): 2.0 m, (d): 2.5 m

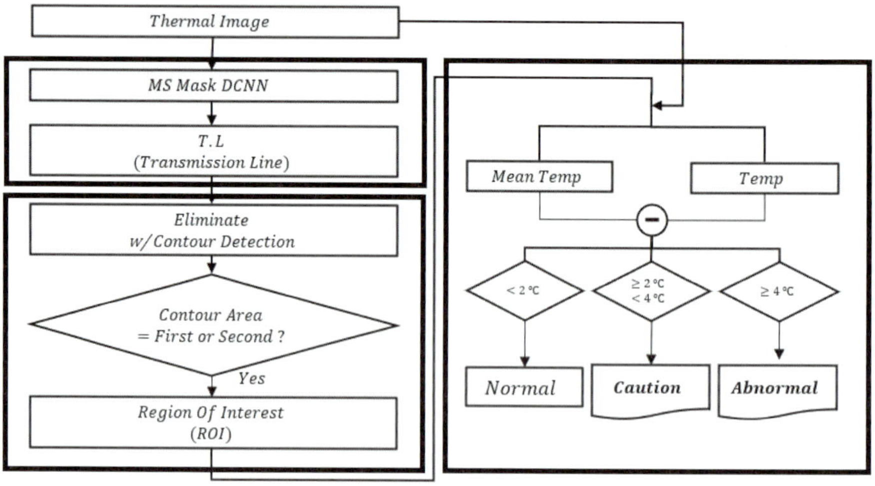

그림 4.95 지중 송전선로 자동 진단 전체 알고리즘

첫 번째 단계에서는 측정된 열화상 온도 데이터를 정규화 및 RGB의 3채널 열화상 이미지로 변환하고 이를 입력 받은 GPU workstation에서 학습된 심층 신경망(Deep Neural Network)을 통해 지중 송전설비를 검출한다. 지중 송전선을 검출하기 위한 심층 신경망 모델은 지중 송전선의 특징 유효인자들을 학습하기 위해 그림 4.96과 같이 마스크 기반 다중 심층 컨볼루션 신경망 네트워크(Multi-Scale Mask Deep Convolution Neural Network, MS Mask DCNN)을 사용한다. MS Mask DCNN은 대표적인 이미지 객체 분할 알고리즘으로 열화상 이미지와 라벨 이미지를 입력 받아 컨볼루션 연산을 통해 이미지의 특정 유효 인자들을 추출하는 인코더와 디컨볼루션 연산을 통해 이진화 이미지로 복원하는 디코더로 구성되어 있으며 성능 향상을 위해 이미지 정규화 및 다중 특정 유효 인자들을 연결하였고 학습 과적합을 방지하기 위해서 배치 정규화 및 비선형 연산으로 구성되어 있다.

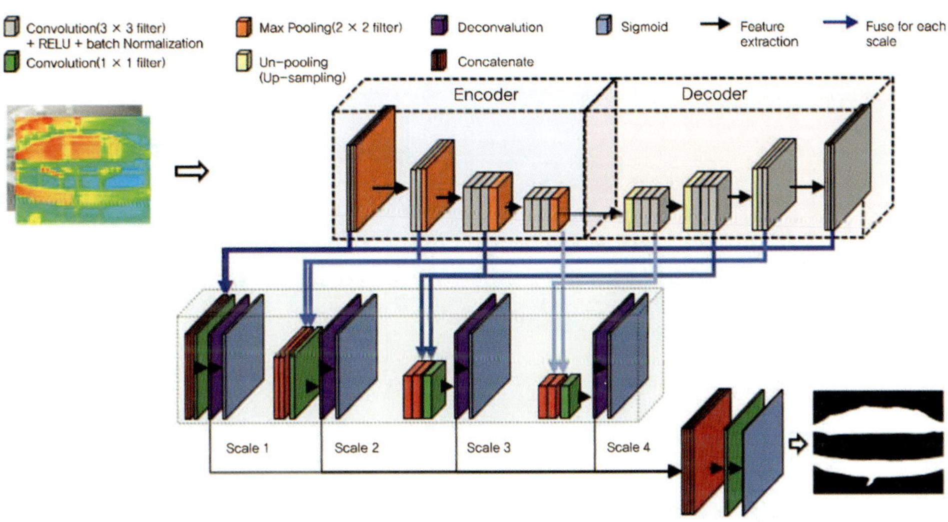

그림 4.96 다중 심층 컨볼루션 신경망 네트워크를 활용한 지중 송전선 검출 모델 (Multi-Scale Mask-based Deep Convolution Neural Network, MS Mask DCNN) 아키텍처

두 번째 단계에서의 이미지 윤곽선 검출 기법은 MS Mask DCNN으로 검출된 이진화 이미지 내에서 픽셀값의 변화가 큰 부분을 이미지의 윤곽선으로 검출하고 가압된 송전선의 수를 제외한 오검출 픽셀들을 제거한다.

세 번째 단계에서는 앞서 기술된 표 4.15의 지중 송전설비 열화상 진단 규정에 따라 검출된 지중 송전선로의 픽셀에 해당하는 온도 데이터의 평균값과 각 픽셀에 해당하는 온도 데이터 간의 온도차가 2 °C 미만일 시 정상, 2 °C 이상 4 °C 미만일 시 요주의, 4 °C이상일 시 이상으로 진단한다.

지중 송전설비 검출용 MS Mask DCNN 모델의 학습 및 검증을 위해 실제 가압이 되어있는 지중 송전선로에 대해 현장 실험을 진행하였다. 영등포에 위치한 345 kV 신광명-영등포 1-2 T/L과 신광명-신문래 3 T/L에 대해 열화상 데이터와 이미지를 20장 취득하여 훈련 및 검증 데이터 셋을 구성하였다. 그림 4.97과 같이 처음으로 열화상 이미지에서 지중 송전선을 관심 객체로 선정하기 위해 (b) 마스크 기반 태깅 작업을 실시하고 (c) 각 픽셀을 분류하는 객체 분할을 통해 (d) 이진화 라벨 데이터를 생성한다. 데이터 셋이 작을 경우에는 데이터 셋에서 서로 다른 K개의 검증 데이터 셋으로 나뉘어 검증 데이터를 제외한 데이터 셋으로 모델을 학습하고 모델의 성능을 평균 값으로 모델의 타당성을 검증하는 K-fold 교차 검증 기법을 사용하였다. 20 개의 열화상 이미지로 구성된 하나의 데이터 셋을 8:2로 나눠 훈련 및 검증 데이터로 분류하고 서로 다른 20 개의 데이터 셋을 구축하여 K(=20)-fold 교차 검증을 실시하였다.

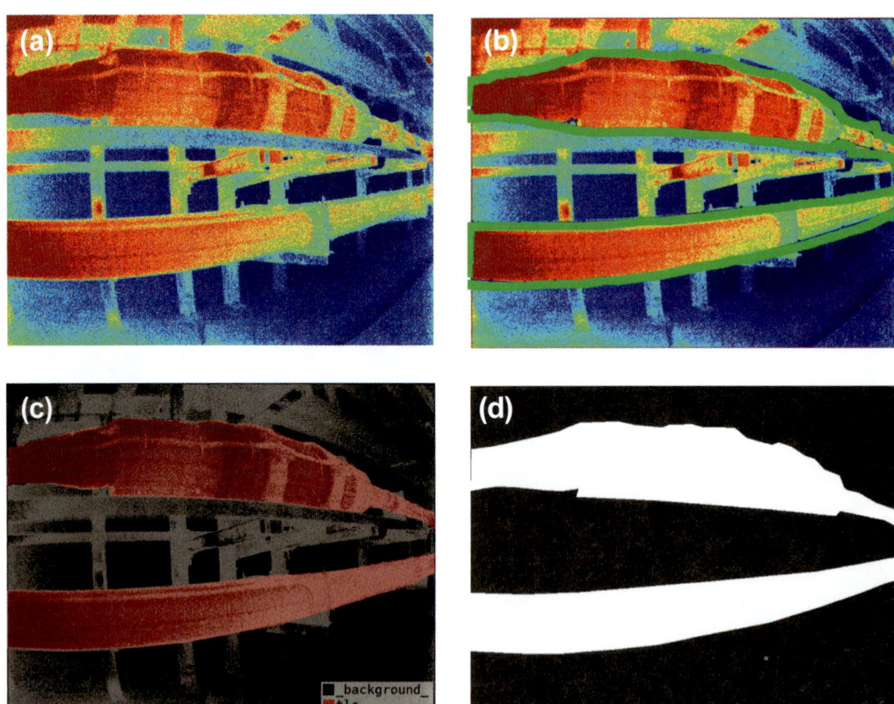

그림 4.97 (a): 열화상 이미지, (b): 데이터 태깅, (c): 객체 분할, (d): 이진화 라벨 데이터

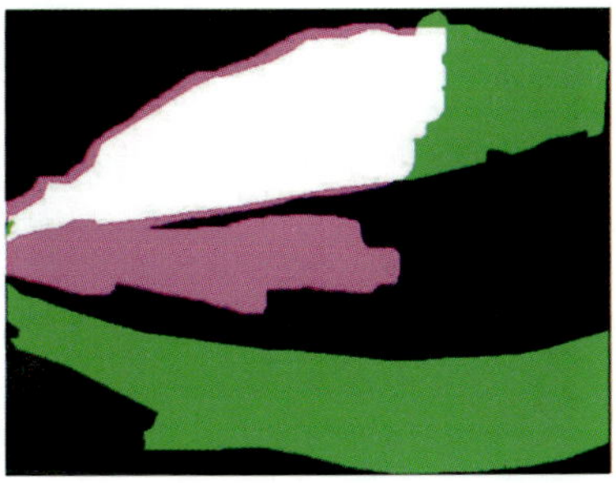

		Ground Truth	
		True	False
Prediction	Positive	TP	FP
	Negative	TN	FN

그림 4.98 이미지 분할 성능 지표 mIOU 계산

$$mIOU = \frac{TP}{TP + FN + FP} \tag{4.18}$$

모델이 잘 학습되었는지 확인하기 위한 척도는 그림 4.97과 같이 이미지 분할에서 많이 사용되고 있는 성능 지표인 mIOU (Mean Intersection over Union)를 사용하였다. mIOU는 검출된 이진화 이미지와 앞서 구성한 라벨 데이터에서 각 클래스로 분류된 픽셀을 매칭하여 계산되며 K(20)-fold 교차 검증을 실시한 결과 mIOU는 90.11 %로 산출되어 송전선 검출하는데 적합하다고 판단하였다. 또한 앞서 기술한 이미지 윤곽선 처리 기법을 통하여 오검출된 픽셀들을 제거하여 mIOU를 93.79 %로 산출하였다.

지중 송전선로 열화상 진단을 Jetson Xavier에서 실시간으로 처리하기 위하여 열화상 이미지의 화소를 480 × 640에서 240 × 320으로 변환하였다. 변환된 전처리 이미지를 입력으로 하는 MS Mask DCNN 및 이미지 윤곽선 검출 기법을 사용하여 20 FPS 속도로 지중 송전선로를 검출할 수 있다. 하기에 도시된 그림 4.99(a)는 발열체와 지중 송전선로가 담긴 열화상 데이터이다. 이 데이터를 (b)와 같이 이미지 정규화를 한 후 학습된 MS Mask DCNN와 이미지 윤곽선 검출 기법을 통해 (c) 지중 송전선로를 검출한다. (d)는 앞서 기술한 표 4.15의 지중 송전설비 진단 규정에 따라 검출된 지중 송전선로에 대한 평균온도와 4 °C 이상 시 이상으로 진단하고 2 °C 이상 4 °C 미만 시 요주의로 진단하는 결과이다.

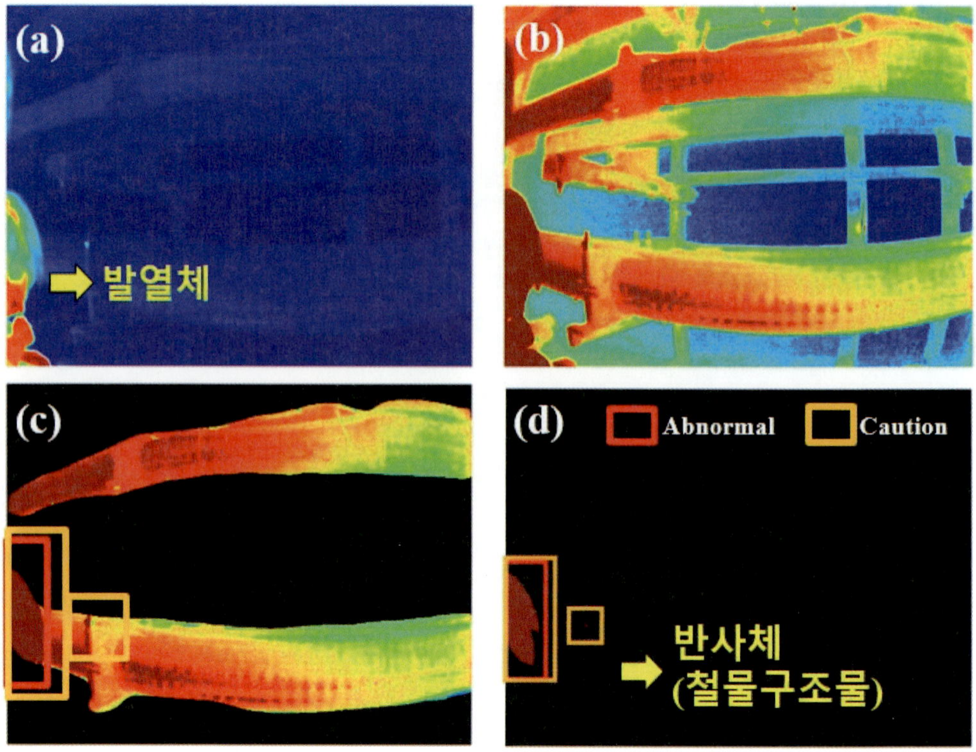

그림 4.100 지중 송전선로와 발열체가 담긴 열화상 데이터, (b): 이미지 정규화 열화상 이미지, (c): MS Mask DCNN과 이미지 윤곽선 검출 결과, (d): 지중 송전선로 열화상 진단

참고문헌

기계 및 건축분야

[1] ISO 18436-7 규격에 따른 기계설비의 상태감시 및 진단(열화상 영역-I), (사)소음진동공학회 설비진단자격인증원, 2016.

[2] 적외선 열화상 분석기술, 홍릉과학출판사, 2014.

[3] Moran and Shapiro et al, Thermodynamics, 9th Ed., WILEY, 2017.

[4] Incropera and De Witt, Heat and Mass Transfer, 3rd Ed., WILEY, 1990.

[5] G-M Lim et. al., Journal of Mechanical Science and Technology 28(8), 2947-2952 2014.

[6] M. Vollmer, K.-P. Mollmann, Infrared Thermal Imaging – Fundamentals, Research and Applications, 2013, WILEY-VCH

[7] ISO 6781, ISO 13187, ISO 18436, UNI EN ISO 13786

[8] LH그린리모델링창조센터 자료

[9] Taileb, A., & Dekkiche, H. (2015). Infrared imaging as a means of analyzing and improving energy efficiency of building envelopes: the case of a LEED gold building. Procedia engineering, 118, 639-646.

[10] Albatici, R., Tonelli, A.M. (2010). Infrared thermovision technique for the assessment of thermal transmittance value of opaque building elements on site. Energy and Buildings, 42(11), 2177-2183.

[11] http://beodom.com/en/education/entries/fighting-thermal-bridges-or-how-to-make-better-buildings. html

[12] https://irinfo.org/08-01-2011-pearson/

[13] https://www.schoeck.co.uk/en-gb/structural-thermal-bridges

[14] https://www.schoeck.co.uk/en-gb/structural-thermal-bridges

[15] 김창민, 장향인, 최재솔, 김의종 (2019). 열화상 현장 측정 방법에 따른 벽체 열관류율 계산 결과 비교 분석. 한국건축 친환경설비학회 논문집, 13(5), 384-393

[16] Erhorn, H., Erhorn-Kluttig, H., Citterio, M., Cocco, M., Orshoven, D. V., & Tilmans, A. (2010). An effective handling of thermal bridges in the EPBD context. Final report of the

IEE ASIEPI work on thermal bridges, 69

[17] IECC, A. (2012). International Energy Conservation Code 2012. C403, 2.

전기분야

[18] https://kosis.kr/statHtml/statHtml.do?orgId=310&tblId=TX_31002_A007&conn_path=I2

[19] 한국전력공사, “변전설비 유지보수기준” 2016

[20] https://ko.wikipedia.org/wiki/%EC%86%A1%EC%A0%84

[21] http://www.cheryong.co.kr/contents/list.php?ca_id=10

[22] http://korean.aluminiumconductorcable.com/sale-13535595-0-6-1kv-power-service-drop-cable-for-overhead-transmission-line.html

[23] https://www.inmr.com/infrared-uv-inspection-of-overhead-transmission-lines-experience-in-florida-usa

[24] http://www.kingwire.com

[25] 한국전력공사, “송전절비실무”

[26] 강지원, 문경희, “지중송전케이블 종단접속함내 공극발생과 절연파괴”, 대한전기학회 학계학술대회 논문집, 2011

[27] 한국전력공사, “송전실무분야-지중송전”

[28] 한국전력공사, “지중운영업무기준”

[29] https://blog.kepco.co.kr/1379

[30] http://www.hyosungheavyindustries.com/kr/business/power_transformer.do

[31] https://www.doopedia.co.kr/photobox/comm/community.do?_method=view&GAL_IDX=160302000996872

[32] 한국전력공사, “배전선로 검사지침”

[33] X. Chen, L. Sun, H. Zhu, Y. Zhen and H. Chen, "Application of Internet of Things in Power-Line Monitoring," International Conference on Cyber-Enabled Distributed Computing and Knowledge Discovery, 2012, pp. 423-426

[34] J. Park, S. Kim, J. Lee, J. Ham, and K. Oh, ‘‘Method of operating a GIS-based autopilot drone to inspect ultrahigh voltage power lines and its field tests’’ Journal of Field Robotics,

Vol. 37, pp. 345-361, 2020

[35] Qin Zou, Zheng Zhang, Qingquan Li, Xianbiao Qi, Qian Wang and Song Wang "DeepCrack: Learning Hierarchical Convolutional Features for Crack Detection" IEEE Transactions on Image Processing, Vol. 28 pp. 1498-1512, 2018

05 초음파 기반의 기계상태진단

초음파를 이용한 기계상태진단기법은 기계설비나 구조물의 예측보전(predictive maintenance)을 위해 주로 사용되고 있다. 초음파는 진동이나 소음에 비해 높은 주파수 영역에 있는 파동(波動, wave)으로써, 초음파 발생과 관련된 기하학적 크기가 진동이나 소음에 비해 작다. 이로 인해, 보다 작은 결함이나 반응을 탐지할 수 있어 선제적인 이상상태진단을 기대할 수 있다. 초음파를 이용해 올바른 진단을 하기 위해서는 초음파에 대한 정확한 이해를 바탕으로, 매질을 통한 전파 특성과 측정 장치에 대한 이해가 필수적이다. 이에 더해, 초음파 진단 기법이 적용되는 기계 시스템을 살펴보도록 한다.

5.1 초음파 소개

5.1.1. 초음파란?

세상에는 다양한 파동이 존재한다. 파동을 전파하는 매질의 유무에 따라 분류할 수 있는데, 매질의 유무와 상관없이 전파 가능한 전자기파(electromagnetic wave)와 매질을 통해서만 전파하는 기계적 파동(mechanical wave)으로 나뉠 수 있다. 초음파는 매질을 통해 전파하는 파동의 일종이다. 매질로는 물질의 세 가지 상태인 기체, 액체, 고체가 모두 해당될 수 있다. 우리 주변에 흔히 볼 수 있는 대표적인 매질로는 공기, 물, 혹은 금속과 콘크리트 같은 것이 모두 해당된다. 이러한 매질을 이루는 입자들의 반복적인 운동(oscillation)을 통해 파동의 에너지가 전파된다.

평형 상태에 놓여 있던 매질의 입자에 외란(disturbance)이 가해지면 입자는 주기적으로 떨리게 되는데, 이는 매질 입자가 가진 질량(mass)과 주변 입사 사이의 강성(stiffness)에 영향을 받는다. 질량을 가진 입자가 움직일 때 발생하는 운동에너지(kinetic energy)와 주변 입자와의 사이에 작용하는 강성에 따른 위치 에너지(potential energy)가 시간에 따라 상호 작용을 일으키기 때문이다. 입자의 떨림은 곧 주위입자를 같이 떨게 만들고, 입자들 간의 시간에 따른 상대운동에 의해 에너지가 공간으로 전파해 나가는 것이다. 다시 말해, 파동은 매질 내에서 시간에 따라 공간상으로 퍼져 나가지만 매질 자체는 반복적인 운동을 매개할 뿐 이동하지 않는 특성을 가진다.

매질을 통한 파동의 전파에 대한 이해를 위해서 우리에게 익숙한 공기를 통한 소리(sound)의 전파에 대해 살펴보자. 그림 5.1은 공기 중에서 소리가 전파하는 것을 개념적으로 보여준다. 왼쪽에 있는 평판(plate)이 좌우로 반복적인 운동을 하게 되면, 평판에 매우 근접한 공기 입자가 평판과 동일하게 좌우로 반복 운동을 하게 된다. 이 공기 입자의 운동으로 주위의 다른 공기 입자 역시 같은 주기로 반복적인 운동(진동)을 하게 될 것이다. 이렇게 한 위치에서 좌우로 반복하는 입자들은 인접한 공기 입자에게 가까이 가는 순간에 반대편의 공기 입자들과는 멀어지게 됨은 자명할 것이다. 즉, 공기 입자들이 모이는 영역이 만들어짐과 동시에 입자 사이의 간격이 멀어지는 영역이 생기게 된다. 이때 공기 입자의 반복적인 운동으로 발생하는 에너지가 공간을 따라 이동해 가는데, 이 에너지의 전파가 귀에 도달하게 되어 청각 신경을 자극하게 되면 사람이 소리를 듣게 되는 것이다.

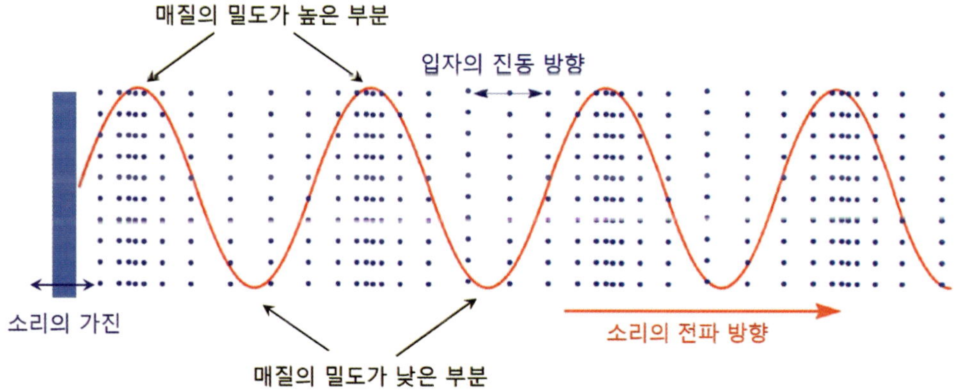

그림 5.1 가진에 의한 공기 입자의 진동, 매질의 밀도 변화 및 소리 전파

사람이 한 지점에서 소리를 듣게 되면, 귀와 인접한 공기 입자의 밀도는 시간에 따라 반복적으로 변화할 것이다. 시간에 따른 반복적인 운동을 기술하기 위해 주파수(frequency)를 사용한다. 주파수는 1초 동안 진동한 횟수로 정의하는데, 단위는 헤르쯔(Hertz, Hz)를 사용한다. 즉, 1초 동안 한번 진동하면 1 Hz라고 표현하면 된다. 소리(sound)는 공기나 물 등의 매질에서 전파하는 음향 파동(혹은 음파, acoustic wave)의 일종으로, 특별히 사람이 들을 수 있는 주파수 대역(frequency range)의 음파를 의미한다. 가청 주파수 대역(audible frequency range)이라고 불리

는, 사람이 귀로 들을 수 있는 소리의 주파수 대역은 일반적으로 20 Hz에서 20 kHz(kilo-Hertz)로 정의한다. 20 kHz음파는 1초에 20,000번의 진동을 하는 음파를 의미한다.

음파 중에서 사람이 들을 수 없는 20 kHz 이상의 음파를 초음파(ultrasound)라 부른다. 이 영역은 수백 MHz(mega-Hertz)까지 매우 넓은 영역을 포함하는데, 각각의 주파수에 따른 특성에 따라 의료 및 기계산업 분야에서 상태진단 및 검사, 제조 등에 널리 쓰이고 있다. 그리고, 초음파를 발생시키는 원인과 전파하는 매질에 따른 분류도 가능하다. 초음파가 누출(leak) 등과 같은 유체의 압력변화에 의해 발생하면 공기기인 초음파(air-borne ultrasound), 구조물의 마찰 및 충돌과 같은 구조물의 떨림에 의해서 발생하는 구조기인 초음파(structure-borne ultrasound)로 나눈다. 또한, 초음파가 전파하는 매질에 따라 전파거동과 측정 시스템이 달라지기 때문에 공기와 같은 기체, 물과 같은 유체 및 금속과 같은 고체를 따라 전파하는 초음파를 구분하여 사용한다.

5.1.2. 초음파의 수학적 표현

초음파를 포함한 모든 음파는 음원에서 발생한 이후로 매질을 따라 전파(propagation)해 나간다. 즉, 시간의 변화에 따라 음파 에너지의 공간 상의 위치가 바뀐다는 것이고, 이는 속도를 가지고 있음을 의미한다. 음파속도(sound velocity)는 매질에 따라 다르며, 동일한 매질이라도 온도에 따라 변하는 특성을 가지고 있다. 대표적으로 20 °C의 건조한 공기(dry air)에서 전파속도는 약 340 m/s이고, 10 °C의 바다에서의 속도는 약 1500 m/s (3% 농도)로 알려져 있다. 대표적인 매질에서의 전파속도를 표 5.1에 정리하였다.

음파가 전파해 나가는 것을 기계상태진단과 같이 공학적으로 이용하기 위해서는 수학적인 기술이 필요하다. 이를 위해, 임의의 형태를 가지는 음파 $y = z(x, t)$를 정의하자. x는 1차원 공간 좌표의 위치, t는 임의의 시간을 나타낸다. 그림 5.2와 같이 이 함수가 c라는 전파속도를 가지고 x축을 따라 시간이 0에서 Δt시간만큼 지나게 되면,

$$y(x, t = \Delta t) = z(x - c\Delta t) \tag{5.1}$$

와 같이 표현할 수 있다. 이 식은 음파가 정해진 축을 따라 양의 방향으로 전파하는 것을 표현하며, 음의 방향으로 전파하는 또 다른 음파, $s(x, t)$가 있는 경우에는 아래와 같이 표현할 수 있다.

$$y(x, t = \Delta t) = z(x - c\Delta t) + s(x + c\Delta t) \tag{5.2}$$

표 5.1 매질 별 전파속도

<table>
<tr><th colspan="2">매질</th><th rowspan="2">속도 (m/s)</th><th rowspan="2">비고</th></tr>
<tr><th></th><th>온도 (℃)</th></tr>
<tr><td rowspan="6">공기</td><td>-10</td><td>325.3</td><td rowspan="6">참고문헌 [3]에서 발췌</td></tr>
<tr><td>0</td><td>331.5</td></tr>
<tr><td>10</td><td>337.5</td></tr>
<tr><td>20</td><td>343.4</td></tr>
<tr><td>30</td><td>349.1</td></tr>
<tr><td>40</td><td>354.8</td></tr>
<tr><td rowspan="2">물
(증류수)</td><td>10</td><td>1,447</td><td rowspan="2">참고문헌 [4]에서 발췌</td></tr>
<tr><td>20</td><td>1,482</td></tr>
<tr><td colspan="2">탄소강 (1% 탄소)</td><td>5,880</td><td rowspan="10">참고문헌 [5]에서 발췌

25 ℃
종파</td></tr>
<tr><td colspan="2">주철 (cast iron)</td><td>4,550</td></tr>
<tr><td colspan="2">알루미늄</td><td>6,320</td></tr>
<tr><td colspan="2">스테인리스 (302)</td><td>5,690</td></tr>
<tr><td colspan="2">니켈</td><td>5,630</td></tr>
<tr><td colspan="2">유리</td><td>5,610</td></tr>
<tr><td colspan="2">구리</td><td>4,660</td></tr>
<tr><td colspan="2">폴리염화비닐(PVC)</td><td>2,400</td></tr>
<tr><td colspan="2">아크릴</td><td>2,730</td></tr>
</table>

위의 두 식을 통해서 각기 다른 방향으로 전파하는 음파의 조합으로 공간 상에 다양한 파형의 형태를 표현할 수 있음을 알 수 있다. 그림 5.2에서는 임의의 음파를 1차원 직선으로 표현하였지만, 임의의 함수를 사용하였으므로 어떠한 파형의 형태로도 표현할 수 있을 것이다.

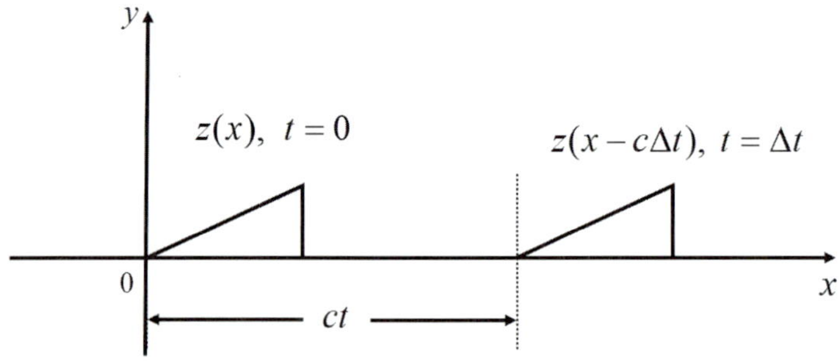

그림 5.2 x축을 따라 일정한 속도(c)로 전파하는 임의의 음파

음파를 표현하는 가장 기본적인 함수의 형태는 그림 5.1에서도 관찰할 수 있듯이, 정현파형(sinusoidal waveform)이 될 수 있을 것이다. 식 (5.1)의 임의파형이 사인함수(sine function)형태를 가진다면 임의의 시간 t에 대해서 아래와 같이 다시 쓸 수 있다.

$$y(x, t) = A\sin(wt - kx) \tag{5.3}$$

여기서, A는 파형의 크기를 나타내는 진폭(amplitude)을 나타내고, w는 각주파수(angular frequency)를, k는 파수(wavenumber)를 나타낸다. 각주파수는 [rad/sec]의 단위를 가지며, 5.1.1절에서 정의된 주파수와

$$w = 2\pi f \tag{5.4}$$

와 같은 관계를 가진다. 즉, 각주파수 뒤의 시간변수와 조합되어 사인함수의 단위인 라디안(radian)으로 맞추는 역할을 한다. 마찬가지로, 파수는 길이의 단위를 가지는 x와 조합하여 단위를 라디안으로 맞추는 역할을 해야 하므로 단위는 [rad/m]를 가지게 된다.

한편, 음파는 반복운동을 하므로, 한번의 반복을 이루는데 걸리는 시간으로 주기(period)를 정의할 수 있다. 주기의 단위는 [sec]이고, 그림 5.3에서 나타낸 것과 같이 주파수와 역수 관계에 있다. 즉, 1초 동안 1번의 반복운동이 발생하면, 주기는 1 [sec]이고, 주파수는 1 [Hz]라고 말한다. 1초에 2번의 반복운동이 발생하면, 주기는 0.5 [sec]가 되고, 주파수는 2 [Hz]라고 말한다. 시간 영역에서 한번의 반복운동이 완성되면, 그림 5.1의 붉은 실선이 나타내는 것과 같이 공간에서도 마찬가지로 매질의 운동이 한번 반복되게 된다. 이 거리를 파장(wavelength, λ)이라고 하고, 길이의 역수인 [1/m] 단위를 가진다. 식 5.3의 사인함수 안에 있는 변수를 정리하면,

$$y(x,t) = -A\sin\left[k\left(x - \frac{w}{k}t\right)\right] \tag{5.5}$$

와 같다. 식 5.1의 시간변수 앞에 있는 인자(parameter)는 매질의 전파속도 이므로,

$$c = \frac{w}{k} = \frac{2\pi f}{2\pi/\lambda} = f\cdot\lambda \tag{5.6}$$

와 같이 유도할 수 있다. 즉, 음파는 시간의 변화에 따라 속도와 연관되어 공간으로 전파되는 것을 확인할 수 있다. 여기서 파수는 앞에서 소개된 개념을 식으로 나타낸 것으로, 단위길이 내 파장의 개수를 호도법의 한 주기인 2π의 배수로 표현한 것이다. 주파수가 주기에 대해서 역수 관계에 있는 것처럼, 파수는 파장과 역수 관계를 가지고 있다. 식 (5.6)을 통해 유추할 수 있는 것은 속도가 일정할 때, 주파수와 파장은 반비례 관계이 있다는 것이다. 즉, 주파수가 높을 때는 파장은 짧아지고, 주파수가 낮아지면 속도가 일정하므로 파장은 길어져야 한다. 그리고, 동일한 주파수라도 속도가 달라지면, 파장이 바뀔 것임을 유추할 수 있다. 즉, 동일한 주파수라도 속도가 다른 매질에서는 파장이 달라진다는 것을 의미한다. 간단한 예로써, 공기 중에서 물로 입사하는 경우를 생각해 볼 수 있겠다. 1 kHz의 주파수를 가지는 음파는 속도가 343 m/s 인 공기 중에서는 34.3 cm의 파장을 가지지만, 속도가 1500 m/s 인 물에서는 1.5 m의 파장을 가지는 것을 쉽게 계산할 수 있다.

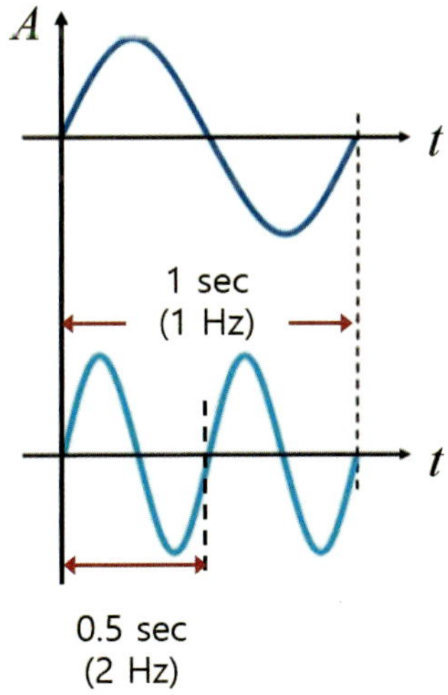

그림 5.3 음파의 주기와 주파수의 관계

음파의 거동을 기술하는 중요한 인자로 위상(phase)이 있다. 위상은 그림 5.4에서 볼 수 있는 것과 같이, 정현파형의 이동의 정도를 나타낸다. 그림 5.4에서는 라디안 단위에서의 두 정현파형이 90°의 위상 차를 보여주고 있는 것이다. 그림을 통해서 알 수 있는 것처럼, 주파수와 크기가 동일한 두 파형은 2π 주기 마다 겹치게 될 것이고, π의 위상 차이에서는 두 파형이 완벽히 반대의 거동을 보이게 될 것이다. 식 (5.3)에 위상을 추가하여 다시 표현하면,

$$y(x,t) = A\sin[w(t-\frac{1}{c}x)+\phi] \tag{5.7}$$

와 같이 기술할 수 있다. 식 (5.7)은 위상을 추가한 것 이외에 식 (5.5)와 차이가 있는 것은 정현함수의 주요 변수를 시간 또는 공간을 사용했다는 것이다.

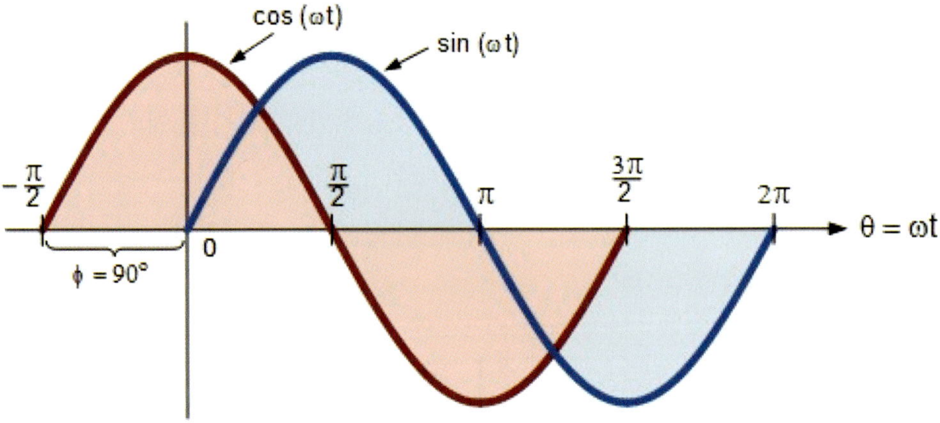

그림 5.4 두 정현파형의 위상차(ϕ: 위상)

5.1.3. 초음파의 크기 레벨

5.1.1절에서 초음파를 기술할 때 크기를 나타내는 진폭을 언급하였다. 초음파가 사람의 귀를 통해 들리지는 않지만, 초음파를 측정할 수 있는 센서(sensor)의 성능을 확인하고, 기계의 상태 변화를 확인하기 위해 초음파의 크기는 필수적으로 고려되어야 한다. 초음파의 크기는 매질의 운동에 의해 발생하는 압력(pressure, 혹은 음압)을 사용한다. 압력은 단위 면적당 작용하는 힘을 나타내는 물리량으로, 파스칼(pascal, [Pa])이라는 단위를 가진다. 1 Pa은 1 N/m^2 과 같다. 초음파의 진폭은 다른 파동과 마찬가지로 압력의 주기적인 변동이 있을 때 그 중심에서 최대 크

기로 정의할 수 있으며, 진폭과 더불어 실효값(Root mean square(RMS) value)이나 평균값(average value) 등도 많이 사용된다.

식 (5.3)의 A는 진폭을 나타내고 있으며, 이 신호의 특정 시점에서의 음압의 크기를 특별히 순간음압(instant pressure)이라고 부른다. 실효값은 이 순간음압의 제곱의 평균값을 구한 뒤, 이의 제곱근을 한 값으로,

$$y_{rms} = \sqrt{\frac{1}{T}\int_{o}^{T} y(t)^2 dt} \tag{5.8}$$

와 같이 정의된다. 여기서 T는 초음파 신호의 주기를 의미하고, 일정한 주파수 신호의 실효값은 진폭과

$$y_{rms} = \frac{A}{\sqrt{2}} = 0.707A \tag{5.9}$$

와 같은 관계를 가진다. 평균값은 신호의 특정 시간동안의 평균값을 의미하고, 주기적인 신호에서 평균값은 0이다. 따라서, 주기적인 신호에서는 음압의 절대값의 평균을 사용하기도 하는데,

$$y_{|avg|} = \frac{1}{T}\int_{0}^{T} |y(t)| dt = \frac{2}{\pi}A = 0.637A \tag{5.10}$$

와 같이 정의 되어 진다.

초음파의 크기를 표기할 때, 압력의 단위를 가지는 음압의 진폭, 실효값 등도 많이 사용되지만, 데시벨(decibel, dB)도 많이 사용된다. 데시벨은 두 수치의 비(ratio)를 상대적으로 비교하기 위해 사용하는 무차원 단위(dimensionless unit)로써, 로그(logarithm)를 취해 넓은 범위에서 변하는 변수를 특정 기준값과 비교하기 위해 도입되었다. 초음파를 포함하여 신호의 파워레벨(power level)은

$$L_w = 10\log_{10}\left(\frac{W}{W_0}\right) dB\ re\ W_0 \tag{5.11}$$

와 같이 정의된다. 여기서 W는 측정된 초음파 신호의 파워이고, W_0는 기준 파워이다. 초음파를 포함한 음향분야에서 표준화된 기준파워(standardized reference power)로써 $10^{-12} watt$가

널리 쓰인다. 표 5.2는 다양한 파워값과 기준값에서의 파워레벨에 대해 보여주고 있으므로 참고하기 바란다.

표 5.2 신호의 파워와 파워레벨

방사 파워 (W), Watt		음향 파워 레벨 (L_w), dB	
		상대 기준값	
일반 숫자 표현	지수 표현	1 Watt	10^{-12} Watt
100,000	10^5	50	170
10,000	10^4	40	160
1,000	10^3	30	150
100	10^2	20	140
10	10^1	10	130
1	1	0	120
0.1	10^{-1}	-10	110
0.01	10^{-2}	-20	100
0.001	10^{-3}	-30	90
0.000,1	10^{-4}	-40	80
0.000,01	10^{-5}	-50	70
0.000,001	10^{-6}	-60	60
0.000,000,1	10^{-7}	-70	50
0.000,000,01	10^{-8}	-60	40

데시벨로 표현되는 다른 레벨로 세기 레벨(intensity level)이 있다. 세기 레벨은

$$L_I = 10\log_{10}\left(\frac{I}{I_0}\right) dB\ re\ I_o \tag{5.12}$$

와 같이 정의되고, 여기서 I는 측정된 세기이고, I_0는 기준 세기이다. 앞에 언급한 기준파워와 비슷하게 10^{-12} W/m^{2}이 쓰인다. 단위에서 알 수 있듯이, 세기는 단위면적 당 파워를 의미한다. 초음파의 세기가 2배로 커지면 세기레벨은 3 dB 증가한다.

가장 일반적으로 사용되는 데시벨은 압력레벨 데시벨이다. 현장에서 사용되고 있는 많은 계측

기가 압력을 측정하며, 압력의 제곱은 세기에 비례하므로 식 (5.12)에 의하여 다음과 같이 압력레벨(pressure level)을 정의할 수 있다.

$$L_p = 10\log_{10}(\frac{p_{rms}^2}{p_0^2}) = 20\log_{10}(\frac{p_{rms}}{p_0})dB\ re\ p_0 \tag{5.13}$$

여기서 p_{rms}는 측정된 압력의 실효치이고, p_0는 기준압력이다. 초음파를 포함한 음파에서는 압력레벨을 음압레벨(sound pressure level)이라 부르고, 기준음압으로 20 μPa을 사용한다.

표 5.2에서 볼 수 있는 것과 같이, 10을 로그의 밑으로 하는 데시벨로 표현되는 레벨은 측정값이 10의 거듭제곱으로 변화할 때 선형적인 변화를 하게 된다. 이는 비선형 특성을 보이는 로그를 사용하기 때문인데, 따라서 데시벨로 측정된 값을 비교할 때는 주의해야 한다. 그리고, 로그는 곱해져 있는 두 수를 더하기로 바꾸는 특성이 있다. 따라서, 데시벨로 측정된 두 수를 그냥 더하는 것은 측정된 물리량을 곱하는 것이 되기 때문에 데시벨 값을 단순히 더할 때도 주의해야 한다. 앞에서도 잠깐 언급하였지만, 데시벨의 변화는 로그 스케일을 사용하는 것이므로 넓은 범위를 선형 스케일에 비해 작게 표현할 수 있는 장점이 있다. 전통적으로 사람이 듣는 가청 주파수 영역을 표현할 때 로그로 표현하는 이유이며, 가청 영역보다 더 넓은 초음파 영역대를 효과적으로 표현하는 방법이 될 것이다. 표 5.3은 음압레벨의 데시벨 크기에 대해 참고할 수 있는, 사람들이 일상에서 접할 수 있는 상황에서의 평균적인 음압레벨을 데시벨로 표현한 것이다. 비고에는 사람이 느끼는 정도에 대해 대략적인 표현이니 참고만 하기 바란다.

표 5.3 일상에서의 일반적인 음압레벨

종류	음압레벨, dB	비고
제트기 이륙 (60 m)	120	참기 힘듦
공사장	110	
고함 (1.5 m)	100	아주 시끄러움
중량 트럭 (15 m)	90	
도시 일반거리	80	시끄러움
일반 대화 (1 m)	60	
사무실, 교실	50	보통의 수준
거실	40	

5.2 초음파 발생원 및 전파 거동

기계설비에서 초음파를 발생시키는 대표적인 물리적 현상에 대해 알아보고, 초음파 성분을 측정하여 기계 결함의 진단 및 상태감시에 어떻게 적용될 수 있는지 알아보고자 한다. 이와 함께, 발생된 초음파가 전파함에 따라 발생하는 다양한 현상들에 대해 살펴보고자 한다. 이는 복잡한 기계설비 내에서 정확한 초음파 발생원을 검출하는데 도움이 될 것이다.

5.2.1. 기계설비에서의 주요 초음파 발생원

기계설비에서 발생하는 주요 초음파 발생원으로는 마찰, 충격, 난류 유동 및 전기 이상이 있다. 우선, 마찰에 대해 살펴보자. 마찰(friction)은 접촉면에서 발생하는 상대운동(relative motion)을 저지하는 힘으로 정의할 수 있다. 즉, 마주보는 두 물체가 서로 미끄러지거나, 굴러갈 때와 같이 표면이 접촉한 상태로 서로 상대적인 운동을 할 때 발생하는 현상이다. 접촉하고 있는 두 물체가 서로 상대운동을 하면, 두 물체 사이의 다양한 상호 작용을 통해 마찰은 운동에너지를 음향이나 열 에너지로 바뀌게 한다. 마찰에 의해서 발생하는 음파는 대부분이 일정하지 않거나(unsteady) 과도적인(transient) 특성을 가진다. 이는 두 접촉면 사이에 일정하지 않은 힘(unsteady force)이 작용하여 발생하게 되는데, 어떤 경우에는 접촉면에 가까운 표면에서의 급격한 변형(sudden deformation)에 의해 발생하기도 한다. 이러한 마찰은 두 접촉면 사이의 접촉력(contact force), 접촉 강도(contact strength), 상대적인 속도, 표면의 거칠기, 강도, 재질 및 윤활 등 다양한 조건에 의해 영향을 받는다.

기계설비에서 마찰과 관련 깊은 분야는 윤활(lubrication)이라고 할 수 있다. 동일한 기계설비의상태라도 윤활에 따라 초음파 발생이 달라지는 것은 접촉강도와 관련이 있다고 할 수 있다. 윤활이 잘 되어 그림 5.5의 좌측에 보이는 그림과 같이 두 접촉면이 잘 분리되어 있다면 마찰이 거의 없이 상대운동이 가능할 것이다. 그러나, 어떤 이유이든 윤활의 상태가 좋지 않아 두 접촉면 사이가 점점 가까워지게 되면 두 면 사이의 접촉력이 증가하게 될 것이다. 초기에는 이 접촉력이 크지 않은 약한 접촉(weak contact)을 하게 되고, 이때 접촉면 사이의 미세한 거친 돌기(asperities)들이 부딪히기 시작한다. 이러한 돌기 사이의 충돌은 각 물체에 충격을 가하게 되고, 충격 신호와 물체의 고유 특성이 주변의 매질을 떨게 만들어 넓은 주파수 영역의 음파를 만들어내게 된다. 두 물체 사이의 거리가 더 가까워지게 되면, 거친 돌기들 사이의 충돌이 더욱 랜덤하게 발생하게 되면서 강한 접촉(strong contact) 상태가 된다. 이때는 음파의 강도가 더욱 강해지고 두 물체가 연동된(coupled) 주파수 영역도 나타나게 된다.

다음으로, 회전기계에서 주로 발생하는 충격(impulse)이 있다. 앞에서 설명한 마찰도 미세한 거친 돌기들의 충돌에 의해 발생하지만, 좀 더 복합적인 인자들과 연동되어 초음파를 발생시킨다. 여기서 논의하는 충돌은 좀 더 큰 기계부품에 대한 것으로, 상대 운동하는 두 물체 간의 직접적인 접촉(충돌) 혹은 회전체 구성 요소의 표면에 결함이나 공극(pososity)이 존재한 상태로 서로 접촉하는 경우를 의미한다. 가장 대표적인 사례로 그림 5.6에서 보이는 것처럼 기어 시스템의 기어 이빨(gear tooth) 일부가 손상되었거나, 베어링 내부의 일부에 결함이 발생한 것을 생각할 수 있다. 그림 5.7과 같이 상대운동을 하는 두 물체 사이에 결함과 같은 불연속(discontinuity)이 존재하면, 두 물체 사이에 충격이 발생하고, 이 충격은 충돌의 크기만큼 충격력을 가지게 될 것이다. 이 충격력은 기계시스템의 고유 특성을 가진하게 되어, 기계의 진동에서 초음파를 포함한 넓은 주파수 영역대의 이상 신호를 발생시키게 된다. 충격에 의한 광대역 신호는 충격력이 약한 미세한 결함이 될수록, 신호의 전체적인 크기도 작아지게 된다. 여기서, 진동과 소음은 산업 현장의 배경잡음(background noise)이 많은 상태에서는 묻혀서 검출하기 쉽지 않지만, 초음파는 주요한 진동, 소음의 잡음과 주파수 영역이 분리되어 있어 검출이 가능한 경우가 있게 된다.

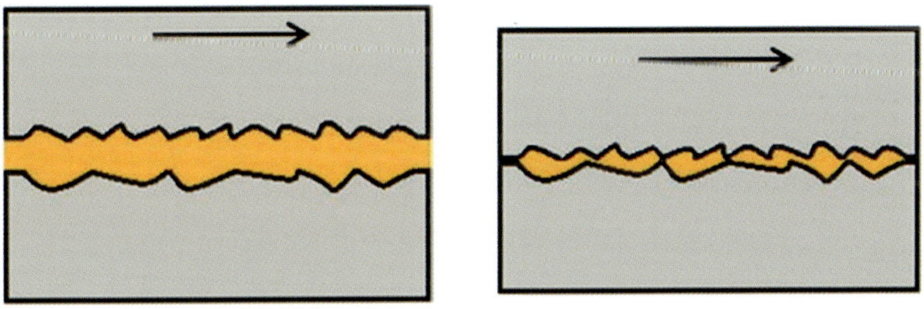

(좌) 양호한 윤활 (우) 두 접촉면의 돌기가 부딪히는 상태의 윤활

그림 5.5 윤활 상태에 따른 두 표면의 상대 운동 개념도

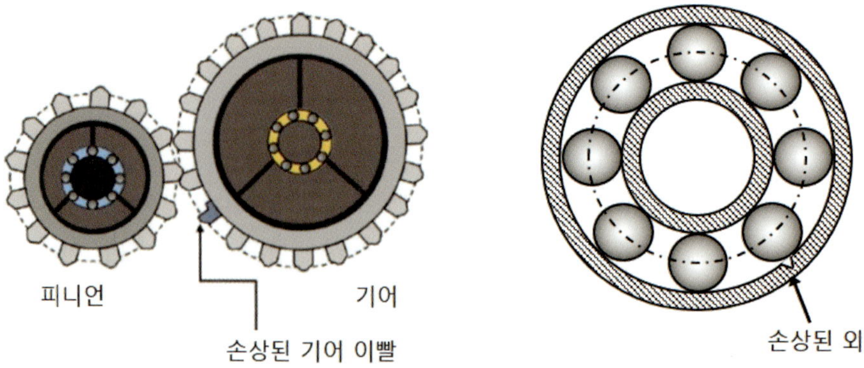

그림 5.6 결함이 있는 기어 이빨과 외륜(outer-race)에 결함을 가진 베어링

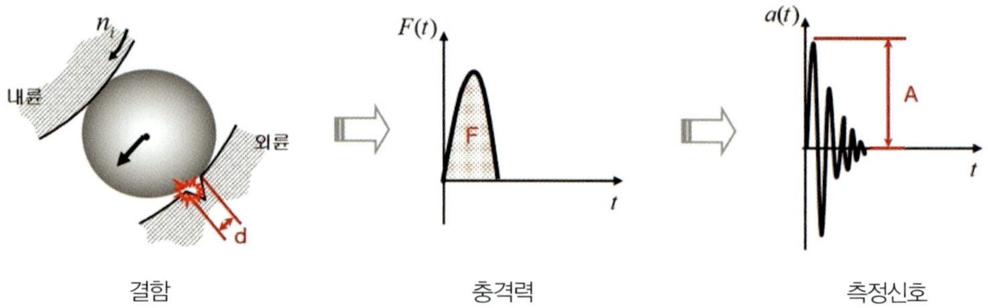

그림 5.7 불연속에 의한 충격과 충격력 및 이의 시스템 응답 측정 개념

충격에 의한 주파수 응답에 대해 좀 더 살펴보기 위해, 그림 5.8의 간단한 예를 살펴보도록 하자. 그림에 나타낸 것과 같이 시간에 따라 아주 짧은 순간에 발생한 이상적인 충격 응답(impulse response)은 모든 주파수 영역에서 동일한 성분을 갖는 광대역 주파수 응답을 지니는 반면, 상대적으로 특정 지연시간(d)을 갖는 사각 펄스(square pulse) 응답은 주파수 응답 대역이 특정 영역에서 뚜렷하고 이외의 영역에서 점차 줄어드는 형태를 갖는다. 주파수 영역에 대한 내용은 5.4.3절에서 조금 더 자세히 다룬다.

따라서 시간상에서 갑작스럽게 변하는 물리적 현상에 의한 음향 에너지는 넓은 대역폭을 갖게 되어 초음파 대역의 음향 에너지도 방출할 가능성이 크게 높아진다. 이때 저주파 대역의 경우 기계 운전과 주변 잡음에 의한 음향 에너지들이 함께 존재하여 해당 영역에서는 이상 현상에 의한 응답만 관찰하기 어렵기 때문에, 고주파 대역에서 초음파 성분을 관찰함으로써 기계류 이상 진단과 상태감시가 가능하게 된다.

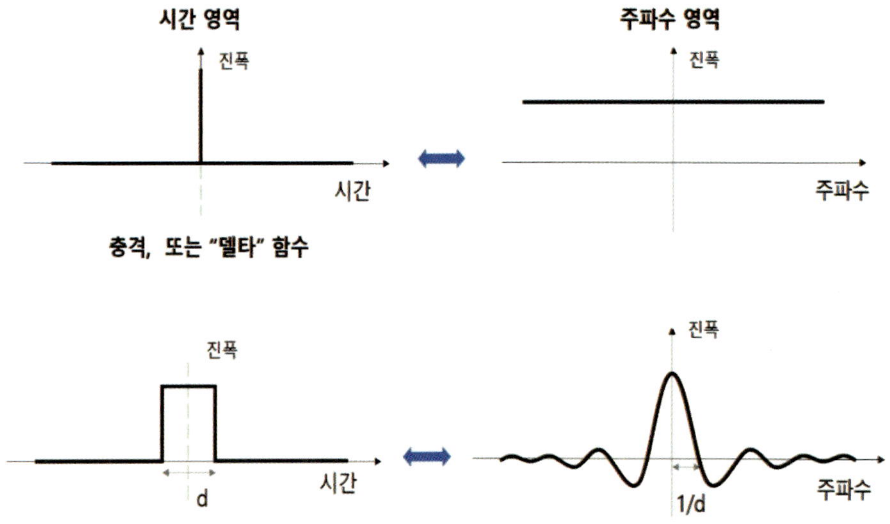

그림 5.8 시간 영역에서의 충격 응답과 지연 응답에 대한 주파수 영역에서의 응답 비교

다음으로, 난류 유동(turbulence)은 유체의 급격한 교란에 의해 발생하는 현상으로 유속, 유체 밀도, 온도, 관로 표면 상태 및 압력 등에 의해 영향을 받는다. 대표적인 사례로 그림 5.9와 같이 고압 상태로 내부 용기에 존재하는 유체가 외부의 저압 조건인 곳으로 좁은 영역을 통과하여 누출(leak) 될 때 난류 유동이 발생한다. 혹은 외부에 존재하는 유체가 진공인 상태의 관으로 유입되는 경우에도 압력차에 의해 난류 유동이 발생한다. 난류에 의한 초음파 발생은 다양한 변수가 영향을 미치지만, 대표적으로 압력차에 의해 매질이 지나가는 구멍의 직경(d)과 홀에서의 속도(v)에 대해 경험적 식을 정리하였다. 난류에 의해 발생하는 초음파의 주파수는

$$f = \alpha \frac{v}{d} \tag{5.14}$$

와 같이 구할 수 있고, 여기서 α는 비례상수이며, 단위는 Hz/m^{2}을 가진다. 일반적으로 0.012에서 0.020의 값을 가지는 것으로 알려져 있다. 그리고, 일반 산업에서 빈번하게 발생하는 주파수는 약 30 ~ 50 kHz인 것으로 보고된 바 있다. 이러한 누출 문제는 초음파 진단에 가장 대표적인 사례라고 할 수 있으며, 아래 그림처럼 펌프 시스템의 연결부 혹은 밸브 등 누출 가능성이 있는 부분들의 상태감시에 용이하다.

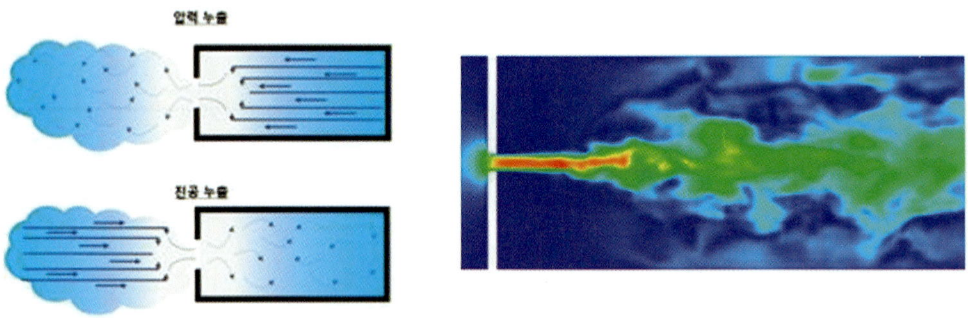

그림 5.9 압력 및 진공 누출 (좌) 및 난류 유동의 예 (우)

마지막으로, 전기 기기의 이상에 의해서 발생하는 초음파가 있다. 전기기의 이상에는 전기적 고장, 코로나, 트래킹, 아킹 등이 있고, 이들에 의해 발생되는 초음파 발생 형태가 달라 이를 구별하고 위치를 찾아내는데 초음파를 이용할 수 있다. 진기가 전위차가 있는 두 전극 사이를 가로질러 흐를 때 주위의 공기 분자를 가진하게 되고, 이 교란의 변동이 수 kHz에서 수십 kHz의 초음파 영역대까지 발생한다.

이에 대한 이해를 위해 조금 더 살펴보면, 잘 알려져 있다시피 모든 물질은 원자로 구성되어 있다. 이 원자는 음의 전하를 띤 (electron)와 양의 전하를 띤 양자(quantum)로 구성되어 있고, 일반적으로 원자는 안정화된 상태에 있다가 전기적 자극에 의해 이온화되면 전압이 존재하게 된다. 전하를 다른 지점으로 이동하는데 필요한 일의 양을 전압이라고 한다. 그림 5.10에서 보이는 것과 같이 이온화되는 과정에서 충돌이 발생하며 일반적으로 자유전자와 양이온을 생성한다. 이과정에서 전기적 난류(electrical turbulence)가 발생하게 되고, 이로 인해 주변의 매질을 떨게 하여 초음파가 발생하게 된다.

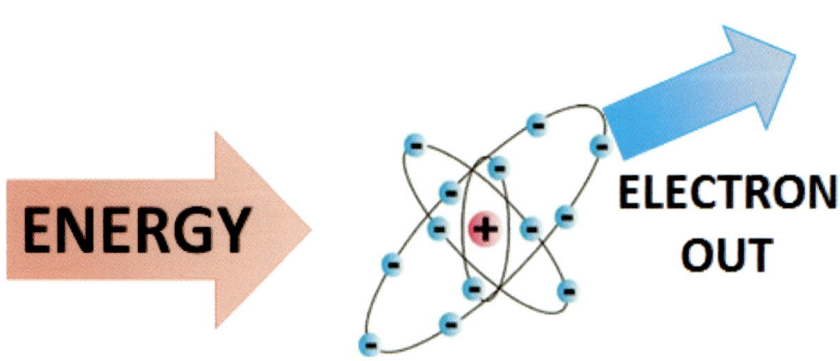

그림 5.10 이온화 과정

5.2.2. 초음파의 전파 거동

매질 내에서의 초음파 거동을 파악하기 위해서는, 파동의 전파와 가장 관련 깊은 인자에 대해 파악할 필요가 있다. 비 음향 임피던스(specific acoustic impedance)가 그 중의 하나라고 할 수 있는데, 이는 공간 내 임의의 지점(r)에서

$$Z(r) = \frac{p(r)}{c(r)} \tag{5.15}$$

와 같이 정의된다. 여기서 $p(r)$는 임의 지점에서의 음압(acoustic pressure)이고, $c(r)$는 공간 내 임의 지점에서의 입자 속도(particle velocity)이다. 특별히, 파동이 무한 공간에서 전파하는 평면파(planar wave)의 경우에는 매질의 특성인 밀도(ρ)와 속도(c)에 의해 정해지는데,

$$Z = \rho c \tag{5.16}$$

와 같다. 비 음향 임피던스의 단위는 Pa·s/m 이고, 현대 음향학의 이론적 토대를 세운 John William Strutt, Baron Rayleigh(1842 ~ 1919)의 이름을 따서 Rayl(1 Rayl= 1 Pa·s/m)로 불리기도 한다. 특히, 이 경우에는 매질의 고유한 특성에 의해 결정되므로, 특성 임피던스(characteristic impedance)로 불리기도 한다. 우리 주변의 대표적인 매질의 특성 임피던스는 아래와 같다.

공기 (@ 20 °C): $Z_a = \rho_a c_a = 1.2 \times 343 \approx 412$[Pa·s/m]
물 (@ 20 °C & 1기압): $Z_w = \rho_w c_w = 998.2 \times 1482.1 \approx 1.48 \times 10^6$[Pa·s/m]

비 음향 임피던스는 매질이 다른 두 지점의 경계에서의 거동과 관련이 있다. 즉, 임피던스의 차이에 의해서 매질의 경계에서의 파동 에너지가 전달되는 크기와 방향이 달라지게 된다. 먼저, 그림 5.11의 좌측에 보이는 것과 같이, 서로 다른 두 매질의 경계가 일직선으로 형성되어 있고, 경계를 향해 수직으로 입사(normal incidence)하는 음파를 생각할 수 있다. 이럴 경우, 반사파와 투과파는 모두 입사파와 동일하게 수직으로 전파할 것이다. 한편, 그림 5.11의 우측과 같이 특정 입사각도(ϕ_i)를 가지고 입사하는 경우를 경사 입사(oblique incidence)라고 한다. 입사 지점을 기준으로 반사파는 입사파와 동일한 각도를 가지고 반사하고, 투과파는 두 매질의 임피던스 차이에 따른 굴절각을 가지고 전파해 나간다. 이에 대해, 좀 더 수학적으로 살펴보도록 하자.

음파의 기본적인 수학적 표현을 5.1절에서 살펴보았다. 식 (5.2)는 공간 상에 양과 음의 방향으로 전파하는 임의 형태의 파동을 정의하였고, 식 (5.3)은 반복적인 움직임을 가지는 매질의 운동을 근거로 정현함수(sinusoidal function)를 도입하여 표현하였다. 여기서는 정현함수의 보다 일반화된 형태인 지수함수(exponential function)를 이용하여, 식 (5.2)를

$$p(x,t) = P_+ e^{j(wt-kx)} + P_- e^{j(wt+kx)} \qquad (5.17)$$

와 같이 쓸 수 있다. 여기서, 종속변수인 p는 음압을 나타내는 문자로 대체하였고, $\pm P$는 각각 양과 음으로 전파하는 파동의 진폭을 나타낸다. j는 복소수(complex number)를 표현하는 -1의 제곱근(square root)을 의미한다. $e^{jA} = \cos A + j \sin A$의 관계가 있다. 이제, 이 식을 그림 5.11에서와 같이 경계로 수직입사하는 음파가 있는 경우에 적용하자. 입사파(p_i), 반사파(p_r), 투과파(p_t)는 각각

$$p_i(x,t) = P_i e^{j(wt-k_1x)} \qquad (5.18)$$

$$p_r(x,t) = P_r e^{j(wt+k_1x)} \qquad (5.19)$$

$$p_t(x,t) = P_t e^{j(wt-k_2x)} \qquad (5.20)$$

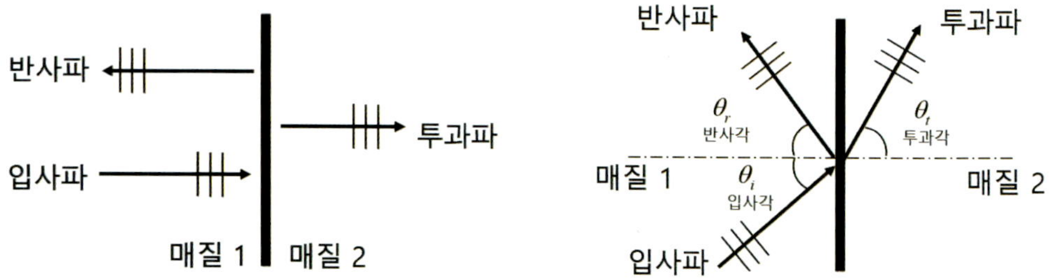

그림 5.11 두 매질 사이의 음파의 거동, (좌)수직 입사, (우) 경사 입사

와 같이 쓸 수 있다. 여기서 $k_1(=w/c_1)$은 1번 매질에서의 파수이며, $k_2(=w/c_2)$는 2번 매질에서의 파수이다. 입사파와 반사파는 1번 매질을 통해 전파하고, 투과파는 2번 매질을 통해 전파하기 때문에 각각의 파수가 쓰였다. 경계에서의 매질의 음압과 입자속도의 연속조건을 적용하면,

$$P_i + P_r = P_t \tag{5.21}$$

$$U_i - U_r = U_t \tag{5.22}$$

와 같이 쓸 수 있다. 여기서 반사파의 속도 크기의 부호가 바뀌는 것은 속도는 파동의 방향과 동일하게 전파하는 벡터(vector)의 성질을 가지기 때문이다. 한편, 음압은 방향성을 가지지 않고 전방향으로 작용하는 스칼라(scalar)값을 가진다. 식 5.22의 속도를 비음향 임피던스를 도입하여 다시 쓰면,

$$\frac{P_i}{Z_1} - \frac{P_r}{Z_1} = \frac{P_t}{Z_2} \tag{5.23}$$

와 같고, 식 5.21과 식 5.23을 이용하여, 입사파 대비 반사파의 비(ratio)인 반사계수(reflection coefficient, R)는

$$R\left(= \frac{P_r}{P_i}\right) = \frac{Z_2 - Z_1}{Z_2 + Z_1} \tag{5.24}$$

와 같이 얻어지고, 입사파 대비 투과파의 비를 나타내는 투과계수(transmission coefficient, T)는

$$T\left(= \frac{P_t}{P_i}\right) = \frac{2Z_2}{Z_2 + Z_1} \tag{5.25}$$

와 같이 얻어진다. 위 식으로부터, 각 매질의 특성 임피던스를 알면 음파가 얼마나 반사나 투과할지 알 수 있다. 반사계수와 투과계수를 더하면, 1이 되어 입사파의 크기와 동일하게 됨을 확인할 수도 있다. 그리고, 만약 매질이 같다면($Z_1 = Z_2$), 반사계수는 0이 되고, 투과계수는 1이 되어 반사없이 음파가 전파하게 됨을 알 수 있다. 또한, 만약 실제 매질이 다르더라도 임피던스가 같으면 파동은 동일한 매질로 인식하여 반사 없이 투과할 수 있을 것으로 유추할 수 있다.

한편, 경사입사의 경우, 스넬의 법칙(Snell's law)을 따른다. 그림 5.11의 우측과 같은 조건에서 입사각(θ_i), 반사각(θ_r), 투과각(θ_t)은

$$\frac{\sin\theta_i}{c_1} = \frac{\sin\theta}{c_1} = \frac{\sin\theta_t}{c_2} \tag{5.26}$$

와 같은 관계가 있다. 여기서, 입사각과 반사각은 같으므로, 식 5.26의 첫 번째 항과 두 번째 항은 항상 성립한다. 그리고, 매질의 전파 속도를 아는 두 매질에서 입사각을 알면, 굴절각은 식 5.26을 이용하여 예측할 수 있음을 알 수 있다. 평평한 경계면에서의 입사 및 반사의 거동은 상대적으로 간단하게 예측 가능하지만, 불규칙한 형상이나 국부적인 임피던스 변화 등과 같은 불균일한 경계에서 발생하는 입사와 반사는 복잡하게 될 것이다. 이러한 현상을 산란(scattering)이라고 하고, 산란을 일으키는 물체를 산란체(scatterer)라고 부른다. 한편, 회절(diffraction)은 음파가 장애물이나 좁은 틈(slit)을 통과할 때, 해당 물체의 뒷 편까지 전파하는 현상을 의미한다. 장애물이나 틈새의 가장자리에서 산란이 일어나고, 산란된 파동이 장애물의 뒤로 전파해 나가는 것이다. 회절은 틈의 크기와 파장에 영향을 받는데, 틈의 크기에 비해 파장이 길면 회절이 더 잘 발생하는 것으로 알려져 있다.

또 다른 음파의 거동으로 흡음(absorption)과 감쇠(attenuation)가 있다. 흡음은 매질로 투과된 음파 에너지가 매질을 구성하는 재료나 구조물에 흡수되고 일부가 열에너지 등으로 변환되어 소산되는 현상을 의미한다. 흡음 성능은 재료나 구조의 재질과 형상 등에 따라 크게 차이 날 수 있다. 감쇠는 매질에서 전파하는 음파 에너지가 재료 고유의 성질로 인해 열에너지 등으로 소산되며 생기는 에너지 손실을 의미한다. 음파가 전파할 수 있는 모든 매질은 감쇠 효과가 있고 주로 재료의 점도, 전파거리, 분자 구조 등에 따라 감쇠 성능이 달라진다. 둘 다 다른 에너지로의 변환으로 음향 에너지가 없어지는 것을 의미하지만, 흡음은 음향 에너지가 소산되는 현상 그 자체에 중점을 두는 반면, 감쇠는 음파가 전파함에 따른 에너지 손실의 관점에서 사용되는 용어이다.

마지막으로, 음파의 전파에 따른 에너지 감소와 관련된 또 다른 현상을 살펴보도록 하자. 역 제곱 원리(inverse square law)라고 부르는 것으로, 음파가 음원(sound source)으로 부터 전방향(omni-direction)으로 전파하면서 거리가 멀어 짐에 따라 거리의 제곱에 비례하여 에너지가 줄어드는 것을 의미한다. 이는 감쇠(attenuation)에 의한 에너지 소산(dissipation)과 상관없이, 음원에서 발생한 일정한 양의 에너지가 여러 방향으로 퍼져 나감에 따른 에너지 보전 법칙을 따르기 때문이다. 그림 5.12는 해당 개념을 잘 보여준다. 한 지점에 있는 점음원(point source)에서 발생한 일정한 음향 파워가 3차원 공간에서 퍼져 나갈 때는 면적이 구형의 표면적만큼 점점 커지게 되고, 이를 표현하는 구형 표면의 음향 강도(acoustic intensity)는 거리의 제곱에 반비례하게 되는 것이다.

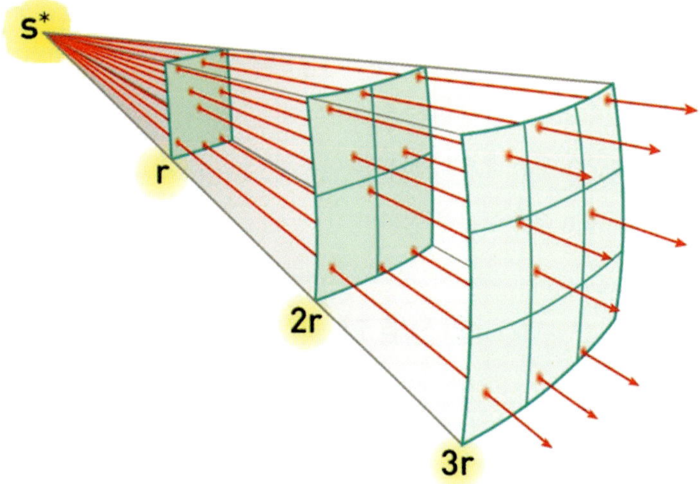

그림 5.12 음원으로부터 거리 r에 따른 음향 강도(I)의 감소

이러한 거리의 역 제곱 법칙을 5.1절에서 논의한 데시벨 스케일로 표현하면, 음원으로부터 1 미터 거리에서 측정된 음압 레벨이 90 dB일 때, 거리가 2배인 2 m에서는 6 dB 감소한 84 dB를 가지게 된다. 또, 거리가 2배가 되는 4 m에서는 78 dB가 되는 것을 쉽게 계산할 수 있다.

5.3 초음파 변환기

매질을 통해 전파하는 물리적인 파동을 발생시키는 방법은 여러가지가 있다. 특히, 초음파와 같은 기계적인 파동(전자기파동과 구분되는 매질을 따라 전파하는 파동)을 발생시키기 위해서는 매질을 직접적으로 가진(excitation)할 수 있는 전기적 방법이 필요하다. 전기음향 변환(electroacoustic transduction)기법에는 대표적으로 정전(electrostatic), 압전(piezoelectric), 강유전(ferroelectric), 자왜(magnetostrictive) 변환 등이 있는데, 본 장에서는 기계설비 진단에 널리 사용되고 있는 압전 변환기에 대해 살펴보고, 변환기에 의한 송신과 수신과 관련된 원리를 바탕으로 초음파 변환기의 구성 및 종류에 대해 알아보도록 한다.

5.3.1. 압전 원리

압전원리는 어떤 물질에 물리적인 힘이 가해지면 이에 비례하는 전기적인 현상이 발생하는 것을 의미한다. 물리적인 힘이 물질에 기계적인 변형을 가하게 되고, 이에 따라 물질 내 전기적 분극을 일으켜 물질의 전기장을 바꿔 전기가 발생하게 되는 것이다. 압전 효과란 그림 5.12에서 볼 수 있는 바와 같이 기계적인 변형이 전기를 발생시키는 것을 의미하고, 역압전 효과란 반대로 전기적인 변화가 기계적인 변형을 유발하는 것을 의미한다. 따라서, 초음파 송신(transmission)을 위해서는 매질을 통한 초음파 파동을 만들어 내는 역 압전 효과를 이용하고, 수신(receiving)을 위해서는 압전 효과를 이용하게 된다.

압전효과 (Piezoelectricity)

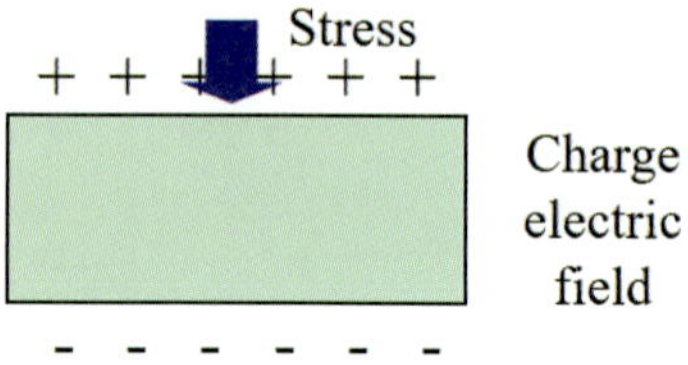

역압전효과

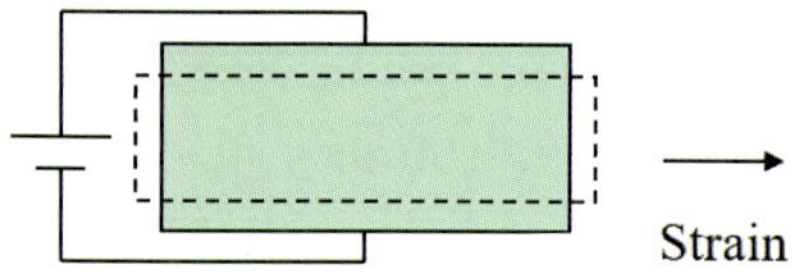

그림 5.13 압전 효과와 역압전효과

압전 특성을 갖는 많은 물질 중에서, 산업체에서 널리 쓰이는 압전 물질로는 티탄산 지르콘산연(lead zirconate titanate, PZT), 황산 리튬(lithium sulfate), 티탄산 바륨(barium titanate), 석영(quartz) 등이 있다. 각기 다양한 특성을 가지고 있어 목적에 맞게 선택하여 사용하게 된다.

5.3.2. 초음파 방사 및 방향성

전기적 가진에 의해 물리적인 파동전달이 되어 방사(radiation)되는 것에 대한 관찰은 비단 초음파의 송신뿐만 아니라, 5.2절에서 논의한 다양한 초음파 음원의 특성을 이해하는 것에 도움을 줄 수 있을 것이다. 초음파 방사 특성을 파악하기 위해, 그림 5.14에 나타낸 것과 같은 간단하지만 의미있는 모델인 무한 배플(baffled) 피스톤에 대해 살펴보도록 하자. 무한 배플 피스톤에 의한 음장은 레일레이 적분 방정식(Rayleigh integral equation)으로 구할 수 있고,

$$p(r) = -\frac{jk\rho c}{2\pi}\int_S \frac{e^{jkR}}{R} v_n dS \tag{5.27}$$

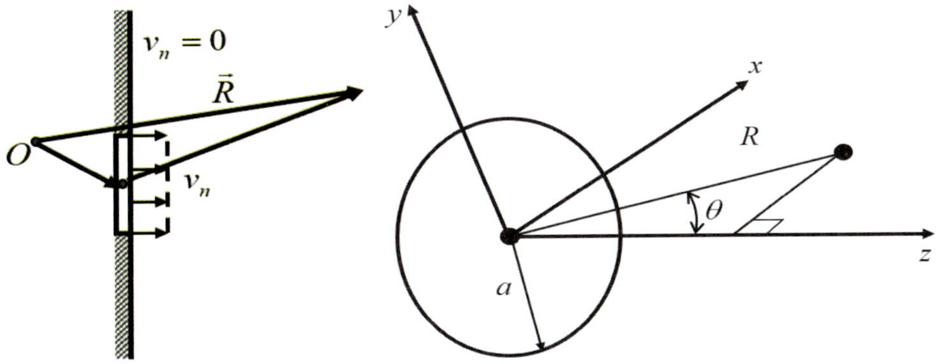

그림 5.14 무한배플 피스톤에의한 방사 관찰을 위한 좌표 시스템

와 같이 표현된다. 여기서 R은 공간 상의 한 지점까지의 거리를 나타내고, S는 피스톤이 차지하는 영역, v_n은 피스톤의 수직방향 속도를 나타낸다. 배플 조건에 의해 피스톤을 제외한 나머지 영역의 속도는 0의 값을 가지게 된다. 특히, 많은 초음파 변환기의 형태인 원형 피스톤(circular piston)의 경우에 대해, 그림 5.14의 우측 그림과 같은 피스톤 정면의 영역에 대해 각도 θ에 다른 방향지수(directivity or directivity index, D)을 구해보면,

$$D \approx \frac{J_1(ka\sin\theta)}{ka\sin\theta} \tag{5.28}$$

와 같이 얻을 수 있다. J_1은 베셀함수(Bessel function)의 첫 번째 형태(first kind)이고, k는 파수, a는 피스톤의 반경(radius)이다. 여기서 $ka(\approx a/\lambda)$는 발생시키는 주파수의 파장 대비 피스톤의 크기의 비(ratio)를 나타내는 인자이다. 즉, ka가 크다는 것은 파장에 비해 변환기의 크기가 크다는 것이고, 반대는 발생시키는 초음파의 파장에 비해 변환기의 크기가 작다는 것이다. 그림 5.15는 ka의 변화에 따른 방향성지수의 변화를 보여주는 것으로, 왼쪽 위에서 오른쪽 방향으로 ka가 점점 커져갈 때(파장에 비해 변환기의 크기가 커질수록) 높은 방향성을 가지게 되는 것을 잘 보여준다. 반대로 파장에 비해 음원의 크기가 작을수록, 전체적으로 고르게 퍼져나가는 형태의 방향성을 가지는 것을 볼 수 있다. 이는 5.2절의 초음파 전파에 따른 역제곱법칙에서 고려한 점음원의 개념과 동일한 경우임을 알 수 있다.

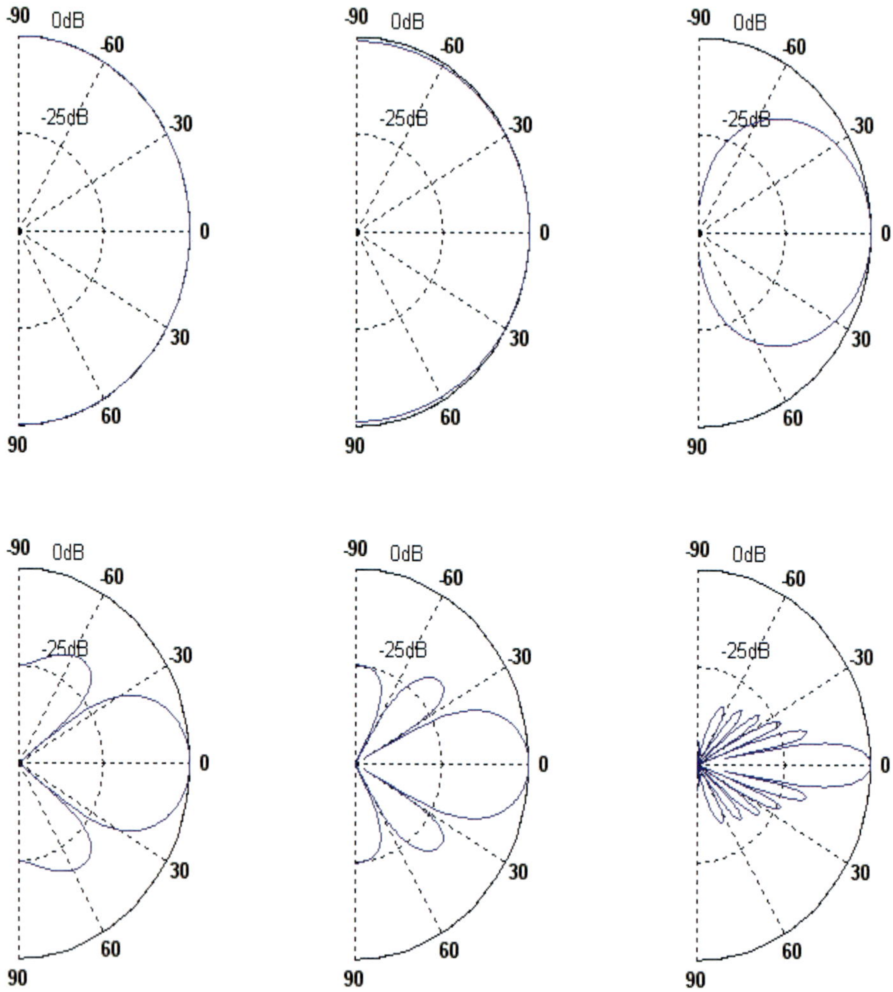

그림 5.15 방향지수(directivity, D)

5.3.3. 초음파 변환기 종류

물리적으로 주파수가 높아질수록 큰 진폭을 가지기 어렵기 때문에, 초음파 변환기는 대부분 변환기의 공진(resonance)을 이용하여 측정한다. 실제 사용 시에는 변환기의 주파수 응답 스펙트럼 파악이 매우 중요하다. 초음파 변환기는 "벨 커브"라 불리는 공진주파수 범위 안의 사용 주파수에서 가장 감도가 우수하도록 설계되며, 변환기의 특성에 따라 다르지만 일반적으로 해당 주파수 ±2 kHz의 범위에서 가장 잘 응답한다. 이 주파수 대역을 벗어나게 되면, 감도가 급격히 떨어지기 때문에 해당 주파수의 응답은 무시할 수 있다. 예를 들어, 사용 주파수가 40 kHz인 변환기를 사용한다는 것은 40 kHz의 중심주파수로 38 kHz ~ 42 kHz 대역의 신호를 수신하게 되는 것을 의미한다. 그림 5.16은 압전형 초음파 변환기의 구조를 보여주는데, 변환기의 하우징 내에, 파동을 발생시키는 진동자인 압전소자(piezoelectric element)와 압전소자 전후로 전면재(matching or wear plate)와 후면재(backing material)가 있다.

압전소자는 발생하고자 하는 진동 모드에 따라서, 공진을 발생시킬 수 있는 치수를 가지게 설계된다. 일반적으로 센서의 전면으로 초음파를 발생시키는 두께 모드의 공진을 많이 사용한다. 전면재는 깨지기 쉬운 세라믹 소재의 압전소자를 보호면서 발생된 파동을 대상체에 잘 전달하기 위한 임피던스 정합(impedance matching)기능도 가진다. 후면재는 압전소자 뒤로 발생되는 파가 되돌아와서 전면으로 발신되는 신호와 섞이지 않도록 파동을 감쇄(damping)시키는 역할을 한다. 전면재와 후면재의 조합으로 압전소자에는 높은 감도(high sensitivity)의 협대역(narrow band) 공진이 아닌, 다소 낮아진 민감도의 상대적으로 광대역의 공진 특성을 가지게 된다. 그리고, 전면재는 높은 임피던스를 가지는 압전소자의 진동을 대상 매질로 잘 전파하도록 대상 매질의 임피던스와 압전소자 임피던스의 중간정도의 값을 가지게 설계된다. 즉, 공기 중으로 파동을 전파시키는 전면재와 고체 매질로 파동을 전파시키는 전면재의 특성은 크게 다르게 된다. 따라서 초음파 센서는 측정하고자 하는 초음파가 전파하는 매질에 따라 달라져야 한다.

기계설비진단을 위해 사용되는 초음파 변환기는 크게 공기 중으로 전파해온 초음파를 측정하는 것과 구조물을 통해 전파해온 초음파를 측정하는 것으로 나누어진다. 각각 공기기인 센서(air-borne sensor)와 구조기인 센서(structure-borne sensor)로 부르고, 적용 대상에 맞게 교체하여 사용할 수 있게 구성된 장비도 있다. 센서가 장비에 고정되어 있는 초음파 장비는 초음파 수신 시 제한이 있을 수 있으며, 다양한 분야에의 적용에 제한된다. 센서의 탈부착이 가능한 초음파 장비의 경우 일반적으로 광각(wide-angle) 및 집속형(focusing)의 두 가지 공기기인 센서를 선택할 수 있게 제공된다.

그림 5.16은 공기기인 센서의 예를 보여주는데, 광각 센서는 넓은 범위의 초음파 신호를 고르게 측정할 수 있어, 기계의 상태 모니터링의 경우 기계 상태를 전체적으로 평가하는 데 특히 유용하다. 또한 광각센서모듈을 이용하면, 접근부위가 매우 좁고 갇힌 공간 내 전체를 한 번에 검사할 때 유용하다. 한편, 집속형 센서는 한 방향에 대한 수신감도가 높아, 접근이 어렵고 측정 대상이 멀리 떨어진 높은 컨베이어, 장비, 선박 및 실외 변전소와 같은 대상에 대한 검사에 유용하다. 이

러한 집속형 센서는 수신 구간이 좁은데, 이러한 특성은 특히 높은 배관에서 누수를 정확히 찾아내거나 고전압 전기 타워의 어느 부분에서 전기 방전이 있는지 확인하는 데 도움이 된다.

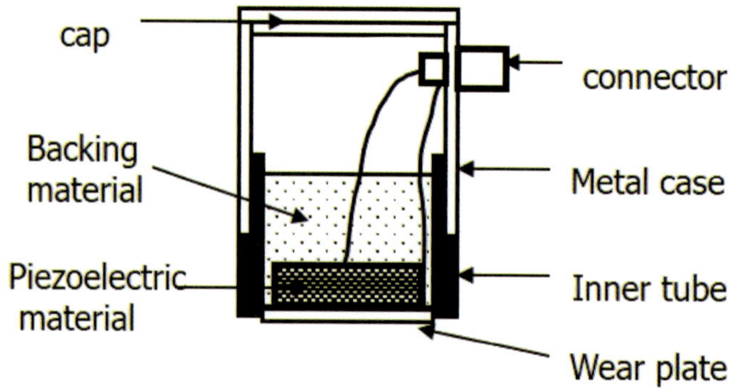

그림 5.16 공진형 초음파 압전 변환기의 구조

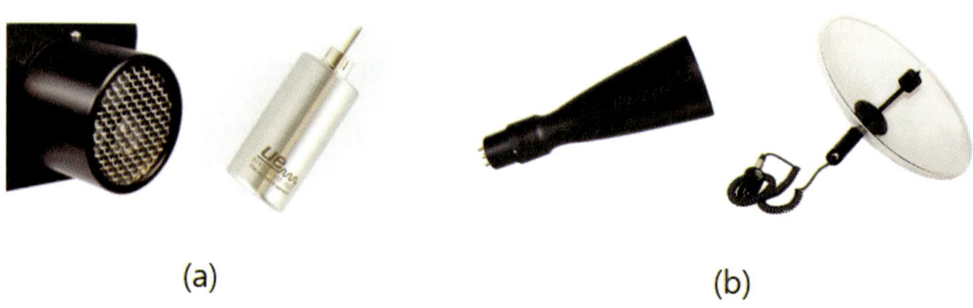

그림 5.17 공기기인 센서의 예, (a) 광각형(일반) 센서, (b) 집속형 센서 모듈(혼, 포물면 타입)

구조기인 센서는 내부의 비정상 성능 또는 기계 이상을 비침습적으로 감지하는 데 사용된다. 일반적으로 휴대용 접촉식, 자기 결합식 또는 영구적으로 설치된 센서로 나뉠 수 있다. 접촉센서(청진기식 센서, 그림 5.18 참조)는 가장 일반적으로 사용되는 형태로서, 이상 및 불량의 위치를 파악하기 위해 기계, 시스템 또는 구성 요소를 신속하게 스캔해야 할 때 일반적으로 사용된다. 또한 좁은 공간에 들어가서 최적의 모니터링 지점에 접근해야 할 필요가 있을 때 효과적으로 사용된다. 손이 닿지 않는 검사 지점의 경우 연장 접점대(extension contact rod or wave-guide)를 사용할 수 있다. 도달하기 어렵거나 안전하지 않은 측정 지점의 경우 영구적으로 접촉된 센서를 적용하는 것이 효과적이다. 자기결합식 센서는 진단기술자가 접촉센서를 이용하여 직접 접촉할 때 일어날 수 있는 측정불량 가능성을 줄여준다. 따라서 긴 측정 시간이 필요하거나 동일한 측정 지점에서 여러 명의 진단기술자가 판독하는 환경에 이상적이다. 예를 들어, 접촉 센서의 약간의 움직임이 변압기 내부의 부분 방전과 매우 유사한 신호를 발생시킬 수 있으므로, 접촉센서를 이용하여 전기 변압기를 모니터링할 때 잘못된 결과를 낼 수 있다.

그림 5.18 구조기인 센서의 예

5.4 초음파 데이터 수집 및 검사 원리

데이터 수집은 물리적 현상을 측정하는 과정으로, 데이터 수집 시스템은 해당 물리량에 반응하는 센서 및 증폭기(amplifier), 측정장치 및 이를 구동하기 위한 소프트웨어가 설치된 컨트롤러로 구성된다. 다시 말해, 측정하고자 하는 물리량을 컴퓨터나 전자기기를 이용해 분석할 수 있는 값으로 변환하여 수집하는 과정을 의미한다. 이번 장에서는 이러한 데이터 수집의 원리 및 초음파 데이터 수집 장치에 대해 알아보고, 이러한 장치를 이용한 검사 원리를 살펴보도록 한다.

5.4.1. 데이터 수집 원리

데이터 수집 시스템(DAQ, Data Acquisition System)은 그림 5.19와 같이 일반적으로 센서, DAQ 하드웨어, 그리고 소프트웨어가 설치된 컴퓨터(혹은 저장매체)로 구성된다. 센서는 물리적 속성의 크기를 전기 신호로 변환하는 장치다 예를 들어, 변위를 측정하는 스트레인 게이지(strain gauge), 온도 변화에 저항을 크게 하여 온도변화에 따른 전기신호 변화를 출력하는 서미스터(thermistor, Thermal sensitive resistor), 소리를 측정하는 마이크로폰(microphone), 초음파를 송/수신할 수 있는 초음파 변환기 등이 있다. 다른 물리량을 측정하는 신호 수집 시스템은 해당 속성을 탐지하는 데 적합한 센서에 따라 달라진다. 측정되는 신호가 작거나 데이터 획득 장치와의 전기적 특성이 맞지 않으면, 신호 조절이 필요할 수 있는데 신호를 필터링하거나 증폭하는 등의 신호 전처리 과정(pre-processing)이 필요할 수 있다.

DAQ 하드웨어는 센서에서 수집된 신호를 PC나 저장 매체로 보내기 위해 아날로그 신호를 디지털 값으로 변환하여 처리하는 기능(digitization)을 수행하여 컴퓨터와 외부 환경에서 발생하는 물리량 사이의 연결자(interface) 역할을 한다. 디지털 신호로의 변환은 크게 시간영역 신호를 이산화(discretization)하는 샘플링(time sampling)과 신호의 크기를 이산화하는 양자화(quanization)가 수행된다.

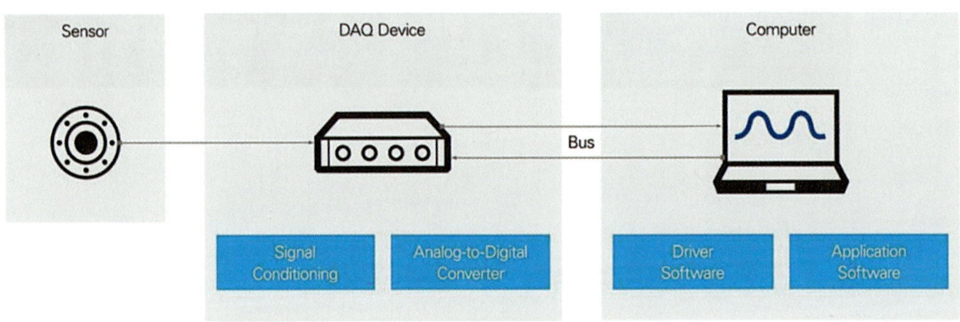

그림 5.19 데이터 수집 시스템의 구성

또한 적정한 하드웨어를 선택하기 위해서는 측정 신호의 유형, 증폭/필터링 등의 신호처리 필요여부, 신호 샘플링율(sampling rate), 신호 크기 분해능(amplitude resolution), 허용측정에러 등과 같은 장비 특성을 확인해야 한다. 마지막으로 DAQ 하드웨어에서 디지털화된 신호는 적합한 소프트웨어가 설치된 컴퓨터 및 저장매체에 저장되며, 필요에 따라 저장된 신호의 후처리 및 분석을 수행할 수 있다.

기술이 발전함에 따라 프로세스는 더 단순화되고 전자 장비를 통하여 더 정확하고 범용적이며 높은 신뢰도를 갖추게 되었다. 또한 이러한 시스템은 단순 기록 장치부터 정교한 컴퓨터 시스템까지 다양하며 심지어는 스마트폰도 휴대용 DAQ 시스템으로 변할 수 있다. 데이터 수집 시스템은 종류가 매우 다양하므로 적용대상 및 환경에 적합한 하드웨어를 선택하는 것이 필요하다.

5.4.2. 초음파 센서 별 측정 위치 및 방법

공기기인 초음파 측정을 위하여, 가장 높은 감도설정으로부터 시작하여, 점점 신호가 커지는 쪽으로 이동하면서 감도를 낮춘다. 의심되는 신호가 감지되었을 때, 그 주위를 잘 살피며 더욱 더 큰 신호 쪽으로 센서를 향한다. 볼륨이 낮아 의심신호의 방향선정이 어려울 때, 감도를 키우고, 반대의 경우 감도를 높인다. 만약 의심공간의 주위를 모두 살폈다면, 의심되는 초음파 발생원의 위치를 정확히 찾을 수 있다. 음원과 센서의 거리를 줄이는 것이 음원위치를 판별하는데 큰 도움을 주기 때문에, 가능한 한 이 거리를 줄이도록 해야 한다. 이렇게 하면 주변의 가짜 음원과 찾고자 하는 진짜 음원을 구별하는데 큰 도움을 준다.

초음파가 발생하는 영역에 접근하기 어려운 경우, 혹은 실제 초음파를 정확히 측정하기 위해서, 많은 경우 한 영역에서 다른 영역으로 이동하면서 측정해야 한다. 이런 과정을 거치면 불필요한 잡음 및 가짜 초음파 음원 제거가 가능하고, 진단기술자는 진짜 초음파 발생 위치를 알아낼 수 있다. 초음파 신호는 높은 방향성을 갖고 있으며, 초음파 음압은 항상 음원방향에서 가장 높다는 점을 잘 인지하고 있어야 한다.

공기 기인 초음파의 경우 초음파 카메라를 이용하여 측정하면 보다 쉽고 빠르게 측정할 수 있다. 초음파 카메라는 보다 넓은 지역을 다수의 센서를 이용하여 동시에 측정하므로 단 채널 센서에 비해 측정 시간이 크게 줄어든다. 초음파 카메라는 기존의 초음파 장비에서 사용하는 센서보다는 크기가 작아 감도가 낮은데, 개수를 많이 사용하고 초음파의 위상(phase) 정보를 이용하여 보완하기 때문에 측정결과나 감도가 유사한 수준이 될 수 있다. 다만, 초음파 카메라는 MEMS센서를 사용하는 경우가 많아, 50 Hz부터 50 kHz까지의 광대역을 측정한다. 따라서 사용할 때 적정한 주파수 필터를 선택하여 측정할 필요가 있다.

접촉식 초음파 사용 시 주변 환경의 영향을 줄이는 방법 중 하나는, 측정부위를 표시해 놓고 같은 부위에서 측정을 하는 것이다. 또 하나는 접촉센서를 측정대상위에 직각으로 놓아 초음파장비의 무게에 의하여 자중으로 눌리도록 위치시키는 것이다. 이와 같이 초음파 측정의 질을 높이는 방법은 같은 위치에서, 같은 각도로, 같은 압력으로 누르면서 측정하는 것이다. 초음파 음원의 위치를 찾을 때, 공기기인 초음파와 같이, 감도를 조절하면서 넓은 부위부터 스캔하여 점점 좁혀가는 것이 바람직하다. 접촉부위가 음원으로 접근할수록 음량은 커지고, 멀어질수록 작아진다.

대부분의 배관 및 기계장비나 발전소의 소음 수준은 초음파 측정 및 탐지를 방해하지 않지만 특정 상황에서 다른 강한 초음파 방출이나 높은 레벨의 배경소음이 측정을 방해하는 경우가 생길 수 있다. 이러한 일이 발생될 경우 초음파 측정을 이용한 시험은 어려울 수 있다. 낮은 주파수의 소리의 경우, 헤드폰을 사용하거나 측정 장비의 주파수 필터를 사용하면 배경 소음의 영향을 받지 않고 측정되는 초음파를 확인할 수 있다. 고압의 가스 라인이나 증기 라인, 시끄러운 진공 펌프, 압축기 등에서는 강한 초음파가 발생할 수 있는데, 이런 환경에서의 측정을 수행해야 하는 경우 주변 장비의 특성을 이해하는 것이 중요하다. 어떤 장비가 공기를 방출해야 하면 그 고유한 작동 조건 때문에 발생되는 초음파 성분이 무엇인지, 초음파 측정에 간섭을 일으킬 수 있는 조건이 무엇인지 알고 있다면 초음파 간섭을 줄이는 데 도움이 될 수 있다. 또한 시험자의 주변 환경이나 근처 기계 시스템들의 작동 상태에 따라 초음파 측정에 간섭을 일으키는 신호가 발생될 수 있다. 초음파 간섭을 일으키는 장비의 가동을 중단하거나, 가동을 멈추는 시간에 측정을 하는 등의 방법을 통해 측정에 간섭을 일으키는 조건들을 통제해서 검사를 수행해야 한다.

초음파 측정 장비는 일반적으로 현장에서 쉽게 사용할 수 있도록 휴대용으로 구성되며, 이동의 편의를 위해 배터리를 이용하여 작동된다. 기기의 구성은 측정기기 본체, 초음파 변환기, 헤드폰으로 구성되어 있다. 측정 시 가짜 초음파 음원 발생 확률이 있으므로 측정하고자 하는 초음파와 차별이 가능하도록 헤드폰을 통해 감압 된 신호 출력을 확인하는 것이 필요하다. 이를 통해 진단 기술자는 원하지 않는 가짜 초음파 음원에 대한 신호를 확인하고 사전에 방지할 수 있다.

현재 널리 사용되고 있는 초음파 측정 시스템은 20 kHz 이상의 범위에서 공기 중 또는 구조물로 전달되는 초음파 음향 에너지를 탐지하는데, 이 에너지를 신호 강도 표시기에서 볼 수도 있고 그림 5.20과 같이 헤테로다인(heterodyning) 기법을 통해 헤드폰을 통해 들을 수 있는 청각 신호로 변환하여 들려주기도 한다. (자세한 내용은 5.4.3절 참고) 신호 강도는 일반적으로 데시벨(dB)로 표시되며, 압력 레벨(Lp)은 공기 기인과 구조 기인 초음파 계측기의 임계 값 레벨을 설정하여 비교하는데 사용된다. 초음파 측정기기의 감도는 제조사마다 다르고, 이 임계 값 레벨을 균일하게 정의하는 표준이 없으므로 각 제조자는 자체 임계 값 레벨(0 dB)을 설정하여 사용한다. 단일 제조자에 의해 생산된 동일한 계측기가 서로 다른 수준의 감도를 가질 수 있으므로, 다른 기기에 표시되는 크기 값을 그대로 비교하면 안된다. 상태 모니터링 적용 시, 시간 경과에 따른 신호 강도 측정값의 비교 또는 추이에 대한 관찰이 필요한 경우, 가능한 비교 가능한 데이터를 얻을 수 있게 감도가 동일한 계측기를 사용할 수 있도록 해야 한다. 또한, 계측기 판독

값을 비교할 때 데시벨 값은 동일한 정의를 사용하고 있어야 한다.

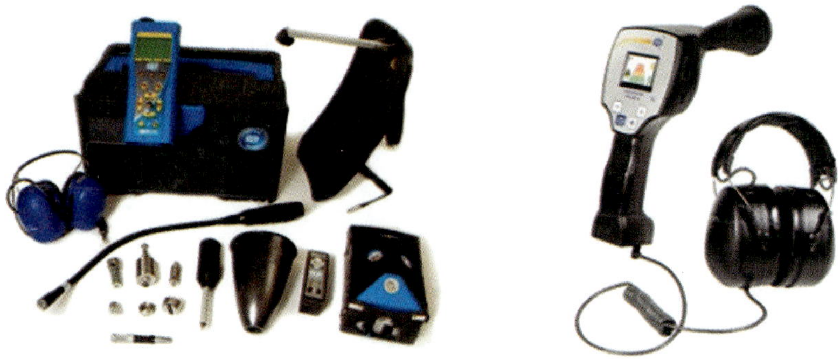

그림 5.20 헤테로다인 기법이 적용된 초음파 측정 장비

최근 다채널의 초음파 센서를 이용하여 실시간으로 초음파 분포를 표시하는 장치도 개발되었다. 그림 5.21(a)에 나타낸 초음파 카메라는 서로 다른 채널의 센서에 도착하는 초음파 신호의 크기 및 위상차를 이용하여 초음파를 발생시키는 곳의 위치를 실시간 파악하는 기법을 사용한다. 열화상 카메라가 열의 분포를 실시간으로 화면에 도시하는 것처럼 초음파 카메라는 초음파의 분포를 화면에 표시한다. 그림 5.21(b ~ c)은 실제 밸브에서 가스누출이 발생할 때의 영상과 전봇대 위 절연체인 전기애자에서 발생하는 전기 아크를 측정한 영상의 결과를 보여준다. 기존에 신호의 크기만을 표시하던 장비에 비해 훨씬 사용이 간편한 장점을 가지고 있다. 초음파의 발생위치를 화면에서 정확히 파악할 수 있으며, 넓은 지역을 동시에 측정할 수 있는 장점이 있다. 또한, 측정 결과가 비디오 형태로 저장되기 때문에 결과의 공유가 쉽다.

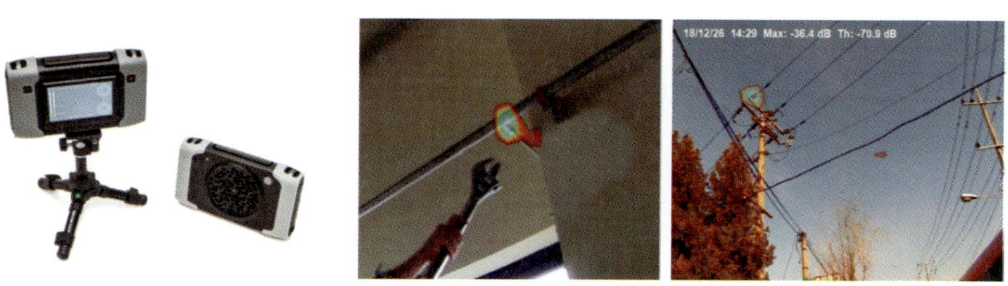

(a) (b) (c)

(a) 초음파 카메라, (b) 밸브 누설 탐지 영상, (c) 전기 아크 탐지 영상

그림 5.21 다채널 초음파 카메라 장치와 측정 영상

5.4.3. 주파수 스펙트럼 분석 및 헤테로다이닝

초음파 신호를 분석할 때, 측정된 초음파 신호의 레벨이나 변화 양상을 보는 것과 함께 많이 사용되는 것이 주파수 스펙트럼 분석(frequency spectral analysis)이다. 주파수 스펙트럼 분석은 측정된 초음파 신호를 구성하는 주파수 성분과 그 주파수 성분의 크기를 보여주는 것이다. 주파수 분석은 푸리에 변환(Fourier transform)에 의해 얻을 수 있는데, 푸리에 변환은 Jean Baptise Joseph Fourier (1768 ~ 1830)에 의해 제안된 이론을 기반으로 하는 변환기법으로 어떠한 임의의 파형도 정현파와 같은 주기함수의 조합으로 표현이 가능하다는 것이다. 수학적인 표현으로 살펴보면, 임의의 초음파 신호 $p(t)$를 푸리에 변환하면,

$$\boldsymbol{P}(f) = \int_{-\infty}^{\infty} p(t) \cdot e^{-j2\pi ft} dt \tag{5.29}$$

와 같이 얻어지게 되는데, $\boldsymbol{P}(f)$가 푸리에 변환된 주파수 영역에서의 주파수 별 크기를 의미한다. 굵은(bold) 문자는 복소수(complex value)형태를 의미한다. 변환에 사용되는 적분인자를 정현함수(sinusoidal function)의 조합인 $e^{-j2\pi ft}$을 사용하기 때문에 주파수 스펙트럼은 크기와 위상을 가지는 복소수로 얻어진다. 임의의 초음파 신호에 대한 완전한 푸리에 변환을 표현하기 위해 적분 영역은 음의 무한대에서 양의 무한대로 표현한다. 주기적인 함수라면, 적분 영역을 한 주기로 할 수 있다. 간단한 예를 들면, 그림 5.22(a)의 최상단의 파형은 둘째 및 셋째 단의 2개의 정현파로 분해될 수 있다. 이것을 주파수 스펙트럼으로 표시한 것이 그림 5.22(b)이다. 시간 영역에서의 초음파 파형은 하나로 되어 있지만, 주파수 분석을 하게 되면, 해당 파형을 구성하는 주파수 성분을 구분하여 평가할 수 있는 것이다.

그림 5.23은 대표적인 파형들에 대하여 그 주파수 성분을 구하여 도시한 것이다. 이러한 주기적인 파형은 기본파형과 이의 고차 조화성분들로 이루어진 이산적인 스펙트럼으로 분해된다. 백색잡음(white noise)과 같은 주기성이 없는 불규칙 파형의 경우는 연속된 주파수를 갖는 무한개의 정현파로 표현된다.

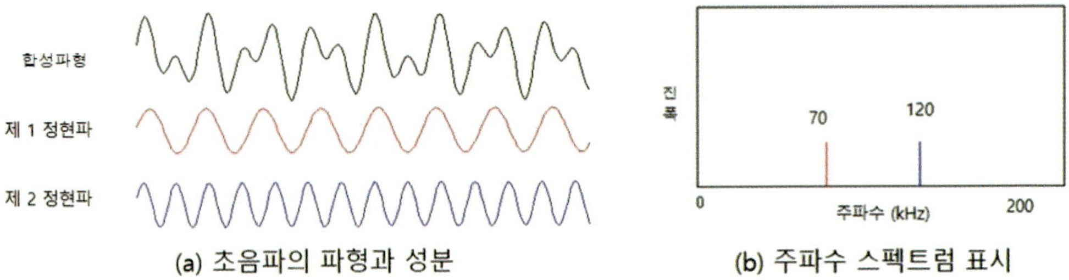

그림 5.22 푸리에 변환에 의한 주파수 스펙트럼 분석의 예

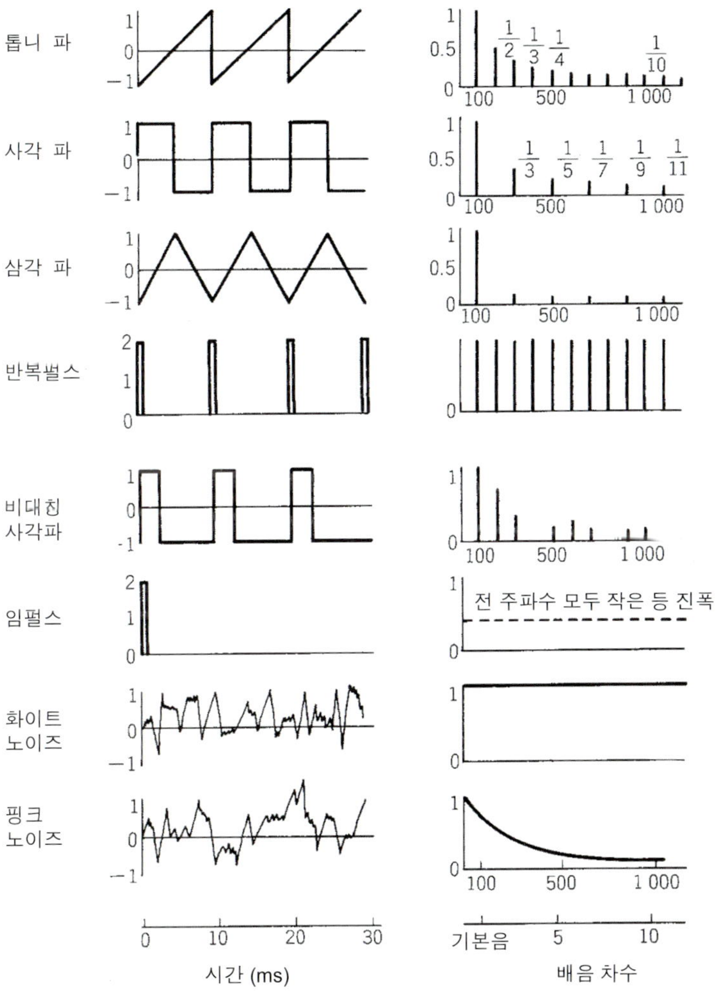

그림 5.23 대표적인 파형의 주파수 스펙트럼

때로는 특정 주파수 영역만 관찰하거나, 관심 주파수 영역 외의 성분을 제거하고 관찰하여야 하는 경우가 있다. 주파수 필터(frequency filter)를 사용하면 측정신호의 일정 범위 주파수성분을 차단하고, 나머지 부분만을 통과시킬 수가 있다. 차단하는 주파수를 차단 주파수(cut-off frequency)라 한다. 필터는 그림 5.24에 표시한 것과 같이 (a) 저역(통과)필터(low-pass filter), (b) 고역(통과)필터(high-pass filter), (c) 대역통과필터(band-pass filter)로 나눌 수 있다. 저역필터에서는 주파수가 낮은 성분은 그대로 통과시키고 높은 성분은 차단한다. 그 특성은 그림 5.24(a)의 좌측과 같이 주파수-이득(gain) (출력파형 진폭/입력파형 진폭) 곡선으로 표시된다. 그림에서 점선 위치 A, B, C에서의 주파수성분을 가지는 정현파가 입력되었을 때의 출력파형의 크기를 우측 그림에 나타내었다. 고역필터, 대역통과필터에 대해서도 그 특성곡선과 입출력 파형의 모양을 그림 5.24(b ~ c)에 표시하였다.

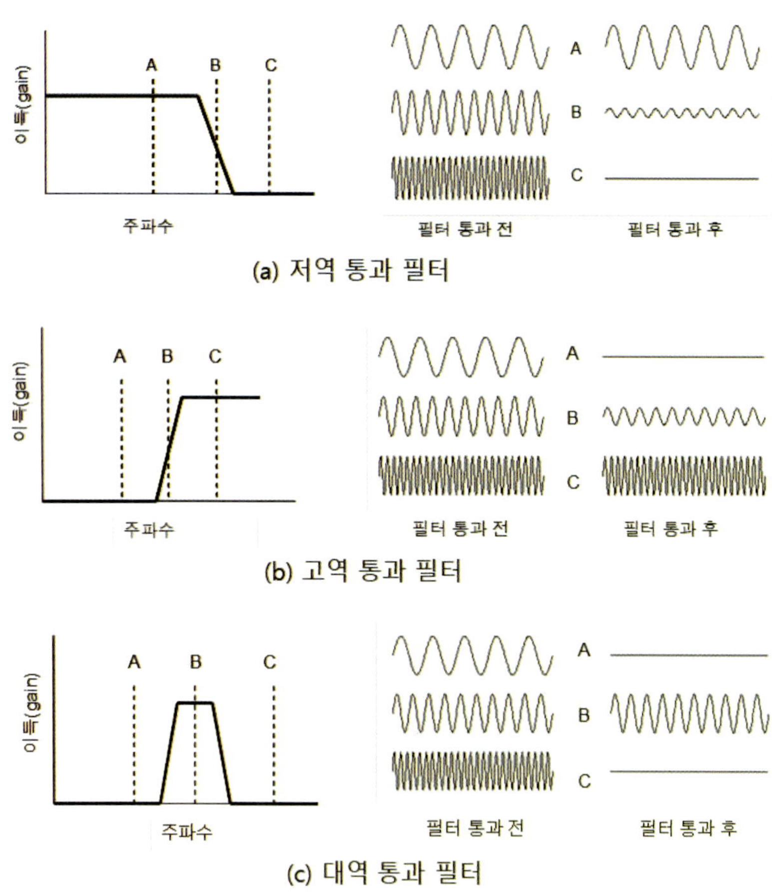

그림 5.24 필터의 종류와 특성

파형의 주파수분석은 일반적으로 초음파 측정 장치의 주파수 분석기에 의해 이루어진다. 초음파 센서를 통해 전기적으로 변환된 초음파 신호는 연속적인 아날로그 형태를 가지고 있으나, 컴퓨터를 이용한 연산을 위해 디지털화 되면서 이산된(discretized) 형태로 변환된다. 이산화 과정에서 연속된 아날로그 신호는 일정 시간 간격을 가지고 샘플링(sampling)된다. 푸리에 변환의 디지털 연산 방법으로는 이산 푸리에 변환(Discrete Fourier Transform, DFT)과 고속 푸리에 변환(Fast Fourier Transform, FFT)이 있다. FFT는 DFT와 동일한 연산을 특수한 알고리즘으로 고속화한 방법인데, 변환에 사용하는 데이터의 개수를 $2^{10} = 1{,}024$와 같은 2의 정수 승으로 처리해야 한다. 한편, 식 (5.28)에 나타낸 푸리에 변환의 적분구간과 같은 무한히 긴 데이터를 사용할 수 없고, 한정된 시간 신호를 이용해 변환을 해야 하기 때문에 이론적인 푸리에 변환의 결과와는 차이를 가질 수밖에 없다. 이는 현실적으로 피할 수 없는 것이며, 주파수 스펙트럼 분석을 할 때 이러한 사항에 대하여 이해하고 살펴보아야 한다.

초음파는 가청주파수 영역보다 높은 영역에 존재하기 때문에 사람이 직접 들을 수는 없다. 사람이 듣기 위해서는 가청주파수 영역으로 변환시켜야 하는데, 이를 헤테로다인(heterodyning)이라고 한다. 헤테로다인의 원리는 일상생활에서 접할 수 있는 라디오를 통해 소리를 듣는 것과 같은 원리를 갖는다. 라디오 신호는 사람의 소리 신호를 방송국에서 고주파의 신호에 변조(modulation) 시켜 보내고, 라디오 수신기에서는 이를 다시 복조(demodulation)시켜 사람이 듣게 되는 것이다. 즉, 헤테로다인은 복조를 시키는 것과 같은 원리이다. 특정 주파수 성분의 신호가 있을 때, 이를 다른 주파수의 신호를 섞어서 원래 주파수에서 다른 주파수로 변경해줄 수 있다. 예를 들어 8 kHz 신호에 6 kHz 신호를 섞으면 이 둘의 합인 14 kHz 와 차인 2 kHz의 신호가 생긴다. 이런 식으로 주파수를 높이거나 낮추는데 사용된다. 이를 수학적으로

$$\sin(2\pi f_1 t)\sin(2\pi f_2 t) = \frac{1}{2}\cos[2\pi(f_1 - f_2)] - \frac{1}{2}\cos[2\pi(f_1 + f_2)] \tag{5.30}$$

와 같이 표현할 수 있다. 즉, 서로 다른 주파수 f_1과 f_2를 합성하면, 우측의 항과 같이 두 주파수의 합($f_1 + f_2$)과 차($f_1 - f_2$)로 변환되는 것이다. 헤테로다인 기술을 사용하면 그림 5.25와 같이 기계의 이상상태를 가장 잘 나타내는 특정 영역(여기서는 중심주파수 (38.8 ± 2) kHz를 가지는 영역)을 인간이 들을 수 있는 가청주파수 영역(그림에서는 2 kHz 범위의 영역을 가짐)으로 옮겨서 들을 수 있는 것이다.

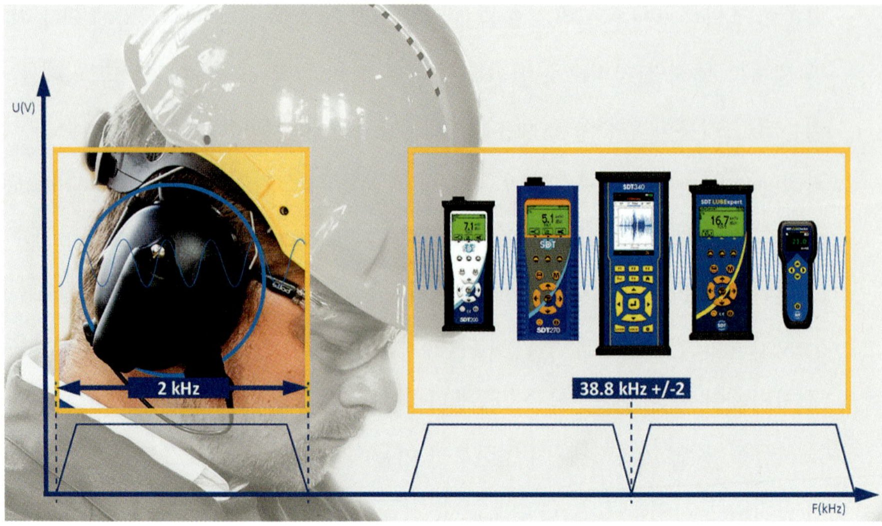

그림 5.25 초음파 영역 신호의 헤테로다인 기법을 이용한 가청주파수 대역으로의 변환

초음파 헤테로다인 변환기는 그 구성이 간단하여 현장에서 사용하기가 용이하고 전기적인 신호에 대한 간섭이 없기 때문에 여러 산업 설비의 진단 분야에서 사용되고 있다. 초음파 헤테로다인 변환기는 그림 5.26과 같이 신호 수집부, 주파수 변환부, 증폭기, 검파기, 저주파 증폭단으로 이루어진 기본 구성을 가진다. 입사된 고주파 신호와 별도로 마련한 발진기의 신호 출력을 혼합하여 혼합 주파수로 만들고, 그 혼합 주파수를 검파기에 가하여 가청주파수 영역대의 신호를 출력할 수 있다. 이 저주파 신호는 마지막 단에서 증폭된 후 헤드폰 출력 및 미터 회로로 전송된다. 이때 믹싱으로 인해 4개의 출력 주파수(입사 초음파 주파수, 발진기 신호 주파수, 두 주파수의 합, 두 주파수의 차)가 발생된다.

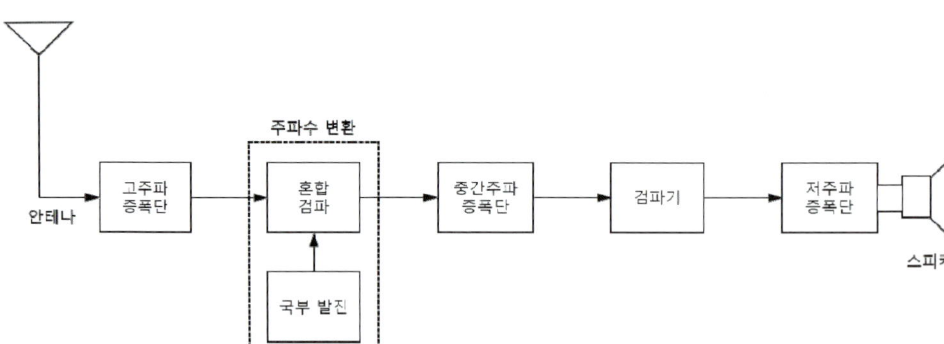

그림 5.26 초음파 헤테로다인 변환기의 구성

초음파 헤테로다인 변환기를 이용한 설비의 이상 진단의 한 예로 전기적 이상이 있을 때 발생하는 코로나, 트래킹, 아킹 등을 감지할 때에는 다음과 같은 방식으로 진행될 수 있다. 먼저 가장 큰 소리가 들리는 방향을 탐지하여 변환기의 방향을 설정하고 감도 다이얼을 적절하게 조절하여 이때의 레벨을 기록표에 기록하면 된다. 이와 같이, 초음파 헤테로다인 변환기는 감도를 조절하여 초음파 발생 음이 최대가 되는(설비의 이상이 발생하는) 위치를 탐지하기 위해 사용된다. 그러나 초음파 헤테로다인 변환기에서 측정한 음을 듣고 판정하는 방법은 개개인의 주관적인 반응에 따라 달라지며 소리를 듣고 판별하기 매우 어려운 경우가 있는 문제점 또한 존재한다.

5.5 기계 설비에서의 초음파 검사

5.2절에서 기계설비에서 발생하는 주요 초음파 발생원과 그 원리에 대해서 살펴보았다. 이 절에서는 각각의 발생원의 구체적인 현상을 통해 초음파 검사를 수행하는 방법에 대해 살펴보도록 한다. 먼저 난류를 발생시키는 누설(leakage)에 대해서 살펴보고 이를 초음파로 탐지하는 방법에 대해 설명한다. 그리고, 전기적 이상의 여러 현상에 의한 초음파 신호의 특성을 살펴보고, 대표적인 기계설비 부품 중 하나인 베어링의 초음파 검사기법에 대해 소개한다. 마지막으로, 이러한 초음파 검사의 신뢰성을 높이고 양질의 데이터 관리를 할 수 있는 경향관리 방법에 대해 살펴본다.

5.5.1. 누설(누출) 탐지 (leak detection)

일반적으로 모든 종류의 누설은 소리를 방출한다. 그 소리의 주파수는 누설이 발생한 크기나 방출되는 매질의 속도에 따라 높아지거나 낮아질 수 있다. 가스 누설에 의해 발생되는 소리는 인간의 귀가 감지하기 어려운 높은 초음파대역의 소리를 포함한다. 따라서 초음파를 이용한 누설 탐지 장비를 이용하여 기계시스템의 많은 분야에서 발생하는 누설들을 검출할 수 있다. 공기기인 혹은 구조기인 초음파 장비를 이용해 탐지할 수 있는 누설들은 여러 가지 요소들의 영향을 받게 되는데, 난류, 구멍(오리피스, orifice)의 형상, 유체의 점성(viscosity), 압력 차이(pressure differentials), 누설까지의 거리, 접근성, 주변 초음파 잡음, 방향성 등이 있으며, 이러한 요소들의 영향을 고려하여 측정하는 것이 중요하다. 초음파 누설 탐지 방법은 특히 높은 압력의 기체나 가스를 담고 있는 배관, 압력용기, 플랜지 등의 누설 탐지에 효과적으로 사용할 수 있다.

가압 기체나 압축공기를 사용하는 설비에서 누설이 발생하면 초음파가 발생하는 것으로 알려져 있다. 일반적으로 유체는 고압에서 저압으로 이동하기 때문에 배관이나 탱크에 균열이나 구멍 같은 누설이 발생되면 그 부분을 통하여 유체가 빠져나오게 된다. 이때 그림 5.27과 같이 유체가 균열이나 구멍을 통과하면서 빠져나올 때 난류 유동이 발생되면서 초음파가 발생된다. 공기기인 초음파 장비를 이용하여 누설을 탐지하기 위해서는 해당 누설에서 초음파를 발생시킬 수 있는 난류가 발생해야 한다.

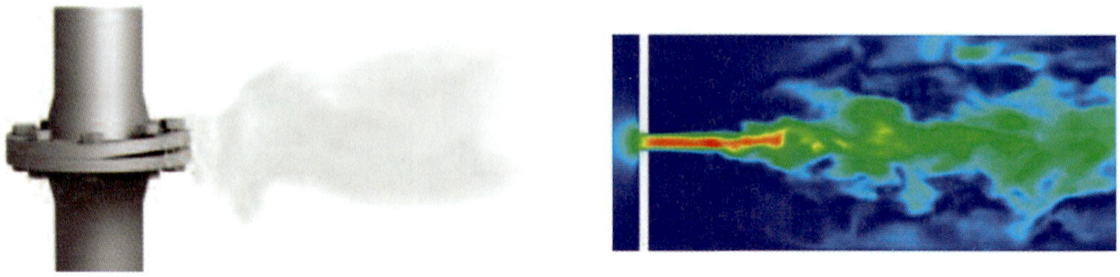

그림 5.27 누설에 의한 난류 발생 예

기본적으로 구멍의 크기와 상관없이 부드러운 형상을 가진 구멍은 들쭉날쭉하고 거친 면을 가진 구멍만큼 난류를 발생시키지 않는다. 가장자리가 고르지 않은 구멍은 유체의 흐름에 영향을 끼치며 이는 더 많은 난류를 만들어낸다. 구멍을 통한 누설은 압력차가 생성될 때 어떤 가스의 흐름을 허용하게 되는데, 구멍의 크기는 누설 탐지성에 영향을 미치는 요인이며 압력이 높을 경우 상당한 거리에서도 공기 중 초음파를 통해 감지할 수 있다. 따라서 구멍을 통한 누설의 감지 가능성은 구멍의 크기 및 형상, 누설 압력의 세기 그리고 측정 거리에 따라 달라진다. 대부분의 누설 탐지 시험을 수행함에 있어 압력의 차이가 발생한다는 것은 매우 중요한 부분이다. 압력 차이는 누설에 의해 가스가 새어 나가면서 발생되며 이때 유량은 절대 압력의 제곱의 차이에 비례하여 변화하는데 압력의 차이가 크면 일반적으로 난류가 더 잘 발생된다. 따라서 비접촉식 초음파 누설 검사를 수행할 때는 누설 전체에 작용하는 주어진 압력 차이를 확인하고 점성 흐름을 고려하는 것이 중요하다.

유체의 점성은 유체의 내부 마찰의 척도로서 유체 흐름에 대한 저항을 나타낸다고 말할 수 있다. 예를 들어 물과 증기의 점성을 비교한다면 점성이 높은 물이 흐름에 대한 저항이 공기보다 크게 나타난다. 따라서 같은 압력일 경우 공기의 누설이 물이나 기름이 새는 것보다 더욱 많을 것이다. 유체의 점도가 높지만 압력이 충분하지 않아 난류 누설이 발생하는 누설이 있을 경우

이를 이해하는 것이 중요하다. 따라서 오일, 물과 같은 유체의 누설이 발생할 경우, 유체를 기체로 변경한다면 누설 위치를 보다 쉽게 찾을 수 있으며 유체의 점성에 따라 누설 탐지 가능성을 고려하여 시험을 계획하고 수행하여야 한다.

초음파 누설 탐지를 수행할 때 거리가 너무 멀다면 5.2.2절에서 설명한 역제곱 법칙에 의해 초음파의 크기가 약해져 정확한 누설 탐지 결과를 얻기 힘들다. 따라서 누설 위치까지의 접근성이 중요한 요소가 될 수 있다. 안전이 확보된 경우 누설의 위치에 가깝게 접근하는 것이 정확한 측정 결과를 얻을 수 있는 방법이다. 만약 누설 위치가 여러 가지 장애물이나 벽으로 막혀 있다면 방출되는 누설이 장애물이나 벽에 부딪혀 굴절되거나 반사되는 경향이 발생한다. 이러한 굴절이나 반사 현상은 진단기술자가 정확한 누설 위치를 추적하는데 어렵게 만든다. 초음파의 굴절(ultrasound deflection)은 누설의 위치를 찾기 위해 주의해야하는 특성이다. 높은 방향성의 초음파는 주변의 여러 기기나 물체에 의해 굴절되거나 반사될 수 있다. 이러한 현상이 발생하는 위치는 초음파 측정기를 통해 읽거나 들을 때, 주변에 비해 크게 발생하므로 이 위치를 누설 위치로 오인할 수 있다. 이러한 오류를 피하는 방법은 눈으로 직접 확인하여 누설이 발생할 수 없는 위치인지 확인 후, 초음파의 굴절이 발생할 수 있는 각도를 감안하여 주변을 다양한 각도에서 스캔하는 것이다. 혹은, 초음파가 굴절되어 올 수 있는 경로를 임의의 보조 물체 등을 가지고 막아서 측정기 값이나 청취하는 소리가 작아지는 것을 확인하는 방법도 있다.

초음파 발생에는 많은 요소가 영향을 미칠 수 있어서, 특정 크기의 누설이 초음파를 발생시킨다고 절대적으로 얘기할 수 없다. 이는 특히, 미세하게 누설이 발생하는 경우가 더 그러하다. 또 다른 문제는 누설에서 발생된 초음파가 음을 흡수하는 재료들에 의하여 흡수되는 문제이다. 이러한 문제들을 최소화하기 위하여 누설의 발생 위치 근처에 최대한 접근하여 측정하는 것이 중요하다. 또는 초음파 누설 탐지 장비의 측정 성능을 향상시킬 수 있는 장비(도파관, 포물면 집속판, 유연 프로브)의 도움을 받는 방법도 사용할 수 있다.

일반적으로 초음파 대역의 신호는 5.3절에서 살펴본 것과 같이, 초음파 변환기의 크기에 비해 파장이 작아 높은 지향성을 보이는데, 주파수가 높아질수록, 초음파를 발생시키는 지점의 면적이 커질수록 원거리에서의 지향성은 높아진다. 따라서 누설이 되는 지점을 잘 찾기 위해서는 초음파 측정기를 잘 위치시키는 것이 필요하다. 실제로 누설이 어디서 발생하는지 알 수 없기 때문에 누설 위치를 찾기 위해서는 의심지역을 전체적으로 스캔하는 것이 필요하다. 영역을 스캔하면서 측정되는 신호의 크기를 보거나 들으면서 진단기술자는 초음파를 발생시키는 위치를 찾아갈 수 있다. 초음파는 이를 발생시키는 지점에서 가장 크게 발생하고 높은 방향성을 갖기 때문에, 전체 영역의 스캔과 함께 측정기를 다양한 각도로 향하게 하는 것이 정확한 위치를 찾는데 도움이 된다.

방향성이 높은 초음파의 특성 상, 접촉식 초음파 측정방법이나 초음파카메라 장비를 사용하는 방법에 비해 1채널 비접촉식 초음파 측정방법을 사용할 경우 정확하게 초음파 발생 위치를 추적하는데 어려움이 발생한다. 따라서 원활한 측정을 위해서는 측정하고자 하는 영역의 전체적인 부분을 먼저 스캔하고 결함이 의심되는 부위를 좁혀가면서 측정하는 방식(Gross to Fine, 이하 GtF로 표기)의 시험방법이 필요하다. GtF기법은 다음의 절차를 따라 진행하는 것을 권장한다.

(1) 감도를 최대로 하여 측정을 시작한다.
(2) 감도를 낮추어 가며 누출 후보 지점으로 가까이 접근하며, 가장 크게 소리가 들리는 곳을 찾는다. (필요 시 집속 모듈 사용)
(3) 의심되는 전체 영역에 대해서 스캔한다.
(4) 이동 중, 각 거리에서 누출 방향을 찾을 수 없다면, 감도를 높여 가장 크게 소리가 나는 곳으로 이동방향을 정한다.

이러한 방법으로 누출 발생 예상 지점을 전체적으로 알맞게 스캔하게 되면, 누출 발생 지점을 좁혀 검사하면 누출 지점을 정확히 찾아내는데 도움이 될 수 있다. 이동 시에는 주변의 환경을 면밀히 살펴 혹시 작업자에게 위해가 되는 요소가 없는지 확인하여야 한다.

이러한 누출 탐지 기법은 고압가스나 압축공기를 사용하는 시스템의 배관 또는 플랜지에서 발생하기 때문에 이러한 설비를 갖춘 산업현장에서 널리 사용될 수 있을 뿐만 아니라 진공상태의 시스템에서도 적용 가능하다. 이들 설비에서 발생하는 누출을 조기에 탐지하고 수리하는 일은 에너지 절약 및 경제적인 측면에서 매우 중요하다.

어떤 경우에는 압력을 가하거나 진공을 만들 수 없는 경우가 있을 수 있다. 이런 경우 특별히 초음파 톤 발생기(tone generator)라 불리는 초음파 발진기를 이용하는 것을 고려할 수 있다. 실제 선호되는 것은 압력을 가하거나 진공상태이지만, 초음파 톤 발생기를 이용한 것은 훌륭한 대체법이 될 수 있다. 이 기법은 발생된 초음파가 벽면에서는 반사되고, 누설 구멍이나, 잘못된 씰

(seal)이나 개스킷(gasket)을 통해서는 새어 나오는 것을 이용하는 것이다. 이 방법은 누설 여부를 판단하고자 하는 대상의 반대편 혹은 내부에 초음파 발진기를 두고서 시행한다. 발진기에서 발생된 초음파는 누설이 있는 곳을 통해서 새어 나와 그렇지 않은 곳보다 큰 초음파 신호가 측정될 것이다. 설비의 특성이나 재료에 따라서 매우 얇은 지점에서도 초음파 기진에 의해 떨림이 발생할 수 있음을 알고 특성이나 재료에 대해 파악하는 것이 필요하다.

5.5.2. 전기 이상 감지

전기기기로부터 방출되는 초음파는 매우 독특한 음향학적 특성을 가지고 있다. 잠재되어 있는 다양한 전기적 고장, 특히 코로나, 트래킹, 아킹을 식별하고 위치를 찾아내는데 초음파 검사가 이용될 수 있다. 전기적 고장은 치명적이어서 많은 복구비용이 요구된다. 이러한 이유로 전기적 이상을 식별하고 위치를 찾아내기 위한 초음파 검사기술을 통해 설비진단 및 안전 운영을 개선할 수 있다. 현장의 주요 장비는 격리되어 있어 전기 가압 중에는 내부로의 접근이 힘들다. 이런 경우에도 초음파는 좋은 선택이 될 수 있는데, 초음파는 반사되기도 하고 아주 작은 구멍을 통해서도 전달되기 때문에 외함에 둘러싸인 전원이 인가된 시스템의 부분방전(partial discharge)과 같은 이상 상태도 측정이 가능하다. 절연체, 케이블, 개폐장치, 부스바, 계전기, 접촉기, 전기 배선함 등에 일반적으로 적용되며, 변전소의 변압기 절연체와 부싱과 같은 부품을 검사할 수 있다.

공기 기인 초음파(airborne ultrasound)는 저압, 중압, 고압 시스템에 모두 사용될 수 있지만, 산업적으로는 중·고압 시스템에 주로 적용된다. 전기가 고압전선에서 이탈할 때 또는 전위차가 있는 두 전극 사이를 가로질러 흐를 때, 주위의 공기 분자를 교란시키고 초음파를 발생시킨다. 코로나, 트래킹, 아킹과 같은 전기적 이상에 의해 각각의 고유한 파형 특성을 가지기 때문에 이를 통해 판단해야 한다. 초음파 측정 기기에 따라 감도가 다를 뿐만 아니라, 시험 조건과 전압에 따라 초음파 발생 강도도 달라지기 때문에 주의해야 한다. 초음파의 강도는 방출 위치를 찾는데 사용되며, 이상상태의 가혹도와는 아무 관계가 없다는 것에 유의해야 한다. 즉, 전기 설비에서 발생하는 초음파는 음의 절대적인 크기가 아니라, 특정 현상들이 가지는 독특한 음질의 특성이 중요한 판단 기준이 되는 것을 명심해야 한다. 만약 검사요원이 전압, 측정 위치, 점검대상 장비에 따라 음질(sound quality)이 달라질 수 있다는 것을 이해하지 못한다면 부정확한 검사 결과를 초래할 가능성이 있으므로 주의해야 한다.

구체적인 현상으로 먼저 코로나에 대해 살펴보자. 코로나는 섬락(플래쉬오버, flashover)으로 발전하지 않고 주변 공기가 이온화 지점을 초과하여 스트레스를 받을 때 도체 주위에서 생기는 글로우(glow) 방전 또는 전기방전을 말한다. 전기적 스트레스가 공기의 절연값을 초과하면 절연층 사이의 공기가 충전되면서 코로나가 대지로 향하는 길을 찾는다고 알려져 있다. 이 과정에서 공기 중의 습도는 중요한 역할을 한다. 코로나에 의해 오존과 질소산화물이 형성되며, 이들이 습기와 결합할 때 질산(nitric acid)을 생성하는데, 이는 대부분의 유전체 또는 특정 금속 성분에 부식을 일으킨다. 또한 높은 에너지 때문에 기계적, 전기적 및 열적 손상을 초래하기도 한다. 공기 중 코로나가 발생하려면 반드시 임계전압인 1,000 V 이상이어야 한다. 코로나는 공기 중으로 강하게 방전되기 때문에 약간의 전류가 흐르고 열도 축적되지 않으므로 적외선으로 탐지되지 않지만 초음파로는 탐지가 가능하며, 헤테로다인된 소리의 형태로는 일정한 윙윙거리는(buzzing) 소리로 들린다.

습도는 문제의 진단 및 문제의 가혹도에 영향을 줄 수 있다. 습도가 높을수록 전기전도성이 높아지기 때문에 대기 중의 습도를 고려하여 시험을 하고, 온도, 시험결과와 함께 습도를 기록하는 것이 중요하다. 습도가 높을수록 더 심한 방전이 일어나지만, 그것이 파괴적인 코로나라는 것을 의미하지는 않는다. 경우에 따라 코로나가 높은 습도 조건에서 발생하다가 습도가 감소하면 사라지기도 한다.

코로나는 주파수 스펙트럼 분석에서 전원주파수(우리나라의 경우 60 Hz)의 반복적인 스파이크 형태의 고조파(harmonics)로 나타나는 경향이 있다. 그림 5.28에 있는 시간파형에서 볼 수 있듯이, 피크는 그들 사이에 특정 주파수 성분이 거의 없이 어느 정도 균일하게 간격을 두고 있는 것처럼 보이고, 피크의 크기도 상당히 균일하게 나타난다. 이는 보통 코로나 방전 시점은 전기적 변동의 사인파의 최저 전압에서 일정한 시간 간격을 두고 발생하기 때문이다.

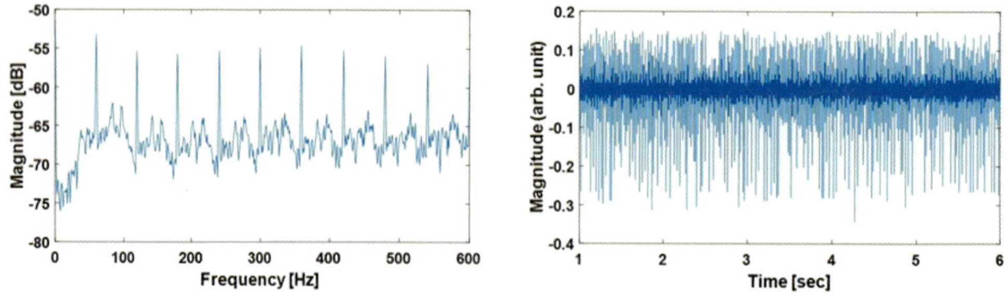

그림 5.28 코로나에 의한 초음파의 주파수 스펙트럼과 시간 파형의 예

트래킹(tracking)은 흔히 베이비 아킹으로 불리며 손상된 절연재를 통해 형성된다. 트래킹은 전압이 인가된 도체 사이의 고체절연물 표면에 수분을 많이 함유한 먼지같은 전해질 상태의 금속가루 같은 것이 부착되면, 절연물 표면의 부착물에서 소규모의 방전이 발생되고, 반복적인 방전으로 인해 절연물 표면에서 도전 통로가 점차적으로 형성되는 현상을 말한다. 오염된 표면부로 전류가 반복적으로 흐르게 되면 그 표면이 국부적으로 건조 또는 탄화 되고, 이로 인해 트래킹 현상이 발생한다.

트래킹은 조용히 시작해서 섬락에 도달한 뒤 프로세스를 다시 시작하기 위해 방전될 때까지강도가 커진다는 점에서 코로나와 다르다. 트래킹이 일어나려면 티끌, 먼지 또는 습기와 같은 오염물질이 존재하여 전기가 경로를 따라갈 수 있어야 발생한다. 이 조건에서 초기 단계 동안에는 거의 열이 발생하지 않지만 반복되면서 더 강해지면 열이 발생된다. 이런 상황이 되면 손상이 임박하였기 때문에 심각한 주의가 필요하다. 주파수 스펙트럼에서 트래킹은 조화성분이 거의 나타나지 않는다. 시간파형 분석에서는 코로나에 비해 크기가 고르지 않고, 스파이크 또는 방전이 간헐적으로 나타난다. 헤테로다인된 소리에서는 튀는(popping) 소리가 섞인 일관성 없는 윙윙거리는(buzzing) 소리를 들을 수 있다. 트래킹이 더 심해지면 더 많은 방전 이벤트가 발생하고 따라서 불균일한 간격의 좁은 피크가 더 많이 발생하게 된다.

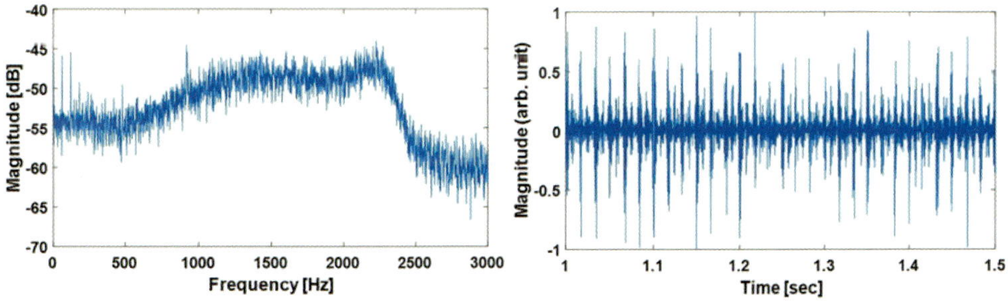

그림 5.29 트래킹에 의한 초음파의 주파수 스펙트럼과 시간 파형의 예

아킹(arcing)은 매우 급작스럽고 격렬하게 발생한다. 최대 강도에서 시작하며 매우 빠르게 끝난다. 아킹은 대지까지 높은 전류의 경로를 따라 전파하고, 종종 상당한 열을 동반하기 때문에 매우 심각한 파손이 발생할 수 있으므로 즉시 시정조치가 취해져야 한다. 모든 아크는 눈에 보이지 않는 강력한 자외선을 발생시킨다. 적은 양일지라도 눈의 망막이 파괴될 수 있으므로, 맨눈으로 절대 보아서는 안 된다. 주파수 스펙트럼에서 인지할 수 있는 특별한 패턴은 없으며 무

작위(random)적으로 발생한다. 시간파형 분석에서는 방전의 긴 지속시간 사이에 반복적이지 않는 짧고 빠른 신호를 보이며, 갑자기 발생했다가 사라지는 형태를 가진다. 헤테로다인된 소리는 짧고 격렬한 간헐적인 파열음 같이 들린다. 아킹은 트래킹보다 더 길게 지속되는 에너지 폭발과 같고, 그림 5.30의 시간 파형의 2초와 6초 근방의 지속시간이 긴 형태를 가진다. 코로나와 트래킹의 초기 단계에 들리는 윙윙거리는(buzzing) 소리는 아킹이 발생하면 마스킹(masking)되어 들리지 않고, 오직 아킹에 의한 파열음만 들린다.

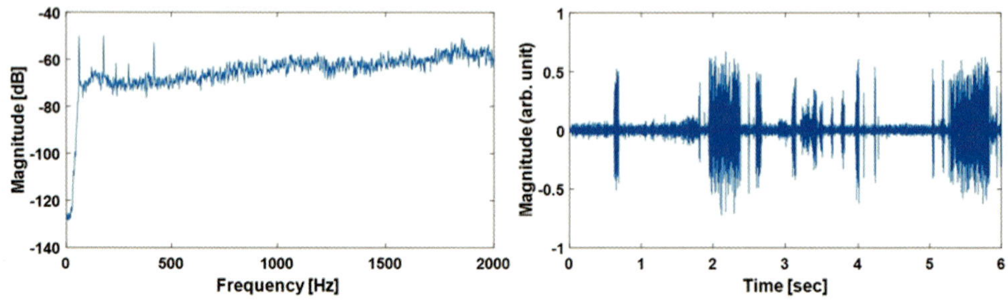

그림 5.30 아킹에 의한 초음파의 주파수 스펙트럼과 시간 파형의 예

시간영역 이미지를 검사하는 것은 일반적으로 전기적 분석의 검증 요소이다. 코로나의 경우 평균 밴드보다 큰 피크는 거의 없는 균일한 신호 밴드가 보인다. 트래킹의 경우에는 방전에 의해 생성된 피크가 평균 밴드 이상으로 확장된 것이 보이고, 아킹의 경우에는 방전과 일치하는 여러 번의 에너지 폭발(burst)이 보일 것이다. 모든 경우에 최종 결정을 내리기 전에 스펙트럼과 시간영역을 모두 검사해야 한다. 현장에서 전기적 방출 위치를 분석할 때, 전기적 이상의 종류별로 파형을 살펴보는 것이 좋다. 코로나가 가지는 주기적이며 균일한 크기의 신호와 무작위적인 특징을 보이지만 방전 발생 후 유지 시간의 차이를 가지는 트래킹과 아킹은 뚜렷이 구분이 가능할 것이다. 그리고, 진단을 위한 음질을 이해하는 것이 중요하며, 여기에는 코로나, 트래킹, 아킹의 소리 패턴의 차이를 이해하여야 한다.

5.5.3. 베어링(회전기기) 초음파 이상 진단

다양한 기계설비에 초음파 검사 기법이 적용되어 사용되고 있다. 본 개론에서 모든 설비를 다루지는 못하고, 기계설비의 중요한 부분을 차지하고 있는 베어링관련 초음파 이상 진단에 대해 살펴보고자 한다. 다양한 기계설비에 대한 초음파 검사에 대한 것은 참고문헌 [14]를 참고하기 바란다.

베어링을 이루는 전동체(ball or roller elements)와 내륜(inner race) 및 외륜(outer race)의 구름 운동으로 인해 피로파괴로 인하여 미소한 변형이 발생하기 시작하면, 전동체가 결함 표면을 지나갈 때 주기적으로 충격이 발생한다. 이러한 반복 충격에 의하여 베어링 구성 요소의 구조적 공진이 발생할 수 있으며, 해당 주파수에서 초음파 신호의 진폭이 증가하는 것을 관찰할 수 있을 것이다.

베어링은 기계 장비의 다양한 요구 사항 및 운용 환경을 고려하여 설계되며, 이 중 수명과 관련된 주요 인자는 회전 속도, 하중 및 피로이다. 베어링 요소의 피로 파괴에 의한 고장은 플레이킹(Flaking)으로 시작되는데, 전동체의 표면층과 전동체와 접촉되는 내륜 및 외륜의 표면층에 많은 피로가 누적되어 표면이 깨지거나 파인 형태와 같은 손상이 발생할 수 있다. 전동체가 이러한 균열을 지나갈 때 재료 조각이 점차 부서지는 상태를 플레이킹이라고 하며, 시간이 지남에 따라 결국 고장으로 이어진다. 또 다른 형태의 피로파괴는 파열(Spalling)의 형태로 나타나며, 파열은 전동체와 내륜 및 외륜의 접촉 영역에서 높은 응력이 발생하여 금속이 벗겨지는 균열을 지칭한다. 그림 5.30은 베어링의 각 요소에 발생한 결함을 보여준다. 그림 5.30(a)는 외륜에 발생한 파열, (b)는 볼에 발생한 파열을 보여준다. 그림 5.30(c)는 내륜 부위에 미세하지만 넓게 발생한 플레이킹을 볼 수 있다.

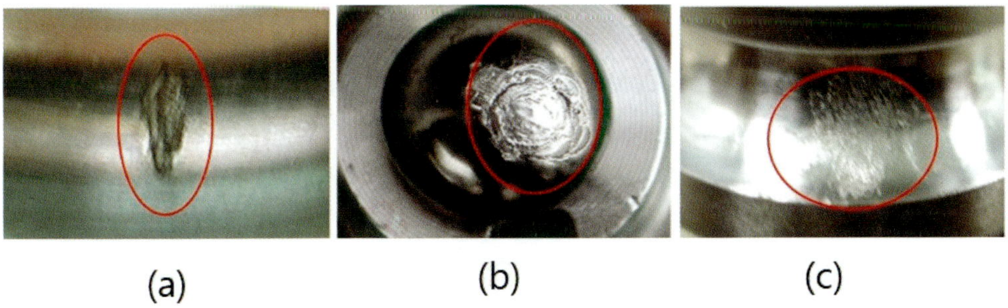

그림 5.30 베어링 각 요소 별 결함, (a) 외륜 파열, (b) 볼 파열, (c) 내륜 플레이킹

베어링의 이상진단에 널리 쓰이는 진동 기법의 경우에는, 베어링의 기하학적 형상과 운전 속도를 이용하여 베어링 각 부분 별 고장 주파수를 관찰하여 결함 발생 유무를 판단한다. 베어링의 고장 주파수 성분을 주파수 스펙트럼에서 관찰이 가능한 경우가 있지만, 미세한 결함의 경우 배경 잡음에 묻혀 관찰되지 않을 때도 있다. 이런 경우, 베어링 구조의 고유진동수(natural frequency)와 변조(modulation)되어 나타나는 고장 주파수를 관찰하면, 구조물의 공진 특성의 도움을 얻어 미세한 결함 검출이 가능하게 된다. 베어링의 구조(내륜, 외륜 또는 전동체)의 고유진동수는 가청 주파수(20 kHz) 이상의 주파수 대역에 존재하는 경우가 빈번하며, 이에 따라 변조된 신호도 초음파 신호 범위에 존재하게 된다.

초음파 대역에서 변조되어 나타난 고장 주파수 성분을 관찰하기 위한 방법으로는, 가청 소리로 변환하는 헤테로다인 기법이나 구조전달 초음파에 자주 쓰이는 포락(envelope) 분석법이다. 포락 분석은 일반적으로 고장 특성이 명확히 나타나는 주파수 범위를 선택하여 필터링(filtering)을 실시하고, 힐버트(Hilbert) 변환을 통해 포락선을 구하여 주파수 분석을 실시하는 방법이다. 이와 같은 신호처리법은 대부분의 초음파 신호 측정 장비에 구비되어 있으며, 이를 이용하여 포락 분석을 실시할 수 있다.

다음으로 대표적인 베어링 결함인 외륜 결함에 대한 초음파 발생 신호를 살펴보도록 하자. 대상 베어링은 일정 회전속도로 운전되며, 그 때의 외륜결함 주파수는 93 Hz이다. 먼저 그림 5.30 좌측의 초음파 주파수 스펙트럼을 살펴보면, 정상 베어링과 결함 베어링의 뚜렷한 차이를 찾기가 힘들다. 그러나 그림 5.30 우측의 포락선 스펙트럼을 보면, 외륜 손상 주파수 성분이 명확하게 확인되는 것을 볼 수 있다.

초음파를 이용한 베어링 검사의 주요한 대상은 베어링의 윤활 상태진단이다. 베어링의 윤활 상태가 저하되거나 혹은 과잉 공급되어 적절한 윤활조건이 지속되지 않을 경우 초음파 이상신호가 발생할 수 있다. 회전체와 베어링의 윤활 상태가 좋지 않으면 큰 마찰을 일으켜 초음파 이상 신호를 발생시킬 수 있다.

초음파를 이용한 베어링 상태진단은 다음의 네 가지 정도로 구분할 수 있다. 1) 베어링이 양호한 경우, 2) 윤활이 필요한 경우, 3) 손상 상태로 현미경/고장 전 상태(시각적 결함이 발생하기 시작하는 경우), 그리고 4) 극단적인 손상이 발생한 경우이다. 이러한 기준은 베어링의 정상 기준값에 기초한다. 즉, 기준값을 베어링이 정상인 상태의 값으로 정한다. 데시벨의 정상 기준값이 설정되면, 다음과 같은 경우 어떤 조치를 취할 것인지 결정할 수 있다.

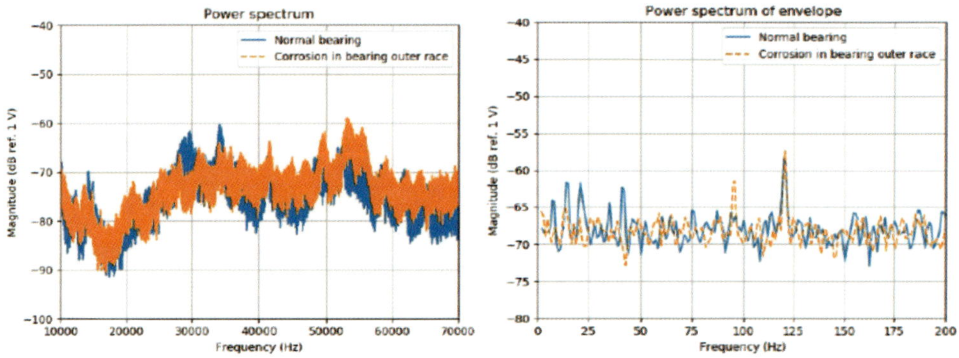

그림 5.31 구름 베어링의 외륜결함에 의한 초음파 신호와 포락해석 결과(외륜결함 주파수: 93 Hz)

(1) 손상 전 단계 (+8 dB, 기준값에서 8 dB 증가한 단계): 손상의 초기 단계이다. 베어링에 사람의 눈에 보이지 않는 발달된 미세 균열이나 미세한 반점이 생기는 단계이다. 한편 베어링을 윤활해야 한다는 신호도 될 수 있다.

(2) 손상 단계 (+16 dB): 눈에 띄는 음향 에너지의 상승과 함께 가시적인 결함이 발생한다. 또한 베어링의 온도가 상승하는 단계이며, 베어링을 교체하거나 더 자주 모니터링해야 한다. 시정조치를 위한 계획수립이 시작되어야 하며, 다른 진단기술을 활용하여 상황을 더 자세히 확인하는 것도 고려해야 한다.

(3) 극한 손상 단계 (+35 dB ~ 50 dB): 이 단계에서 급속한 파손이 시작된다. 음향 소음레벨은 매우 강렬하여 귀로 들을 수 있으며, 베어링 온도는 측정할 수 있을 정도로 상승할 것이다. 베어링 간극과 공차가 변경되어 기계설비 내부에서 추가적인 마찰(friction and rubbing)이 발생할 수 있다. 이로 인하여 다른 구성품을 손상시킬 수 있으므로 매우 위험한 단계이다. 이 단계 후반부에는 베어링과 운용 조건의 저하로 인해 간극과 공차가 느슨해져 축이 이동함으로써 고장 주파수가 사라질 수도 있다. 이 단계에서는 즉각적인 시정조치의 검토가 필요하며, 혹은 최소한 기기의 감시 빈도를 매우 빈번히 해야 한다.

진단기술자는 위의 단계구분을 참고하여 결정해야 하지만, 실제 검사 대상 기계마다 환경마다 다를 수 있음을 명심해야 한다. 어떤 조치가 취해질지, 그리고 그 조치가 언제 취해질지에 대해서는 대상장비 부품의 교체시기에 따른 경제성과 측정의 정확성을 포함하여 다각적인 판단을 내려야 한다.

5.5.4. 초음파 검사의 경향 데시벨 관리

가혹도 기준의 가장 일반적인 형태는 신호 레벨의 변동 (데시벨 차이)을 사용하는 것이다. 기계설비의 상태감시 및 진단분야에 초음파 진단을 적용하려면, 자격을 보유한 기술자, 회사, 고객 또는 제3자가 가혹도 기준을 설정해야 한다. 이러한 기준은 특정 기계설비나 구성 부품에 대한 전문적인 경험과 데이터 축적을 통해 설정되는 것이 일반적이다. 초음파 응용 분야에서는 현재 현장에서 보편적으로 사용되고 있는 가혹도 기준은 마련되어 있지 않다. 따라서 각 장비 범주와 응용 분야는 설계, 작동 조건, 기준 조건, 유지관리 및 중요도에 기초하여 설정된 가혹도 기준을 가져야 한다.

이러한 가혹도 기준은 일반적으로 데시벨 값의 증가(정량적 기준값 방법) 또는 다른 사후 처리 매개변수를 보여주는 과거 기록 데이터를 기반으로 한다. 이를 통해 성능 저하율을 설정하고, 구성 요소의 수명을 연장하기 위한 시정 조치가 취해지는 시기를 결정하는 데 도움이 될 수 있다. 베어링에서 발생하는 초음파 데시벨 값이 증가하면, 이를 줄이기 위한 시정조치로 윤활유를 공급하듯이 데시벨 값의 증가를 가혹도 기준으로 사용할 수 있다.

작동 장비의 상태감시 및 진단 · 평가를 위한 경향관리는 해당 장비의 고장 특성에 맞는 주파수에 맞추어 해야 한다. 해당 주파수의 변화 추이를 관찰함으로써 해당 장비의 상태를 파악하는 것이다. 이때, 경향관리는 선택된 주파수에서 일관되게 작업해야 한다. 사용하는 계측기는 정확하게 측정 데시벨을 표시할 수 있어야 하고, 확실한 경향관리를 위해 측정데이터 정보를 저장할 수 있는 시스템으로 구성하는 것을 추천한다. 일부 기기는 아날로그 방식으로 데시벨 값을 표시하는데, 이런 경우는 따로 관리되는 경향관리 문서에 기록을 유지해야 한다. 또한, 일부 기기는 측정기기의 신호 강도(intensity)만 표시하는 것도 있는데, 이러한 경우에는 제조회사에서 제공하는 주파수 특성 곡선(frequency response curve)을 이용하여 데시벨로 변환해서 사용해야 한다.

기계설비의 초음파 진단은 동일한 위치에서 동일한 시험 각도에서 일관성 있게 시험하고 접촉 모듈로 시험 대상자에게 동일한 압력을 가함으로써 측정 데이터의 정확성과 일관성을 유지시켜야 한다. 진단기술자는 시간이 지남에 따라 측정된 데이터의 판독값을 얻고 검사 대상 장비에 대한 기준선을 설정함으로써 정상 상태에서 조치가 필요한 상태로 변하는 시점을 알아낼 수 있다. 만약, 검사 대상 장비의 이상 또는 완전한 파손 단계의 데이터를 가지고 있다면, 이 데이터를 추적함으로써 진단기술자는 시정 조치의 과정을 계획할 수 있고 장비의 이상을 대비할 수 있는 충분한 시간을 가질 수 있다.

과거 이력을 바탕으로 경향관리를 하기 위해서는 정상일 때의 측정 데이터를 참조하고, 신호의 이상이 있을 때 기록을 해야 한다. 일관성 있는 데이터 획득을 위해서 항상 같은 거리, 같은 각도, 동일한 주파수, 동일한 감도를 가진 동일한 장비를 이용해야 한다. 경향관리를 위해 다음의 절차에 따라 측정할 것을 권고한다.

(1) 검사할 핵심 위치/시험 지점을 선택하고 지워지지 않는 페인트 혹은 마커로 표시하여 추후에도 지속적으로 같은 위치에서 측정할 수 있게 준비한다.
(2) 필요시 접촉 모듈 또는 원격 자기 변환기를 사용한다.
(3) 장비의 기계적 작동음이 분명하게 들릴 때까지 감도를 조절한다.
(4) 시험각(가능한 경우 90°)을 설정한다.
(5) 시험 주파수(대상 장비에 따라 조절, 일반적으로 30 kHz)를 선택한다.
(6) 검사 영역에서 항상 일정한 거리와 각도를 유지시키고, 필요한 경우 접촉식 변환기를 이용하여 미터기를 관찰하는 동안 헤드폰을 통해 청취한다.
(7) 측정된 데이터와 변조된 음파를 기록한다.
(8) 저장 기능이 없는 장비의 경우에는 측정환경, 음압 데시벨 값, 감도 수준, 주파수, 날짜 및 시간을 캡처한다
(9) 대상 장비에 대해 첫 측정인 경우, 정상 기준값 (normal baseline value)으로 기록한다.

기계장비의 경향을 관리하는 것은 대상 장비의 상태가 나빠지는 상황을 감지하는 훌륭한 방법 중 하나이다. 이러한 유형의 점검 방법의 기본은 기록 유지와 일관성이다. 시험 대상의 상태를 추적할 때, 정확히 같은 방법으로 일관성 있게 검사를 수행할 필요가 있다. 한 명 이상의 검사원이 검사 기법의 일관성을 잃지 않고 검사를 수행할 수 있도록 세부적으로 정립된 절차의 수립이 필요하다.

진단기술자는 측정 대상의 변화 상태에 대한 시각적인 증거를 갖기 위해 결과를 상세히 기록하거나 다양한 기법의 검사를 수행할 필요가 있다. 시험 결과를 수기로 작성할 수 있지만, 최근의 많은 디지털 기기는 데이터 관리 소프트웨어로 다운로드하기 위한 데이터 로깅 기능을 갖추고 있다. 일부 계측기는 스펙트럼 분석 소프트웨어 또는 온보드 스펙트럼 분석 프로그램을 이용하

여 측정데이터를 기록할 수 있다. 정상상태 데이터를 포함한 모든 측정 데이터 및 소리(사용 가능한 경우)는 적절한 저장장치에 보관해야 한다. 이 데이터들은 변화 추이를 관찰하고 이상 징후를 파악하는데 사용될 수 있다. 시험의 반복성 또는 신뢰성에 영향을 미칠 수 있는 변수를 보고서에 기록해야 한다. 여기에는 온도, 습도 등 시험 구역의 환경적 요인이 포함되어야 한다. 특히 실외의 경우에는 비(rain), 리벳, 잭 해머, 용접 등과 같은 예기치 못한 배경 초음파 (background ultrasound) 발생 환경에 유의해야 한다.

초음파 측정을 통해 기준값, 이전 판독값 또는 비교 차이 등과의 편차를 감지할 경우 이러한 편차를 기록해야 한다. 데시벨 값 데이터 또는 초음파 이상신호 데이터, 또는 둘 다 기록하고 가혹도를 분석한 후 후속 시정 조치를 취해야 한다. 시간 및 주파수 영역에서의 분석방법은 이상 징후의 가혹도를 결정할 때 도움을 줄 수 있다. 전형적인 결함 유형 및 평가 기준의 예는 표 5.4과 같으며, 이는 확립된 산업계 표준 및 관행 그리고 제조업체의 지침을 고려한 것이다.

표 5.4 전형적인 결함 유형 및 평가 방법

기계설비명	결함유형	평가 방법	
		신호강도의 변화(dB)	신호 분석
열교환기	누설	Yes	No
보일러	누설	Yes	No
콘덴서	누설	Yes	No
제어공기 시스템	누설	Yes	No
압축가스 시스템	누설	Yes	No
밸브	누설, 막힘, 공동	Yes	Yes
스팀 트랩	누설, 막힘, 공동	Yes	Yes
모터	기계적/전기적 고장	Yes	Yes
펌프	기계적 고장, 누설, 공동	Yes	Yes
기어/기어박스	기계적 고장	Yes	Yes
팬	기계적 고장	Yes	Yes
압축기	기계적 고장	Yes	Yes
콘베이어	기계적 고장	Yes	Yes
스위치기어	방전, 기계적 고장	Yes	Yes
변압기	방전, 기계적 고장, 누설	Yes	Yes
애자	방전	Yes	Yes
접속 배선함	방전	Yes	Yes
회로 차단기	방전, 누설	Yes	Yes
터빈	기계적 고장, 누설	Yes	Yes
발전기	기계적 고장, 방전, 누설	Yes	Yes
윤활	기계적 고장	Yes	Yes
고속 베어링	기계적 고장	Yes	Yes
저속 베어링	기계적 고장	Yes	Yes

참고문헌

[1] Giancoli, D.C., Physics for scientists and engineers (4th ed.), Upper Saddle River, N.J., Prentice Hall, 2008.

[2] Wong, George S. K., Zhu, Shi-ming, "Speed of sound in sea water as a function of salinity, temperature, and pressure", J. Acoust. Soc. Am., Vol.97(3), 1732, 1995.

[3] CRC Handbook of Chemistry and Physics (79th ed.), CRC Press, 1998.

[4] American Institute of Physics Handbook (3rd ed.), McGraw-Hill Book Co., 1972.

[5] Sound speeds and pipe size data – Installation reference, GE Infrastructure sensing, 2004.

[6] Rossing, Thomas D., The science of sound (2nd ed.), Reading, Massachusetts, Addison-Wesley, 1990.

[7] Beranek, Leo L., Ver, Istvan L., Noise and vibration control engineering-principles and applications, New York, John Wiley & Sons, 1992.

[8] Akay, A., "Acoustics of friction", J. Acoust. Soc. Am., Vol.111(4), 1525-1548, 2002.

[9] Rongxin, Y. and Weidan, L, "Study on the leak test technology of spacecraft using ultrasound", Proc. International Non-Destructive Testing Conference and Exhibition, Singapore, pp.19-21, 2013.

[10] Wang, D., Zhao, F., and Wang, T., "The ultrasonic characteristics study of weak gas leakage", Proc. IEEE International Conference on Fluid Power and Mechanics, Harbin, China, pp.681-685, 2015.

[11] Piazzetta, G. R., Flesch, R. C. C., Pacheco, A. L. S, "Leak detection in pressure vessels using ultrasonic techniques", Proc. ASME Pressure Vessels and Piping Conference, Hawaii, USA, 2017.

[12] Colombo, I. S., Main, I., and Forde, M., "Assessing damage of reinforced concrete beam using b-value analysis of acoustic emission signals", J. Mat. Civil. Eng., Vol.15(3), 280-286, 2003.

[13] http://www.acousticfrontiers.com/20131129controlled-directivity-speakers-open-up-your-acoustic-treatment-options/

[14] 문석준, 박춘수 외, ISO 18436-4 규격에 따른 기계설비의 상태와 진단(초음파 영역 I), 한국소음진동공학회 설비진단자격인증원, 2021.

[15] 김양한, 음향학 강의 – 현의 진동에서 3차원 파동까지, 청문각, 2005.

[16] ISO 29821:2018, Condition monitoring and diagnostics of machines-Ultrasound-General guidelines, procedures and validation, 2018.

[17] https://www.sonotec.eu/en/products/preventive-maintenance/applications/steam-trap-testing/

[18] https://www.onelectrontech.com/ni-multifunction-i-o-daq-devices-turn-pcs-into-data-acquisition-system/

[19] https://www.maintworld.com/Partner-Articles/Using-Ultrasound-for-Electric-Power-Reliability

[20] Harris, T. A., Rolling bearing analysis- part I (3rd ed.), New York, John Wiley & Sons, 1991.

[21] Park, C.-S., Choi, Y.-C., Kim, Y.-H., "Early fault detection in automotive ball bearings using the minimum variance cepstrum", Mech. Sys. Signal Proc., Vol.38, 534-548, 2013.

[22] Park, C.-S., Kim, Y.-H., "Time domain visualization using acoustic holography implemented by temporal and spatial complex envelope", J. Acoust. Soc. Am., Vol.126(4), 1659-1662, 2009.

06 음향방출 기반의 기계상태진단

6.1 기초 이론

6.1.1. 서론

음향방출(Acoustic Emission: AE)은 상대적으로 그 연륜이 비교적 짧은 비파괴 시험평가 기술임에도 불구하고 재료내부의 미시적 변형이나 파괴거동의 규명에서부터 대형 압력용기나 구조물의 수압시험 및 보증시험, 그리고 가동 중에 있는 원지력 발전설비나 운항중의 항공기에서의 연속감시체제에 이르기까지 매우 다양한 응용사례를 보이고 있다. 이것은 첫째로는 음향방출의 발생 과정이 극히 미세한 비가역적인 변형에 기인하는 때문이고, 둘째로는 초음파시험이나 방사선투과시험과 같은 다른 방법과 같이 피시험체에 어떤 에너지를 주입하기 위하여 인공적인 환경하에 두지 않아도 되기 때문이다. 고체 구조물 내부의 변화에 의해 발생한 탄성파(음향방출)는 물질고유의 감쇠특성에 따라서는 수십 미터나 전파된 후에도 충분히 포착할 수 있는 신호로서 존재한다. 따라서 다른 비파괴시험 검사법처럼 결함이 존재할 것으로 예상되는 부위를, 구조물 전체를 센서나 투시장치로 검사할 필요없이, 매우 큰 구조물에서도 가동상태를 유지하면서, 결함의 발생이나 성장유무를 연속적으로 관측하는 것이 가능해진다.

음향방출을 보다 실제적인 시험검사에 적용함에 있어서 가장 큰 문제점으로는, 현재까지 개발된 기술로는 음향방출의 발생원이 되는 여러가지 현상이 재료내에서 동시에 일어날 경우 이들을 서로 분명하게 구별할 수 없다는 점이다. 그럼에도 불구하고 음향방출이 재료의 특성평가에서부터 대형 구조물의 진단에 이르기까지 무한한 잠재력을 가진 것은 극도로 높은 감도 때문이다. 비교적 간단한 장치를 사용하고 압전센서를 쓸 경우 10-13 m의 미소변위나 수 mPa의 압력까지도 측정할 수 있다. 즉 원리상으로는 원자의 이동이나 전위(dislocation)의 움직임도 포착이 가능하므로 재료나 구조물에서 결함이 관측되기 훨씬 이전부터 음향방출신호가 포착되는 것이 보통이며, 이는 저주기 피로시험 등을 통하여 쉽게 입증이 된다.

근대적 의미에서 최초로 음향방출을 측정하고 응력 하에서의 재료의 변형과 연관 지어 설명한 것은 독일의 Joseph Kaiser로 1950년에 제출된 그의 박사학위 논문에서이다. 그는 통상적인 금속재료의 인장시험으로부터, 시편 내부에서 생성되는 음향 잡음의 종류와 생성과정, 주파수 범위, 그리고 응력-변형율 곡선상의 특정치와 주파수와의 관계 등을 결정하였다. 그의 이름을 따서 명명된 카이저효과(Kaiser effect)는 금속재료에서의 음향방출 발생의 비가역성을 정의한 매우 중요한 발견일 뿐만 아니라 이미 연속형 신호와 돌발형 신호를 명확히 구분하여 기술하고 있다. Kaiser에 의해 시작된 음향방출 연구는 후일 미국의 B. H. Schofield 등에 의하여 본격적으로 재료과학 연구에 적용되기 시작한다.

6.1.2. 음향방출 정의 및 발생 기구

음향방출은 통상 "고체 내에 국부적으로 형성되었던 변형에너지가 급격히 방출될 때 발생하는 탄성파"로 정의 되지만, 이와 같은 물리적 현상 자체는 물론 이 탄성파를 이용한 시험방법까지도 포함하는 넓은 의미로 쓰인다.(그림 6.1) 고체 내에서의 전위의 이동이나 미소균열의 생성 및 성장 등이 대표적인 발생원으로 알려져 있는데, 전자의 경우는 연속형 신호를, 후자의 경우는 돌발형 신호를 발생하는 것으로 알려져 있다.

그림 6.2는 대표적인 연속형 신호와 돌발형 신호의 예를 보여준다. 그러나 실제로는 음향방출의 발생원은 대상재료의 특성에 의해 좌우된다. 예를 들면 복합재료 중에서도 금속기지 복합재료(MMC)에서는 상기의 두 가지 발생원이 모두 고려될 수 있으나 고분자기지 복합재료(FRP)의 경우에는 전위에 의한 음향방출의 발생은 배제된다. 대신에 고분자기지의 균열발생, 강화섬유와 매트릭스 계면의 분리 및 마찰, 강화섬유의 절단 등이 발생원으로서 일반적으로 제시되고 있다. 금속재료에서의 발생원으로는 전술의 두 가지 외에도 쌍정이나 결정입계 이동, 그리고 비금속 개재물과 모재의 분리, 고상변태, 용융 및 응고, 자구(magnetic domain)의 이동, 성장 및 소멸 등이 알려져 있다.

한편 누설, 마찰, 기포, 발생 등은 정의 면에서는 일종의 가짜 발생원(pseudo source)에 해당되나 실제로 이를 이용하고 진단하고 평가하는 방식이 음향방출의 그것과 너무나 유사하므로 응용 면에서 음향방출 발생원으로 포함하고 있다. 다만 전형적인 음향방출 발생원은 응력을 받은 재료 내부에서의 변화로 정의되는 점에서 엄연히 구분되어야 한다.

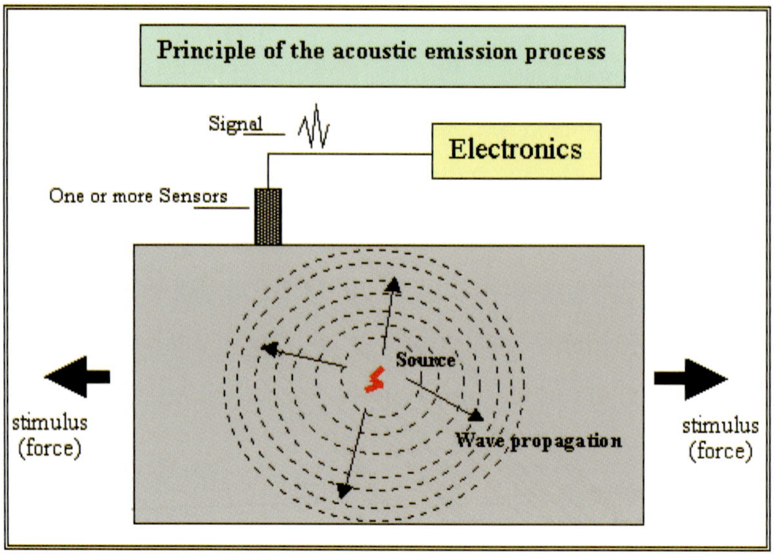

그림 6.1 음향방출 기술의 원리

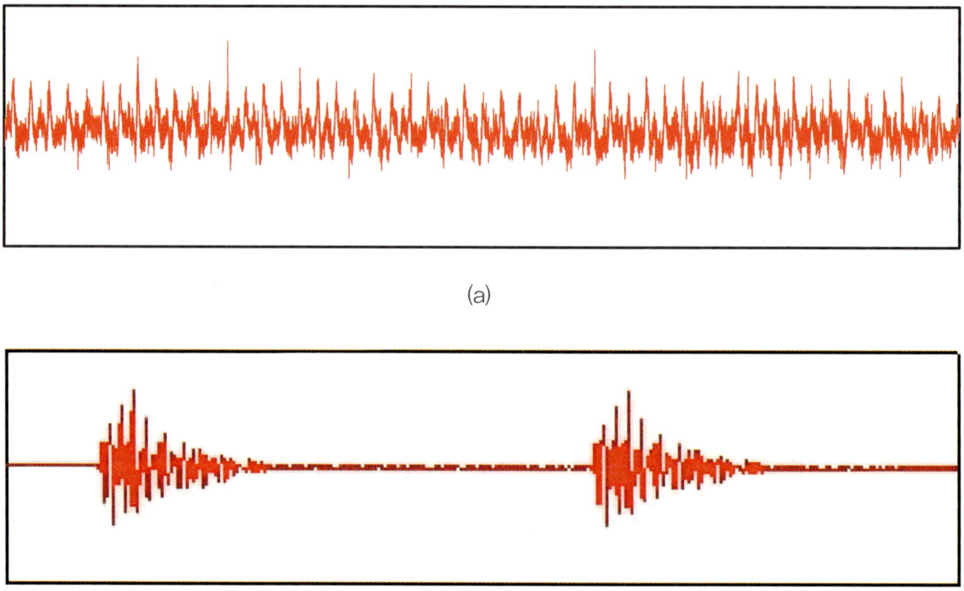

(a)

(b)

그림 6.2 대표적인 AE 신호의 유형: (a) 돌발형 신호 (b) 연속형 신호

음향방출은 파동 현상의 일종이고, 재료 또는 구조의 특성이나 현상을 규명하기 위해서는 일정한 거리를 전달된 파동을 측정하고 해석해야 한다. 이때 가장 기본이 되는 파형 인자는 주파수

와 진폭이다. 표 6.1에는 음향방출 신호의 진폭에 영향을 미치는 재료의 특성 또는 현상의 종류를 나열하였다. 물론 다른 조건들은 일정하다는 전제하에서 일반적 경향이므로 포괄적으로 이해를 돕는 지표로 간주될 수 있을 따름이다. 여기서 음향방출의 속성 중에서 단점으로 작용하는 사실을 생각해 보면 다음과 같다. 첫째는 음향방출 신호의 발생은 예측할 수 없으며 순간적(transient)이라는 점이다. 따라서 신호대 잡음비(Signal to Noise Ratio: SNR)의 향상에 효율적인 수단이 드물며, 상대적으로 고성능의 측정기기가 필요해진다. 둘째로 더욱 치명적일수도 있는 것으로 균열의 발생과 성장 등 우리가 알고 있는 어떤 발생원이라도 언제나 음향방출을 생성한다는 보장이 없다는 점이다. 이것은 음향방출이 발생하기 위해서는 국부적으로 형성되었던 에너지가 결함을 형성하는 표면에너지나 열에너지로 전부 소모되지 않고 그 일부가 탄성파의 형태로 방출되어야 하는 까다로운 조건을 만족해야하기 때문이다.

음향방출이 재료 내부의 국부적인 영역의 해소과정에서 자발적으로 방출되는 초음파인 점은 이미 언급하였다. 음향방출의 발생원이 되는 국부적 불안정 영역의 실체를 상세하게 살펴보면 다음과 같다. 고체 내에서 하나의 미소균열이 발생한 경우에 균열 표면은 외부하중에 의한 응력을 해소하는 방향으로 움직일 것이며, 바로 이 과정이야 말로 고체 내부에 형성된 국부적인 에너지를 방출하는 과정이다. 에너지 방출의 한 형태로서 발생한 탄성파, 즉 음향방출은 고체 내부를 자유롭게 이동하지만 표면 또는 계면에서는 반사와 더불어 모드 변환도 일어나게 된다. 탄성파의 전파는 고체 내에 균열이 형성되고 형상의 변화가 발생할 수 있게 함으로써 결국 새로운 평형 상태를 이루게 한다. 이론적인 계산에서는 완전 탄성체를 가정하지만 그렇다면 탄성파는 무한하게 전파 가능하고 역학적 평형상태는 끝내 얻어질 수 없다.

실제 재료에서는 파동에너지의 일부가 열에너지로 바뀌는 현상, 즉 흡수(absorption)가 일어나서 파동은 소진되고 새로운 평형상태가 얻어진다. 미시적인 발생원에 대한 정확한 이해는 관심의 대상인 여러 가지 신호들 사이의 유사성과 차이점을 구별할 수 있는 바탕이다. 특히 어떤 고체의 표면변위를 유발할 수 있는 미시적 발생원으로는 전위의 이동, 미소균열의 생성과 성장, 마르텐사이트 변태와 같은 예를 들 수 있다.

표 6.1 음향방출 신호의 상대적인 크기에 영향을 미치는 주요 인자

음향방출 신호의 진폭을 증가시키는 인자	음향방출 신호의 진폭을 감소시키는 인자
높은 강도	낮은 강도
높은 변형율	낮은 변형율
낮은 온도	높은 온도
이방성	등방성
비균질성	균질성
두꺼운 단면	얇은 단면
취성파괴	연성파괴
재료내의 불연속들	불연속이 없는 것
마르텐사이트 변태	확산에 의한 상변태시
균열의 성장	소성변형
주조 제품	단조제품
큰 결정 입도	작은 결정 입도
기계적으로 인가된 비틀림	열적으로 인가된 비틀림

6.1.3. 마찰 · 마모 시의 음향방출 발생 기구

6.1.3.1. 마찰이론 및 마찰시의 음향방출 발생원

본 절에서는 기계상태진단에서 대표적으로 발생할 수 있는 마찰 및 마모 시 발생하는 음향방출 발생 기구에 대해 좀 더 자세히 알아보고자 한다.

일반적으로 마찰이란 접촉하고 있는 물체가 외력을 받는 상태에서 상대물체의 표면을 따라 상대운동을 할 때, 또는 상대운동을 하려고 할 때 그 운동을 방해하는 방향으로 저항하는 힘이 접촉면의 접선방향으로 발생하는 현상으로 정의된다.

마찰의 발생 기구에 대해 많은 여러 가지의 이론으로 설명이 되어 고 있지만 근본적으로 마찰은 표면 돌기의 변형, 단단한 돌기부분이나 또는 마모입자에 의한 플라우잉(plowing) 작용, 그리고 응착(adhesion)에 기인한다고 가정된다. 이 중 대표적인 것으로 응착이론과 연삭 또는 플라우잉(plowing) 이론을 들 수 있다.

결국 마찰의 일반적 진행과정을 살펴 보면 마찰은 표면돌기 사이의 직접적 접촉에 의해 발생하

며 이에 따라 형성된 미시적 접촉부위의 접합과 분리 과정이라 볼 수 있다. 이 미시적 접촉점들이 형성되고 분리되는 과정에는 다음과 같은 단계를 거치게 된다. 즉 탄성변형, 소성변형, 접촉경계면의 응착, 응착된 접합점의 전단, 표면막의 파괴, 경한 표면돌기에 의한 연삭 등의 과정이 이루어 진다고 볼 수 있다.

따라서 AE 발생원에 대한 관점에서 표현을 해보면 고체 표면층에서의 마찰과정이란 이들층을 재형성하는 미시적 및 거시적인 과정이 발생하게 되는데 즉 소성 변형량(plastic strain), 미세 크랙과 크랙의 생성 및 전개, 상 변태, 응착 결합의 생성 및 파괴 등 이 모든 물리-기계적 그리고 화학적인 과정 모두가 AE의 발생원이 된다. 그러므로 대부분의 경우에 마찰에서의 AE 발생원이란 고체의 변형과 파괴와 같은 위의 과정에서 발생될 것이다.

Sarychev에 의하면 기존 연구 결과로부터 마찰 시 발생하는 AE의 거시적인 발생원(macro-source)의 가정으로 다음의 내용을 선정하고 있다.

- 거칠은(coarse) 표면을 가진 마찰체의 미세 돌기의 탄성 상호작용
- 경계윤활조건의 실험 상태에서의 금속간 표면의 마찰에 관계되는 AE 신호
- 마찰 표면 요소의 소성 변형
- 마찰 저감 코팅(anti-friction coating)의 파괴와 관련된 AE
- 고체의 응착마모 및 코팅 파괴에 기인한 것으로 표면요소의 취성파괴 및 미세절삭

6.1.3.2. 마모이론 및 마모시의 AE 발생원

마모란 두 개의 고체표면사이의 상대적인 미끄럼 운동의 결과 고체의 표면으로부터 그 물체의 일부가 떨어져 나가는 것으로 정의되며 상호작용하는 물체의 형태, 환경, 하중조건, 미끄럼 상태에 의해 그 특성이 달라진다고 알려져 있다.

기본적으로 모든 형태의 마모 현상은 두 표면 사이의 상호작용으로 나타난다는 점에서 본질적으로 유사하며, 각각의 마모과정에서 두 표면 중 하나가 다른 표면에 수직 또는 접선 하중을 가하는데 이 표면작용 하중은 표면층을 탄소성적으로 변형시키고 계속 반복적 하중 작용의 결과로 마모입자를 생성시키게 된다. 마모 생성기구에 대한 이론은 매우 다양하나 이들 중 중요한 마모 생성기구인 응착 마모, 판상박리마모, 연삭마모에 대해서 간단히 설명하고 이들과의 AE 발생원과의 관계를 알아보고자 한다.

1) 응착마모

응착마모는 상대 표면에 있는 원자들이 서로 가까이 접촉하게 될 때 형성되는 강력한 응착력에 기인하는 것으로 알려져 있다. 미끄럼이 생길 때 한 표면에 있는 작은 영역은 다른 표면의 유사한 영역과 접촉하며, 비록 작지만 유한한 확률로 이 접촉부위가 분리되는데 이때 분리가 일어나는 곳은 원래의 경계면에서가 아니고 두 물체중의 한 물체의 내부이며 재료의 파괴에 의해서 발생한다. 이때 한 표면에서 분리된 입자들은 처음 다른 표면에 달라붙게 되나 나중에 이 입자들은 이들이 생성된 원래의 표면으로 다시 되돌아가거나 혹은 자유로운 마모입자를 형성하게 된다.

Hanchi에 의하면 금속간 마모 실험에서 주로 저하중 조건의 경우에 발견된 현상으로서 마모입자의 발생이 없이 상대면에 마모입자가 달라붙어 있는 것을 관찰함에 의해 전형적인 응착 마모 형태의 파손 특성이 존재함을 보고하였다. 즉 여러 종류의 금속 시편을 사용했을 때 가벼운 마모 상태에서는 이 응착마모 현상이 대부분의 시편에서 발생하였으며 심각한 마모 상태로 진행됨에 따라 플라우잉 작용과 연삭마모 현상이 나타남을 관찰하였다. 즉 이들 현상과 AE 신호의 분석을 연관시켜 마모 과정의 천이 현상 및 마모 발생기구의 뚜렷한 차이를 해석하였다.

2) 판상박리마모

판상박리마모 이론은 응착마모 이론으로 설명이 되지 않는 많은 부분에 대한 의문의 제기로부터 Suh에 의해 접근이 시도된 이후로 많은 연구 결과를 종합하여 그 이론을 완성하였다고 볼 수 있다. 이 이론에 의한 마모의 생성 기구를 간단이 요약하면 다음과 같다.

i) 반복 하중에 의한 연한 표면의 돌출부가 평면화, 경한 표면의 돌출부가 연한 표면을 긁음에 의해 반복 하중 경험

ii) 소성전단 변형 유발

iii) 하부표면에서의 균열, 표면 균열은 억제

iv) 반복 하중에 의한 균열의 진행

v) 균열이 표면과 만나면서 길고 얇은 판형 마모입자를 생성시켜 박리

Suh에 의해 설명이 되었던 것처럼 재료는 표면의 돌기 접촉에 대해 크게 두가지 기본 반응으로서 표면 및 하부표면의 박리와 고체의 파괴를 들 수 있는데 이 두 현상은 AE의 발생원

으로서 입증이 되었다. 미끄럼 접촉에서의 마찰·마모에 관련된 추가적인 AE 발생원으로서는 크랙(crack)의 발생 및 전파, 돌기 충돌 및 마모입자에 기인한 순간적 충격, 경계면에서의 달라붙음(stick-slip)에 의해 야기되는 미세진동 등을 포함할 수 있다. Jiaa는 금속간 마모실험에서 마모의 초기 미끄럼 단계에서는 대부분의 소실 에너지가 돌기에 의한 표면의 플라우잉 작용에 기인한다고 하였으며 정상 상태 단계에서는 박리마모가 가장 지배적인 마모기구임을 주장하였다. 여기서 발생하는 플라우잉 현상도 박리마모에 의해 생성된 마모입자가 두 표면 사이에 존재함으로써 이루어진다고 설명하였다.

3) 연삭마모

연삭마모의 형태는 경하고 거친 표면이 상대적으로 연한 표면을 긁으면서 미끄러질 때 표면에 흠을 내거나 제 삼자의 경한 입자가 미끄럼 표면 사이에 유입되어 양쪽의 재질 표면을 연삭하는 과정을 말한다. 즉 경하고 거친 표면에 의한 연삭을 두 물체간 연삭마모(2-body abrasion)라 하고 경하고 연삭성이 있는 입자에 의한 연삭을 삼자간 마모(3-body abrasion)라 부른다.

연삭마모의 흥미있는 특성 중 하나인 입자 크기에 대한 마모율의 의존성인데, 수 많은 연구결과에 의해 입증된 바와 같이 특정한 임계 입자 크기까지는 마모량이 급격히 증가하나 그 이후부터는 서서히 증가하는 현상을 나타낸다. 또한 입자의 크기가 1 μm 보다 적은 경우에는 마모의 발생이 더 이상 연삭마모의 발생기구와는 관계가 없어지며 차라리 판상박리마모기구의 형태로 접근하기 시작한다는 사실을 발견하였다.

Filatov는 금속의 연삭마모에 대한 논문에서 실험의 형태를 연삭마모 생성기구에만 관점을 두고 연삭 입자의 크기를 변화시킴으로써 마모입자의 크기를 달리하는 방식으로 하였으며, 그 결과 재료에서의 어떤 양만큼의 마모에 의한 붕괴에서 발생된 AE 펄스의 수는 생성된 마모입자의 표면적에 비례함을 밝혔다. 그리고 미끄럼 표면 손상 event의 불연속성 및 국부화 때문에 연삭마모에 의한 AE는 개개 파형의 연속으로 구성 되어진다고 하였다.

6.1.3.3. 마모 기구와 AE 파라미터와의 상관 관계

근본적인 마모 기구에 가장 근접하게 관련되는 마모 과정 변수로 AE를 들 수 있다. AE는 재료의 변형상태가 변할 때 발생되는 순간적인 탄성파로서 국부적인 소성변형 사건을 직접 측정할 수 있기 때문이다. 특히 AE를 이용한 마모 현상의 관찰은 여러가지 장점을 가지고 있다. 그 중 AE는 변형체에서 변형 과정에 의해 직접적으로 발생이 되며 따라서 그것은 실제 마모 사건을 직접 나타내 주는 결과가 되기 때문이다. 대부분의 연구 결과가 앞서 설명한 AE 파라미터, 파형 및 주파수 분석 등을 이용해 마모 발생 기구와의 관계를 밝히고 있다. 주 사용 변수들로서는 AE count, AE energy, peak amplitude 분포도, AE rms, 파형 및 주파수 해석 등이다.

마찰 상태를 AE를 사용하여 분석한 실험으로써 미끄럼 속도의 증가에 따라 AE count rate의 증가는 물론 AE 신호의 평균 진폭도 증가하는 결과를 보였으며 하중의 증가에 따라서도 AE count rate 및 energy의 증가를 나타내었다. 또한 피막층의 파괴시에도 마찰력의 변화는 거의 변화가 없음에도 불구하고 AE peak amplitude에서의 변화는 민감하게 나타나고 있었다. 또 다른 결과에 의하면 연삭마모 형태에서는 마모량은 크나 AE count rate나 신호의 크기는 작게 나타나며 응착마모 형태에서는 마모율은 적으나 신호의 크기는 크게 나타났다. 그리고 total AE count와 마모량과의 관계를 선형적으로 나타낼 수도 있으며, 또한 total count rate와 마찰일과의 상관 관계를 선형적으로 표시하기도 하였다.

연삭마모 실험에서도 AE count rate와 마모입자 분산과의 관계를 선형적으로 표시하였으며 실험 대상 재료에서 발생한 AE 신호의 수는 입자 분산의 정도에 관계없이 마모입자의 표면적에 비례함을 나타내었다.

Hanchi와 Klamecki는 AE를 이용하여 마모 과정을 설명하는 과정에서 주로 peak amplitude 분포도를 많이 사용하였는데 가벼운 마모 단계에서 심각한 마모 단계로의 천이 과정을 이 변수를 사용하여 설명하였으며 응착 마모기구가 지배적인 상태에서는 전형적인 단일 모드 분포를 나타내고 있었다. 청동 시편의 경우 매우 큰 마모입자가 발생하는 경우에는 상당히 큰 AE energy를 발생시켰으며, 구리 시편의 경우에 발생하는 낮은 AE peak amplitude 요소는 방대한 소성 유동의 결과라고 언급하였다. 또한 미끄럼 계면에서의 서로 다른 에너지 소실의 기구를 AE amplitude 분포 해석으로써 확인하였으며 이 대표적인 두 발생 기구를 소성 변형과 파괴 과정으로 설명하였다. 하중의 증가시에는 마모량과 AE count rate에서의 증가가 있는 반면, 미끄럼 속도의 영향으로서는 속도가 증가할수록 마모량은 감소하였으며 AE count rate와 상대적으로 큰 AE amplitude 신호는 증가하는 경향을 보였으며 이것은 속도 증가시 마모를 동반하지 않는 AE event의 발생으로 설명을 하였다. 즉 이런 event들은 파괴를 유발하지 않는 소성 변형의 결과이거나 개개적으로 마모입자를 형성시키지 않는 파괴 현상으로서 속도 증가시 발생하는 매우 큰 마모입자로부터 알 수 있다.

금속간 미끄럼 마모 실험에서 소성 변형과 파괴에 대한 각각의 발생 기구 사이의 구별은 AE 신호의 주파수 해석으로부터 정보를 얻었으며, 스펙트럼에서의 뚜렷한 peak는 파괴 현상에 의한 것인 반면 완만하게 분포된 요소는 소성 변형을 나타낸다고 보고하였다. 다시 말해 미세돌기 끝 부분의 변형에 따른 연속적인 AE와 표면층의 파괴에 기인한 개별적인 AE의 형태를 분명히 구별할 수 있었다. 주파수 해석으로서는 마찰 시간에 따른 주파수 분포의 변화를 관측하기도 하는데 응착마모 및 연삭마모 상태에서 1-1.5 MHz 성분의 신호를 관찰하였으며 시저 현상이 발생하기 전에 마모에 기이하는 AE 신호의 주파수 성분은 특히 500 kHz 이상의 성분에 그 특징이 나타남을 관측하였다.

AE rms는 주로 많이 사용하는 변수로서, AE event나 AE count등과 같이 특정한 문턱값 이상의 신호에 대한 변화율을 보는 것에 반해 AE rms의 경우에는 잡음 신호를 제외한 rms 값 자체가 마모 실험 시 발생한 탄성파 에너지의 전체를 나타내기 때문에 그 값에 대한 실질적인 의미가 더 크다고 할 수 있다. AE rms를 이용해 마모 과정의 천이 현상에 대한 구별 및 실험적인 마모 발생 기구에 대한 상관 함수 등도 구하기도 한다. 미끄럼 거리에 따른 AE rms의 변화와 마모량과의 관계가 매우 잘 일치함을 보여주기도 하며 이들의 기울기로서 초기 마모 및 응착마모에 대한 구별을 나타내기도 하였다.

6.1.4. 음향방출 파라미터 및 해석 방법

음향방출은 재료 또는 구조물 표면 또는 내부로부터 발생된 후 일정한 거리를 전파되어 임의의 위치에 부착된 센서까지 도달된 파동을 측정하게 된다. 즉, 재료 내부나 표면에서 발생된 응력파는 재료의 표면에서 실제로는 변위로 나타나게 되며 이를 전기적인 신호로 바꾸어 주기 위한 변환기(일반적으로 음향방출 센서라고 함)를 사용하여 전압의 형태로 바꾸어 줌으로써 우리가 실제 관측하는 파형의 형태로 볼 수 있는 것이다. 이 파형을 음향방출 신호라고 부르며 그 대표적인 모습은 그림 6.3과 같다. 음향방출 신호의 형태는 앞서 언급한 것처럼 돌발형 신호와 연속형 신호로 크게 두 가지로 나눌 수 있는데 그림에서 보는 신호는 돌발형 신호에 해당된다. 이 돌발형 신호는 그림에 명시된 것과 같이 파형의 형상을 특성지울 수 있는 각각의 음향방출 파라미터로 정의되며 신호 해석에 사용되고 있다.

6.1.4.1. 음향방출 파라미터

그림 6.3에서 표시된 바와 같이 이런 형태의 임의의 독립적인 파형을 사건(event)이라 칭하며, 이 사건에서 신호의 크기가 어떤 기준값, 즉 문턱값(threshold)(V_t), 이상이 되는 부분에 대한 신호지속 기간을 event duration(τ_d)이라 칭한다. 그리고 이 기간 내에서 문턱값을 가로지르는 파형의 갯수를 ringdown count, 최대의 전압값을 peak amplitude(A_p), 처음 문턱값을 넘는 순간부터 최대 전압값까지 걸리는 시간을 rise time(τ_r)등으로 각각 정의하고 있다. 이들 파라미터들은 어떤 특정한 음향방출 신호의 발생 정도, 신호의 크기, 신호의 형태 등을 분석하는데 매우 유용하게 사용 되며 주로 각 파라미터의 분포도 해석이나 시간에 따른 변화를 관찰할 시에 사용된다. 즉 실제 사용되는 변수는 AE event 또는 AE event rate, AE count rate, peak amplitude 분포도 등의 형태로 사용된다. 이들 변수의 크기나 발생 정도는 재료 내에서의 변형이나 파괴에 의한 각각의 미시적 거동과 직접적인 관계가 있게 된다.

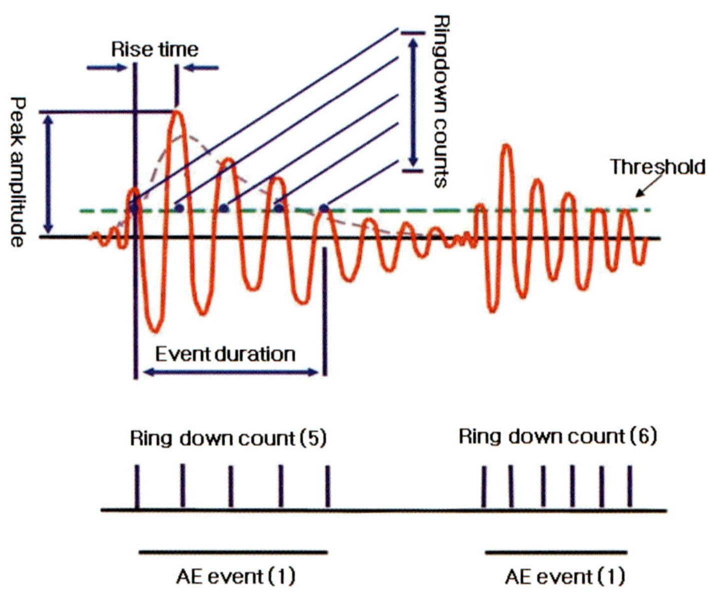

음향방출 신호 파라미터: Peak Amplitude (A_p)
Rise Time (τ_r)
Event Duration (τ_d)
Ringdown Count (5 or 6)
Event Count (2)
Signal Energy ($E = 1/2 \cdot R \cdot A_p \cdot \tau_d$)

그림 6.3 전형적인 음향방출 신호의 파형과 이를 특성 짓는 파라미터

표 6.2에서는 분석에 사용되는 주요한 음향방출 파라미터들로서 그 명칭 및 각 파라미터로부터 얻을 수 있는 정보를 나타낸다.

표 6.2 주요 음향방출 파라미터 및 관련정보

파라미터	관련 정보
Event count	Rate of event occurrence
Ringdown count	Activity of source event
RMS voltage	Mean power level
Peak amplitude	Energy of source event
Rise time	Type of source event
Event duration	Energy of source event
Event energy	Energy of source event
Arrival time	Location of source
Waveform or frequency spectrum	Microscopic mechanism of source event

6.1.4.2. 주파수 해석

기본적으로 음향방출의 발생원은 금속의 경우 간단히 말해 변형에 기인한다고 볼 수 있는데 미시적으로 살펴보면 재료의 변형이란 전위의 운동과 직결이 되어진다. 즉 전위의 운동은 탄성파를 방출하게 되는데 여기에 관계되는 발생 기구로는 전위의 통과에 의해 야기되는 격자에서의 탄성 응력상의 완화(relaxation)를 포함하여 전위의 가속에 의한 방출, 전위의 소멸에 의한 것 등을 들 수 있다. 이 중 응력장의 완화가 가장 지배적인 요소라 할 수 있다.

탄성파 방출에 의해 발생되는 음향방출 파형이 가지고 있는 고유의 주파수 특성에 대해 알아보면 다음과 같다. 먼저, 전위가 일정한 거리 d 만큼 이동한 후에 장벽에 의해 정지할 때까지 일정한 속도 v로 움직인다고 가정한다. 더구나 움직이는 전위(moving dislocation)는 운동하는 평면에 수직인 순수 계단형 변위(pure step displacement)를 발생하는 초음파 발생원(ultrasonic source)으로 취급되어진다. 따라서 이것에 의해 발생되는 파형의 주파수 스펙트럼은 최대로 아래의 주파수 값을 가지게 된다.

$$f = \frac{v}{2d}(f\ in\ Hz) \tag{6.1}$$

결론적으로 재료에서 발생하는 각각의 사건들은 고유의 주파수 성분이 존재하게 되며 발생 기구의 특성에 따라 각각 다르게 나타날 것이라는 점이다. 다시 말해 일련의 실험을 통해 얻어진 신호들은 주파수 스펙트럼 상에서 각각의 특성이 다르게 나타나게 되며 이를 이용하여 발생 기구에 대한 정보를 얻고자 하는 것이다. 그러나 실제 측정되는 신호는 여러 현상의 발생 기구가 공존 할 가능성이 매우 크기 때문에 그 결과가 뚜렷하거나 해석이 쉽지 않은 점도 있다. 그러나 만약 서로의 발생 기구의 형태가 지배적인 상황이 되면 그 구별이 상대적으로 매우 유리하게 될 것이다.

음향방출 주파수 해석에서 주로 사용되는 주파수 범위는 대략 30 kHz ~ 1 MHz 정도면 적합하며 경우에 따라 이 범위보다 더 높거나 더 낮은 영역에서의 해석이 필요할 때도 있다.

6.1.4.3. 음향방출 실효치(AE rms) 측정

간헐적으로 발생하는 신호나 돌발형 신호의 분석에는 앞서 설명한 음향방출 파라미터들이 적합하다고 한다면 연속형 신호의 분석이나 신호의 순수 에너지 값을 측정하기 위해서는 음향방출 실효치(root mean square: RMS) 값의 측정이 바람직하다고 볼 수 있다. 실효치 전압은 신호의 에너지가 실효치 전압의 제곱에 비례하는 관계로 정의된다.

$$\overline{P} \approx (\overline{V}_{rms})^2 \tag{6.2}$$

실효치 전압계에서 측정된 에너지는 신호의 에너지가 되며, 아래의 식으로 표현할 수 있다.

$$E = \frac{1}{R}\int_0^T V(t)^2 dt = \frac{1}{R}\int_0^T V_{rms}^2(t)dt \tag{6.3}$$

여기서 R은 센서에 대한 내부하(resistive load)이고 $V(t)$는 시간에 대한 센서의 출력 전압이며, T는 RMS 미터의 시정 상수(time constant)보다도 큰 값일 때만 유효하다.

일반적으로 실험실에서는 실효치 전압계를 사용하여 이 값을 측정하게 되는데 순 실효치(true rms) 전압을 측정하는 대표적인 장비로서는 Hewlett Packard 3400A voltmeter를 들 수 있으며 이 장비는 신호의 열량을 측정함에 의해서 실효치 전압을 나타내는 원리를 이용한다. 즉 열적 측정 방법으로 인해 그 측정 속도가 상대적으로 다소 늦은 편이며 이 장비의 경우 측정 반응 시간은 약 200 ~ 300 ms 정도가 된다. 실제로 실효치 전압계는 음향방출 신호의 전압뿐만 아니라 프리앰프의 잡음전압도 측정하게 된다. 따라서 실제 발생된 음향방출 신호에 대한 실효치 전압은 아래와 같이 된다.

$$V_{rms} = \sqrt{v_{rms}^2 - V_n^2} \quad (6.4)$$

여기서 V_{rms}는 실제 음향방출 신호의 전압이며, V_{rms}는 미터의 측정치, V_n은 프리앰프에 의한 실효치 잡음전압이다.

6.1.4.4. 카이저(Kaiser) 효과와 펠리시티(Felicity) 효과

그림 6.4와 그림 6.5에서는 음향방출 거동에서 반드시 소개해야 할 매우 중요한 특성을 소개하고자 한다. 앞서 설명한 금속재료에서의 음향방출 발생의 비가역성을 정의한 매우 중요한 발견으로서 카이저 효과(Kaiser effect)를 설명하였다. 이 현상은 그림 6.4에서와 같이 어떠한 재료에 일정한 수준까지 외부 응력을 가해 음향방출을 발생시킨 후 응력을 제거하고 다시 응력을 가할 경우, 앞서 가한 최고 응력(그림 6.5에서 P_m)까지는 음향방출이 발생하지 않는다는 점이다. 그러나 이 카이저 효과는 일반적으로 금속과 같은 등방성 및 균질한 재료에서 적용되는 현상이다. 따라서 콘크리트나 복합재료와 같이 이방성 및 비균질성 재료의 경우 이 현상은 적용되지 않는 경우가 많으며, 응력 제거 후 응력을 다시 가할 때 이전 최고 응력값보다 낮은 값에서 음향방출이 발생하게 된다. 이 현상을 그림 6.5와 같이 펠리시티 효과(Felicity effect)라 하며, 재료에 따라 그 비율이 틀리게 되며 이전 최고 응력값(P_m)에 대한 음향방출 발생 시작 응력(P_s)의 비(ratio)를 Felicity ratio(FR)라 칭한다. 이 값은 실제 재료의 종류, 온도 및 변형속도에 따라 달라지며 식 6.5로 표시된다. 복합재료 및 구조물의 경우 이 값을 이용하여 손상 상태 및 건성성 평가에 활용되기도 한다.

$$\text{Felicity Ratio} = \frac{P_s}{P_m} \quad (6.5)$$

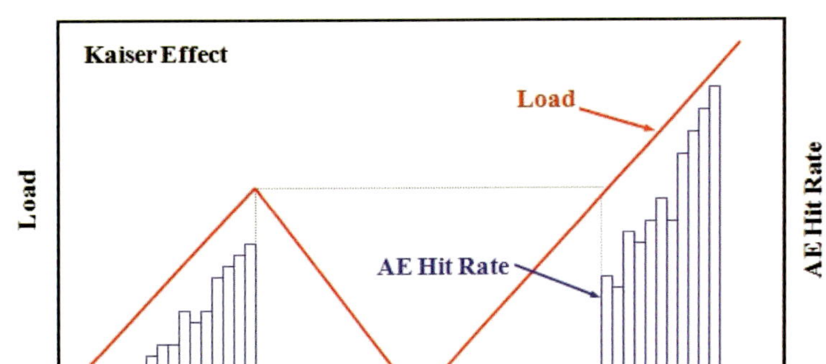

그림 6.4 카이저(Kaiser) 효과에 의한 음향방출 신호 발생 거동

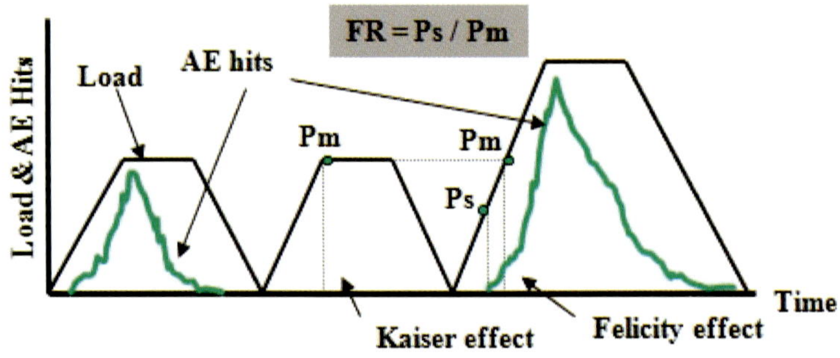

그림 6.5 카이저(Kaiser) 효과와 펠리시티(Felicity) 효과의 비교

6.2 측정장치

6.2.1. 음향방출 센서

"음향방출 센서(AE sensor)"라는 용어는 ASTM(The American Society of Testing Materials)을 포함한 많은 학회 및 코드 작성 기관에서 사용되고 있는 것으로, 이 용어는 비파괴시험 중에서 음향방출 시험에 일반적으로 사용되는 변환기(transducer)를 기술하는데 통칭하여 사용하고 있으며, 시험편 내부에서 일어난 음향방출 사건에 의하여 발생된 탄성파가 시험편인 자기 자신을 전달매질로 하여 전파하여 시험편의 한 표면에 동적인 진동운동으로 도달 하였을 때 이를 전기적 신호 즉 전압 대 시간의 신호로 변환하여 주는 역할을 행하는 센서를 말한다.

기본적인 변환기의 역할을 수행하는 원리는 표면변위, 속도, 가속도와 이들의 혼합된 형태를 검출하여 전기적인 신호로 변환되는 기능을 이용한다. 표면의 변위만을 전기적인 신호로 변환시켜 주는 대표적인 음향방출 센서는 정전용량형 변환기(capacitive transducer)와 레이저 간섭계(laser interferometer)를 생각할 수 있는데 이러한 센서는 광대역 특성을 갖고 있음에도 불구하고 충분한 감도를 갖지 못한다. 그렇지만 한 점에 대한 미소변위의 측정 및 교정을 행할 수 있으므로 대부분 실험실 규모 및 환경에서 음향방출 센서로 사용되고 있다.

일반적으로 음향방출 시험에 사용되는 센서는 압전효과가 있는 압전재료를 사용한 변환기이다. 압전재료는 대개 $BaTiO_3$, PZT(lead zirconate titanate) 및 $PbNb_2O_5$와 같은 세라믹이 대부분이다. 대개의 음향방출 시험에서 센서라는 용어는 이러한 압전재료를 사용한 센서를 의미하고 있다.

그림 6.6은 전형적인 음향방출 센서의 개괄도를 보여 주고 있다. 음향방출 센서는 센서와 시험편 사이에 얇은 층의 음파전달 매개체인 접촉매질(couplant)을 이용하여 음향적으로 정합(impedance matching)이 잘 이루어 질 수 있도록 하여 사용한다. 이러한 접촉매질은 시험편에서 전파되는 탄성파가 손실 없이 음향방출 센서로 전달이 용이하도록 한다. 만약에 접촉매질이 공기층으로 구성되어 있다면 시험편에서 음향방출 센서로 투과되는 탄성파는 거의 0%에 가까울 것이므로 아무리 큰 음향방출 신호가 있다고 하더라도 센서에서는 이를 수신하지 못할 것이다.

음향방출 센서는 신호 케이블의 부착을 위한 커넥터(connector)를 가진 금속 케이스와 금속 케이스 내부의 손상방지판/전극/압전디스크/전극/후면재 등으로 구성되어있다. 금속 케이스는 마모재, 압전재 및 후면재를 집약하여 보호하는 꾸러미이고, 전자기파의 간섭을 최소화하기 위한 차폐재로서의 역할을 한다. 가장 중요한 요소인 압전재인 압전 세라믹의 양편에 전극이 부착되어 있다. 한 전극은 접지되어 있고 다른 한 전극은 신호선(signal lead)에 연결되어 있어, 탄성파가 압전재에 전달되면 이를 전기적인 신호인 전압으로 변환되어 신호선에 의하여 전달된다. 손상 방지판(wear plate)은 압전재의 보호를 위해 고안되었다. 압전재의 후면에는 후면재(backing material)가 있으며 통상 고밀도의 텅스텐 입자를 포함한 수지(epoxy)를 경화시켜 만들고 있다. 또한 후면재는 음파를 쉽게 투과시켜 반사율을 최소화하여 압전재로 다시 되돌아오지 못하도록 고안되었다. 압전재를 기초로 한 음향방출 센서의 특수한 형태는 다음과 같은 종류가 있다.

1) 고온 특성을 가진 압전재를 이용한 고온용 센서
2) 전치증폭기(preamplifier)를 내장한 집적형(integrated) 센서
3) 여러 개의 압전재로 구성된 다층형 센서
4) 기하학적인 구조 및 편향성(polarization)을 고려한 특수 목적의 센서

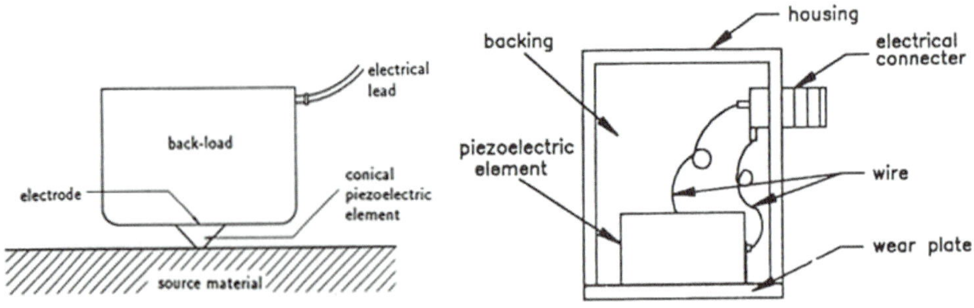

그림 6.6 음향방출 센서의 내부 개략도

6.2.2. 측정장치 및 부속품

일반적으로 음향방출 시험에 사용되는 공진형 탐촉자는 감도가 높다고 알려져 있지만, 음향방출 발생원에서 발생하는 신호는 너무나 작기 때문에 음향방출 센서에서 변환된 전기적 신호 또한 매우 작다고 볼 수 있다. 따라서 이들 신호를 관찰하고 기록하기 위해서는 어느 정도 신호를 증폭시켜야 하며 이를 위하여 프리앰프(preamplifier)라는 전치 증폭기를 음향방출 전용 장비의 앞단에 연결시키게 된다. 물론 이 이후의 증폭은 대개 장비 내에서 후치 증폭기를 사용하여 더 증폭하기도 한다. 프리앰프는 가능한 한 센서에 가깝게 위치하여 40-60 dB(100배-1000배)로 신호를 증폭하여 μV 수준의 전기적인 신호를 mV 수준으로 바꾸어 준다. 여기에는 일반적으로 대역통과 필터(bandpass filter)가 포함되어 시험목적과 음향방출 파원의 주파수 범위에 맞추어 신호를 통과시키게 된다. 이론적으로는 AE 신호는 가청주파수 상단에서부터 50 MHz까지의 광대역 신호이지만 실제 응용에서는 30 kHz에서 1 MHz 정도이면 광대역 신호로 간주한다. 높은 주파수 영역이 활용되지 못하는 것은 측정기기의 성능이나 SNR에 의한 제한도 있지만 주로 음향방출 신호가 표면까지 전달되는 과정에서의 감쇠(attenuation) 때문이다.

6.2.3. 센서의 교정

음향방출 시험의 결과를 정량적으로 평가하기 위하여 센서의 성능을 측정하는 수단이 필요하다. 서로 다른 매질에 대하여 서로 다른 종류의 파를 검출하기 위하여 갖가지 형태의 센서가 필요로 하기 때문에 일반적인 교정과정을 작성하는 것은 쉽지 않다. 간단하게 교정의 이론적 배경을 설명하면, 함수 S로 표시되는 입력신호가 함수 G라는 특성을 가진 계(system)에 입력되어 함수 U라는 출력신호를 내었을 때 이들 함수 사이에는 $U = G * S$ 라는 합성곱(convolution) 적분으로 표현할 수 있으며, 센서 교정과 연결하여 생각하면 정확히 알고 있는 음향방출원 S가 특성을 알지 못하는 센서에 입력되어 출력신호 U를 나타낸다고 볼 수 있다. 따라서 위 식을 이용하여 알지 못하는 센서의 특성 G를 알고자 하는 것이다.

그림 6.7에 센서 교정을 위한 기구가 나타나 있다. 이를 참조하여 교정의 절차를 설명하면 다음과 같다.

1) 위에서 언급한 충분히 큰 철강재 시험 블록[그림 6.7의 A]의 중앙에서 유리모세관[B]을 파괴시켜 음향방출 신호가 시험 블록으로 전달하게 한다.
2) 유리모세관 파괴 면 위의 중앙에서 서로 반대 방향에 부착된 변위를 정확히 측정할 수 있는 표준 변환기[standard transducer, G]와 교정을 원하는 센서[H]의 출력 전압을 측정한다[I].
3) 표준 변환기의 부착 위치와 교정을 원하는 센서의 부착 위치가 완전히 대칭이기 때문에 같은 변위를 갖는다고 볼 수 있으므로 변위를 정확하게 출력하는 표준 변환기의 출력 신호는 교정을 원하는 센서의 입력 신호로 볼 수 있다.
4) 앞서 설명한 함수 U = G * S에서 표준 변환기의 출력 신호를 S라 하고 교정을 원하는 센서의 출력 신호를 U로 하여 G 값을 계산한다[J].
5) S, U, 및 G를 주파수 공간에서 표현하면 G(ω) = S(ω) / U(ω) 이 되며, 교정 센서의 주파수 응답 Gr(ω)는 Gr(ω) – |G(ω)| 이 되고 임펄스 응답 Gi(ω)는 Gi(ω) = Im{G(ω)} 이 된다.

만약 표준 변환기를 사용하지 않는 경우 유리모세관 파괴의 반대면 진앙점에 교정을 원하는 센서를 부착하여 출력 신호를 측정하고 진앙점에서의 변위는 이론적으로 구하여 교정을 원하는 센서의 입력 신호로 위와 같은 계산에 의하여 센서를 교정할 수 있다. 이들에 대한 한 예로, 그림 6.8은 대표적인 광대역형 센서인 conical transducer 및 pin-type transducer에 대한 이론 계산에 의한 값과 센서 출력에 의한 결과를 잘 비교하여 보여주고 있다.

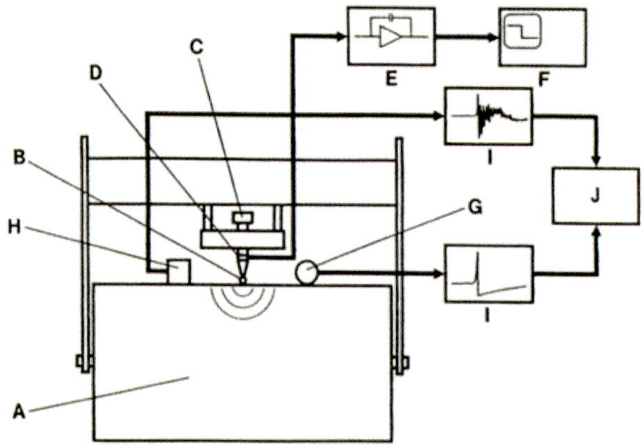

A: Transfer block, B: Glass capillary, C: Loading screw, D: Load cell (PZT), E: Charge amplifier, F: Storage scope, G: Capacitive transducer, H: Sensor under test, I: Digital scope, J: Computer

그림 6.7 AE 센서 교정 장비

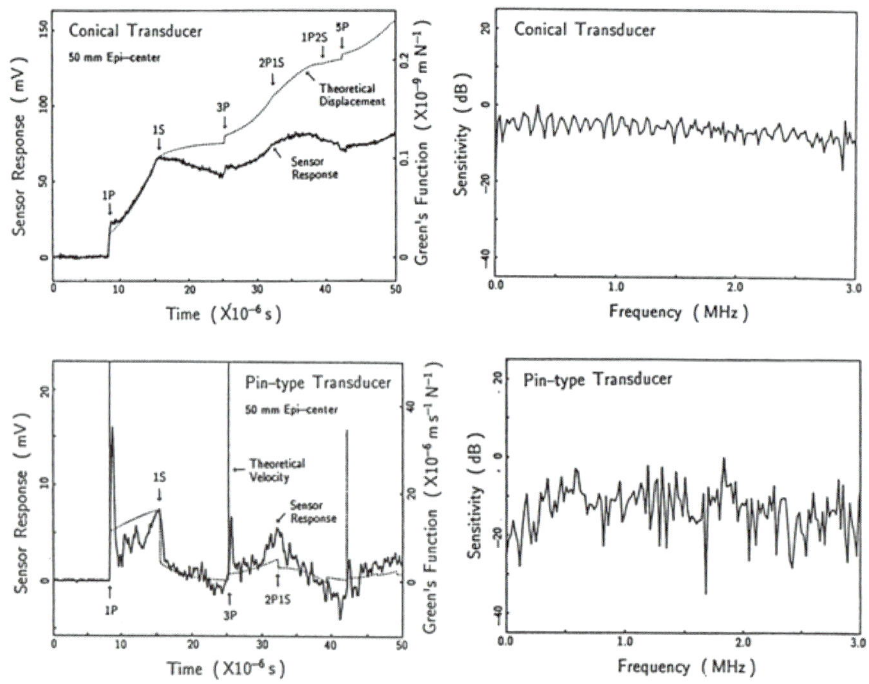

- Conical transducer
  Step force : 12 N
  1.2 nm ⇨ 66 mV
  Sensitivity : 55 mV/nm
  DC – 3 MHz (± 3 dB)

- Pin–type transducer
  Step force : 12 N
  192 μm ⇨ 7.52 mV
  Sensitivity : 39 Vs/m
  DC – 3 MHz (± 7 dB)

그림 6.8 센서 교정 시 측정된 절대 변위 및 주파수 특성

6.3 위치표정기술

모든 비파괴시험 방법들의 공통된 목표라고 하면 대상 피검체에서의 어떤 불연속성, 즉 결함이나 정상상태가 아닌 원인들을 찾고자 하는데 있다고 할 수 있을 것이다. 이러한 목표는 초음파법, X-선법, 감마선법, 액체 침투법, 그리고 전기나 자기를 이용한 방법들을 사용하여 해결하고 있다. 여기서 말하고자 하는 음향방출 기술은 많은 산업설비에의 적용에 있어서 근본적인 시험목표의 역할을 수행하고 있으나 기존의 방법과는 앞부분에서 언급한바와 같이 다른 종류의 기술이라 말할 수 있다. 다시 말하면 음향방출 시험은 피사체에 전달하는 매체 대신에 구조물 자체 내에서 발생하는 불연속 상태에 의존하게 되며 검사체에 가하게 되는 임의 응력에 의해 불연속성 부분에서 발생된 응력파의 전달을 통해 감지하게 되는 원리이다.

이 방법은 초음파 탐상에서와 같이 검사체 표면을 프로브(probe)를 이동시키며 스캐닝하지 않게 되는데 이는 탄성파 발생원의 근원이 불확실하기 때문이다. 따라서 발생원의 검출은 고정된 센서를 사용하여 수행하게 되며 그 위치는 그룹 지워진 센서들의 출력으로서 표정 되어진다. 이 위치표정 방법은 다른 기존의 비파괴 탐상법에 비해 큰 장점을 가지게 되는데 이는 센서가 어느 한 위치에 설정됨으로서 상시 감시 적용이 가능하게 되며 또한 대형 구조물과 같은 환경에서는 더욱 유리하게 된다는 점이다. 그리고 다른 방법에서 요구되는 센서와 발생원 간의 물리적인 근접성이 반드시 필요하지 않게 된다는 점도 있다.

일반적으로 각각의 센서를 사용해서는 발생원의 위치를 구하기가 힘들게 되는데 예로서, 어떤 환경 하에서 발생원의 발생 정도를 나타내는 음향방출원은 있을 수가 있으나 독립적으로는 위치에 대한 정보는 얻을 수가 없으며 음향방출 위치표정 기술에 의해 그 위치를 구할 수가 있게 된다.

음향방출 발생의 위치를 찾는 데에는 많은 방법이 있으나 크게 발생원 메카니즘의 형태에 따라 나뉘어진다. 첫째는 누출 등에 의해 발생되는 연속형 음향방출 위치표정이며, 둘째는 크랙성장과 같은 돌발형 음향방출 위치표정이라 할 수 있다. 음향방출 기술의 큰 장점 중의 하나인 위치표정은 대부분의 시험 검사에 적용이 되며 이것의 중요성을 감안하여 위치표정법에 대해 조금 더 자세히 소개하고자 한다.

6.3.1. 연속형 음향방출 위치표정

압력 경계를 통한 유체의 누출은 연속형 위치표정법이 적용될 수 있는 대표적인 한 예이며 이것은 누출에 의해 생기는 표면의 요동에 의해 발생되는 음향방출이 존재하기 때문이다. 사실 엄밀한 의미에서는 누출에 의해 발생되는 표면에서의 요동은 잡음으로 간주 되어질 수 있으며 특정한 시험조건에서는 이것은 원하지 않는 발생원으로서 보통 제거하기도 한다.

유체 누출에 의해 발생된 음파는 구조물을 통하여 전달된 후 AE 시스템에 의해 감지되어 위치표정이 되어진다. 여기서 기억해야 될 것은 누출과 같은 연속형 신호를 취급할 때는 일반적으로 많이 사용하는 음향방출 변수(count, count rate, amplitude distribution, 상용의 도달시간차 측정법등)들은 크게 의미가 없게 되며 거의 사용되지 않는다는 것이다.

(가) 감쇠 현상

발생원으로부터 전파되는 음파는 진행 도중에 파면의 신장(elongation of wavefront), 열 효과, 반사, 굴절, 모우드 변환 등에 의한 여러 가지 방법으로의 에너지 손실이 따르게 되며 여기서 말하는 감쇠는 이들 모두의 영향에 의한 것으로서 발생원과 측정지점 사이의 거리가 멀어짐에 따라 신호 감도가 줄어드는 것을 말한다. 이들 감쇠는 적어도 한정된 지역 내에서는 위치표정에 정밀하지 못한 결과를 야기하며 감쇠현상에 대한 좀 더 실질적인 지식만이 정확한 위치표정 결과를 가져다 줄 수 있을 것이며 이것은 연속형 위치표정을 위한 접근의 하나가 될 것이다.

(나) 지역 위치표정(Zone location method)

만약 여러 개의 센서가 설치된 구조물에서 연속형 신호가 발생되었을 경우, 가장 큰 진폭출력을 가진 센서가 발생원에 가장 가깝게 위치하고 있을 것은 당연하다. 이는 가장 가까운 센서에서 감지된 신호가 다른 센서의 경우 보다 감쇠가 적게 일어났을 것이기 때문이다. 이것에 대한 예를 그림 6.9에 나타내었다.

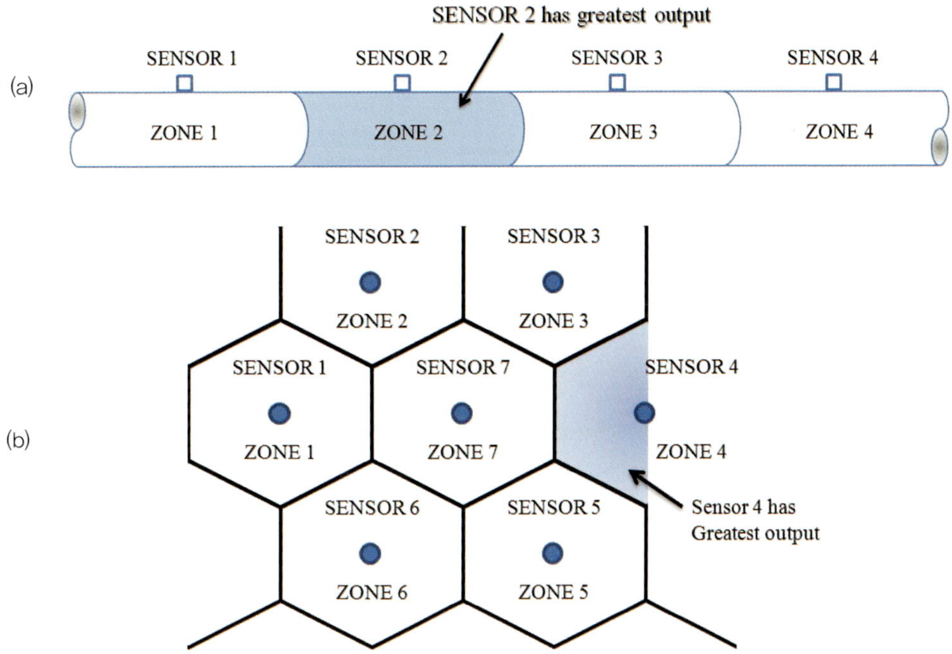

(a) 대표적인 1차원의 경우; (b) 대표적인 2 차원의 경우

그림 6.9 최대 출력을 가진 센서에 의해 결정되는 지역 위치표정

(다) 신호 진폭 측정방법(Signal amplitude measurement method)

앞의 지역 위치표정 방법에서는 단지 가장 큰 진폭을 가진 센서를 결정한 후 그 지역을 발생원으로서 간주하였는데 이는 경우에 따라 그 지역이 상당히 클 수가 있다는 것이다. 그러나 만약 센서의 출력이 순서대로 뿐만 아니라 크기가 측정 될 수 있고 그리고 대상체의 감쇠 특성이 잘 알려져 있다면 누출의 위치는 좀 더 정밀하게 결정될 수 있다.

이 신호 진폭 측정방법을 사용하기 위해서는 사전에 동일 대상물에서의 세부적인 감쇠 특성을 측정할 필요가 있으며, 또한 구조물에서의 음파 진행 경로, 모드 및 분산(dispersion)등의 복합적인 현상에 대해서도 아는 것이 매우 중요하다.

그림 6.10은 전형적인 감쇠 특성 결과로서 가스 압력용기에서의 거리에 따른 감쇠 현상 및 사용된 센서 주파수 영역에 따른 감쇠 영향을 잘 보여주고 있다. 즉 위치 표정을 위해 검사대상물에서의 이러한 감쇠 특성 데이터를 기반으로 서로 다른 두 개 이상의 센서로부터 서로 교차되는 점을 이용해 정확히 관심 위치를 찾을 수 있게 되는 원리이다.

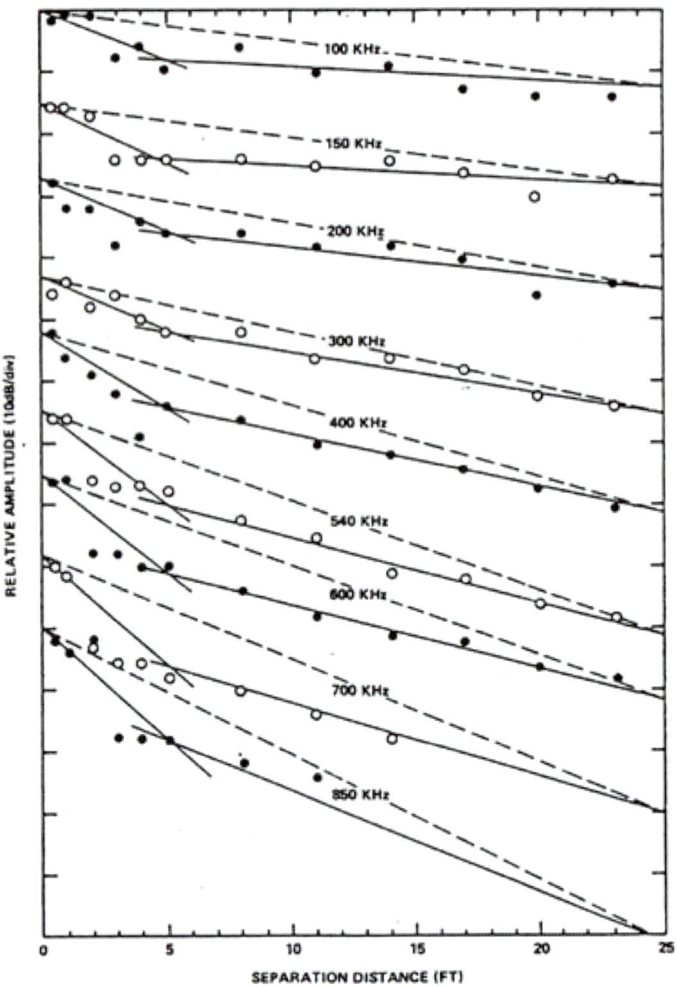

그림 6.10 가스 압력용기에서의 거리 및 센서 주파수에 따른 감쇠 특성

(라) 상관법(Cross correlation method) 방법

두 돌발형 음향방출 신호 사이의 도달 시간차(arrival time difference)를 이용한 상용의 기술은 누출과 같은 연속형 신호에 대해서는 사용할 수 없게 된다. 그러나 cross correlation 방법을 사용하면 돌발형이나 연속형 파형의 경우에도 하나의 파형으로부터 어떤 다른 파형의 시간차나 시간지연(time delay)을 측정할 수 있다. 이 기술은 음향방출 시험에서 유효하게 사용되어왔다.

실질적인 적용에서 임의의 파형 $A(t)$와 시간 지연 τ를 가진 또 다른 파형 B$(t+\tau)$사이의 cross correlation 함수는 다음과 같이 주어진다. 여기서 T는 유한 시간 구간이다.

$$R_{AB}(\tau) = \frac{1}{T}\int_{0}^{T} A(t)B(t+\tau)dt \tag{6.6}$$

6.3.2. 돌발형 음향방출 위치표정

음향방출 발생원의 위치를 표정하는 능력은 현장응용에서 많이 사용되는 다채널 음향방출 장비의 가장 중요한 기능이라고 말할 수 있다. 여기서 논의하는 기술은 여러 개의 센서 배열에서 발생되는 응력파를 감지하여 그들의 도달시간차를 측정하는 방법이며 이 방법은 금속 및 복합재료 용기에서 안전성 검사에 전형적으로 사용되고 있다.

(가) 1차원 위치표정(Linear location of AE sources)

그림 6.11에서 보는 바와 같이 배관과 같은 1차원 구조물에서 3개의 센서가 일정한 거리를 두고 부착되어있는 경우를 생각해보자. 배관의 임의의 위치에서 음향방출 사건이 발생하여 같은 전파속도로서 양쪽방향으로 모두 전파된다고 가정하면 제일 먼저 도달한 센서가 존재한다. 이것을 first hit라고 부른다. 이 방법은 약간 넓은 범위의 위치표정의 결과를 얻게 되는 점이 있으며 이것을 지역 위치표정 이라고 한다. (그림 6.11(a), (b))

그러나 만약 hit 순서뿐 만 아니라 hits 사이의 시간차도 측정할 수가 있다면 좀 더 정확한 위치표정을 얻을 수가 있을 것이다. 그리고 만약 센서 1과 센서 2사이의 도달시간차가 제로라면 두 센서의 중간 위치에 정확히 표정하게 될 것이나.

또는 도달 순서가 센서 2 다음에 센서 1 이라고 생각하면 hits 사이의 시간차는 각 센서에 도달하는데 걸리는 시간의 차이와 같게 된다.(그림 6.11(c))

즉, 임의의 위치에서의 위치표정 d 는 다음과 같다. 여기서 d 는 처음 도달한 센서로부터의 거리이다.

$$d = \frac{1}{2}(D - V \cdot \Delta t) \tag{6.7}$$

여기서, D 는 센서간의 거리, V 는 일정한 파형전파 속도, 그리고 Δt는 도달 시간차이다.

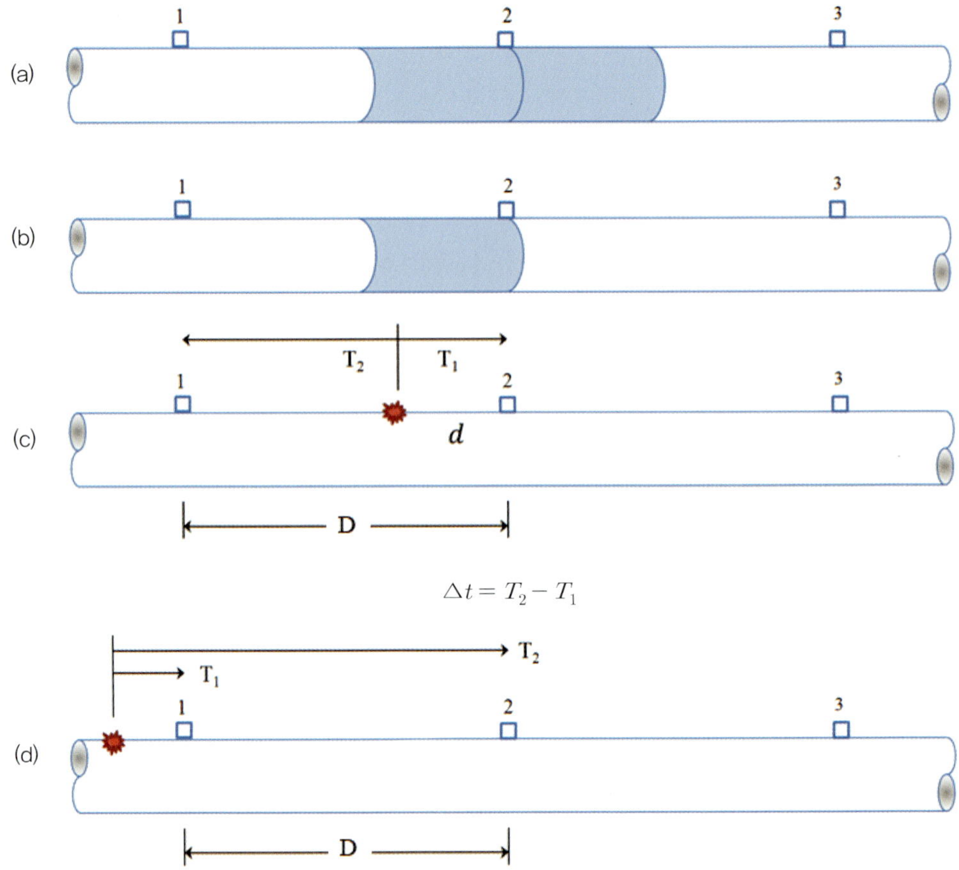

$$\Delta t = T_2 - T_1$$

$$\Delta t = T_2 - T_1 = \text{constant} = D$$

(a) 센서-2에 first hit이 발생한 지역;(b) 센서-2에 first hit 그리고 센서-1에 second hit이 발생한 지역;

(c) 시간차 측정 $\Delta t = T_2 - T_1$ 에 의한 표정 (d) $\Delta t = T_2 - T_1 = \text{constant} \equiv D$

그림 6.11 1-차원 위치표정 기술

그리고 만약 발생원이 센서 배열의 바깥부분에 위치한다면 도달 시간차는 항상 센서 간격에 의한 시간차와 같게 되며 hit 순서는 항상 일정하게 된다(그림 6.11(d)).

이 1차원 위치표정 방법은 검사체의 직경에 비해 센서 간격이 클 때 가장 적절하게 되며 이 비율이 작아질수록 발생원에서 센서까지의 전파 경로상의 복잡성에 의해 잘못 표정 되어 질 수도 있다.

(나) 2차원 위치 표정(Planar source location)

무한 평판위에 두 센서가 설치되어 있고 음향방출 발생원가 모든 방향으로 같은 속도를 가지고 전파된다고 가정할 때 그림 6.12에서 보는 바와 같이

$$\triangle t V = r_1 - R \tag{6.8}$$

그리고

$$Z = R\sin\theta \tag{6.9}$$

$$Z^2 = r_1^2 - (D - R\cos\theta)^2$$

따라서

$$Z^2\sin^2\theta = r_1^2 - (D - R\cos\theta)^2 \tag{6.10}$$

$$R^2 = R_1^2 - D^2 + 2DR\cos\theta \tag{6.11}$$

식 (6.8)로부터 $r_1 = \triangle t V + R$을 대입하면

$$R = \frac{1}{2}\frac{D^2 - \triangle t^2 V^2}{\triangle t V + D\cos\theta} \tag{6.12}$$

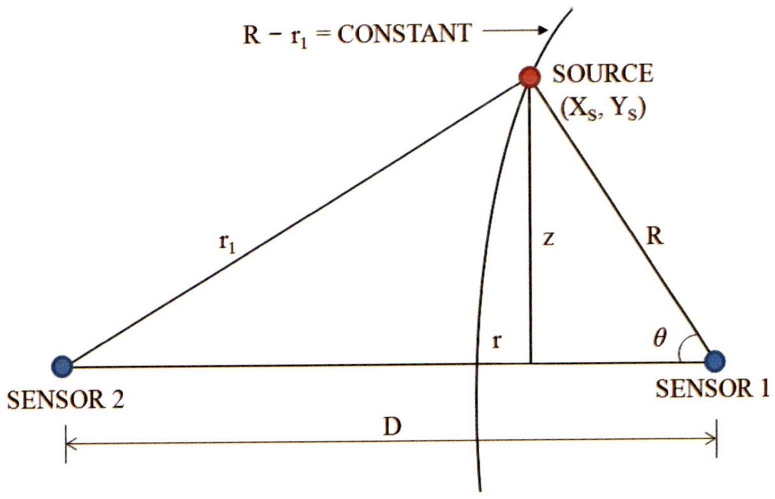

그림 6.12 무한 평판에서의 두 센서에 의한 위치표정 결과

식 (6.12)는 발생원의 위치 $(X_s,\ Y_s)$ 를 지나가는 쌍곡선의 방정식이 되며 쌍곡선위의 모든 점들은 입력 데이터, 즉 hit 순서 및 시간차 측정, 들을 만족하게 된다. 그림 6.12에서의 결과는 2차원 위치표정에 있어 불충분한 경우이며 센서 3을 추가함으로써 해결하게 된다. 즉 입력 데이터는 3개의 hit 순서와 두개의 시간차 측정을 가지게 된다.(첫 번째와 두 번째 hit 센서 그리고 첫 번째와 세 번째 hit 센서) 그림 6.13에서 보는 바와 같이

$$\triangle t_1 V = r_1 - R \tag{6.13}$$

가 되고, 따라서

$$R = \frac{1}{2}\frac{D_1^2 - \triangle t_1^2 V^2}{\triangle t_1 V + D_1 \cos(\theta - \theta_1)} \tag{6.14}$$

이고, 그리고

$$R = \frac{1}{2}\frac{D_2^2 - \triangle t_2^2 V^2}{\triangle t_2 V + D_2 \cos(\theta_3 - \theta)} \tag{6.15}$$

와 같다. 따라서 식 (6.14)과 식 (6.15)를 연립으로 풀면 그림 6.14에서 보는 것과 같이 두 쌍곡선의 교점으로서 2차원 위치표정의 결과를 얻을 수 있다.

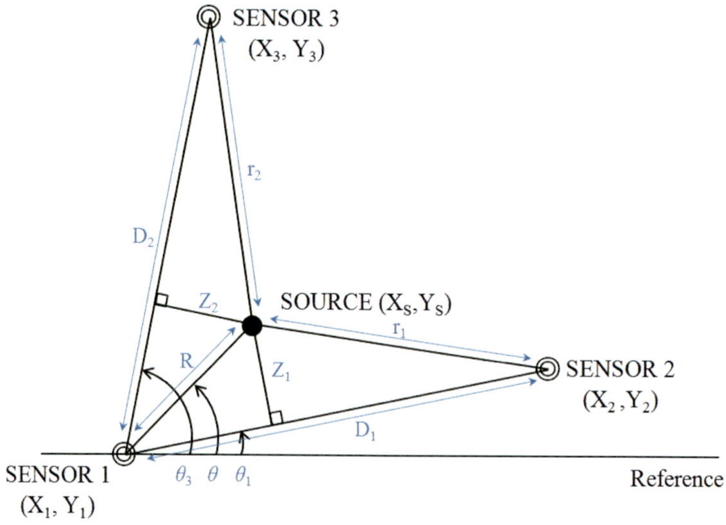

그림 6.13 도달 순서 1, 2, 3에 대한 세 센서의 배열

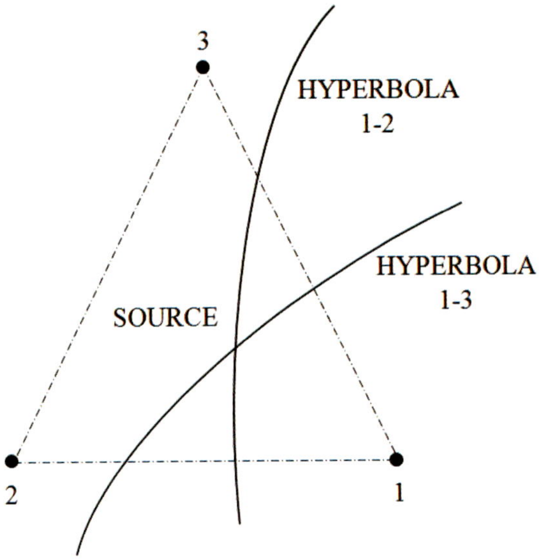

그림 6.14 발생원의 위치를 결정하기 위한 포물선의 교점

(다) 2차원 위치표정 시 고려사항

놀발형 음향방출 위치표정에서 발생할 수 있는 오차의 형태에는 두 종류가 있다고 볼 수 있는데 하나는 신호처리 과정에 의한 것이며 다른 하나는 자연 현상(감쇠, 다른 파형 모드, 반사 또는 분산) 에 의한 것이다. 여기서 신호처리 오차들은 센서의 수나 간격 조절 그리고 적절한 클럭 속도(clock rate) 등의 조절에 의해 향상시킬 수가 있다. 그러나 자연현상에 의한 오차들은 조절할 수도 없을 뿐 아니라 전체적으로 다루기가 쉽지 않다. 본 설명에서는 위치표정 시 발생하는 문제점 및 해결에 대해 간단히 고찰하고자 한다.

1) 약한 음향방출 발생원

만약 쌍곡선 교점을 이용하는 알고리즘 상의 문제점이 없다고 간주한다면 구하고자 하는 위치표정의 정밀도는 음파 속도나 도달 시간차 측정 그리고 센서위치의 정확도 등이 문제가 된다. 그러나 만약 발생원이 위치표정에 요구되는 해당 센서에서 감지될 수 있을 만큼 충분한 세기로 발생되지 않는다면 발생원의 위치를 결정하는 것은 불가능하게 된다. 대부분의 응용에서 이 현상은 근본적인 위치표정 오차의 원인이 되곤 한다.

2) 센서의 위치

일반적으로 위치표정의 목적으로서는 센서의 크기 즉 직경은 정확도를 얻는데 있어서 그리

큰 역할은 하지 않게 되며 센서의 크기는 약간의 오차를 발생하는 부수적인 역할밖에 하지 않는다. 그러나 센서 배열이 넓은 지역에 적용될 경우에는 계산된 위치표정의 정확성은 센서 위치의 정확성에 직접 의존하게 된다.

3) 파의 속도

기본적으로 위치표정을 위한 신호처리 과정은 알고 있는 일정한 파의 속도를 가정하고 있다. 그러나 실제의 속도는 일정한데 계산에 사용된 것이 다르다면 그 위치표정 오차의 결과는 측정 시간차의 값에 의존하게 될 것이다. 도달 시간차가 적은 센서 배열의 중앙에서는 속도에서의 큰 편차도 크게 문제가 되지 않지만 발생원의 위치가 센서 위치에 가깝게 존재할 때는 큰 위치표정 오차를 야기하게 된다. 따라서 자료상의 속도 값 보다는 실제 구조물에서 측정한 값을 사용할 것을 추천한다.

예를 들어 어떤 하나의 센서는 종파 형태의 속도를 감지하게 되고 또 다른 센서는 단지 표면파 요소의 속도를 계산하게 된다면 일정하지 않은 속도의 결과를 나타내게 된다. 이것은 센서의 파형선택 특성 보다는 표면에서의 파형의 진폭특성 때문에 발생될 수 있다. 또 다른 잠재적인 문제는 얇은 판재의 경우 파형의 속도가 주파수의 함수가 되는 분산(dispersion) 현상이 있다. 그리고 배관이나 튜브 형태에서 생기는 문제로서는 나선형 파형 (spiral wave)이 생기는데 순수하게 축 방향에서의 전파라기보다는 전형적인 음향방출 발생원이 모든 방향으로의 퍼지는 wavefront를 발생시키기 때문이다. 그 결과로서 배관 주위를 이중 또는 여러 개의 나선형 파형이 생기게 된다. 응력파가 용접 부위 나 연결 구조물 그리고 노즐 및 조인트 부위 등과 같은 횡방향의 불연속성이 존재하는 곳에서도 속도의 변화 영향을 받을 수가 있게 되며 이런 경우에는 속도 변화라기보다는 경로의 변화와 관계된다고 볼 수 있다.

대부분의 상용 센서들은 단지 표면의 변위 운동에 반응하게 되며 센서의 출력은 표면 변위를 야기하는 파형의 형태나 메카니즘과는 동떨어져 있다고 볼 수 있다. 즉 특별한 음향방출 발생원을 발생시키는 파형의 형태나 경로에 대한 제어가 없게 되며 따라서 속도의 변화나 그에 따른 오차는 자연발생적이라고 할 수 밖에 없다. 다시 말하면 최선의 방법은 연필심 파괴(pencil lead break)와 같은 알고 있는 발생원을 사용하여 대표적인 속도의 실제 측정으로 해결해야 한다고 본다.

4) 도달 시간차 측정(arrival time difference measurement)

시간차의 측정은 첫 트리거(첫 번째 hit 채널에 의해 발생)와 마지막 트리거(두 번째 또는 계속되는 hit 채널에 의해 발생) 사이의 클럭 펄스의 수를 세어서 계산하게 되며, 측정에서의 디지털 본성에 의해 시작 및 종료에서의 one clock period까지 기대 오차가 생길 수 있다고 보면 된다. 전형적인 클럭 속도는 100 kHz에서 10 MHz (1MHz 가 보편)까지의 범위를 가지며 이것은 보편적인 경우 2 μs의 오차를 나타낸다.

시간차 측정은 간단히 거리로 표시되는 것이 아니라 파형의 전파속도가 곱해지기 때문에 야기되는 오차는 센서의 간격과 배열에 대한 발생원의 위치에 의존하게 된다. 그리고 센서 출력이 어떤 문턱값(threshold)을 넘을 때 시작 및 종료 트리거가 작동하기 때문에 오차가 역시 발생하게 된다. 그러므로 문턱 값을 지나는 점은 신호의 rise time에 의존하게 되는데 응력파는 발생원에 근접할수록 빠른 rise time을 갖게 되며 전파 거리가 멀어질수록 빠른 파형 모드(특히 종파)의 분리 및 고주파수 성분이 가지는 고감쇠 효과가 rise time의 저하를 야기시키게 한다.

6.4 음향방출 기술을 이용한 감시 및 진단

음향방출 기술을 이용한 실 구조물이나 산업설비에의 적용은 음향방출에 대한 많은 연구의 결과로서 빠른 성장을 하였으며 다른 비파괴검사 기술과는 달리 약 40년 전부터 실질적인 적용이 시작되어 최근 20년간은 매우 활발하게 그에 대한 연구 및 응용이 진행되고있는 실정이다. 이 분야의 급성장은 AE 관련 연구자들이나 AE 시스템 제작회사들의 공동 노력에의해서 이루어졌다고 보며 최근 전자산업의 성장에 따른 AE 시스템 하드웨어 및 소프트웨어 부분의 향상이 큰 몫을 했다고 해도 과언이 아닐 것이다. 따라서 산업설비 및 기타 AE 적용분야에서의 그 범위는 점차 증가하고있는 실정이며 현재는 거의 모든 분야에서의 AE 기술 적용이 확대되고있다. 그러나 아직도 AE 기술의 단점인 신호해석의 어려움 및 특정 분야에서의 source 규명에 대한 연구가 계속 진행되어야 할 것이며 일부 시험 검사에 대한 절차가 규격화 되어있지만 앞으로의 많은 응용에 대한 연구 결과를 서로 교환함에 의해서 시험 검사에 대한 절차 및 분석의 확립이 필요하다고 본다.

음향방출을 이용한 산업 설비 구조물의 진단 등은 실제 산업 현장에서 매우 필요로 하는 기술이었으며 이에 대한 필요성의 인식에 의해 다른 분야에 비해 시험 검사 등 에서의 표준화 및 규격화가 빨리 진행되고 있는 경우라고 볼 수 있는데 다른 분야도 마찬가지이지만 산업체나 국가에서 필요로 하는 분야에 대해서는 관련 연구와 개발 및 적용이 활발할 수밖에 없을 것이다. 즉 이를 위해서는 이런 기술에 대한 정확한 지식 및 적용시의 객관적인 평가와 같은 기초아래서 이 방법이 가지고 있는 장단점 등을 이용하여 적용 대상체에 접근하게 되면 매우 좋은 결과를 얻을 것으로 생각된다.

음향방출 기술의 응용으로서는 석유 화학 설비에서의 압력 용기 및 저장 탱크에의 AE 적용 및 원자로 설비에서의 연속 감시, 용접 공정 시의 적용, 지질 연구 및 건축관련 토목공학에의 응용, 반도체 및 마이크로 부품 관련 전자 산업에의 도전, 우주 항공 산업에의 적용, 생체 공학에의 응용, 절삭 및 성형 등의 생산 라인에서의 감시 도구뿐 아니라 기계상태진단을 위한 도구로서의 AE 적용 등 수많은 분야에 이 기술이 응용되고 있는 실정이며 최근에는 특수 분야에까지 접근하려는 경향도 보이고있다. 특히 음향방출 기술은 다른 기술에 비해 상당히 넓은 범위의 분야에 적용되고 있다. 본 절에서는 현재 주로 많이 사용되고 있는 AE 적용 분야에 대한 간단한 소개 및 그 응용사례 위주로 설명하고자 하며 구체적인 내용이나 더 많은 내용에 대해서는 관심 있는 분야에 대해 참고 자료를 상세히 찾아보는 것이 바람직하다고 본다.

6.4.1. 회전체 베어링 손상 진단에의 음향방출 기술 적용

대부분의 산업 설비나 기계류 등에서는 회전체라는 부분이 항상 존재하게 되는데 이 회전기계 시스템에서의 베어링의 존재 및 그 역할은 언급할 필요가 없을 만큼 매우 중요한 부분이라 말할 수 있다. 기계상태진단에서 가장 기본이 되는 이 분야에 대해서만 좀 더 자세히 다루고자 한다.

회전기계에 사용되는 베어링으로는 크게 구름 베어링과 미끄럼 베어링의 두가지로 나눌 수 있는데 특히 고속, 고 부하의 조건에서는 미끄럼 베어링에 속하는 저널 베어링의 사용이 요구되며 그 역할이나 중요도가 더 커지고 있다. 이 저널 베어링은 특수한 경우를 제외하고는 대부분 유체(oil) 윤활의 환경에 있으며 구름 베어링에 비해 이의 관리 및 보수가 다소 쉽지 않은 점도 있다.

현재의 베어링 진단 방법으로는 일반적으로 회전체 축의 진동이나 변위 측정, 윤활 상태의 감시 및 윤활유 온도 측정, 베어링의 온도 측정, 그리고 소음 측정 등을 사용하여 항시 감시하거나 유지보수 기간을 이용하여 주기적인 점검을 하고 있는 실정이다. 또한 운전 중 또는 정지 중에 여러 종류의 파괴 또는 비파괴 시험들이 사용되고 있기도 하다. 이러한 진단 방법들은 설비의 형상에 따라 다소 차이가 있으나 적용이 불가능하거나 설치가 용이하지 않은 점 등으로 인해 일부 기술만을 사용하거나 감시를 하지 않는 베어링도 매우 많다고 볼 수 있다. 더욱 더 중요한 것은 현재의 방법들은 베어링의 손상이 어느 정도 진행된 후에 그 징조를 감지할 수 있기 때문에 신속한 대처에 문제가 있을 수도 있다. 특히 고속, 고온, 고부하 등의 조건에 사용되는 저널 베어링의 경우 손상의 진행은 급격한 속도로 파손에 이를 수가 있으므로 베어링 손상의 조기 감지 기능이 매우 중요하다고 볼 수 있다.

회전체에서의 주요한 부위인 베어링의 상태를 감시하는데 적합한 요구 조건을 나열해 보면 다음과 같다. 첫째, 상시 감시(on-line monitoring)가 가능하여야 한다. 둘째, 접근이나 설치가 용이하여야 한다. 셋째, 손상 상태를 조기에 감지하여야 한다. 넷째, 일차적 이상 현상, 즉 이상의 직접적인 요인을 검출하여야 한다. 다섯째, 손상 정보에 대한 판별이 용이하여야 한다.

또한 이들 손상의 근본 원인에 관계되는 마찰 및 마모에 대한 발생 기구 및 그 특성에 대해서는 이론 및 실험을 통한 많은 연구가 발표되어 있으며 현재도 계속 이와 관련된 연구가 활발히 진행되고 있다. 이들을 규명하는 도구 중의 하나로서 음향방출 기술을 들 수 있는데 대부분 이들 발생 메카니즘과 AE의 관계에 대해 마모 실험을 통해 그 상관 관계를 입증하고 있으며 매우 효과적인 도구라고 평하고 있다.

즉, 음향방출 측정은 앞서 언급한 베어링 상태진단에 요구되는 항목을 거의 만족시키는 기술로서 베어링 손상의 조기 검출뿐만 아니라 손상의 근본 원인이 되는 마찰 및 마모에 관련된 발생 메카니즘을 이해하는데도 매우 효과적인 도구라 할 수 있다.

아래 그림 6.15는 대표적인 저널 베어링의 손상을 모사하기 위한 실험 장치를 보여주며, 저널 베어링 시스템을 실험실 용도로 제작한 후 이를 이용하여 저널 베어링에서 발생 가능성이 많은 손상 형태에 대해 모사 실험을 함으로써 음향방출 기술에 의한 조기 손상 검출의 가능성에 대한 연구와 베어링 손상특성과 AE 결과와의 상관관계 해석에 관한 연구 결과를 보여주고자 한다.

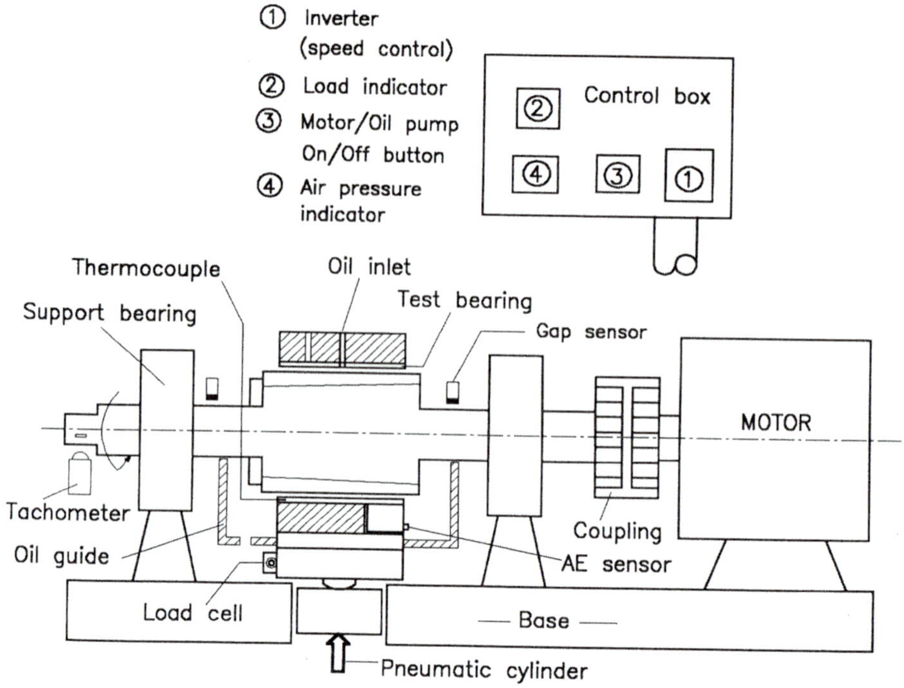

그림 6.15 저널 베어링 진단 모사 실험 장치 개략도

(1) 윤활유 부족에 따른 음향방출 특성

모의 베어링 시스템에서의 윤활유 부족에 의한 AE 신호 특성 및 베어링 손상과의 관계를 고찰하기 위하여 먼저 운전 조건을 달리해 가며 윤활유 부족에 대한 실험을 하였다. 실험 방법으로서는 정상적인 운전 및 윤활 상태에서 인위적으로 윤활유의 공급을 중단하여 그 이후의 영향을 고찰하는 형태로 하였다. 즉 서로 상대적인 관점에서 저속 및 저하중의 조건과 저속 및 고하중 그리고 고속 및 저하중의 조건으로써 속도 및 하중의 영향에 대한 고찰이 가능하도록 하였다.

그림 6.16(a)는 윤활유 부족에 의한 AE rms level의 변화로서 초기의 약 5 분간은 정상적인 윤활 상태에서의 운전시 발생되는 정상 운전시 잡음(background noise) 레벨을 나타내며 윤활유 공급이 중단되기 시작하면서 rms 레벨이 급격히 증가함을 볼 수 있다. 이 경우에는 시간이 지날수록 마모에 의한 점진적인 rms level의 증가는 나타나고 있으나 저속·저하중의 실험 조건으로 인해 급격한 마모의 천이 구역 부분은 많은 시간이 지난 뒤에 나타날 것으로 예상된다.

그림 6.16 (b)는 고하중의 영향에 대한 AE rms 레벨의 변화를 보여주며 이 경우에는 시간이 갈

수록 전체적인 기울기가 눈에 띄게 증가하고 있으며 윤활유 공급 중단이 10분 정도 지난 뒤부터 불규칙한 변화를 나타내기 시작하였으며 약 20분간 이런 현상이 지속되다가 극심한 rms 레벨의 증가가 나타나기 시작하였다. 즉 심한 마모 상태의 단계로 진입하였다고 볼 수 있다.

그림 6.16(c)는 고속 조건의 영향에 대한 결과로서, 윤활유 공급 중단에 의한 초기의 증가와 더불어 수분 내에 rms 레벨의 증가 및 불규칙한 변화 현상을 볼 수 있다. 즉 초기의 표면에서의 돌기 부분에 대한 변형 및 파괴에 따른 마모로 인해 신호의 불규칙한 현상이 나타나며 시간이 지나면서 표면의 상태가 마모의 결과로 인해 미세하게 평탄하게 됨으로써 신호의 변화는 상대적으로 안정되며 점진적인 심한 마모의 진행이 이루어지고 있음을 암시하고 있다. 이 과정이 지난 후에는 바로 매우 급격한 rms 레벨의 증가를 나타내며 3-4분 계속 증가하다가 베어링 시스템의 운전이 저절로 중단되게 된다. 즉 베어링에서의 심한 마모와 온도 증가로 말미암아 베어링 면이 검게 탔을 정도며 이로 인해 정상적인 회전에 무리가 간 것으로 판단된다.

전체적인 결과로 보아 상대적인 고속 고하중의 조건이 되면 마모나 손상의 정도가 훨씬 더 심하게 나타나게 되며 그림 6.16(c)의 고속 조건의 경우 앞 부분의 rms 레벨의 변화 모습은 마치 6.16(b)의 전체 결과를 시간적으로 당겨져 나타내 주는 결과를 보여주며, 이 사실은 회전속도가 빨라짐으로 인해 동일 시간에 대해 실제 두면 간의 미끄럼거리는 그 만큼 더 많이 진행되므로 마모나 손상의 정도가 더 빨리 당겨진다고 볼 수 있다. 거꾸로 말하면 그림 6.16(a)의 경우에는 상당한 시간이 지난 후에 그림 6.16(b)의 중·후반부의 모습을 나타낼 것으로 추측할 수 있다.

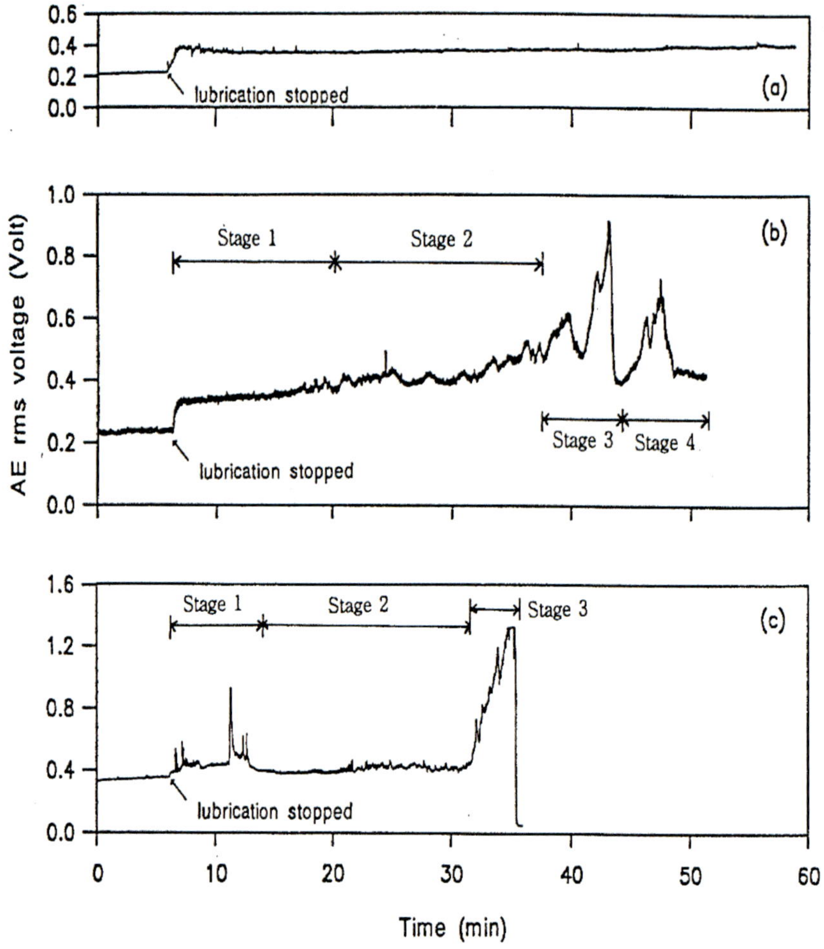

(a) 200 rpm / 400 kg_f (b) 200 rpm / 1,000 kg_f (c) 1,000 rpm / 440 kg_f

그림 6.16 다양한 운전 조건에서의 측정 시간에 대한 AE rms 전압값 변화

그림 6.17은 200 rpm, 700 kg_f의 운전조건에서의 윤활유 부족에 의한 영향을 운전 시간에 대해 단계별로 측정한 결과로서 시간에 따른 AE rms 전압의 변화와 베어링 온도의 변화를 동시에 나타내고 있다. 그림 6.17(a)는 손상의 초기라 생각되는 20분간을, 그림 6.17(b)는 정체기간이 지나고

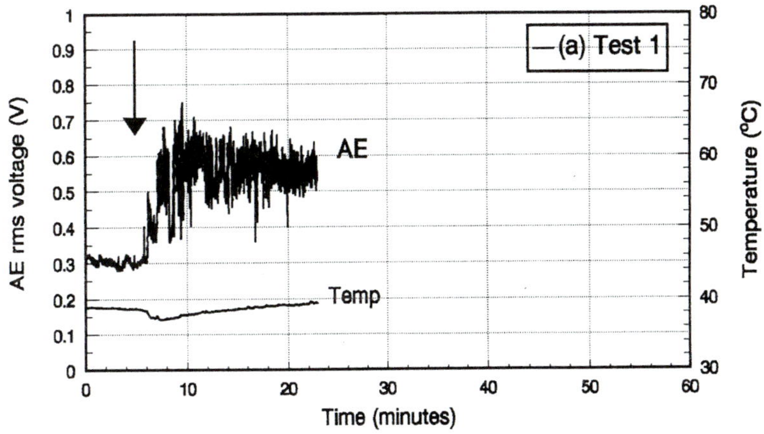

(a)

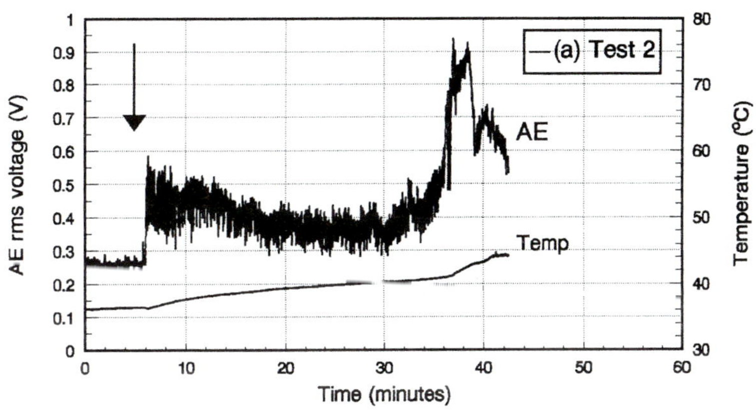

(b)

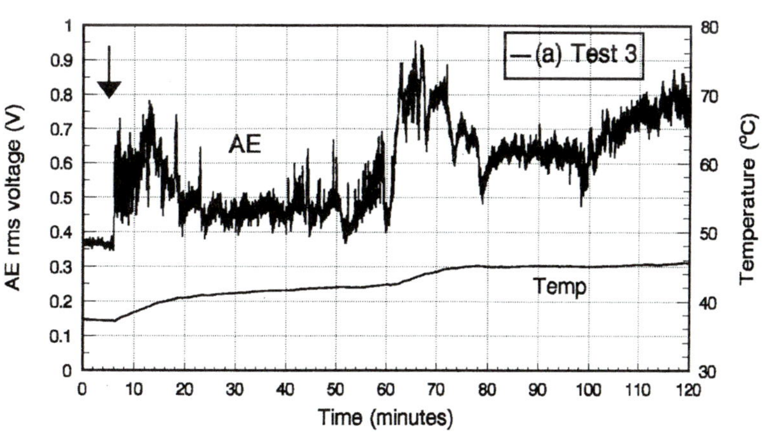

(c)

그림 6.17 시간에 따른 AE RMS 전압값 변화 (a) 20분, (b) 40분, (c) 120분

심한 마모의 증상이 나타난 후라고 생각되는 40분간을, 그림 6.17(c)는 정체기간이 지나고 심한 마모 상태가 제법 지속된 후인 120분까지에 대한 각각의 AE 결과를 보여주고 있다. 윤활유 부족시에 나타나는 AE rms 전압 변화의 전체적인 특징은 윤활유 공급이 중단된 후 rms 레벨은 급격히 증가하며 수분간 그 레벨을 유지함을 보여주며 수 분간의 이 기간이 지나면 대체적으로 수십분간 rms 레벨이 낮아진 상태로 큰 변화없이 계속 지속됨을 볼 수 있다. 이런 정체 기간이 끝나면 심한 마모 상태라 예측이 되는 상황으로서 rms 레벨이 급증하는 현상이 나타난다. 그 후에는 표면의 손상 정도에 따라 차이가 있을 수 있으나 계속적으로 높은 rms 레벨을 나타내며 마모가 계속 진행되거나 다시 rms 레벨이 낮아졌다가 증가하면서 반복되는 현상을 나타내기도 한다. 이런 일련의 마모 추이는 거의 반복성이 있는 것으로서 본 연구에서의 베어링 손상의 전형적인 결과라 할 수 있다.

(2) 이물질 혼합에 따른 음향방출 특성

본 실험에서는 이물질의 혼입에 있어서 좀 더 정량적이고 체계적인 실험을 하기 위하여 혼입하는 이물질 입자의 크기 및 성분을 정확히 알 수 있는 세라믹 입자로서 알루미나(Al_2O_3) 입자를 사용한 결과이다.

입자의 크기를 선정하는 데는 앞에서 이론 해석하였던 최소유막두께(MOFT: Minimum Oil Film Thickness)란 변수를 기준으로 하였으며, 이 최소유막두께는 운전시에 생기는 베어링과 축 사이의 최소 윤활 간극으로서 이물질의 혼입 시 두면간의 마모나 이물질 개입에 의한 삼자간의 마모 등을 설명하는데 좋은 기준점이 된다. 따라서 실험의 운전 조건, 즉 130 kg_f의 하중에 대해 200 rpm의 회전 속도 또는 400 kg_f의 하중에 600 rpm에 해당되는 이론적인 최소유막두께의 값은 15 μm로써 이 값을 기준으로 하여 크기가 서로 다른 네가지 종류의 알루미나 입자를 선택하였다. 실험에 사용된 알루미나 입자의 크기는 각각 0.1 μm, 1 μm, 8 μm, 38 μm이다. 운전 조건에 대한 변화로서는 앞의 각각의 네 가지 입자의 크기에 대해 상대적인 속도로서 저속에 해당하는 200 rpm과 고속에 해당하는 600 rpm에 대해 각각 실험하였다. 이에 대한 종합적인 실험 방법의 요약을 표 6.3에 나타내었다.

음향방출 기술을 이용하여 저어널 베어링에서 발생하는 손상에 대해 조기 검출의 가능성을 검증하였으며, 위의 대표적인 실험 결과로부터 얻은 주요 결론은 다음과 같다. (그림 6.18, 6.19)

첫째, 윤활유 부족시에는 베어링에서 온도의 변화는 AE rms 레벨의 변화와 매우 직접적인 연관성이 있었으며, 높은 AE rms 레벨의 값이나 온도 구배의 급격한 증가, 심한 마모의 진행 등은 AE 파라미터 해석으로부터 큰 에너지를 가지는 신호 형태로서 발생함을 알 수 있었다. 또한 큰 에너지를 가지는 신호의 파형 형태는 큰 진폭보다는 긴 신호 길이를 가지는 형태이며, 주파수 성분은 심한 마모에 의해 발생된 신호일수록 고주파수 성분이 지배적이었다.

표 6.3 외부 이물질 혼합에 대한 실험 조건

운전조건 / 입자크기	이물질 혼입비율 (Oil : Particles)	회전속도 (rpm)	하중 (kg_f)
0.1 μm	10 : 1	200	130
1 μm	10 : 1	200	130
8 μm	10 : 1	200	130
8 μm	10 : 5	200	130
38 μm	10 : 1	200	130
63 μm	10 : 1	200	130

둘째, 이물질 혼입시의 경우에는 0.1 μm 입자 크기와 100 ppm 정도의 혼합 농도에 대해 검출이 가능하였음을 밝혔으며, AE rms 전압, AE 파라미터, 파형 분석 등을 통해 손상에 기인한 발생 신호의 형태를 분류할 수 있었으며 상대적인 입자 크기의 판별도 가능하였다. 또한 AE rms 레벨의 값은 혼입 입자의 크기와 상관 관계가 있었으며 입자의 크기가 증가하더라도 최소유막두께를 기준으로 전체적인 AE rms 레벨의 값이 증가하다가 다시 감소하는 경향을 보였다. 즉 최소유막두께 근방의 값을 가지는 입자 크기의 혼입일 때 가장 큰 AE 신호의 발생과 높은 마모율을 나타내었다. 또한 이물질 혼입시 AE rms 레벨의 민감한 변화와는 달리 베어링 온도의 변화는 거의 없었으며, 이물질 혼합 농도의 증가는 AE rms 레벨의 증가 및 심한 변동에 영향을 미쳤다.

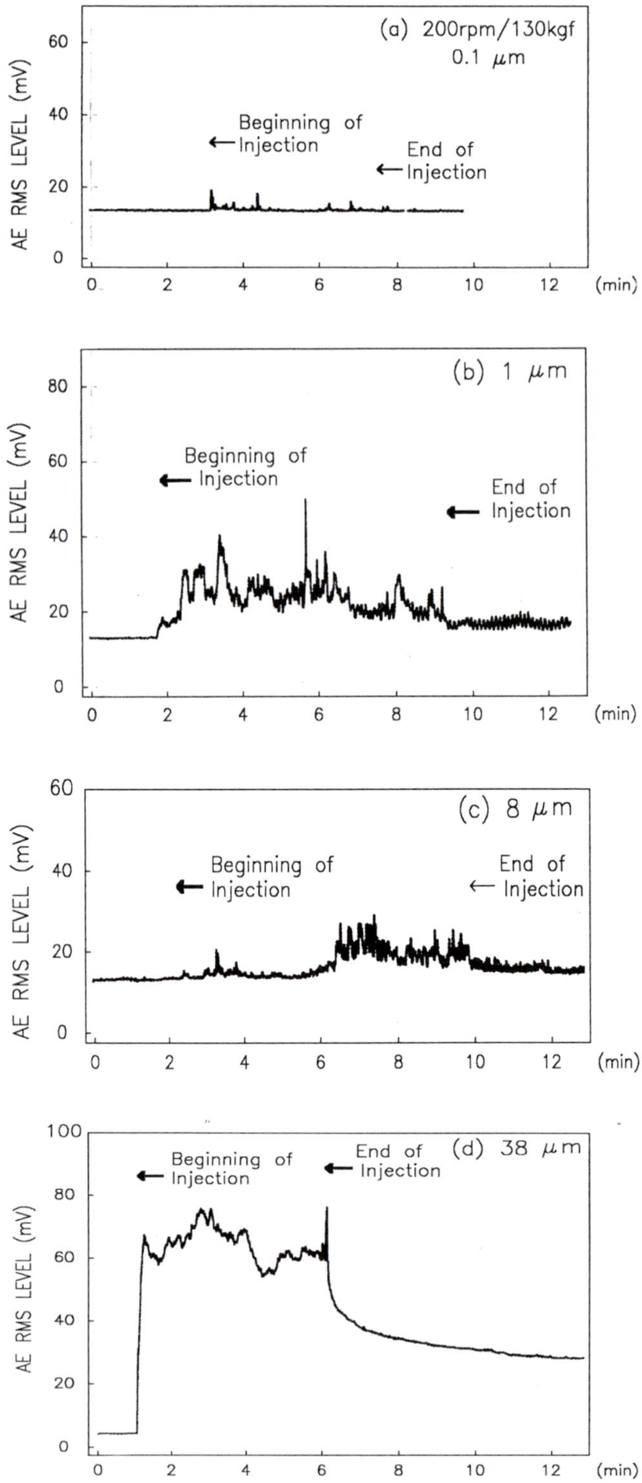

그림 6.18 이물질(크기 별) 주입에 따른 음향방출 신호의 RMS 값 반응

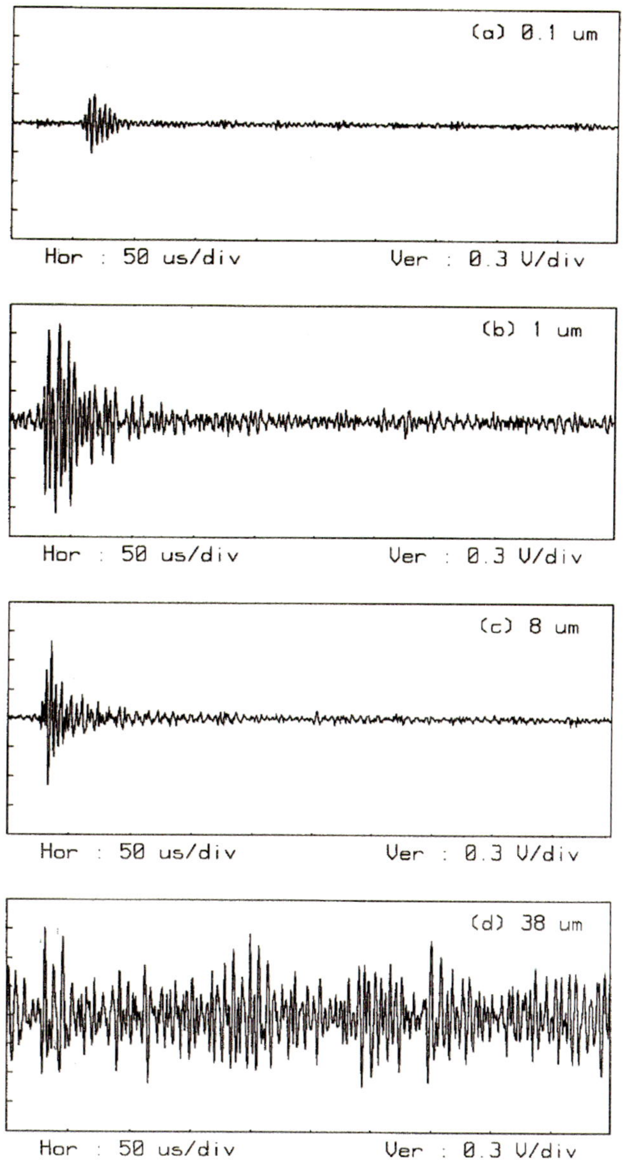

그림 6.19 이물질(크기 별) 주입 시 발생한 대표적인 음향방출 신호

6.4.2. 석유·화학 산업에서의 AE 기술 응용

음향방출 시험의 상업성으로서의 첫 사용은 그에 관련된 시험법이 개발된 즉시 항공 우주용 압력용기 및 구조물을 감시하기 위하여 적용되었으며, 1968년에는 석유회사용 용기를 제작 후 알고있는 용접 불량을 가진 크랙성 용기에 대해 AE 시험이 수행되었다. 그 이후로 음향방출 시

험은 석유 및 화학산업에의 비파괴 시험에 중요한 기술의 하나로 자리잡게 되었다.

이 음향방출 시험은 부분적으로 선택된 탐상이라기 보다는 한번만에 전체 구조물에서의 결함들을 표정 및 평가할 수 있는 능력을 갖고 있기 때문에 다른 비파괴검사 방법에 비해 큰 장점을 갖게 되었다. 일반적으로 음향방출 기술은 압력용기 및 저장용 탱크에 대한 비파괴 시험으로써 널리 사용되고 있는데 주로 다음의 세가지 경우에 적용되고 있다.

1. 새로 만든 압력용기에 대한 품질 보증
2. 사용 기간에 따른 중간 건전성 평가
3. 용기에 대한 연속적인 상시 감시

(1) 산업용 가스 운반용 용기 및 금속 압력용기에 대한 적용

통상 사용중인 용기에 대한 AE 시험 검사에 있어서는 센서를 용기에 설치한 후 각 용기에 대해 사용 압력의 약 110 퍼센트로 가압하게 된다. 여기서 집중적이면서 많은 사건을 발생하는 위치에 대해서는 차후 초음파 탐상으로서 관심 부위에 대해 검사를 하게 된다. 현재 외국에서는 1983년 이후부터 이에 대한 AE 시험의 데이터 베이스를 축적하고있으며 관련 산업회사에서도 계속 진행중이다. 그리고 운반용 가스 용기의 경우 사용기간 매 5년마다 이 AE 시험을 채택하고 있는 실정이다.

특히 금속 압력용기에 대한 AE 시험의 적용은 다른 영역에 비해 상당히 많은 적용 사례가 있는 편이며 그 예로서 ASME Pressure Vessel and Boiler Code of May 20, 1985, Section VIII, Division 1에서는 방사선 시험 대신에 AE 시험을 사용하게 되는 시험 절차를 규격화 하고 있다. 외국의 경우 적용 대상으로는 내경이 2 ft를 초과하지 않거나 또는 7 ft^3 용량을 넘지 않는 그리고 용접 두께가 2.5 in를 넘지 않는 용기에 국한하고 있다. 이 외에도 시험절차에 적합한 조건을 제시하고 있으며 장비 설치 및 결과 분석에 대한 자료도 제시하고 있다.

그림 6.20과 그림 6.21은 대표적으로 압력용기에서의 음향방출 시험 시 가압 절차와 센서 설치 위치에 대한 것을 보여주고 있다.

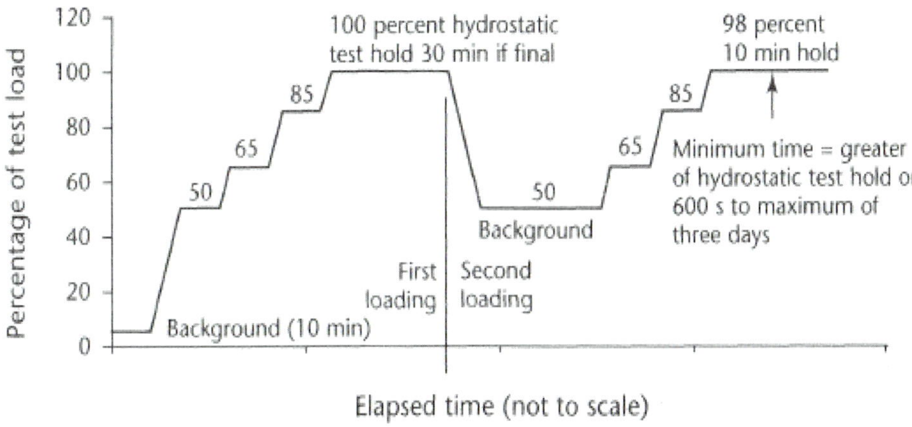

그림 6.20 신형 압력용기에 대한 대표적인 가압 절차

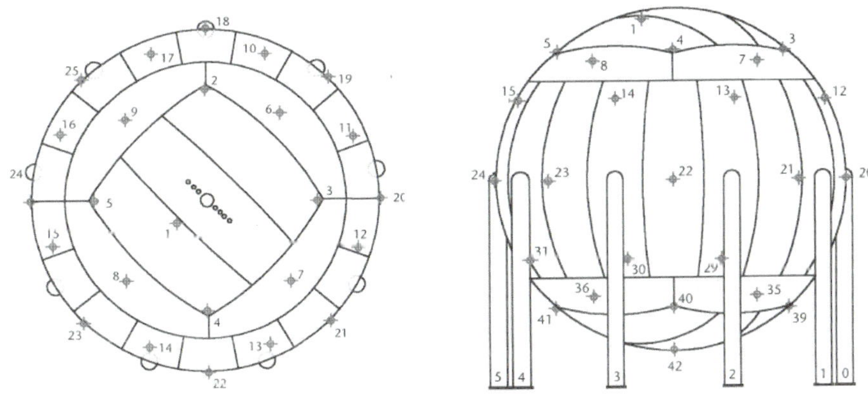

그림 6.21 구형 압력용기에 대한 센서 부착 예

(2) 섬유 강화 복합재료 용기에서의 적용

대부분의 압력용기나 저장용 탱크들은 금속으로 만들어지나 복합재료의 사용 증가에 따라 특수 목적으로 복합재료를 사용한 용기도 많이 사용되고 있다. 이들에 대한 시험 검사는 금속재료와는 분리하여 다루고 있으며 세 군데의 관련 협회에서 복합재료 용기의 AE 시험에 대한 절차를 인정하고있다. 처음에 유리 강화 복합재료 용기에 대한 절차를 Society of Plastics Industry(SPI)에서 확립하였으며 그 이후에 American Society for Testing Materials(ASTM)과 American Society of Mechanical Engineers(ASME)의 두 협회에서 비슷한 시험절차를 채택하게 되었다. ASME의 시험절차에서는 유리 섬유 뿐 아니라 다른 섬유로 강화된 복합재료 용기

에 대해서도 적용하고 있다.

그림 6.22는 ASTM E 650과 ASTM E 976에 따른 복합재료 압력용기에서의 AE 시험시 적용되는 대표적인 가압 절차 및 판정 과정에 대한 예를 보여주고 있다.

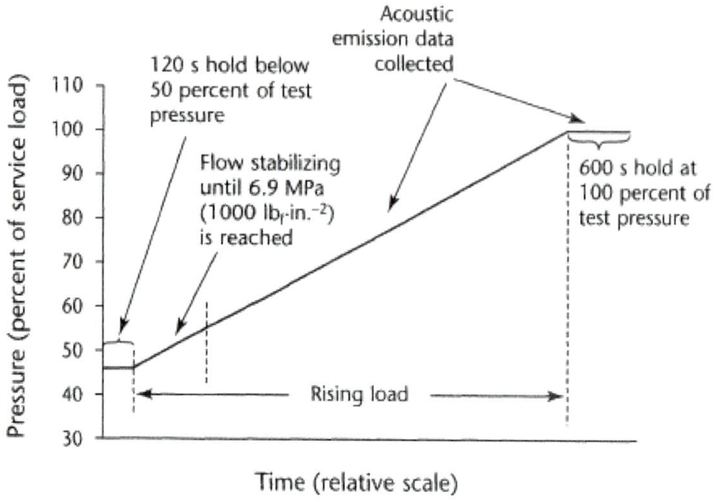

(a) 가압 절차

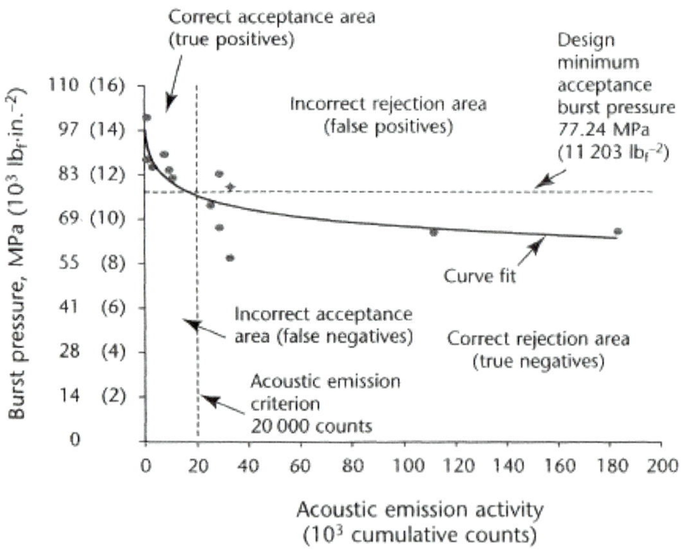

(b) 판정 예

그림 6.22 복합재료 압력용기에서의 AE 시험 시 적용되는 대표적인 가압 절차 및 판정 예

(3) 누출 탐지를 위한 AE 시험

석유화학 설비에서는 배관 종류가 상당히 많이 있는데 이들에 대한 누출탐지 목적으로도 많이 사용되고 있다. 즉 설비 사업장 내에서의 배관 감시 및 각 지역으로 보내지는 송유관 등의 누출 탐지에도 사용이 된다. 특히 최근 들어 고압가스나 위험물 유류 등의 운송수단인 배관에서의 누출 및 폭파 사고로 인해 이에 대한 관심이 높아지고 있는 것도 사실이다.

누출 탐지에 대한 AE 시험의 적용은 그렇게 많지 않으나 앞에서 설명한 신호의 크기를 측정함으로서 지하매설 송유관이나 가스 운송배관에 대해 누출위치를 찾는데 AE 시험이 사용되고 있다. 매설 배관의 경우 임의 간격으로 센서를 접근할 수 있도록 국부적으로 노출시킨 후 측정하는 법과 waveguide를 사용하여 매설배관에 접촉시킨 후 waveguide에 부착된 센서를 통해 측정하는 방법이 있다. 현재 누출 탐지 전용으로 leak detector로서 나오는 장비가 몇몇 있으나 이는 결국 음향방출을 이용한 측정신호의 세기로서 위치를 결정하고있으며 이와는 달리 cross correlation 방법을 사용한 장비도 나오고 있다.

6.4.3. 원자력 및 발전 산업에서의 AE 기술 응용

원자력 발전설비의 반응로(reactor) 시스템에서의 연속감시를 위한 AE 기술 적용의 개념은 1960년 대 이후로 긍정적인 면과 비난의 대상으로 위치하게 되었는데 처음에 이 기술의 주장자들에 의해 너무 지나친 과대 평가로 말미암아 기대에 어긋나는 적용의 결과를 초래하는 곤혹을 치루기도 하였다. 그리고 원자력 설비에의 AE 기술적용을 산업 Code화 하는데 실패적이며 시기상조적인 노력도 있었다고 볼 수 있다. 그 결과 연속 감시에 대한 AE 기술의 적용은 비관적으로되었으나 다행히 이에 대한 실질적인 검토 작업은 매우 귀중한 역할을 하게된 셈이었다. 결국 대부분에 대해 긍정적인 비평이 있었으며 연속감시에 있어서 유용한 기술을 만드는데 무엇이 필요한지를 명확히 하기 위한 검토에서 AE 기술의 발전에 큰 도움이 되었다고 볼 수 있다.

그 이후로 1970년도 말에 미국 필라델피아 전기 회사의 Peach Bottom 원자력 발전소 3 호기에서 시험되었으며 역시 연속감시를 위한 AE 적용으로서 Battelle Memorial Institute의 Pacific Northwest Lab(PNL)에 의해 적용 연구가 수행된 적이 있다. 현재는 대부분의 반응로의 결함 및 누출탐지용으로 건설시 미리 AE 센서를 반응로에 설치하여 연속감시에 이용하고 있다. 대표적으로 그림 6.23에서 원자로의 1차 시스템에서의 연속감시를 위한 AE 센서의 부착 위치를 보여주고 있다.

앞서 설명한 원자력 발전 외에도 화력 및 수력 등 기타 발전 설비에서의 AE 기술의 적용은 그 범위가 상당히 넓으며 주로 관련 배관 계통 및 가압 시스템 그리고 수력의 경우 댐의 건전성 진단에도 사용되고 있다. 이들에 대한 사용 사례는 무척 많으나 증기 발전설비에서의 슈퍼히터 튜브 헤더 부분에서의 누출 탐지를 위한 AE 적용은 대표적인 사례로 볼 수 있다.

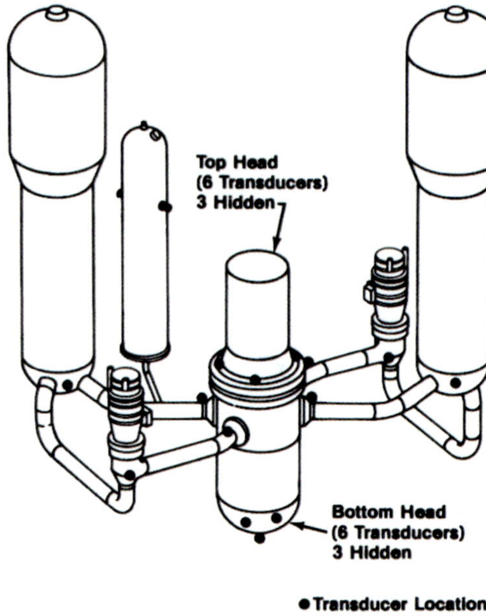

그림 6.23 원자로의 1차 시스템에서의 연속 감시를 위한 AE 센서의 부착 위치

6.4.4. 용접 공정에서의 AE 기술 응용

일반적으로 용접 공정시에는 여러 단계의 공정으로 나누어질 수 있는데, 예를 들어 전기저항 용접 시 전극의 안착(setdown), 압착(squeeze), 전류흐름(current flow) 등등 이들 각각의 단계에서는 여러가지 특성을 가진 음향방출 신호가 발생되게 되며, 이들 신호들은 그들의 AE 발생원으로서 각각 특성지워지게 된다. 또한 이들 개개의 신호들은 다른 재질이나 두께에서 완전히 다르게 나타나거나 또는 전체적으로 없어지기도 한다. 그림 6.24에서는 전기저항 용접 시 전형적으로 발생하는 대표적인 음향방출 신호의 양상을 나타내었다.

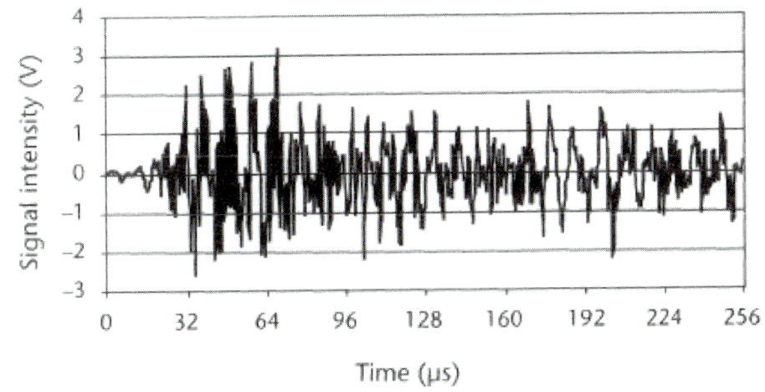

(a) Hot cracking

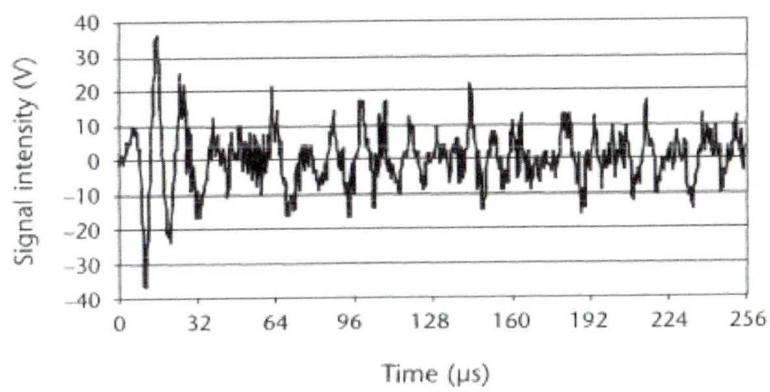

(b) Microcracking

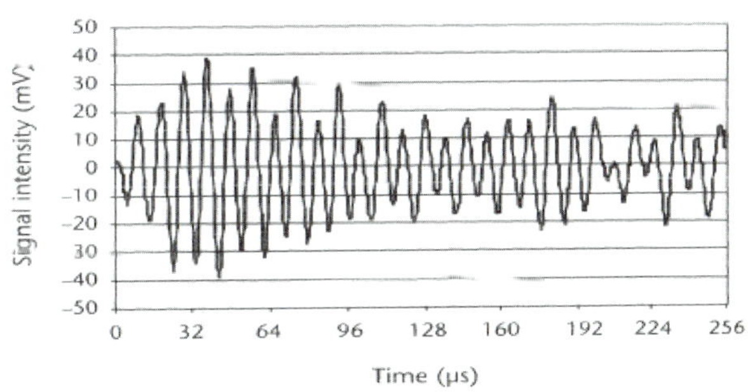

(c) Rubbing and weld flow

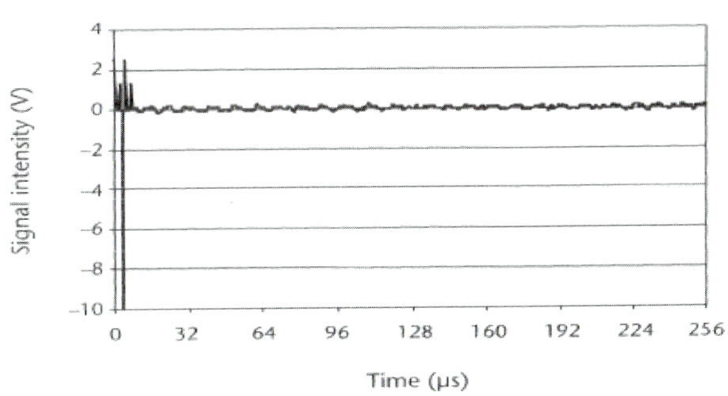

(d) Spark noise

그림 6.24 전기저항 용접 시 발생하는 전형적인 음향방출 신호 양상

위에서 설명한 바와 같이 같은 원리에 의해 전기저항 용접 및 기타 방법에 의한 용접 공정시에도 그들의 특성은 조금씩 다르나 거의 적용이 되고 있다. 즉 대표적으로 AE를 이용한 연구가 응용되고 있는 분야는 전자 빔 용접 시 감시 및 전자 슬래그 용접 시 불연속 결함 검출 그리고 레이저 스폿 용접에서의 음향방출 평가를 위한 연구 등을 들 수 있다.

특히 용접 공정 시 AE의 적용은 공정 자체가 상당한 고온이며 가까이 접근이 용이치 않는 경우가 많으므로 경우에 따라서 waveguide 등을 사용하게 된다.

6.4.5. 우주 항공산업에서의 AE 기술 응용

우주 항공산업에서의 감시 기능 및 이상진단의 기능은 타분야에 비해서 매우 중요한 역할을 하며 이에 따른 온라인 상시 감시의 장점을 가진 AE 기술의 적용은 큰 분야 중의 하나라고 볼 수 있다. 이 분야의 적용에서는 기본적으로 항공 산업에 사용되는 금속 합금에서의 재료 특성 및 파괴기구 해석 연구에 AE를 이용하며, 비행기 동체에서의 비행중 결함 탐지에 관한 연구에서도 많은 연구가 진행되고 있다. 그리고 특히 이 분야에서 많이 사용되는 복합재료에 대한 파괴기구 및 결함 특성에 대해서도 AE의 적용이 활발하며 현재 실험실에서도 비행기 날개 부분에 대한 실물 구조 실험도 행해지고 있다.

그림 6.25에서는 대표적으로 제트 전투기 (F-111) 구조물에서의 음향방출 실험 시 AE 센서의 위치를 보여주고 있다.

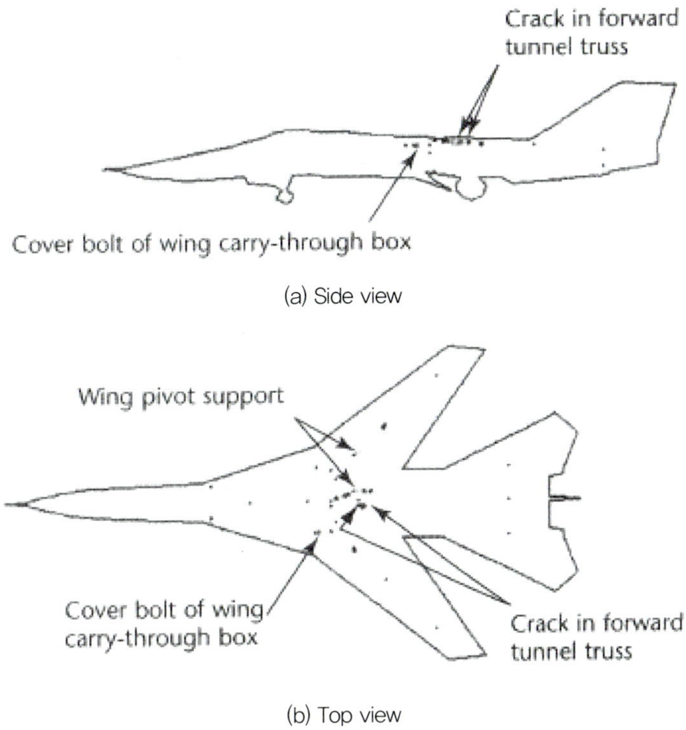

그림 6.25 비행기 구조물에서의 실험 시 AE 센서 부착 위치

6.4.6. 생산 공정 감시에서의 AE 기술 응용

생산 공정에서의 감시도구로 AE 기술을 사용하는 것은 제품의 생산 비용의 절감뿐만 아니라 우수한 품질을 보증하고자 하는 의미가 있게 된다. 즉 절삭, 연삭, 성형, joining, curing등과 같은 공정에서는 각 공정에서의 특성으로 인해 AE를 발생시키게 되는데 대부분의 경우 공정의 특성, 가공 중 불연속 및 비정상적인 공정의 검출 그리고 공정 후의 품질검사 등을 감시하는데 이용되고 있다.

물론 공정이 아무리 최적화되고 또 제어가 될지라도 제품에서의 불연속이나 비정상 결과는 항상 발생할 수가 있으며 이들에 대한 지식은 AE 기술로서 보완될 수 있다고 본다. 따라서 이를 이용한다면 불필요한 생산 공정 단계를 피하는 것뿐 아니라 상당한 비용 절감도 가져오게 된다. 이들 생산 라인에의 AE 적용은 현재 연구 개발된 분야에서는 상당한 부분이 실제 적용되고 있으며 이 분야에 대한 연구도 최근 활발히 진행되고 있는 실정이다.

그림 6.26은 연삭 공정 시 발생한 음향방출 신호의 검출에 대한 대표적인 예로서, 대표적으로 외부 연삭 공정 시 부착된 AE 센서로부터 계측된 전형적인 돌발형(burst) 신호와 연속형(continuous) 신호를 보여주고 있다.

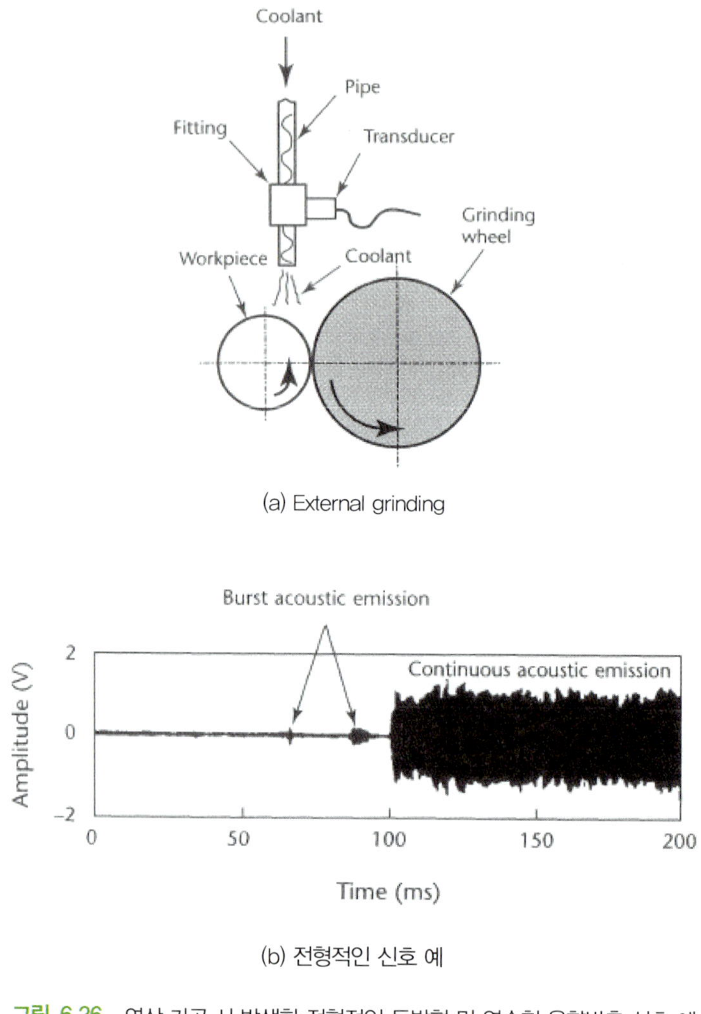

그림 6.26 연삭 가공 시 발생한 전형적인 돌발형 및 연속형 음향방출 신호 예

6.4.7. 토목 구조물에서의 AE 기술 응용

1939년 미국 오하이오주의 포츠머스에 있는 현수교의 양단에 위치한 주 케이블에서 응력 부식 크랙이 발생하였는데 그 부근에 있던 감시자에 의해 검출된 뒤 아주 조용한 밤중에 더 진전되고 있는 케이블 파단 소리를 들었으며 이 상황을 보고한 뒤 교각의 케이블을 교체하기로 결정이 내려졌다고 한다. 아마 이것이 구조물 응용에 있어서의 음향방출 현상의 사용에 대한 최초의 기록된 사례라고 할 수 있을 것이다.

역시 1930년대 말에 미국의 광산국(Bureau of Mines)에서 암석 광산에서 음파 실험을 하였는데 그들은 응력을 받은 암석 기둥에서 마이크로 수준의 소리를 방출한다는 것을 발견하고는 매우 놀랐었다. 이것은 나중에 “rock talk” 라는 명칭으로 사용되었다.

또한 토목공학 구조물에서의 처음으로 기록된 음향방출 시험 중 하나는 1971년에 수행된 수하중(water-loaded)을 받고 있는 건물에서 음향방출 시험이 행하여진 것으로 되어있다. 그리고 같은 해 영국 육군들에 의해 이동용 군사용 교량에 대해 음향방출 시험이 수행 되어 졌다. 이 시험 동안에는 하나의 교량 거더에 1차원 위치표정(linear source location)을 위해 사용된 센서 그룹을 포함하여 7개의 센서가 부착 되어진 것으로 알려진다.

국내의 경우 1990년대 중반부터 교량 구조물에의 AE 기술 연구가 최초로 시작되었으며, 강교량 구조물에서의 균열 신전 및 검출을 목표로 연구가 수행되었으며, 실험실 및 현장 적용 연구로 많은 데이터가 쌓이기 시작하였다. 그 이후 1990년말 부터 철근 콘크리트 구조물에서의 부식에 의한 노화도를 음향방출 기술을 이용하여 진단하고자 하는 적용 연구가 추진되기도 하였다. 토목구조물에의 음향방출 기술의 적용 분야는 주로 교량(강, 콘크리트) 안전진단을 위한 도구로 연구가 되었으며, 그 외에도 암반 연구에의 적용, 사면 붕괴 모니터링, 프리 스트레스 콘크리트(PSC) 케이블 파단 모니터링, 도로 상태진단, 지하 매설물 관리, 지반 관련 연구 등에서의 AE 기술 연구가 상당히 많은 발전을 해왔으며, 일부 현장에 적용되고 있으나 아직 응용의 대부분은 아직도 개발 적용 단계 중에 있다. 그림 6.27은 대표적인 강교량 구조물에 대한 음향방출 기술의 적용 예를 보여주고 있다.

(a) 강 교량 하부 거더 부분 진단

(b) 균열 검출(침투탐상 시험 결과)

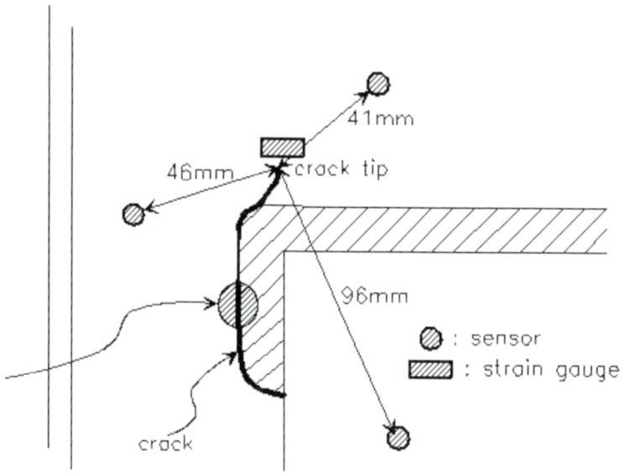

(c) 균열 및 센서의 위치

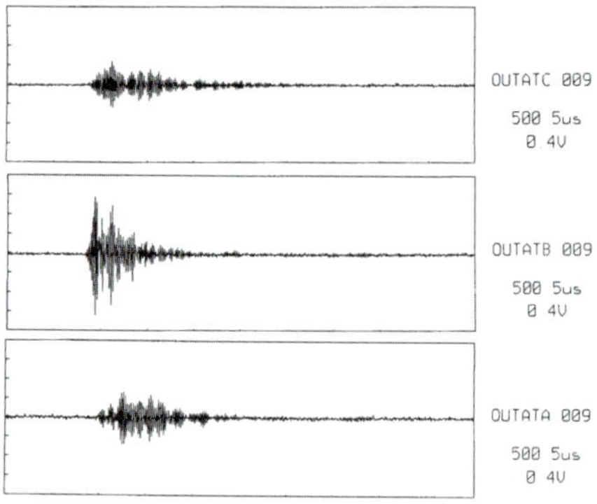

(d) 각 센서에서 검출된 음향방출 신호

그림 6.27 강교량 구조물에 대한 음향방출 기술의 적용 사례

6.4.8. 기타 분야에서의 AE 기술 응용

앞서 살펴본 AE 적용 분야 외에도 상당히 넓은 범위에 걸쳐 AE 기술이 적용되고 있으며, 기타 언급되지 않은 분야에 대한 대표적인 적용 사례는 아래와 같다.

1) 배관 및 용기에서의 누출 탐지
2) 생산 공정 및 운전 중인 기계상태진단
3) 발전설비(원자력, 화력, 수력 등) 기기에 대한 상태진단
4) 자동차 산업에의 응용
5) 얼음 및 빙하에서의 AE 발생원 메커니즘 연구 및 적용
6) 전자산업에서의 공정 및 패키징 미세 결함 검출을 위한 기술 적용

7) 신 재료 개발을 위한 구조적인 AE 특성 평가 연구

8) 특수 물질에서의 파괴거동에 관한 연구

9) 부식 상태 연속 모니터링 기술 적용

10) 식물 및 바이오 산업에의 적용 연구

11) 뼈 관련 등 의료 및 의공학 분야에의 적용

12) 기타 음향방출 발생이 예측되는 모든 분야

참고문헌

[1] Paul McIntire, et. al., "Nondestructive Testing Handbook, 2nd edition, Vol. 5 Acoustic Emission Testing", American Society for Nondestructive Testing, 1987

[2] Kaiser, J. "Erkenntnisse und Folgerungen aus der Messung von Gerauschen bvei Zugbeanspruchig von Metallische Werkstoffen(Conclusions and Result from Sound Measurement in the Tensile Stressing of Metals)." Archiv fur das Eisenhutten Wesen Vol. 28, No. 10, American Society for Nondestructive Testing, 1970

[3] 윤동진 외, "비파괴시험 측정기술", KRISS/ET—2011-015, 2011

[4] G. A. Sarychev, "Acoustic Emission Method for Research and Control of Friction Pairs", Tribology International, 24(1), pp. 11-16, 1991

[5] J. Hanchi and B. E. Klamecki, "Acoustic Emission Monitoring of the Wear Process", Wear, 145, pp. 1-27, 1991

[6] N. P. Suh, Tribophysics, Prentice-Hall, Englewood Cliffs, NJ, 1986

[7] C. L. Jiaa, "Experimental Studies of Sliding Friction and Wear via Acoustic Emission Signal Analysis", Wear, 139, pp. 403-424, 1990

[8] S. V. Filatov, "Acoustic Emission in the Abrasive Wear of Metals", Soviet J. of Friction and Wear, 3, pp. 138-140, 1982

[9] M. Wada and M. Mizuno, "AE에 의한 마찰.마모에 관한 연구", B本精密工學會誌, 55(4), pp.673-678, 1989

[10] S. Lingard and K.K. Ng, "An Investigation of Acoustic Emission in Sliding Friction and Wear of Metals", Wear, 130, pp. 367-379, 1989

[11] B. E. Klamecki and J. Hanchi, "Wear Process Description Based on Acoustic Emission", ASME J. of Tribology, 112, pp. 469-476, 1990

[12] A. P. Braginskii, D. G. Evseev, A. K. Zdan'ski, and N. P. Kukol, "Run-in Study Based on Electrical and Acoustic Characteristics", Soviet J. of Friction and Wear, 6, pp. 31-37, 1985

[13] M. Wada, M. Mizuno and T. Sasada, "마찰.마모의 AE에 의한 In-process 계측에 관한 연구", JSPE 日 本精密工學會誌, 56(10), pp.1835-1840, 1990

[14] R.J. Boness, S.L. Mcbride and M. Sobczyk, “Wear Studies Using Acoustic Emission Techniques”, Tribology International, 23(5), pp.291-295, 1990

[15] Yoon D.J., Kwon O.Y., Chung M.H. and Kim K.W., "Early Detection of Damages in Journal Bearings by Acoustic Emission Monitoring", J. of Acoustic Emission, Vol. 13, No. 1/2, pp. 1-10, 1995

[16] Patrick O. Moore, et. al., “Nondestructive Testing Handbook : Volume 6, Acoustic Emission Testing”, Third Edition, ASNT, 2005

찾아보기

ㅈ